VAPAUS JA SEN ILLUUSIO

Kirjoittanut Timo Tynkkynen

Kustantaja: BoD · Books on Demand, Mannerheimintie 12 B, 00100 Helsinki, bod@bod.fi
Kirjapaino: Libri Plureos GmbH, Friedensallee 273, 22763 Hampuri, Saksa
ISBN: 978-952-80-9560-6

SISÄLLYSLUETTELO

ESIPUHE

Vapaus. Se on käsite, joka on kiehtonut ihmismieltä kautta historian. Se on tavoiteltu ihanne, mutta samalla se voi olla harhaa, kangastus, joka katoaa sitä lähestyttäessä. Mitä vapaus todella on? Onko se jotakin käsinkosketeltavaa, jotakin saavutettavaa, vai onko se vain illuusio, jota emme koskaan voi täysin hallita? Usein vaikuttaa siltä, että mitä enemmän pyrimme lähestymään vapautta, sitä kauemmaksi se tuntuu pakenevan.

Tämä kirja on syvällinen tutkimusmatka vapauden käsitteeseen ja siihen, kuinka se kietoutuu vallan, kontrollin ja yhteiskunnallisten rakenteiden verkkoon. Vapauden vastakohtana on aina ollut orjuus, joko konkreettisena kahleena tai hienovaraisempana alistamisen muotona. Mutta kuka määrittää, kuka on vapaa ja kuka sidottu? Minkälainen systeemi rakentaa meidän todellisuutemme, ja kuka vetää naruista taustalla? Velkaorjuus, verotus, pakolliset velvoitteet, yhteiskunnan sanelemat osallistumispakot – kaikki nämä muodostavat vapauden rajoja, joita harva pysähtyy kyseenalaistamaan.

Viime vuosikymmeninä olemme nähneet, kuinka vapaus on asteittain kaventunut. Pandemiat, sodat ja globaalit kriisit ovat toimineet keinoina lisätä valvontaa ja rajoituksia. Kun yhteiskunta perustelee tiukentuvia lakeja turvallisuuden nimissä, moni ei edes huomaa, kuinka heistä tulee osa suurempaa koneistoa, jossa yksilön itsemääräämisoikeus hämärtyy. Digitalisaatio ja tekoäly päättävät yhä enemmän puolestamme. Olemme rekisterinumeroita, henkilötunnuksia, tietokoneiden hallinnoimia datapisteitä.

Mutta minne tämä kaikki johtaa? Ilmastonmuutoksen varjolla ihmiset halutaan keskittää suuriin kaupunkeihin, joissa heitä on helpompi valvoa. Sähköistetty teknologia – älykodit, digitaalinen maksaminen, automatisoidut kulkuneuvot – kaikki nivoutuvat yhteen ja luovat tulevaisuuden, jossa yksilön kontrolli omasta elämästään häviää. Mutta entä jos vapauden nimissä meille myydään vain uusia kahleita?

Valtamedian propaganda on yksi aikamme suurimmista manipulaatiotyökaluista. Se, mikä meille esitetään ainoana totuutena, on tarkkaan suunniteltua ja harkittua. Kun sama narratiivi toistetaan yötä päivää sosiaalisessa mediassa, uutisissa, elokuvissa ja mainoksissa, onko kyse informaation välittämisestä vai ajattelun ohjailusta? Onko mahdollista, että meille on tarkoituksella luotu todellisuus, jonka ulkopuolelle meidän ei haluta näkevän? Mitä meiltä on salattu, ja miksi?

Tämä kirja pyrkii herättämään kysymyksiä ja kannustamaan lukijaa tarkastelemaan maailmaa kriittisin silmin. Vapaus ei ole itsestäänselvyys, eikä se ole pysyvä tila. Se on jatkuvasti muuttuva käsite, jota yhteiskunnalliset rakenteet joko laajentavat tai rajoittavat. Haluamme uskoa, että elämme vapaassa maailmassa, mutta mitä tapahtuu, kun otamme askeleen taaksepäin ja tarkastelemme kaikkea hieman etäämmältä? Näemmekö silloin selvemmin sen hienovaraisen kehän, joka meidät sulkee sisälleen?

Lopulta vapaus on muutakin kuin vain ulkoisten kahleiden poissaoloa. Se on ajattelun vapautta, kykyä kysyä, kyseenalaistaa ja muodostaa omia johtopäätöksiä. Tämä kirja ei tarjoa lopullisia vastauksia, vaan se toimii peilipintana, josta jokainen voi nähdä oman versionsa vapaudesta. Toivon, että se auttaa sinua pysähtymään hetkeksi, miettimään näitä kysymyksiä ja ennen kaikkea pitämään mielesi avoimena.

Tervetuloa mukaan tutkimusmatkalle!

VAPAUS, ORJUUS JA VALTA

Halusin aloittaa kirjoittamisen sellaisista aiheista kuin vapaus, orjuus ja valta. Nämä ovat filosofisesti erittäin kiinnostavia ja syvällisiä teemoja, ja tarkemmin pohdittuna ne saattavat monessa tilanteessa sulkea toisensa pois. Niistä voidaan olla monella eri tavalla eri mieltä, ja aina ne näyttäytyvät eri tavoin riippuen siitä, kuka niitä kokee. Näiden teemojen luonne on siis subjektiivinen, mutta niitä voidaan myös tarkastella yhteiskunnallisesta näkökulmasta, jolloin ne avautuvat objektiivisemmin. Tosin tällöin niiden luonne ja merkitys saattavat muuttua.

Elämme ajassa, jolloin nämä kolme asiaa ovat nousseet yhä tärkeämmiksi – olipa kyseessä julkinen keskustelu tai niiden salainen väärinkäyttö. Vuosi vuodelta olemme menettäneet yhä enemmän vapaudestamme, ja huomaamme vasta jälkeenpäin, kuinka meitä yritetään orjuuttaa enemmän kuin koskaan, vaikka emme sitä aina itse tunnista. Samalla valta keskittyy entistä pienemmälle osalle ihmisiä, ja pyramidin huipulla häärää maailman harvalukuinen superrikas valtaeliitti, joka omistaa lähes koko maailman – ainakin taloudellisessa mielessä.

Omistaminen ei toki aina ole vain rahallista, mutta siitä ei juuri puhuta, sillä maailman hallintamekanismit perustuvat pitkälti rahan valtaan. Tämä rahavallan järjestelmä pitää yllä koko globaalin valtasuhteiden verkoston.

Olennaista tässä kaikessa on, että vapaus, orjuus ja valta eivät ole vain teoreettisia käsitteitä, vaan ne ovat läsnä arkielämässämme jatkuvasti. Emme aina itse huomaa, kuinka paljon olemme vapaita, kuinka vapaasti saamme tehdä tiettyjä asioita, kuinka meitä orjuutetaan – olipa se sitten toisten ihmisten, omien asenteidemme tai ympäristön valtarakenteiden kautta. Samalla saatamme pohtia, kuinka paljon valtaa meillä on johonkin, vai koemmeko, että se valta on riistetty meiltä, jopa lain kirjaimella alistettu ylimmän päätäntävallan alle?

Jokainen tietää, kuinka helppoa orjuuttaminen on, ja usein se vaatii vain jonkinlaisen riippuvuussuhteen. Tämä riippuvuus voi ilmetä monessa muodossa: se voi olla päihderiippuvuus, se voi liittyä sairaanhoidon tarpeeseen, taloudellisiin resursseihin tai vaikkapa läheisiin ihmissuhteisiin. Riippuvuuksia voi syntyä myös energiasta, ravinnosta, tiedosta, ympäristöstä ja monista muista tekijöistä. Aivan mikä tahansa näistä voi johtaa siihen, että riippuvainen ihminen joutuu jatkuvasti alttiiksi muiden tahojen hallinnalle ja käskyille.

Päihteet, kuten huumeet ja alkoholi, myydään katukaupassa hurjiin hintoihin, koska käyttäjät on saatu sidottua niiden riippuvuuteen. Tämä orjuuttava vaikutus tapahtuu usein vähitellen, ja siitä tulee lähes mahdoton päästä eroon. Samalla lääkeyhtiöt ja apteekit hyödyntävät ihmisten sairastumisen pelkoa häikäilemättömästi. Ne luovat ja kauppaavat lääkkeitä, joista väitetään, ettei ihminen voi enää ilman niitä elää terveenä tai edes pysyä elossa. Lääketeollisuus ei pyri aidosti parantamaan sairauksia, vaan pikemminkin se pitää ihmiset jatkuvassa riippuvuudessa lääkkeistä, jotka eivät paranna, vaan pitävät kuluttajat orjuutettuina koko loppuelämänsä ajan.

Tämä orjuuttamisen malli näkyy myös laajemmin yhteiskunnassa, kuten kulutuksessa ja markkinataloudessa. Kaupalliset toimijat osaavat manipuloida hintoja taitavasti, laskemalla niitä hetkellisesti ja nostamalla sitten huomattavasti, mikä tahansa kulutustarvike tai energia voi olla osana tässä hintapelissä. Tällöin kuluttajat saavat hetken helpotusta, mutta päätyvät maksamaan tavaroistaan ja palveluistaan lopulta paljon enemmän kuin he alun perin osasivat odottaakaan koska näin heitä ohjattiin. Tämä on osa laajempaa mekanismia, jossa ihmisten päivittäiset tarpeet ja elämän perusedellytykset asetetaan hintahermostolle, joka ei koskaan salli todellista vapautta valita.

Parisuhteissa narsistinen henkilö osaa taitavasti orjuuttaa puolisonsa, esittäytyen huolehtivaisena kumppanina ja hyväntekijänä, samalla kun hän alistaa toisen uskomaan, ettei tämä kykenisi selviytymään ilman häntä. Orjuus on niin arkipäiväinen käsite, että emme aina edes tunnista itseämme orjiksi. Kuten sanonta kuuluu: varmin tapa estää vankia pakenemasta on saada hänet uskomaan, ettei hän ole vanki.

Entäpä vapaus? Miten me itse koemme vapauden käsitteen? Jollekin vapauden kokemus voi olla se, että hän saa rauhassa istua kotona illat televisiota katsellen, vaikka toiselle sama tilanne saattaa tuntua orjuudelta. Vapaudesta voi myös helposti tulla vankila, jos sen tavoittelu on jatkuvaa taistelua – jos vapauden saavuttaminen tai hallinta vaatii jatkuvaa ponnistelua. Tällöin omasta hyvinvoinnista saatetaan joutua karsimaan asioita, jotka normaalisti toisivat iloa ja voisivat olla olennainen osa henkilökohtaista vapautta. Jos tämä tarkoittaa tärkeiden asioiden menettämistä, herää kysymys: onko tämä silloin enää oikeaa vapautta?

Ymmärrämme ainakin sen, että vapaudella on oma hintansa, mutta kysymys kuuluu: minkälaisen vapauden eteen kannattaa maksaa juuri sitä hintaa?

Nykyaikaisen hyvinvoinnin kyllästämä ja ehkä myös orjuuttama ihminen on tottunut pitämään monia asioita itsestäänselvyyksinä. Auto on yksi tällainen esimerkki, jolle on muodostunut symbolinen merkitys vapauden edustajana. Sen avulla voi liikkua nopeasti pitkiäkin matkoja, erityisesti kun vertaa aikaan ennen auton keksimistä.

Mutta entäpä, jos auto ei ole kunnossa, jos siihen ei ole saatavilla polttoainetta tai jos sitä ei jostain syystä voi käyttää? Auton omistaja, joka on tottunut sen tuomaan liikkumisvapauteen, saattaa yhtäkkiä kokea itsensä vangiksi – sidotuksi paikoilleen ilman mahdollisuutta liikkua vapaasti.

Monelle auto on muodostunut niin itsestäänselväksi osaksi elämää, että se on luonut vahvan riippuvuussuhteen ihmisten ajatuksiin, vaikka itse asiassa se ei olekaan vapautta, vaan osaltaan sen rajoittamista.

Ja sama pätee moniin muihin nykyaikaisiin mukavuuksiin, jotka ovat tänä päivänä itsestäänselvyyksiä, mutta joita ilman nykyaikainen ihminen ei enää osaa elää tai toimia – vaikka periaatteessa mahdollisuudet olisivat samat kuin ennen näiden mukavuuksien syntymistä. Tällainen orjuus on enemmänkin mentaalista kuin todellista, se ei ole fyysistä kahleiden luomaa orjuutta, mutta monet menevät helposti avuttomuuden tilaan ilman näitä mukavuuksia ja orjuuttavat itsensä.

Tällaisesta orjuudesta voisi kuitenkin helposti vapautua, jos itse päättäisimme irtautua siitä. On täysin eri asia olla lämpimässä talossa ja päättää vähentää talvella sisälämpöä kuin kulkea kodittomana ja löytää itsensä autiomökistä, jossa pienikin lämmitysmahdollisuus tuntuu olevan luksusta.

Vapaudesta meille on jo kouluaikoina annettu harhaanjohtava kuva. Tämä kuva on muovattu siten, että hyvin menestyvän ihmisen elämänkaari seuraa tietynlaista valmiiksi määriteltyä kaavaa. Koululaitos ohjaa meitä hankkimaan perinteisen ammatin ja pysymään sen ammatin asettamissa rajoissa koko elämämme ajan. Meistä kasvatetaan valmiita orjia yhteiskunnan ja valtion asettamaan järjestelmään.

Pankit puolestaan mainostavat lainan ottamista ja houkuttelevat nuoria perheitä ostamaan tai rakentamaan omakotitaloja, joiden todellinen omistaja on kuitenkin pankki. Tässä vaiheessa olemme jo syvällä riippuvuudessa, sillä laina juoksee korkoineen ja pankille on maksettava takaisin velat – ja pelkona on, että muuten menettäisimme sen omaisuuden, joka näyttää olevan oma, mutta onkin pankin hallussa.

Kun ihminen uuvuttaa itsensä pakkotyöllä, jossa tehdään pitkiä päiviä, ei omalle ajalle jää enää energiaa järkevän ajattelun, saati sitten syvällisten pohdintojen, suuntaan. Ihminen pidetään tiukassa otteessa, ettei hän ehdi edes pysähtyä miettimään tätä tilannetta.

Televisio täyttää vapaa-ajan jatkuvalla virralla toisarvoista viihdettä, jonka ainoa tarkoitus on pitää katsoja välinpitämättömänä ja ajattelukyvyttömänä. Samalla propagandaa kylvetään joka väliin, kun katsoja ei jaksa tai ehdi pysähtyä tarkastelemaan ympäröivää maailmaa. Propaganda menee suoraan alitajuntaan ja muokkaa ihmistä sisältäpäin, ilman että hän itse edes huomaa sitä.

Politiikan kenttä toimii monesti tehokkaana orjuuttamisen välineenä. Kun ihminen kiinnostuu politiikasta, hänelle muodostuu tietynlainen kuva siitä, mikä puolue vastaa parhaiten hänen omia mielipiteitään ja arvojaan. Aluksi tämä voi tuntua vapaalta valinnalta ja mielenkiintoiselta mahdollisuudelta löytää oma paikkansa yhteiskunnassa. Kuitenkin, puolueisiin astuessa moni saattaa kohdata puoluekuriin liittyvän todellisen vankilan, joka rajoittaa heidän ajatteluaan ja toimintamahdollisuuksiaan.

Puoluekuri on monen puolueen sisällä pahin orjuuttaja. Se muuttaa puolueen käytännössä todelliseksi vankilaksi, jossa jäsenet eivät voi poiketa valtavirrasta ilman pelkoa eristämisestä ja jopa ulossulkemisesta. Vaikka monet puolueet julistavat itsensä sananvapauden puolustajiksi, todellisuudessa puolueen sisällä voi syntyä täydellinen sananvapauden puute. Jos joku uskaltaa kritisoida puolueen virallisia linjauksia tai esittää poikkeavia mielipiteitä, hän voi joutua nopeasti kohtaamaan eristämisen ja syrjäytymisen uhan. Tällöin sananvapaus on vain valheellinen lupaus, joka katoaa heti, kun puhutaan puolueen sisäisestä kritiikistä.

Tällaisissa puolueissa voidaan nähdä piirteitä, jotka muistuttavat lahkolaisuutta. Tämä ei ole liioittelua, sillä lahkot ja sulkeutuneet yhteisöt jakavat monia samoja ominaispiirteitä poliittisten puolueiden kanssa, erityisesti silloin, kun puolueessa on kysymys vahvasta, hierarkkisesta valvonnasta ja jäsenten täydellisestä kontrolloinnista. Näitä piirteitä nähdään erityisesti uskonnollisissa yhteisöissä, joissa papit ja muut auktoriteetit säätelevät ja kontrolloivat jäsenten jokapäiväistä elämää. He käyttävät valtaa pitääkseen jäsenet järjestelmässä, estääkseen itsenäisen ajattelun ja varmistamalla, että yhteisön säännöt pysyvät koskemattomina.

Kun puolueet tai yhteisöt toimivat tällä tavalla, voimme usein nähdä, että hierarkian ylimmillä askelmilla olevilla johtajilla on jotain salattavaa – henkilökohtaisia luurankoja kaapissa, jotka pelottavat heitä ja pakottavat heidät käyttämään pelkoa ja orjuuttamista jäseniensä hallintaan. Pelko on tehokas hallintakeino, sillä se estää jäseniä kyseenalaistamasta järjestelmää ja takaa yhteisön koossapysymisen.

Samalla tavoin pelon voimalla pysyvät koossa monet moottoripyöräjengit, joissa yksilöön kohdistuva valvonta on usein mafiamaisella tasolla. Jäseniltä vaaditaan täydellistä uskollisuutta ja sisäistä yhdenmukaisuutta, tai he joutuvat kohtaamaan vakavia seurauksia. Tällaisia ryhmittymiä voi verrata lahkolaisuuteen monessa mielessä, sillä niiden toimintatavat ovat huomattavan samankaltaisia – valta keskittyy pienelle ryhmälle, ja pelko ja valvonta pitävät jäsenet tottelevaisina.

MITÄ VAPAUS ON?

Mutta onko vapaus todellisuudessa jotain niin helposti ymmärrettävää? Onko se länsimaista hyvinvointia ja yltäkylläisyyttä, vai onko itse asiassa niin, että tällaisen yltäkylläisyyden ylläpitäminen tuottaa ja on itsessään orjuutta? Entä jos vapaus ei olekaan sitä, mitä luulemme sen olevan?

Jos tarkastellaan vapauden käsitettä pidemmällä aikavälillä, voimme kysyä: oliko kivikauden ihminen vapaampi kuin me nykyisin? Agrikulttuuri, joka alkoi kehittyä noin 10 000 vuotta sitten, toi mukanaan muutoksia, jotka loivat perustan nykyiselle yhteiskuntarakenteelle. Maatalouden yleistyminen ei pelkästään muuttanut ihmisten elinkeinoja, vaan myös heidän suhteensa luontoon ja vapauteen. Ennen maataloutta, metsästäjä-keräilijöinä elävät ihmiset kulkivat vapaasti luonnossa, keräten ja metsästäen sen, mitä he tarvitsivat selviytyäkseen. Tällöin vapaus ei ollut sidottu mihinkään tietyihin rajoihin tai tehtäviin – luonnon tarjoamat mahdollisuudet olivat avoimia ja laajoja.

Mutta maatalouden tullessa mukaan kuvaan, ihmiset alkoivat asettua paikoilleen ja viljellä maata. Tämä erikoistuminen toi mukanaan työtaakan, joka oli aluksi hyvin raskas ja orjuuttava. Kun ihminen keskittyi viljelyyn, hän ei enää ollut vapaa luonnon kiertokulusta vaan sidottu maahan, joka vaati huolenpitoa ja vaivannäköä. Vapauden käsite muuttui, sillä nyt oli pakko huolehtia omista viljelmistä, peltojen kastelusta, sadonkorjuusta ja talven varalle säilömisestä. Voidaanko tätä enää pitää vapauden ajan viettämisenä, vai onko tämä jo eräänlaista orjuutta?

Tässä on mielenkiintoinen ajatus, sillä metsästäjä-keräilijöiden elämä oli toisaalta vähemmän sidottua, vaikka heidän ei tarvinnutkaan työskennellä yhtä määrätietoisesti ja pitkäkestoisesti kuin myöhemmät maanviljelijät. Kivikauden ihmiset kulkivat luonnossa, ja heidän työtuntinsa olivat suhteellisen lyhyitä. He metsästivät ja kalastivat, ja usein saaliit olivat suuria, mikä antoi heille mahdollisuuden nauttia pitkästä levosta. Luonnon kiertokulku ei ollut sidottu kellonaikoihin tai maatalouden vaatimuksiin, vaan se oli vapaata ja elävää. Työpäivät olivat lyhyitä, eikä vapauden ajankäyttöä tarvinnut hallita samalla tavalla kuin maatalousyhteiskunnassa. Tämä elämäntyyli antoi aikaa ajattelulle, luovuudelle ja uusien asioiden keksimiselle. Tällöin oli aikaa pohtia ja kehittää parempia työkaluja, tapoja selviytyä ja sopeutua ympäröivään maailmaan. Luovuus sai kukoistaa ilman raskasta orjuuttavaa työtä, ja tämä oli osaltaan syy siihen, miksi ihmiset alkoivat kehittää uusia innovaatioita.

Nykyisin tilanne on kuitenkin toisenlainen. Voimmeko sanoa, että meillä on vapaus, jos työelämä on lähes kokonaan säädelty ja aikataulutettu? Nykyihminen elää usein hyvin koneellisesti ja toistaa samoja toimintoja päivästä toiseen, viikosta toiseen, vuodesta toiseen. Työpäivät ovat pitkiä ja usein jollain tavalla mekaanisia, eikä monilla ole aikaa tai tilaa luovuudelle. Useimpien mielikuvitus tuntuu olevan sidottu siihen, mitä kaupasta voi ostaa valmiina, eikä moni enää mieti, kuinka oma elämä voisi olla vapaampaa tai miten sen voisi itse rakentaa. Kun aikamme kulutetaan työskentelemällä järjestelmällisesti ja tehokkaasti, ei jää aikaa sille, mikä oli metsästäjä-keräilijöiden elämän ydin: vapaus ajatella, tutkia, kokeilla ja kehittää.

Voisiko tämä luovuuden puute ja vapauden rajoittuminen olla seurausta modernin yhteiskunnan tuottamasta "orjuudesta"? Onko työ, johon monet meistä ovat antautuneet, vain toinen muoto orjuudesta, jolle ei ole vapaata vaihtoehtoa? Entä jos vapaus ei olekaan sitä, että pystymme kuluttamaan yltäkylläisesti, vaan se, että pystymme päättämään itse, mihin käytämme energiamme ja aikamme?

Vapaus ei ole vain fyysistä liikkumisvapautta tai kulutushyödykkeiden hankkimista – se on myös henkistä vapautta. Se on vapaus valita oma polku ilman, että on jatkuvasti sidottu jollekin ennalta määrätylle kaavalle. Vapaus voi olla sitä, että ihmisellä on mahdollisuus elää yksinkertaisemmin ja vapaammin, ilman, että hän on orjuutettu kulutuksen tai ajankäytön kahleisiin.

Vapauden käsitteen pohtiminen on erityisen tärkeää nykymaailmassa, sillä yhteiskunnassamme vapauden rajoitukset ovat usein niin hienovaraisia, ettemme edes huomaa niitä. Itse asiassa se onkin yksi vapauden riiston vaarallisimmista muodoista – me olemme vankeja, mutta emme tiedä sitä. Tämä piilevä orjuus on vaikeasti tunnistettavaa, koska emme ole tietoisia siitä, kuinka paljon yhteiskunnalliset rakenteet ja kulttuuriset normit rajoittavat elämäämme.

Mainonta on yksi tärkeimmistä välineistä, joka vaikuttaa vapauteemme. Nykyään mainoksia tulvii ympärillämme jatkuvasti, joka tuutista, joka kanavasta. Ne ovat niin moninaisia ja läpitunkevia, ettei meillä ole edes aikaa käsitellä niitä kaikkia, saati sitten kyseenalaistaa niitä. Tämä luo suuren ongelman, sillä juuri silloin, kun emme ole tietoisia mainonnan vaikutuksesta, se livahtaa alitajuntaamme. Mainokset eivät vain myy tuotteita – ne myyvät myös elämäntapoja, arvomaailmoja ja tarpeita, joita emme osaa edes kyseenalaistaa. Tämän me sisäistämme ilman, että tiedostamme sen, ja vaikutus on voimakas. Me emme enää kuljeta omia päätöksiä, vaan olemme altistuneet ulkoisille vaikutteille, jotka ohjaavat valintojamme ja asenteitamme.

Maailman globalistieliitin päämääränä on vain hyötyä meistä, joita he pitävät "alempiarvoisina." Heidän tavoitteensa on päästä eroon kaikista niistä, joita he näkevät turhina ja tarpeettomina, ja jättää jäljelle vain ne, jotka alistuvat täysin järjestelmään, tekevät kaiken, mitä käsketään, ja pelkäävät kyseenalaistaa mitään. Tällaiset ihmiset ovat helppoja hallita ja orjuuttaa, sillä heidän tyytyväisyyttään voi hallita järjestämällä heille houkuttelevia, mutta myrkyllisiä huumeita, joiden kautta eliitti kerää valtavia voittoja. Huumeista tulee ihmiskunnan koukku, joka takaa jatkuvan asiakaskunnan, kun ihmiset jäävät niihin riippuvaisiksi.

Eliitin ei tarvitse huolehtia monimutkaisista tehtävistä, vaan he voivat jakaa ne niille, jotka tekevät raskaat ja epämieluisat työt – työt, joita edes kehittynyt tekoäly ei kykene suorittamaan. Palkat ovat niin alhaisia, että niillä selviää juuri ja juuri hengissä, eikä mitään elämisen tasoa ole näkyvissä. Tämä työvoima, joka pyörittää maailman koneistoa, saa elantonsa vain sen verran, että pystyy jatkamaan selviytymistä, mutta ei koskaan nousemaan järjestelmän yläpuolelle. Ja kaiken tämän taustalla tarvitaan ne insinöörit ja tekniset asiantuntijat, jotka pitävät koneiston liikkeessä – ylläpitäen sitä koneellista järjestelmää, joka murskaa yksilön vapauden ja mahdollistaa eliitin hallinnan.

Nykymaailmassa kaikki mahdolliset kanavat tuntuvat työntävän viihdettä vasten kasvoja, ja tämä jatkuva tulva täyttää meidät niin, että emme ehdi tai jaksa enää syventyä mihinkään muuhun. Olipa kyse televisiosta, sosiaalisesta mediasta tai muista digitaalisista alustoista, viihde on kaikkialla, ja se on suunniteltu juuri niin, että se vie kaiken huomion. Tämä jatkuva ärsykkeiden vyöry pitää meidät pinnallisella tasolla ja estää meitä pohtimasta asioita syvemmin. Sen sijaan, että tekisimme tilaa kriittiselle ajattelulle, joudumme jatkuvaan reaktiiviseen tilaan, jossa pohdimme vain seuraavaa viihdyttävää elementtiä, joka ilmestyy eteemme.

Kun viihde, joka on muokattu täsmällisesti koukuttavaksi ja jännittäväksi, täyttää tilan, jossa voisi olla tilaa pohdiskelulle, kyky kyseenalaistaa omaa elämäämme ja ympäröivää maailmaa heikkenee. Meistä tulee passiivisia kuluttajia, jotka nauttivat viihteen tarjoamasta pintakiillosta, mutta emme suostu sukeltamaan syvemmälle. Tämä tekee orjista helppoja hallita, sillä kun ajatukset ja kysymykset jäävät pois pinnalta, myös totuus on helposti piilotettavissa. Kyseenalaistaminen ei enää ole osa arkea, koska sen sijaan olemme uppoutuneet maailmaan, jossa kaikki näyttää olevan kunnossa, niin kauan kuin saamme annoksen seuraavaa viihdyttävää sisältöä.

Samaan aikaan viihde muokkaa meitä alitajuisesti, sillä se ei ainoastaan vie aikaa ja energiaa ajattelulta, vaan se myös ohjaa tunteitamme ja arvojamme. Se opettaa meille, mitä on "hyvä" ja "järkevä" elämä, ja se tekee tämän hyvin hallitulla tavalla. Viihteen avulla voidaan helposti luoda illuusio vapaudesta ja valinnanvapaudesta, mutta todellisuudessa olemme sidottuja tarkasti määriteltyihin rooleihin ja kaavoihin. Näin orjuus ei näy rautaketjuissa tai vankiloissa, vaan se on sisäistetty meille kulttuuristen ja mediatason mekanismien kautta, jotka pitävät meidät nöyrinä ja alistettuina.

Kun viihde on se, mikä täyttää elämämme, jää meille yhä vähemmän aikaa ajatella, miksi teemme niitä asioita, joita teemme. Miksi kulutamme aikamme näihin sisällöihin, miksi uskomme niitä? Miksi emme kyseenalaista niitä uskomuksia ja asenteita, jotka meille syötetään? Viihteen avulla meille annetaan vain tarpeeksi, jotta voimme tuntea itsemme tyytyväisiksi, mutta ei liikaa, jotta alkaisimmekaan haaveilla paremmasta ja vapaammasta elämästä. Näin orjuus pitää meidät kahleissa, mutta olemme niin tottuneita siihen, ettemme edes huomaa.

Lääketeollisuus on yksi yhteiskuntamme vaarallisimmista orjuuttajista. Sen avulla pidetään ihmiset sairaina ja sairastutetaan, vaikka he eivät olisikaan sairaita alun perin, kuten olemme aiemmin käsitelleet. Lääkeyhtiöiden valta on kasvanut valtavat mittasuhteet saavuttavaksi, ja heidän bisnesmallinsa perustuu ihmisten riippuvuuteen lääkkeistä, jotka usein eivät paranna, vaan pitävät asiakkaat jatkuvassa sairastamisen ja lääkehoitojen kierrossa.

Tulevaisuudessa lääketeollisuus pyrkii estämään luonnonlääkkeiden käytön kokonaan, sillä nämä ovat uhka nykyaikaisen lääketieteen ja sen suurimpien toimijoiden, Big Pharman, liiketoiminnalle. Luonnonlääkkeet olisivat todellisuudessa todellinen apu moniin vaivoihin ja sairauksiin, sillä ne eivät aiheuta haitallisia sivuvaikutuksia, kuten lääketeollisuuden valmistamat synteettiset lääkkeet. Mutta juuri siksi luonnonlääkkeiden käyttö halutaan estää. Ne uhkaavat lääketeollisuuden jatkuvan voitontavoittelun mallia, jossa lääkkeitä myydään ihmisille loppuelämän ajaksi – yhä useampia lääkkeitä aina vaan kalliimmalla hinnalla.

Yksi suurimmista esimerkeistä tästä orjuuttavasta kierrosta on rokotteet. Rokotukset on nostettu lähes pyhäksi osaksi nykylääketiedettä, mutta niiden tehokkuus ja turvallisuus ovat kyseenalaisia. Todellisuudessa monet rokotteet eivät toimi kuten väitetään, ja niillä voi olla vakavia, pitkäaikaisia haittavaikutuksia, jotka usein jäävät piiloon massamedian ja viranomaisten sensuurin takia. Lääkeyhtiöiden etu on pitää rokotepandemiaa yllä, sillä ne saavat jatkuvia tuloja rokotteista, mutta samalla ne jättävät täysin huomiotta mahdolliset riskit ja haitat, joita rokotteet voivat aiheuttaa.

Tämä on surullinen esimerkki siitä, kuinka lääketieteestä on tullut jatkuva kulutusjärjestelmä, jossa sairastaminen ja sen hoitaminen muodostavat elinkeinon. Rokotteet ovat osa tätä ikuista kierrosta, jossa ihmiset eivät koskaan ole täysin vapaita. Heidän on jatkuvasti ostettava uusia lääkkeitä, ja vaikka lääkeyhtiöt lupaavat parannuksia, heidän todellinen tavoitteensa on luoda asiakkailleen elinikäinen riippuvuus. Tämä saattaa kuulostaa järjettömältä, mutta se on todellisuus, jonka takana on miljardien dollarien bisnes, jossa ihmisten terveys on toissijainen.

Tämä koko systeemin toiminta salataan, ja totuus rokotteiden ja lääkkeiden haitallisista vaikutuksista pyritään peittämään kaikin mahdollisin keinoin. Se, että suuri osa ihmisistä ei tiedä näistä riskeistä, on itse asiassa tarkoitus – silloin lääkeyhtiöt voivat jatkaa vallan ja voiton tavoittelua, samalla kun tavalliset ihmiset jäävät ansaan ja orjuuteen.

Eliitti on suunnitellut tulevaisuudessa luodakseen alueita, joille tavallisilla ihmisillä ei ole pääsyä. Maaseudun ja luonnon lähestymistapa on systemaattisesti pyritty rajaamaan pois ihmisten ulottuvilta, sillä siellä asuvilla olisi mahdollisuus elää itsenäisemmin, viljellä maata ja saada elantonsa luonnon antimista. Jos ihmiset asuisivat maaseudulla, he voisivat elää omavaraisesti, kasvattaa ruokansa ja pitää huolta omasta terveydestään ilman jatkuvaa riippuvuutta suurista lääkeyhtiöistä ja rokoteohjelmista. Tällöin he olisivat vähemmän alttiita hallinnan ja kontrollin mekanismeille, joita eliitti pyrkii luomaan.

Siksi eliitti on ollut kiinnostunut saamaan ihmiset keskitetyksi tiiviisti kaupunkeihin, joissa valvonta on helpompaa ja joissa elintaso perustuu yhä enemmän kulutukseen, rahaan ja riippuvuuteen ulkopuolisista resursseista. Kaupungeissa ihmiset ovat sidottuja järjestelmään, jossa heiltä puuttuu itsenäisyys ja mahdollisuus elää täysin omilla ehdoillaan. Tällainen elinympäristö tukee eliitin valtaa ja he voivat ylläpitää sosiaalista ja taloudellista eriarvoisuutta, jossa suuri osa väestöstä on käytännössä orjia, jotka ovat jatkuvasti sidottuja velkoihin ja riippuvuuksiin.

Luonnossa piilee myös valtava mahdollisuus elää terveellisemmin ja itsenäisemmin. Eliitti ymmärtää tämän hyvin, ja siksi se pyrkii rajoittamaan pääsyn luonnon tarjoamiin parannuskeinoihin. Luonnonlääkkeet ja kasvit, jotka voisivat tarjota todellista apua moniin vaivoihin, halutaan pitää piilossa tai tehdä niistä laittomia. Terveelliset ja luonnolliset vaihtoehdot voisivat haastaa lääkeyhtiöiden bisnesmallin, jossa ihmiset ovat jatkuvasti riippuvaisia uusista lääkkeistä ja rokotteista, jotka pitävät heidät vankeina sairauden pelossa.

Tämä täydentää eliitin valtapeliä, jossa he hallitsevat lääkkeitä, terveyspalveluja ja yhteiskunnallisia rakenteita niin, että ihmiset jäävät ansaan – fyysisesti, henkisesti ja taloudellisesti. Tavoitteena on pitää suurin osa väestöstä kontrollissa, estää itsenäisyys ja luovuus, ja pitää ihmiset sidottuina kiinteisiin rooleihin, joissa he eivät koskaan pääse irti järjestelmästä. Eliitin pelissä luonnon terveyttä edistävät aineet ja omavaraisuus ovat uhka, joka täytyy tukahduttaa.

Tämä tilanne ei ole vain yksi osa monimutkaista yhteiskuntarakennetta, vaan järjestelmä, joka toimii niin, että kaikkea luonnollista ja itsenäistä pyritään pitämään erillään kansasta, jotta kontrolli pysyy käsissä.

MITÄ VAPAUS ON MINULLE?

Vapaus. Se on yksi niistä käsitteistä, joka vaikuttaa olevan kaiken mitta. Mutta mitä vapaus oikeastaan on, ja ennen kaikkea, miten minä koen sen? Onko se pelkästään ulkoisten rajojen puuttumista, vai onko se myös jotain syvempää, mitä emme aina itse tunnista?

Omalla kohdallani vapaus ilmenee ennen kaikkea liikkuvuudessa – ei vain fyysisessä mielessä, vaan myös henkisessä. Kun astun lenkkipolulle ja kävelen yksin, ilman aikarajoja tai suunnitelmia, koen olevani vapaa. Ei ole tarvetta täyttää odotuksia, ei ole paineita saavuttaa mitään. Ei ketään, joka katsoo kelloaan tai mieltää reitin tavoitteeksi. Kävely itsessään on riittävä. Se on minulle kuin elämän hiljainen riitti – hetki, jolloin ei ole mitään muuta kuin minä ja ympäröivä maailma.

Erityisesti koen vapauden tunteen voimakkaasti silloin, kun astun polulle, joka ei ole ennalta määritelty. Se on kuin paluu johonkin alkuperäiseen, vaistomaiseen. Kävelen tuntemattomaan, ei toistuvaan, vaan uuteen. En tiedä, minne polku vie, ja juuri siinä piilee vapauden ydin: mahdollisuus valita joka askeleella. Tässä hetkessä en ole sidottu mihinkään. Ei ole sääntöjä, ei kaavoja. Tämä on vapaus, jota en voisi kokea, jos noudattaisin tarkasti jotain etukäteen suunniteltua reittiä. Jos olisin orja omalle kaavalleni, se ei olisi enää vapaus, vaan itse luomani rajoite, joka estää minua nauttimasta matkastani.

Silti on myönnettävä, että kaavan toistaminen voi joskus tuoda lohtua. Jos elämässäni vallitsee kaaos ja kiire, saattaa olla, että tuttua polkua seuraamalla tunnen hallinnan tunnetta. Se saattaa tuntua vapaudelta silloin, kun muu elämä tuntuu raskaalta ja epävakaalta. Onko silloin kyse vapaudesta, vai onko se enemmänkin keino paeta suurempaa vankeutta, joka on itse elämässä? Kokoontuuko tämä vapaus siinä hetkessä sen sijaan, että se olisikin todella avointa ja valinnanvapautta? Ehkä sekin on vapauden osa – kyky hyväksyä hetkelliset tarpeet ja antaa itselleen lupa olla "orja" edes hetkellisesti, jos se tuo kaivattua keveyttä.

Vapaus ei siis ole yksiselitteinen ja staattinen kokemus. Se on muuttuva, elävä prosessi, joka mukautuu ympäristön, mielentilan ja elämänvaiheiden mukaan. Ja kuitenkin, syvällä itsessään, vapauden ydin on mahdollisuus valita – ei vain ulkoisesti, vaan myös sisäisesti. Vapaus ei ole vain fyysistä liikkumavaraa, vaan kyky päättää, miten elämään suhtautuu. Vapaus on kyky tunnistaa, että vaikka joskus olemme sidottuja aikarajoihin ja ulkoisiin odotuksiin, on silti olemassa polkuja, jotka vievät meidät pois rutiineista ja kohti jotain suurempaa, vapauttavampaa.

Vapaus on käsitteenä kiinteästi sidoksissa yksilön kokemukseen ja subjektiiviseen todellisuuteen. Se ei ole universaali tai helposti määriteltävä asia, vaan se on syvästi henkilökohtainen kokemus, joka vaihtelee suuresti eri ihmisillä. Toisille vapaus on sitä, että saa rauhassa istua illat television ääressä, nauttien siitä, että päivän velvollisuudet on hetkellisesti jätetty taakse. Se on lepoa ja pakopaikkaa, hetkellinen irtiotto maailmasta. Mutta toisaalta, sama tilanne voi toiselle olla vankila, jossa mieli tai keho ei ole enää vapaasti läsnä, vaan uppoaa passiiviseen olemiseen. Tällöin vapaus on kadonnut, ja sen tilalle on astunut riippuvuus ja rajoitteet, joita ei välttämättä edes tunnisteta.

Vapaus voi myös olla vapauden tavoittelua itsessään. Se voi olla orjallista pyrkimystä vapauteen – jatkuvaa kiirettä, joka vie mukanaan, yrittäen päästä jonnekin, jossa ei koskaan ole. Tässä tapauksessa vapauden tavoittelu itsessään voi alkaa vaikuttaa vankilalta, sillä se johtaa siihen, että oma hyvinvointi ja tasapaino unohdetaan. Aina ei ole selkeää rajaa sen välillä, mikä on terve pyrkimys vapauteen ja mikä on itseään syövää orjuuttamista. Usein vapauden tavoitteluun liittyy voimakas sisäinen paine ja ulkoisia odotuksia, jotka johtavat meitä kohti päämäärää, mutta jotka voivat myös tuhota sen, mikä on oikeasti tärkeää: kyky olla läsnä hetkessä ja nauttia siitä, mitä on.

Vapaudella on aina hintansa. Se ei ole ilmainen, eikä se ole aina se yksinkertainen, helposti saavutettavissa oleva asia, jota usein kuvitellaan. Vapauden hinta voi olla monen asian summa: se voi tarkoittaa uhrauksia, omien mukavuuksien ja tottumusten jättämistä taakse, tai jopa suhteiden ja ympäristön muuttamista. Se voi tarkoittaa myös syvempää itsetutkiskelua, totuuksien kohtaamista ja omien pelkojen voittamista. Vapaus ei ole vain ulkoista vapautta, se on sisäistä vapautta, joka vaatii meiltä jatkuvaa pohdintaa ja itsemme ymmärtämistä. Jokainen maksaa vapaudestaan omalla tavallaan – ja tämä hinta ei ole aina se, mitä olisimme kuvitelleet, mutta se on väistämätöntä.

RAHA ORJUUTTAA

Raha on yksi ihmiskunnan vaikutusvaltaisimmista orjuuttajista. Se tarjoaa omistajilleen illuusion vapaudesta ja vallasta, mutta samalla se kietoo heidät näkymättömiin kahleisiin. Suuri omaisuus ei tuo aitoa vapautta, vaan synnyttää uudenlaisen riippuvuuden. Omaisuuden haltija muuttuu vangiksi, jonka mieli on kiinnittynyt sen varjelemiseen, kartuttamiseen ja mahdollisten menetysten pelkoon. Raha, joka alun perin oli väline vapauden saavuttamiseksi, kääntyy isännäksi, joka alistaa niin yksilön kuin yhteiskunnatkin, ylläpitäen eriarvoisuutta ja määrittäen arvoja, jotka usein ovat kaukana ihmisyyden ydinolemuksesta.

Raha on väline, mutta samalla se on kahle, ja järjestelmä, joka perustuu sen hallintaan, on rakennettu pitämään yksilöitä sen alistamina. Jokainen, joka joutuu elämään rahan puutteen varjossa ja hakemaan toimeentulonsa valtiollisista tukijärjestelmistä, kuten Kelasta, astuu todellisuudessa sopimuksen piiriin, jossa yksilön taloudellinen vapaus ja autonomia asetetaan kontrollin alaisiksi. Kela toimii valvojana, joka pitää tarkkaa kirjaa jokaisen asiakkaan rahavirroista, ja tämä valvonta ulottuu syvälle yksilön taloudellisen elämän yksityiskohtiin. Se, mikä näyttäytyy sosiaaliturvana, saattaa tosiasiassa ylläpitää köyhyysloukkua, jossa yksilön mahdollisuudet taloudelliseen itsenäisyyteen supistetaan minimiin.

Kelasta riippuvaisen on mahdotonta kartuttaa pääomaa tulevaisuutensa turvaamiseksi ilman, että järjestelmä tulkitsee sen ylimääräiseksi varallisuudeksi ja leikkaa tuet sen mukaisesti. Näin järjestelmä ei ainoastaan kontrolloi, vaan myös estää yksilöä irrottautumasta taloudellisesta riippuvuudesta. Filosofisesti tarkasteltuna tämä luo kehässä pyörivän tilanteen, jossa ihmisarvoa ja vapautta alennetaan rahan hallinnan välineiksi. Raha, joka voisi toimia vapauttajana, muuttuu itse tyranniaksi, kun järjestelmä määrittelee, kuka on oikeutettu käyttämään sitä ja miten.

Juridisesta näkökulmasta tilanne näyttäytyy monimutkaisena: toimeentulotuki on suunniteltu turvaamaan perustoimeentulo, mutta järjestelmä ei ota huomioon yksilön moninaisia tarpeita ja unelmia. Erityisesti yrittäjyys jää marginaaliin, sillä pääoma, jota tarvitaan yrityksen perustamiseen, rinnastetaan usein henkilökohtaiseksi varallisuudeksi, vaikka se toimisi yksilön työvälineenä. Tämä johtaa paradoksiin: järjestelmä rankaisee yksilöitä, jotka pyrkivät luomaan omavaraisuutta ja irrottautumaan tukijärjestelmän kahleista.

Toimeentulon sidonnaisuus rahan hallintaan nostaa esiin kysymyksen oikeudenmukaisuudesta. Jos yksilö löytää keinon säilyttää varojaan muodossa, jota järjestelmä ei tunnista, häntä voidaan syyttää petoksesta tai moraalittomuudesta. Mutta voiko tätä todella pitää rikollisena toimintana, jos kyseessä on vain yksilön pyrkimys vapautua taloudellisesta orjuudesta ja ottaa ohjat omiin käsiinsä? Tässä piilee moraalinen ja filosofinen ristiriita: onko väärin etsiä vapautta järjestelmässä, joka ei sitä tarjoa?

Syvempi tarkastelu osoittaa, että järjestelmän olemus on kontrolloida yksilön valintoja ja prioriteetteja, ei ainoastaan tarjota apua. Tässä mielessä Kela ja muut vastaavat tukijärjestelmät edustavat modernin yhteiskunnan mekanismeja, jotka ylläpitävät taloudellista eriarvoisuutta näennäisen tasapuolisuuden nimissä. Ongelma ei ole ainoastaan yksilöiden kohdalla, vaan järjestelmän rakenteessa: se ei tunnista rahan moninaista merkitystä, vaan näkee sen vain arvona, joka täytyy kontrolloida. Näin järjestelmä toimii itseään vastaan, estäen niitä, joilla on tahtoa ja kykyä, nousemasta siitä ulos.

Onko yksilön ainoa vaihtoehto siis alistua tai turvautua keinoihin, joita järjestelmä ei hyväksy? Tämä kysymys avaa polun laajempaan pohdintaan talouden ja ihmisoikeuksien suhteesta: voiko yksilön todellinen vapaus toteutua järjestelmässä, joka pitää kiinni rahan absoluuttisesta hallinnasta?

Moderni raha- ja talousjärjestelmä on rakentunut niin, että yksilöiden valinnanvapaus on vähitellen kutistettu lähes olemattomiin. Pankkitilit, jotka ovat välttämättömiä jokapäiväisessä elämässä, ovat samalla portteja, joiden kautta yksilöiden taloudellinen toiminta voidaan sekä valvoa että hallita. Käteisen käyttö, joka aikaisemmin symboloi yksilön itsenäistä taloudellista toimintaa, on lähes kadonnut, ja sen mukana on hävinnyt myös osa ihmisen mahdollisuudesta liikkua vapaasti taloudellisen järjestelmän ulkopuolella. Palkat, avustukset ja jopa mikromaksut kulkevat sähköisten järjestelmien kautta, mikä tekee kaikista rahavirroista jäljitettävissä olevia ja avoimia kontrollille.

Pankkien asema tässä järjestelmässä on paradoksaalinen. Ne esitetään luotettavina säilytyspaikkoina yksilön varoille, mutta todellisuudessa ne toimivat itse asiassa rahan välittäjinä ja valvojina. Pankit voivat mielivaltaisesti lisätä palvelumaksujaan, jotka kohdistuvat etenkin pienituloisiin, ja äärimmäisissä tilanteissa ne voivat jopa jäädyttää tilit. Tämä antaa pankeille valtavan vallan yksilön taloudelliseen turvallisuuteen, ja samalla pankit ovat itse vastuuvapaita. Yksilö voi menettää pääsyn omaan rahalliseen omaisuuteensa, eikä hänellä välttämättä ole keinoja haastaa tätä toimintaa.

Verotusjärjestelmä syventää tätä yksilön hallinnan ongelmaa. Vaikka veroilla perustellaan yhteiskunnan toimintojen ylläpito, on perusteltua kysyä, missä määrin yksilö todella hyötyy maksamistaan veroista. Verotus on rakennettu siten, että varoja kerätään yhteiseen kassaan, mutta niiden käyttö ja jakautuminen ei aina heijasta maksajien tarpeita tai prioriteetteja. Tämä herättää syvemmän kysymyksen oikeudenmukaisuudesta: miksi yksilö, joka maksaa suuren osan tuloistaan veroina, kokee silti olevansa sivuutettu päätöksenteossa siitä, miten hänen rahojaan käytetään?

Eläkejärjestelmä on toinen esimerkki järjestelmästä, joka lupaa taloudellista turvallisuutta mutta samalla vie yksilöltä merkittävän osan hänen itsenäisyydestään. Yrittäjien ja työntekijöiden on pakko maksaa eläkemaksuja, mutta näistä varoista vain murto-osa päätyy takaisin eläkkeensaajan käyttöön. Suurin osa maksajista ei saa takaisin edes sitä määrää, jonka he ovat järjestelmään sijoittaneet, saati mitään korkoa tai hyötyä. Eläkejärjestelmä on rakennettu kollektiivisen vastuun ajatukselle, mutta tämä kollektiivisuus jättää yksilön usein tuntemaan, ettei hänellä ole todellista osaa eikä arpaa omien varojensa hallinnassa.

Filosofisesti tarkasteltuna tämä järjestelmä asettaa yksilön rooliin, jossa hänen toimintansa ja vapautensa määritellään ulkopuolelta. Raha, joka alkujaan on väline, muuttuu tässä rakenteessa yksilön hallitsijaksi. Sen sijaan, että ihminen hallitsisi rahaa, hänestä itsestään tulee järjestelmän hallitsema. Tämä nostaa kysymyksen taloudellisesta itsemääräämisoikeudesta: voiko yksilö koskaan saavuttaa täyttä taloudellista vapautta järjestelmässä, joka perustuu hänen rahalliseen kontrolliinsa?

Koko moderni talousjärjestelmä muistuttaa suurta koneistoa, jossa jokainen yksilö on hammasrattaan asemassa. Yksilön on osallistuttava järjestelmään selviytyäkseen, mutta samalla hän on pakotettu luovuttamaan osan itsenäisyydestään ja vapauksistaan. Näin syntyy tilanne, jossa järjestelmä tarjoaa näennäistä turvallisuutta ja ennustettavuutta, mutta ottaa vastineeksi yksilöltä sen, mikä on hänen kaikkein perustavinta omaisuuttaan: oikeuden hallita itseään ja omaisuuttaan.

Tulevaisuus, jossa keskuspankit hallitsevat keskitettyä digitaalista valuuttaa, näyttää monessa mielessä dystooppiselta. Digitaalinen valuutta, joka on ohjelmoitu siten, että sen käyttömahdollisuuksia voidaan rajoittaa, edustaa syvälle ulottuvaa taloudellisen kontrollin muotoa. Säästämisen estäminen tällaisen ohjelmoidun rahan avulla on yksi askel kohti yksilön taloudellisen vapauden täydellistä kaventamista. Rahan perinteinen tehtävä varallisuuden säilyttämisen ja siirtämisen välineenä menettää merkityksensä, kun yksilö ei enää voi itse päättää siitä, miten ja milloin hän käyttää tai säästää omia varojaan.

Tämä kehitys peitetään usein miellyttävän kuuloisiin käsitteisiin, kuten tuloerojen tasoittaminen tai perustulon käyttöönotto. On kuitenkin syytä kysyä, mitä näiden lupausten takana todellisuudessa tapahtuu. Perustulo, vaikka se teoriassa kuulostaa lupaavalta, voi käytännössä toimia mekanismina, joka tekee yksilöistä entistä riippuvaisempia valtion ja taloudellisen järjestelmän armeliaisuudesta. Tuloerojen tasoittaminen kohdistuu yleensä vain keskiluokkaan ja pienituloisiin, mutta jättää huomioimatta valtavan kuilun superrikkaan eliitin ja tavallisen ihmisen välillä. Tämä kuilu ei vain pysy, vaan kasvaa entisestään, kun keskitetty taloudellinen valvonta mahdollistaa pääoman keskittymisen yhä pienemmälle joukolle.

Ehkä huolestuttavin osa tulevaisuuden visioita on yksityisomistuksen vähittäinen lopettaminen. On helppoa maalata kuva yhteiskunnasta, jossa kaikki tarvittava on vuokrattavissa: asunnot, autot, työkalut ja jopa arkipäiväiset tavarat. Tämä voi kuulostaa käytännölliseltä ja ympäristöystävälliseltä ratkaisulta, mutta se jättää huomiotta olennaisen kysymyksen: kuka omistaa kaiken tämän? Omistus keskittyy yhä tiukemmin superrikkaalle eliitille, joka kontrolloi vuokrausjärjestelmiä. Tavalliset ihmiset, jotka ennen pystyivät omistamaan edes pienen osan omaisuudestaan, joutuvat nyt maksamaan kaikesta jatkuvaa vuokraa – rahaa, joka virtaa suoraan ylimpien hallitsijoiden taskuihin.

Tämä järjestelmä ei pelkästään riistä yksilöltä hänen oikeuttaan omaisuuteen, vaan tekee hänestä jatkuvan kuluttajan, joka on sidottu järjestelmään ilman ulospääsyä. Vapaus ja itsemääräämisoikeus, jotka ovat aina liittyneet omistamiseen, katoavat. Kun mitään ei enää omisteta, yksilöltä viedään mahdollisuus päättää omasta tulevaisuudestaan. Hänestä tulee osa koneistoa, joka ylläpitää vain superrikkaiden valtaa ja varallisuutta.

Filosofisesta näkökulmasta tarkasteltuna tällainen kehitys haastaa perustavanlaatuiset käsityksemme vapaudesta ja oikeudenmukaisuudesta. Omistaminen on perinteisesti nähty yksilön itsenäisyyden perustana – merkkinä siitä, että hänellä on valtaa päättää omista asioistaan. Kun tämä oikeus otetaan pois, yksilö ei ole enää oman elämänsä suvereeni, vaan pelkkä vuokralainen suuressa taloudellisessa järjestelmässä, joka ei kysy hänen mielipidettään. Tämä kehitys vaatii kriittistä tarkastelua: haluammeko todella elää maailmassa, jossa kaikki, mitä käytämme, on jonkun toisen omistamaa ja hallitsemaa?

Raha, joka näyttäytyy meille välttämättömänä työkaluna ja taloudellisen järjestelmän moottorina, on samalla myös pahin orjuuttajamme ja vapauden kahleemme. Se luo illuusion vakaudesta ja turvallisuudesta, mutta todellisuudessa sitoo meidät näkymättömin ketjuin yhteiskunnan rattaisiin. Jokainen rahan käyttöön perustuva transaktio, oli se kuinka pieni tahansa, kietoo meidät tiukemmin kiinni järjestelmään, jonka toimintaan emme itse pysty vaikuttamaan. Raha lupaa meille vapautta, mutta se määrittelee vapauden ehdot – ja juuri tässä piilee sen petollisuus.

Kun globaali kriisi iskee ja infrastruktuuri, johon olemme tukeutuneet, romahtaa, paljastuu rahan todellinen luonne. Yhtäkkiä se, mitä pidimme kaiken peruspilarina, menettää arvonsa. Kaupat, jotka ennen olivat täynnä tavaraa, ovat tyhjiä. Raha, jota olemme vuosikausia keränneet ja kartuttaneet, ei enää tarjoa suojaa eikä keinoa selviytyä. Tällaisessa tilanteessa ihminen jää pohjimmiltaan yksin, ja hänen todellinen kykynsä selviytyä mitataan.

Kriisin keskellä ihmisen arvo mitataan hänen kyvyssään rakentaa yhteyksiä ja uudelleenluoda yhteisöllisyyttä. Rahan sijaan selviytyminen alkaa riippua siitä, kuinka hyvin pystymme luomaan luottamukseen perustuvia verkostoja. Yksilöllinen osaaminen, vaihdantatalous ja kyky elää niukkuuden keskellä korostuvat. Pienin askelin on rakennettava uudelleen sellaista verkostoa, jossa luottamus ja yhteiset tavoitteet korvaavat rahaan perustuvan kontrollin.

Filosofisesti tarkasteltuna tällainen kriisi nostaa esiin kysymyksen siitä, mikä todella on arvokasta. Raha ei voi kantaa meitä tällaisen hetken yli, sillä se ei ole muuta kuin ihmisen luoma abstraktio. Sen sijaan ihmisten väliset suhteet, keskinäinen apu ja luonnonvarojen suora hyödyntäminen nousevat jälleen keskiöön. Kriisi osoittaa, että vapaus ei löydy rahasta tai sen tuomasta vallasta, vaan kyvystä olla riippumaton niistä rakenteista, jotka tekevät meistä orjia.

Tämä paluu yksinkertaisuuteen ja perustavanlaatuisiin arvoihin on samalla muistutus siitä, miten hauraita modernit yhteiskuntarakenteet ovat. Kaikesta kehityksestämme huolimatta olemme lopulta edelleen riippuvaisia maasta, vedestä, ruuasta ja toisistamme. Raha, jonka varaan olemme rakentaneet kaiken, ei kykene paikkaamaan niiden puutetta. Siksi meidän on kriisin aikana ja sen jälkeen kysyttävä itseltämme: haluammeko rakentaa järjestelmän, joka tekee meistä riippuvaisempia rahasta, vai sellaisen, joka perustuu ihmisen kykyyn elää vapaasti ja tasapainossa muiden kanssa?

VAPAUDEN RAJOITTAMISESTA

Valtaapitävän globalistieliitin visiot tulevaisuuden kaupunkisuunnittelusta ovat huolestuttavia, sillä ne tähtäävät ihmisten elintilan rajoittamiseen ja liikkumisen kontrollointiin. Näiden suunnitelmien taustalla on pelon luominen ilmastonmuutoksen varjolla – pelko, joka saa ihmiset suostumaan toimenpiteisiin, joita ei muutoin koskaan hyväksyttäisi. Näitä toimenpiteitä perustellaan kestävällä kehityksellä ja ekologisilla tavoitteilla, mutta todellisuudessa niiden lopullisena päämääränä on keskittää valta ja rajoittaa yksilönvapauksia.

Tulevaisuuden visioissa tiivis kaupunkiympäristö ilman yksityistä maata tai mahdollisuutta omavaraisuuteen esitetään ihanteena. 15 minuutin kaupungit, joissa kaikki elämisen peruspalvelut sijaitsevat lyhyen kävelymatkan päässä, kuulostavat ensi silmäyksellä tehokkaalta ja käytännölliseltä. Kuitenkin niiden todellinen tarkoitus piilee vapauden rajoittamisessa. Tällaisessa järjestelmässä ei enää ole tilaa omalle tontille, puutarhalle tai viljelypaikalle, jotka tarjoaisivat mahdollisuuden itsenäisyyteen. Ihmiset pakotetaan täysin riippuvaisiksi kaupunki-infrastruktuurista ja sen tarjoamista palveluista, joita hallitsevat ja säätelevät suuret ylikansalliset toimijat.

Autoilun vähentämisestä ja liikenteen rajoittamisesta tehdään välttämättömyys ilmastokriisin nimissä, mutta todellisuudessa se on tapa kaventaa yksilön liikkumisvapautta. Betoniporsaat sulkevat katuja ja tekevät mahdottomaksi liikkumisen oman kaupungin ulkopuolelle ilman erityislupia. Tästä muodostuu eräänlainen moderni vankila, jossa ihmiset elävät omien kaupunkiensa rajoittamina – eikä kyse ole vain fyysisistä esteistä, vaan myös henkisestä kontrollista, jonka avulla ihmisten mieliä ohjataan hyväksymään oma vangitsemisensa osana "parempaa tulevaisuutta".

Filosofisesti tällainen kehitys on ristiriidassa ihmisen luontaisen vapauden kaipuun kanssa. Ihminen on historiallisesti aina etsinyt tilaa hengittää, paikkaa, jossa hän voi rakentaa omaa elämäänsä ja tehdä omia valintojaan. Kaupunki, jossa kaikki on tarkasti määritelty, suljettu ja kontrolloitu, tukahduttaa tämän perustavanlaatuisen vapauden. Samalla se luo uudenlaisen riippuvuussuhteen, jossa yksilöltä viedään kyky hallita omaa elämäänsä ja hänestä tehdään passiivinen kuluttaja.

Juridiselta ja yhteiskunnalliselta näkökulmalta tällainen kehitys on myös vaarallinen. Se keskittää vallan pienelle eliitille, joka säätelee paitsi resurssien jakelua myös ihmisten elinpiiriä ja liikkumista. Kun päätökset tehdään keskusjohtoisesti, yksilön mahdollisuus vaikuttaa omaan elämäänsä katoaa. Jokainen askel kaupunkinsa ulkopuolelle, jokainen halu elää toisin, muuttuu poikkeamaksi, joka on korjattava tai estettävä.

Tämä kehityssuunta ei ainoastaan rajoita ihmisten fyysistä liikkumista, vaan se murentaa syvemmällä tasolla käsitystä siitä, mitä tarkoittaa olla vapaa ja riippumaton. Lopulta kysymys ei ole vain siitä, kuinka liikumme tai missä asumme, vaan siitä, millaista ihmiskuvaa tällainen järjestelmä palvelee. Rakennammeko tulevaisuuden, jossa ihmistä pidetään vapaana ja täysivaltaisena olentona, vai hyväksymmekö järjestelmän, joka näkee meidät resursseina, jotka tulee hallita ja optimoida niiden, joilla on valta?

Globalistieliitin visiot ulottuvat syvälle ihmisen ja luonnon suhteeseen, pyrkien muuttamaan tämän vuosisatoja vanhan sidoksen radikaalisti. Näiden suunnitelmien tavoitteena on eristää ihmiset luonnosta kokonaan, perustellen tätä ilmastonmuutoksen hillinnällä ja luonnon monimuotoisuuden suojelemisella. Samalla kuitenkin unohtuu, että luonto on ihmiselle elintärkeä paitsi elinympäristönä myös henkisenä voimavarana – se on paikka, jossa ihminen voi löytää rauhan, yhteyden ja tasapainon. Kun ihmiseltä viedään pääsy luontoon, hänet erotetaan paitsi juuristaan myös mahdollisuudesta kokea aitoa vapautta.

Tämä eristäminen pyritään toteuttamaan modernin teknologian avulla. Kiina tarjoaa tästä valitettavan konkreettisen esimerkin: massavalvonta, digitaalinen kontrolli ja infrastruktuuri, joka rajoittaa vapaan liikkumisen. Yksi keino on fyysinen eristäminen. Tiet ja jalkakäytävät voidaan sulkea porttien avulla, jotka toimivat vain, jos henkilön digitaalinen profiili sallii kulun. QR-koodit, kamerat ja droonit muodostavat valvontaverkoston, joka tarkkailee ja säätelee, minne ihmiset saavat mennä ja mitä he saavat tehdä. Tällaisessa järjestelmässä luontoon pääseminen muuttuu etuoikeudeksi, jota hallinnoidaan keskitetysti – ja jota useimmat eivät saa kokea lainkaan.

Filosofisesti tällainen kehitys on ihmiskunnan perusarvoja vastaan. Ihminen on aina ollut osa luontoa, ja tämä yhteys on määritellyt paitsi fyysiset myös henkiset ja kulttuuriset rakenteemme. Luonnosta vieraantuminen tarkoittaa samalla henkistä vieraantumista itsestämme. Luonto on ollut paikka, jossa ihminen on saanut tuntea oman pienuutensa universumin äärettömyyden edessä ja oppinut kunnioittamaan sitä elämänvoimaa, joka pitää kaiken koossa. Jos tämä yhteys katkaistaan, ihmiseltä riistetään yksi keskeisimmistä vapauden muodoista: vapaus olla osa jotakin suurempaa ja koskematonta.

Juridisesti ja yhteiskunnallisesti luontoon pääsyn rajoittaminen keskittää valtaa entisestään. Kun luonto suljetaan ihmisiltä ilmastopolitiikan nimissä, sen hallinta siirtyy harvojen käsiin. Suuryritykset ja valtaapitävät toimijat voivat valvoa, kuka saa käyttää luonnonvaroja ja mihin tarkoitukseen. Tavallinen ihminen, joka aiemmin saattoi kävellä metsään vapaasti, joutuu nyt anomaan lupaa tai maksamaan päästäkseen alueille, jotka on aiemmin koettu yhteiseksi omaisuudeksi.

Tällaisen järjestelmän perusteluilla – ilmaston ja monimuotoisuuden suojelulla – on toki kiistaton moraalinen painoarvo. Kukaan ei kiellä, etteikö luonnon suojeleminen olisi tärkeää. Mutta kysymys kuuluu: kenen etua tämä suojeleminen lopulta palvelee? Jos luonnonsuojelun nimissä rakennetaan valvontajärjestelmä, joka sulkee ihmiset tiiviisti valvottuihin kaupunkeihin ja estää heitä kokemasta luontoa suoraan, suojeleeko tämä todella luontoa vai pikemminkin niitä, jotka haluavat kontrolloida kaikkea ihmisen ja ympäristön välistä vuorovaikutusta?

Ihmisen ja luonnon väliin asetettavat portit ja valvontajärjestelmät eivät suojele luontoa vaan erottavat sen ihmisestä. Tämä tekee luonnosta pelkän resurssin, jota hallinnoidaan kuin omaisuutta. Todellinen ratkaisu ei ole ihmisten eristäminen luonnosta, vaan yhteyden syventäminen: kun ihminen ymmärtää olevansa osa luontoa, hän ei enää toimi sitä vastaan. Teknologisen valvonnan sijaan tarvitaan tietoisuutta ja yhteistä vastuuta, joka kumpuaa vapaasta, ei pakotetusta suhteesta luontoon.

Yuval Noah Hararin ajatukset tulevaisuuden ihmisestä osana hakkeroitavaa ja kontrolloitavaa järjestelmää ovat saaneet monet pohtimaan, mitä tarkoittaa olla vapaa yksilö maailmassa, jossa teknologia tunkeutuu yhä syvemmälle ihmisen yksityisyyteen. Hararin mukaan tulevaisuudessa vapaa tahto on menneisyyden reliikki – että jokainen ajatus ja päätös voidaan ulkoisesti manipuloida algoritmien, tekoälyn ja biometrisen datan avulla. Tämä visio on synkkä ja kyseenalaistaa perustavanlaatuiset arvot, jotka ovat määritelleet ihmiskunnan vuosisatojen ajan: yksilön vapauden, autonomian ja itsenäisyyden.

Hararin maailmankatsomuksessa tiede ja teknologia asettuvat ylivertaiseen asemaan, jättäen huomiotta hengelliset ja metafyysiset ulottuvuudet, kuten sielun olemassaolon. Hän kieltää sielun käsitteen ja siten myös sen mahdollisuuden, että ihmisessä olisi jotakin, joka on riippumatonta fyysisistä järjestelmistä ja materiaalisen maailman laeista. Tämä tieteellinen determinismi on pelottava erityisesti siksi, että se uhkaa hävittää ihmisyyden ydintä – sitä, mikä tekee meistä ainutlaatuisia ja arvoituksellisia olentoja.

Filosofisesti Hararin näkemykset nostavat esiin kysymyksen: voiko ihmistä todella kutistaa pelkiksi biometrisen datan kokonaisuuksiksi? Vaikka teknologia kehittyy huimaa vauhtia ja ihmisen käyttäytymistä voidaan analysoida yhä tarkemmin, tämä ei kuitenkaan kumoa ihmisen syvintä olemusta. Ihmisen sielu – se mystinen, aineeton osa, joka yhdistää meidät johonkin suurempaan kuin pelkät geenit, neuronit tai algoritmit – on jotain, mitä tiede ei voi vangita. Se on luovuuden, intuition, rakkauden ja henkisyyden lähde, joka pysyy koskemattomana kaikilta niiltä järjestelmiltä, joita Hararin kaltainen ajattelu pyrkii rakentamaan.

Hararin visio ihmisen hakkeroimisesta vie myös keskustelun ihmisoikeuksien ja yksilönvapauden perimmäiseen luonteeseen. Jos jokainen ajatus voidaan seurata ja manipuloida, mitä jää jäljelle vapaasta tahdosta, jonka varaan oikeusjärjestelmämme ja yhteiskuntamme ovat rakentuneet? Hararin kaltainen ajattelu pyrkii esittämään ihmisen mekanistisena koneena, jota voidaan ohjelmoida ja hallita. Tällainen käsitys luo pohjaa dystooppiselle maailmalle, jossa kaikki, mikä tekee ihmiselämästä arvokasta – vapaus, moraalinen valinta, ja yksilöllisyys – menettää merkityksensä.

Juridisesti ajateltuna tällainen visio uhkaa ihmisten yksityisyyden suojan ja itsemääräämisoikeuden perusteita. Ajatus siitä, että ihmisen ajattelua voisi "hakkeroida", asettaa koko ihmisoikeusajattelun vaakalaudalle. Yksilön vapaus ajatella, valita ja toimia omien päämääriensä mukaisesti on ollut oikeusvaltion keskeinen periaate. Teknologinen kehitys, joka rikkoo tämän rajan, luo ennennäkemättömän vallanpitäjien hallintavälineen ja vie yksilöiltä heidän ihmisarvonsa.

Mutta juuri tässä kohtaa sielun käsite astuu kuvaan. Hararin tieteellinen maailmankuva ei ota huomioon sitä näkymätöntä ja aineetonta voimaa, joka asuu jokaisessa ihmisessä. Sielu edustaa ihmisen todellista autonomiaa – kykyä ylittää olosuhteet, vastustaa manipulointia ja luoda oma tiensä, vaikka ulkoiset olosuhteet olisivat kuinka tukahduttavat. Sielu on vapautemme ydin, jota ei voida kutistaa dataksi tai algoritmiksi. Se on paikka, jossa todellinen valinta tapahtuu, riippumatta siitä, mitä biometriset sensorit tai algoritmit väittävät.

Vaikka Hararin visiot saattavat tuntua pelottavilta ja mahdottomilta vastustaa, on tärkeää muistaa, että ihmisyyden ydin on juuri siinä, mitä ei voida hallita. Ihmisen sielu on aina ollut mysteerin ja ihmeen lähde, ja se jää sellaiseksi kaikista teknologisista edistysaskelista huolimatta. Sielu on se ääni, joka kutsuu meitä vapauteen, ja sen voimaa ei voi koskaan täysin tukahduttaa.

VAPAAN ELÄMÄN VAATIMUKSIA

Ajatuksen vapaus on yksi ihmisen olemassaolon syvimmistä ulottuvuuksista, mutta samalla se on hauras tila, joka helposti jää huomiotta kiireisen elämän paineissa. Kun annamme mielen kulkea ilman rajoituksia, ilman pakonomaisia tavoitteita tai yhteiskunnan asettamia sääntöjä, astumme siihen mystiseen tilaan, jossa uudet ideat syntyvät. Tämä on vapauden ydin: luoda ilman rajoja, olla ajattelussa villi ja sidoksista vapaa. Vapaus ajatella ei tarkoita vain sääntöjen rikkomista, vaan myös kykyä nähdä, kuinka nuo säännöt ylipäätään muodostuvat. Se on matka kohti ymmärrystä – ja samalla matka syvemmälle itseemme.

Filosofisesti ajatuksen vapaus kietoutuu kysymykseen autonomiasta ja itsenäisyydestä. Kuinka moni ajatuksistamme on oikeasti oma, kuinka moni syntyy ilman ulkopuolista vaikutusta? Ympäristömme, kulttuurimme ja kokemuksemme muovaavat ajatteluamme jatkuvasti, ja siksi ajattelun vapaus vaatii myös tietoisuutta näistä vaikutteista. Se vaatii rohkeutta irtautua valmiista rakenteista ja hyväksyä, että ajatukset voivat joskus kulkea odottamattomiin suuntiin, joissa ei ole heti logiikkaa tai järjestystä. Juuri tuossa epäjärjestyksessä piilee luovuuden salaisuus.

Luonnon kaltaisena ajatusvirta voi löytää itsensä uusista uomista. Vapaasti kulkeva mieli on kuin joki, joka ei pysy yhdessä urassa vaan etsii uusia väyliä, synnyttäen matkan varrella elämää. Tällainen liike on vastakohta pakotetulle ajattelulle, jossa jokainen ajatus kiinnitetään tavoitteisiin, aikatauluihin tai tehokkuusvaatimuksiin. Vapaudella ei ole päämäärää; se ei kysy, mihin olemme matkalla, vaan miten annamme itsemme olla matkalla.

Juridisessa kontekstissa ajatuksen vapaus yhdistyy usein sananvapauteen, mutta se on enemmän kuin oikeus ilmaista itseään. Se on oikeus ajatella, olla eri mieltä, ja mikä tärkeintä, antaa itselleen lupa poiketa normista. Sitä ei voida hallita, vaikka monet vallanpitäjät ovat historian saatossa yrittäneet kahlita sitä. Ajattelun vapaus on pohjimmiltaan kapinallinen teko: se rikkoo normeja ja kyseenalaistaa totuuksia. Se on ihmisen perusoikeus, jota ei voida lopulta viedä pois, koska se asuu siellä, missä kukaan muu ei voi kävellä – omassa mielessämme.

Kun luovuuden siivet nousevat ilmaan vapaasta ajatuksenjuoksusta, syntyy myös jotakin uutta ja kaunista: ratkaisuja ongelmiin, näkemyksiä maailmaan, tai yksinkertaisesti iloa siitä, että olemme osa jotakin suurempaa. Ihmiskunnan suurimmat innovaatiot ovat saaneet alkunsa hetken huumasta, vapaasta mielikuvituksesta, joka on uskaltanut leikkiä ajatuksilla. Mutta sama vapaus, joka synnyttää luovuutta, on myös se voima, joka antaa meidän kyseenalaistaa omat uskomuksemme ja kasvaa niiden yli.

Ajatuksen vapaus ei ole vain yksilön sisäinen tila; se on myös yhteiskunnallinen ihanne. Siellä, missä mielen kulku tukahdutetaan, missä ajatukset alistetaan ideologioille, menettää yhteisö jotain oleellisen tärkeää: kykynsä uudistua. Siksi vapauden vaaliminen ei ole vain henkilökohtainen vastuu, vaan myös yhteinen tavoite. Luovuus ei elä pakossa, ja ihmiskunnan edistys voi tapahtua vain, kun mieli saa juosta vapaana – kohti tuntemattomia rantoja ja uusia horisontteja.

Elämä ilman orjuuttavia sitoumuksia, aikatauluja ja velvoitteita on monelle kaukainen haave, mutta samalla se on vapauden syvin ilmentymä. Kun elämää rakennetaan ilman jatkuvaa kiirettä ja ulkoista pakkoa, annetaan tilaa sille, mikä on olennaista: aikaa itselle, läheisille ja ajatuksille, jotka eivät synny paineen alla. Aikataulut ja rutiinit voivat toki tuoda järjestystä, mutta kun niistä tulee elämän perusta, ne muuttuvat kahleiksi, jotka estävät meitä näkemästä, mitä muuta elämä voisi olla. Vapautta ei löydy täyteen ahdetuista kalentereista, vaan hetkistä, joissa mieli saa levätä ja vaeltaa vapaasti.

Taloudellisen vapauden saavuttaminen on tärkeä osa tätä tasapainoista elämäntapaa. Rahasta tulee helposti hallitseva tekijä, jos emme osaa suhtautua siihen työkaluna vaan annamme sen määritellä elämämme. Velka, joka ensisilmäyksellä näyttää helpottavan elämää, onkin usein huomaamaton kahle. Jokainen laina luo riippuvuussuhteen, jossa velallinen joutuu mukautumaan lainanantajan ehtoihin ja menettää osan omasta vapaudestaan. Velka ei ole pelkästään taloudellinen asia, vaan se kytkeytyy syvälle ihmisen itsemääräämisoikeuteen: se sitoo tulevaisuuden päätökset jo tehtyihin valintoihin, estäen aidon joustavuuden ja vapauden.

Filosofisesti ajatellen lainan ottaminen on ajan lainaamista itseltämme – lupaamme työskennellä tulevaisuudessa sen velan takaisinmaksamiseksi. Tämä tarkoittaa, että sitoudumme tulevaisuuteen, jota emme vielä tunne, ja vähennämme kykyämme vastata vapaasti tuleviin tilanteisiin. Velka on aina lupaus, ja lupaukset voivat olla vaarallisia, jos ne rajoittavat liikaa elämämme mahdollisuuksia. Todellinen vapaus taloudessa syntyy siitä, että opimme elämään omien rajojemme sisällä, säästämään ensin ja kuluttamaan vasta sitten. Tämä ei ole vain taloudellinen viisaus, vaan myös tapa säilyttää arvokas autonomia.

Velkaorjuudesta vapautuminen ei tarkoita täydellistä rahasta irtautumista, vaan pikemminkin järkevää ja tietoisesti rakennettua suhdetta siihen. Onko järkevää sitoa itsensä velvoitteisiin, jotka vievät voimavaroja tai estävät unelmien toteuttamisen? Sen sijaan, että juoksemme alati kasvavien tarpeiden perässä, voisimme keskittyä yksinkertaisempaan elämään, jossa tyytyväisyys ei synny siitä, mitä omistamme, vaan siitä, mitä voimme tehdä vapaana ulkoisista velvoitteista.

Juridisesti ja yhteiskunnallisesti tämä ajatus haastaa nykyisen talousjärjestelmän, joka perustuu velkaan. Koko järjestelmämme on rakennettu oletukselle, että ihmiset lainaavat, kuluttavat ja maksavat korkoa. Tässä rakenteessa velaton elämä on radikaali vastalause: se ei vain vapauta yksilöä, vaan myös kyseenalaistaa yhteiskunnan tavan nähdä kuluttaminen jatkuvan kasvun ehtona. Velattomuus on siis sekä yksilöllinen että poliittinen valinta, joka kääntää selän sille taloudelliselle dynamiikalle, jossa kaikki mitataan velan ja koron kautta.

Vapaus, niin ajattelussa, ajankäytössä kuin taloudessa, on aina valinta. Se vaatii kärsivällisyyttä, itsensä hillitsemistä ja kykyä nähdä hetkellisten nautintojen yli. Kun opimme säästämään ennen kuin kulutamme ja vapautamme itsemme velan kahleista, otamme merkittävän askeleen kohti elämäntapaa, jossa olemme oman kohtalomme herroja. Tämä ei ole vain keino hallita rahaa, vaan myös tapa hallita omaa elämäänsä – ja varmistaa, että elämä ei valu hukkaan pelkän selviytymisen tähden.

Vapaus on paradoksaalinen käsite, sillä sen saavuttaminen vaatii aina luopumista jostakin. Se ei ole rajatonta avaruutta, jossa kaikki on mahdollista samanaikaisesti, vaan se on enemmänkin valinta, jossa valitsemme, mistä emme halua olla sidottuja. Elämä itsessään on valintojen kenttä, jossa jokainen askel vie meitä kohti jotain, mutta samalla poistaa vaihtoehtoja. Vapautemme rajoittuu aina siihen, mitä olemme valmiita jättämään taakse – joko materiaalisten asioiden, aikarajoitteiden tai yhteiskunnan odotusten muodossa.

Jos haaveilet elämisestä erakkona keskellä metsää, jossa ei ole muuta kuin luonto ja omat ajatukset, tämä vapaus on mahdollinen vain, jos olet valmis luopumaan kaikista nykymaailman mukavuuksista. Ei ole sähköä, ei internetiä, ei kaupallista kulttuuria, ei kaupungin ääniä – pelkkä hiljaisuus ja rauha. Se on vapautta kaikista ulkoisista paineista, mutta samalla hinta on korkea: et voi nauttia kaupungin tarjoamista sosiaalisista kontakteista, modernin teknologian kätevistä palveluista tai taloudellisesta järjestelmästä, joka tukee mukautuvaa elämää. Tämä vapaus, joka kumpuaa eristyksestä ja yksinkertaisuudesta, on toki syvä ja kaunis, mutta se on myös rajattu ja vaatimus omaehtoista elämää.

Toisaalta jos tavoitteenasi on elää vapaasti mutta mukavuuksia nauttien, elää yhteiskunnassa ja olla osa sen virtaa, tämäkin on vapautta, mutta se ei ole ilman hintaansa. Vapautesi rajoittuu sen yhteiskunnan sääntöihin, jossa elät. Sinun on hyväksyttävä sen arvot, sen rajoitukset ja se, että tarvitset yhteiskunnan järjestelmiä – pankkeja, vakuutuksia, verotusta, säännöksiä – elääksesi mukavasti. Tässä vapautesi ei ole erakoitumisen vapautta, vaan enemmänkin mukautumista järjestelmän lainalaisuuksiin. Voit liikkua vapaasti, valita ammatin, ostaa mitä haluat, matkustaa ja nauttia teknologian luomista mukavuuksista, mutta samalla sinut on kahlittu yhteiskunnan odotuksiin ja talouden vaatimuksiin.

Vapautesi määrittyy siis omien arvojasi ja toiveidesi mukaan. Se on henkilökohtainen, subjektiivinen kokemus, joka poikkeaa toisesta vain yksilön valintojen ja halujen mukaan. Kysymys ei ole siitä, onko vapautta enemmän tai vähemmän, vaan siitä, millaisesta vapauden muodosta sinä itse nautit. Onko se vapautta fyysisistä rajoista, kuten erakkona eläminen, vai vapautta osallistua yhteiskuntaan sen tarjoamien mahdollisuuksien kautta? Vapautesi muoto on sinun valintasi – ja se saattaa vaihdella elämäsi eri vaiheissa, riippuen siitä, mitä kulloinkin arvostat eniten: yksinäisyyttä ja itsenäisyyttä vai yhteisön ja vaurauden tarjoamaa tukea.

Tässä on myös huomionarvoinen filosofia siitä, että vapaus ei ole koskaan täysin rajatonta – se on aina suhteessa valintoihin ja rajoihin. Kukin meistä maksaa vapauden hinnan omalla tavallaan, mutta juuri sen kautta saamme kokea, mitä tarkoittaa olla itsellemme vapaita.

Jos ihminen on ajautunut elämänsä varrella huonoon seuraan ja päätynyt rikoskierteeseen, hänen kokemusvapauden käsite voi olla täysin toisenlainen kuin yhteiskunnan vallitsevat normit. Vankilassa hän voi kokea jopa tietynlaista vapautta – vapautta huolista, vapautta vastuista, vapautta siitä, että hänen ei tarvitse kantaa arjen painoa, joka ulkopuoliselle saattaa tuntua raskaalta. Vankilassa on tarjolla täydellinen ylläpito: ruokaa, suojaa, lääkkeitä. Tämä voi tarjota väliaikaisen hengähdystauon niille, jotka ovat syystä tai toisesta joutuneet ahdinkoon.

Kenties, jollekin tämä tilanne tuntuu vapaudelta, koska siellä ei tarvitse huolehtia taloudellisista ongelmista, sosiaalisista paineista tai elämän epävarmuuksista. Jos elämä on ollut jatkuvaa stressiä ja taistelua, vankilassa saattaa kokea ainakin hetkellistä rauhaa. Rauhoittavat lääkkeet, joita tarjotaan sen mukaan, miten hän ilmaisee tarpeensa, voivat tuntua keinoilta lievittää ahdistusta ja päästä irti jollain tasolla tuskallisista muistoista tai tunnekuohuista.

Tässä tilanteessa vapaus ei ole perinteistä itsenäisyyttä tai liikkumavapautta, vaan se on vapaus huolista ja kivuista, vapaus pelosta ja epätoivosta. Tämä heijastelee ennen kaikkea negatiivisen vapauden ideaa: vapautta ulkoisista esteistä, rajoituksista ja kärsimyksistä. Vankilassa vapaus saattaa olla eräänlaista mielen vapautta, jossa ihmisen ei tarvitse jatkuvasti miettiä elämänsä suuntaa tai ratkaista ongelmia, jotka tuntuvat ylivoimaisilta. Tämä puolestaan voidaan nähdä positiivisena vapautena, kykynä löytää sisäistä rauhaa ja merkityksellisyyttä elämässä huolimatta ulkoisista olosuhteista.

Vankilan järjestelmä tarjoaa kuitenkin myös keinon hallita sitä, kuinka yksi ihminen voi manipuloida ulkomaailmaa ja saada tahtonsa läpi. Jos osaa esittää tarpeeksi taitavasti, osaa puhua ja esittää roolia, voi päästä eroon joistakin rajoituksista. Tällöin ei ole enää kyse vapaudesta itsestään, vaan siitä, kuinka hyvin pystyy navigoimaan järjestelmässä, jossa vapaus ja kontrolli kietoutuvat toisiinsa. Tämä tilanne nostaa esiin kysymyksen siitä, mitä todella tarkoittaa olla vapaa: onko vapaus ulkoisten rajoitusten poistamista, vai onko se mielen kykyä irrottautua niistä rajoitteista, jotka itse asettaa?

Monelle huono parisuhde voi olla todellinen vankila, jossa vapaus on kadonnut ja elämä tuntuu olevan toisen osapuolen hallinnassa. Tällöin toisen vaatimus suorittamisesta, kontrollista ja jatkuvasta valvonnasta voi kietoa ihmisen kahleisiin, joissa ei ole tilaa omalle identiteetille, henkilökohtaiselle tilalle tai edes yksityiselle ajalle. Puhelimen yhteystietojen tarkistaminen ja täysin itsenäisyyden riistäminen voivat tuntua kuin elämältä vankilassa, jossa pienetkin itsenäiset valinnat tulevat kyseenalaisiksi. Ei ole tilaa olla oma itsensä, eikä edes mahdollisuutta hengittää vapaasti ilman valvontaa.

Tällaisessa suhteessa vapauden tunne on hämärtynyt ja kadonnut, mutta kun ero koittaa, se voi olla todellinen vapautumisen hetki. Raskas taakka putoaa harteilta, ja yhtäkkiä maailma tuntuu avautuvan. Ihminen huomaa, kuinka rajoitukset, jotka ovat aiemmin määritelleet hänen elämäänsä, voivat nyt jäädä taakse. Erilaiset tuntemukset, kuten syyllisyys, pelko tai epävarmuus, voivat aluksi vallata mielen, mutta ajan myötä se vapautumisen tunne ottaa vallan. On kuin taakka, joka on estänyt hengittämästä vapaasti, olisi vihdoin poistunut. Vapaus on palannut.

Toisaalta tämä vapaus ei ole ilman hintaa. Yksinäisyys saattaa iskeä, ja silloin joutuu kohtaamaan sen, mitä yksin oleminen oikeasti tarkoittaa. Ihminen voi tuntea itsensä yksinäiseksi, jopa eksyneeksi omassa elämässään. Yksinäisyys ei ole pelkästään tyhjyyttä, vaan siinä on myös tuntemus siitä, että omat ajatukset ja tunteet joutuvat kohtaamaan itsensä ilman sitä toisen tukea, jonka läheinen parisuhde voi tarjota. Mutta tämä yksinäisyys, tämä vapauden hintana tuleva tila, ei ole automaattisesti negatiivinen kokemus. Se on mahdollisuus kasvaa ja löytää itsensä ilman ulkoisia paineita.

Parisuhteessa taas vapaus on kompromissi. Se ei ole vapaus, joka syntyy itsenäisestä tilasta, vaan vapaus jakaa elämää toisen ihmisen kanssa. Tällöin jakaminen, yhteiset päätökset ja yhteinen elämä tulevat sen vapauden hinnaksi, joka vapaasta yksinäisyydestä tuntuu olevan pois. Parisuhteessa on annettava osia itsestään toiselle, mutta samalla sen myötä voi kokea yhteisön voiman, rakkauden ja tuen, jotka voivat tarjota toisenlaista vapautta: vapauden olla avoin, haavoittuva ja silti turvassa. On valittava, kumpi hinta on tärkeämpi: yksinäisyyden vapaus vai toisen kanssa jaettu vapaus, joka tuo mukanaan yhteiselon tuen ja voimavarat.

Kaikenlainen kiire nykyaikana vie vapautemme ja valtaa aikamme. Pikaviestit ovat nykyään niin kiireellisiä ja suoraviivaisia, että niihin odotetaan välitöntä vastausta. Viestit ponnahtavat puhelimen näytölle hetken kuluttua saapumisestaan ja jäävät häiritsemään, kunnes niihin on reagoitu. Tämä jatkuva kiirehtiminen ja vastailun tarve luo ympärillemme hektisen viestinnän, jossa kummatkin osapuolet kiirehtivät vastaamaan ja samalla pitävät toisiaan kiinni jatkuvassa keskustelussa.

Tämä uusi viestinnän muoto vangitsee meidät aikarajoihin ja velvoitteisiin, joita ei ennen ollut. Kun ennen ei ollut pikaviestejä eikä sähköpostia, oli ainoa tapa kommunikoida kirje, johon ei ollut kiire vastata. Kirjeet saattoivat kulkea viikkoja tai jopa kuukausia, ja se ei herättänyt huolta tai stressiä. Ihmiset olivat tyytyväisiä, kun saivat vastauksen silloin, kun sen aika oli, ja he ymmärsivät, että kaikilla oli omat aikarajansa ja elämänrytminsä.

Vielä muutama vuosikymmen sitten puhelimet olivat lankapuhelimia, ja ne olivat osa elämää, mutta niihin ei odotettu heti vastausta. Jos ei ollut kotona, ei ollut kiireellistä soittaa takaisin – puhelut olivat harvinaisempia, ja ne tapahtuivat silloin, kun molemmat osapuolet olivat valmiita siihen. Jos joku ei ollut tavoitettavissa, ei häntä soittamalla pommitettu, vaan soitettiin ehkä tunnin kuluttua tai seuraavana päivänä.

Tämä ero entiseen on merkittävä. Meiltä viedään nykyisin tilaa ajatella ja hengittää vapaasti, koska jatkuva viestien virta ja kiireellinen kommunikointi pitävät meidät vangittuina aikarajoihin ja velvoitteisiin. Elämä, joka oli ennen vapaampaa ja leppoisampaa, on nyt täynnä kiireen ja paineen tunteita. Tätä jatkuvaa kiirettä ei kuitenkaan ole luonnonlakina, vaan se on yhteiskunnan ja teknologian luomaa. Vapaus ei ole enää niin helposti saavutettavissa kuin ennen.

Nykyaikainen kiire rajoittaa meitä erityisesti syvällisestä ajattelusta ja järkeilystä. Kun asiat täytyy päättää nopeasti ja ilman riittävää pohdintaa, päätöksistä tulee usein pinnallisia, ja niihin ei ole käytetty aikaa eikä huolellista harkintaa. Kiireessä mieli ei ehdi reflektoida vaihtoehtoja eikä nähdä kaikkia mahdollisia seurauksia. Tällaisessa kiireessä tehdyt valinnat eivät ole vapaasti ja tarkasti pohdittuja, vaan ne voivat olla enemmän reaktiivisia kuin rationaalisia.

Monet epäystävälliset tahot ymmärtävät tämän heikkouden ja hyödyntävät sitä taitavasti. He tietävät, että kiireessä tehtyjä päätöksiä on helpompi manipuloida ja ohjata omaksi edukseen. Olipa kyseessä markkinointi, taloudelliset manipuloinnit tai poliittiset toimet, kiireen aiheuttama stressi tekee ihmisistä alttiimpia hyväksymään ratkaisuja, jotka eivät ole heidän parhaakseen. Tällöin hyödyn saaja on se, joka pystyy hyödyntämään meidän kiirettämme ja heikkouttamme tehdä huonosti harkittuja valintoja.

Kun kiire valtaa elämämme, se vie meidät pois selkeän ajattelun ja pohdinnan maailmasta. Se riistää meiltä mahdollisuuden katsoa pidemmälle ja ymmärtää syy-seuraussuhteet kunnolla. Näin syntyy tilanne, jossa emme ole enää vapaita tekemään järkeviä, omantunnon mukaan syntyviä päätöksiä, vaan meidät on vedetty mukaan toisten suunnittelemaan nopean toiminnan oravanpyörään.

ERILAISIA RAJOITTEITA

Ja kun kävellään metsissä, joissa on lunta satanut, huomataan, kuinka lumi itse asiassa rajoittaa liikkumistamme. Se ei anna meidän kulkea täysin vapaasti joka paikassa, kuten toivoisimme. Lumi tallentaa kulkemamme reitit ja jättää jälkiä, jotka voivat herättää uteliaiden katseiden huomion. On aina niitä, jotka eivät malta olla tutkimatta toisten jättämää polkua, ja saattavat jopa seurata sitä. Tällaisilla pienillä kylillä tai yhteisöissä jälkien seuraaminen voi nousta niin merkittäväksi puheenaiheeksi, että ihmiset alkavat keskustella siitä, ketä on nähty kulkemassa ja mihin suuntaan hän on menossa.

Vaikka tämä ei suoraan rajoita kulkijan liikkumisvapautta, se kuitenkin luo eräänlaisen valvontakulttuurin, jossa muiden uteliaisuus ja keskustelu rajoittavat kulkijan kokemaa vapautta. Jos jälkiä seuraavat katseet eivät ole pelkästään hiljaista tarkkailua, vaan alkavat näkyvästi muuttaa kulkijan ympäristöä ja herättää hänessä vaivaantuneisuutta, vapautta ei enää ole siinä määrin kuin kulkija olisi toivonut. Vapaus ei tarkoita vain sitä, että voimme kulkea minne haluamme, vaan myös sitä, että voimme liikkua ilman pelkoa, että olemme jatkuvasti muiden tarkkailun kohteena.

Kun tällainen uteliaisuus ja seuranta tulevat osaksi jokapäiväistä elämää, ne alkavat rajoittaa vapauden kokemusta, joka saattaa tuntua entistä painostavammalta ja rajoittavammalta, vaikka ei olisi suoraa estettä liikkua vapaasti. Jos vapaus kulkea tuntematta vaivautuneisuutta tai pelkoa muuttuu mahdottomaksi, silloin olemme astuneet alueelle, jossa vapaus on ehtynyt, vaikkakaan ei konkreettisesti estetty.

Filosofisesti tarkastellen ihmisen vapautta voidaan rajoittaa monilla eri tavoilla, ja yksi merkittävimmistä vapautemme esteistä piilee yhteiskunnan rakenteissa. Yhteiskunnalliset normit, lait ja instituutiot muodostavat järjestelmän, joka asettaa meille jatkuvia rajoituksia. Nämä rajoitukset voivat olla näkyviä ja sääntöihin perustuvia, mutta usein ne ilmenevät myös hienovaraisemmin, tavalla, joka ei välttämättä ole välittömästi tiedostettavissa.

Lait määrittävät tarkasti sen, mitä on sallittua ja mitä ei. Tietyt teot, ajatukset ja käytännöt saavat täyden hyväksynnän yhteiskunnassa, kun taas toiset voivat tuomita meidät rikoksesta tai laista poikkeamisesta. Tämä näkyy kieltokylteissä, jotka muistuttavat meitä siitä, että tietyt toiminnot ovat estettyjä. Ne tulevat näkyviksi kaduilla, liikennevälineissä, virastoissa ja monissa muissa paikoissa. Samalla sääntöjen ja lakien kiellot tunkeutuvat syvälle elämäämme, esimerkiksi siinä, mitä voimme sanoa, ajatella tai tehdä ilman pelkoa seurauksista.

Kun tarkastelemme tätä yhteiskunnallista järjestelmää, on selvää, että se ei vain rajoita vapauttamme, vaan myös määrittää, millaisia olentoja me olemme. Vapaus ei ole pelkästään valinnan mahdollisuuksia, vaan myös se, mitä voimme tehdä ja kuinka voimme elää elämämme ilman pelkoa sanktioista tai rajoituksista. Yhteiskunnalliset normit ja lait tekevät meistä osia suuresta kokonaisuudesta, jossa meidän on mukautettava itsemme sääntöjen mukaan. Kieltämisen ja rajoittamisen kulttuuri voi näin ollen muokata meidät alistumaan tiettyihin käyttäytymismalleihin ja elämäntapoihin, vaikka ne eivät olisikaan vapaita tai omia valintojamme.

Myös ihmisen oma mieli ja tietoisuus voivat toimia vapautta rajoittavina voimina, vaikka niitä ei aina ulkoisesti nähdä. Ihminen voi joutua omien ajatustensa ja tunteidensa vankeuteen, orjuutettuna omilla peloillaan, ennakkoluuloillaan ja sisäisillä ristiriidoillaan. Tämä ei ole ulkopuolinen rajoitus, vaan itsemme asettama este, joka voi estää meitä elämään vapaasti ja aidosti.

Psyykkiset rajoitteet, kuten jatkuva pelko, epäluottamus omiin kykyihin tai menneisyyden kokemusten haamut, voivat lukita mielen ja estää meitä ottamasta askelia kohti henkilökohtaista vapautta. Ne voivat muodostaa näkymättömiä muureja, jotka rajoittavat elämäämme paljon tehokkaammin kuin ulkopuoliset fyysiset esteet. Joskus tämä sisäinen vankeus on niin vahvaa, että ihminen ei edes tunnista sitä, vaan ajattelee, että tämä on hänen "normaali" elämänsä, vaikka todellisuudessa se on kaukana siitä, mitä hän voisi olla.

Nämä psyykkiset esteet voivat estää ihmistä toteuttamasta itseään täysipainoisesti ja elämään elämää, joka on hänen oman tahtonsa ja todellisen potentiaalinsa mukaista. Ihminen voi jäädä juuttuneeksi vanhoihin ajatusmalleihin, pelkoihin tai itsensä rajoittaviin uskomuksiin, jotka estävät häntä olemasta se, joka hän todella on. Tällöin vapaus ei ole enää elämän ulkoisista olosuhteista kiinni, vaan siitä, kuinka paljon uskaltaa irtautua omista rajoittavista käsityksistään ja pelkojensa vallasta.

Myös monet kulttuurilliset ja uskonnolliset näkemykset ovat voimakkaita vaikuttajia siinä, mitä kukin ihminen pitää vapautena omassa elämässään. Nämä näkemykset voivat muovata käsitystämme siitä, mitä on oikeus tehdä, mihin on lupa pyrkiä ja mikä on hyväksyttävää. Ne luovat kehykset, joiden sisällä liikumme, ja määrittelevät usein, mitä vapautta saamme kokea ja mihin suuntaan saamme kulkea.

Kulttuuriset ja uskonnolliset normit voivat tuoda mukanaan rajoituksia, jotka eivät aina ole heti ilmeisiä. Ne voivat vaikuttaa meidän arvoihimme, toiveisiimme ja elämänvalintoihimme niin syvällisesti, että emme edes huomaa, kuinka suuresti ne ohjaavat elämäämme. Esimerkiksi uskonnolliset määräykset voivat estää meitä seuraamasta tiettyjä polkuja, ja kulttuurilliset odotukset saattavat asettaa meille rooleja, joita meidän on vaikea kyseenalaistaa.

Vaikka nämä näkemykset voivat tarjota tukea ja yhteisöllisyyttä, ne voivat myös luoda vankiloita, joissa yksilön vapaa tahto ja henkilökohtainen kasvu voivat jäädä jarrutetuiksi. Vapaus ei aina ole vain ulkoisten tekijöiden rajoittamista, vaan myös sisäisten uskomusten ja kulttuuristen paineiden vapauttamista. Tämä voi tarkoittaa sen ymmärtämistä, missä määrin kulttuuri ja uskonto ovat osa meidän vapauttamme ja missä määrin ne voivat muuttua vankiloiksi, jotka määrittävät, mitä saamme olla ja mitä emme.

Kun vapautta tarkastellaan filosofisesta näkökulmasta, ei voida välttyä kysymykseltä, voiko täydellistä vapautta edes olla olemassa? Tämä kysymys herättää syvällisiä pohdintoja, sillä jos vapautta ei rajoittaisi mikään, voisiko silloin enää olla yhteiskuntaa tai yhteisöä, jossa elämme yhdessä? Monet filosofit ovatkin esittäneet, että täydellinen vapaus ei voi olla mahdollista ilman, että se johtaa kaaokseen. Vapaus ilman rajoja voi nimittäin helposti kääntyä itseään vastaan ja loukata toisten vapautta.

Tästä syystä säännöt ja järjestys ovat tarpeellisia, jotta vapaus ei vaaranna muiden oikeuksia ja turvallisuutta. Vapaus ilman rajoja tarkoittaisi käytännössä tilannetta, jossa yksilön toimet voisivat vahingoittaa toisia tai yhteisön hyvinvointia. Jos ajatellaan tätä vertauksena luontoon, voidaan verrata villinä ja vapaana elävää eläintä, joka elää täysin ilman sääntöjä ja rakenteita. Tällainen eläin seuraa vain luonnollisia vaistojaan – se ei mieti toisten olentojen hyvinvointia, eikä sillä ole moraalisia sääntöjä, jotka estäisivät sen toimintaa.

Mutta kun tämä ajatus siirretään ihmiskuntaan, tilanne muuttuu. Ihminen on kykenevä järkeilyyn, ja liian usein tämä järkeily käytetään muihin ihmisiin kohdistuvaan haittaan. Ilman sääntöjä ja rajoja ihminen saattaisi käyttää vapauttaan hyväkseen tavalla, joka ei ole kestävää, eikä se huomioi muiden vapautta tai oikeuksia. Täydellinen vapaus ei siis olekaan vain vapauden kokemista, vaan se on myös vastuuta toisten vapauden ja hyvinvoinnin huomioimisesta.

Laki asettaa yhteiskunnalle eräänlaisen rakenteen ja puitteet, joiden tarkoitus on ylläpitää järjestystä ja turvallisuutta. Ilman lakeja yhteiskunnan toiminta saattaisi hajota, ja yksilöiden oikeudet olisivat jatkuvassa uhassa. Lain rooli on siis olennainen

– se määrittelee, mitkä teot ovat hyväksyttäviä ja mitkä rangaistavia. Se sääntelee myös sopimuksia ja määrittää, millä tavalla omaisuutta voi omistaa ja siirtää toisen haltuun.

Kuitenkin, vaikka laki on välttämätön yhteiskunnan toimivuuden kannalta, se tuo mukanaan myös merkittäviä rajoituksia yksilön vapaudelle. Lainsäädäntö on täynnä normeja ja sääntöjä, jotka määrittävät, mitä saa tehdä ja mitä ei, ja tämä luo vapauden rajoja. Lain alla elävä yksilö on sidottu yhteiskunnan määrittelemiin reunaehtoihin. On kuitenkin pohdittava, kuinka paljon sääntelyä on tarpeen, ja milloin sen määrä alkaa rajoittaa liikaa henkilökohtaista vapautta.

Jos laki säätelee liikaa, se voi synnyttää epätasapainon yksilöiden kokeman oikeudenmukaisuuden ja vapauden tunteen välillä. Yksilön vapauden rajoittaminen, vaikka se olisi välttämätöntä järjestyksen ja yhteiskunnan tasapainon kannalta, voi aiheuttaa ahdistusta ja turhautumista. Liiallinen sääntely voi johtaa siihen, että ihmiset kokevat, ettei heillä ole mahdollisuuksia elää elämäänsä oman tahtonsa mukaan. Laki, joka on alun perin suunniteltu yhteisön hyväksi, voi siis myös muodostaa esteen yksilön henkilökohtaiselle vapaudelle ja itsensä toteuttamiselle.

Myös yhteiskunnassa vallitsevat mielipiteet ja käyttäytymissäännöt muodostavat merkittäviä rajoitteita vapaudelle. Etikettisäännöt, sovinnaiset tavat ja toisten ihmisten ennakkoluulot sekä odotukset asettavat jatkuvan paineen yksilön käyttäytymiselle. Näitä sääntöjä noudattamalla pyritään sopeutumaan ryhmän odotuksiin ja välttämään erottumista, mutta samalla ne voivat tukahduttaa yksilön omat toiveet ja tarpeet.

Erityisesti silloin, kun yksilö kokee, että hänen omat mielipiteensä eroavat yleisesti hyväksytyistä näkemyksistä, mutta ei uskalla tuoda niitä esiin, syntyy ahdistusta. Se, ettei voi ilmaista itseään vapaasti, vaikka sisimmässään ajattelee toisin, luo syvän vapauden puutteen kokemuksen. Tällöin ulkopuolelta tulevat paineet, kuten yhteiskunnalliset normit ja yleinen mielipide, muodostuvat kahleiksi, jotka rajoittavat mielen vapautta.

Samalla tavoin toisten ihmisten odotukset ja vaatimukset siitä, miten yksilön tulisi käyttäytyä, toimia tai suhtautua tiettyihin asioihin, voivat luoda vankilan, jossa omaa itseään ei voi täysin toteuttaa. Jos yksilö kokee, että hänen odotetaan aina täyttävän tietyt roolit ja toimivan toisten toivomalla tavalla, vapautta olla oma itsensä ei ole enää olemassa. Vapaus on silloin sidottu yhteiskunnan ja toisten ihmisten muokkaamiin normeihin, ja se voi tuntua yhtä rajoittavalta kuin mikä tahansa ulkopuolinen pakko.

Erilaiset sanamuodot ja määräykset on usein suunniteltu siten, että ne rajoittavat toisen osapuolen vapauden tunnetta. Näin tapahtuu erityisesti syyllistävillä lauseilla, joita käytetään esimerkiksi maksumuistutuksissa, viranomaisviesteissä ja muissa huomautuksissa. Tällöin viestinnän sävy ei ole pelkästään informatiivinen, vaan siinä on taustalla usein piilevää kontrollointia ja alistamista, joka luo vastaanottajalle tunteen, että hänen vapauttaan ei kunnioiteta. Virkakoneistojen asenne kansalaisia kohtaan on monesti sellainen, että tekstit on muotoiltu tavalla, joka herättää tunteen, että kansalainen on alisteinen ja hänen oikeuksiaan ei oteta vakavasti.

Samalla tavoin luokkajaot, joissa ihmiset jaotellaan eriarvoisiksi monista eri syistä – kuten taloudellisesta asemasta, koulutuksesta, suvusta tai ammatista – voivat voimakkaasti rajoittaa vapauden kokemusta. Ihmiset, jotka kokevat itsensä tai jotka nähdään alempaan sosiaaliluokkaan kuuluvina, voivat kokea, että heidän mahdollisuutensa elää vapaasti, valita omia polkujaan ja toteuttaa itseään ovat merkittävästi rajoitetut. Tämä luokkajaon tuoma epätasa-arvo ei ole vain sosiaalinen ilmiö; se on voimakas vapauden rajoitus.

Tässä ilmenee vahvasti se tosiasia, että raha ja talous ovat niitä tekijöitä, jotka käytännössä määrittävät, kuinka vapaasti ihmiset voivat elää. Niille, joilla on varaa, raha tuo vapautta, mahdollisuuksia ja vaihtoehtoja elämänvalinnoissa, mutta toisaalta taloudellisesti huonommassa asemassa oleville se tuo rajoituksia, riippuvuutta ja alistumista järjestelmiin, jotka vähentävät heidän vapauttaan. Raha ei ole vain taloudellinen väline, vaan myös valta, joka jakaa ihmisiä ja määrää, kenellä on todellinen vapaus ja kenellä ei.

Jos jouduttaisiin kriisiin, jossa rahalla ei enää olisi merkitystä, luokkajaon rakenne ei katoaisi, vaan se muuttaisi vain muotoaan. Tässä tilanteessa uudenlaiset mittarit määrittäisivät, kuka nousee yhteiskunnallisesti arvostetummaksi. Kriisin alkuvaiheessa ne, jotka pystyisivät parhaiten huolehtimaan toisten hyvinvoinnista – tarjoamaan suojaa, turvaa ja hoivaa – nousisivat luokittelun huipulle. Heidän kykynsä ja halukkuutensa auttaa muita nostaisi heidät yhteiskunnan keskiöön, sillä tällaisessa maailmassa inhimillisyys ja yhteistyö korvaisivat materialistiset arvot.

Kuitenkin, kun kriisi pitkittyisi ja elintarvikkeiden, resurssien ja muiden välttämättömyyksien saanti kävisi yhä haasteellisemmaksi, luokkajaon uusi muoto alkaisi ilmetä. Kulutushyödykkeet, vaikkakin aivan erilaisessa muodossa kuin ennen, saattaisivat jälleen keskittyä tietyille ihmisille – niille, jotka ovat taitavia bisnesajattelussaan, jotka osaavat manipuloida tarjontaa ja kysyntää, hyödyntäen tilanteen tuomia mahdollisuuksia. Tämä ei olisi enää rahavaltaa siinä perinteisessä muodossa, mutta se olisi silti eräänlaista taloudellista ja resurssipohjaista valtaa. Rahan tilalle olisivat tulleet vain toisenlaiset arvot ja mittarit, mutta se mekanismi, joka jakaa ja määrää, säilyisi samana – vahvemmat, fiksummat ja strategisemmat hyötyisivät, samalla kun muut jäisivät taka-alalle.

Näin ollen voimme nähdä, että vaikka rahan merkitys muuttuisi, sen vaikutus ei katoaisi, vaan se olisi vain siirtynyt muualle. Ihmisten kyky sopeutua ja hallita yhteiskunnallisia resursseja – olipa kyseessä raha, tavarat tai taidot – määrittäisi jälleen, keillä olisi valtaa ja keillä ei.

OLEMME TIETÄMÄTTÄMME ORJIA

Jo varhaisessa vaiheessa lapsuudessa ja nuoruudessa meidät johdatetaan yhteiskunnalliseen orjuuteen. Kouluissa meidät opetetaan tavoittelemaan vakituista työsuhdetta ja sitoutumaan työhön toisten hyväksi, vaikka todellisuudessa suurin osa valveillaoloajastamme menee työhön ja siihen liittyviin työmatkoihin, unohtamatta ylitöiden vaatimuksia. Tämä on systeemin luoma orjuus, joka alkaa nuorena ja jatkuu koko elämän ajan.

Pankit ja yhteiskunnallinen paine puolestaan työntävät meidät velan taakalle, painostaen ottamaan lainaa ja ostamaan tai rakentamaan oma talo, jotta emme näyttäisi yhteiskunnan arvoasteikolla alemmilta, köyhiltä tai epäonnistuneilta. Näin meidät sitoutetaan taloudellisiin velvoitteisiin, jotka määrittelevät elämämme monella tasolla. Kun meidät on koukutettu tähän lainapyörteeseen, olemme käytännössä orjia koko elämämme ajan. Pankille emme ole muuta kuin maksajia, joiden on maksettava laina takaisin, tai muuten pankki voi irtisanoa lainasopimuksen ja pakkolunastaa asuntomme.

Tämä herättää tärkeän kysymyksen vapaudestamme. Onko todellinen vapaus sitä, että ulkoisesti näyttäydymme menestyvinä, vaikka todellisuudessa olemme orjan asemassa pankin näkökulmasta, velan orjia, jotka elävät vain maksamaan takaisin lainaa? Vapauden tunne on silloin pelkkä illuusio, sillä vapaus ei ole oikeaa, jos olemme sidottuja taloudellisiin kahleisiin, jotka määrittävät elämämme suuntaa ja valintoja.

Meidän vapauttamme rajoitetaan jatkuvasti myös terveyssäädöksillä ja -määräyksillä. Meiltä vaaditaan tiettyjen rokotusten ottamista, vaikka niitä ei ole edes täysin tutkittu tai todettu turvallisiksi. Tällöin ei olekaan kyse meidän terveydestämme, vaan lääketeollisuuden ja lääkeyhtiöiden taloudellisesta menestyksestä. Tällainen käytäntö vie meiltä vapauden valita, mitä laitetaan kehoomme ja mihin uskomme, sillä yhteiskunta asettaa meille ulkoisia vaatimuksia ja rajoituksia.

Samalla pankit ja muut taloudelliset instituutiot väittävät, että meillä olisi yhä vapaus käyttää käteistä rahaa. Kuitenkin kaikki toimenpiteet, kuten käteisen käytön tekeminen yhä kalliimmaksi ja vähemmän houkuttelevaksi, ohjaavat meidät kohti digitaalista valuuttaa. Mikä vapaus siinä on, jos meidän on pakko hyväksyä yhä enemmän rajoituksia ja valvontaa, jotta voimme vain tehdä perustavanlaatuisia rahasiirtoja?

Tällöin ei ole kyse vapaudesta, vaan pakottamisesta kohti järjestelmää, jossa kaikki on hallittavissa ja seurattavissa.

Miksi lääkärit nykyään kirjoittavat lääkemääräyksiä, sen sijaan, että antaisivat ohjeita lääkkeiden käytöstä? Tämä kysymys herättää pohdintaa siitä, kuinka lääketieteellinen käytäntö on muuttunut ja millaisia valtarakenteita sen taustalla on. Itse asiassa termi "lääkemääräys" on peräisin ajalta, jolloin lääkärit kirjoittivat apteekeille ohjeet lääkkeiden valmistamisesta raaka-aineista. Silloin apteekit olivat itsenäisiä laitoksia, joissa lääkkeet valmistettiin yksilöllisesti ja tarkasti, ottaen huomioon potilaan tarpeet ja olosuhteet. Tämä oli aikakausi, jolloin lääkevalmisteet olivat paljon henkilökohtaisempia ja valmistusprosessit olivat läpinäkyvämpiä.

Nykyään lääkemääräykset ovat enemmän sääntöjä ja ohjeita, jotka liittyvät valmiiksi valmistettujen lääkkeiden jakeluun ja käytön sääntelyyn. Lääkärit eivät enää välttämättä ole osallisina lääkkeiden valmistusprosessissa, vaan heidän roolinsa on enemmänkin toimia välikätenä, joka ohjaa potilaan kulkua terveydenhuollon ja lääketeollisuuden väliin. Tämä muutos voi vaikuttaa potilaan kokemusmaailmaan, sillä lääkärin rooli siirtyy enemmän hallintoon ja sääntöjen noudattamiseen kuin potilaan yksilölliseen hoitamiseen ja lääkkeiden tarkempaan ohjeistamiseen.

Tässä näkyy laajempi trendi, jossa terveydenhuollon käytännöt ja lääkkeiden käyttö ovat entistä enemmän kaupallisten ja teollisten intressien säädeltävissä. Lääketeollisuus ei ainoastaan määrittele, mitkä lääkkeet tulevat markkinoille, vaan myös se, millä tavoin potilaille annetaan ohjeita ja kuinka lääkkeitä käytetään. Lääkärin rooli muuttuu näin osaksi järjestelmää, jossa yksilön tarpeet saattavat jäädä toissijaisiksi verrattuna valtavirran lääketieteellisiin käytäntöihin ja teollisuuden suosituksiin.

Tämä kehitys voi herättää kysymyksiä lääketieteellisen riippumattomuuden ja potilaan itsemääräämisoikeuden rajoittamisesta. Kun lääkärin rooli on enää vain määräävä ja ohjaava, potilaan ja lääkärin välinen vuorovaikutus saattaa kaventua ja yksilölliset tarpeet voivat jäädä varjoon massatuotetuille hoidoille. Lääkemääräyksen historiallinen tausta kertoo meille jotain ajasta, jolloin terveys oli enemmän käsityöläisprosessin ja yksilöllisten ratkaisujen varassa, mutta nykymaailmassa, jossa teollisuus ja byrokratia ovat ottaneet vallan, tämä muutos on saattanut johtaa vapauden ja valinnan rajoittumiseen myös terveydenhuollossa.

IHMINEN VAI HENKILÖ?

Tämä ajatus siitä, olemmeko vapaita kansalaisia vai vain rekisteröityjä henkilöitä, vie meidät syvälle vapauden ja identiteetin kysymyksiin. Voimme kysyä itseltämme, mikä määrittää todellisen vapautemme: onko se lainsäädäntö, joka takaa meille oikeuksia ja vapauksia, vai kenties se, kuinka meitä käsitellään yhteiskunnassa — yksilöinä vai pelkkinä tunnisteina, jotka on liitetty valtiollisiin järjestelmiin ja byrokratiaan? Kun tarkastelemme itseämme rekisteröityinä henkilöinä, saamme nopeasti päällemme numeron, virallisen tittelin ja koodin, mutta missä on silloin meidän aitoutemme, yksilöllisyytemme? Missä on se vapaus, joka syntyy siitä, että me olemme täysin itsenäisiä ja vapaita muista sidoksista?

Tämä ajatus rekisteröitymisestä herättää myös kysymyksen siitä, onko meille annettu vapaus todellisuudessa enemmän illuusio kuin todellinen kokemus. Me saamme elää ja toimia tietyissä rajoissa, mutta nämä rajat ovat jatkuvasti hallittavissa ja säädeltävissä – ne eivät ole vain ulkoisia lakeja ja sääntöjä, vaan niihin vaikuttaa myös digitaalinen valvonta, joka muokkaa meitä ja meidän toimintaamme tavoilla, joita emme aina tiedosta.

Mikä on siis todellinen vapaus, jos olemme jatkuvasti valvottuja, tallennettuja ja määriteltyjä virallisissa rekistereissä? Onko meidän yksilöllisyytemme enää aito, jos se on sidottu vain virallisiin asiakirjoihin ja tietokantoihin? Voimmeko ylipäätään puhua vapaudesta, jos se on määritelty muiden tahojen, ei meidän omalla kokemuksellamme? Tämä vie meidät syvälle kysymykseen siitä, missä kulkee raja valtion ja yksilön välillä – ja milloin yksilö lopulta lakkaa olemasta vapaa kansalainen ja muuttuu vain rekisteröidyksi objektiksi suuremmassa yhteiskunnallisessa koneistossa.

Me synnymme maailmaan, jossa meille annetaan heti rooli ja määritellään paikkamme yhteiskunnassa. Tämä rooli ei ole pelkästään yhteiskunnan ja perheen asettama, vaan se on myös yhteiskunnallisten rakenteiden muovaama. Meistä tulee osia suuremmasta koneistosta, ja usein tämä rooli on orjan rooli – ei välttämättä kirjaimellisesti, mutta yhteiskunnallisesti sidottuina, valvottuina ja rajoitettuina. Meille kerrotaan, että olemme osa järjestelmää, mutta tämä järjestelmä ei ole vapauttava, vaan pitää meidät alisteisina ja pieninä, koettaen muovata identiteettimme ja käyttäytymisemme sen mukaan, mitä yhteiskunta odottaa meiltä.

Jossain vaiheessa, kuitenkin, herääminen tapahtuu. Me alamme kyseenalaistaa sen, miksi meitä kohdellaan niin kuin meillä ei olisi omaa tahtoa tai oikeutta tehdä omia valintojamme. Alamme huomata, että maailmassa, jossa meille on annettu kyky ajatella ja tuntea, ei olekaan mitään luontaista estettä sille, että kyseenalaistamme sen, mikä meille on annettu. Me huomaamme, että meidät on ehkä muokattu – ei fyysisesti, mutta henkisesti ja yhteiskunnallisesti – rooliin, jossa olemme epähuomiossa omaksuneet orjan identiteetin.

Tämä oivallus, että meidät on ehkä ohjelmoitu elämään tiettyä elämää, on kuin avaus ikkunassa, josta voimme kurkistaa ulos ja nähdä, mitä olemme olleet. Identiteettimme on ehkä muovattu ja paperit täytetty tavalla, joka ei ole enää meidän omamme – meistä on tullut orjia, mutta tämä ei ole luonteva osa ihmisluontoa. Meille on kerrottu, että olemme osa järjestelmää, mutta se järjestelmä ei ole tukenut meitä, vaan rajoittanut meitä. Tämä herääminen on askel kohti vapautta, jossa voimme palata alkuperäiseen luontoomme ja itse määrätä, kuka me olemme, ilman orjan rajoja.

Me elämme maailmassa, joka on täynnä elämää – kasveja, eläimiä, kaikkia elollisia olentoja, jotka muodostavat elämän verkoston, jossa kaikki on yhteydessä toisiinsa. Tämä on todellista, luontaista maailmaa, joka on syntynyt ja kehittynyt omalla tavallaan. Se on maailmaa, joka ei tarvitse selityksiä ollakseen olemassa, sillä sen kauneus ja monimuotoisuus ovat itsessään todiste todellisuudesta. Tällaisessa maailmassa on vain se, mikä on, ilman tarpeetonta värittämistä.

Mutta samalla kun elämme tätä maailmaa, me olemme myös osa toista, näkymätöntä maailmaa – maailmaa, joka on rakennettu valheiden ja harhakuvien varaan. Tämä ei ole fyysinen maailma, vaan maailma, joka on muokattu ja rakennettu kulttuurien, instituutioiden ja yhteiskunnallisten rakenteiden kautta. Se on maailma, jossa asiat eivät ole aina sitä, miltä ne näyttävät, ja jossa totuus on usein verhottu manipuloinnin ja harhakuvien taakse. Tämä näkymätön maailma on eräänlainen ansa, joka kutoo meidät osaksi itseään, ja vaikka elämme tässä fyysisessä maailmassa, me voimme helposti unohtaa, että olemme samalla myös osa tätä toista, henkistä verkkoa – verkkoa, joka saattaa estää meitä näkemästä totuutta, joka on aina ollut edessämme.

Meitä johdetaan harhaan tarkoituksellisesti. Meille opetetaan, että se, mikä on aistittavaa, elävää ja luonnollista, ei olisikaan se todellinen maailma, vaan sen sijaan meille halutaan istuttaa ajatus siitä, että keinotekoinen maailma – joka koostuu rekistereistä, sopimuksista, laeista ja säädöksistä – olisi ainoa oikea maailma. Meidän annetaan ymmärtää, että tämä abstrakti ja käsinkoskettelematon rakennelma on todellisuutta, vaikka se on vain ihmisten luoma järjestelmä, joka ei ole olemassa itsessään, vaan joka tarvitsee meidän hyväksymisemme, jotta se pysyy pystyssä. Meille sanotaan, että jos emme seuraa tätä keinotekoista maailmaa, emme voi elää oikein, vaikka todellisuudessa se, mikä on aitoa ja luonnollista, on paljon lähempänä meidän todellista olemustamme. Tällainen käsityksien ja uskomusten manipulointi ei vain hämärrä totuuden näkemistä, vaan se myös eristää meidät omasta, todellisesta maailmastamme, saaden meidät unohtamaan sen yksinkertaisen ja elävän totuuden, joka oli alun perin ympärillämme.

Kun puhumme Suomesta, meidän käsityksemme jakautuu helposti kahteen eri kerrokseen: toisaalta on maa, alue, jolla elämme, jolla on rajat ja joka on koti väestöllemme, Suomen kansalle. Tämä maa-alue, luonnollisesti ja kiistattomasti, kuuluu meille, ihmisille, jotka siellä asuvat. Se on meidän yhteinen elinympäristömme, jota me viljelemme, asutamme ja jossa suoritamme elämämme perustoimintoja.

Kuitenkin samalla kun puhumme tästä maasta, nousee esiin myös toinen käsite – Suomen valtio. Valtio, joka ei ole sama asia kuin maaperä tai kansa, mutta jollain tavalla sen väitetään hallitsevan ja omistavan tämän alueen. Meille kerrotaan, että Suomen valtio, erillinen ja abstrakti instituutio, on se, joka määrää, omistaa ja kontrolloi tätä maata ja jopa sen asukkaita. Mutta mitä tämä todella tarkoittaa? Entä jos valtio ei olekaan yksinkertaisesti luonnollinen osa maata ja kansaa, vaan se on luotu, usein ulkopuolelta käsin, hallitsemaan tätä yhteisöä ja rajaa, jonka olemme itse määrittäneet? Voiko todella olla niin, että me, kansa, olemme alisteisia ja omistettuja jollekin, joka ei ole olemassa elävänä olentona, vaan vain järjestelmänä, joka meidän on hyväksyttävä?

Tässä herää kysymys: onko meidän olemassaolomme, vapauden ja oikeuksien kokemus todella valtion käsissä, vai olisiko meidän itse päätettävä, mitä maa ja kansa meille todella merkitsevät – ilman ylhäältä päin tulevaa omistajuutta, ilman sellaista määrittelyä, joka ei ole luonnollisesti meidän omaamme?

Suomi, maa-alue, jonka me tunnistamme kotimaaksemme, on saanut nimensä ja rajansa, mutta se on kuitenkin vain maantieteellinen tila – palanen maata, joka ei itsessään ole mitenkään sidoksissa valtiollisiin rakenteisiin. Suomen valtio taas on täysin toinen käsite, erillinen ja abstrakti, joka ei ole mikään konkreettinen tai luonnollinen olento, vaan pelkkä rakenteellinen luomus. Se on virallinen käsite, joka löytyy yritysrekistereistä, niin kotimaasta kuin ulkomailtakin.

Tässä herää kysymys: kuinka voimme sanoa, että meitä hallitsee jokin, joka ei ole olemassa fyysisesti eikä itsessään ole elävä, aistittava olento? Suomen valtio on pelkkä kirjoitus, dokumentti, joka on rekisteröity johonkin byrokraattiseen järjestelmään, ja sen valta on yhtä todellista ja kosketeltavaa kuin paperi, johon se on painettu. Valtio ei ole asukas, ei elävä olento, eikä se itse kulje, syö, hengitä tai kasva

– se ei ole osa luontoa, mutta se voi vaatia meiltä tottelevaisuutta ja kuuliaisuutta, vaikka ei itse olekaan mitään muuta kuin abstrakti käsite, joka on syntynyt sopimuksista ja järjestelmistä.

Mikä on siis valtion todellinen merkitys meille, ihmisille, jotka elämme tässä maailmassa? Onko se vain mielikuvituksen ja hyväksynnän tuote, joka saattaa olla hallitseva voima, mutta ei itse elä, ei itse koe? Me olemme todellisia, me tunnemme ja elämme täällä – mutta valtio, joka väittää omistavansa tämän alueen ja kansan, on vain paperilla oleva ajatus, joka ei koskaan ole ollut elävä eikä koskaan tule sitä olemaan.

Suomen valtio, kuten kaikki valtiolliset rakenteet, on käsite, joka ei ole sidottu mihinkään konkreettiseen tai elävään olentoon. Se ei ole henkilö, ei elävä, hengittävä ja aistiva subjekti, vaan abstrakti kokonaisuus, joka voi esiintyä vain papereissa ja digitaalisissa rekistereissä. Se on järjestelmä, joka syntyy ja elää vain silloin, kun ihmiset luottavat siihen ja toimivat sen sääntöjen ja määritelmien mukaan. Mutta kuinka todellinen on se voima, joka ei ole mitään muuta kuin rekisterimerkintä?

Tämä herättää syvällisen kysymyksen: mitä oikeastaan tarkoittaa "todellisuus"? Voimmeko todella sanoa, että jokin on olemassa vain, koska sillä on nimetty asema virallisessa asiakirjassa tai tietokannassa? Suomen valtio ei ole mikään elävä olento, eikä se voi kokea, tuntea tai toimia kuten ihmiset. Se ei voi puhua omasta puolestaan, sillä se ei ole mikään subjekti, joka kykenee ilmaisemaan itseään. Jos valtio ei ole mikään itsenäinen elävä ja tunteva yksikkö, voimmeko silloin sanoa, että se on "todellinen"? Vai onko sen todellisuus vain se, että me annamme sille merkityksen ja valtuudet, jotta se voi hallita elämäämme?

Onko siis olemassa eroa valtioiden ja luonnollisten, aistittavien olentojen välillä? Voimme ehkä määritellä ne, mutta ne eivät ole koskaan yhtä todellisia kuin se, mitä me koemme arjessamme. Valtion valta voi tuntua todelliselta, mutta sen olemassaolo on yhtä todellista kuin se usko, joka on sidottu sen symboliikkaan ja käsitteisiin. Se on luotu ja elää niin kauan kuin me sen mahdollistamme – mutta ilman meitä, ilman ihmisiä, ei valtiolla olisi mitään olemassaoloa.

Tässä maailmassa, jossa elämme, on olemassa kaksi maailmaa, jotka vaikuttavat toisiinsa mutta eivät ole täysin päällekkäisiä. Toisaalta on tämä fiktiivinen maailma, joka rakentuu abstrakteille käsitteille ja järjestelmille: valtiot, lakikirjat, sopimukset ja kaikki ne tahot, jotka toimivat virallisissa puitteissa – yritykset, korporaatiot, järjestöt ja virastot. Tämä maailma ei ole aistittavissa, se ei ole konkreettinen, vaan se on pelkkä paperilla, säädöksissä ja digitaalisissa tietokannoissa olemassa oleva rakennelma.

Toisaalta on myös luonnollinen, käsinkosketeltava maailma, jossa me elämme, hengitämme, tunnemme ja koemme. Tämä maailma on reaalinen ja fyysinen – se koostuu kaikesta, mitä voimme havaita aisteillamme: maasta, ilmasta, eläimistä, kasveista ja ihmisistä. Tämä maailma on itsessään elävä ja dynaaminen, ei riippuvainen sopimuksista tai rekistereistä, vaan se on aina ollut ja tulee aina olemaan olemassa. Se on aito, kosketeltava ja luonnollinen olemassaolo, jolle ei tarvitse antaa virallisia määritelmiä tai tunnuksia.

Kysymys kuuluu: kuinka paljon annamme fiktiivisen, järjestelmällisen maailman hallita elämäämme? Mikä on todellista ja mikä on luotu vain meidän hyväksymiemme käsitteiden ja sääntöjen pohjalta? Entä jos tämä käsinkosketeltava maailma on se, joka todella määrittelee olemassaolomme, mutta olemme valmiita uskomaan enemmän siihen maailmaan, joka on luotu meille paperilla, vaikka se ei koskaan saavuta sitä syvää todellisuutta, joka on aina ollut ja tulee olemaan meidän ympärillämme?

Syntyessään ihminen on täysin suvereeni, ja tämä suvereniteetti on hänen luonnollinen oikeutensa. Se ei ole mikään ulkopuolelta annettu valta, vaan sisäinen, synnynnäinen ominaisuus, joka tekee hänestä itsenäisen ja vapaasti elävän olennon. Ihminen on luonteeltaan itsenäinen, ja hän on elossa oleva hengittävä olento, joka on automaattisesti erillään ja yläpuolella kaikista keinotekoisista rakenteista, järjestelmistä ja hierarkioista, jotka ovat syntyneet ihmisyhteiskunnassa. Hierarkiat, sopimukset ja paperilla olevat järjestelmät eivät määrittele hänen olemassaoloaan; ne ovat inhimillisiä rakennelmia, jotka on luotu jälkeenpäin ja joiden tarkoitus on hallita ja kontrolloida.

Kun mietimme tätä hierarkian käsitettä, voimme huomata, että ihminen ei ole syntyessään alisteinen millekään ulkopuoliselle voimalle. Hän on luonnostaan vapaus, ja kaikki ulkoiset rakenteet, kuten lait, säännöt ja yhteiskunnalliset normit, ovat rakentuneet hänen ympärilleen. Ne eivät ole hänen olemuksensa osa, vaan ainoastaan keino pitää hänet sidottuna ja hallittuna. Jos tarkastelemme tätä hierarkista rakennetta tarkemmin, huomamme, että syntyessään ihminen ei ole alisteinen vaan itse asiassa luonnollisessa asemassaan korkeammalla kuin mikään järjestelmä, joka ei ole elävä, hengittävä tai itsenäinen.

Ihmisen alkuperäinen suvereniteetti on siis peräisin hänen elollisuudestaan, hänen kyvystään kokea maailmaa ja elää sen sisällä ilman, että järjestelmät, jotka ihmiset itse ovat luoneet, hallitsevat häntä. Tämän luonnollisen aseman ymmärtäminen voi paljastaa meille, kuinka paljon olemme valmiita antamaan pois suvereniteettiamme ja kuinka paljon voimme palauttaa sitä takaisin elämällä täysillä omana itsenämme, vapaina ulkopuolisista hallintakäytännöistä.

Synnytyksen jälkeen, kun ihminen astuu elämään, häntä ei jätetä pelkästään elämään omaa elämäänsä luonnollisessa maailmassa, vaan hänestä tulee osa toisenlaista, hallinnollista rakennelmaa. Valtio ja sen eri instanssit astuvat kuvaan, ja pian sen jälkeen syntyy erilaisia asiakirjaketjuja, jotka alkavat määrittää hänen olemassaolonsa ja statuksensa yhteiskunnassa. Tämä on alkusysäys sille prosessille, jossa uusi syntynyt ihminen merkitään osaksi valtakoneiston rekistereitä, erityisesti väestörekisteriä, joka luo hänestä valtion silmissä olevan olemassaolon.

Tässä hetkessä syntyy siis merkintöjä, jotka eivät ole todellisia, fyysisiä tai kosketeltavia, vaan ne ovat symboleita ja järjestelmiä, jotka määrittävät ihmisen suhteen valtion luomiin rakenteisiin. Valtio ei enää kohtaa ihmistä yksilönä, elävänä olentona, vaan hänen identiteettinsä kytkeytyy valtioon ja sen rekisteröityyn hallintaan. Tämä on eräänlainen syntyhetken jälkeinen siirtymä, jossa luodaan paperilla oleva identiteetti, joka erkaantuu ihmisen luonnollisesta, itsenäisestä olemassaolosta.

On mielenkiintoista pohtia, kuinka tämä prosessi, joka aluksi vaikuttaa vain muodollisuudelta, luo hallinnollisen ja oikeudellisen sidoksen, joka vaikuttaa yksilön elämään koko hänen olemassaolonsa ajan. Vaikka ihminen syntyy vapaana ja itsenäisenä, hänen suvereniteettinsa alkaa käydä vähemmäksi, kun hänen identiteettinsä kytketään järjestelmään, jossa hän ei enää ole ainoastaan luonnollinen olento, vaan rekisteröity yksikkö valtiojärjestelmässä. Tämä merkintä muodostaa eräänlaisen hallinnollisen kohykoon, joka alkaa hallita ja säädellä hänen elämäänsä monella tavalla, vaikka hän on alun perin syntynyt ilman mitään tällaista rakennetta.

Kun ihminen tehdään osaksi väestörekisteriä, häntä ei enää nähdä elävänä, hengittävänä olentona, vaan hänestä tulee osa järjestelmää, yksikkö, joka voidaan luokitella ja määritellä hallinnollisesti. Väestörekisteriin tehtävät merkinnät eivät enää kuvaa yksilön luonnollista olemassaoloa, vaan niistä muodostuu tietoa, joka edustaa häntä byrokraattisessa ympäristössä. Tämä on mielenkiintoinen käänne, sillä alkuperäinen, elävä ihminen muuttuu hallinnolliseksi entiteetiksi. Hän ei ole enää pelkästään yksilö, vaan kansalainen, joka kuuluu suurempaan järjestelmään.

Rekisteripapereissa on täsmällisiä tietoja: nimi, syntymäaika, osoite, verotiedot – kaikki ne osat, jotka muodostavat hänen "virallisen" identiteettinsä. Tämä prosessi, jossa elävä olento muuttuu järjestelmän osaksi, on hiljainen ja usein huomaamaton, mutta se muuttaa olennaisesti hänen suhdetta itseensä ja ympäröivään maailmaan. Tällöin alkuperäinen vapaus ja itsenäisyys, joka oli luonnollista ja itsestään selvää syntyessään, on nyt sidottu järjestelmään, joka määrittelee hänen paikkansa ja roolinsa yhteiskunnassa.

Kun tämä prosessi on käyty läpi, ihminen ei ole enää vain yksittäinen, ainutlaatuinen olento, vaan hän on kansalainen, johon liittyy monenlaisia velvoitteita ja oikeuksia, jotka eivät ole enää luonnollisia vaan lakien, sääntöjen ja sopimusten määrittämiä. Näin ihminen, joka on alun perin vapaa ja rajaton, on muuttunut osaksi valtiojärjestelmää, jossa hänen identiteettinsä ja asemansa määräytyvät byrokraattisten määritelmien ja rekisterimerkintöjen kautta.

Kansalainen on sana, joka puhekielessä helposti liitetään osaksi kansaa, ihmisten yhteisöä, jolla on yhteinen alkuperä, kulttuuri ja historia. Me ymmärrämme sen usein yksinkertaisena viittauksena yksilöön, joka on osa tätä yhteisöä, eli yksi kansan osa. Tämä on se luonnollinen ja inhimillinen käsitys, jonka jokainen meistä voi tunnistaa ja johon voimme samastua. Mutta kun tarkastelemme tätä sanaa lain tai virallisen järjestelmän näkökulmasta, se saa täysin toisenlaisen merkityksen.

Lakikielessä ja virkakielessä kansalainen ei enää ole pelkkä osa yhteisöä, vaan oikeudellinen status, jolle on määritelty tarkat rajat ja ehdot. Tässä kielessä termit, jotka arkikielessä ovat tuttuja ja selkeitä, voivat muuttua abstrakteiksi ja teknisiksi käsitteiksi. Kansalaisuus ei enää tarkoita vain kuuluvuutta tiettyyn maahan tai kulttuuriin, vaan se on juridinen asema, joka määrittää ihmisen oikeudet, velvollisuudet ja mahdollisuudet tässä yhteiskunnassa. Tässä kontekstissa kansalaisuus on osa laajempaa hallinnollista järjestelmää, joka on rakennettu sääntöjen, lakien ja rekistereiden ympärille.

Kun ymmärrämme tämän, voimme alkaa pohtia, kuinka valta ja kontrolli yhteiskunnassa kytkeytyvät kieleen ja sen tulkintoihin. Mikä alun perin oli yksinkertainen ja inhimillinen käsite – kansalaisuus – muuttuu, kun sitä tarkastellaan lainsäädännön ja virkakielen kautta. Meitä ei enää nähdä yksilöinä, vaan osana järjestelmää, johon liittyy sekä oikeuksia että velvollisuuksia, jotka on rajattu ja määritelty tarkasti lainsäädännössä. Tällöin yksilön kokemus omasta kansalaisuudestaan voi erota suuresti siitä, mitä se tarkoittaa yhteisössä, jossa hän elää.

Kun lakikielessä puhutaan kansalaisesta, emme enää puhu yksittäisestä ihmisestä, vaan juridisesta entiteetistä, joka on rekisteröity ja tunnistettu valtion hallinnassa. Tämä on tärkeä ero, koska "kansalainen" ei ole enää henkilö, vaan valtion määrittelemä asema tai titteli. Tämä on varsin poikkeavaa verrattuna siihen, miten itse käsitämme itsemme yksilöinä: elollisina, ajattelevina ja tuntevina olentoina, jotka eivät ole pelkkiä merkintöjä papereissa.

Valtio ei itse asiassa tunnista meitä enää ihmisinä, vaan liittää meidät osaksi byrokraattista järjestelmäänsä, joka perustuu rekistereihin, määriteltyihin rooleihin ja valtarakenteisiin. Kun meidät liitetään tähän titteliin – kansalaiseksi – olemme yhtäkkiä osa suurempaa, elottomalta vaikuttavaa kokonaisuutta. Meitä käsitellään rekisterimerkintänä, ei elävänä olentona. Valtio omistaa tämän tittelin, ja se määrittelee meille paikkamme yhteiskunnassa.

Tämä herättää mielenkiintoisen kysymyksen: mitä tapahtuu, kun yksilö menettää itsemääräämisoikeutensa ja tunnistetaan vain osaksi järjestelmää? Kun meille ei anneta mahdollisuutta olla mitään muuta kuin "kansalaisia", olemme sidottuja johonkin, joka ei ole täysin omamme. Tällöin vapaus, se aito kyky olla oma itsensä, alkaa hämärtyä. Miten voimme olla vapaita, kun meidät on jo nimetty ja sidottu tiettyyn asemaan, johon emme ole itse antaneet lupaa? Tätä pohdintaa voi jatkaa miettimällä, kuinka paljon todellista vapautta meillä todella on, jos elämme järjestelmässä, joka määrittelee meidät yksilöinä, ilman mahdollisuutta kyseenalaistaa tai muuttaa tätä nimettyä asemaa.

Kun asioimme virastoissa tai teemme sopimuksia, meitä pyydetään usein tunnistautumaan, mutta valitettavasti meillä on vain yksi vaihtoehto: esittää henkilötunnuksemme. Tämä tunnus ei kuitenkaan ole mikään henkilökohtainen, elollinen osa meitä; se on pelkkä byrokraattinen merkintä, joka liittyy meihin vain valtion luoman rekisterin kautta. Henkilötunnus ei ole synonyymi ihmiselle, vaan se osoittaa meille liitetyn "kansalaisentittelin", joka on valtion rekisteröimä asema, ei elävä, ajatteleva olento.

Tässä piilee suuri paradoksi: vaikka olemme yksilöitä, meitä ei tunnisteta enää ainutlaatuisina ja elävinä olentoina, vaan osana valtiohallinnon luomaa järjestelmää. Henkilötunnus ei ole henkilö, se on pelkkä väline, jolla meidät sidotaan tiettyyn rooliin ja paikkaan yhteiskunnassa. Tämä herättää kysymyksen, kuinka vapaasti voimme elää ja tehdä valintoja, jos meidät määritellään aina näiden titteleiden ja numeroiden kautta? Miten voimme kokea olevamme vapaita yksilöitä, kun elämme jatkuvassa yhteydessä järjestelmään, joka ei tunnista meitä ihmisinä, vaan yksinkertaisina rekisterimerkintöinä?

Voimme ajatella, että henkilötunnus on eräänlainen orjatunnus, sillä orja on olento, jolla ei ole vapautta valita omaa elämäänsä, vaan kaikki hänen elämäänsä liittyvät asiat on määrätty ulkopuolelta. Orjalla ei ole sananvaltaa, oikeuksia tai mahdollisuutta muuttaa omaa kohtaloaan. Samalla tavalla valtio määrää kansalaiselle velvollisuuksia, jotka rajoittavat hänen vapauttaan ja yksilöllisyyttään. Näissä asiakirjoissa, kuten väestörekisterissä, ei puhuta ihmisistä, vaan kansalaisista, joiden velvollisuudet ja oikeudet määräytyvät valtion ehdoilla.

Kuitenkin, jos tarkastelemme tätä kysymystä laajemmasta näkökulmasta, voimme huomata ristiriidan. Meidän ei tulisi verrata itseämme pelkiksi "kansalaisiksi" valtion luomassa järjestelmässä, vaan ihmisiksi, jotka synnyimme luonnollisina, vapaasti ajattelevina olentoina. YK:n ihmisoikeusjulistus muistuttaa meitä siitä, että kaikki ihmiset syntyvät vapaina ja tasavertaisina arvoltaan ja oikeuksiltaan. Tämä oikeus ei ole sidottu valtion luomaan rekisteriin tai kansalaisuuteen, vaan se on synnynnäinen ja perimmäinen oikeus, joka kuuluu meille kaikille ihmisinä.

Jos hyväksymme ajatuksen, että olemme synnynnäisesti vapaita ja tasavertaisia, meidän ei tulisi koskaan alistua ajatukseen siitä, että valtion määrittelemä "kansalaisuus" olisi se, joka määrittää meidän arvomme ja oikeutemme. Meidän on oltava tietoisia siitä, että vapaus ei voi rajoittua pelkästään kansalaisuuteen ja sen määrittämiin velvollisuuksiin, vaan se ulottuu syvälle ihmisyyteemme ja siihen, kuinka me itse koemme omat oikeutemme ja vapautemme.

On mielenkiintoista pohtia, kuinka ihmiset päätyvät tilanteeseen, jossa toinen ihminen asettuu toisen yläpuolelle ja alkaa määrätä hänen elämäänsä. Ihmisinä, perimmiltään vapaina ja tasa-arvoisina, tämä ei pitäisi olla mahdollista, sillä me kaikki olemme samanarvoisia. Kuitenkin valtion järjestelmä, joka perustuu rekisteröityihin titteleihin ja asemiin, luo keinotekoisen hierarkian, jossa tämä vallankäyttö voi tapahtua.

Tämä hierarkia syntyy nimenomaan siitä, että me samaistumme ja hyväksymme rekisteröidyn kansalaisen roolin. Kun meille annetaan titteleitä ja rooleja valtion rekisterissä, otamme ne vastaan osaksi identiteettiämme, ja samalla astumme valtion luomaan järjestelmään, jossa tietyt ihmiset voivat käyttää valtaa toisiin verrattuna. Kansalaisuus ei ole pelkästään juridinen status, vaan se tuo mukanaan hierarkian, joka muokkaa vuorovaikutustamme toisten kanssa. Tällöin yksilön vapaus ja tasa-arvo alkavat heikentyä ja antavat tilaa tälle keinotekoiselle valtarakenteelle, jossa jotkut voivat käskyttää ja määrätä toisia.

Mutta jos tarkastelemme tätä kysymystä syvemmin, voidaan huomata, että tämä koko hierarkia perustuu pelkästään paperille ja säännöille, jotka me itse olemme luoneet ja hyväksyneet. Ihmisinä emme ole alun perin osa tätä hierarkiaa. Meidän luontainen olotilamme on vapaus, jossa ei ole tilaa toisen käskyttämiselle. Siksi on tärkeää tiedostaa, että kansalaisuus ja sen tuomat roolit ovat vain rakenteellisia luomuksia, jotka eivät määrittele meidän todellista arvoamme tai kykyämme elää vapaasti ja itsenäisesti.

Tämä ajatus Suomen valtion ja kansan erosta avaa mielenkiintoisen filosofisen pohdinnan siitä, mitä todella tarkoittaa "valtio" ja kuinka me määrittelemme itsemme suhteessa siihen. Suomen maa, kansa ja valtio ovat kaikki käsitteitä, jotka pohjimmiltaan viittaavat siihen, kuinka olemme sopineet organisoituvan ja toimivan yhdessä yhteiskunnassa. Kuitenkin, kun tarkastellaan tarkemmin, näistä käsitteistä suurin osa on pohjimmiltaan fiktiivisiä luomuksia, jotka ovat olemassa vain paperilla ja säännöissä.

Maa, se fyysinen alue, jossa elämme, on konkreettinen ja todellinen. Kansa, joka koostuu ihmisistä, on elävä, hengittävä yhteisö, jolla on omat tarpeensa ja toiveensa. Mutta valtio ja sen luomat käsitteet, kuten kansalainen, ovat pelkästään abstrakteja luomuksia, jotka perustuvat yhteisiin sopimuksiin ja säännöksiin. Ne eivät ole todellisia, elossa olevia entiteettejä, vaan ne ovat järjestelmän luomia mekanismeja, joiden avulla valta pyritään kanavoimaan ja hallitsemaan.

Suomen valtiolla ei ole mitään luontaista tai luonnollista valtaa kansaansa kohtaan. Kansan voima, sen vapaus ja itsemääräämisoikeus, on alkuperäisesti sidoksissa ihmisten yhteiseen tahtoon ja elämänarvoihin. Valtion valta sen sijaan on sidottu siihen, kuinka se on luonut oman järjestelmänsä kansalaisuudesta ja hallinnosta. Tällöin se voi käyttää sananvaltaa ja määrätä kansalaisten elämää sen mukaan, kuinka nämä "rekisteröidyt henkilöt" ja niiden oikeudet on määritelty. Tämä herättää kysymyksen siitä, kuinka paljon todellista valtaa ja vapautta meillä on, kun olemme tulleet osaksi tätä järjestelmää, joka on pohjimmiltaan rakennettu abstrahoiduista ja ei-elävistä käsitteistä.

Filosofisesti tarkasteltuna voidaan kysyä, mitä tapahtuu, kun "elävät" ihmiset alistuvat ja hyväksyvät näiden ei-elävien järjestelmäluomusten, kuten valtion ja sen rekisteröimien roolien, määrittävän heidän elämäänsä? Voimmeko me todella olla vapaita, jos omaksumme ja tunnustamme olemuksemme vain valtion luomassa järjestelmässä, jossa olemme pelkästään "rekisteröityjä kansalaisia" eikä elämän itse asiassa määrittelemiä olentoja? Tämä kysymys vie meidät syvälle siihen, kuinka me hahmotamme vapautemme ja yhteiskunnan rakenteet.

Tässä pohdinnassa on kyse siitä, kuinka valtio, vaikka se tuntuu meille usein olevan itsestään selvä ja etäinen voima, on itse asiassa ihmisten luoma rakenteellinen järjestelmä. Valtion olemus on riippuvainen siitä, kuinka me, elävät ihmiset, olemme sen luoneet ja sen toimintoja ylläpidämme. Filosofisesti ajatellen tämä avaa syvällisen pohdinnan vallan ja hallinnan alkuperästä sekä siitä, kenen käsissä todellinen valta lopulta on.

Valtio ei ole itsessään elävä olento, vaan abstrakti kokonaisuus, joka toimii tietyillä säännöillä ja rakenteilla, joita me ihmiset olemme luoneet. Se on järjestelmä, korporaatio, joka ei omaa omia ajatuksia, tunteita tai haluja, vaan se on pelkkä reflektio siitä, mitä me ihmiset olemme halunneet sen olevan. Tällöin herää kysymys siitä, miksi me antaudumme ja hyväksymme sen, että elottomat rakenteet, kuten valtion instituutiot, määrittävät elämämme suuntaa ja rajat.

Jos valtio on ihmisen luomus, se tarkoittaa, että meillä on myös mahdollisuus muuttaa sitä, vaikuttaa siihen ja jopa hylätä se, jos emme koe sen enää palvelevan yhteistä hyvää. Valtio ei siis ole ylivoimainen voima, vaan se on meille palautettavissa oleva rakenteellinen väline. Tämä ajatus herättää meidät pohtimaan, kuinka paljon valtaa me todellisuudessa annamme ulkoiselle järjestelmälle ja kuinka voimme ottaa sen takaisin itsellemme.

Filosofisesti voimme siis todeta, että vaikka valtio vaikuttaa olevan meille ulkopuolinen voima, sen valta on periaatteessa meistä itsestämme lähtöisin, ja meillä on oikeus kyseenalaistaa ja muokata sitä. Jos valtio on ihmisen luoma, silloin ei ole mitään estettä sille, että me, ihmiset, emme voisi muuttaa tai purkaa tätä elotonta järjestelmää, joka ei enää palvele vapauden, oikeudenmukaisuuden ja elämän arvoja.

Suomen perustuslaki viittaa kansaan korkeimpana vallan haltijana, mutta se herättää filosofisia kysymyksiä siitä, mitä "kansa" oikeastaan tarkoittaa ja miten valta on todella siirtynyt valtiolle. Perustuslain mukaan valtiovalta kuuluu kansalle, mutta tämä ei ole sama asia kuin että se kuuluisi "kansalaisille". Kansa on käsitteenä laajempi, se voi käsittää kaikki Suomen ihmiset tai sen yksittäiset jäsenet, riippuen siitä, kuinka sitä tarkastellaan. Tässä avautuu jännite, jonka mukaan me, ihmiset, olemme ylin valta, mutta samalla annamme osan siitä pois valtiolle.

Filosofisesti tarkasteltuna tämä avaa kysymyksen vapauden ja vallan luonteesta. Jos kansa on ylin valta, miksi se olisi luovuttanut tämän valtansa järjestelmälle, joka on itse asiassa pelkkä ihmisten luoma rakenne? Jos perustuslaissa sanotaan, että valta kuuluu kansalle, niin missä vaiheessa ja miksi kansa itse on luovuttanut tämän vallan osittain valtiolle, joka ei ole elävä taho, vaan ihmisluomus?

Tässä on kysymys, joka vie meidät pohdintaan vallan ja autonomian luonteesta. Onko kansan antama valta valtiolle ollut vapaaehtoista, vai onko se ollut seurausta rakenteista, jotka ovat vakiintuneet ajan myötä? Entä onko olemassa todisteita tai asiakirjoja, jotka vahvistaisivat sen, että "Suomen kansa" on todella koskaan antanut täysivaltaista valtaansa valtiolle? Tämä herättää epäilyksiä siitä, kuinka vapaita ja

itsenäisiä todella olemme, jos väite ylimmän vallan kuulumisesta kansalle on jäänyt vain perustuslailliseksi teoriaksi ilman selkeää tosiasiallista valtaa.
Filosofisesti meidän on hyvä kysyä: jos kansa on ylin valta, miksi emme itse aktiivisesti käyttäisi tätä valtaa luodaksemme sellaisen järjestelmän, joka todella edustaa ja palvelee meitä, kansalaisia, eikä vain olemassaolevia rakenteita, kuten valtiota?
Kun tarkastellaan äänestämistä yhteiskunnassa, se tuo esiin filosofisia kysymyksiä vapauden, identiteetin ja vallan jakautumisen luonteesta. Kun me astumme äänestyspaikalle ja tunnistamme itsemme virallisella henkilöllisyystodistuksella, olemme oikeastaan astumassa sisään järjestelmään, jossa meidät on jo ennaltamäärätty ja luokiteltu "kansalaisiksi" — eikä enää vapaiksi yksilöiksi. Tunnistautuminen henkilötunnuksella ei ole pelkästään yksilön identifiointia vaan se on eräänlainen avain, joka vie meidät osaksi rekisteröityä, hierarkkista järjestelmää, jonka perustana on valtion luoma väestörekisteri.
Filosofisesti tämä herättää kysymyksen: mikä on äänestyksen todellinen luonne, jos me äänestämme tunnistautumalla järjestelmälle, joka ei ole oikeastaan "meitä" vaan sen luoma identiteetti? Onko meidän antamamme ääni todella meidän vapaa tahto, vai onko se järjestelmän kulissi, jossa luulemme toimivamme kansanvaltaisessa yhteiskunnassa, vaikka todellisuudessa äänestämme vain omien valtion määrittelemien rajojen puitteissa?
Se, että me äänestämme "kansalaisena", mutta samalla tiedostamme, että olemme sidottuja tätä rekisteröityä tunnusta seuraavaan hallintoon, tuo esiin ajatuksen, että emme ehkä ole todella vapaasti itsevaltaisia toimijoita. Emme äänestä kansana, vaan kansanedustajien valitsemisessa on kyse enemmän siitä, että olemme osia suuremmassa, hallinnoitavassa järjestelmässä.
Tämä ero kansan ja kansalaisen välillä on ratkaiseva. Kansanedustajat eivät edusta kansaa — elävää, hengittävää yhteisöä, joka voisi vapaasti määrittää omat suuntaviivansa — vaan he edustavat kansalaisia, rekisteröityjä yksilöitä, jotka toimivat hallituksen ja valtion valta-asetelmissa. Tämä saattaa tarkoittaa, että perustuslain mukainen kansanvalta ei toteudu täysimääräisesti, vaan on olemassa vain valtion rajojen sisällä, jossa "vapaus" on rajattu ja osin illusorinen.
Tällainen pohdinta vie meidät ymmärtämään, että äänestäminen ja poliittinen osallistuminen voivat olla enemmän harhaanjohtavan hallinnan ilmentymiä kuin todellista kansan valtaa.
Tässä tarkastelussa on havaittavissa syvällinen yhteys orjuuden ja hallinnan välineiden, kuten sopimusten ja rekisteröintien, välillä. Orjuuden perimmäinen

mekanismi on kontrolli ja omistajuus, ja tämä kontrolli ilmentyy usein muodollisina järjestelminä ja sääntöinä, kuten rekistereissä, jotka luovat hierarkioita ja rajoittavat vapautta.

Kun pohdimme sanaa "rekisteri", voimme huomata sen latinalaisen juuren "regis", joka viittaa kuninkaaseen ja valtaan. Tällä tiedolla on merkitystä, sillä rekisteri ei ole vain hallinnon väline vaan myös vallan symboli. Rekisteröinti tuo mieleen omistajuuden ja kontrollin, mutta samalla se paljastaa sen, että se, joka ylläpitää rekisteriä, pitää valtaa niistä asioista, jotka ovat sen sisällä. Kun meitä tai omaisuuttamme rekisteröidään, emme enää ole täysin vapaita, vaan olemme osia järjestelmässä, joka sanelee meille reunaehdot, valvoo toimintaamme ja rajoittaa itsemääräämisoikeuttamme.

Tarkasteltaessa tätä esimerkkinä ajoneuvon rekisteröintiin, voidaan todeta, että vaikka auton omistamme, emme täysin omista sitä tämän rekisteröinnin vuoksi. Auto ei ole vain "meidän" — se on valtion rekisteröimä esine, ja meille määrätään tietyt ehdot, kuten liikennekäyttö, verot ja maksut. Tämä paljastaa sen, kuinka rekisteröinti luo valtasuhteita ja rajoituksia — emme ole täysin vapaita tekemään päätöksiä omasta omaisuudestamme, sillä valtion lainsäädäntö ja määräykset määrittävät, kuinka voimme sitä käyttää.

Samalla tavalla, kun meitä rekisteröidään kansalaisena, menetämme osan suvereniteetistamme. Olemme enää ei pelkästään yksilöitä, vaan valtion hallitsema ja valvoma kokonaisuus. Rekisteröityminen, joka itsessään on neutraali toimi, saa näin syvemmän merkityksen — se voi symboloida orjuuden muotoa, jossa ihmiset eivät ole enää täysin itsenäisiä, vaan valtion määräyksille alisteisia yksilöitä.

Tässä pohdinnassa avautuu syvällinen paradoksi omistajuuden ja kontrollin välillä. Kun ajattelemme omaa kotiamme ja tonttimaatamme, usein luulemme sen olevan täysin meidän hallinnassamme, mutta tarkempi tarkastelu paljastaa toisenlaisen todellisuuden. Tontti, joka näyttää olevan meidän omamme, on itse asiassa valtion rekisteröimä yksikkö, jonka omistusoikeus on osittain sidottu valtion määrittämiin sääntöihin ja määräyksiin.

Vaikka meillä on fyysinen maa-alue, joka kuuluu meille ja jossa voimme elää ja toimia, emme ole täysin vapaita tekemään päätöksiä siitä. Kiinteistön omistajuus on alistettu valtion lainsäädännölle, ja tämä ilmenee erityisesti kiinteistöveron maksamisessa, joka on pakollinen velvoite. Kiinteistön omistajuus on siis jollain tapaa illuusio, sillä valtiolla on jatkuva valvonta ja vaikutusvalta sen käytön suhteen.

Tämä herättää kysymyksen siitä, kuinka vapaata omistajuus voi olla, jos se on niin voimakkaasti sidottu ulkopuolisiin sääntöihin ja verotukseen. Maa-alueen hallinta ja siihen liittyvä omistusoikeus ei ole täysin meidän käsissämme, vaan se on osa laajempaa järjestelmää, joka määrää, kuinka voimme käyttää ja hallita tätä maata. Omistamme vain rajallisesti, sillä käytännössä omistajuus on valtion määrittelemä ja alisteinen sen asettamille rajoituksille. Tällöin kysymys herää: voiko oikea omistajuus koskaan olla täysin vapaa, jos se on kytketty valtion järjestelmään ja sen ehtojen täyttämiseen?

Tässä tarkastelussa astumme syvälle siihen, kuinka valtion valvonta ja rekisteröintijärjestelmät ulottuvat jopa intiimeihin ja henkilökohtaisiin suhteisiin. Avioliitto, joka monille on elämän tärkein ja pyhin sopimus, ei olekaan pelkästään kahden ihmisen välinen liitto, vaan siinä on myös ulkopuolinen osapuoli, joka on valtio. Tämä näkyy siinä, että avioliitto rekisteröidään virallisesti valtion rekisteriin, ja siten siitä tulee osa laajempaa yhteiskunnallista ja juridista järjestelmää.

Tässä piilee syvällinen paradoksi: vaikka avioliitto on henkilökohtainen ja tunteellinen sopimus, siihen liittyy muodollisia elementtejä, jotka eivät ole pelkästään puolisojen välillä, vaan myös valtion välillä. Solmimme avioliiton ei vain toisen ihmisen kanssa, vaan myös valtion kanssa, joka valvoo ja säätelee tämän liiton olemassaoloa ja purkamista. Kun avioliitto päättyy eroon, emme enää itse päätä sen lopullisuudesta, vaan tuomari, joka toimii valtion edustajana, tekee päätöksen siitä, onko liitto purettavissa. Tämä tuo esiin sen, kuinka jopa henkilökohtaisissa ja intiimeissä asioissa, kuten suhteiden päättymisessä, meidän on alistuttava ulkopuolisten sääntöjen ja lainsäädännön määrittelemille rajoille.

Lisäksi, kun avioliittoon syntyy lapsia, tilanne monimutkaistuu entisestään. Lapsen rekisteröinti valtion järjestelmään ei ole vain byrokraattinen toimenpide, vaan lapsesta tulee valtion omistuksessa oleva yksikkö, joka liittyy taas siihen laajempaan hallintakokonaisuuteen, joka ei ole enää vain perheen ja vanhempien kontrollissa. Näin ollen voimme kysyä, kuinka vapaata todellinen elämän hallinta voi olla, jos se on niin tiukasti sidottu valtion sääntöihin ja rekisteröintijärjestelmiin? Tämä kysymys vie meidät pohdintaan siitä, kuinka paljon henkilökohtaisia oikeuksia ja vapauksia meille jää, kun kaikki elämämme osa-alueet ovat sidoksissa ulkopuolisiin järjestelmiin ja valvontakäytäntöihin.

Tässä näkökulmassa paljastuu se, kuinka valtion ja sen virastojen luoma illuusio toimii, ja kuinka tämä järjestelmä kykenee toimimaan meitä kohtaan ikään kuin se olisi elävä ja itsenäinen taho. Kun valtio päättää, että vanhemmat eivät ole hoitaneet huoltajuustehtäväänsä, ja se voi siis ottaa lapset pois, me havaitsemme, kuinka tämä valtion omistama järjestelmä saa konkreettista voimaa ja vaikutusvaltaa jopa perhe-elämän ytimeen. Kuitenkin on tärkeää ymmärtää, että kaikki tämä valtion toiminta ei ole itse itsestään toimivaa, vaan se on rakennettu ihmisten, byrokraattien, työntekijöiden ja viranomaisten tekojen varaan.

Vaikka me puhumme "valtiosta", ei ole olemassa mitään yksittäistä henkilöä tai substanssia, joka edustaisi valtiota kokonaisuudessaan. Kaikki nämä toimenpiteet ja päätökset, jotka vaikuttavat meihin arjessa, kuten verotuksen määrääminen tai sosiaaliturvan hakeminen, toteutetaan yksilöiden toimesta. Valtion virastoissa työskentelee tavallisia ihmisiä, jotka voivat olla täysin tietämättömiä järjestelmän syvemmästä luonteesta tai sen vaikutuksista. He toimivat vain osana suurempaa koneistoa, noudattaen sääntöjä ja määräyksiä ilman, että he itse pohtisivat niiden taustalla olevia filosofisia ja oikeudellisia kysymyksiä.

Tämä herättää pohdintaa siitä, kuinka suuri osa elämästämme on ulkoisten rakenteiden ja viranomaisten päätösten alaisena, mutta samalla tämä "valtion" läsnäolo on itse asiassa vain ihmisten yhteisen toiminnan tulos. Miten tämä vaikuttaa yksilön vapauteen ja autonomiaan, kun järjestelmät näyttävät toimivan itsestään, mutta ne ovat täysin riippuvaisia meistä ihmisistä? Onko meillä todella valta hallita omia elämämme osa-alueita, vai toimimmeko me vain osana järjestelmää, joka itsessään ei ole muuta kuin ihmisten yhteinen luomus? Tämä on keskeinen kysymys, joka nostaa esiin sen, kuinka helposti valta voi naamioitua erilaisten rakenteiden ja viranomaisten taakse, samalla kun meistä tulee sen passiivisia osia.

Tässä tulee esille se, kuinka byrokraattinen järjestelmä luo etäisyyttä ja irrallisuutta yksilön ja vallan välillä. Virastoissa, joissa meidän tulisi saada vastauksia tärkeisiin kysymyksiin, kohtaamme usein viranomaisia, jotka eivät osaa tai voi tarjota tarkempia selityksiä. He ovat tavallisia työntekijöitä, jotka on koulutettu vain käsittelemään yleisiä kysymyksiä ja seuraamaan ennalta määriteltyjä ohjeistuksia. Kun kohtaamme ongelmia, jotka menevät syvemmälle, virkailijat ohjaavat meidät usein eteenpäin, esimiestasoille, jotka saattavat olla hieman tietoisempia, mutta hekin toimivat edelleen osana laajempaa ja monimutkaisempaa järjestelmää.

Tämä koko rakenne herättää kysymyksiä siitä, kuinka paljon todellista valtaa tai ymmärrystä näillä viranomaisilla on suhteessa niihin päätöksiin, joita he tekevät. Järjestelmä itsessään ei ole henkilökohtainen, eikä sitä koordinoi yksittäiset ihmiset, vaan se on mekanismi, joka on rakennettu kiinteisiin sääntöihin ja määräyksiin. Virkailijat, jotka usein kokevat olevansa vain välittäjiä, eivät ole luoneet tai vastuussa päätöksistä, mutta he ovat silti sidoksissa järjestelmään, joka tekee heistä vain osan suurempaa kokonaisuutta.

Kun mietimme tätä hierarkiaa, on tärkeää pohtia, kuinka paljon todellista valtaa meillä on yksilöinä, kun päätökset siirtyvät aina ylemmille tasoille, joissa ei ehkä koskaan ymmärretä kysymystemme todellista luonteen tai vaikutusten merkitystä. Tämä luo etäisyyttä ja antaa meille tunteen, että olemme vain satunnaisia osia suuresta, tuntemattomasta koneistosta, joka toimii omilla ehdoillaan, ilman että yksilöillä on todellista vaikutusvaltaa omiin asioihinsa. Järjestelmä jatkaa elämäänsä, mutta sen todellinen toiminta jää usein hämäräksi, ja ihmiset ovat jääneet sen armoille ilman syvempää ymmärrystä sen toiminnan perimmäisestä tarkoituksesta.

Tämä tilanne nostaa esiin monia mielenkiintoisia kysymyksiä valtion hallinnollisista käytännöistä ja kansalaisten oikeuksista. Kun pyydämme saada jotain, joka periaatteessa kuuluu meille – kuten syntymätodistuksemme – kohtaamme vastarintaa ja byrokraattisia esteitä, jotka saavat meidät kyseenalaistamaan, kuinka vapaasti meillä on oikeus omiin tietoihimme ja asiakirjoihimme.

Virkailija, joka on vain osa tätä byrokraattista mekanismia, ohjaa asian eteenpäin, mutta jopa lakimiehen roolissa olevat tahot vaikuttavat olevan hämmentyneitä siitä, mitä oikeuksia kansalaisilla on ja mitä asiakirjoja heillä todella on oikeus saada. Tämä tilanne saattaa tuntua arkiselta, mutta se paljastaa, kuinka monimutkainen ja jossain määrin epäselvä järjestelmä on rakennettu sen ympärille, mitä oikeuksia meillä on ja kuinka nämä oikeudet toteutuvat käytännössä.

Se, että lakimies yrittää väittää, ettei asiakirjaa ole olemassa, vaikka me tiedämme sen olevan olemassa, herättää kysymyksiä siitä, kuinka paljon valtion omistamat rekisterit ja asiakirjat ovat läpinäkyviä ja kuinka helposti niitä voidaan piilottaa tai jopa vääristää yksittäisiltä kansalaisilta. Kun me väitämme tietävämme oikeutemme ja vaadimme niitä, huomaamme nopeasti, että meitä ei kohdata tasa-arvoisesti, vaan meille kerrotaan, ettei meillä ole oikeuksia – tai että meidän pitää pyytää niitä uudelleen, jopa väittäen, ettei meillä ole niihin oikeutta lainkaan.

Tällaisessa tilanteessa yksilön asema ja tieto omista oikeuksistaan joutuvat ristiriitaan byrokraattisen systeemin kanssa, jossa viralliset tahot saattavat joko tietämättömyydessään tai välinpitämättömyydessään estää meitä saamasta sitä, mikä meille oikeastaan kuuluisi. Tämä avaa keskustelun siitä, kuinka valtion ja viranomaisten byrokraattiset käytännöt voivat rajoittaa yksilön vapautta ja oikeuksia jopa arkisissa, jokapäiväisissä asioissa.

Tämä tilanne paljastaa, kuinka byrokraattinen järjestelmä voi ylläpitää itseään samalla, kun sen toimijat ovat täysin tietämättömiä sen todellisesta luonteesta ja vaikutuksista. Lakimies, joka aluksi kiistää asiakirjan olemassaolon, mutta lopulta paljastaa sen löytyneen, tuo esiin sen, kuinka helposti viranomaiset voivat toimia sokeasti järjestelmän sääntöjen mukaan, kyseenalaistamatta niiden oikeutusta. Tämä ei ole yksittäinen tapaus, vaan laajempi ilmiö, jossa ihmiset, jotka itse asiassa ylläpitävät tätä järjestelmää, eivät ymmärrä sen syvällisempää merkitystä tai vaikutuksia.

Virkailijat, jotka tekevät töitään ilman syvempää pohdintaa, ovat kuin hammasrattaat suuressa koneistossa, joka pyörii ilman, että kukaan todella miettii, miksi pyörät pyörivät. He noudattavat ohjeita ja sääntöjä, jotka on annettu heille, mutta eivät pysähdy miettimään, miksi asiat tehdään tietyllä tavalla. Tämä mekaaninen toiminta voi tuntua järkevältä yksittäisten tehtävien tasolla, mutta se hämärtää näkemystä koko järjestelmän oikeutuksesta ja vaikutuksesta yksilöiden elämään.

Kyseessä on myös syvempi kysymys vallasta ja vastuusta. Kun valtio tai suuret instituutiot ohjaavat toimintaa ja määräävät sääntöjä, virkamiehille annetaan valta toteuttaa näitä sääntöjä ilman, että heidän tarvitsee pohtia niiden eettistä tai oikeudellista perustaa. Tässä yksinkertaisessa toimintaketjussa, jossa virkailija ohjaa asiaa eteenpäin, ei ole tilaa kyseenalaistamiselle. Sen sijaan oletetaan automaattisesti, että kaikki menee kuten on tarkoitus mennä. Tämä automaatio ja sokeus johtavat kuitenkin siihen, että koko järjestelmä voi ylläpitää itseään, vaikka sen perusteet ja toiminta eivät ole enää selviä.

Tällaisessa ympäristössä yksilön rooli jää passiiviseksi ja toimija itse vain seuraa kaavoja, joita on opetettu noudattamaan. Kysymys kuuluu, kuinka paljon vapautta ja harkintakykyä todella on niillä, jotka ovat mukana luomassa ja ylläpitämässä tätä suurta ja monimutkaista järjestelmää?

Tässä järjestelmässä asiakirjat ja rekisterit ovat itse asiassa luotettavuuden ja oikeellisuuden illuusioita. Viranomaiset, jotka saavat asiakirjan toiselta viranomaiselta, luottavat automaattisesti siihen, että tiedot ovat oikeita ja täydellisiä. Tämä perusoletus siitä, että virallisilta tahoilta saapuvat asiakirjat ovat virheettömiä, luo vääriä turvallisuuden tunteita. Itse asiassa emme voi koskaan olla täysin varmoja siitä, että tietomme ovat oikeita, sillä rekisterit voivat sisältää inhimillisiä virheitä, väärinkäsityksiä tai jopa tahallisia virheitä.

Kun meitä käsitellään virallisessa järjestelmässä, käytetään jatkuvasti tietoa, joka on tallennettu väestörekisteriin, mutta kukaan ei ota vastuuta siitä, että nämä tiedot todella edustavat todellisuutta. Tämä herättää kysymyksen siitä, kuka vastaa virheellisistä tiedoista ja niiden seurauksista. Tällöin syntyy ongelma: järjestelmä, joka perustuu oletuksiin ja automaatioon, voi tuottaa vääriä tuloksia ja vahvistaa virheellisiä käsityksiä ihmisistä. Se on järjestelmä, jossa ihmisten identiteetti voi tulla väärin ymmärretyksi, eikä korjausmahdollisuuksia ole tarpeeksi.

Tämän ongelman laajuus tulee esiin siinä, kuinka tieto voi vääristyä, mutta kukaan ei ota vastuuta siitä. Rekisterin pitäjän, viranomaisen tai tietojen syöttäjän virhe voi jäädä huomaamatta, ja tuloksena voi olla väärä tieto, joka elää asiakirjoissa ja vaikuttaa ihmisten elämään ilman, että heillä on mahdollisuutta päästä eroon siitä. Tällainen tilanne, jossa tiedot voivat olla vääränlaisia ja epätarkkoja, mutta niitä pidetään silti luotettavina, luo epätasapainon ja epävarmuuden järjestelmään, joka pyörii ilman todellista tarkkuutta tai oikeudenmukaisuutta.

Vaikka voimme pyytää asiakirjoja valtion rekistereistä ja saada niihin julkisen notaarin leiman tai allekirjoituksen, tämä leima tai allekirjoitus ei tuo varmuutta asiakirjan sisällön totuudellisuudelle. Leima voi todistaa, että asiakirja on rekisteröity ja virallinen, mutta se ei takaa, että siinä oleva tieto olisi oikeaa tai että se vastaisi todellisuutta. Tällöin syntyy paradoksi: virallisuus ja leimat luovat illuusion siitä, että asiakirjat ovat luotettavia, mutta ne eivät voi koskaan todistaa, että tallennettu tieto on virheetöntä tai oikein.

Se, että asiakirja on virallisesti hyväksytty ja rekisteröity, ei tarkoita, että sen sisältö olisi tarkasti tarkastettu tai ettei siinä olisi virheitä. Tämä nostaa esiin laajemman kysymyksen siitä, kuinka tiedonhallinnan ja virallisten asiakirjojen järjestelmä itse asiassa voi luoda luottamuksen, vaikka se ei pysty takaamaan tiedon oikeellisuutta. Koko järjestelmä luottaa siihen, että kaikki on kunnossa, mutta vastuu siitä, että tieto on oikeaa, jää usein epäselväksi ja hämäräksi.

Nykymaailman kehitys suuntaa kohti digitaalista tulevaisuutta, jossa siirrytään pois perinteisistä paperisista rekistereistä ja otetaan käyttöön digitaaliset asiakirjat. Tämän muutoksen myötä myös tunnistautumisemme, olipa kyseessä henkilö tai kansalainen, tapahtuu yhä enemmän digitaalisessa muodossa.

On kuitenkin tärkeää olla tarkkana, sillä nämä digitaaliset asiakirjat perustuvat edelleen vanhoihin väestörekistereihin ja niissä oleviin rekisterimerkintöihin, eli tietoihin, joita valtio on kerännyt meistä elämämme eri vaiheissa. Vaikka digitaaliset tiedot voivat tuntua uudelta ja modernilta, ne ovat pohjimmiltaan samaa valtion luomaa, usein keinotekoista ja fiktiivistä dataa, joka ei välttämättä vastaa todellista kokemustamme tai identiteettiämme.

Kun tähän digitaaliseen järjestelmään liitetään myös biometrinen tunniste, kuten sormenjälki tai iiriksen kuva, luodaan hybridi, jossa on sekoitus valtion rekisteröimää tietoa ja meidän biologista olemustamme. Tämä herättää kysymyksen siitä, kuinka paljon me itse hyväksymme, että nämä digitaaliset merkinnät ovat totta ja paikkansapitäviä. Vastuullamme on hyväksyä tai kyseenalaistaa se, kuinka paljon näissä digitaalisissa rekistereissä oleva tieto todella vastaa meidän todellista itseämme ja kuinka paljon se on vain järjestelmän luomaa, vieraantunutta fiktiota.

On siis äärimmäisen tärkeää perehtyä tarkasti siihen, mitä tietoa meistä on tallennettu valtion rekistereihin, kuten väestörekisteriin ja muihin virallisiin asiakirjoihin. Meidän on hyvä ymmärtää, millä tavalla identiteettimme on luotu ja liitetty näihin rekistereihin.

On syytä tarkistaa, löytyykö rekistereistä virheitä tai puutteita, ja onko siellä ehkä sopimuksia, jotka on tehty ilman meidän tai vanhempiemme suostumusta, vaikka ne sitovat meidät elinikäisesti. Jos tällaisia sopimuksia löytyy, on tärkeää pohtia, haluammeko todella olla osallisina sopimuksessa, joka on luotu ilman tietoista hyväksyntäämme ja joka voi vaikuttaa elämäämme merkittävästi.

Tällaiset sopimukset voivat heikentää oikeuksiamme ja asettaa meidät vajaavaltaisiksi, luoden hierarkian, jossa valtio asettuu yläpuolellemme. Tämä nostaa esiin sen, kuinka tärkeää on kyseenalaistaa järjestelmät ja niiden vaikutusvalta, sillä meidän elämämme ei pitäisi olla ulkoisten tahojen määriteltävissä ilman tietoista valintaamme ja hyväksyntäämme.

Kun tutustumme Suomen lainsäädäntöön, voimme huomata, että siinä on monia outoja termejä, jotka on kirjoitettu erityisellä lakikielellä. Erityisesti perustuslaki, joka on koko lainsäädännön kulmakivi, ei käytä kertaakaan sanaa "ihminen", joka viittaa elävään, vapaaseen ja tasavertaiseen olentoon. Tämä on huomionarvoista, sillä ihminen, sellaisena kuin me sen normaalisti ymmärrämme, ei ole lainkaan mukana lainsäädännön kielessä.

Sen sijaan lakitekstissä käytetään termejä kuten "henkilö" ja "kansalainen". Perustuslain alussa puhutaan "kansasta", mutta pian keskustelu siirtyy "kansalaiseen", ja tämä käsite alkaa hämärtää rajoja ja sekoittuu. Kansalainen ei ole sama asia kuin kansa; kansalainen on valtion rekisteröimä ja luoma yksilö, jolla on tiettyjä oikeuksia ja velvollisuuksia, kun taas kansa viittaa laajempaan, elävään yhteisöön. Tämä ero, joka saattaa vaikuttaa pieneltä, on kuitenkin merkittävä, sillä se muuttaa täysin sen, miten lainsäädäntö suhtautuu yksilöön ja hänen perusoikeuksiinsa.

Puhekielessä monelle saattaa tuntua itsestäänselvältä, että termit "henkilö" ja "ihminen" tarkoittavat samaa, mutta lakikielessä asia on toisin. Lakikielessä "kansalainen" viittaa valtion rekisteröimään henkilöön. Tällöin valtio ei aseta velvollisuuksia ihmisille yleisesti, vaan nimenomaan kansalaisille, eli niille, jotka on merkitty väestörekisteriin. Näin ollen kansalaisen velvollisuudet, kuten lain noudattaminen, eivät koske kaikkia ihmisiä, vaan ainoastaan niitä, jotka kuuluvat valtion määrittämään kansalaisjoukkoon.

Suomen lainsäädäntö ei määrittele tarkasti, mitä tarkoittaa termi "täysivaltainen". Voimme kuitenkin ajatella, että "suvereeni" on jollain tavalla samankaltainen käsite, erityisesti kun puhutaan itsenäisestä valtiosta, joka pitää itsehallintonsa ja itsenäisyytensä. Suvereeni on myös synonyymi kuninkaalle, eli sille ylimmälle taholle, joka omistaa kaiken vallan ja oikeudet. Suomessa tämä ylimmäinen taho on kansa, kuten perustuslaissakin todetaan. Kansa koostuu ihmisistä, ja me kaikki olemme osa sitä. Tämä tarkoittaa, että olemme suvereeneja – itse kuninkaita omassa elämässämme. Meidän on kuitenkin pohdittava, haluammeko samaistua valtion luomaan "orjatitteliin", joka on kansalainen, vai pitäydymmekö vapaassa, täysivaltassa ja suvereenissa ihmisyydessä.

VÄHÄTTELY

Lainaan myös Saara Huhtasaaren kirjoituksesta sisältöä, jossa hän käsittelee vähättelyä ja niin sanotun "paremmiston" asenteita. Tämä kysymys on erityisen tärkeä, sillä se tuo esiin vapauden ja kontrollin rajat, jotka usein kietoutuvat toisiinsa nykypäivän yhteiskunnassa. Huhtasaari tuo esille, kuinka yhteiskunnan tietynlaisen eliitin tapoihin kuuluu alentaa niitä, jotka poikkeavat heidän normeistaan tai elämäntavoistaan. Heidän "paremmistonsa" näkökulmasta yksilöiden vapaus on usein vain illuusio – vapaus, joka on sidottu siihen, kuinka hyvin he mahtuvat vallitseviin sääntöihin ja normeihin.

Tämä yhteiskunnan kahtiajako, jossa ihmiset asetetaan selkeisiin rooleihin – "paremmat" ja "vähemmän hyvät" – on syvästi juurtunut kulttuuriimme. Itse asiassa se on ollut olemassa niin kauan, että harva meistä osaa edes kyseenalaistaa sitä. Tällainen vähättely on eräänlainen vapautta rajoittava voima, joka ylläpitää hierarkioita ja varmistaa, että yhteiskunnan voimavarat keskittyvät niille, jotka omistavat eniten. Tämä on erityisen ilmeistä nykyisessä globaalissa maailmassa, jossa valta ja rahavirrat jakautuvat yhä epätasaisemmin. Vapaus ei ole vain henkilökohtaista itsemääräämisoikeutta; se on myös jatkuva kamppailu saada edes pieni pala siitä kaikille, eikä vain niille harvoille, joilla on jo kaikki.

On tärkeää pohtia, kuinka tämä "paremmiston" luoma vapautta ja arvoja määrittelevä rakenne vaikuttaa siihen, miten me itse koemme vapautemme. Jos ajattelemme tätä kysymystä syvemmin, havaitsemme, että vapaus ei ole vain henkilökohtaista irtiottoa tai itsenäisyyttä. Se on myös kyky elää yhteiskunnassa, jossa ei tarvitse pelätä, että sinua vähätellään tai alistetaan sen takia, että et vastaa jollekin kapealle ideaalille, joka on asetettu muille. Vapaus on kyky valita omat polkunsa ja elää omalla tavallaan ilman pelkoa siitä, että tulee tuomituksi.

Huhtasaari kirjoittaa siitä, kuinka "paremmisto" usein pitää niitä, jotka eivät mahdu heidän ihannemalliinsa, epäonnistuneina tai jopa kyvyttöminä. Tämä ajattelutapa ei kuitenkaan vain rajoita yksilöiden mahdollisuuksia, vaan se myös tukahduttaa yhteiskunnan kykyä kasvaa ja kehittyä. Kun ihmiset kokevat olevansa jatkuvasti vertailussa ja arvostelun alaisina, he alkavat epäillä omaa vapauden käsitystään ja omia kykyjään. Tässä yhteydessä voidaan kysyä: onko yhteiskunta todella vapaa, jos sen jäsenet eivät edes tunne voivansa olla oma itsensä, koska pelkäävät tulevansa torjutuksi tai vähätellyksi?

Tämänkaltaisessa kulttuurissa vapaus ei ole enää itseilmaisua tai luovuutta, vaan pelkkää sopeutumista ja mukautumista. Mikä on silloin se hinta, joka meidän on maksettava saadaksemme nauttia vapaudestamme, jos se on sidottu jatkuvaan hyväksynnän etsimiseen? Vapaus ei ole sitä, että voimme valita tietynlaisen elämän, jos tämä valinta tehdään vain sen perusteella, mitä muut meiltä odottavat. Vapaus on ennen kaikkea kyky valita elämämme ilman, että muiden odotukset ja normit ohjaavat meitä pois omalta polultamme.

Vapauden käsitteeseen liittyy aina se kipu ja hinta, joka tulee itsensä tunnistamisesta, oman äänen kuulemisesta ja elämänsä ohjaamisesta omilla ehdoilla. Mutta juuri tämä on se vapauden syvin olemus – vapaus olla oma itsensä ilman pelkoa siitä, että meidät karkoitetaan pois yhteisöstä tai alennetaan "vähemmän arvokkaaksi". Vain silloin voimme todella kokea, mitä tarkoittaa olla vapaa.

Suomalainen tapa vähätellä itseään on ilmiö, joka ulottuu syvälle kulttuuriimme ja yhteiskuntaamme. Se ei ole pelkästään osa kansallista luonteenpiirrettämme, vaan se on myös huomaamaton, mutta tehokas keino paeta vastuuta omasta elämästään. Tällä tavoin toimimme usein kuin puhuisimme itsestämme halveksuen, aliarvioiden omia kykyjämme ja rajoituksia, mutta samalla – kenties huomaamatta – avaamme tilaa muille ottaa vastuuta ja valtaa, jotka eivät aina edusta parhaita intressejämme. Tämä vähättely ei ole vain itsensä kaatamista, vaan myös tavallaan passiivista suostumista sille, että muut päättävät puolestamme.

Filosofisesti tarkasteltuna tämä ilmiö kertoo paljon siitä, miten valta ja vapaus kulkevat käsi kädessä. Kun vähättelemme itseämme, annamme valta-asemassa oleville henkilöille luvan toimia puolestamme, ja tämä voi olla tahaton lupaus alistumisesta. On eräänlainen paradoksi siinä, että samalla kun pyritään säilyttämään nöyryys ja itsekritiikki, itse asiassa otamme itseltämme vapauden ajatella ja kyseenalaistaa omia valintojamme ja kykyjämme tehdä päätöksiä. Tässä piilee myös vapauden rajoittaminen – koska emme uskalla uskoa omaan voimaamme ja arvoomme, siirrämme vastuun helposti muille, ja samalla sitoudumme olemaan heille alamaisia.

Vähättely ei ilmene pelkästään henkilökohtaisessa elämässämme vaan myös yhteiskunnallisella tasolla. Erityisesti politiikassa voimme nähdä, kuinka kansalaiset, jotka eivät näe itseään pätevinä tai kykenevinä ottamaan kantaa asioihin, jättävät päätöksenteon muiden käsiin. Kun yhteiskunnan jäsenet uskovat, ettei heidän mielipiteillään ole painoarvoa, he altistavat itsensä sille, että heitä kohdellaan kuin passiivisia tarkkailijoita. Tämä johtaa siihen, että hallitseva eliitti ja valta-aparaatti voivat tehdä päätöksiä ilman todellista kansan osallistumista tai tukea.

Tässä on kysymys vapauden ja vallan jakautumisesta. Vapaus ei ole vain kyky valita tai olla valitsematta, vaan myös kyky ottaa vastuuta omista päätöksistään. Kun vähättelemme itseämme, siirrämme tämän vastuun ja vallan pois itseltämme, ja tämä ei ole vain yksilön valinta vaan laajempi yhteiskunnallinen ilmiö, joka vaikuttaa siihen, miten yhteiskunta toimii.

Tällöin emme enää ole vapaita yksilöitä, vaan yhteiskunnan pyörien osa, joka pyörii toisten tahdon mukaan. Vaikka julkisessa keskustelussa usein puhutaan tasa-arvosta ja ihmisten samanarvoisuudesta, todellisuus voi olla paljon karumpi. Ne, jotka väittävät puolustavansa kaikkien oikeuksia, saattavat itse toimia aivan toisin – he voivat olla niitä, jotka vähättelevät tavallisia kansalaisia ja samalla estävät heitä saamasta ääntään kuuluviin. Tässä tulee esiin vapauden paradoksi: vapaus on helposti unohtuva, jos emme itse uskalla pitää siitä kiinni ja vaatia oikeuksiamme.

Yhteiskunnassa niin sanottu "paremmisto" alkaa muotoutua jo varhaisessa iässä, ja se rakentuu osittain koulutusjärjestelmän myötä. Koulumaailman sisällä syntyy eräänlainen hierarkia, joka alkaa jo nuorena. Ne nuoret, jotka osoittavat itsensä tunnollisiksi ja lupaaviksi, saavat usein kannustusta valita lukio ja sen perinteinen, vaivattomampi polku kohti yliopistoa. Tämä ei ole vain valinta, vaan lähes painostus siihen suuntaan. Samalla ammattikoulu jää varjoon, vaikka se voisi tarjota samanarvoisia, jopa korkeatasoisia uramahdollisuuksia. Ammattikoulu on pitkälti yhteiskunnallisesti vähätelty ja aliarvostettu polku, jolle harva nuori uskaltaa astua, sillä se ei edusta sitä samaa arvostettua ja "parempaa" kulttuuria, joka tunnistetaan lukiosta ja yliopistosta.

Lukion ja yliopiston välissä kasvaa kuitenkin yhä selkeämpi ero, joka ei ole pelkästään koulutusvalinnan pohjalta nähtävissä, vaan myös sen sisällä olevasta kulttuurista. Yliopistomaailmassa opitaan akateeminen elitismi, jossa äärimmäinen suvaitsevaisuus ja oikeamielisyys omaksutaan usein ylivertaisina arvoina. Tämä kulttuuri näyttää korostavan ideologista oikeellisuutta, mutta samalla se voi helposti tukahduttaa todellista ajatusten moninaisuutta. Suvaitsevaisuuden nimissä voi syntyä outo paradoksi: vapaus ilmaista toisinajattelua kaventuu, koska se ei sovi valtavirran käsityksiin tai ideologioihin.

Humanistisilla aloilla tämä yhteiskunnallinen "paremmisto" tulee vielä selvemmin esiin. Akateeminen eliitti määrittelee usein, mikä on oikea ja väärä, ja ainoa totuus näyttäytyy usein yhdenmukaisena ja muuttumattomana. Niissä piireissä on mahdollista rakentaa illuusio tasa-arvon ja yhdenvertaisuuden puolustamisesta, mutta samalla niitä, jotka poikkeavat valtavirrasta, pidetään vähempiarvoisina ja epäpätevinä. Tällöin kyse ei enää ole vapaudesta tai oikeudenmukaisuudesta, vaan vallan ja ajatusmaailman uniformiteetista. Tämä "paremmisto" ei edes itse huomaa, kuinka se sulkee pois monia näkökulmia ja hiljentää ne, jotka eivät ole samaa mieltä.

Filosofisesti tämä ilmiö on mielenkiintoinen, sillä se paljastaa, miten valta ja yhteiskunnallinen asema muodostavat oman totuutensa, jota ei haluta kyseenalaistaa. Vapauden illuusio syntyy silloin, kun ihmiset uskovat elävänsä moniarvoisessa ja tasavertaisessa yhteiskunnassa, mutta samalla he itse – joko tiedostamattaan tai tietoisesti – tukahduttavat toisinajattelun ja rajoittavat mahdollisuuksia astua yhteiskunnalliseen keskusteluun. Tämä ei ole todellista vapautta, vaan itse itsellemme luoma vankila, jossa vapauden käsite on vääntynyt ja vääristynyt. Tällöin yhteiskunnan oikeudenmukaisuus perustuu siihen, että ne, jotka hallitsevat "oikean" totuuden, määrittelevät sen, mikä on hyväksyttävää ja mikä ei.

Yliopistot tarjoavat valtavat mahdollisuudet opiskeluun ja tiedon kartuttamiseen, ja ne ovat monelle paikka, jossa voidaan syventyä erilaisiin ajatusmaailmoihin ja aloihin. Kuitenkin tämän laaja-alaisen tiedon lisäksi yliopistoissa opitaan myös paljon muuta – ei pelkästään akateemisia taitoja, vaan myös kulttuuria, joka kiinnittää huomiota ulkoisiin merkkien ja statuksen ilmentymiin. Yksi keskeinen osa tätä kulttuuria on usein kiinteästi kietoutunut pilkunviilaamiseen, monimutkaisiin sivistyssanoihin ja titteleihin, jotka korostavat yksilön asemaa ja yhteiskunnallista hierarkiaa.

Tällainen yliopistomaailman luoma kulttuuri voi helposti johtaa siihen, että sitä hallitseva eliitti, niin sanottu "paremmisto", alkaa nähdä itsensä erillään muista. Se ei enää ole pelkästään tiedon ja älykkyyden arvostamista, vaan myös jatkuvaa statuskamppailua, jossa korkea asema ja saavutetut tittelit nostavat ihmisen arvoa. Filosofisesti katsottuna tämä asettaa kysymyksen siitä, mitä todella arvostamme ja miksi. Mikä on se totuus, jonka me rakennamme yhteiskuntaamme ja sen rakenteisiin, ja kuinka paljon se on sidoksissa siihen, millä tavoin esittäydymme tai kuinka korkealle meitä arvostetaan muiden silmissä?

Hierarkian rakentaminen yliopistomaailmassa ei ole vain tiedon kartuttamista – se on myös eräänlaista sosiaalista tanssia, jossa ne, jotka ovat "korkeimmilla" tasoilla, saavat tilaa vähätellä ja eristää niitä, jotka ovat heidän mielestään alempiarvoisia. Tällöin tiedon jakaminen ja vapaus ajatteluun saattavat jäädä varjoon, sillä paljon tärkeämpää voi tulla siitä, millaisessa asemassa kukin on suhteessa muihin. Tätä valtarakennetta vahvistetaan usein pienillä, mutta jatkuvilla eleillä: tarkasti harkituilla sanoilla, ilmeillä ja eleillä, jotka muistuttavat meitä siitä, kuka on kukin tässä yhteiskunnassa.

Korkeamman statuksen ja aseman myötä saattaa siis myös kasvaa tarve vähätellä ja alistaa niitä, jotka eivät ole saavuttaneet samaa asemaa. Tämä on itse asiassa yksi suurimmista vapauden vastaisista voimatekijöistä yhteiskunnassamme. Se ei ole ainoastaan epäreilua vaan myös eräänlaista itsetunnon rakentamista muiden kustannuksella. Ne, jotka pitävät itseään "parempina" eivät aina edes tiedosta, kuinka heidän suhteensa muihin rakentuu eriarvoisuuden ja epätasa-arvon varaan. Tämä on vain yksi muoto siitä, kuinka vapaus voi kääntyä orjuudeksi – kuinka valta ja asema voivat estää todellisen vapaan ajattelun ja kyvyn kohdata toiset ihmiset arvokkaasti ja tasavertaisesti.

Filosofisesti pohdittuna voimme kysyä: onko todella olemassa mitään sellaista, mikä oikeuttaa ihmisen asettamisen hierarkian huipulle ja muiden arvon alentamisen? Ja mitä tapahtuu yhteiskunnalle, kun yhä useampi alkaa uskoa, että heidän arvonsa määräytyy vain sen mukaan, kuinka monta titteleitä he voivat kerätä tai kuinka monta oikeaa sanaa he osaavat käyttää? Tällöin vapaus ei ole enää aitoa, vaan se on häilyvä illuusio, jonka alle piilotetaan todellinen valta ja sen epätasa-arvoiset ilmenemismuodot.

Yhteiskunnallinen keskustelu nykyään on usein täynnä monenlaista väheksyntää, joka ilmenee hienovaraisissa ja joskus jopa alitajuisissa tavoissa. Se, millä kielellä kommunikoimme, tai kuinka taitavasti pystymme ilmaisemaan itseämme, määrittää usein, kenet otetaan vakavasti ja kenet jätetään keskustelun ulkopuolelle. On yhteiskunnassa vallitseva ajatus, että keskustelu on arvokasta vain, jos se täyttää tiettyjä akateemisia ja älyllisiä kriteerejä – jos se ei ole "riittävän korkeatasoista", se ei ansaitse tulla kuulluksi. Tässä maailmassa on ihmisiä, jotka ajattelevat, että heidän asemaansa määrittävät kielitaito, akateeminen koulutus ja kyky käyttää monimutkaisempia sanoja ja lauserakenteita. He saattavat tuntea, ettei ole "arvokasta" vastata jollekin, jonka kirjoitustyyli on "puutteellista" tai joka käyttää niin sanottua tavallista, arkista kieltä. Tällöin keskustelun todellinen tarkoitus – avata tilaa monenlaisille ideoille ja äänenpainoille – hämärtyy ja jää vaille todellista syvyyttä.

Mutta samalla tämä "paremmisto" haluaa luoda itsestään kuvan, jossa se väittää ajavansa kaikkien ihmisten tasa-arvoa. He haluavat antaa vaikutelman, että esimerkiksi kouluttamattomat, kielitaidottomat pakolaiset ovat heidän omalla tasollaan ihmisinä. Tällöin syntyy valtava ristiriita – jos kaikki ihmiset todella ovat tasa-arvoisia, miksi toisten kommunikointitaitoja arvioidaan ja mitataan eri mittapuilla kuin toisten? Miksi keskustelun ulkopuolelle jäävät ne, jotka eivät täytä tiettyjä vaatimuksia, vaikka heidän ajatuksensa saattavat olla yhtä arvokkaita ja tärkeitä kuin muiden? Onko tasa-arvo todellista, jos se voidaan mitata vain akateemisten ja kulttuuristen normien kautta, vai onko se enemmänkin pinnallinen näkemys, joka tukee hierarkioita ja valtarakenteita?

Tämä tuo meidät pohdintaan siitä, mitä todella tarkoittaa olla tasa-arvoinen. Jos ihmisarvo on todella kaikille sama, silloin sen ei pitäisi riippua siitä, millä kielellä tai kuinka "hienostuneesti" joku puhuu. Miksi yhteiskunnallinen keskustelu, joka pitäisi perustua ajatusten vapauteen ja arvostukseen, usein kääntyy itsetyytyväisyyden ja toisten väheksymisen välineeksi? Filosofisesti ajatellen tämä viittaa siihen, kuinka helposti yhteiskunta luo ja ylläpitää eriarvoisia rakenteita, vaikka sen retoriikka puhuisi toista. Kun ihmisarvoa mitataan vain ulkoisten ja kulttuuristen kriteerien mukaan, se ei enää ole vapaata ja tasa-arvoista keskustelua, vaan se on eräänlainen orjuuden muoto – orjuutta omalle kielenkäytölle, omille säännöille ja omalle tielle, joka ei ota huomioon kaikkia osapuolia.

Kun ihminen tuntee itsensä moraalisesti "paremmistoon" kuuluvaksi, hän rakentaa samalla muurin, joka erottaa hänet muista. Tämä muuri ei ole vain ulkoinen, vaan se muodostuu hänen omista ajatuksistaan ja uskomuksistaan, jotka pitävät hänet erossa muista. Tässä tilassa ihminen ei enää ole avoin vuorovaikutukselle tai yhteiselle pohdinnalle. Hän ei pysty näkemään itseään osana laajempaa kokonaisuutta, vaan asettaa itsensä ylivertaiseen asemaan, jossa hän kokee olevansa oikeassa ja muut väärässä. Tämä itsensä ylivertaiseksi kokeva henkilö eristää itsensä muiden näkökulmista ja kehittää kuplaa, joka vahvistaa hänen omaa ajattelutapaansa. Kupla ei ole vain symbolinen, vaan se vaikuttaa hänen kykyynsä nähdä asioita monimutkaisina ja moninäkökulmaisina. Hän ei ole enää avoin kriittiselle keskustelulle, vaan puolustaa näkemyksiään kuin linnoitusta.

Filosofisesti ajatellen tämä on surullinen ja itsetuhoinen prosessi. Se on vapautta, joka itse asiassa vangitsee, sillä kuplassa eläminen rajoittaa todellista ajattelua ja kykyä kasvaa. Kun ihminen on juuttunut omaan ylemmyydentuntoonsa, hän ei enää pysty kohtaamaan vastakkainasettelua, joka voisi haastaa hänen ajattelutapansa ja kasvattaa häntä. Itse asiassa tämä ajattelun kapeutuminen on eräänlaista älyllistä orjuutta, jossa vapaus tarkoittaa vain omien ajatusten rajoittamista ja ulkopuolelta tulevien näkökulmien sulkemista pois. Tällainen ihminen ei ole enää vapaa, sillä hän elää jatkuvassa pelossa, että hänen maailmankuvansa saattaisi horjua. Vapaus, joka tulisi olla kykyä ajatella moninaisesti ja kehittää itseään, on tässä tapauksessa muuttunut itsensäkieltämiseksi ja kyvyttömyydeksi kasvaa. Tällöin hän ei pysty ymmärtämään sitä syvää vapautta, joka löytyy vuoropuhelusta ja toisista ihmisistä, joiden näkemykset voivat tarjota aivan uudenlaista näkemystä maailmaan ja itseensä.

Tällainen "paremmisto" esittää itsensä yhteiskunnan edelläkävijöinä, jotka korostavat yksilön arvoa ja ainutlaatuisuutta. He puhuvat avoimesti monimuotoisuuden ja henkilökohtaisen vapauden puolesta, mutta samalla heidän toimintansa paljastaa toisenlaisen todellisuuden: he noudattavat tiukasti omaa, kapeaa määritelmäänsä siitä, millainen on hyväksyttävä ja arvokas yksilö. He pyrkivät esittämään itsensä suvaitsevaisina ja edistyksellisinä, mutta samalla he nauravat ja vähättelevät kaikkia, jotka poikkeavat heidän asettamistaan normeista. Heillä on halu sulkea ulos ne, jotka eivät sovi heidän tarkasti määriteltyyn muottiinsa, vaikka väittävät puolustavansa moninaisuutta ja tasa-arvoa.
Ironisesti he eivät näe omia kaksoisstandardejaan, sillä he vaativat muilta puhdasta ja rationaalista ajattelua, mutta eivät ole itse valmiita katsomaan omia ristiriitojaan. Jos joku uskaltaa kyseenalaistaa heidän toimintaansa tai herättää keskustelua heidän itsestään selvinä pitämistään totuuksista, he kääntävät kritiikin takaisin huomauttajaan, väistäen samalla vastaamasta kysymyksiin. Tämä on psykologisesti strategia, jossa valta-asemassa oleva väistää vastuuta, mutta silti ylläpitää itseään auktoriteettina. Tässä voidaan nähdä eräänlainen älyllinen valtapeli, jossa vastuun ottaminen ja itsearviointi jäävät toisarvoisiksi.
Tämä "paremmisto" arvostaa asiantuntijoita ja pitää itseään niin viisaina, että heidän on lähes mahdotonta kyseenalaistaa omaa älyään. He vakuuttavat ympärilleen, että he ovat riittävän älykkäitä antaakseen "viisaampien" päättää, ja näin he tekevät itsestään lähes epäinhimillisiä auktoriteetteja. He esittävät olevansa nöyriä ja alistuvia, mutta todellisuudessa tämä on itsepetosta, joka palvelee vain heidän omaa valtaansa. Heidän mukaansa vain "asiantuntevat" saavat oikeuden päättää, ja kaikki kysymyksiä esittävät muut jäävät automaattisesti epäilyttävään asemaan. Näin syntyy kulttuuri, jossa epäilyn ilmapiiri ei ole sallittua ja jossa ne, jotka uskaltavat kyseenalaistaa, nähdään yksinkertaisina ja tietämättöminä. Tällöin he eivät enää edistä yhteiskunnan aitoa keskustelua, vaan sulkevat keskustelun ja estävät itsenäisen ajattelun.
Kun tämä pehmeämpi valtatehtävä ei enää riitä tukahduttamaan kyseenalaistamista, "paremmisto" ottaa käyttöön kovempia keinoja. Tällöin jokainen, joka uskaltaa astua heidän määrittelemästään ahtaasta totuudesta, joutuu kohtaamaan leimakirveet. Kritiikki ei enää ole pelkkää mielipiteen esittämistä, vaan sen sanottu arvo ja pätevyys pyritään mitätöimään kokonaan. Ne, jotka esittävät edes kohtuullisen, asiallisen huomautuksen jostain epäkohdasta, leimataan välittömästi "denialisteiksi" tai "disinformaatikoiksi", mikä riittää varmistamaan, että heidän sanansa eivät enää saa sijaa yhteiskunnallisessa keskustelussa. Näin yhteiskunnassa luodaan eräänlainen

pelon ilmapiiri, jossa kaikki, jotka eivät tahdo mahtua valmiiksi laadittuihin ajatusmalleihin, sysätään syrjään.

Tällainen käytäntö edistää hienovaraisesti mutta tehokkaasti yksilöiden ja ajatusten eristämistä toisistaan. Yhdenvertaisuuden nimissä yhteiskuntaa pyritään kannustamaan, sulkemaan ja jopa häpäisemään toisinajattelijat. Näin syntyy tilanne, jossa on mahdotonta esittää vastalauseita ilman, että koko keskustelun tilanne käännetään henkilökohtaiseksi hyökkäykseksi. Toisinajattelijat eivät ole enää yksinkertaisesti eri mieltä, vaan heitä pidetään vaarallisina, jopa yhteiskunnan eheyttä uhkaavina hahmoina.

Tämän seurauksena monet yksilöt alkavat vähätellä itseään ja kykyään käyttää omia ajatteluprosessejaan. Intuitiivinen tunne siitä, että jokin on vialla, tukahdutetaan. Yksilöistä tulee entistä enemmän omien ajatustensa orjia, jotka suostuvat nielemään yhteiskunnan määrittelemät totuudet ilman kyseenalaistamista. He pelkäävät, että jos he antavat itselleen luvan ajatella eri tavalla, heidät tuomitaan tai heidät pyritään saattamaan naurunalaisiksi. Tämä pelko johtaa itsesensuuriin, jossa ihminen alkaa aktiivisesti vaientaa omia pohdintojaan ja tunteitaan, vain siksi, että hän ei halua joutua arvostelun kohteeksi.

Tällöin yksilö menettää itseluottamuksensa ajattelijana. Hän ei enää uskalla ottaa kantaa vaan turvautuu suojautumaan totuudelta, joka on saneltu hänelle valmiiksi. Tämä itsesensuuri ei ole pelkästään ajattelun vaientamista, vaan myös sisäisen vapauden, itseilmaisun ja aitouden tukahduttamista. Kun yhteiskunnalliset paineet estävät yksilöitä ajattelemasta omilla ehdoillaan, se tarkoittaa lopulta sitä, että koko yhteiskunta menettää mahdollisuuden todella elää vapaasti ja kehittää itseään. Tällöin ei ole enää kyse pelkästään siitä, että vähemmistöt jäävät hiljaiseksi, vaan koko yhteiskunta on sidottu itsemääräämisoikeuden ja ajattelun rajoihin, joita ei voida ylittää ilman pelkoa tuomitsemisesta.

Jos vähättely jatkuu pitkään, sen vaikutukset voivat olla syvällisiä ja vahingollisia yksilön sisäiselle maailmalle. Tällöin ei ole enää kyse pelkästään ulkoisesta arvostelusta, vaan vähättely alkaa vaikuttaa ihmisen itseymmärrykseen ja itsetuntoon. Se on kuin myrkky, joka solutasoilla syöpyy sisään ja muuttaa yksilön tavan suhtautua itseensä ja omiin havaintoihinsa. Vähättely ei ole pelkästään toisen ihmisen mielipide, vaan se muovaa myös yksilön omaa sisäistä keskustelua, jolle hän alkaa antaa liikaa painoarvoa. Hänen omat ajatuksensa ja tunteensa saavat väistyä ulkoisten arvioiden tieltä, ja näin hän alkaa kyseenalaistaa oman kykynsä ymmärtää ja tuntea.

Vähättely on onnistunut tavoitteessaan silloin, kun se on saanut aikaan epävarmuuden ja epäluottamuksen omia havaintoja kohtaan. Se on saavuttanut päämääränsä, jos henkilö alkaa uskoa, että hänen omat ajatuksensa ja tunteensa eivät ole luotettavia, vaan ne ovat virheellisiä ja jopa naurettavia. Hän alkaa pitää itseään yksinkertaisena ja ajattelee, että "viisaammat" ihmiset tietävät paremmin. Tämä johtaa siihen, että yksilö ei enää uskalla luottaa itseensä tai omiin näkemyksiinsä, vaan hän antaa ulkoisten autoriteettien muokata ja määritellä, mikä on oikein ja väärin.

Tällöin henkilö on menettänyt itsenäisen ajattelukykynsä ja antautunut ulkoisten vaikutteiden vallan alle. Hän ei enää kyseenalaista niitä normeja, joita hänelle on asetettu, eikä hän uskalla seurata omia intuitioitaan. Hän ei enää haasta yhteiskunnan määritelmiä tai odotuksia, vaan sopeutuu alistuvasti rooliinsa, koska hän on tullut uskomaan, ettei hänen omalla ajattelullaan ole arvoa. Tämä ei ole vain henkilökohtainen tragedia, vaan myös yhteiskunnallisesti huolestuttava kehitys, sillä silloin ihmisten kyky ajatella ja tehdä omia valintojaan heikkenee, ja yhteisö menettää sen monimuotoisuuden ja vapauden, joka on elintärkeää terveelle ja kehittyvälle yhteiskunnalle.

Meillä kaikilla, riippumatta koulutustasostamme tai tittelistämme, on potentiaalia tutkia ja sisäistää syvällisiä ja monimutkaisilta tuntuvia asioita. Tämä kyky ei ole varattu vain harvoille akateemikoille tai asiantuntijoille, vaan se on osana meitä kaikkia. Meillä on kykyä käyttää järkeämme ja arvioida asioita omasta näkökulmastamme. Tämän lisäksi meillä on niin sanottu maalaisjärki, joka on yksi voimakkaimmista ja luotettavimmista työkaluistamme. Se ei ole koulutuksen, vaan elämänkokemuksen tuottama ymmärrys, joka auttaa meitä hahmottamaan maailmaa selkeästi ja rehellisesti. Maalaisjärki ei vaadi pitkää akateemista koulutusta, vaan sitä voi käyttää jokainen, joka on valmis kuuntelemaan omaa ajatteluaan ja uskaltaa epäillä vallitsevia totuuksia.

Kun alamme vähätellä itseämme tai sallimme muiden vähättelevän meitä, annamme samalla tilaa pienelle "paremmistolle" päättää koko yhteiskunnan suunnasta. Tällöin meistä tulee passiivisia vastaanottajia, jotka hyväksyvät, että joku muu tietää paremmin. Kuitenkin meidän tulisi ymmärtää, että kukaan ei ole puolueeton tai tietämätön virheistä. Kaikilla on omat käsityksensä ja etunsa, jotka voivat vaikuttaa siihen, mitä meille sanotaan.

Meidän ei tulisi sokeasti luottaa siihen, että joku muu tietää paremmin kuin me itse. Sen sijaan meidän on otettava vastuu omasta ajattelustamme ja omista kysymyksistämme. Meidän tulisi kysyä, tutkia ja vaatia vastauksia niiltä, jotka esittävät väittämiään. Rohkeus tuoda esille omia näkemyksiämme on avain vapauteen, sillä vain silloin, kun kyseenalaistamme ja haastamme vallassa olevat rakenteet, voimme todella vaikuttaa omaan ja yhteiskunnan tulevaisuuteen. Vähättely ei saa olla se voima, joka ohjaa meitä, vaan se, että uskallamme keskustella, kyseenalaistaa ja etsiä totuuksia omalla tavallamme.

VAPAUDEN RAJOITTAMINEN

Vapaus on se perusasia, josta meidän tulisi keskustella avoimesti, ei vaieta, sillä vapauden rajoittaminen tapahtuu usein vähitellen, lähes huomaamatta. Se on kuin hiipivä muutos, joka ei näytä olevan merkittävä heti, mutta ajan myötä vapauden menetys voi olla hyvin huomattava. Tämä ei tarkoita vain yksittäisten oikeuksien vähenemistä, vaan se voi olla myös henkinen prosessi, jossa totumme yhä enemmän elämään rajoitusten kanssa, kunnes emme enää muista, millaista oli elää ilman niitä.

Hyvä tapa ymmärtää, miten vapaus on kaventunut, on katsoa taaksepäin, vertailukohtana menneisyys. Vanhat ajat tarjoavat meille mahdollisuuden tarkastella, kuinka paljon enemmän vapautta meillä on ollut aiemmin verrattuna nykyhetkeen. Tällainen vertailu voi avata silmät huomaamaan niitä pienin askelin tulleita muutoksia, jotka ovat rajoittaneet liikkumis- ja valintavapauttamme. Vapauden kaventuminen ei tapahdu kerralla, vaan se on prosessi, joka etenee askel kerrallaan – pieniä, lähes huomaamattomia rajoituksia, jotka ajan kanssa voivat kasaantua suuriksi esteiksi.

Vapaus on monessa mielessä paradoksi. Voimmeko todella kutsua itseämme vapaiksi, kun älypuhelimemme avulla voimme nopeasti ottaa yhteyden mihin tahansa ja kehen tahansa, mutta samalla olemme jatkuvasti sidottuja laitteeseen? Vapaus, joka ennen merkitsi itsenäisyyttä ja rauhaa, on nykyään usein sidottu digitaaliseen verkkoon, jossa olemme aina tavoitettavissa, aina jonkun tai jonkin muun hallinnassa. Meidän on vaikea edes kuvitella, että voisimme elää ilman tätä jatkuvaa yhteydenpitoa.

Voisiko todellinen vapaus olla sittenkin jotain aivan muuta? Kenties jotakin askeettisempaa, yksinkertaisempaa ja vähemmän kiireistä. Vanhan ajan tapaan viestien kulkeminen kirjeinä antoi meille aikaa ajatella ja reagoida, ehkä jopa viikkoja. Voisimmeko kuvitella elävämme tänäänkin siten, että viesteihin ei olisi pakko vastata heti, ei edes samana päivänä? Entäpä, jos otettaisiin aikalisä ja antaisimme itsellemme tilaa ilman, että puhelimemme huutaa vastausta joka hetki?

Viestinnän kiihkeä tahti onkin yksi niistä asioista, jotka ovat salakavalasti vähentäneet vapauttamme. Emme huomaa, kuinka rajoitamme itseämme, ennen kuin vertailemme tätä nykyhetkeä menneeseen aikaan. Vapaa-aika, rauha ja tilan antaminen itsellemme ovat kadonneet kiireen myötä. Mutta tämä ei ole ainoa alue, jossa vapaus on hiipinyt pois. Politiikan ja yhteiskunnan monet vaatimukset, kuten suvaitsevaisuuden paineet ja erilaiset ideologiat, jotka meidän odotetaan omaksuvan, kuormittavat jatkuvasti mieltämme ja elämäämme. Tällaiset poliittiset paineet kaventavat vapauden rajojamme, joka askel askeleelta vie meitä kohti rajoittunutta elämää, vaikka itse emme sitä aina edes huomaa.

Entäpä vapaus lain näkökulmasta? Tämä on kysymys, joka avaa monia erilaisia ulottuvuuksia, ja se vaatii tarkempaa tarkastelua. Laki itsessään on tarkoitettu turvaamaan järjestys ja oikeudenmukaisuus yhteiskunnassa, mutta samalla se rajoittaa vapauttamme monin tavoin. Tähän aiheeseen liittyy paljon kysymyksiä, kuten: Missä määrin laki todella suojelee yksilön vapautta, ja missä määrin se asettaa rajoja ja normeja, jotka kaventavat valinnanvapauttamme?

Tämä on laaja ja monivivahteinen aihe, joka vaatii syvempää pohdintaa ja tarkastelua. Tähän tullaan palamaan myöhemmin kirjassa, mutta nyt on hyvä herättää kysymys siitä, kuinka laki muokkaa meidän käsitystämme vapaudesta ja miten se vaikuttaa päivittäiseen elämäämme.

Nykyään on lähes mahdotonta pysyä perässä kaikissa niissä laeissa ja säädöksissä, jotka ohjaavat elämäämme, erityisesti kun huomioimme myös EU:n direktiivien tuoman lisärasituksen. Lainsäädännön moninaisuus ja jatkuva muuttuminen tekevät tavalliselle kansalaiselle lähes mahdottomaksi tietää, mitä kaikkea on olemassa ja vielä vähemmän ymmärtää sen todellista sisältöä.

Tämä luo tilanteen, jossa jokaisella pitäisi olla mukanaan ainakin lakimies, joka jatkuvasti opastaisi, miten ja milloin toimia oikein. Mitä saa sanoa, mitä ajatella, ettei vahingossa riko lakia. Tämä ei ole enää vapaata elämää, vaan systemaattista orjuuttamista, jossa lain noudattaminen muuttuu yhä monimutkaisemmaksi ja aikaa vieväksi prosessiksi.

Kun puhumme lain velvollisuuksista, on syytä kysyä, missä vaiheessa velvollisuus muuttuu taakan kantamiseksi, joka vie kaikki henkilökohtaiset resurssit. Tällöin ei enää ole kyse velvollisuuden suorittamisesta vaan orjuuttavasta prosessista, jossa yksilö alistetaan lain hämärille ja monimutkaisille säilyttämisvaatimuksille.

Säännöt ja lait ovat monesti täynnä kieltoja, jotka luovat ympäristön, jossa vapaus on rajattu ja rajoitteet näkyvät kaikkialla. Eikä tarvitse kuin astua kerrostalon rappukäytävään tai kävellä kaupungin kaduilla muutama kortteli tai kulkea puistossa – kieltomerkkejä on joka paikassa. Nämä merkit ja varoitukset ovat jatkuva muistutus siitä, kuinka paljon vapauttamme rajoitetaan ulkoisilla säännöillä ja normeilla.

Kun sääntöjen noudattaminen perustuu lähes pelkästään kieltoihin ja rajoituksiin, luodaan ympäristö, jossa yksilön vapaus on hukassa. Tämä negatiivinen lähestymistapa säännöille on itsessään orjuuttavaa, sillä se ei tarjoa mahdollisuutta valita omia toiminta- tai käyttäytymisratoja, vaan pakottaa noudattamaan sääntöjä pelkällä pelolla seurauksista. Tällöin ei voi puhua vapaasta valinnasta, sillä sääntöjen noudattaminen ei perustu yksilön haluun, vaan pelkoon tai pakkoon, joka ilmenee lainvalvonnassa ja sanktioiden uhassa.

Orjuuttavuus ei siis synny pelkästään siitä, että sääntöjä on paljon, vaan myös siitä, miten nämä säännöt rakennetaan pelkästään kieltämisen ja rajoittamisen varaan. Kun sääntöjen noudattamista ei voi enää nähdä vapaan tahdon ja henkilökohtaisen valinnan tuloksena, vaan joudumme tottelemaan niitä ulkoisen pakon vuoksi, olemme astuneet alueelle, jossa vapautemme on jo merkittävästi kaventunut.

Vapaus ulkonäön valinnassa on olennainen osa henkilökohtaista vapautta. Se on oikeus päättää itse, miltä haluaa näyttää ja mitä haluaa tehdä omalle keholleen – haluaako kasvattaa pitkät hiukset, ajaa päänsä kaljuksi, käyttää tietynlaista vaatetusta tai valita kokonaan oman tyylinsä. Tällainen vapaus on keskeinen osa yksilön itsemääräämisoikeutta, koska se antaa mahdollisuuden ilmaista itseään ulkoisesti omilla ehdoilla.

Kuitenkin monille meistä yhteisön paine, normit ja odotukset voivat rajoittaa tätä vapautta. Meitä saatetaan painostaa tai jopa leimata, jos poikkeamme valtavirran odotuksista. Tällöin ulkonäön valinta ei perustu enää omiin haluihin, vaan pelkoon tulla tuomituksi tai hyväksikäytetyksi yhteisön osalta. Tällainen leimaaminen riistää oikeuden tehdä itsenäisiä valintoja ja muokkaa meistä henkilöitä, jotka noudattavat yleisiä normeja, vaikka järkiperusteet sille puuttuisivat kokonaan.

Erityisesti ulkonäköpaineet, joita yhteiskunta ja ympäröivät ihmiset asettavat, voivat johtaa siihen, että yksilö unohtaa tai piilottaa omat todelliset toiveensa ja mukautuu ympäristön odotuksiin. Tämä pakottaa meidät usein elämään toisten määrittämiä rooleja, jotka eivät välttämättä vastaa sisäistä todellisuuttamme tai haluamme. Tällöin vapaus valita oma ulkonäkö, ja sitä kautta ilmaista itseämme, on rajoitettua, sillä pelko leimaamisesta ja hyväksymättömyydestä estää meitä tekemästä omia valintoja.

Tämä kappale avaa mielenkiintoisen filosofisen ja kulttuurisen keskustelun, joka liittyy siihen, miten ulkonäön ilmentymät – kuten hiustyyli – voivat kantaa syvempää, kulttuurista ja poliittista merkitystä. Se haastaa meitä pohtimaan, kuinka usein pidämme yksilöllisiä valintoja, kuten hiusten pituutta, pelkästään henkilökohtaisina preferensseinä, jotka eivät liity yhteiskunnan tai historian suurempiin konteksteihin.

Intiaanit, kuten monet muut alkuperäiskansat, eivät koskaan pitäneet pitkien hiusten kasvattamista vain kosmeettisena valintana. Heidän kulttuurissaan hiukset olivat syvästi yhteydessä identiteettiin, hengellisiin uskomuksiin, arvostuksiin ja myös yhteiskunnallisiin rooleihin. Hiusten pituus oli merkki henkilökohtaisesta voimasta, kunnioituksesta ja yhteydestä luontoon ja esi-isien perintöön. Koko kehon ja ulkonäön käyttö oli kulttuurillisesti koodattu, ja se saattoi ilmaista uskonnollisia, sosiaalisia ja poliittisia koodistoja, jotka olivat yhteydessä yhteisön arvoihin ja uskomuksiin.

Kuitenkin, kuten kappale viittaa, tämä kulttuurinen ymmärrys näyttää olevan piilotettu monilta, erityisesti länsimaissa, joissa hiustyyliä pidetään vain ulkonäön valintana ilman syvempää yhteiskunnallista merkitystä. Tämä yksilön valinnanvapauden ja muotitietoisuuden käsitys saattaa hämärtää sen todellisen, usein piilotetun ja arjessa näkymättömän, poliittisen ulottuvuuden, joka liittyy esimerkiksi pitkien hiusten kasvattamiseen tietyissä kulttuureissa.

Esimerkiksi Vietnamissa, sodan aikana, hiusten pituudella ei ollut pelkästään esteettistä merkitystä vaan se liittyi syvästi myös vastarintaan ja itsenäisyyden puolustamiseen. Pitkät hiukset olivat todiste siitä, että yksilö tai ryhmä kieltäytyi alistumasta hallitseville normeille ja odotuksille. Pitkien hiusten pitäminen saattoi olla poliittinen valinta, joka haastoi valtakulttuurin ja sen vaatimukset.

Esimerkiksi Vietnamin sodan aikana monet nuoret amerikkalaiset miehet, erityisesti protestiliikkeiden ja vastarinnan osalta, kasvattivat pitkiä hiuksia vastustaakseen sotaa ja sen taustalla olevaa yhteiskunnallista järjestystä. Tässä kontekstissa pitkät hiukset saivat poliittisen merkityksen ja toimivat voimakkaana symbolina vapauden, kapinan ja yksilöllisyyden puolustamiselle.

Tällöin hiusten pituus ei ollut vain muoti-ilmiö tai henkilökohtainen valinta – se oli syvällinen kapinan väline, joka rikkoi aikakauden odotuksia ja sääntöksiä. Siitä tuli merkki poliittisesta ja kulttuurisesta vastarinnasta, jonka valinnalla yksilöt tai yhteisöt ilmoittivat asettuvansa vastakkain vallitsevien normien ja odotusten kanssa.

Filosofisesti tarkasteltuna tämä herättää kysymyksen siitä, kuinka syvälle yhteiskunnalliset ja kulttuuriset normit ulottuvat. Miten ulkonäkö ja henkilökohtaiset valinnat, kuten hiusten pituus, voivat muuttua yhteiskunnallisiksi ja poliittisiksi symboleiksi? Entä miten muotit ja henkilökohtaiset valinnat voivat heijastaa vallan ja alistumisen, vapauden ja rajoitusten tasapainoa? Miten me, nykyajan ihmiset, tunnistamme ja ymmärrämme nämä kulttuuriset ja poliittiset alistamisen muodot, jotka saattavat olla piilossa ja unohtuneet, mutta jotka kuitenkin vaikuttavat elämäämme ja valintoihimme?

Tämä pohdinta avaa syvemmän ymmärryksen siitä, kuinka henkilökohtaiset valinnat voivat olla kaikkea muuta kuin yksinkertaisia ja neutraaleja – ne voivat olla täynnä yhteiskunnallisia, poliittisia ja kulttuurisia merkityksiä, jotka ovat vahvasti sidoksissa aikaan ja paikkaan, jossa ne tehdään.

Tässä kertomuksessa avautuu mielenkiintoinen ja syvällinen yhteys, joka yhdistää kulttuuriset, psykologiset ja jopa sotilaalliset elementit henkilökohtaisten valintojen, kuten hiusten kasvattamisen, taustalle. Kertomuksessa nainen huomaa miehensä kasvattavan hiuksiaan ja partaansa, ja tämä valinta ei olekaan vain henkilökohtainen muotitietoisuus, vaan sillä on syvempi yhteys miehen ammatilliseen taustaan ja ymmärrykseen, joka pohjautuu hänen tutkimustyöhönsä ja sotilaallisiin kokemuksiinsa.

Hiusten kasvattaminen tässä kontekstissa viittaa enemmän kuin pelkkään estetiikkaan tai yksilön henkilökohtaisiin mieltymyksiin – se liittyy syvällisesti kulttuurillisiin ja historiallisesti merkittäviin kysymyksiin. Tämän miehen valinta kasvattaa hiuksiaan voi ilmentää yhteyttä menneisyyteen, jossa Vietnamin sodassa ja alkuperäiskansojen kulttuurissa oli monimutkainen ja symbolinen merkitys ulkonäön valinnoilla, erityisesti miesten hiuksilla ja parralla.

Kertomus tuo esille mielenkiintoisen ja ehkä vähemmän tunnetun historian piirteen: Vietnamin sodan aikana armeijan erikoisjoukot lähettivät salaisia asiantuntijoita tutkimaan Amerikan intiaanien yhteisöjä ja etsimään lahjakkaita tiedustelijoita. Tämä tuo esiin sen, kuinka intiaanien kulttuurissa pitkien hiusten ja muiden ulkoisten merkkien – kuten fyysisen ja henkisen kestävyyden – katsottiin olevan tärkeitä tiedustelijoille ja sotilaille, joiden oli kyettävä jäljittämään vihollista tai toimimaan piilossa. Tällainen kulttuurinen koodi ja symbolinen merkitys hiusten kasvattamiselle ei ollut pelkästään esteettinen valinta, vaan se oli vahvasti sidoksissa sotilaallisiin ja jopa yliluonnollisiin uskomuksiin siitä, miten miesten voimavarat, hengellisyys ja kyvyt ilmenevät ulkonäön kautta.

Se, että miehen hiusten kasvattaminen oli yhteydessä hänen työskentelyynsä sotaveteraanien, erityisesti Vietnamissa palvelleiden, kanssa, tuo esiin hienovaraisen mutta merkittävän symboliikan. Hiukset eivät ole vain yksilön valinta, vaan ne voivat olla myös tapa käsitellä syvällisiä ja traumatisoivia kokemuksia, kuten Vietnamin sodassa palvelleilla veteraaneilla. Tällöin ulkonäön muuttaminen voi olla osa sisäistä toipumista tai tapaa palauttaa yhteys johonkin, joka on kadonnut – tai joka on ollut alistettu sodan ja kulttuurisen marginaalisuuden kautta.

Tämä kertomus heijastaa, kuinka kulttuuriset symbolit ja yksilön henkilökohtaiset valinnat voivat kietoutua toisiinsa tavalla, joka paljastaa syvällisiä yhteyksiä, joista emme välttämättä ole tietoisia. Hiusten kasvattaminen ei ole vain ulkoinen merkki, vaan se voi olla myös itsetunnon, identiteetin ja yhteyden hakemista jollekin menneelle tai piilotetulle osalle itseä. Se voi myös viestiä vastarinnasta yhteiskunnan normeja vastaan ja etsiä paluuta johonkin alkuperäiseen tai luonnolliseen tilaan, kuten Vietnamissa palvelleet miehet saattavat kokea.

Filosofisesti tarkasteltuna tämä herättää kysymyksen siitä, kuinka ulkonäkö, erityisesti kuten hiukset, voivat toimia symbolisina esineinä, jotka kätkevät itseensä syvällisiä kulttuurisia ja poliittisia merkityksiä. Miten yksilöiden valinnat, jotka näyttäytyvät ensimmäisenä yksityisinä ja henkilökohtaisina, voivatkin kytkeytyä osaksi kollektiivisia muistoja ja yhteiskunnallisia rakennelmia, jotka ilmenevät ja muokkaavat ihmisten elämää eri tasoilla? Tällöin yksilön vapaus ulkonäön valintaan ei ole pelkästään yksityinen valinta, vaan se voi olla myös yhteiskunnallinen ja kulttuurinen väline, joka kietoutuu osaksi suurempaa tarinaa ja muistia.

Tämä kertomus avaa syvällisen ja monisyisen näkökulman siihen, kuinka kulttuuriset symbolit, kuten hiusten pituus, voivat kytkeytyä intiaanien identiteettiin ja maailmankuvaan niin syvällä tasolla, että niiden muuttaminen vaikuttaa heidän henkisiin kykyihinsä ja aistimustensa luonteeseen. Kertomuksessa, jossa intiaanit värvättyinä armeijan palvelukseen menettävät kyvyn käyttää intuitiotaan ja yhteyden erityisiin, yliluonnollisiin aisteihinsa, avautuu kysymys siitä, miten tiukasti kulttuuriset ja fyysiset tavat voivat olla sidoksissa toisiinsa.

Hiusten leikkaaminen armeijan määräyksestä oli ilmeisesti paljon muutakin kuin yksinkertainen ulkoisen ilmeen muutos. Se oli rituaali, joka liittyi itsetuntoon, identiteettiin ja syvään yhteyteen luonnon ja henkiin uskomisen kanssa. Intiaanit, jotka olivat aiemmin eläneet tiiviisti yhteydessä luontoon ja uskomuksiinsa, kokivat, että heidän erityiset henkiset kykynsä – kuten kyky havaita hienovaraisia merkkejä ympäristöstään ja tulkita niitä intuitiivisesti – olivat jollain tavalla sidoksissa hiusten pituuteen ja siihen liittyvään kulttuuriseen käytäntöön.

Hiusten leikkaaminen ei ollut vain fyysinen muutos, vaan se vaikutti heidän sisäiseen maailmankuvaansa ja käsityksiinsä omista voimavaroistaan. Kun heidän hiuksensa leikattiin armeijan sääntöjen mukaan, he kokivat menettävänsä yhteyden jollain tavalla syvällisiin, jopa yliluonnollisiin kykyihinsä. Tämä nostaa esiin kysymyksen siitä, kuinka ulkoiset, kulttuurilliset käytännöt voivat vaikuttaa ihmisten henkisiin ja psyykkisiin kykyihin – voiko yksilön yhteys ympäröivään maailmaan ja omaan itseensä todella olla sidottu niin tiukasti ulkoisiin tekijöihin?

Tällaisessa kontekstissa voi myös pohtia, kuinka yhteiskunnalliset ja kulttuuriset normit voivat rajoittaa tai jopa estää yksilöiden kykyä ilmaista itseään täysin, erityisesti jos heidän kulttuurinen identiteettinsä ja uskomuksensa ovat syvästi yhteydessä tiettyihin fyysisiin käytäntöihin, kuten hiusten pituuteen. Kun nämä ulkoiset tekijät muuttuvat, voi tapahtua jotain syvällistä ja radikaalia: yhteys itseensä ja ympäröivään maailmaan saattaa heikentyä tai kadota kokonaan.

Tässä kertomuksessa on siis enemmän kysymys siitä, miten kulttuuriset ja henkilökohtaiset valinnat – kuten hiusten pituus – voivat olla osa syvällistä ja monitasoista identiteettiä, joka ulottuu fyysisen maailman ulkopuolelle. Se muistuttaa meitä siitä, että kulttuuriset perinteet ja symbolit voivat toimia portteina, jotka avaavat pääsyn syvempiin henkisiin ulottuvuuksiin ja kykyihin, jotka muuten voivat jäädä piiloon tai jäädä hyödyntämättömiksi.

Tämä kertomus tuo esiin mielenkiintoisen pohdinnan siitä, kuinka syvästi kulttuuriset ja symboliset elementit voivat vaikuttaa ihmisten kykyihin ja suoriutumiseen, jopa tilanteissa, joissa nämä elementit näyttävät olevan täysin irrallaan suoraan toiminnasta. Hiusten pituus, joka aluksi vaikuttaa pelkästään ulkoiselta valinnalta, tulee tässä tarinassa keskeiseksi tekijäksi, joka on sidoksissa henkilön henkisiin ja psyykkisiin resursseihin. Testissä, jossa kahdella miehellä oli samat taidot ja kyvyt, mutta toisen hiukset olivat pitkät ja toisen lyhyet, pitkät hiukset näyttivät tuottavan parempia tuloksia, kun taas lyhyet hiukset näyttivät heikentävän suoriutumista. Tämä herättää tärkeän kysymyksen: ovatko ulkoiset tekijät, kuten ulkonäkö ja kulttuuriset symbolit, todella niin syvällisesti yhteydessä yksilön sisäisiin kykyihin ja henkiseen hyvinvointiin, että niiden muuttaminen voi vaikuttaa yksilön suorituskykyyn?

Tällaisessa kontekstissa ei ole kyse pelkästään hiusten pituudesta vaan siitä, miten kulttuurilliset symbolit, kuten intiaanien pitkät hiukset, voivat toimia itseluottamuksen ja henkisten voimavarojen lähteinä. Pitkät hiukset voivat olla yhteydessä johonkin syvempään, kuten itsetuntoon ja kulttuuriseen identiteettiin, joka antaa yksilölle voimaa ja varmuutta. Tässä tapauksessa hiusten leikkaaminen armeijan sääntöjen mukaisesti ei ollut pelkästään fyysinen muutos, vaan se vaikutti henkilön psyykkisiin kykyihin ja suoriutumiseen.

Tämä tilanne haastaa meille tutut käsitykset yksilön kyvykkyydestä ja siitä, mikä oikeastaan määrittää ihmisen suoriutumisen. Voiko yksilön ulkoisilla valinnoilla, kuten hiusten pituudella, todella olla niin suuri vaikutus hänen henkisiin kykyihinsä ja suorituskykyynsä? Tämä esimerkki kyseenalaistaa sen, kuinka tärkeä rooli kulttuurilla, symboliikalla ja henkilökohtaisella identiteetillä on ihmisen kyvyssä suorittaa ja menestyä.

Tässä näkyy myös laajempi kulttuurinen kysymys siitä, miten yhteiskunnat ja kulttuurit määrittävät ja rajoittavat yksilöiden kykyä toimia täysipainoisesti. Jos esimerkiksi intiaanien kulttuuriin kuuluu pitkien hiusten pitäminen, se voi olla olennainen osa heidän maailmankuvaansa ja henkistä yhteyttä ympäröivään maailmaan. Silloin, kun tämä kulttuurinen elementti riistetään, se ei ole pelkästään fyysinen muutos, vaan se voi heikentää myös heidän kykyään käyttää omia sisäisiä voimavarojaan, kuten intuitiota tai erityistaitoja.

Kertomus tuo esiin myös sen, miten ulkoiset symbolit, kuten hiusten pituus, voivat olla osa identiteettiä, joka ei ole vain yksilön valinta vaan myös osa kollektiivista kulttuurista perintöä. Tämä kysymys herättää mielenkiintoisia pohdintoja siitä, kuinka kulttuuri ja identiteetti voivat muovata ja rajoittaa yksilön kokemuksia ja kykyjä, ja kuinka vapautemme ja itsenäisyytemme voivat olla sidoksissa kulttuurisiin normeihin, jotka vaikuttavat meihin paljon syvemmin kuin aluksi voisi kuvitella.

Tässä osassa käsitellään hiusten ja kehon yhteyttä syvällisemmällä tasolla, joka ulottuu fysiologian ja kulttuuristen merkitysten lisäksi myös henkisiin ja jopa yliluonnollisiin ulottuvuuksiin. Ajatus siitä, että hiukset ovat hermoston laajentuma, joka toimii eräänlaisena tuntosarvena, joka vastaanottaa ja lähettää tärkeää tietoa aivoille, vie meidät tutkimaan kehon ja mielen välistä yhteyttä. Tämä avaa pohdinnan siitä, miten fyysiset elementit, kuten hiukset, voivat olla yhteydessä henkisiin tai intuitiivisiin kykyihin.

Hiukset, ja laajemmin myös parta, voivat toimia eräänlaisina antenneina, jotka vastaanottavat ja välittävät ympäristön tietoa. Tässä mielessä ne voivat olla yhteydessä aivojen eri osiin, kuten limbiseen järjestelmään, joka on vastuussa tunteista ja muistoista, ja neokorteksiin, joka hallitsee korkeampia ajatteluprosesseja. Näin ollen hiukset voivat olla kuin linkki ympäröivän maailman ja sisäisen tietoisuutemme välillä. Tämä käsitys avaa myös mahdollisuuden nähdä hiusten ja auran säteilyn välillä yhteys – ikään kuin hiukset olisivat kanava, joka mahdollistaa yhteyden muihin energioihin ja tietoisuustasoihin.

Idea kuudennesta aistista tai yliluonnollisista kyvyistä saa syvyyttä tässä kontekstissa. Kun puhumme hiuksista, emme vain viittaa niiden ulkoiseen olemukseen, vaan myös niiden kykyyn vastaanottaa ja lähettää energiaa, joka voi vaikuttaa kehon ja mielen tasolla. Kirlian-kuvaukset, joissa ihmisen aura näkyy pitkien hiusten ympärillä, havainnollistavat tätä energian säteilyn ideaa ja avaavat näkökulman, jonka mukaan hiukset voivat olla yhteydessä hienovaraisiin energiakenttiin, jotka eivät ole näkyvissä paljaalle silmälle, mutta voivat silti vaikuttaa elämäämme.

Hiusten leikkaaminen ei siis ole vain ulkoinen muutos, vaan se vaikuttaa syvällisesti siihen, miten ihminen on yhteydessä ympäröivään maailmaan ja omiin sisäisiin resursseihinsa. Kun hiukset leikataan, yhteys tähän hienovaraisempaan energiaan katkeaa, ja signaalien vastaanottaminen ja lähettäminen käyvät hankalammiksi. Tämä voi selittää, miksi intiaanit ja muut alkuperäiskansat ovat pitäneet hiuksiaan pyhinä ja tärkeitä, sillä ne ovat olleet yhteydessä johonkin syvempään, intuitiiviseen voimaan, joka auttaa heitä navigoimaan maailmassa.

Tässä yhteydessä voidaan myös pohtia, kuinka nykypäivän kulttuurissa, jossa ihmiset leikkaavat ja muokkaavat hiuksiaan usein ulkoisten paineiden vuoksi, emme välttämättä ole tietoisia siitä, kuinka tämä voi vaikuttaa yhteyteemme omaan sisäiseen tietoomme ja intuitioon. Tällöin hiusten leikkaaminen voi olla vertauskuva sille, kuinka yhteys omaan sisimpään tai henkisiin kykyihin voi heikentyä, kun ulkoiset kulttuuriset ja sosiaaliset normit ohjaavat meitä toimimaan tietyllä tavalla.

Tämä syvällinen yhteys hiusten ja energian välillä muistuttaa meitä siitä, kuinka kehomme ja mielemme ovat yhteydessä ympäristöönsä paljon laajemmalla tavalla kuin vain näkyvillä fyysisillä tasoilla. Hiukset eivät ole pelkästään kosmeettinen osa meitä, vaan ne voivat olla symboli ja väline yhteyden ylläpitämiseksi johonkin syvempään, mystisempään ja henkisesti rikastavaan.

Pitkät hiukset ovat kautta historian olleet voimakkaasti yhteydessä maskuliinisuuteen, voimaan ja rohkeuteen. Monilla suurilla soturikulttuureilla, kuten kreikkalaisilla, viikingeillä, Amerikan intiaaneilla ja japanilaisilla samuraille, pitkät hiukset olivat enemmän kuin pelkkä esteettinen valinta – ne olivat symboli miehen rohkeudelle ja taistelukyvylle. Hiukset ilmensivät soturin sisäistä voimaa, ja ne olivat visuaalinen merkki hänen asemaansa yhteisössään. Pitkät hiukset olivat osoitus miehen kyvystä taistella ja puolustaa yhteisönsä arvoja.

Hiukset olivat myös monissa kulttuureissa suora yhteys yksilön identiteettiin ja itsenäisyyteen. Ne symboloivat rohkeutta ja kunniaa, jotka olivat keskeisiä piirteitä soturin elämässä. Esimerkiksi intiaanisotureilla hiusten pituus oli suorassa yhteydessä heidän kykyynsä käyttää vaistomaisia taitoja, kuten seurantakykyä ja intuitiota. Tämä yhteys itsenäisyyteen ja luonnollisiin kykyihin vahvistui kulttuurillisessa mielessä, ja pitkät hiukset olivat osa miehen arvostettua ja pelättyä imagoa.

Kun soturi kuitenkin vangittiin, hänen hiuksensa usein leikattiin, ja tämä oli syvästi symbolinen teko, joka liittyi nöyryyttämiseen ja alistamiseen. Hiusten leikkaaminen oli rituaali, joka murskasi vangin itsetunnon ja muistutti häntä hänen heikentyneestä asemastaan. Tämä käytäntö ei ollut vain fyysinen teko, vaan myös psykologinen isku, joka halusi poistaa soturilta hänen itsenäisyytensä ja arvon yhteisössä. Hiusten leikkaaminen oli voimakas keino murtamaan henkilön identiteetti ja hänen yhteytensä voimaan ja rohkeuteen.

Tämä symboliikka on edelleen näkyvissä nykyisessä asepalveluksessa, jossa uusille alokkaille määrätään hiusten leikkaaminen. Tämä on monella tapaa moderni versio vanhasta rituaalista, jossa yksilön itsemääräämisoikeus heikennetään ja hänet pakotetaan alistumaan järjestelmään, jossa yhteisön ja hierarkian vaatimukset menevät henkilökohtaisen identiteetin edelle. Hiusten leikkaaminen toimii psykologisena muistutuksena alistumisesta ja yhteisön sääntöjen noudattamisesta, ja se auttaa luomaan eron yksilön vapauden ja alistumisen välillä.

Hiusten leikkaaminen ei ole vain käytännöllinen toimenpide, vaan se on myös kulttuurinen ja psykologinen symboli. Se kuvastaa yhteiskunnan kykyä hallita ja kontrolloida yksilöitä, erityisesti sotilaskulttuurissa, jossa henkilöiden vapaus ja identiteetti usein alistetaan suurempien tavoitteiden ja järjestelmien nimissä. Tällä tavoin hiusten pituus ja niiden leikkaaminen eivät ole vain fyysisiä asioita, vaan ne ovat osia laajemmasta kulttuurisesta ja yhteiskunnallisesta dynamiikasta, joka määrittää vapauden, alistamisen ja itsenäisyyden käsitteet.

Miesten lyhyet hiukset ovat nykypäivänä yleinen ilmiö, mutta niiden taustalla ei ole estetiikan tai henkilökohtaisen mieltymyksen pohdintaa, vaan käytännöllisiä syitä, kuten helppohoitoisuus ja yhteiskunnan luomat normit. Lyhyet hiukset on pitkään ollut vallitseva ja usein vaadittu ilmentymä "miehisyydestä", mutta tämän ilmiön juuret ovat monessa mielessä ongelmallisia. Lyhyt tukka ei sinällään ole itseisarvoisesti miesmäinen tai esteettinen valinta, vaan usein se on enemmänkin seuraus kulttuurisista ja yhteiskunnallisista paineista, jotka pakottavat yksilöt omaksumaan tietynlaisia ulkoisia ilmenemismuotoja.

Miesten pitkä tukka sen sijaan on usein aiheuttanut hämmennystä ja tuomitsemista. Pitkät hiukset voivat tuoda esiin individualismia ja vapautta, mutta yhteiskunnassa on edelleen olemassa voimakas ennakkoluulo siitä, että pitkät hiukset olisivat "epämiehekkäitä" tai jopa naismaisia. Tällaiset käsitykset liittyvät voimakkaasti patriarkaalisiin ja heteronormatiivisiin odotuksiin siitä, millainen käyttäytyminen ja ulkonäkö on "oikeanlaista" miehille. Kun miehen päätös pitää pitkät hiukset kyseenalaistetaan ja hänet saatetaan haukkua "heikommaksi" tai "naismaisemmaksi", tämä on ilmentymä siitä, kuinka kulttuuri voi rajoittaa henkilökohtaista vapautta ja ilmaisuvoimaa.

Tässä mielessä lyhyet hiukset, vaikka niitä pidetään perinteisesti maskuliinisina, voivat itse asiassa edustaa yhteiskunnallista sortoa ja yksilön vapauden rajoittamista. Ne voivat olla visuaalinen merkki siitä, kuinka yhteiskunta pakottaa yksilöt, erityisesti miehet, tietynlaiseen muottiin, joka rajoittaa heidän autenttisuuttaan ja itseilmaisujaan. Pitkät hiukset puolestaan voivat toimia vapautuksen ja itsenäisyyden symbolina, sillä ne haastavat perinteiset käsitykset ja antavat kantajalleen mahdollisuuden ilmentää omaa ainutlaatuisuuttaan ja vapaata tahtoa ilman, että hänen täytyy sopeutua yhteiskunnan luomiin normeihin.

Tämä dynamiikka paljastaa, kuinka ulkonäköön liittyvät valinnat, kuten hiusten pituus, voivat olla paljon enemmän kuin vain esteettisiä valintoja. Ne voivat olla keinoja, joilla yhteiskunta ohjaa ja kontrolloi yksilöitä, ja samalla ne voivat olla välineitä, joilla yksilö voi ilmaista itsensä ja tavoitella vapautta. Pitkien hiusten pitäminen voi olla pieni mutta merkittävä ele siitä, että yksilö on valmis haastamaan vallitsevat normit ja ilmentämään omaa ainutlaatuista identiteettiään, vaikka se saattaakin tulla yhteiskunnan vastustuksena.

ORAVANPYÖRÄSSÄ

Koulutus ohjaa meitä jo varhaisessa vaiheessa tekemään tietynlaisia valintoja aikuisena, muovaten käsitystämme siitä, mikä on elämämme tarkoitus ja kuinka sitä tulisi elää. Alusta alkaen meille luodaan kuva siitä, että hyveellinen ja ihanteellinen elämä rakentuu vakaalle pohjalle, johon kuuluvat vakituinen työpaikka, oma talo ja perhe. Tämä ajatus elämän "onnistumisesta" liittyy vahvasti yhteiskunnan normatiivisiin odotuksiin ja standardeihin, joissa tietyt ulkoiset tekijät määrittelevät sen, minkälaista elämää tulisi tavoitella.

Tämän ihanteen mukaan talon omistaminen, joka on monille tärkeä osa "aikuista elämää", pitää saavuttaa usein pankkilainan avulla. Tämä lainaraha luo kuitenkin riippuvuuden ja tuo elämään rajoituksia, jotka eivät aina ole ilmeisiä aluksi. Pankkilainan saaminen on houkutteleva, mutta vaarallinen ansa, joka kietoo yksilön taloudellisesti ja henkisesti lähes koko elämän ajaksi. Kun työstä saatava palkka on pieni ja lainanlyhennykset korkeat, elämämme muuttuu väistämättä taakaksi, joka vie meiltä vapauden elää omilla ehdoillamme.

Tämä tilanne ei enää vastaa vapauden määritelmää, jossa yksilö voisi tehdä omia valintojaan ilman, että ulkopuoliset voimat rajoittavat hänen elämäänsä. Työ, velat ja jatkuva taloudellinen paine muodostavat kehän, joka tekee vapautemme rajalliseksi ja ylläpitää yhteiskunnallista järjestelmää, jossa suurimmalla osalla ihmisistä ei ole aitoa mahdollisuutta elää vapaasti ja itsenäisesti.

Meidän elämämme kulkee oravanpyörässä, jossa uhraamme lähes kaiken aikamme ja energiamme toisten palvelukseen, saamatta itse siitä juuri mitään muuta kuin henkisesti ja fyysisesti uupuneen olon. Työskentelemme loppuun asti, jotta voimme maksaa pankkilainamme, joka on alun perin tehnyt meistä velallisia. Vuosikymmenet kuluvat työskennellessä, ja kun viimein, ehkä vanhuuden kynnyksellä, olemme maksaneet kaiken takaisin, ajattelemme, että silloin voimme todella omistaa sen, minkä olimme lainalla hankkineet.

Kuitenkin, vaikka taloudellinen riippuvuus on hetkeksi ohi, elämämme on kulunut. Raskaat työvuodet, pitkäaikainen henkinen ja fyysinen kuormitus, ovat syöneet voimat. Meidän vapautemme on tullut liian myöhään, sillä keho ja mieli eivät jaksa nauttia saavutetusta vapaudesta. Meillä ei enää ole voimia elää sitä elämää, jota olimme kuvitelleet itsellemme. Tämä on paradoksi: olemme maksaneet vapaudestamme korkean hinnan, mutta emme enää pysty nauttimaan siitä.

YLIMIELINEN VIRKAKONEISTO

Virkakoneiston ylimielisyys ilmenee siinä, että virkailijat esittävät itsensä eräänlaisina auktoriteetteina, joiden sanomisiin ei saisi kyseenalaistavasti suhtautua. Tässä on kyse paitsi vallan väärinkäytöstä myös yhteiskunnallisesta rakenteesta, jossa valta-asetelmia vahvistetaan jatkuvasti ja hiljaisesti. Virkailija ei ole pelkästään hallinnollinen toimija, vaan usein myös symbolinen henkilö, joka pitää itsensä "ylempänä" asiakkaistaan. Tämä luo psykologisen esteen tavalliselle kansalaiselle – se saa aikaan pelon ja kunnioituksen sekoituksen, joka estää vapaata ja rehellistä keskustelua.

Vapautemme rajoittuu myös siinä, että virkailijat saattavat käyttää kiirettä keinona painostaa asiakkaita hyväksymään päätöksiä ilman, että niihin ehditään perehtyä kunnolla. Tällöin hallituksen tai viranomaisen tekemät päätökset näyttävät olevan aukottomia, ja meille annetaan vain vähän tilaa kyseenalaistaa niitä. Kiireen lisäksi se, että asiakas usein joutuu kohtaamaan vain robottivastauksia tai automatisoituja järjestelmiä, lisää entisestään ihmisen kokemaa voimattomuutta ja rajoittaa hänen mahdollisuuksiaan vaikuttaa omiin asioihinsa. Inhimillinen vuorovaikutus jää usein vähiin, ja tämä saattaa tuntua kuin olisi viranomaisten kiusaksi tai hankaluudeksi se että yrittää saada tärkeää tietoa.

Tässä näkyy myös syvempi yhteiskunnallinen ongelma: järjestelmät on rakennettu estämään kansalaisten osallistumista ja vastuullista vuoropuhelua. Virkakoneiston käytöksestä tulee helposti epäluottamusta herättävää, ja sen vastuu asiakkaita kohtaan tuntuu olevan vain muodollista. Kun viralliset päätökset tehdään ja niistä on jo kirjoitettu viralliset asiakirjat, kansalaisen on lähes mahdotonta palata taaksepäin ja kyseenalaistaa niitä. Tämä luo epäoikeudenmukaisuuden tunteen ja syventää yhteiskunnallista eriarvoisuutta.

Näin ollen, virkakoneiston ylimielisyys ja sen tuottamat esteet saavat aikaan paitsi yksilön tunteen vapauden menettämisestä myös kollektiivisen epäluottamuksen yhteiskunnan instituutioita kohtaan. Tämä on erittäin tärkeä kysymys vapauden ja yhteiskunnallisen oikeudenmukaisuuden kannalta, sillä kun hallinto ei ole rehellinen ja avoin kansalaisia kohtaan, luottamus murtuu ja ihmisten mahdollisuudet elää vapaata elämää heikkenevät.

Viranomaisten tahallinen auktoriteettiaseman korostaminen on strategia, joka tukee vallan keskittymistä ja kansalaisten passiivisuutta. Kun virkailija toimii kansalaisen yläpuolella olevana auktoriteettina, syntyy kulttuuri, jossa kansalaisten sanomisia ei uskalleta kyseenalaistaa. Tämä ilmapiiri luo psykologista painetta, joka tekee kansalaisista varovaisia ja epäröiviä, kun on kyse oman mielipiteen tai oikeuksien puolustamisesta. Virkailijan sanojen saama erityisasema muovaa kansalaisten suhtautumista yhteiskunnan sääntöihin ja normeihin, ja tästä syntyy helposti pelon ilmapiiri, jossa kysymysten esittäminen tai virheellisten päätösten kyseenalaistaminen koetaan vaaralliseksi.

Vaikka viranomainen ei välttämättä käyttäisi sanktioita suoraan, pelkkä uhka tai ilmapiiri, jossa rikkomuksen pelko on vahva, riittää siihen, että kansalaiset pelkäävät seurauksia ja siksi eivät uskalla astua esiin. Tällainen kulttuuri rajoittaa huomattavasti vapaata ja avointa keskustelua yhteiskunnan toiminnasta ja viranomaisten päätöksistä. Avoimuuden ja kriittisen ajattelun sijasta kansalaisista tulee passiivisia ja pelokkaita, mikä voi johtaa viranomaisten toimien epäoikeudenmukaisuuteen ja väärinkäytöksiin.

Tämä viranomaisten ylivalta ei ole vain yksittäisten virkamiesten toimintatapaa, vaan laajempi rakenteellinen ilmiö, joka koskee koko hallintokoneistoa. Kun julkinen hallinto pyrkii rakentamaan itselleen auktoriteettiasemaa, se samalla tukahduttaa kansalaisten mahdollisuudet vaikuttaa yhteiskunnallisiin prosesseihin. Tämä ei ole vain tiedon ja vastuun piilottamista, vaan myös perustuslaillisten oikeuksien kaventamista, koska vapaus keskustella ja kritisoida ovat keskeisiä osia demokraattisessa yhteiskunnassa.

Päihderiippuvaisten kokema alemmuus ja alistuminen viranomaisten taholta ovat syvästi juurtuneita ilmiöitä, jotka heikentävät heidän kykyään puolustaa itseään ja omia oikeuksiaan. Viranomaisten luoma valta-asetelma luo pelon ilmapiirin, jossa riippuvuudesta kärsivät ihmiset kokevat olevansa voimattomia vastustamaan heitä käsitteleviä asiantuntijoita. Tämä ei ole pelkästään henkilökohtainen kokemus, vaan laajempi yhteiskunnallinen dynamiikka, jossa haavoittuvassa asemassa olevat, kuten päihdeongelmaiset, jäävät helposti syrjään ja heidät saadaan tuntemaan itsensä arvoonsa nähden epätäydellisiksi ja vähemmän oikeutetuiksi.

Sosiaalipalveluissa ja lastensuojelussa viranomaisten luoma auktoriteetti ja ylivalta voivat olla erityisen voimakkaita. Kun viranomaiset esiintyvät ylivertaisina ja kaikkitietävinä, päihteidenkäyttäjät kokevat olevansa niin heikossa asemassa, että he eivät uskalla tai osaa kyseenalaistaa heidän tekemisiään. Tämä pelko saattaa estää heitä sanomasta tai kertomasta omaa näkemystään tilanteista, jotka vaikuttavat heidän elämäänsä ja lastensa hyvinvointiin. Lapsen huostaanoton tai tapaamisoikeuksien rajoittamisen pelko voi olla niin suuri, että se saa riippuvaisen vanhemman täysin vaitonaiseksi ja alistuneeksi, vaikka hänellä olisi oikeus ilmaista itseään ja puolustaa oikeuksiaan.

Tämä ilmiö korostaa, kuinka viranomaisten käyttäytyminen ja asenteet voivat vahvistaa eriarvoisuutta ja heikentää yhteiskunnan haavoittuvimpien jäsenien ääntä. Kun kansalaiset, erityisesti riippuvaiset, pelkäävät sanktioita tai rangaistuksia, he eivät uskalla puhua omista tarpeistaan tai oikeuksistaan. Tämä estää paitsi henkilökohtaista itsenäisyyttä myös yhteiskunnallisen muutoksen ja sosiaalisen oikeudenmukaisuuden edistämisen. Tällöin viranomaisten luoma alisteisuus ei ole vain hallinnollinen käytäntö, vaan se on syvä juonne yhteiskunnassa, joka tukahduttaa heikoimpien mahdollisuudet elää tasa-arvoisesti ja osana yhteiskuntaa.

Monilla viranhaltijoilla on vakiintunut asenne, jossa tiettyjen asioiden kyseenalaistaminen nähdään ei vain epäsopivana, vaan lähes mahdottomana. Tämä ilmenee erityisesti silloin, kun esiin nousee "hankalia" kysymyksiä, joita ei haluta käsitellä. Tällöin virkavalta saattaa yrittää vähätellä tai ohittaa asian nopeasti, ja usein käytetään kiireen tai epäolennaisuuden tekosyitä, jotka vievät keskustelun pois tärkeältä aiheelta. Tällaiset tilanteet paljastavat syvemmän ongelman: se ei ole pelkästään viranomaisten halu ratkaista tilanne, vaan myös heidän halunsa säilyttää auktoriteettinsa ja estää kaikki, mikä voisi horjuttaa heidän valta-asemaansa.

Tällöin kyseenalaistaminen muuttuu viranhaltijalle uhaksi, joka on pyrittävä estämään. Jos kysymykset ovat liian epämukavia, ne hylätään helposti käsittelemättöminä tai jopa sivuutetaan kokonaan. Usein käytetään myös manipuloivaa taktiikkaa, jossa syyllinen sormi osoitetaan kyseenalaistajaan itseensä, jolloin hänet saadaan näyttämään epäasialliselta tai jopa väärässä olevaksi. Tällainen käytäntö luo pelon ja estää rehellisen ja avoimen keskustelun, joka voisi johtaa tärkeisiin muutoksiin tai virheiden korjaamiseen.

Tämä käytäntö ei ole vain yhteiskunnallisesti huolestuttavaa, vaan se rajoittaa myös mahdollisuuksia kehittää ja parantaa viranomaisten toiminnan laatua. Kun keskustelu on tukahdutettu ja ongelmat jäävät huomiotta, se voi johtaa järjestelmän ja päätöksenteon jäämiseen sikseen ohi kansalaisten tarpeiden. Tätä kautta ei ainoastaan kavenneta demokratian ja oikeudenmukaisuuden toteutumista, vaan myös heikennetään viranomaisten uskottavuutta ja luotettavuutta kansalaisten näkökulmasta.

Kaikki keskustelut, jotka liittyvät vapauden rajoituksiin, ovat tärkeitä, sillä ne koskettavat kaikkien osapuolten tasa-arvoa. Jos keskustelu ei noudata tasa-arvon periaatteita, se johtaa siihen, että jollain osapuolella on vähemmän vapautta ilmaista itseään ja esittää mielipiteitään. Tämä voi tapahtua joko suoraan tai epäsuorasti, mutta seurauksena on aina valtasuhteiden epätasapaino, jossa toinen osapuoli joutuu vaikenemaan, pelkäämään tai jopa itse rajoittamaan omaa ilmaisuaan.

Vapaus ei ole vain yksilön oikeus toimia tai puhua omalla tavallaan, vaan se on myös mahdollisuus osallistua tasavertaisena keskusteluun ja vaikuttaa päätöksentekoon. Jos yhteiskunnassa keskustelu ei ole tasavertaista, vapaus ei toteudu täydellisesti. On tärkeää huomata, että tällaiset vapauden rajoitukset eivät aina ole ilmeisiä, vaan ne voivat ilmetä hienovaraisina rakenteellisina esteinä tai yhteiskunnallisina normeina, jotka estävät tiettyjä ryhmiä osallistumasta keskusteluun yhtä vapaasti kuin muita.

Tasa-arvon periaate edellyttää, että kaikilla on yhtäläiset mahdollisuudet tuoda esiin näkökulmansa ja että heidän puheenvuoronsa otetaan vakavasti. Jos joku ryhmä joutuu rajoitetuksi keskusteluissa tai heiltä evätään mahdollisuus osallistua täysimääräisesti, se ei ole vain yksilön vapauden rajoittamista, vaan myös yhteiskunnan heikentämistä. Tällaisessa ympäristössä yhteiskunnan moniäänisyys ja monimuotoisuus jäävät vajaiksi, ja näin ollen yhteinen ymmärrys ja päätöksenteko eivät voi perustua oikeudenmukaisuuteen tai todelliseen tasa-arvoon.

Tässä nousee esiin syvällinen ja monikerroksinen keskustelu viranomaisten roolista ja asenteista, erityisesti lastensuojelussa ja sosiaaliviranomaisissa. Kysymys siitä, kenellä on valta ja oikeus päättää toisten ihmisten elämästä, on keskeinen tässä pohdinnassa. Tämä tilanne korostaa valtasuhteiden, yksityisyyden ja perhesuhteiden jännitteitä, jotka voivat synnyttää paineita, epäluottamusta ja jopa syrjivää käytöstä.

Ensinnäkin, on huomionarvoista, että lastensuojelun työntekijöiden tapa suhtautua asiakkaisiinsa, erityisesti päihdeongelmaisten vanhempien osalta, on usein erittäin hierarkkinen ja ylimielinen. Työntekijät voivat nähdä itsensä omassa roolissaan ikään kuin perheiden yläpuolella, minkä seurauksena heidän asiakkaidensa tarpeet ja toiveet jäävät helposti toisarvoisiksi. Tämä ei ole vain hallinnollinen tai juridinen kysymys, vaan syvästi inhimillinen ja eettinen, joka liittyy siihen, kuinka ihmisarvoa ja autonomiaa kunnioitetaan.

Se, että lastensuojelijat keskittyvät ensisijaisesti lapsiin asiakkaana, voi estää heitä näkemästä laajempaa kokonaisuutta, jossa myös vanhemmat ovat keskeisiä osapuolia. Lapsen etu on ilman muuta keskiössä, mutta ei voida unohtaa, että perheen kokonaistilanne vaikuttaa suoraan lapsen hyvinvointiin. Kun lastensuojelun työntekijät vähättelevät vanhempien osuutta asiakkuudessa, heidän omaksumansa asenne voi luoda epätasapainoa ja hämärtää perhesuhteiden keskinäistä merkitystä.

Kyseessä ei ole vain se, että työntekijät unohtavat vanhempien roolin, vaan myös se, että he tekevät tämän ilman riittävää vuoropuhelua ja ilman, että vanhemmilla on mahdollisuus vaikuttaa päätöksentekoon. Virkailijat ja viranomaiset tekevät päätöksiä perheiden elämästä usein yksipuolisesti, ilman vanhempien tai lasten täysipainoista osallisuutta. Tämä herättää kysymyksiä siitä, kenellä on oikeus päättää, mikä on lapsen ja vanhempien parhaaksi. Viranomaisilla ei ole moraalista oikeutta omistaa toisten perheitä, mutta käytännössä heidän valintansa voivat usein näyttää siltä, että he kokevat itse omistavansa perheiden lapset.

Tässä piilee myös suuri ongelma: se, että viranomaiset kokevat itsensä oikeutetuiksi tekemään päätöksiä toisten elämästä ilman aitoa ja tasavertaista vuorovaikutusta. Tämä luo epäluottamusta ja kyseenalaistamista, jotka heikentävät viranomaisen ja perheen välistä suhdetta ja voivat pahimmillaan johtaa perheiden eristäytymiseen, vaikka yhteinen päämäärä olisi lapsen hyvinvointi.

Kun keskustellaan siitä, kuka omistaa lapsen, on tärkeää erottaa tilanne, jossa lapsen huostaanotto tai muu viranomaisten toimenpide on tarpeen, ja tilanne, jossa viranomaiset puuttuvat perhesuhteisiin ilman selkeää, yhteistä etua. Lapsen ja perheen välinen sidos on perustuslaillinen ja syvästi henkilökohtainen. Jos viranomainen asettaa itsensä perheen yläpuolelle ja alkaa tehdä päätöksiä perhesuhteista ilman laajempaa pohdintaa ja tasapuolista osallisuutta, se voi loukata sekä yksilöiden että perheiden perusvapauksia ja oikeuksia.

Tässä tulisi myös tarkastella viranomaisten itsensä käsityksiä ja mahdollisia ennakkoluuloja, jotka ohjaavat heidän toimintaansa. Jos työntekijät kokevat olevansa perheiden "yläpuolella" ja että heillä on oikeus määrätä, miten perheiden elämässä tulee mennä, silloin menetetään tärkeä osa inhimillistä ja eettistä lähestymistapaa. Näiden viranomaisorganisaatioiden on tärkeää tiedostaa, että lasten ja perheiden vapauksia ei saa rajoittaa ilman syvällistä pohdintaa ja oikeudenmukaisia prosesseja.

VALHEELLINEN VAPAUS

Valheellinen vapaus on sitä, kuinka ihmisten arkea ja ajankäyttöä ohjaavat ja rajoittavat monet ulkoiset tekijät, kuten televisio-ohjelmat ja aikataulut, jotka saavat yksilön uskomaan, että hän on vapaa, vaikka hän itse asiassa onkin riippuvainen rakennetusta, ennakoitavasta ja rajoittavasta rutiinista. Televisiosarjojen katsominen voi aluksi tuntua viihdyttävältä ja vapauttavalta valinnalta, mutta kun tämä toiminta muuttuu rutiiniksi, se alkaa hallita yksilön ajankäyttöä ja vie tilaa luovuudelta ja mielikuvitukselta. Tällöin ihmisen kokemus vapaudesta onkin valheellista: vaikka hänellä on vapaus valita, hän onkin luonut itselleen pakkorutiinin.

Tässä tarkastelussa nousee esiin ajatus, että vaikka katsomme televisiota vapaaehtoisesti, itse asiassa olemme tehneet itsestämme osittain orjia. Suuret ohjelmatuotantolaitokset ohjailevat meitä ohjelmatarjonnallaan, ja yhä useammin huomaamme itsellemme antamamme vapaa-ajan kuluvan mekaanisesti ja ennustettavasti. Tässä on vahva paradoksi: vaikka teknisesti olemme valinneet itsellemme vapaa-ajan, se onkin monella tapaa pakotettu ajankäytön malli, jossa ei enää ole tilaa spontaanille valinnalle.

Tämä tilanne muistuttaa siitä, miten tehokkaasti aikataulut voivat kaventaa henkilökohtaista vapautta. Kun yhteiskunta ja ympäröivä kulttuuri luovat normeja aikarajoituksista ja velvollisuuksista, ne asettavat meidät jatkuvaan kilpailuun ajasta ja rajoittavat sitä, miten voimme kokea ja käyttää omaa aikaa. Ihmiset voivat jäädä elämään ennalta määrättyjen aikarajoitteiden ja yhteisten aikataulujen mukaan, jotka estävät heitä toimimasta spontaanisti ja intuitiivisesti. Esimerkiksi, jos kaikki ympärillämme ovat sitoutuneet televisio-ohjelmien katsomiseen tietyllä kellonlyömällä, meistä tulee helposti osa tätä aikarajoitteista yhteisöä, jossa vapaus itse asiassa hupenee järjestelmällisesti.

Tässä kontekstissa on tärkeää miettiä, miten vapautta tulkitaan. Se, että yhteiskunta luo meille rakenteita ja aikarajoitteita, ei tarkoita sitä, että olisimme todella vapaita tekemään omia valintojamme. Vapaus, joka perustuu vakiintuneisiin aikarajoitteisiin, onkin valheellista – se on vapauden illuusio, joka estää meitä kokemasta elämää täydellä kapasiteetilla. Ihmisen todellinen vapaus voisi olla vapaampaa ja vähemmän ennakoitavaa, jossa aikarajoitteet eivät olisi este luovuudelle ja intuitiolle, vaan ihmiset voisivat toimia omien tarpeidensa ja halujensa mukaan.

Tässä on myös havaittavissa yhteiskunnan laajempi dynamiikka, jossa yksilön elämää ohjaavat yhä useammat ulkoiset tahot, joiden ainoa tarkoitus on kontrolloida ajankäyttöämme ja ohjata meitä kuluttamaan tietyllä tavalla. Tätä kutsutaan usein "taloudelliseksi orjuudeksi", jossa vapaa valinta on vain pintapuolinen harha. Vapaus on täysin sidoksissa niihin aikarajoitteisiin, jotka meille asetetaan: työ, kulutus, viihde, ja kaikki tämä pakottaa meidät elämään aikarajoitteiden mukaan, joka tekee ajasta hallittua ja ennustettavaa.

Lopulta, kun ihmiset todella tajuavat, kuinka voimakkaasti heidän elämäänsä ohjaillaan ja rajoitetaan, voi syntyä halu paeta tästä valheellisesta vapaudesta. Ihmiset kaipaavat aitoa vapauden kokemusta, jossa he voivat elää omilla ehdoillaan ilman, että heidän elämänsä on jatkuvasti synkronoitava muiden aikarajoitteiden kanssa. Vapaus on siis paljon enemmän kuin vain valinnanmahdollisuus – se on elämää, jossa ei ole pakkoa elää aikarajoitteiden tai muiden ulkoisten sääntöjen mukaan.

Vapaus on monitasoinen ja subjektiivinen käsite, joka voi tarkoittaa hyvin eri asioita eri ihmisille. Tämä monimuotoisuus tekee vapauden määrittelemisestä haastavaa, sillä jokaisen yksilön kokemus vapaudesta on ainutlaatuinen ja pohjautuu omiin arvoihin, kokemuksiin ja ympäristön vaikutuksiin. Vapaus ei ole universaali, yksiulotteinen ilmiö, vaan se on henkilökohtainen ja kulttuurisesti sidottu kokemus.

Jollekin vapaus saattaa ilmetä elämän hallinnan ja itsenäisyyden tunteena, kuten kyvyssä tehdä valintoja ilman ulkopuolisia rajoitteita. Toiselle taas vapaus voi tarkoittaa yhteisön normien noudattamista ja rooleihin asettumista, mikä tuo turvallisuudentunteen ja yhteisöön kuuluvuuden tunteen. Tällöin vapaus ei ole irtiotto yhteiskunnan rakenteista, vaan niiden hyväksymistä ja niiden avulla elämistä.

Vapauden rajoittaminen voi siis olla suhteellista. Se, mikä yhdelle on rajoitusta ja kahleita, voi toiselle olla turvallisuus, järkiperäisyys ja järjestys. Esimerkiksi tiukempien yhteiskunnallisten sääntöjen ja normien noudattaminen voi olla joidenkin mielestä elämän selkeyttä ja ennakoitavuutta tuovaa vapautta, kun taas toisille se on henkistä rajoitusta, joka estää itsensä toteuttamisen. Toisin sanoen, vapauden käsite ei ole universaali, vaan se rakentuu aina yksilön, kulttuurin ja yhteiskunnan suhteiden kautta.

Vapauden moninaisuus ilmenee erityisesti arvo- ja uskomusjärjestelmissä, jotka voivat vaihdella merkittävästi eri elämänalueilla. Esimerkiksi poliittinen vapaus voi olla korostetusti yksilön oikeus itsenäiseen päätöksentekoon, kun taas taloudellinen vapaus voi tarkoittaa mahdollisuutta ansaita ja käyttää rahaa ilman valtiollisia rajoituksia. Siksi vapaus ei ole vain oikeus tehdä mitä haluaa, vaan se liittyy myös vastuun ja valinnan seuraamuksiin, jotka voivat vaihdella henkilökohtaisista näkökulmista ja elämäntilanteista riippuen.

Vapauden käsitteen moninaisuus tuo esiin sen, että se on läpikäynyt kulttuurisia ja ajallisia muutoksia, eikä se ole koskaan yksiselitteinen. Yksi voi kokea, että itsenäisyys ja valta omista elämänvalinnoista edustavat vapauden huippua, kun taas toinen saattaa kokea sen uhkana ja haluaa enemmän tukea ja ohjausta ympäröivältä yhteisöltä. Tällöin vapauden käsite saa eri merkityksiä ja voi tuntua eri tavalla riippuen siitä, minkälaisiin olosuhteisiin ja arvojärjestelmiin se kytkeytyy.

Vapauden moniulotteisuus on siis pohjimmiltaan sidoksissa siihen, miten ihminen kokee oman asemansa maailmassa ja millaisia ulkoisia tekijöitä, normeja ja rakenteita hän ympäriltään kohtaa. Tämän vuoksi vapauden määritelmä on aina osittain liukuva ja henkilökohtainen, ja se ilmenee eri tavoin jokaisessa yksilössä ja kulttuurissa.

Orjuudesta vapautuminen on syvällinen ja henkilökohtainen prosessi, joka vaatii yksilön rohkeutta ja kykyä ottaa oma elämänsä omiin käsiinsä. Se ei ole ulkopuolisten tekijöiden tai toisten ihmisten asia, vaan orjan itsensä on tehtävä päätös irtautua kahleistaan. Tämä päätös ei ole pelkästään ulkoinen teko, vaan se on ennen kaikkea henkinen ja sisäinen muutos.

Kun orja päättää, ettei hän ole enää orja, tämä valinta ei ole vain vapauden hetkellinen kokemus, vaan se käynnistää muutoksen, jossa koko ajattelutapa ja käsitys itsestä muuttuvat. Orjan on uskallettava nähdä itsensä vapaana ja arvokkaana yksilönä, jonka ei tarvitse enää alistua muiden määräyksiin tai olosuhteiden hallintaan. Tällöin hänen kahleensa eivät enää ole näkyviä ulkopuolisia esteitä, vaan ne ovat murtuneet sisäisesti – orja on vapauttanut itsensä ensin mielen tasolla.

Tämä vapautumisen prosessi ei ole vain yksilön itsemääräämisoikeuden palauttamista, vaan samalla se voi toimia esimerkkinä muille. Kun orja astuu vapauteen ja ottaa vastuun omasta elämästään, hän ei vain itse pääse eroon kahleistaan, vaan hän valaisee tietä muillekin, jotka kamppailevat samanlaisten rajoitusten kanssa. Tällöin yksilön vapautuminen voi olla kollektiivisen vapautumisen alku, jossa toiset saavat voimaa ja inspiraatiota tehdä saman päätöksen omassa elämässään.

Vapautumisen prosessi on siis kaksivaiheinen: ensin on tehtävä sisäinen päätös irtautua kahleista ja hyväksyttävä se, että orjuuden loppuminen alkaa omasta itsestä. Sen jälkeen tämä henkilö voi toimia esimerkkinä ja inspiroivana voimana muille, auttaen heitäkin löytämään vapautensa. Orjuus ei siis ole vain fyysinen tila, vaan syvällinen henkinen tilanne, joka on mahdollista muuttaa vapaudeksi murtamalla omat rajoitteensa ja ottamalla elämä takaisin omiin käsiin.

Todellisia orjia ovat ne, jotka eivät itse tiedosta orjuutensa olemassaoloa. Tämä on syvällinen ja usein piilevä muoto orjuudesta, jossa yksilö on täysin alistunut olosuhteiden, yhteiskunnan tai oman mielen rajoituksiin, mutta ei koe itseään vangiksi. Näitä kahleita ei ole ulkoisesti näkyvissä, vaan ne piilevät ajattelutavoissa ja uskomuksissa, joita henkilö ei ole kyseenalaistanut. Orja ei tiedä olevansa orja, ja siksi hän ei edes pyri vapautumaan, sillä hän ei tiedä tarvitsevansa vapautta.

Orjuus on usein tätä näkymätöntä ja sisäisesti omaksuttua vankeutta, jota pidetään luonnollisena osana elämää. Jos ihminen ei tiedosta omaa rajoittuneisuuttaan, hän ei näe tarpeeksi syytä pyrkiä muutokseen. Tämä on vaarallisin tilanne, koska vankeus ei enää herätä kapinaa tai pyrkimystä muutokseen. Hän, joka uskoo olevansa vapaa, ei edes tiedosta olevansa orja, ja tämä on ehkä orjuuden kaikkein petollisin ja kestävin muoto.

Sanonta "ihminen on helpointa pitää vankina siten, ettei hänen anneta tietää olevansa vanki" kuvastaa juuri tätä ilmiötä. Kun henkilö ei tiedosta orjuutensa olemassaoloa, hän ei tee tietoista valintaa vapautumisen puolesta. Vapauden ja orjuuden välinen ero ei ole vain ulkoisissa esteissä, vaan ennen kaikkea sisäisessä ymmärryksessä ja kyvyssä nähdä itsensä ja maailmansa uudessa valossa.

Kukaan ei ole toivottomammin orjuutettu kuin sellainen, joka kuvittelee olevansa vapaa, vaikka ei todellisuudessa ole. Tällöin henkilö ei edes halua kyseenalaistaa omaa elämäänsä, koska hän ei tiedosta olevansa kahleissaan. Tämä kuvitelma vapaudesta estää häneltä mahdollisuuden tehdä tarvittavia muutoksia elämässään ja vapauttaa itsensä. Tämä on syvällinen muistutus siitä, kuinka tärkeää on ymmärtää vapauden ja orjuuden todelliset ulottuvuudet, sillä vain tietoisuus omista rajoitteista voi johtaa todelliseen vapautumiseen.

Yhteiskunta ajaa monia ihmisiä velkaorjuuteen tavalla, joka on usein huomaamaton, mutta sitäkin tuhoisampi. Lainat eivät ole vain taloudellisia työkaluja, vaan ne toimivat välineinä, joilla yhteiskunta ja sen rakenteet pitävät ihmiset hallinnassa. Useimmille ihmisille lainan ottaminen ei ole valinta, vaan se tuntuu elämän välttämättömyytenä, joka syntyy tarpeesta hankkia jotain suurta, kuten asunto tai auto, jotka yhteiskunta on tehnyt lähes pakollisiksi osiksi elämän kulissia. Tämä pakko syntyy osittain kulutuskulttuurista, jossa jatkuvasti korostetaan "tarpeita" ja "odotuksia", jotka eivät ole aidosti elintärkeitä, mutta joiden täyttämisestä tulee keskeinen osa yksilön elämää.

Vaikka lainan ottaminen ei olekaan välttämättömyys, vaan valinta, yhteiskunnan ja pankkien luoma ilmapiiri saa sen tuntumaan siltä, että se olisi ainoa mahdollisuus elää "normaalisti". Tässä mielessä pankit ja taloudelliset instituutiot manipuloivat ihmisiä pehmeällä mutta vahvalla painostuksella, joka saa lainan ottamisen näyttämään järkevänä ja jopa tarpeellisena ratkaisuna. Ihmisen mieli on otettu valtaan, kun hän uskoo, että ilman lainaa ei voi saavuttaa elämän perusasioita, kuten omaa kotia tai muuta "menestystä". Tämä mielen manipulointi on ovela, sillä lainaa ei myönnetä kaikille automaattisesti, mutta suurimmalle osalle se tuntuu väistämättömältä askeleelta kohti normaalia elämää.

Velka ei ole elämässä missään vaiheessa välttämättömyys, mutta sen ottaminen on tullut kulttuurillisesti ja taloudellisesti niin syvälle juurtuneeksi, että monet kokevat sen lähes pakolliseksi. Kun ihminen ottaa lainan, hän ei vain hanki rahaa hetkellisiin tarpeisiin, vaan sitoutuu koko elämänsä aikaiseen malliin, jossa hän on taloudellisesti sidottu ja kontrolloitu. Tämä yhteiskunnan luoma velkaorjuus on huomaamaton mutta hyvin todellinen vapauden rajoittaja. Pankit ja talouslaitokset eivät vain tarjoa lainoja, vaan ne muovaavat ihmisten käsityksiä siitä, mitä elämässä on tärkeää ja mitä ilman ei voi elää.

Pankkilaina, erityisesti pienituloisille ja epävarmassa työelämässä eläville, on monin tavoin tuhoisa valinta. Se ei ainoastaan sido ihmistä taloudellisesti, vaan se ajaa hänet orjuuteen, jossa hän on jatkuvasti velkaantuneena ja elää elämässään enenevässä määrin velan maksamisen takia. Pankkilainan ottaminen ei ole pakotettu valinta – se on lopulta yksilön päätös, johon ohjaa enemmänkin sisäinen paine ja ympäristön vaikutus kuin järjen ääni. Kun henkilö kokee, että hänellä ei ole muuta vaihtoehtoa, hän saattaa päätyä velkakierteeseen, josta on vaikea päästä ulos.

Tämä velkavankeus johtaa myös materiaaliseen orjuuteen, jossa ihminen elää jatkuvassa pyörityksessä, raatamalla päivät pitkät töissä vain voidakseen kerätä ympärilleen esineitä ja symboleja, jotka viestivät menestyksestä ja hyvinvoinnista. Mutta itse asiassa nämä esineet, vaikka ne saattavat ulkoisesti näyttää "onnistumisen" ja "menestyksen" tunnusmerkeiltä, eivät ole itseisarvoisia. Ne ovat vain välineitä, joiden avulla haetaan sosiaalista hyväksyntää ja ulkoista statusta. Koko elämän merkitys saattaa pitkällä aikavälillä kietoutua siihen, kuinka paljon esineitä, kuinka suuria taloja ja kuinka monia tavaroita voi kerätä ympärilleen, vaikka niiden arvo on täysin suhteellista ja ulkoista.

Tämänkaltaisessa elämäntavassa ei ole tilaa todelliselle vapaudelle, sillä kaikki tehdään materiaalisten päämäärien eteen. Työ, joka itsessään on välinearvo – keino saavuttaa taloudellista turvaa ja sosiaalista hyväksyntää – muuttuu itse elämän päämääräksi. Pankkilainan kautta elämästä tulee jatkuvaa orjatyötä, jossa yksilö ei enää ole vapaa valitsemaan itse omia tavoitteitaan, vaan hänen aikansa ja energiansa menevät siihen, että hän yrittää saavuttaa ulkoisia päämääriä, jotka eivät aidosti tuo hänelle sisäistä vapautta tai hyvinvointia. Tällöin hän on sidottu yhteiskunnan ja taloudellisten rakenteiden luomaan kuvitelmaan menestyksestä.

Tällainen työ, joka vie suurimman osan ihmisen ajasta ja energiaa, on monin tavoin orjuuttavaa. Työstä saatu palkka menee käytännössä pelkästään lainojen kuukausieriin ja muiden materiaalisten mukavuuksien hankkimiseen, jotka taas luovat ulospäin kuvan menestyksestä ja hyvätuloisuudesta. Mutta tämä jatkuva kuluttaminen ja muiden edessä näyttäminen omaa elämäntapaansa ei tuo todellista vapautta. Aikataulut täyttyvät velan maksamisella ja esineiden hankkimisella, eikä jää tilaa sille, mikä todella tekee elämästä merkityksellistä.

Tulojen perusteella tapahtuva luokittelu on hyvin pinnallista, eikä se ota huomioon, kuinka hintavaa menestyksen tavoittelu voi olla. Ihmiset saattavat ulkoisesti näyttää menestyviltä, mutta todellisuudessa he voivat olla henkisesti uupuneita, ilman vapaa-aikaa ja elämänlaatua. Jos ei ole päässyt irti oravanpyörästä, ei ole mahdollisuutta kokea oikeaa vapautta – elämän laatu jää vaille huomiota, kun kaikki pyörii lainojen, kulutuksen ja yhteiskunnan luomien paineiden ympärillä. Vapaus ei ole enää mahdollista, sillä koko elämä on omistettu ulkoiselle kulutukselle ja tulojen hankkimiselle, jolloin todellinen hyvinvointi jää piiloon.

Se vähäinen vapaa-aika, joka ihmisillä jää kiireisen elämän keskellä, valuu usein hukkaan television äärellä, jossa rentoutuminen kääntyy helposti passiiviseksi ja ajattelua vailla olevaksi ajankäytöksi. Televisio tarjoaa valmiiksi paketoitua sisältöä – sarjoja ja elokuvia, joissa on kätkettynä syvempiä agendoja, ajattelumalleja ja ideologioita. Tällöin katsojan rooli on enimmäkseen vastaanottaja, ei aktiivinen ajattelija.

Television jatkuva katseleminen täyttää mielen valmiilla sisällöillä, jotka toistuvat yhä uudestaan ja joilla on kyky muokata katsojan ajattelua ilman, että hän edes huomaa sitä. Agendoista ja ideologioista tulee luonnostaan osa katsojan omia mielipiteitä, sillä jatkuva altistuminen ohjaa ajattelua ja vaikuttaa näkemyksiin. Se, mitä aluksi saattaa pitää viihteenä, muuttuu huomaamatta elämänosaksi, joka pakottaa mielen passiivisuuteen ja toistaa kulttuurisia normeja ja ennakkoluuloja ilman, että niitä kyseenalaistetaan.

Ongelman ydin on siinä, että ihminen ei enää ehdi tai jaksa ajatella itse, eikä hänellä ole haluakaan tehdä niin. Aivot on saatettu passiiviseen tilaan, jossa ne vastaanottavat jatkuvasti televisiosta tulevaa tietoa ilman, että katsoja edes huomaa sitä. Televisio syytää alitajuntaan propagandaa, jota väsynyt ja välinpitämätön katsoja nielee ilman kritiikkiä.

Televisio on täynnä piilovaikuttamista, ja sen sisällöt toistavat jatkuvasti samankaltaisia hokemia ja sanomia. Tämä muistuttaa natsi-Saksan aikaisia elokuvia, joissa toistettiin valtion ideologiaa massoille. Mainokset muokkaavat ostohaluja, ja ajankohtaisohjelmat sekä uutiset ovat nykyisin niin politisoituneita, että ne kantavat tiettyjä ideologioita, eikä niitä voida enää pitää riippumattomina uutislähteinä. Kaikki tämä toimii manipulaation välineenä, joka estää katsojaa näkemästä todellisia totuuksia ja hallitsee hänen ajatteluaan.

Päihteiden ja alkoholin aiheuttama orjuutus on monivaiheinen ja syvälle juurtunut ilmiö, joka vaikuttaa yksilön elämään monella tasolla. Kun ihminen joutuu riippuvaiseksi näistä aineista, hän saattaa käyttää kaiken rahansa ja energiansa pelkästään sen vuoksi, että saa hetkeksi helpotusta ja pakoa ahdistavasta todellisuudesta. Päihteet tarjoavat lyhyen kaavan mukaista mielenrauhaa ja pakotien, mutta samalla ne luovat yhä syvempiä syklejä, jotka pitävät käyttäjän orjuutettuna.

Päihteiden käyttäjä ei ole vain fyysisesti orjuutettu aineiden vaikutuksesta, vaan myös psykologisesti. Kun hän pakenee todellisuutta alkoholin tai huumeiden avulla, hän kohtaa ahdistuksen ja pelon, jotka kumpuavat usein vieroitusoireista, mutta myös ympäröivästä yhteiskunnasta, joka tuomitsee tai ei ymmärrä riippuvuuden taustalla olevia syitä. Tämä ahdistus ei ole vain hetkellistä — se on jatkuva läsnäolo, joka muodostaa elämän taustamusiikin, tehden jokaisesta päivittäisestä päätöksestä taistelua.

Päihteet tekevät ihmisestä usein hänen huomaamattaan velvollisuuksien laiminlyöjän, mikä taas kasvattaa ahdistusta ja häpeää. Vähitellen tämä voi johtaa yksinäisyyteen ja siihen, että henkilö eristäytyy omista ongelmistaan. Hän ei kykene käsittelemään kasautuvia huolia, koska ajatus niistä tuntuu ylivoimaiselta. Tämä synnyttää turhautumisen ja eristyneisyyden kierrettä. Usein ajatus siitä, että kasautuneet ongelmat voivat olla ratkaistavissa, tuntuu kaukaiselta ja lähes mahdottomalta, koska riippuvuuden luoma "valheellinen rauha" vie voiton.

Kuitenkin kun näitä ongelmia aletaan purkaa yksi kerrallaan, nousee esiin merkittävä oivallus: alkoholin ja päihteiden aiheuttama orjuus on itse asiassa illuusio. Kun päihteiden tarjoama helpotus katoaa, jää jäljelle vain todellinen vapaus. Kyse ei ole vain aineista, vaan niiden kautta elämästä ja sen vaikeuksista pakoon juoksemisesta. Kun pystyy kohtaamaan ja käsittelemään nämä vaikeudet ilman päihteiden suojaa, huomaa, että vapaus on mahdollista saavuttaa, vaikka se aluksi tuntuu pelottavalta ja vaikealta.

Tämä oivallus voi olla avain vapautumiseen: se, että orjuus ei ole reaalinen tila, vaan mentaalinen tila, joka voidaan murtaa. Päihteiden tuottama valheellinen rauha paljastuu täsmälleen silloin, kun käyttäjä uskaltaa kohdata itsensä ja elämänsä ilman niitä.

Huumeiden aiheuttama orjuus tulee esiin äärimmäisen syvällisesti, ottaen huomioon paitsi riippuvuuden psykologiset ja fyysiset vaikutukset myös huumekauppiaiden välinpitämättömän ja manipulatiivisen roolin tässä orjuutuksessa. Huumeiden orjuus on erityisen raaka, sillä huumekauppiaat eivät ole pelkästään riippuvuuden mahdollistajia, vaan he nauttivat ihmisten haavoittuvuuden hyväksikäytöstä ja luovat entistä syvempiä sidoksia, jotka pitävät uhrin loukussa. Kauppiaan motiivi ei ole huolehtia asiakkaistaan vaan varmistaa, että asiakkaat pysyvät tarpeeksi koukussa tuottamaan jatkuvaa rahavirtaa, joka elättää huumekaupan imperiumia. Tämä dynamiikka luo vastakkainasettelun: huumekauppias on aktiivinen manipuloija, joka pitää asiakkaitaan orjina, ja asiakas on passiivinen uhri, jonka arvo on vain sen mukainen, kuinka paljon rahaa hän voi tuottaa.

Tämä orjuus on erityisen synkkä, koska huumekauppiaat käyttävät asiakkaitaan ja hallitsevat heidän elämäänsä tavalla, joka ei jätä tilaa inhimilliselle arvokkuudelle. He ylläpitävät asiakkaiden riippuvuutta, mutta tekevät sen niin, että asiakkaan tila on aina huonompi kuin aiemmin — riittämättömät huumeannokset vain lisäävät vääjäämättä halua päästä seuraavaan annokseen, ja rahat katoavat samalla. On lähes mahdotonta paeta, sillä asiakkaan psyyke on jo niin syvästi koukussa aineisiin, että elämänhallinta on kadonnut. Tällöin huumekauppiaat toimivat kuin varsin kylmäveriset "oraakkelit", joiden päätehtävä on vain pitää asiakas riittävän kurissa, jotta tämä tuottaa tarpeeksi rahaa.

Toisaalta huumekauppiaiden oma elämä on ironisesti rajoitettua. Vaikka he pystyvätkin käyttämään pelkoa ja väkivaltaa keinona pitää orjuutettuja asiakkaitaan kurissa, he itse ovat itsekin orjia, mutta vankilassa tämä orjuus tulee näkyväksi. Heidän "voimansa" on vain näennäistä, sillä se perustuu toisten heikkouksille. Kun huumekauppias joutuu vankilaan, kaikki valta, joka hänellä oli kadulla, katoaa. Vankilassa hän on vangittu omaan elämäänsä ja ajatuksiinsa. Tämä tuo esiin ironisen paradoksin: vaikka huumekauppias yrittää hallita toisia, hän itse on lopulta vankina omassa maailmassaan ja on kuin valkoinen, murtunut patsas. Hän ei kykene enää hallitsemaan elämäänsä, ja hänen elämänsä on rajoittunut hyvin pieneen ja tuhoisaan näkökulmaan — vankilan seinien sisälle.

Tässä voidaan nähdä myös yhteys siihen, kuinka orjuudesta vapautuminen on henkilökohtainen päätös. Vaikka huumekauppias saattaa uskoa olevansa vapaa ja hallitsevansa koko pelin, hän on itse vanki. Vankilan seinät eivät ole pelkästään konkreettisia; ne ovat myös psykologisia rajoja, jotka estävät häntä näkemästä itsensä vapautuneena. Huumekauppiaan vapautuminen ei ole fyysisesti mahdollista, ellei hän itse ymmärrä, että hänen vankilansa ei ole vain rauta-aitojen ympäröimä, vaan hänen oma mielensä. Vapautuminen vaatii kykyä myöntää itselleen, että hän ei ole vapaa, ja tehdä päätös muuttaa elämänsä suuntaa — aivan kuten huumeiden orja voi katkaista riippuvuuden ketjut, jos hän tekee tietoisen valinnan elää eri tavalla.

VAPAUDEN OLEMUKSESTA

Vapauden käsite on yksi filosofian syvimmistä ja monimutkaisimmista teemoista. Yksi vapauden määritelmä voisi olla se, että vapaus tarkoittaa mahdollisuutta tehdä tai saavuttaa jotakin ilman ulkoisia rajoitteita, jotka estäisivät sen. Tämä käsitys voi tuntua intuitiiviselta ja suoraviivaiselta, mutta tarkasteltaessa vapauden olemusta syvällisemmin, huomataan, että sen merkitys on kaukana yksinkertaisesta.

Vapauden filosofia on täynnä eri suuntauksia, jotka pohtivat, mitä vapaus todella on. Monet ajattelijat ovat käsitelleet vapautta eri tavoin, mutta yksi keskeinen pohdinta koskee kysymystä siitä, onko vapaus ensisijaisesti sisäinen olotila vai ulkoisten tekijöiden ja olosuhteiden määräytymä. Jos katsomme vapautta vain mahdollisuutena toimia ilman esteitä, jää huomaamatta se, kuinka subjektiivinen kokemus vapaudesta todella on. Onko vapaus ehkä pohjimmiltaan vain mielen tila, jossa me uskomme olevamme vapaita, vaikka todellisuus voisi olla aivan toisenlainen?

Filosofisesti tarkasteltuna vapauden käsite saattaa vaatia tarkempaa perspektiiviä. On katsottava kokonaisuutta vähän sivummalta, jotta voimme nähdä, millaisia rajoitteita, kulttuurisia ja yhteiskunnallisia odotuksia, olemme itse itsellemme asettaneet. Vapaus ei aina ole pelkästään ulkoisia rajoitteita vastaan taistelua, vaan myös sisäisten esteiden, kuten pelkojen, epävarmuuksien ja ennakkoluulojen, ylittämistä. Vapaus on silloin enemmänkin mielenlaatu, jossa yksilö ei ole sidottu ulkoisiin odotuksiin tai pelkoihin, vaan voi luottaa omiin valintoihinsa.

Kysymys siitä, onko vapaus ymmärrys vai ymmärryksen puute, vie meidät syvemmälle tietoisuuden ja tiedon luonteen pohdintaan. On mielenkiintoista pohtia, että ymmärtämättömyys voi joskus tarjota suurempaa vapautta kuin tieto. Se, että ihminen ei tiedä kaikista niistä rajoituksista, jotka estävät häntä saavuttamasta haluamiaan päämääriä, saattaa johtaa vapautuneempaan elämään. Toisin kuin tiedon täyttämä henkilö, joka on jatkuvasti tietoinen esteistä ja rajoitteista, voi tuntea itsensä vangiksi maailmassa, jossa kaikki näyttää olevan määritelty etukäteen.

Tällöin voimme tarkastella vapauden paradoksia: tiedon lisääntyminen tuo usein mukanaan rajoitteita. Mitä enemmän ihminen tietää, sitä tietoisemmaksi hän tulee ympäröivistä rajoitteista, olipa kyseessä yhteiskunnan rakenteet, taloudelliset esteet, tai henkilökohtaiset pelot ja epävarmuudet. Vapaus ei ehkä olekaan sitä, mitä uskomme sen olevan, vaan pikemminkin kyky elää ilman jatkuvaa tietoisuuden painetta siitä, mikä on estämässä meitä. Tiedon valossa vapaus saattaa tuntua vain illuusiolta, mutta samalla vapaus voi olla myös sisäisen valinnan mahdollisuus: elää maailmassa, jossa valitsemme, kuinka suhtaudumme esteisiin ja rajoitteisiin.

Toisaalta, henkilöllä, joka kokee elämänsä olevan avoin ja täynnä mahdollisuuksia, voi olla vähemmän tietoa maailmasta kuin tietoisella ja kokeneella, mutta samalla hän saattaa elää suuremmassa vapauden tilassa. Tämä johtuu siitä, että hän ei ole sidottu samoihin rajoitteisiin, joita tieto tuo mukanaan. Tieto voi kahlita ja luoda esteitä, mutta se voi myös vapauttaa. Vapauden olemus onkin enemmänkin jatkuvaa tasapainottelua tietoisuuden ja hyväksynnän välillä – tasapainottelua siitä, kuinka tietämys rajoittaa meitä ja kuinka hyväksyntä avaa uusia mahdollisuuksia.

Vapaus ei siis ole vain ulkoisten esteiden puuttumista, vaan myös sisäisen esteen, pelon ja epävarmuuden ylittämistä. Tieto voi kahlita, mutta se voi myös antaa mahdollisuuden. Vapauden filosofinen pohdinta on siinä, miten voimme luoda itsellemme maailman, jossa ei ole esteitä, mutta se ei tarkoita, että ne olisi poistettava kokonaan. Sen sijaan vapaus on taito elää niiden kanssa, niitä ylittäen ja niistä huolimatta, ilman, että ne estävät meitä nauttimasta elämästämme.

Eräs mielenkiintoinen näkökulma vapauteen esittää sen olevan piilossa syvällä sisimmässämme – ei pelkästään tietoisuudessamme, vaan myös tunteissamme, sydämissämme ja sieluissamme. Vapaus ei siis ole vain ulkoisten rajoitteiden puuttumista, vaan se voi olla myös sisäisen rauhan ja vapauden tila, joka ei ole riippuvainen fyysisistä olosuhteista. Tällöin vapaus ei ole ainoastaan se, mitä voimme tehdä tai saavuttaa, vaan se on myös se, kuinka koemme elämämme ja itsemme – kuinka olemme vapaita omassa olemuksessamme.

Tietoisuutemme, jos se on täysin vapaa kaikista kahleista, voi liikkua vapaasti ajatus- ja tunnekentillä ilman rajoituksia. Ajatukset voivat kulkea ja harhailla minne tahansa, aivan kuin virta, joka ei jää jumiin esteisiin tai määritelmiin. Tässä mielessä vapaus ei ole vain ulkoista toimintaa, vaan se on mahdollisuus liikkua vapaasti omassa mielenmaisemassamme. Se on tila, jossa voimme ajatella ilman pelkoa tai esteitä – tila, jossa mielen rajoitukset, kuten pelot, epävarmuudet tai ennakkoluulot, eivät määrittele sitä, mitä voimme kokea ja ajatella.

Tämä käsitys vapaudesta liittyy usein mielen ja sielun syvään yhteyteen, joka saattaa olla meille itsellemme joskus vaikeasti tavoitettavissa. Se on tila, jossa olemme yhteydessä omaan sisimpäämme, tunteisiimme ja intuitioomme ilman ulkopuolisten tekijöiden painetta. Tällöin vapaus ei ole ulkomaailman olosuhteista riippuvaista, vaan se on olemuksellista: kykyä olla ja kokea ilman rajoituksia, ilman ulkopuolelta tulevaa määrittelyä.

Kuitenkin, useimmille ihmisille vapaus ilmenee hyvin eri tavoin, usein arkisemmilla ja konkreettisemmilla tasoilla. Vapaus ei useinkaan ole mielen tasolla, vaan se saattaa ilmetä paljon maallisemmissa käsitteissä: johonkin kuulumisen tunteessa, fyysisessä tilassa, jossa ei ole rajoitteita liikkumiselle, tai paikoissa, joissa kokee itsensä vapaaksi. Vapaus voi siis ilmetä myös fyysisenä vapautena – vapautena tehdä tai olla tekemättä, ilman esteitä liikkumisessa, työssä tai suhteissa.

Monelle vapaus on ennemminkin ulkoisten olosuhteiden puutetta – tilaa, jossa ei ole rajoitteita tai kahleita ympärillä. Se voi olla fyysinen vapaus liikkua, valita ja olla oma itsensä ilman, että yhteiskunnan tai muiden ihmisten odotukset asettavat rajoja. Tällöin vapaus näyttäytyy pikemminkin materiaalisten ja yhteiskunnallisten esteiden puuttumisena: vapautena valita asuinpaikka, vapaus valita omaa työtä, vapautena kulkea omalla tahdillaan.

Tämä erottelu siitä, miten vapaus voi ilmetä fyysisenä ja mielen tasolla, nostaa esiin tärkeän kysymyksen siitä, kuinka tiedostamme vapauden arjessamme. Jos vapaus todella on piilossa meissä itsessämme, kuten filosofia saattaa ehdottaa, saattaa olla, että etsimme sitä ulkoisista olosuhteista tai paikoista, jotka luulemme vapauttavan meidät. Vapauden tavoittelu ulkoisesti voi kuitenkin usein jäädä pinnalliseksi, sillä todellinen vapaus ei ole niinkään ympäristön vaan mielen ja sisäisen rauhan kysymys.

Vapaus ei siis ole pelkästään ulkoisia rajoituksia vastaan taistelemista tai fyysisten esteiden poistamista, vaan se on syvällinen tilan löytäminen itsessä, jossa voidaan olla vapaasti, ilman sisäisiä kahleita ja rajoitteita. Vapaus on mahdollisuus olla täysin läsnä ja hyväksyä itsensä kaikessa monimuotoisuudessaan – silloin, kun mieli, keho ja sielu ovat tasapainossa.

On selvää, että demokraattisissa maissa elintaso on usein korkeampi verrattuna maihin, joissa diktaattori hallitsee ja kontrolloi yksilöiden elämää. Tällaisissa yhteiskunnissa ihmisillä on enemmän mahdollisuuksia taloudellisesti ja sosiaalisesti, ja yksilön elämää ei rajoita niin suoraan valtion väliintulo. Vapaus ilmentyy ulkoisesti monin tavoin: oikeus valita, osallistua poliittisiin prosesseihin, elää ilman pelkoa tai suoraa sortoa. Kuitenkin, vaikka elintaso on korkeampi ja yhteiskunta vähemmän autoritaarinen, voiko tämä todella tehdä ihmisestä vapaamman?

Vapaus ei ole pelkästään materiaalista tai poliittista – se on ennen kaikkea henkistä ja sisäistä. Voimme elää maassa, jossa on korkea elintaso, laajat oikeudet ja mahdollisuudet, mutta silti tuntea itsemme rajoitetuiksi. Ulkoiset puitteet voivat antaa meille monia vapauksia, mutta ne eivät aina riitä tekemään meistä sisäisesti vapaita. Tässä herää kysymys: voiko yhteiskunnallisten ja taloudellisten etujen täyttymys todella vapauttaa ihmisen, jos hänen mielenkiintonsa, ajatuksensa ja tunteensa ovat edelleen sidoksissa sosiaalisiin paineisiin, yhteiskunnallisiin normeihin ja odotuksiin? Toisaalta, henkilö, joka elää sosiaalisten ja poliittisten järjestelmien uhrina, saattaa kokea olevansa täysin sortunut ja vapauden puutteessa. Hänellä ei ole vapauden kokemusta, koska hänen elämänsä on jatkuvassa alistuksessa ja kontrollissa. Mutta onko hän todella vähemmän vapaa kuin sellainen, joka on vapaa ulkoisista rajoitteista mutta joka elää jatkuvassa sosiaalisten sopimusten ja kulttuurisen painostuksen alaisuudessa? Voiko elintaso, taloudellinen vapaus ja poliittinen oikeus todella korvata sen, että sisäinen kokemus omasta vapaudestaan jää puutteelliseksi?

Tässä onkin yksi vapauden paradoksi: vaikka ulkoiset puitteet voivat näyttää vapauden lähteiltä, sisäinen kokemus vapaudesta saattaa silti jäädä puutteelliseksi, jos yksilö ei ole vapaa omista ajatuksistaan, pelostaan ja yhteiskunnallisista paineistaan. Elintason nousu voi parantaa elämänlaatua, mutta se ei välttämättä poista niitä sisäisiä rajoitteita, jotka estävät yksilöä tuntemasta itseään täysin vapaaksi.

Vapaus, joka ei perustu vain ulkoisiin tekijöihin, on paljon syvempää. Jos elämme yhteiskunnassa, jossa kaikki olosuhteet näyttävät olevan kunnossa – taloudellisesti, poliittisesti ja sosiaalisesti – mutta silti tunnemme olomme ahdistuneeksi ja rajoitetuksi, onko meillä silloin oikea vapaus? Se, miten vapauden kokemus muodostuu, on sidoksissa enemmän mielen ja sydämen tilaan kuin ulkoisiin olosuhteisiin. Jatkuvat yhteiskunnalliset paineet voivat tehdä meistä vankeja omien roolien ja odotusten täyttämisessä, vaikka emme enää kohtaisikaan suoraa poliittista sortoa.

Lopulta kysymys ei ole vain siitä, elämmekö vapaassa maassa tai korkealla elintasolla, vaan siitä, kuinka vapaaksi tunnemme itsemme omassa elämässämme. Tässä suhteessa todellinen vapaus saattaa olla sisäistä ja se saattaa vaatia enemmän kuin vain ulkoisten rajoitteiden poistamisen. Se vaatii kykyä elää omilla ehdoillaan, olla tietoinen omista tarpeistaan ja valinnoistaan, ja olla vapaa yhteiskunnan ulkopuolelta tulevista paineista ja rajoituksista, jotka voivat estää meitä olemasta todellisesti vapaita.

Me kaikki pystymme luomaan omat henkilökohtaiset vankilamme, eikä sillä ole merkitystä, missä asumme. Vapaus ei ole pelkästään ulkoisten olosuhteiden tulos, vaan se on syvästi kiinnittynyt siihen, mitä tapahtuu mielessämme ja sydämessämme. Vaikka syntyisimme maailman vapaimmassa valtiossa, voimme silti rakentaa ympärillemme muurin, joka rajoittaa meitä. Tämä muuri ei ole kivistä tai teräksistä, vaan se on meidän omien ajatustemme, pelkojemme ja uskomustemme muodostama kahle.

Todellinen vapaus ei siis ole vain fyysisen ympäristön määräämä, vaan se on sisäinen olotila, joka syntyy siitä, miten suhtaudumme itsemme ja elämämme tilaan. Se on vapaus ajatella ilman rajoituksia, kokea tunteita ilman pelkoa niiden ilmaisemisesta ja unelmoida ilman, että pelkäämme unelmiemme olevan saavuttamattomia. Kuitenkin se, kuinka vapaana tunnemme itsemme, voi olla monin tavoin sidoksissa omiin sisäisiin vankiloihimme. Näitä voivat olla ahdistus, epävarmuus, pelko ja kyvyttömyys olla omia itsejämme.

Voiko ihminen, joka elää erittäin myrkyllisessä parisuhteessa, jossa häntä alistetaan ja kontrolloidaan, kokea olevansa vapaa? Onko hän todella vapaa, jos hänen ajatuksensa ja tunteensa ovat jatkuvasti sidottuja tähän suhteeseen, jossa hänen itsensä ilmaiseminen on kielletty tai rajoitettu? Vastaavasti, entä henkilö, joka tuntee, että hänen rakkautensa on tukahdutettu, joka ei pysty ilmaisemaan tunteitaan pelkäämättä torjuntaa tai kiusaamista? Voiko tällainen ihminen kokea sisäistä vapautta, jos hänen sydämensä on kahlehdittu pelkäämään sitä, mitä hän tuntee?

Entä työn kautta koettu vapaus? Voiko ihminen tuntea olevansa vapaa, jos hän on pakotettu tekemään työtä, jota hän inhoaa ja joka ei tuo hänelle mitään henkilökohtaista tyydytystä? Tämä ei ole pelkkä taloudellinen orjuus, vaan sisäisen vapauden puute. Kun ihminen kokee, ettei hänellä ole valtaa päättää omista valinnoistaan ja että hänet on sidottu tekemään asioita vasten tahtoaan, tämä voi estää vapauden kokemusta. Sama kysymys voi koskea myös älyllistä vapautta: onko tyhmempi ihminen vapaampi kuin viisas, jos viisaus tuo mukanaan jatkuvia pohdintoja, kyseenalaistuksia ja sisäisiä ristiriitoja, kun taas tietämättömyys voi tuoda jollain tapaa mielenrauhaa? Vapaus ei ole pelkästään tiedon tai älykkyyden omaavien etuoikeus, vaan se on ennen kaikkea kyky elää omilla ehdoillaan.

Jos meillä ei ole sisäistä vapautta, meillä ei voi olla ulkoista vapautta, riippumatta siitä, missä elämme tai millaisia yhteiskunnallisia olosuhteita kohtaamme. Sisäinen vapaus on edellytys kaikenlaiselle muulle vapaudelle. Ilman sitä voimme elää aivan samassa fyysisessä ympäristössä kuin vapaat ihmiset, mutta kokea jatkuvaa rajoitusta, vankilaa omassa mielessämme. Se, että pystymme päättämään, mihin suuntaan elämässämme kuljemme, kuinka suhtaudumme omiin tunteisiimme ja valintoihimme, on se, joka määrittelee todellisen vapauden kokemuksen.

Vapaus alkaa todella omasta itsestämme. Se ei ole ulkopuolisten olosuhteiden tai yhteiskunnallisten järjestelmien antama lahja, vaan henkilökohtainen valinta, joka kumpuaa sisimmästämme. Vapaus ei ole pelkkää ulkoisten esteiden puuttumista, vaan se on kyky elää oman elämänsä ohjaajana. Jos me pystymme tuntemaan aidosti, olemme avoimia tunteillemme ja kykenemme kokemaan syvää intohimoa elämää kohtaan, silloin me todella harjoitamme omaa vapauttamme. Tällöin me emme ole enää ulkoisten tai sisäisten rajoitteiden alaisia, vaan saamme itse määrätä sen, mikä elämässämme on tärkeää ja mitä haluamme tavoitella.

Vapaus ilmenee erityisesti kyvyssä rakastaa — ei vain toisia, vaan myös itseämme, omia unelmiamme ja toiveitamme. Rakastaminen on yksi elämän suurimmista voimista, ja se ei ole pelkästään romanttista tai intiimiä, vaan se kattaa myös rakkauden itsessämme olevia puolia, olipa kyseessä kyky nähdä kauneutta maailmassa, tai rakkaus siihen mitä olemme. Rakkaus on vapautta toimia, ilmaista itseään ja kasvaa omana itsenään ilman pelkoa torjunnasta tai arvostelusta.

Kun me uskallamme unelmoida, etsimme aktiivisesti uusia näkökulmia ja mahdollisuuksia elämämme kehittämiseksi, se on vapauden ilmentymä. Unelmat avaavat meille oven rajattomiin mahdollisuuksiin ja antavat voimaa rikkoa aikaisemmin omaksutut rajoitukset. Samalla vapaus tulee esiin kyvyssä kehittää positiivista kritiikkiä. Kyky arvioida maailmaa objektiivisesti, esittää kysymyksiä ja kyseenalaistaa vallitsevia ajattelumalleja on osa sisäistä vapauttamme. Kun me emme vain seuraa tiettyjä kaavoja tai hyväksy asioita sellaisinaan, vaan haemme uusia tapoja tarkastella maailmaa, silloin vapautemme kasvaa.

Mutta ehkä suurin ilmentymä vapaudesta on kyky ilmaista kaikkein sisimpiä tunteitamme. Kun me annamme itsellemme luvan tuntea ja jakaa niitä osia itsestämme, jotka ovat syvimmässä yhteydessä todelliseen minäämme, silloin vapautemme on täydellistä. Tunteiden ilmaiseminen ei ole vain ulospäin suuntautunutta, vaan myös sisäänpäin suuntautunutta; se on kykyä tunnistaa ja hyväksyä omat pelkomme, toiveemme ja kipumme. Tällöin me emme ole enää vankina omassa pelossamme, vaan me hallitsemme elämäämme aktiivisesti. Vapaus on silloin elämistä sellaisena kuin olemme, täysin rehellisinä ja uskollisina omille sisäisille tarpeillemme.

Ei ole mitään merkitystä sillä, mitä ulkopuolinen ympäristö meille kertoo, tai minkälaista agendaa poliittiset puolueet ajavat, tai kuinka paljon toiset ihmiset haluavat hallita meitä. Ulkomaailma voi asettaa rajoja, mutta meidän sisäinen vapautemme on täysin riippumaton niistä. Maailma voi muuttaa muotoaan, yhteiskunnat voivat kehittyä, ja valtarakenteet voivat keikauttaa elämän kulkua, mutta sydämessämme ja sielussamme meillä on aina kaikki tarvittava vapaus. Tämä vapaus ei ole sidottu ulkoisiin tekijöihin, vaan siihen, kuinka vapaasti me voimme olla oma itsemme.

Sisäinen vapaus ilmenee kyvyssä olla täysin läsnä omassa elämässämme, kokea itsemme intiimisti ja ainutlaatuisesti. Se ei tarvitse hyväksyntää muilta eikä sen tarvitse olla yhteensopivaa muiden odotusten tai sääntöjen kanssa. Vapaus olla oma itsensä ei vaadi ulkoista oikeutusta — se kumpuaa sisäisestä ymmärryksestä ja itsenäisestä päätöksestä elää todeksi oma ainutlaatuinen minämme.

Vapautemme ei ole sidottu siihen, kuinka hyvin sovellumme yhteiskunnan normeihin tai kuinka paljon meitä tuetaan yhteisön toimesta. Vapaus ei ole sitä, että meillä on ulkoisesti kaikki hyvin tai että meitä ympäröivä maailma on täydellinen. Vapaus on enemmänkin sitä, että pystymme toimimaan ja elämään todeksi oman syvimmän olemuksemme, sillä ei ole väliä, mitä ulkopuolelta meille sanotaan tai kuinka maailma yrittää meitä muokata. Kun me tunnistamme tämän sisäisen vapauden, me emme enää ole riippuvaisia ulkoisista määritelmistä tai odotuksista, vaan saamme itse luoda elämämme omilla ehdoillamme.

Kun me kykenemme unelmoimaan, kuvittelemaan, uskomaan, näkemään sisäisesti ja tulkitsemaan maailmaa omilla ehdoillamme, se on vapautta, joka on täysin meidän omamme. Tämä on jotakin, mitä kukaan muu ei voi meiltä riistää — ei vallanpitäjät, ei ulkoiset tekijät, eikä mikään muu ympäröivä maailma. Se on vapauden ydin: kyky olla täysin oma itsemme, ilman pelkoa ulkoisesta tuomitsemisesta. Meidän on vain uskottava tähän vapautemme voimaan, jotta se voi todella kasvaa ja kukoistaa.

Vapautta ei löydetä jollain fyysisellä tasolla, ei passista eikä rajojen sisäpuolelta. Vaikka maantieteelliset rajat tai yhteiskunnalliset normit voivat rajoittaa liikkeitämme, ne eivät voi rajoittaa meidän kykyämme kokea vapaus sisimmässämme. Ulkoiset rakenteet voivat luoda illuusion vapaudesta tai sen puutteesta, mutta todellinen vapaus löytyy aina omasta sisimmästämme. Se löytyy tunteistamme, rakkaudestamme, unelmistamme ja mieltymyksistämme.

Vapautta ei voi viedä meiltä, jos emme itse sitä salli. Se on täydellistä ja puhdasta, silloin kun emme etsikään sitä ulkopuolelta, vaan tunnistamme sen olemassaolon omassa sydämessämme. Vain silloin, kun me uskallamme elää omien unelmiemme ja tunteidemme mukaan, voimme todella kokea vapauden sen alkuperäisessä ja puhtaimmassa muodossaan.

Vapaus on yksi ihmisen suurimmista haluista, mutta sen saavuttaminen voi olla usein yllättävän vaikeaa. Se ei ole aina ulkoisten olosuhteiden, kuten muiden ihmisten tai työelämän, asettamien rajoitteiden varassa. On tärkeää tarkkailla hetkiä, jolloin koemme olevamme sidottuja johonkin — olipa kyseessä läheinen ihminen, ura tai jotkut omat tottumukset. Me saamme helposti kokea, että nämä siteet pitävät meidät paikallaan, estävät meitä liikkumasta eteenpäin, kohti omia unelmia ja tavoitteitamme. Kuitenkin meidän on syytä tarkastella tätä tilannetta myös toisesta näkökulmasta. Nämä ihmiset ja olosuhteet eivät välttämättä ole syyllisiä siihen, että vapaus tuntuu olevan kauempana. Me itse olemme usein omien kahleidemme luojia. Se, kuinka sallimme muiden vaikuttaa elämäämme, tai kuinka ankkuroidumme omiin pelkoihimme ja epävarmuuksiimme, on se, joka vie vapauden pois käsistämme. Tällä tavoin vapauden menetys on enemmänkin seurausta siitä, miten itse suhtaudumme ympäröivään maailmaan ja omiin rajoitteisiimme.

Vapauden löytämiseksi meidän on tunnistettava, miten me itse ylläpidämme näitä rajoitteita. Vasta silloin voimme vapauttaa itsemme, ymmärtäen että ulkoiset siteet eivät ole ainoa syy siihen, ettei meillä ole vapautta. Se voi löytyä vain sisäisen mielen ja sydämen muutoksista, silloin kun lakkaamme antamasta valtaa niille asioille, jotka pitävät meidät jumiutuneina ja rajoittavat meitä.

MINKÄLAISTA VAPAUTTA HALUAMME?

Nykyaikaisen yhteiskuntamme materialistinen mentaliteetti luo paradoksaalisen tilanteen, jossa jatkuva halu omistaa enemmän vie meidät yhä kauemmas todellisesta vapaudesta. Varallisuutta ja tavaroita pidetään statussymboleina, mutta niiden todellinen merkitys jää usein kyseenalaiseksi. Tässä kontekstissa materialismi ei ole vain fyysisten esineiden kasaamista, vaan myös asenne, joka sidotaan oletuksiin ja pelkoihin, jotka rajoittavat meitä henkisesti.

Kenties paradoksi ilmenee selkeimmin juuri vaatekaapissa: miksi omistamme niin paljon sellaista, mitä emme koskaan käytä? Vaatekaappi on konkreettinen esimerkki siitä, kuinka ylitarjonta ja tarpeettomat esineet voivat heijastaa elämämme rakenteita. Ajatukset, kuten "mitä jos tarvitsen tätä joskus" tai "tämä voisi olla tarpeellinen erityisessä tilanteessa," eivät vain sido meidät tavaroihimme, vaan myös kaventavat ajattelumme tilaa. Näin huolesta ja tulevaisuuden pelosta tulee rajoituksia, jotka estävät meitä kokemasta vapautta nykyhetkessä.

Kun puhutaan todellisesta vapaudesta, kyse on enemmän siitä, kuinka paljon pystymme elämään ilman ulkoisten esineiden painolastia ja sisäistä stressiä, joka liittyy niiden hallintaan. Vähäosaisilla ihmisillä, jotka saattavat elää ilman monia materialistisia ylellisyyksiä, voi olla syvempi ymmärrys siitä, mitä he todella tarvitsevat. Tämä näkökulma pakottaa meidät kysymään, mistä koostuu "tarpeellinen," ja onko liiallinen omistaminen enemmänkin taakkamme kuin vapautemme symboli.

Lopulta vapauden ydinkysymys on, kuinka elämämme voisi olla yksinkertaisempaa ja tilavampaa — ei vain fyysisessä vaan myös henkisessä mielessä. Kun vapautamme itsemme turhasta materiaalista, avautuu tilaa keskittyä siihen, mikä on todella merkityksellistä: kokemuksiin, ihmissuhteisiin ja itsensä kehittämiseen. Materialismin kahleista irrottautuminen ei ole vain tavaroiden vähentämistä, vaan myös mielen tapojen uudelleenrakentamista ja elämän merkityksen uudelleenarviointia.

Tässä on ytimessä syvällinen ajatus siitä, että todellinen vapaus kumpuaa itsetuntemuksesta. Jos ihminen ei tunne itseään, hän on vaarassa joutua ulkoisten ja sisäisten voimien orjuuttamaksi. Mielemme on kuin labyrintti, jossa erilaiset kahleet – pelot, epävarmuudet, ja ristiriidat – voivat pitää meidät vankeinaan. Vapauden saavuttaminen alkaa kuitenkin siitä, että löydämme tien ulos tästä labyrintista ymmärtämällä, keitä olemme ja mitä todella arvostamme.

Itsetuntemus ei ole pelkästään tietoisuutta siitä, mitä haluamme tai tarvitsemme, vaan myös ymmärrystä omista arvoistamme ja niiden vaikutuksesta käyttäytymiseemme. Kun toimimme vastoin arvojamme, me emme ainoastaan riko sisäistä eettistä järjestelmäämme, vaan myös kavennamme omaa vapauttamme. Tämä itsensä pettäminen ei ole vain hetkellinen moraalinen kompromissi, vaan se luo pitkän aikavälin vankeuden, jossa identiteettimme ja toimintamme joutuvat ristiriitaan.

Pelko nousee usein suurimmaksi esteeksi vapauden tiellä. Pelon vuoksi saatamme vältellä vaikeita päätöksiä, joissa meidän tulisi puolustaa omia arvojamme. Pelko voi houkutella meitä mukavuuden illuusioon, jossa vältämme konfliktit tai epämukavat tilanteet, mutta samalla luovumme siitä autenttisuudesta, joka tekee meistä vapaita. Toimiminen omien arvojen mukaisesti saattaa vaatia rohkeutta, mutta juuri tässä prosessissa todellinen vapaus syntyy.

Lopulta kappaleessa esitetään merkittävä kysymys: voiko kukaan olla vapaa ilman, että tuntee itsensä? Tämä pohdinta haastaa lukijan tarkastelemaan omaa suhdettaan arvoihin, pelkoihin ja valintoihin. Vapaus ei ole ulkoisen maailman suoma tila, vaan sisäinen prosessi, jossa opimme hyväksymään itsemme ja toimimaan harmoniassa sisäisen arvomaailmamme kanssa. Kun opimme kuuntelemaan itseämme ja seuraamaan omaa totuuttamme, löydämme myös aidon vapauden, joka ei riipu ulkoisista olosuhteista.

Tämä luku korostaa maltillisten odotusten ja realistisuuden merkitystä vapauden ja onnellisuuden saavuttamisessa. Liialliset odotukset, usein epärealistiset ja suuria tuloksia nopeasti odottavat, voivat asettaa meidät jatkuvaan jännitteeseen ja pettymyksen kierteeseen. Kun odotamme liikaa, me ikään kuin sidomme itsemme tavoitteisiin, jotka ovat ehkä ulottumattomissamme, mikä tekee meistä vankeja omien toiveidemme illuusiossa.

Realistisuus toimii vastalääkkeenä näille pettymyksille. Se ei tarkoita unelmista luopumista, vaan pikemminkin sitä, että ymmärrämme matkanteon arvon ja otamme askelia kohti tavoitteita tietoisesti ja ilman kiirettä. Menestys ei ole äkillinen ilmiö, vaan pitkäjänteisen työn ja sitoutumisen tulos. Odottamalla ihmeitä me unohdamme usein elämän tärkeimmän osan: nykyhetken. Keskittymällä tähän hetkeen, siihen mitä juuri nyt teemme ja koemme, voimme nauttia matkasta itsestään – ei pelkästään päämäärän saavuttamisesta.

Onnellisuus nousee tässä keskeiseksi vapauden edellytykseksi. Kun teemme asioita, jotka tuottavat meille aitoa iloa, koemme itsellemme merkityksellisiä hetkiä. Tämä onnellisuus ei ole vain välitöntä iloa, vaan myös syvempää tunnetta siitä, että elämämme on linjassa arvojemme ja toiveidemme kanssa. Tällöin olemme vapaita ulkoisista paineista ja sisäisistä ristiriidoista, jotka usein varjostavat onnellisuuttamme. Vapaus ei ole vain päämäärä, vaan myös tapa kokea matka kohti sitä, mikä tekee meidät onnellisiksi. Vapautta ei löydetä suurista saavutuksista tai kaukaisista unelmista, vaan siitä, että pystymme elämään tasapainossa itsemme ja ympäristömme kanssa. Kun unelmamme ja tekomme kohtaavat todellisuuden rajat realistisella ja myötätuntoisella tavalla, voimme saavuttaa sekä vapauden että onnellisuuden.

Esiin nousee syvä ja monikerroksinen pohdinta siitä, onko vapaus ylipäätään saavutettavissa vai onko se pelkkä illuusio. Taloudellinen vapaus, joka monille edustaa vapautta parhaimmillaan, paljastuu usein ristiriitaiseksi ja jopa harhaanjohtavaksi päämääräksi. Kun taloudelliset rajoitteet poistuvat, vapautuvatko ihmiset todella, vai siirtyvätkö he vain uudentyyppiseen orjuuteen, kuten tyhjyyden ja jatkuvan tavoittelemisen kierteeseen?

Taloudellisen vapauden saavuttaminen saattaa paradoksaalisesti johtaa tyhjyyden tunteeseen. Kun ihminen saavuttaa tavoitteen, joka on pitkään ohjannut hänen toimintaansa, seuraa usein hetki, jossa saavutuksen merkitys hämärtyy. Tämä hetki ei useinkaan tuo vapautta, vaan uusia kysymyksiä: *Mitä seuraavaksi? Onko tässä kaikki?* Tämä ilmiö liittyy ihmisen jatkuvaan tarpeeseen kehittyä ja tähdätä kohti uusia päämääriä. Ilman seuraavaa tavoitetta ihmisellä on taipumus ajautua merkityksen ja suunnan puutteeseen.

Esiin tulee kiehtova ajatus siitä, ettei täydellinen vapaus välttämättä ole tavoiteltavaa tai edes mahdollista. Ihmisluonto näyttää olevan rakennettu niin, että tavoitteiden ja niiden saavuttamisen sykli on olennainen osa elämän kokemista. Tämä sykli voi kuitenkin rajoittaa vapautta, sillä ihminen asettaa itselleen jatkuvasti uusia velvoitteita. Täydellinen vapaus, jossa luovutaan kaikesta – mukaan lukien tavoitteista, kiintymyksistä ja jopa merkityksestä – saattaa olla elämän vastakohta: pysähtyneisyyttä ja irrottautumista kaikesta inhimillisestä.

Vapaus voi olla illuusio, jos se määritellään materialistisista lähtökohdista. Taloudellinen vapaus ei riitä täyttämään ihmisen syvintä kaipuuta, joka liittyy usein merkityksellisyyteen, yhteyteen muiden kanssa ja itsensä ymmärtämiseen. Todellinen vapaus ei ole vain sitä, että voi tehdä mitä haluaa, vaan pikemminkin kykyä elää harmoniassa omien arvojensa ja tunteidensa kanssa.

Filosofisesti katsottuna tässä avautuu ovia eksistentiaaliseen kysymykseen vapauden luonteesta. Onko vapaus jotain, mitä voimme omistaa, vai onko se jatkuva tila, joka muovautuu sen mukaan, miten elämme? Voiko ihminen olla vapaa ilman vastuuta ja merkitystä, vai onko vastuu juuri se, mikä antaa elämälle sen kaipaamamme syvyyden?

Ehkä vapaus ei olekaan jokin ulkoinen tila tai saavutettavissa oleva palkinto, vaan tapa ymmärtää itsemme ja elämämme rajallisuus. Vapautta ei ehkä löydetä taloudellisista resursseista tai edes saavutuksista, vaan kyvystä hyväksyä, ettei täydellistä vapautta ole. Tämä hyväksyntä voi paradoksaalisesti olla kaikkein vapauttavin oivallus.

KESKUSTELUILMAPIIRI

Ihmisten välinen kanssakäyminen on monimutkainen kudelma asenteita, ennakko-odotuksia ja tunneilmastoa. Nämä näkymättömät tekijät voivat vaikuttaa keskusteluihin voimakkaammin kuin usein ymmärrämmekään. Vapaa ja avoin vuorovaikutus edellyttää, että pureudumme näihin esteisiin ja ymmärrämme, kuinka tunteet, pelot ja katkeruus voivat rajoittaa keskustelua tai jopa estää sen kokonaan.

Kuvitellaan tilanne, jossa keskustelemme viranomaisen kanssa. Usein tällaiseen vuorovaikutukseen liittyy ennakkoasenteita, jotka saattavat perustua aiempiin kokemuksiin, yleisiin käsityksiin tai pelkoon. Viranomaisten edustama valta ja järjestys saattavat herättää tunteita, jotka tekevät aidosta dialogista haastavaa. Tämä on vain yksi esimerkki siitä, kuinka tunneilmasto voi vaikuttaa siihen, miten kohtaamme toisiamme. Tällaiset esteet voivat kuitenkin olla ylitettävissä, jos ensin tunnistamme niiden alkuperän ja alamme tietoisesti purkaa niitä.

Keskustelun ilmapiiri ei kuitenkaan ole vain ulkoisten tekijöiden määrittämä. Meidän on katsottava myös sisäänpäin ja pohdittava, miten omat tunteemme ja pelkomme voivat muodostaa näkymättömiä rajoja. Kevyt huumori, vaikka pieninäkin annoksina, voi olla tehokas keino lievittää jännitteitä ja avata tilaa aidolle vuorovaikutukselle. Se voi toimia siltojen rakentajana ihmisten välillä, luoden turvallisuuden tunnetta ja keventäen ilmapiiriä.

Keskusteluilmapiiri on onnistuneen vuorovaikutuksen kulmakivi. Ihmisten on kyettävä tuntemaan itsensä vapautuneiksi osallistuessaan keskusteluun, olipa kyseessä arkinen vuorovaikutus tai tärkeä neuvottelu. Tämä vapautuneisuus ei synny itsestään, vaan se rakentuu luottamuksesta keskustelukumppaneiden välillä. Luottamus on keskustelun perusta: ilman sitä ilmapiiri voi jäädä varautuneeksi ja estää aidon ajatusten vaihdon.

On tärkeää, että keskustelussa kaikki osapuolet tuntevat olevansa samalla viivalla. Pelko, epäluottamus tai jännitteet voivat estää avointa keskustelua ja johtaa siihen, että jotkut osapuolet vetäytyvät eivätkä uskalla tuoda esiin näkemyksiään. Esimerkiksi pelko siitä, että toinen reagoi negatiivisesti tai hyökkäävästi, voi estää mielipiteiden avoimen ilmaisun. Tällaiset esteet on tunnistettava ja purettava tietoisesti, jotta keskusteluilmapiiri voi muuttua turvalliseksi ja vapautuneeksi.

Jännitteiden purkaminen edellyttää paitsi avointa vuorovaikutusta myös empatiaa ja kykyä kohdata toiset ihmiset tasavertaisina. Jos keskustelussa on mukana valta-asetelmia, esimerkiksi asiakaspalvelutilanteissa tai viranomaiskeskusteluissa, ne voivat tuoda mukanaan ylimielisyyden sävyjä. Tällainen asenne voi helposti tuhota keskustelun vapautuneen ilmapiirin ja estää aidon vuorovaikutuksen. On tärkeää pohtia, mistä tällainen asenne kumpuaa. Onko kyse roolin tuomasta väärinymmärretystä vallasta vai kenties epävarmuudesta, joka peitetään ylimielisyyden taakse? Ymmärryksen lisääminen näistä taustatekijöistä voi auttaa ratkaisemaan ongelman.

Keskustelussa tarvitaan myös tasapainoa osapuolten välillä. Jos toinen kokee olevansa jatkuvasti alakynnessä, esimerkiksi siksi, että toinen käyttää ylivaltaa tai välttää oman asenteensa perustelua, vuorovaikutus voi muuttua toiselle osapuolelle vahingolliseksi. Tässä tilanteessa keskustelun jatkaminen ilman rakenteellista muutosta voi olla hyödytöntä tai jopa haitallista. Erityisen ongelmallista tämä on tilanteissa, joissa valta-asemassa oleva osapuoli, kuten virkailija, pitää "ässää hihassaan" voidakseen käyttää valtaansa tavalla, joka ei ole reilu tai avoin.

Tavoitteena on keskustelukulttuuri, jossa osapuolet voivat puhua avoimesti ja rehellisesti ilman pelkoa tai epävarmuutta. Tämä edellyttää kaikilta osapuolilta kykyä kohdata toiset tasavertaisina, arvostaa heidän näkemyksiään ja luoda ilmapiiri, jossa kaikki voivat ilmaista ajatuksensa vapaasti. Vapautunut keskusteluilmapiiri ei ole vain hyödyllinen – se on välttämätön aidon vuorovaikutuksen ja yhteisymmärryksen saavuttamiseksi.

HARHAANJOHTAVIA KÄSITTEITÄ

Käsitteet kuten "lääkemääräys" kantavat mukanaan historiallista painolastia, mutta niiden merkitys voi muuttua yhteiskunnan ja instituutioiden kehittyessä. Suomessa käytettävä termi "lääkemääräys" on tästä oiva esimerkki. Vaikka termi saattaa vaikuttaa yksiselitteiseltä, se sisältää monia monitulkintaisuuksia ja jopa harhaanjohtavia vivahteita.

Alun perin "lääkemääräys" oli tekninen ohje apteekille: lääkäri kirjasi yksityiskohtaiset tiedot, joiden avulla apteekkari valmisti lääkkeen. Tällöin määräys ei kohdistunut potilaaseen, vaan apteekkiin. Nykyään kuitenkin valmiit lääkkeet ovat standardoituja, ja apteekkarit toimivat pääosin jakelijoina. Silti termi "määräys" luo mielikuvan, että lääkäri käskee potilasta ottamaan tiettyjä lääkkeitä, ikään kuin tämä päätös olisi ehdoton ja muuttumaton. Tämä vääristää vuorovaikutuksen luonnetta lääkärin ja potilaan välillä. Lääkärin rooli on ohjata, suositella ja antaa potilaalle tietoa, mutta viime kädessä potilas päättää oman terveytensä hoidosta.

Filosofisesti tarkasteltuna termi "määräys" viittaa vallan ja auktoriteetin käsitteisiin. Käskynomainen sävy voi heijastaa vanhanaikaista paternalistista lähestymistapaa lääketieteessä, jossa lääkäri nähtiin kaikkitietävänä auktoriteettina ja potilas passiivisena vastaanottajana. Modernissa lääketieteessä painotetaan kuitenkin potilaskeskeistä hoitoa, jossa päätökset tehdään yhteistyössä. Tällöin olisi johdonmukaista, että myös terminologia heijastaisi tätä muutosta. Esimerkiksi termi "lääkeneuvo" tai "lääkeohje" olisi lähempänä nykyaikaista käsitystä lääkärin roolista.

Juridisesti termi "määräys" saattaa luoda harhaanjohtavia odotuksia sekä potilaalle että lääkärille. Potilas voi kokea, että hänen on pakko noudattaa lääkärin antamaa ohjetta, vaikka juridisesti hänellä on oikeus kieltäytyä hoidosta. Samoin lääkäri voi kokea, että hänen auktoriteettinsa kyseenalaistetaan, jos potilas ei noudata "määräystä." Tämä voi johtaa väärinymmärryksiin ja tarpeettomiin konflikteihin.

Emotionaalisesti termi "määräys" voi herättää potilaassa vastarintaa tai epäluuloa. Ihminen, joka kokee olevansa pakotettu johonkin, saattaa alkaa kyseenalaistaa ohjeen tarkoituksenmukaisuutta, vaikka ohje olisi täysin perusteltu. Tässä kohtaa voidaan nähdä, miten kieli vaikuttaa tunteisiin ja ihmisten väliseen vuorovaikutukseen. Käyttämällä neutraalimpaa termiä voitaisiin ehkäistä tällaisia negatiivisia reaktioita ja luoda luottamuksellisempi ilmapiiri.

Käsitteet eivät ole pelkästään sanoja, vaan ne muovaavat tapaamme ymmärtää maailmaa. "Lääkemääräys" on esimerkki termistä, joka kaipaa kriittistä tarkastelua. Voisiko nykyaikainen lääketiede hyötyä siitä, että kieli päivitettäisiin vastaamaan paremmin nykyisiä hoitokäytäntöjä ja arvomaailmaa? Voisiko kielellinen muutos vahvistaa potilaan autonomiaa ja lisätä yhteisymmärrystä lääkärin ja potilaan välillä? Näihin kysymyksiin vastaaminen ei edellytä vain historiallista ja juridista pohdintaa, vaan myös syvällistä ymmärrystä ihmisten tunteista ja vuorovaikutuksesta.

Elintarvikealan kielessä käytettävät käsitteet, kuten "porsas" ja "possu," ovat erinomaisia esimerkkejä siitä, miten termit voivat olla arkikielessä harhaanjohtavia ja herättää kysymyksiä niiden tarkoituksenmukaisuudesta. Näillä sanoilla on merkittävä vaikutus kuluttajien mielikuviin ja ostopäätöksiin, ja niiden käyttö voi ilmentää sekä tiedostamatonta että tarkoituksellista harhaanjohtamista.

Alun perin sanat "porsas" ja "possu" viittasivat nimenomaan nuoriin, kasvaviin sikoihin. Porsas on määritelty Ruokaviraston mukaan enintään kolmen kuukauden ikäiseksi siaksi. Käytännössä teurastukseen menevä lihasika on huomattavasti vanhempi ja suurempi, mutta näitä termejä käytetään usein markkinoinnissa synonyymeinä sianlihalle. Tämä luo mielikuvan pehmeydestä ja viattomuudesta, joka voi olla ristiriidassa todellisuuden kanssa.

Emotionaalisesti sanat "porsas" ja "possu" vetoavat kuluttajaan eri tavalla kuin sana "sianliha." Possu luo mieleen lapsenomaisuuden ja pehmeyden, kun taas "sianliha" on neutraalimpi ja suorasukaisempi. Tämä kielenkäyttö voi lieventää kuluttajan moraalista dilemmaa lihansyönnin suhteen ja tehdä tuotteesta helpommin hyväksyttävän. Samalla kuitenkin kuluttajalle ei välttämättä täysin välity tieto siitä, mistä eläimestä liha todellisuudessa on peräisin ja millaiset olosuhteet ovat liittyneet eläimen elinkaareen.

Ruokaviraston mukaan elintarvikkeista tulee antaa totuudenmukaiset tiedot, ja harhaanjohtaminen on lainsäädännössä kiellettyä. Siksi sianlihaa myytäessä on selkeästi ilmoitettava, että kyseessä on sianliha. Tästä huolimatta markkinointikieli on joustavampaa, ja tässä piilee ristiriita. Vaikka tuote olisi lain kirjaimen mukaan merkitty oikein, markkinoinnissa käytetyt käsitteet, kuten "porsaan kyljykset," saattavat silti antaa vääristyneen kuvan tuotteesta. Tämä herättää kysymyksen, pitäisikö lainsäädännössä ottaa kantaa myös markkinoinnin kielellisiin nyansseihin.

Filosofisesti katsottuna terminologian käyttö herättää kysymyksiä totuudellisuudesta ja kuluttajien oikeudesta tietää, mitä he ostavat. Jos kieltä käytetään manipuloimaan kuluttajien mielikuvia, heiltä viedään osittain mahdollisuus tehdä tietoisia valintoja.

Tämä ei ole pelkästään kuluttajansuojaan liittyvä ongelma, vaan myös laajempi kysymys siitä, millainen vastuu yhteiskunnalla ja yrityksillä on totuuden kertomisessa. Läpinäkyvyyden lisääminen voisi hyödyttää sekä kuluttajia että yrityksiä. Termien täsmentäminen ja tietoisempi käyttö loisivat luottamusta ja vähentäisivät epäluuloja. Esimerkiksi voitaisiin edistää käytäntöä, jossa markkinointimateriaalit tarjoavat konkreettista tietoa siitä, miten liha on tuotettu ja mitä eläimen elinkaareen liittyviä faktoja kuluttajan olisi hyvä tietää.

Yksittäiset termit, kuten "porsas," saattavat vaikuttaa arkisilta, mutta niillä on syvällisiä vaikutuksia siihen, miten hahmotamme maailmaa ja teemme valintoja. Käsitteitä tulisi käyttää tarkasti ja vastuullisesti, sillä kieli on paitsi viestinnän väline myös keino muokata todellisuutta.

Elintarvikkeiden nimikkeissä käytettävät termit, kuten "maito," "voi," ja niiden johdannaiset, ovat enemmän kuin pelkkää kieltä. Niillä voidaan tietoisesti tai tiedostamatta ohjata kuluttajien mielikuvia, ostopäätöksiä ja jopa arvoasetelmia. Voimariinin pakkausmerkintä ja maitotuotteita imitoivien kasvipohjaisten tuotteiden nimitykset ovat esimerkkejä siitä, kuinka kieli ja sääntely kohtaavat markkinoinnissa – ja miten näiden kautta pyritään vaikuttamaan kuluttajien ajatteluun.

Se, mitä nimityksiä elintarvikkeille sallitaan tai kielletään, ei ole neutraali asia. Perinteisten maitotuotteiden, kuten aidon voin ja maidon, asema perustuu pitkään historiaan ja ravitsemukselliseen merkitykseen, mikä heijastuu myös sääntelyn tarkkuudessa. Esimerkiksi Voimariinin nimityksen rajoittaminen korosti aiemmin sitä, että vain aidot maitotuotteet saavat käyttää "voin" kaltaisia nimityksiä. Tämä suojelee maitotuotteiden määritelmän erityisyyttä ja varmistaa, että kuluttaja voi luottaa tuotteen olevan peräisin maidosta.

Samaan aikaan kuitenkin sallitaan poikkeuksia, kuten "kookosmaito" tai "kaakaovoi," jotka ovat juurtuneet kulttuurisiin käytäntöihin. Tällaiset nimitykset herättävät kuitenkin kysymyksen sääntelyn johdonmukaisuudesta: miksi kasvipohjaiset tuotteet, kuten kauramaito, eivät saa vastaavanlaista hyväksyntää, vaikka ne eivät pyri jäljittelemään aidon maidon ominaisuuksia vääristäen, vaan tarjoavat erillisen tuotteen?

Maitotuotteiden kaupallinen asema on vahvasti suojattu EU:n sääntelyn avulla. Maito ja maitotuotteet ovat säänneltyjä käsitteitä, joiden käyttö edellyttää tarkkoja määritelmiä. Tämä suojaa erityisesti lehmänmaitotuotteita ja tukee niiden asemaa taloudellisesti merkittävänä sektorina. Sääntelyllä estetään myös harhaanjohtaminen, sillä kuluttajille voi olla vaikeaa hahmottaa eroja aidon maitotuotteen ja kasvipohjaisen tuotteen välillä pelkän nimen perusteella.

Kuluttajien mielissä "maito" ja "voi" herättävät mielikuvia luonnollisuudesta, puhtaudesta ja perinteistä. Aidot maitotuotteet, kuten täysmaito ja voi, edustavat usein niitä ravitsemuksellisia ja laadullisia ominaisuuksia, joita kuluttajat arvostavat. Kasvipohjaiset vaihtoehdot, vaikka ne markkinoidaan ympäristöystävällisempinä tai terveellisinä, eivät pysty täysin jäljittelemään perinteisten maitotuotteiden aitoa luonnetta, makua ja koostumusta.

On perusteltua kysyä, miksi kasvipohjaisia tuotteita ei pyritä selkeämmin erottamaan omaksi kategoriakseen, joka ei nojaa maitotuotteiden perinteisiin nimityksiin. Tämä voisi edistää rehellisempää kilpailua ja selkeyttää kuluttajien valintaa. Samalla se tukisi perinteisten maitotuotteiden vahvaa asemaa markkinoilla ja korostaisi niiden alkuperää ja perinteitä, joita kasvipohjaiset tuotteet eivät voi korvata.

Kuluttajille on tärkeää säilyttää selkeä ja totuudenmukainen kuva siitä, mitä he ostavat ja käyttävät. Aidot maitotuotteet, kuten voi ja maito, tarjoavat tunnetun ja luotettavan vaihtoehdon, joka pohjautuu perinteisiin ja selkeään ravitsemukselliseen arvoon. Sääntelyn tulisi ennen kaikkea tukea näiden tuotteiden erityisasemaa ja tehdä selväksi niiden ero kasvipohjaisiin vaihtoehtoihin nähden.

Vapaus on olennainen osa kuluttajakulttuuria. Kuluttajat tekevät päivittäin valintoja, joiden tulisi perustua luotettavaan ja helposti ymmärrettävään tietoon. Mikäli markkinoilla olevat tuotteet eivät saa käyttää nimityksiä, joista kuluttajat ovat tietoisia ja joita he pitävät oikeina, heidän valinnanvapaus ja mahdollisuus tehdä informoituja päätöksiä heikkenevät. Jos yhteiskunnallinen ohjaus menee liian pitkälle ja rajoittaa kuluttajien mahdollisuuksia hankkia tietoa oikealla tavalla, voidaan puhua vapauden kaventamisesta. Vapauden tulisi tarkoittaa myös sitä, että yksilö voi valita elintarvikkeensa sen mukaan, mikä hänelle tuntuu oikealta, ilman pelkoa vääristä tulkinnoista tai epäselvistä nimityksistä.

Filosofisesti tarkasteltuna, kielen käyttö on erottamaton osa vapauden toteutumista. Kielen kautta yksilö voi ilmaista itseään, tehdä valintoja ja muokata käsityksiään maailmasta. Kun kielen käyttöä säännellään tiukasti, se rajoittaa myös sitä, kuinka vapaasti voimme keskustella ja ymmärtää ympäröivää todellisuutta. Jos elintarvikkeiden nimityksiä säännellään tiukasti kaupallisista tai poliittisista syistä, voidaan kyseenalaistaa, onko tämä oikeudenmukaista kuluttajaa kohtaan, jonka vapaus ja valinnanmahdollisuudet ovat sidottuja väärin määriteltyihin ja rajoitettuihin käsitteisiin.

Kauramaidon nimityksellä ei ole vain kielellistä merkitystä, vaan se on osa laajempaa keskustelua siitä, miten yhteiskunnalliset ja poliittiset voimat voivat ohjata kuluttajien valintoja ja rajoittaa heidän oikeuksiaan saada täsmällistä ja totuudenmukaista tietoa. Mikäli nimitykset ja tuotteiden määritelmät eivät vastaa kuluttajien todellista ymmärrystä, on tärkeää pohtia, kavennetaanko tässä kuluttajan vapautta vai pyritäänkö pikemminkin suojelemaan vakiintuneita teollisuuden rakenteita ja perinteitä. Vapauden ja totuudenmukaisuuden välillä vallitsee tasapainottelun paikka, ja se kysyy, kuinka paljon yhteiskunta voi puuttua yksilön valintoihin ilman, että tämä loukkaa hänen perimmäistä oikeutta päättää omista asioistaan.

Laki, joka on perinteisesti ollut yhteiskunnan ja yksilöiden toiminnan perusta, on nykyisin tullut monimutkaiseksi ja vaikeasti lähestyttäväksi. Kun katsomme lain kehitystä, voimme huomata, että entisaikojen selkeät ja helposti ymmärrettävät säännöt ovat jääneet kauas taakse. Aikaisemmin meillä oli vahva yhteys omaantuntoon ja siihen, mikä tuntui oikealta ja väärältä. Silloin omatunto oli tavallaan moraalisena kompassinamme, ja se ohjasi meitä toimimaan oikeudenmukaisesti, jopa ilman lakikirjan tuomaa tarkkuutta. Lain ja omantunnon välinen suhde oli yksiselitteinen ja selkeä.

Nykypäivän laki sen sijaan on paisunut hurjiin mittasuhteisiin. Lainsäädäntö on täynnä byrokraattisia ja monimutkaisia sääntöjä, jotka poikkeavat usein täysin tavallisesta ajattelutavastamme ja arkijärjestyksestämme. Yksilö voi helposti rikkoa lakia ilman, että hän edes huomaa sitä, koska lainsäädäntö ei enää perustu järkeviin ja ymmärrettäviin perusperiaatteisiin. Näin ollen yksilön kyky noudattaa lakia on merkittävästi heikentynyt, ja monesti lain noudattaminen on lähinnä satunnaista. Tämä saattaa johtaa tilanteeseen, jossa lakia ei enää ymmärretä sellaisena kuin se oli alun perin tarkoitettu, vaan sen tulkitseminen ja soveltaminen muuttuvat oikeudelliseksi byrokratiaksi.

Kun puhumme lain monimutkaisuudesta, emme voi olla huomioimatta sitä, kuinka se on erkaantunut yksilön omasta moraalisesta kompassista. Aikaisemmin omatunto oli avain siihen, että tiedettiin, mikä oli oikein ja väärin. Jos olimme epävarmoja jostain asiasta, omatunto oli se, johon saattoi luottaa. Nykyään lain monimutkaisuus voi tehdä omasta moraalisesta kompassistamme epäselvän. Lain tulkinta ei perustu enää yksinkertaisiin, loogisiin perusteisiin, vaan monimutkaisista säädöksistä ja oikeudellisista käsitekivistä muodostuu lopulta se, mihin meidän tulisi luottaa.

Lainsäädännön muutokset, jatkuvat säädösten lisäykset ja poikkeukset tekevät siitä pelottavan monimutkaisen kokonaisuuden, jonka yksilö voi helposti mieltää erilliseksi ja etäiseksi. Tämä voi johtaa tilanteeseen, jossa yksilö ei enää pysty luottamaan siihen, että hänen toimintansa on lain mukaista ilman, että hänellä olisi jatkuvaa lakimiesneuvontaa.

Lain ja median välinen suhde herättää myös kysymyksiä vapaudesta. Jos haluamme pysyä lain puitteissa ja yhteiskunnan "ajan hermolla", meidän täytyy jatkuvasti altistua uusille tiedoille ja säilyttää jatkuva yhteys mediaan, joka muovaa käsityksiämme maailmasta. Meiltä vaaditaan jatkuvaa valmiutta vastaanottaa, käsitellä ja ymmärtää uutta tietoa – olimme sitten valmiita siihen tai emme. Tällöin kysymys kuuluu: onko tämä enää vapautta, jos yhteiskunta pakottaa meidät jatkuvasti uusien ajattelumallien ja ideologioiden omaksumiseen?

Oppivelvollisuus tuo mieleen peruskoulutuksen ja perustiedot, mutta nykyisin se saattaa ulottua syvemmälle, edellyttäen, että omaksumme yhteiskunnallisia ja kulttuurisia virikkeitä, joita jopa marginaaliryhmien ajattelumallit voivat tarjota. Vapaa tahto, kuten tiedämme, on yksi yksilön perusoikeuksista. Kun yhteiskunta kuitenkin pakottaa meidät omaksumaan tietynlaisen ajattelutavan, voidaan puhua jollain tasolla orjuuttamisesta. Tällöin yksilön ajattelun vapaus ei enää ole läsnä, koska hänen tulee sopeutua tiettyihin normeihin ja käsityksiin, jotka eivät välttämättä ole omia.

On myös kysyttävä, kuinka paljon voimme itse määritellä sitä, millaista tietoa meihin tuodaan ja miten se muokkaa ajatteluamme? Jos meidät pakotetaan altistumaan medialle, jonka kautta propagoidaan yhteiskunnallisia ja poliittisia agendoja, voimmeko silloin todella sanoa, että meillä on vapaus? Onko yksilöllämme enää valtaa tehdä omia päätöksiä, kun hän on jatkuvasti altistunut ulkopuoliselle vaikuttamiselle? Näin ollen median rooli ja sen vaikutusvalta nousevat keskiöön, sillä se voi tehokkaasti muokata yhteiskunnan kollektiivista mieltä ja yksilöiden asenteita, vaikka se ei välttämättä ole aina läpinäkyvää tai reilua.

Tämä kysymys ei ole vain yksilön oikeuksista, vaan myös yhteiskunnan vallankäytöstä. Jos lainsäädäntö on monimutkainen ja epäselvä, ja jos meidät pakotetaan jatkuvasti sopeutumaan tietynlaisiin ajattelumalleihin ja ideologioihin, voimmeko todella puhua vapaudesta? Vapaus on monivivahteinen käsite, joka liittyy niin lakiin, moraaliin, yksilön oikeuksiin kuin yhteiskunnallisiin normeihin. Sen sijaan, että vapaus olisi luonnollinen tila, se näyttää nykyisin olevan enemmänkin jatkuvassa muuttuvassa liikkeessä, jossa yhteiskunta, laki ja media pyrkivät määrittämään, mikä on oikein ja väärin.

Lopulta kysymys kuuluu, missä menee vapauden ja orjuuden raja, kun laki ja yhteiskunnan ohjaus muuttuvat yhä monimutkaisemmiksi ja rajoittavammiksi. Vapaus ei ole pelkkä oikeus tehdä valintoja, vaan se on myös kyky ja mahdollisuus valita itsenäisesti ilman, että siihen puututaan ulkopuolelta.

Nyky-yhteiskunnassa, jossa keskustelu seksuaalisuudesta, sukupuolista ja muista yhteiskunnallisista ilmiöistä on jatkuvasti esillä, tietämättömyys näistä aiheista saattaa helposti muuttua syyksi syyllistämiselle. Erikoistuneet ja moninaiset sukupuoli- ja seksuaalisuuskäsitykset, jotka nykyisin ovat pinnalla ja saavat usein voimakasta huomiota mediassa, voivat olla tuntemattomia monille, erityisesti niille, jotka eivät ole syventyneet tällaisten käsitteiden pohdintaan tai jotka eivät ole kokeneet näitä ilmiöitä henkilökohtaisesti. Näille ihmisille voi syntyä tilanne, jossa he kokevat itsensä syrjäytyneiksi ja jopa syyllisiksi, kun he eivät täytä niitä uusia, nopeasti muuttuvia yhteiskunnallisia normeja, joita media ja tietyt sosiaaliset liikkeet ajavat.

Tällainen tilanne voi tuntua entistäkin ristiriitaisemmalta, kun otetaan huomioon, että monet ihmiset eivät ole edes saaneet mahdollisuutta ymmärtää tai perehtyä näihin aiheisiin syvällisemmin, mutta heitä kuitenkin syyllistetään ja paineistetaan muka noudattamaan niitä. Tietoisuuden puute, joka ei ole omasta valinnasta johtuvaa vaan enemmänkin ympäröivän yhteiskunnan ja median luomaa, voi helposti muuttua "syyksi" tulla arvostelluksi ja yhteiskunnassa eristetyksi. Tällöin syyllistämisen kulttuuri nostaa päätään – ja tämä on ongelmallista, sillä se rajoittaa yksilön mahdollisuutta tehdä omia, perusteltuja valintoja.

Mediassa on jatkuvasti esillä monia erikoistuneita ja polarisoivia näkökulmia, jotka saavat osakseen ylistystä ja huomiota. Mutta tämä voi myös johtaa siihen, että ihmiset kokevat pakotusta olla tietynlaisen ajattelun tai näkemyksen mukana, vaikka he eivät olisi valmiita omaksumaan niitä. Tällainen tilanne saattaa johtaa yhteiskunnalliseen erotteluun ja leimautumiseen, koska yksilö, joka ei omaksukaan tätä laajasti hyväksyttyä ajattelutapaa, saattaa joutua epäillyksi ja jopa syrjäytetyksi.

Jos yhteiskunta pakottaa meidät mukautumaan tiettyihin ajattelutapoihin ja käsityksiin, meiltä evätään todellinen vapaus. Vapaus ei ole vain fyysistä itsenäisyyttä, vaan myös kykyä valita omat uskomukset, mielipiteet ja arvot ilman pelkoa syrjäyttämisestä tai paheksunnasta. Voimme kieltäytyä antamasta median määritellä, mitä meidän tulisi ajatella ja tuntea. Vapaus on silloin oikeus olla vastaanottamatta sellaista informaatiota, joka pyrkii muokkaamaan ajatteluamme manipulatiivisesti. Median propagandistinen rooli voi joskus olla niin voimakas, että se alkaa hallita ihmisten mielipiteitä ja tunteita tavalla, joka ei ole enää terveellistä, vaan jopa vaarallista. Tällöin meidän on pohdittava, kuinka vapaus voidaan saavuttaa, jos meidät pidetään jatkuvassa tilassa, jossa altistamme itsellemme ajattelumalleja, joita emme itse ole valinneet.

Tässä kohtaa vapauden käsitteeseen liittyy tärkeä kysymys siitä, millaista valinnanvapautta meille todella annetaan. Vapaus ei ole vain sen hyväksymistä, mitä valtavirta sanoo meille olevan oikein ja hyväksyttävää. Se on myös oikeus valita elää elämäämme ja käsityksiämme ilman jatkuvaa painostusta tulla mukaan muotitekijöihin tai yhteiskunnallisiin trendeihin. Jos yhteiskunta tai media pakottaa meitä osaksi tiettyä ajattelutapaa, se ei ole enää vapautta, vaan se on mukautumista ja valinnanvapauden rajoittamista. Meidän on mahdollistettava se, että voimme tehdä valintoja omien arvojemme, omantunnon ja henkilökohtaisen ymmärryksen mukaan, ilman pelkoa, että meidät tuomitaan tai syyllistetään.

Tätä vapauden mahdollisuutta rajoitetaan usein silloin, kun meille annetaan vain tiettyjen näkökulmien "oikeus" olemassaoloon, ja muut näkemykset leimataan ei-toivotuiksi tai jopa vaarallisiksi. Tämä ei ole se yhteiskunta, jossa yksilö voi todella nauttia vapaudestaan, koska silloin hänen oikeutensa valita oma polkunsa elämässä heikentyy. Vapaus on mahdollisuus valita ja olla tietämättömänä tietyistä asioista, olla seuraamatta massojen käskyjä, ja erityisesti olla kieltäytymättä elämään omien arvojensa mukaan, vaikka ne poikkeaisivatkin valtavirrasta.

Kysymys kuuluukin: voimmeko todella puhua vapaudesta, jos meitä jatkuvasti altistetaan, ohjelmoidaan ja ohjataan tietynlaiseen ajattelutapaan? Vapaus on oikeus olla altistamatta itseään sellaisen informaation tulvaan, joka ei ole vapaata, vaan jolla on oma agendansa ja tarkoituksensa.

Syyllistämisen käytäntö on monelle tuttu tapa hallita toisia. Kun yksi ihminen haluaa asettaa toisen vastuuseen, hän voi käyttää syyllistämistä keinona kontrolloida ja alistaa tätä. Syyllistämisen kautta voidaan luoda valtarakenteita, joissa yksi henkilö tai ryhmä saa määrittää, mikä on oikein ja mikä väärin. Tämä ilmiö ulottuu moniin yhteiskunnan alueisiin, mutta erityisesti lainsäädännössä syyllistäminen on vahvasti läsnä. Lait, säädökset ja määräykset voivat olla täynnä syyttävää kieltä, jossa ihmiset esitetään joko syyllisinä tai vastuullisina tiettyjen tekojen tai laiminlyöntien vuoksi. Lainsäädännön kieli voi helposti muuttua aseeksi, joka ei vain sääntele käyttäytymistä, vaan jolla myös pyritään muokkaamaan yksilöiden ajattelua ja arvostelmia omasta toiminnastaan.

Kun laki täyttyy syyttävistä termeistä ja kielteisistä sävyistä, se ei ainoastaan säätele käyttäytymistä vaan myös luo ympäristön, jossa ihmiset jatkuvasti pelkäävät joutuvansa syytetyiksi. Tämä luo vahvan kontrollin tunteen, jossa lainsäädännön ja sen virallisten tulkintojen mukaan toimiminen ei ole enää vapaata ja omakohtaisesti arvioitua, vaan määrättyä ja pakotettua. Lakien ja sääntöjen kielen täyttämisellä syyllisyydellä pyritään rajoittamaan yksilöiden ajattelun ja toiminnan autonomiaa. Tämä voi ilmetä jopa silloin, kun ihmiset tekevät valintoja omien arvojensa mukaisesti tai yksinkertaisesti eivät ole täysin perehtyneet sääntöjen ja lakien monimutkaisuuksiin.

Kieltojen ja sääntöjen kirjoittaminen ei ole pelkästään tapa säädellä, vaan myös tapa estää vapaata ajattelua. Tämä ajattelutapa ulottuu moniin arkielämän tilanteisiin, joissa sääntöjen tarkoitus ei ole ainoastaan ohjata käyttäytymistä vaan myös rajoittaa sitä. Esimerkiksi kadulla olevat kieltotaulut eivät ainoastaan kerro, mitä ei saa tehdä, vaan ne myös viestittävät, että tietyt käyttäytymismuodot eivät ole hyväksyttäviä ilman, että henkilön annetaan itse arvioida tilanne ja tehdä omia valintojaan. Säännöt muuttuvat esteiksi, jotka tuhoavat yksilön kyvyn arvioida itse, mikä on oikein ja väärin.

Lainsäädännön kieltä täynnä olevat kielteiset ja syyttävät ilmaisut pitävät yllä vallankäyttöä, jossa ihmiset eivät voi toimia omien moraalikäsitystensä mukaan. He joutuvat sen sijaan mukautumaan valmiiksi määriteltyihin normeihin, jotka on asetettu heille, usein ilman mahdollisuutta käydä avointa keskustelua tai oman käsityksensä tuomista esiin. Valtio ja yhteiskunta määrittelevät, mikä on oikeaa ja väärää, ja yrittävät ohjata yksilöiden ajattelua ja toimintaa tällaisilla sääntöjä ja kieltoja täynnä olevilla rakenteilla.

Tällainen käytäntö ei ole vain yksilön ajattelun rajoittamista, vaan myös vapauden kaventamista. Kun yhteiskunnan ja lain sääntöjen tarkoitus on kahlita yksilöitä syyllisyyden ja kieltojen avulla, silloin puhumme vapauden riistämisestä. Syyllistäminen ja kielteinen lainsäädäntö eivät ole vain välineitä kontrolloida ihmisten käyttäytymistä, vaan ne myös muokkaavat heidän ajatteluaan ja itsearvioitaan. Ihmiset eivät saa olla omia itsejään vaan heidän on jatkuvasti mietittävä, tekevätkö he jotain väärin – jopa silloin, kun heidän tekojensa moraalinen ja eettinen oikeutus olisi itsestään selvä ilman yhteiskunnan sääntöjen ulkopuolisia tuomioita.

Lopulta tämä lähestymistapa viittaa syvempään yhteiskunnalliseen ja kulttuuriseen ongelmaan, jossa yksilön vapaus ja itsemääräämisoikeus kaventuvat lainsäädännön ja sääntöjen luomien esteiden myötä. Jos lainsäädäntö on täynnä syyllisyyden leimoja, emme enää elä vapaassa yhteiskunnassa, vaan kontrolloidussa ympäristössä, jossa ajatuksilla ja valinnoilla ei ole oikeutta kasvaa ja kehittyä omillaan. Vapaus ei tarkoita vain kykyä tehdä valintoja, vaan myös kykyä valita oman elämän ja toimintatapansa ilman pelkoa jatkuvasta syyllistämisestä ja normien mukaan pakotettuna elämisestä.

Kun tarkastellaan tilannetta, jossa vanhanaikainen, perinteisistä arvoista kiinni pitävä ihminen kohtaa nykyaikaisia käsityksiä, joita hän ei täysin ymmärrä tai joihin hän ei voi samaistua, nousee esiin kysymys oikeudenmukaisuudesta ja ihmisen syyllistämisen vaarasta. Tässä tapauksessa ihmistä, joka perustaa elämänsä kristillisiin arvoihin ja käyttää tervettä maalaisjärkeään, voidaan asettaa syytettynä tilanteisiin, joissa hän ei ole edes tietoinen rikkomuksistaan. Voiko tällaista ihmistä tuomita rikoksista, joita hän ei ole edes ymmärtänyt olevan olemassa? Onko oikein, että häneltä vaaditaan sopeutumista arvoihin, jotka eivät ole hänen käsityksensä ja maailmankuvansa mukaisia?

Tämä tilanne herättää monia eettisiä ja oikeudellisia kysymyksiä. Onko oikein syyttää ihmistä hänen tietämättömyydestään, kun yhteiskunta ja sen normit muuttuvat niin nopeasti, että vanhan maailmankuvan omaksunut ihminen ei pysty pysymään mukana? Yhteiskunnan kehityksessä, kun uusia sukupuolikäsityksiä, identiteettejä ja arvoja tuodaan esiin, on tärkeää pohtia, miten nämä muutokset vaikuttavat niihin, jotka eivät ole kokeneet tai oppineet näitä käsityksiä. Voiko yhteiskunta todella vaatia, että kaikki sen jäsenet ymmärtävät ja hyväksyvät sen uudet säännöt, jopa silloin, kun nämä säännöt ovat täysin ristiriidassa heidän omien uskomustensa ja elämäntapojensa kanssa?

Nykyään, kun keskustellaan sukupuolen moninaisuudesta ja identiteettikysymyksistä, ihmiset, jotka eivät ole altistuneet näille keskusteluille tai eivät ole koskaan käsitelleet niitä omassa elämässään, voivat kokea olevansa täysin vieraantuneita tästä keskustelusta. Tämä voi johtaa tilanteeseen, jossa heidän ei nähdä olevan osaksi tätä keskustelua ja he voivat jopa kokea itsensä syrjäytetyiksi yhteiskunnallisessa keskustelussa. Entä jos heidän ajattelutapansa, joka on rakennettu vuosikymmenien tai jopa vuosisatojen perinteiden varaan, ei ole enää sovelias nykyajan normeihin? Voidaanko heitä tuomita ja väittää, että he ovat rikkoneet jotakin, jota he eivät ole edes ymmärtäneet olevan olemassa?

Tämä kysymys viittaa suureen jännitteeseen perinteisten arvojen ja modernin yhteiskunnan välillä. Vanhan ajattelutavan omaksunut ihminen ei välttämättä ole pahantahtoinen tai suvaitsematon, vaan yksinkertaisesti ei ole ollut tietoinen siitä, miten yhteiskunta on muuttunut ja miten uudet käsitykset sukupuolesta ja identiteetistä ovat nousseet esiin. Tätä ajattelutapaa voidaan pitää perinteisenä, mutta samalla sen katsotaan olevan ristiriidassa nykyisen kulttuurin ja lainsäädännön kanssa. Voiko oikeudenmukaisuutta todella toteuttaa, jos emme ole valmiita ymmärtämään, että erilaisten sukupuoli-identiteettien ja -ilmaisujen olemassaolo on osa modernia yhteiskuntaa, jota kaikki eivät ole valmiita tai pysty hyväksymään?

Kysymys siitä, voiko ihmistä tuomita hänen uskomustensa vuoksi, on yksi laajemman oikeudenmukaisuuden ja vapauden kysymyksistä. Kun lainsäädäntö ja yhteiskunnalliset normit muuttuvat, voiko perinteisen maailmankuvan omaavalle ihmiselle asettaa velvollisuuden omaksua nämä muutokset? Tällöin on otettava huomioon myös yksilön vapaus ajatella ja toimia omien arvojensa mukaan ilman pelkoa siitä, että häntä syytetään tai tuomitaan siitä, ettei hän osaa sopeutua jatkuvasti muuttuviin normatiivisiin vaatimuksiin. Yhteiskunnan tehtävä ei ole ainoastaan säätää lainsäädäntöä ja normeja, vaan myös tunnistaa ja ymmärtää, että kaikki ihmiset eivät koe samoja muutoksia samalla tavoin, eivätkä kaikki ole valmiita hyväksymään niitä samalla tavalla.

Tämä kysymys tuo esiin eettisiä ja oikeudellisia haasteita. Kun lainsäädäntö perustuu uusille käsityksille ja identiteeteille, onko oikein syyttää niitä, jotka eivät ole mukana tässä muutoksessa? Voiko heitä tuomita väärin ajattelemisesta tai vääristä uskomuksista, kun heidän ymmärryksensä on rakentunut toiselle aikakaudelle? Lainsäädäntö ei saisi olla pelkästään normien määrittelyä vaan myös tasapainottelua vapauden, oikeudenmukaisuuden ja ymmärryksen välillä.

Yhteiskunnan tulee olla huolellinen sellaisten säännösten ja käytäntöjen luomisessa, jotka eivät syrjäytä tai alista niitä, jotka ovat sidoksissa vanhempiin, perinteisiin näkemyksiin. Samalla on kuitenkin tärkeää huomioida, että vanhan ajattelutavan ylläpitäminen ei saa estää muiden vapauden ja oikeuksien toteutumista. Vapauden ja oikeudenmukaisuuden tasapainon löytäminen on yksi suurimmista haasteista nykyaikaisessa yhteiskunnassa, ja sen vuoksi on tärkeää keskustella ja pohtia, miten voimme edistää yhteiskuntaa, jossa erimielisyyksiä ymmärretään ja kunnioitetaan, eikä toisia tuomita väärin perustein.

Nykyään lainsäädäntö on niin monimutkainen ja kattava, että lähes mahdotonta on vaatia tavalliselta kansalaiselta kykyä ymmärtää kaikkia sen pykäliä ja sääntöjä. Laki on täynnä teknisiä ja erikoistuneita termejä, ja sen tulkitseminen vaatii usein syvällistä asiantuntemusta. Mikäli henkilö ei ole erityisesti kiinnostunut lakitieteistä tai ei ole ammatiltaan asianajaja tai juristi, on täysin ymmärrettävää, että hän ei kykene omaksumaan kaikkia lain sääntöjä ja säädöksiä. Tässä nousee esiin kysymys oikeudenmukaisuudesta ja siitä, kuinka realistista on odottaa, että tavallinen kansalainen olisi lain asiantuntija.

Kun mietimme lain soveltamista ja kansalaisten velvollisuuksia, voimme kysyä, voiko yhteiskunta vaatia yksilöä noudattamaan sääntöjä ja määräyksiä, joita hän ei ole kykenevä ymmärtämään? Onko oikein, että lain rikkomisesta seuraa rangaistus, vaikka henkilö ei olisi täysin tietoinen siitä, että hän rikkoo lakia? Tällöin oikeudenmukaisuuden kysymykseksi tulee, kuinka paljon kansalaisilta voidaan odottaa ja kuinka paljon heille voidaan antaa mahdollisuus ymmärtää lakien monimutkaisuutta. Samalla kun lainsäädäntö voi tarjota puitteet yhteiskunnan järjestykselle, se ei voi olla niin monimutkainen ja epämääräinen, että se vaikeuttaa kansalaisten mahdollisuuksia elää lakien mukaisesti ilman jatkuvaa pelkoa erehdyksistä ja virheistä.

Lainsäädäntö on niin keskeinen osa yhteiskuntaa, että se säännöstelee ja ohjaa lähes jokaista elämän osa-aluetta. Esimerkiksi autoilun ja sen luvanvaraisuuden ymmärtäminen on olennainen osa nykyaikaista elämää. Vaikka auto on yksityishenkilön omaisuutta, sen käyttöön vaaditaan valtion myöntämä lupa, ja valtio säätelee tarkasti, miten ja millä ehdoilla autoa saa käyttää. Tämä tilanne kuvastaa osaltaan syvää suhdetta, jossa kansalainen ei ole täysin vapaa omistamaansa omaisuuteen, vaan on jatkuvasti alisteinen valtion lainsäädännölle ja sen sääntöjen muuttuville tulkinnoille.

Tämä valtion keskeinen rooli tuo esiin tärkeän kysymyksen kansalaisen vapaudesta ja yksityisyydestä. Vaikka valtiolla on oikeus säädellä ja kontrolloida monia elämän osa-alueita, onko se silloin todella oikeutettua hallita myös niin perusasioita, kuten yksilön oikeutta käyttää omaa omaisuuttaan? Tämä tilanne voi aiheuttaa tunnetta siitä, että ihmiset ovat yhä enemmän riippuvaisia valtion myöntämistä lupakirjoista ja oikeuksista.

Aseiden käsittelyssä voimme nähdä vastaavanlaista valtion sääntelyä, joka rajoittaa yksilön vapautta. Lainsäädäntö määrää, että aseet tulee säilyttää tietyissä olosuhteissa, kuten purettuina ja osat erillään säilytettävinä. Tällainen sääntely perustuu turvallisuusnäkökohdista huolehtimiseen, mutta samalla se kuvastaa sitä, kuinka valtio voi rajoittaa kansalaisen toimintaa yksityiselämän perusasioissa. Vaikka sääntöjen taustalla voi olla perusteltuja turvallisuushuolia, ne myös muistuttavat siitä, kuinka paljon valtion valvonta ulottuu kansalaisten henkilökohtaisiin valintoihin ja elämäntapoihin.

Tällaiset esimerkit - autojen käytön säännöksistä aseiden säilyttämiseen - nostavat esiin kysymyksen vapauden ja valtion roolista yksilön elämässä. Vaikka lainsäädäntö on osa yhteiskunnan järjestystä ja turvallisuutta, se voi myös luoda tilanteita, joissa yksilöiden vapaus tuntuu rajoitetulta. Kun yksityiselämää säädellään tarkasti, se voi johtaa kokemukseen siitä, että kansalaiset eivät ole enää täysin vapaita tekemään valintoja omalla elämällään.

Tässä kontekstissa on tärkeää miettiä, kuinka paljon valtion tulee säädellä yksilön elämää ja kuinka paljon kansalaisille tulisi jättää vapautta toimia omien arvojensa ja valintojensa mukaan.

Yksi oikeusvaltion ja yksilön vapauden kannalta keskeinen käsite on oikeustoimikelpoisuus. Se määrittelee, kuka saa tehdä oikeustoimia, kuten solmia sopimuksia, omistaa omaisuutta ja valvoa omia etujaan lain edessä. Oikeustoimikelpoisuus on vapauden ytimessä, sillä se antaa ihmiselle oikeuden hallita omaa elämäänsä ja tehdä päätöksiä omien etujensa mukaisesti. Mutta tämä perusoikeus ei ole itsestäänselvyys kaikille, sillä joidenkin osalta oikeustoimikelpoisuus voi olla rajoitettu tai jopa poistettu kokonaan, kuten silloin, kun henkilö julistetaan vajaavaltaiseksi.

Oikeustoimikelpoisuus on Suomessa määritelty lakiteknisesti: normaalisti henkilö on oikeuskelpoinen syntymästään kuolemaansa saakka, mutta ei automaattisesti oikeustoimikelpoinen. Oikeustoimikelpoisuus tarkoittaa käytännössä sitä, että henkilö voi itse päättää, miten hän käyttää oikeuksiaan ja vastaa velvollisuuksistaan. Tällaista henkilöä pidetään itsenäisenä toimijana, joka kykenee itse päättämään taloudellisista ja juridisista asioistaan. Kuitenkin, jos henkilö julistetaan vajaavaltaiseksi, hän ei enää ole oikeustoimikelpoinen.

Vajaavaltaisuuden käsite voi olla hämmentävä, sillä se voi syntyä monista eri syistä. Usein vajaavaltaisuus liitetään alaikäisiin, jotka eivät ole saavuttaneet täysi-ikäisyyttä ja siten eivät ole vielä kypsiä hoitamaan kaikkia omia asioitaan. Tässä yhteydessä vapaus on rajoitettu, mutta se on ymmärrettävää, sillä alaikäisillä ei ole vielä tarvittavaa elämänkokemusta ja kykyä ymmärtää kaikkia oikeudellisia ja taloudellisia päätöksiä.

Vajaavaltaisuus voi kuitenkin ulottua myös täysi-ikäisiin henkilöihin, jotka on julistettu vajaavaltaisiksi oikeuden kautta. Tämä voi tapahtua esimerkiksi siksi, että henkilö ei ole kykenevä ajamaan omia etujaan sairauden tai vanhuuden vuoksi. Tällöin henkilön vapaus omistaa omaisuutta ja tehdä tärkeitä oikeustoimia on rajattu. Tämä tilanne asettaa kysymyksiä yksilön oikeuksista ja vapaudesta, sillä vajaavaltaiseksi julistaminen ei ole aina yksinkertainen ja objektiivinen prosessi.

Vajaavaltaisuutta ja sen määrittelyä voidaan tarkastella myös filosofiselta ja eettiseltä kantilta. Onko oikein, että yhteiskunta puuttuu yksilön vapauteen tällaisella tavalla, jos henkilö ei ole itse täysin tietoinen omista teoistaan tai ei kykene huolehtimaan omista asioistaan? Onko tämä suojelua vai kontrollia? Vaikka vajaavaltaisuus on usein tarkoitettu suojeluksi, se voi myös herättää kysymyksiä siitä, kuinka paljon yhteiskunnan tulee puuttua yksilön itsemääräämisoikeuteen ja vapauteen.

Vajaavaltaiseksi julistaminen on oikeudellinen toimi, jonka tarkoituksena on suojella henkilöä mahdolliselta hyväksikäytöltä tai huijauksilta. Sen taustalla on huoli siitä, että henkilö ei kykene enää itse hoitamaan taloudellisia tai juridisia asioitaan järkevästi ja voi siksi tulla vahingoksi itselleen tai muille. Tässä mielessä vajaavaltaisuuden määrittäminen on monella tapaa eräänlainen tasapainottelu, jossa yritetään löytää oikeudenmukainen tasapaino vapauden ja suojelun välillä.

Vaikka vajaavaltaiseksi julistettu henkilö on menettänyt osan oikeustoimikelpoisuudestaan, hän ei ole kokonaan oikeudeton. Vajaavaltaiset säilyttävät edelleen oikeuden määrätä omista ansioistaan, kuten omalla työllään ansaituista varoista. Tässä mielessä heillä on edelleen oikeus elää osittain itsenäisesti, vaikka heidän toimintakykynsä saattavat olla rajoittuneita.

Edunvalvojan tehtävä on käytännössä huolehtia vajaavaltaisen taloudellisista ja muista oikeudellisista asioista, mutta tämä valvonta on ensisijaisesti suojelevassa roolissa. Se on määrätty estämään henkilön väärinkäytöksiä tai vahingollisia päätöksiä, mutta samalla se rajoittaa heidän kykyään toimia itsenäisesti ja päättää omasta elämästään. Tämä herättää jälleen kerran kysymyksen siitä, kuinka paljon vapauden rajoittaminen on hyväksyttävää ja kuinka paljon valvontaa yksilön elämässä on tarpeen.

Oikeustoimikelpoisuus ja vajaavaltaisuus ovat keskeisiä elementtejä, jotka määrittävät yksilön vapautta toimia omassa elämässään. Vapaus valita ja päättää omista asioistaan on perusoikeus, mutta sen rajoittaminen oikeuden ja suojelun nimissä herättää kysymyksiä ja haasteita. Onko oikein rajoittaa yksilön vapautta, jos tämä ei ole enää kykenevä huolehtimaan omista asioistaan? Miten suojelu ja vapaus voidaan tasapainottaa niin, että yhteiskunta suojelee yksilöä, mutta ei riistä hänen oikeuttaan elää itsenäisesti ja tehdä omia valintojaan?

Vajaavaltaisuuden määrittäminen voi olla hyvinkin ongelmallista, erityisesti silloin, kun prosessi on sidoksissa yksilön kykyyn täyttää tiettyjä yhteiskunnan määrittelemiä vaatimuksia. Kuten aiemmin todettiin, vajaavaltaiseksi julistaminen voidaan nähdä eräänlaisena suojelutoimenpiteenä, mutta se voi myös avata oven väärinkäytöksille ja jopa mielivaltaiselle vallankäytölle. Yksi keskeisimmistä ongelmista on se, kuinka oikeudelliset aukot ja säädösten tulkinnat voivat johtaa siihen, että tuomari voi käyttää omaa harkintaansa päättäessään, onko henkilö kykenevä huolehtimaan omista asioistaan vai ei.

Tällaisessa tilanteessa tuomarin henkilökohtainen arvostelma voi saada ratkaisevan roolin, ja jos tuomari on halukas tai on saanut painostusta tehdä päätöksiä, jotka eivät perustu selkeisiin ja objektiivisiin tosiasioihin, tämä voi johtaa ihmiselle langetettuihin oikeuskelpoisuuden ja itsemääräämisoikeuden rajoituksiin, jotka eivät ole täysin oikeudenmukaisia. Vajaavaltaiseksi julistaminen, joka voi tulla voimaan yksinkertaisella tuomioistuimen päätöksellä, saattaa tuntua monille epäreilulta ja jopa suoranaiselta vallankäytöltä, erityisesti jos perusteet ovat heikot tai virheellisesti määritellyt.

Erityisesti huolestuttavaa on ajatus siitä, että henkilö voidaan julistaa vajaavaltaiseksi esimerkiksi oletetun mielisairauden tai mielenterveyshäiriön perusteella. Tässä piilee suuri riski, sillä diagnoosit voivat olla subjektiivisia ja ne voivat perustua tuomarin tai asiantuntijan henkilökohtaisiin mieltymyksiin, ennemmin kuin tarkkaan ja puolueettomaan arviointiin. Jos yhteiskunta sallii, että mielenterveyshäiriöitä käytetään perusteena vajaavaltaisuudelle ilman riittäviä todisteita ja syitä, voidaan avata ovi täysin mielivaltaiselle hallinnalle.

Se, mitä ei voida unohtaa, on se, että diagnosointi ja mielisairauksien arviointi voivat olla herkästi virheellisiä ja alttiina erilaisille tulkinnoille. Mielenterveyshäiriöön liittyvä stigmatisaatio voi helposti johtaa väärinkäytöksiin, jossa henkilö, joka ei ole todella kykenemätön huolehtimaan omista asioistaan, joutuu kärsimään siitä, että häntä pidetään pätevyydeltään vajaavaisena. Tässä mielessä kyseessä ei ole vain yksilön vapauden rajoittaminen, vaan myös hänen ihmisarvonsa kyseenalaistaminen, jos häntä kohdellaan epäoikeudenmukaisesti ja perusteettomasti vajaavaltaisena.

Kun oikeudellinen prosessi on avoin tulkinnoille, ja kun yksilön tulevaisuus ja itsemääräämisoikeus voivat riippua jollekin tuomarille annettavasta liiallisesta vallasta, on tärkeää pohtia, millaisia seurauksia tällaisten päätösten tekemisestä voi olla. Voiko todella olla niin, että pelkän subjektiivisen arvion perusteella – ilman selkeää ja oikeudenmukaista arviointia – tuomari voi päättää toisen ihmisen elämästä ja vapaudesta?

Tämä tuo esiin sen keskeisen kysymyksen, että oikeusjärjestelmä voi muodostua keinoksi hallita ja kontrolloida yksilöitä tavalla, joka ei ole demokratian ja oikeudenmukaisuuden mukaista. Jos ihminen voidaan julistaa vajaavaltaiseksi yksinkertaisesti arvailujen, väärinkäsitysten tai epäselvien diagnoosien perusteella, ei kyseessä ole enää oikeusvaltioperiaate, vaan järjestelmä, jossa vallankäyttö on avointa ja alttiina väärinkäytöksille.

Vapauden kannalta on tärkeää, että oikeusjärjestelmä tarjoaa yksilölle mahdollisuuden puolustautua ja taistella omien oikeuksiensa puolesta silloin, kun hänen autonomiaansa rajoitetaan. Vajaavaltaisuus ei saisi olla sellainen työkalu, joka avaa oven mielivaltaiselle valvonnalle ja hallinnalle. Sen sijaan sen tulisi olla tarkkaan määritelty ja perusteltu prosessi, jossa takarajana on yksilön hyvinvointi ja vapaus – ei pelkästään yhteiskunnan tai tuomarin omat ennakkoluulot.

Tämä perusajatus korostaa, kuinka tärkeää on, että yhteiskunnan oikeusjärjestelmä ei ole vain mekanismi, joka antaa mahdollisuuden valvoa ja hallita, vaan myös väline, jonka avulla suojelemme heikommassa asemassa olevia yksilöitä oikeudenmukaisella ja harkitulla tavalla. Silloin, kun vallankäyttö menee liian pitkälle, kuten tässä tapauksessa, ihmisten vapautta rajoitetaan ilman selkeitä perusteita, on tärkeää kysyä, onko tämä oikeudenmukaisen yhteiskunnan toiminta vai järjestelmä, jossa vain harvat päättävät muiden puolesta.

Lehdistön vapaus on yksi keskeisimmistä demokratian perusperiaatteista, mutta samalla se tuo esiin monia eettisiä ja oikeudellisia kysymyksiä, erityisesti silloin, kun lehdistö puuttuu yksilön elämään tavalla, joka saattaa vaikeuttaa tämän tulevaisuutta. Yksi tällainen kysymys on, miten lehdistön oikeus julkaista rikollisen nimi vaikuttaa tämän elämään rikoksen jälkeen. Kun ihminen on tuomittu oikeudessa, hän kantaa rangaistuksensa, mutta lehdistö voi toisinaan jatkaa tuomitsemista vielä senkin jälkeen, kun oikeusjärjestelmä on jo toiminut. Tämä herättää tärkeitä kysymyksiä siitä, missä määrin median vapautta tulisi rajoittaa yksilön oikeuksien ja elämän uudelleenrakentamisen puolesta.

Lehdistön oikeus julkaista rikollisten nimiä on usein perusteltu sillä, että se kuuluu sananvapauteen ja on yhteiskunnan tiedonsaantioikeuden kannalta tärkeää. Kuitenkin tämä oikeus tuo tullessaan merkittäviä ongelmia. Yksi niistä on niin sanotun "kaksinkertaisen rangaistuksen" ilmiö. Rikollinen on ensin joutunut kärsimään oikeuden määräämän rangaistuksen – olipa kyseessä vankeus, sakko tai muu seuraamus – mutta sen jälkeen lehdistön julkaisema tieto rikoksesta voi asettaa hänet entistä suurempaan julkiseen häpeään ja tuomioon. Tällöin lehdistö astuu alueelle, jossa se toimii kuin ylimääräinen tuomari, joka ei ole sidottu samoihin sääntöihin kuin oikeuslaitos. Lehdistön rooli ei ole langettaa tuomioita, vaan esittää tietoa, joka on lain ja eettisten normien puitteissa.

Rikollisen nimen julkisesti esiin nostaminen voi estää hänen mahdollisuuksiaan aloittaa uusi elämä vankeuden jälkeen. Tässä on kyse oikeudenmukaisuudesta ja ihmisoikeuksista: rikollinen on suorittanut rangaistuksensa ja yhteiskunnan odotetaan antavan hänelle mahdollisuus sovittaa tekonsa ja integroitua takaisin yhteiskuntaan.

Mikäli lehdistö julkaisee rikollisen nimen, se ei ainoastaan riko yksityisyyden suojaa, vaan myös estää häneltä mahdollisuuden aloittaa uutta elämää ilman entistä stigmaa. Tällöin median julkaisemalla nimellä voi olla tuhoisia vaikutuksia ihmisen elämänlaatuun ja mahdollisuuksiin saada työpaikka, muodostaa suhteita tai saada kunnollista elämää.

On tärkeää huomioida, että rikosprosessissa tuomio ei ole vain rangaistus, vaan myös mahdollisuus katumukseen ja sovitukseen. Yhteiskunnan pitäisi olla kiinnostunut rikoksen uhreista, mutta myös siitä, miten rikollinen voi parantaa itsensä ja palata takaisin yhteiskuntaan tuomitsemisensa jälkeen. Lehdistön asettaminen tähän prosessiin väliin ei palvele tätä tarkoitusta, vaan ainoastaan lisää eristämistä ja häpeää.

Samalla tavoin kuin lehdistön tuomitseminen voi olla myrkyllistä yksilön elämälle, myös ajatus siitä, että ihminen voidaan pitää vangittuna sen vuoksi, ettei hän ole oikeustoimikelpoinen, on ongelmallinen. Jos tuomarit tai muut viranomaiset voivat määritellä henkilön oikeustoimikelpoisuuden epäselvillä perusteilla – kuten esimerkiksi mielenterveyshäiriöiden tai henkilökohtaisen elämän tilanteen perusteella – se voi johtaa siihen, että ihmisiä pidetään vangittuina oikeudellisesti ja yhteiskunnallisesti ilman riittäviä syitä. Oikeustoimikelpoisuuden rajoittaminen ei saa olla väline, jolla valta pitää yksilöitä hallinnassa ilman oikeudenmukaisia perusteita.

Tässä yhteydessä tulee tarkastella oikeustoimikelpoisuuden ja vangitsemisen välisiä suhteita. Jos ihminen ei ole oikeustoimikelpoinen ja sen vuoksi häntä pidetään vangittuna, on tärkeää, että tarkastellaan, ovatko nämä rajoitukset todella välttämättömiä yksilön suojelun kannalta vai onko kyseessä pikemminkin vallan väärinkäyttö, jossa yksilön oikeudet jätetään huomiotta. Tämä liittyy myös edellä mainittuun mielivaltaisuuden ongelmaan: jos henkilö ei ole oikeustoimikelpoinen ainoastaan sen vuoksi, että hän ei täytä viranomaisen odotuksia tai hän ei miellytä tuomaria, on vaarana, että oikeusjärjestelmästä tulee keinotekoinen väline yksilöiden hallintaan.

Kysymys siitä, voiko lehdistö toimia tuomarina tai voiko oikeustoimikelpoisuus olla väline vallan väärinkäyttöön, avaa laajemman eettisen keskustelun oikeudenmukaisuudesta, yksilönvapaudesta ja sananvapauden rajoista. Meidän on pohdittava, kuinka voimme tasapainottaa yksilön oikeudet ja yhteiskunnan tarpeet ilman, että oikeudenmukaisuus ja inhimillisyys kärsivät. Jos annamme median tai tuomareiden mennä liian pitkälle omassa toiminnassaan, voimme vaarantaa demokraattisen yhteiskunnan perusperiaatteet, jotka rakentuvat tasa-arvolle, oikeudenmukaisuudelle ja ihmisarvolle.

ITSEMÄÄRÄÄMISOIKEUS

Itsemääräämisoikeus on keskeinen periaate, joka ohjaa sosiaali- ja terveydenhuollon palveluja Suomessa. Valviran mukaan itsemääräämisoikeus tarkoittaa yksilön oikeutta päättää omista asioistaan ja määrätä omasta elämästään. Tämä periaate korostaa asiakkaan ja potilaan autonomiaa, ja sen taustalla on ajatus siitä, että jokaisella on oikeus elää elämäänsä itsensä valitsemalla tavalla, myös silloin, kun kyse on terveyteen ja hyvinvointiin liittyvistä päätöksistä. Tällöin asiakas tai potilas on itse se, joka tekee valintoja oman elämänsä suhteen, eikä tämä oikeus ole riippuvainen muiden, kuten viranomaisten tai hoitohenkilökunnan, tahdosta.

Itsemääräämisoikeuden toteutuminen käytännössä voi kuitenkin olla monimutkaista. Vaikka lainsäädännössä itsemääräämisoikeus on selkeästi kirjattu, sen toteutuminen voi olla haasteellista erityisesti silloin, kun asiakas tai potilas on heikommassa asemassa, esimerkiksi sairauden, vamman tai ikääntymisen vuoksi. Käytännössä voi esiintyä tilanteita, joissa asiakkaan tai potilaan päätöksentekokyky on rajoittunut, ja tällöin hoitohenkilökunta saattaa joutua tasapainoilemaan itsemääräämisoikeuden kunnioittamisen ja hoidon tarpeen välillä.

Erityisesti silloin, kun potilaan tai asiakkaan kyky ymmärtää päätöksensä seuraukset on heikentynyt, saattaa syntyä ristiriita itsemääräämisoikeuden ja hoitohenkilökunnan vastuullisuuden välillä. Miten voidaan taata, että asiakas tai potilas todella ymmärtää tekemänsä päätöksen? Entä kuinka paljon hoitohenkilökunta saa ja voi ohjata päätöksentekoa, jos se on ristiriidassa asiakkaan tai potilaan henkilökohtaisten toiveiden kanssa?

Itsemääräämisoikeuden periaate korostaa myös yhteistyötä ja yhteisymmärrystä. Asiakasta ja potilasta tulee hoitaa yhteisymmärryksessä hänen kanssaan, mikä tarkoittaa sitä, että hoitoprosessi ei ole pelkästään hoitohenkilökunnan johdattama, vaan siihen sisältyy potilaan tai asiakkaan aktiivinen osallistuminen. Tässä korostuu dialogin merkitys. Yhteisymmärryksen luominen vaatii aikaa, kuuntelua ja kunnioitusta asiakkaan tai potilaan päätöksentekokyvyn suhteen. Tässä prosessissa ei ole kyse vain tietojen antamisesta, vaan myös asiakkaan ja potilaan elämänarvojen ja -toiveiden kuuntelemisesta.

Tällöin potilas tai asiakas ei ole pelkästään passiivinen vastaanottaja, vaan hänen mielipiteensä ja toiveensa ovat keskiössä. Tämä mahdollistaa hoitoprosessin, jossa asiakas tai potilas tuntee itsensä osaksi hoitoa, ja hän voi kokea, että hänen elämänsä hallinta on hänen omissa käsissään. Tässä mielessä itsemääräämisoikeus on paitsi juridinen oikeus myös henkilökohtainen kokemus siitä, että omaa elämää ja terveyttä koskevat päätökset ovat itse tehtävissä.

Vaikka itsemääräämisoikeus on tärkeä periaate, siihen liittyy myös monia haasteita. Erityisesti silloin, kun asiakas tai potilas on vaikeassa elämäntilanteessa tai kärsii sairaudesta, joka rajoittaa hänen päätöksentekokykyään, voi olla vaikea määrittää, kuinka hyvin hän pystyy tekemään itsenäisiä päätöksiä. Tässä kohtaa hoitohenkilökunnan rooli korostuu, mutta se voi helposti johtaa ristiriitoihin: kuinka paljon hoitohenkilökunta voi ja saa puuttua potilaan tai asiakkaan päätöksiin ilman, että tämä loukkaa itsemääräämisoikeuden periaatetta?

Tällöin kyse ei ole vain juridisista tai lääketieteellisistä kysymyksistä, vaan myös eettisistä pohdinnoista. Itsemääräämisoikeuden rajoittaminen, vaikka se olisi tarkoitettu potilaan parhaaksi, voi silti olla vaikea ja tunteita herättävä kysymys. Kysymys siitä, milloin on oikeus puuttua asiakkaan tai potilaan itsemääräämisoikeuteen ja missä määrin, on monimutkainen ja vaatii huolellista harkintaa.

Sosiaalihuollon palveluissa asiakas on keskiössä, ja hänen toivomuksensa ja mielipiteensä on otettava ensisijaisesti huomioon. Itsemääräämisoikeus on perusperiaate, joka määrittää asiakkaan mahdollisuuden vaikuttaa omiin palveluihinsa. Tämä tarkoittaa, että asiakas saa olla mukana palvelujensa suunnittelussa, toteuttamisessa ja arvioinnissa. Hänen oikeutensa osallistua on olennainen osa palvelujen laadukkuutta, sillä vain asiakkaan toiveet ja tarpeet voivat varmistaa sen, että palvelut todella palvelevat häntä parhaalla mahdollisella tavalla.

Tämä itsemääräämisoikeus ei kuitenkaan aina ole yksinkertainen. Asiakkaan valinnoilla voi olla pitkälle meneviä seurauksia, ja toisinaan hänen valintansa saattavat olla ristiriidassa muiden osapuolten, kuten hoitohenkilökunnan tai omaisten, käsitysten kanssa siitä, mikä on parasta asiakkaalle. Itsemääräämisoikeuteen kuuluu kuitenkin myös se, että asiakkaalla on oikeus tehdä valintoja, jotka muut voivat nähdä vääränä tai haitallisina. Tämä periaate perustuu siihen, että itsemääräämisoikeus ei ole pelkästään oikeus tehdä oikeita valintoja, vaan myös valita väärin. Tässä piilee ajatus siitä, että yksilöllä on vapaus valita oma polkunsa, vaikka se ei olisi muiden mielestä optimaalinen.

Entä mitä tapahtuu, jos asiakas ei kykene itse ilmaisemaan tahtoaan? Esimerkiksi vakavan sairauden tai muiden vastaavien tekijöiden vuoksi asiakas ei aina pysty selkeästi kertomaan, mitä hän haluaisi. Tällöin asiakkaan tahdon selvittäminen on tärkeää, mutta samalla myös monivaiheinen prosessi, joka edellyttää yhteistyötä useiden tahojen kanssa. Mikäli asiakas ei pysty ilmaisemaan mielipidettään, hänen tahtonsa selvittämiseksi on kuultava hänen laillista edustajaansa, omaisiaan tai läheisiään. Tämä lisää prosessiin inhimillistä ulottuvuutta, sillä usein juuri läheiset tuntevat parhaiten asiakkaan toiveet ja tarpeet.

On kuitenkin tärkeää, että tässäkin tapauksessa asiakkaan etu pysyy keskiössä, vaikka asiakas ei itse pysty täysin ilmaisemaan tahtoaan. Laillisten edustajien ja omaisten rooli on, ikään kuin, toimia asiakkaan äänenä ja varmistaa, että asiakkaan etu toteutuu mahdollisimman hyvin. Heidän on tärkeää kuulla ja tulkita asiakkaan toiveita ja huolenaiheita, vaikka nämä eivät olisi suoraan esillä. Tämä voi olla haasteellista, sillä välillä läheisten ja asiakkaan omat toiveet voivat olla ristiriidassa, ja tällöin on tärkeää tarkastella, mikä on asiakkaan etu kokonaisuudessaan.

Sosiaalihuollon palveluissa on erityisen tärkeää, että päätöksiä tehdessä asiakkaan etu asetetaan aina etusijalle. Tämä ei tarkoita vain hänen fyysisten ja psyykkisten tarpeidensa täyttämistä, vaan myös hänen elämänsä kokonaisvaltaista kunnioittamista. Asiakkaan itsemääräämisoikeus tarkoittaa siis myös sitä, että päätöksentekoprosessissa on otettava huomioon, mikä asiakkaalle on aidosti parasta, eikä päätöksiä saa tehdä pelkästään hoitohenkilökunnan tai muiden asiantuntijoiden näkökulmasta.

Kun asiakas ei itse voi ilmaista tahtoaan, sen sijaan että tehdään päätöksiä pelkästään asiantuntijan arvioiden pohjalta, on tärkeää varmistaa, että asiakas on edelleen osallinen prosessissa ja hänen etuaan kunnioitetaan. Asiakkaan etu voi tarkoittaa eri asioita eri tilanteissa, mutta pääsääntöisesti se tarkoittaa hänen oikeuttaan elää mahdollisimman itsenäisesti ja omien valintojensa mukaisesti. Tällöin on tärkeää varmistaa, että asiakas ei joudu tilanteeseen, jossa hänen oikeuksiaan ja autonomiaansa rajoitetaan tarpeettomasti, ja että päätöksentekijät tekevät valintoja, jotka aidosti palvelevat asiakkaan parasta.

Lopulta sosiaalihuollon palveluissa asiakkaan etu on keskeinen periaate, joka ohjaa niin päätöksentekoa kuin hoitoa. Tässä periaatteessa tiivistyy ajatus siitä, että asiakkaalla on oikeus elää elämäänsä niin itsenäisesti kuin mahdollista, ja hänen itsemääräämisoikeutensa tulee olla kunnioitettuna kaikissa palveluissa.

Sosiaalihuollon palveluissa, erityisesti lastensuojelussa, voi valitettavasti esiintyä tilanne, jossa asiakkaalle luodaan jonkinlainen uhkausmomentti, erityisesti silloin, kun hän ei ole halukas noudattamaan viranomaisten suunnitelmia, vaan haluaisi ehdottaa vaihtoehtoista lähestymistapaa omassa tilanteessaan. Vaikka asiakasperustainen lähestymistapa ja itsemääräämisoikeus ovat keskeisiä periaatteita sosiaalihuollossa, joiden mukaan asiakkaalla on oikeus tehdä valintoja, jopa niitä, joita muut pitävät väärinä, käytännössä tämä oikeus voi joutua kyseenalaistetuksi.

Monesti tällaisessa tilanteessa reaktio on herkästi uhkaileva: asiakkaalle saatetaan vihjata, että hänen valintansa saattavat johtaa merkittäviin menetyksiin, erityisesti lapsiin liittyvissä asioissa. Jos asiakas haluaa toimia toisin kuin viranomaiset ovat suunnitelleet, saattaa seurauksena olla pelko siitä, että hänen huoltajuus tai yhteydenpito lastensa kanssa vaarantuu. Tämä uhkaus voi saada asiakkaan tuntemaan, että hänen oma suunnitelmansa ja tahtonsa jäävät toisarvoisiksi, kun viranomaisten valta ja heidän suunnitelmansa näyttäytyvät ainoina hyväksyttävinä vaihtoehtoina.

Tämä ristiriita asiakkaan itsemääräämisoikeuden ja viranomaisten toimien välillä herättää kysymyksiä siitä, kuinka vapaasti asiakas voi todella toimia omien valintojensa mukaisesti, kun hän samalla kohtaa tällaisia pelotteita ja kontrollointiyrityksiä.

Terveydenhuollon palveluissa potilaan itsemääräämisoikeus on keskeinen periaate, ja potilasta tulee hoitaa yhteisymmärryksessä hänen kanssaan. Tämä tarkoittaa, että vaikka terveydenhuollon ammattilaiset tekevät parhaansa tarjotakseen parhaan mahdollisen hoidon, potilaan on oltava mukana päätöksenteossa. Jos potilas kieltäytyy tietystä hoidosta, hänen päätöstään on kunnioitettava, ja häntä tulee hoitaa edelleen yhteistyössä hänen kanssaan, ottaen huomioon lääketieteellisesti hyväksyttävät vaihtoehdot.

Potilas ei ole velvollinen suostumaan kaikkiin hoitoihin, vaikka ne olisivat lääketieteellisesti suositeltuja. Potilaalla on oikeus tehdä päätöksiä, jotka saattavat vaikuttaa hänen terveyteensä tai elämäänsä, jopa siinä määrin, että nämä päätökset saattavat aiheuttaa vahinkoa. Tämä oikeus on olennainen osa itsenäisyyttä ja kunnioitusta yksilön autonomian suhteen, ja se perustuu siihen, että jokaisella on oikeus päättää omasta kehonsa hoidosta.

Vaikka tämä saattaa luoda haasteita terveydenhuollon ammattilaisille, jotka saattavat uskoa tietävänsä paremmin potilaan tarpeet, on tärkeää muistaa, että potilaan oikeus kieltäytyä hoidosta ei ole vain oikeudellinen, vaan myös eettinen periaate. Terveydenhuollossa tulisi aina huomioida potilaan itsemääräämisoikeus ja hänen henkilökohtaiset valintansa, vaikka nämä valinnat saattavat poiketa ammattilaisten näkemyksistä tai suosituksista.

Lisäksi terveydenhuollon sääntöjen mukaan, jos täysi-ikäinen potilas ei sairauden tai muun syyn vuoksi pysty itse päättämään hoidostaan, hänen lähiomaistaan, muuta läheistään tai laillista edustajaansa tulee kuulla, jotta potilaan mahdollinen tahto voidaan selvittää. Tämä takaa sen, että päätöksenteossa pyritään huomioimaan potilaan omat toiveet ja mielipiteet, vaikka potilas itse ei olisikaan kykenevä ilmaisemaan niitä suoraan.

Erityisesti toimenpidettä koskevissa päätöksissä tarvitaan läheisen tai laillisen edustajan suostumus. Tämä suostumus on tärkeä, sillä päätöksentekijöiden on otettava huomioon se, mitä potilas on aiemmin ilmaissut tahtovan hoitonsa tai hoitomenetelmien suhteen. Jos potilaan oma tahto on epäselvä tai sitä ei voida selvittää, hoito tulee toteuttaa tavalla, joka parhaiten palvelee potilaan etua.

Tällaisessa tilanteessa hoitopäätöksen täytyy olla potilaan henkilökohtaisen edun mukainen. Käytännössä tämä tarkoittaa sitä, että jos potilaan tahdon selvittäminen on mahdotonta, lääketieteellisen henkilökunnan tulee pyrkiä valitsemaan hoitovaihtoehto, joka todennäköisesti hyödyttää potilasta eniten hänen terveyteensä ja hyvinvointiinsa nähden. Tällöin pyritään noudattamaan periaatetta, jonka mukaan potilaan etu on ensisijainen, mutta samalla kunnioitetaan hänen oikeuttaan määrätä omasta hoidostaan mahdollisimman hyvin.

Koronarokotteiden kohdalla tilanne ei mennyt niin, että potilaan tahto olisi ollut etusijalla. Ihmiset joutuivat ottamaan rokotteen pakolla, ja jopa hoito koronavirusinfektioon oli virheellistä, mikä johti valitettaviin seurauksiin, kuten potilaiden menehtymisiin. Tämä ei ollut yksittäistapaus, vaan ilmapiiri, jossa potilaan tahtoa ei kuultu, oli laajempi. Rokotuksiin liittyi myös uhkausmomentti, joka on edelleen läsnä: meitä ei varsinaisesti pakoteta ottamaan rokotuksia, mutta jos kieltäydymme, voimme joutua suljetuiksi monilta elämänalueilta – jopa koko yhteiskunnasta. Tämä rajoittaa vapautta valita ja asettaa meidät tilanteeseen, jossa pakon ja painostuksen vuoksi emme voi tehdä omaa, tietoon perustuvaa valintaa.

Globaalisti tarkasteltuna kansainvälisille terveysjärjestöille, kuten WHO:lle, ollaan antamassa lisää valtaa, jotta ne voisivat päättää ihmisten ruumiillisesta koskemattomuudesta ja muista terveyteen liittyvistä asioista. Tällöin valta siirtyy pois yksilöiltä ja heidän omilta valinnoiltaan. WHO:n kanta rokotuksiin on se, että rokottaminen on ainoa oikea hoitomuoto, mikä ei jätä tilaa vaihtoehtoisille hoitokäytännöille tai potilaan omille valinnoille.

Tämä ajattelutapa asettaa kyseenalaistajat marginaaliin. Jos joku uskaltaa kyseenalaistaa virallisen lääketieteellisen linjan, hänet usein leimataan salaliittoteoreetikoksi. Tämä leimaaminen ei ole vain henkilökohtainen loukkaus, vaan se on myös keino hiljentää ne, jotka uskaltautuvat esittämään vaihtoehtoisia näkemyksiä. Tällöin kyseenalaistajat eivät saa tilaa keskustelulle ja ovat vaarassa joutua syrjään valtavirtanarratiivista, jonka omaksuminen on yhä enemmän normi.

Entä onko meillä oikeasti vapautta päättää siitä, miten omat verorahat käytetään? Käytetäänkö niitä meidän hyväksemme vai menevätkö ne johonkin muuhun tarkoitukseen? Ihannetapauksessa verojen maksaminen olisi kuin eräänlaista vakuutusmaksua, jonka maksaisimme oman hyvinvointimme varalle. Esimerkiksi työtön, joka maksaa suurta veroa – jopa 20 prosenttia kaikista pienistä korvauksistaan – voisi ajatella, että tämä vero on kuin vakuutusmaksu, joka takaa hänelle työttömyyskorvauksen.

Mutta todellisuus on toinen. Verorahat menevät johonkin muuhun, eivätkä veronmaksajat voi itse päättää, mihin ne käytetään. Meillä ei ole mahdollisuutta valita, haluammeko vastaanottaa tietynlaisia palveluja maksamallamme verolla. Vähätkin palvelut, joita saamme, heikkenevät jatkuvasti, ja veronmaksajat jäävät tietämättömiksi siitä, mihin heidän rahansa menevät.

Eikä yrittäjilläkään ole oikeutta päättää, kuinka paljon he voivat nostaa takaisin maksamistaan eläkevakuutusmaksuista. Kun yrittäjä maksaa eläkevakuutustaan, hän saa vain murto-osan omana eläkkeenään, ja suuri osa siitäkin katoaa valtion syövereihin.

Jos meillä olisi oikea itsemääräämisoikeus, meillä olisi mahdollisuus itse päättää, mihin haluamme omat verorahamme käyttää. Tällöin verojen maksaminen ei olisi pakollinen rasite, vaan keino valita, minkälaisiin palveluihin haluamme panostaa ja mitkä asiat ovat meille tärkeimpiä.

MENESTYMISEN VAPAUS

Nousee esiin kysymyksiä siitä, kuinka paljon todellista vapautta meillä on hankkia itsellemme menestystä ja vaurautta. Aluksi ajatus saattaa vaikuttaa rajoittamattomalta – kuka tahansa voi teoriassa ansaita rahaa ja saavuttaa menestystä. Mutta kun tarkastellaan tarkemmin yhteiskunnallisia sääntöjä ja verovelvollisuuksia, huomataan, että todellisuus ei olekaan niin yksinkertainen.

Verottajalle täytyy raportoida jopa kaikkein pienimmätkin ansiot – ja ehkä tulevaisuudessa joudumme ilmoittamaan jopa pienistä satunnaisista tuloista, kuten panttipulloista tai marjanpoiminnasta saadusta rahasta. Tämä saattaa herättää kysymyksen: onko meillä todella vapaus ansaita rahaa, vai onko tämä jatkuva valvonta ja sääntely enemmän esteenä taloudelliselle vapaudelle?

Erityisesti vähävaraisille tämä saattaa tuntua erityisen epäoikeudenmukaiselta. Jos henkilö saa satunnaisesti ylimääräistä rahaa, ei se todellisuudessa pitäisi olla ongelma, varsinkaan jos nämä ansiot eivät uhkaa valtion taloutta. Se avaa keskustelun siitä, kuinka paljon todellista vapautta kansalaisilla on ansaita rahaa ja päättää omista taloudellisista asioistaan, erityisesti silloin, kun verovelvollisuudet ja säännökset näyttävät rajoittavan tätä vapautta.

Tässä korostetaan, kuinka syvälle ulottuvaa holhousta ja kontrollointia verottaja harjoittaa yksilöiden taloudelliseen elämään. Verottaja ei vain valvo suuria tuloja, vaan se ulottuu myös pieniin, arkipäiväisiin ansioihin. On jopa esitetty, että verottaja haluaisi laajentaa verovelvollisuuden niin, että se koskisi myös sellaisia tuloja, jotka syntyvät esimerkiksi marjastamisesta tai tyhjien pullojen keräämisestä. Tämä luo kuvan siitä, että kansalaisten taloudellinen toiminta on jatkuvasti valvottu, ja jopa pienimpiä tuloja pyritään verottamaan.

Erityisesti vähävaraisille tämä tilanne voi tuntua epäreilulta. Jos joku ansaitsee vaikkapa kymmenen tuhatta euroa vuodessa – mikä on selvästi alle köyhyysrajan – verottajaa kiinnostaa tämä summa, vaikka se ei edes riittäisi täysipäiväiseen elämiseen. Tällöin herää kysymys, miksi verovelvollisuuksia ja valvontaa sovelletaan niin tiukasti sellaisiin tuloihin, jotka eivät edes riitä perustoimeentuloon. Tämä herättää pohdintaa siitä, kuinka verotuksen ja valvonnan laajuus voi rajoittaa taloudellista vapautta ja mahdollisuuksia, erityisesti niille, jotka ovat jo ennestään taloudellisesti haavoittuvassa asemassa.

Filosofisesti voidaan tarkastella kysymystä vapaudesta ja itsehallinnasta. Yksilön vapaus on keskeinen teema monissa filosofisissa perinteissä, kuten liberalismissa ja eksistentialismissa. Luvussa pohditaan, kuinka yhteiskunnallinen järjestelmä, erityisesti verotuksen ja sosiaaliturvan kautta, rajoittaa yksilön mahdollisuuksia hankkia ylimääräisiä tuloja ja saavuttaa taloudellista itsenäisyyttä. Tämä herättää kysymyksen siitä, missä määrin valtiolla on oikeus rajoittaa yksilön vapautta elää ja toimia taloudellisesti itsenäisesti, erityisesti silloin, kun kyseessä on henkilö, joka kamppailee jo entuudestaan taloudellisten vaikeuksien kanssa.

Filosofisesti tarkasteltuna tämä tilanne tuo esiin jännitteen yksilön vapauden ja yhteiskunnan sääntöjen välillä. Esimerkiksi John Stuart Millin utilitaristinen filosofia voisi kysyä, missä määrin yhteiskunnan sääntöjen pitäisi palvella suurinta mahdollista hyvää kaikille, ja onko oikeutettua rajoittaa yksilöiden vapauden ilmentymistä, jos se voi johtaa kokonaisuuden hyvinvointiin. Toisaalta, tämä tuo myös esiin teemoja oikeudenmukaisuudesta ja tasa-arvosta: onko oikein, että yhteiskunnassa heikommassa asemassa olevat joutuvat kärsimään enemmän sääntöjen ja taloudellisten rajoitteiden vuoksi?

Juridisesti tässä käsitellään oikeusjärjestelmän ja hyvinvointivaltion roolia yksilön taloudellisen aseman sääntelyssä. Luvussa kuvataan, miten tulojen rajoittaminen tai vähentäminen esimerkiksi toimeentulotuen vuoksi voi estää ihmistä parantamasta taloudellista tilannettaan. Tämä koskee erityisesti oikeuksia ansaita itselleen lisäansioita ilman, että niitä sakotettaisiin tai vähennettäisiin yhteiskunnan tarjoamista tuista.

Tässä voidaan tarkastella oikeusjärjestelmän tasapainoa taloudellisten oikeuksien ja hyvinvointivaltion tarjoamien tukien välillä. Mikäli henkilö ei pysty ansaitsemaan "ylimääräistä" ilman, että se vaikuttaa hänen oikeuksiinsa sosiaaliturvaan, se saattaa tarkoittaa, että yhteiskunnan järjestelmät eivät tue taloudellista ja sosiaalista nousua, vaan ylläpitävät köyhyyttä ja taloudellista epätasa-arvoa. Juridisesti voidaan kysyä, onko tällainen järjestelmä oikeudenmukainen, ja onko yksilöillä oikeus vapaasti tehdä taloudellisia valintoja ilman pelkoa valtion valvonnasta tai rajoituksista.

Yhteiskunnallisesti katsottuna esiin nousee kritiikkiä siitä, miten taloudelliset ja yhteiskunnalliset järjestelmät voivat ylläpitää köyhyyttä ja eriarvoisuutta. Tämä heijastaa laajempia yhteiskunnallisia kysymyksiä, kuten köyhyyden periytyvyyttä, taloudellista liikkuvuutta ja tasa-arvoa. Tällöin huomio kiinnittyy siihen, että vaikka yksilö saattaisi pyrkiä parantamaan asemaansa, verotuksen ja hyvinvointivaltion tukijärjestelmät saattavat itse asiassa rajoittaa tätä mahdollisuutta.

Tämä yhteiskunnallinen rakenne voi luoda yhteiskunnallisen epätasa-arvon kierteen, jossa köyhyys siirtyy sukupolvelta toiselle, koska ihmiset, jotka jo kamppailevat taloudellisesti, eivät saa mahdollisuutta nousta köyhyysrajan yläpuolelle ilman, että he menettävät osan tuestaan. Tällainen järjestelmä voi rajoittaa yhteiskunnallista liikkuvuutta ja estää heikko-osaisten yhteiskunnallista nousua.

Filosofisesti tämä tuo esiin kysymyksiä vapaudesta, itsemääräämisoikeudesta ja yhteiskunnan roolista yksilöiden taloudellisessa elämänkäsityksessä. Se nostaa esiin kysymyksen siitä, onko oikein estää ihmisiltä mahdollisuus parantaa elämäänsä ja pyrkiä taloudelliseen itsenäisyyteen. Jos yhteiskunnan rakenteet pitävät yksilöt köyhyysloukussa, se saattaa estää heiltä mahdollisuuden elää täysipainoista ja vapaata elämää.

Tämä tulkinta voi liittyä esimerkiksi liberalismin perusperiaatteisiin, jotka korostavat yksilön vapauden tärkeyttä. Jos ihmisiltä estetään mahdollisuus parantaa omaa asemaansa, se voi herättää filosofisia kysymyksiä yhteiskunnan oikeutuksesta rajoittaa yksilön elämää ja toimintaa.

John Rawlsin oikeudenmukaisuusteoria voisi tässä tulla esiin, koska hänellä on ajatus siitä, että oikeudenmukaisuus tarkoittaa resurssien jakamista niin, että huonoimmassa asemassa olevat saavat mahdollisimman paljon tukea. Kuitenkin juuri nämä heikommassa asemassa olevat pidetään köyhyydessä ilman mahdollisuutta parantaa omaa asemaansa, mikä voisi olla Rawlsin näkökulmasta epäoikeudenmukaista.

Juridisesti tämä herättää kysymyksiä sosiaaliturvasta, yrittäjyyden tukemisesta ja taloudellisesta liikkuvuudesta. Jos ihmisiltä estetään mahdollisuus ansaita pääomaa tai pytkiä yrittäjyyteen, se voi liittyä oikeudenmukaisuuteen ja tasavertaisiin mahdollisuuksiin. Onko oikeus yrittää ja saada taloudellista itsenäisyyttä perusoikeus, joka kaikilla tulisi olla, riippumatta heidän aiemmista taloudellisista vaikeuksistaan tai luottotiedoistaan?

Jos valtio tai yhteiskunnallinen järjestelmä luo esteitä taloudelliseen liikkuvuuteen (esimerkiksi estämällä pääoman hankkimisen tai yrittämisen aloittamisen ilman säästöjä tai luottotietoja), se voi rajoittaa perusoikeuksia. Tässä herää kysymys siitä, onko yhteiskunnan velvollisuus taata mahdollisuus taloudelliseen liikkumiseen ja itsenäisyyteen kaikille kansalaisille, vaikka heillä olisi aiempia taloudellisia vaikeuksia.

Tässä yhteydessä voidaan myös kysyä, onko yhteiskunnallisten järjestelmien – kuten verotuksen ja tukien – tarkoitus olla pelkästään tukemassa köyhyysrajan alapuolella eläviä, vai pitäisikö yhteiskunnan tarjota myös mahdollisuuksia nousta tästä asemasta pois?

Yhteiskunnallisessa kontekstissa kritiikki kohdistuu yhteiskunnallisiin ja taloudellisiin rakenteisiin, jotka tukevat taloudellista eriarvoisuutta. Se nostaa esiin näkemyksen, että yhteiskunnan eliitti pitää ihmisiä köyhinä ja vähävaraisina hallitakseen heitä ja pitääkseen heidät pienipalkkaisissa ja huonosti palkatuissa työtehtävissä. Tämä viittaa laajempaan yhteiskunnalliseen rakenteeseen, jossa taloudellinen eriarvoisuus, pääoman keskittyminen ja työvoiman hyväksikäyttö toimivat hallinnan välineinä.

Tässä korostetaan sitä, kuinka kapitalistinen järjestelmä voi johtaa ihmisten eriarvoiseen kohteluun ja taloudellisten mahdollisuuksien rajoittamiseen. Tässä voidaan nähdä myös kysymyksiä siitä, kuinka taloudelliset rakenteet estävät yhteiskunnallista liikkuvuutta ja miten heikommin varustellut eivät pääse hyötymään taloudellisen nousun mahdollisuuksista. Tällöin he jäävät elämään jatkuvassa köyhyydessä ja heikommassa taloudellisessa asemassa, mikä on monesti myös yhteiskunnallinen ongelma.

Tässä tulee esiin kysymyksiä vapaudesta, oikeudenmukaisuudesta ja taloudellisista mahdollisuuksista, jotka liittyvät yhteiskunnalliseen ja taloudelliseen järjestelmään. Se herättää pohdintaa siitä, onko oikeudenmukaista estää köyhemmiltä mahdollisuus parantaa asemaansa, ja onko yhteiskunnan rooli tukea vai rajoittaa näitä mahdollisuuksia. Filosofisesti, juridisesti ja yhteiskunnallisesti tämä herättää kysymyksiä siitä, millä tavoin yhteiskunnan rakenteet voivat joko edistää tai estää taloudellista liikkuvuutta ja tasa-arvoa, ja mikä on yksilön rooli yhteiskunnallisessa ja taloudellisessa kehityksessä.

Filosofisesti herää kysymyksiä vapaudesta ja mahdollisuuksista. Yrittäjyyttä tarkasteltaessa tämä viittaa perusperiaatteeseen siitä, että yksilöillä pitäisi olla vapaus kokeilla ideoitaan ja tehdä työtä ilman pelkoa siitä, että heidän mahdollisuutensa epäonnistuvat jollekin ulkopuoliselle taholle (esimerkiksi verottajalle tai Kelalle). Vapaus valita omat elinkeinonsa ja pyrkiä parantamaan asemaansa on monissa filosofisissa traditioissa keskeinen osa inhimillistä hyvinvointia ja elämänlaatua. Luvussa tulee esiin kuitenkin järjestelmä, joka rajoittaa tätä vapautta ja estää ihmisiltä mahdollisuuden yrittää.

Kritiikki kohdistuu myös siihen, että yrittäjien ja luovien ihmisten innovaatiot jäävät usein toteuttamatta, koska taloudelliset esteet ovat liian korkeat. Jos nämä esteet estävät yksilöitä kokeilemasta ideoitaan ja luomasta uusia liiketoimintoja, se on ristiriidassa filosofisten näkemysten kanssa, joissa yksilön vapaus ja mahdollisuus itsensä toteuttamiseen ovat arvokkaita periaatteita.

Juridisesti nousee esiin kysymyksiä perusoikeuksista, erityisesti taloudellisen liikkuvuuden oikeudesta ja elinkeinonvapaudesta. Yrittäjillä pitäisi olla oikeus käyttää omaa pääomaansa ja resurssejaan oman liiketoimintansa pyörittämiseen ilman, että verottaja tai muu viranomainen estää tämän mahdollisuuden. Nykyinen verotus- ja sosiaaliturvajärjestelmä, joka vaikeuttaa uusien yrittäjien asemaa ja ottaa huomioon yrittäjän taloudellisen tilanteen liian tiukasti, voi rajoittaa tätä oikeutta.

Jos verottaja ja Kela eivät ota huomioon yrittäjän erityistarpeita, kuten pääoman käyttöä yrityksen pyörittämiseen, se voi johtaa tilanteeseen, jossa yrittäjä ei kykene käyttämään rahaa ja pääomaa työkalunaan, mikä estää taloudellisen liikkuvuuden ja itsensä elättämisen. Tässä yhteydessä voidaan kysyä, kuinka oikeudenmukaisia ja tasapainoisia verotuksen ja sosiaaliturvan käytännöt ovat uusien yrittäjien näkökulmasta.

Esiin nousee myös yhteiskunnallinen ja taloudellinen ilmiö, jossa verottaja ja Kela pitävät ihmiset "köyhyysloukussa". Tämä on voimakas kritiikki nykyisiä taloudellisia rakenteita kohtaan, jotka voivat estää taloudellista nousua ja itsenäisyyttä. Se viittaa siihen, että yhteiskunnan rakenteet eivät tue köyhyydessä elävien ja yrittämistä kokeilevien ihmisten asemaa, vaan pikemminkin rajoittavat heitä, kun he yrittävät parantaa asemaansa.

Yhteiskunnan rooli tässä on keskeinen: jos ihmiset eivät pysty nousemaan köyhyydestä ja heidät pidetään matalapalkkaisessa ja heikommassa taloudellisessa asemassa, se voi estää yhteiskunnan taloudellista liikkuvuutta ja yksilön kykyä parantaa omaa asemaansa. Kappaleessa kritisoidaan juuri tätä rakenteellista estettä, joka estää köyhyydestä nousemisen ja yrittäjyyden toteutumisen. Yhteiskunnallisesti tämä voi johtaa yhä suurempaan eriarvoisuuteen ja luoda pysyvän eron eri väestöryhmien välillä.

Tulkinnassa voidaan myös ottaa huomioon psykologinen ulottuvuus: yrittäminen voi olla stressaavaa ja epävarmaa, ja jos verottaja ja muut viranomaiset asettavat jatkuvasti esteitä yrittäjälle, tämä voi lisätä epävarmuutta ja pelkoa. Pelko siitä, että yrittäminen voi epäonnistua taloudellisten rajoitteiden takia, voi estää yrittäjää kokeilemasta tai jatkamasta liiketoimintaa, vaikka ideat olisivat hyviä.

Yrittäjälle tärkeä elementti on taloudellinen turva ja mahdollisuus kokeilla ideoita ilman pelkoa siitä, että koko taloudellinen elämä kaatuu viranomaisten aiheuttamien esteiden takia. Jos yrittäjällä ei ole vapauden tunnetta taloudellisessa toiminnassaan, hän saattaa jäädä pysyvästi jumiin nykyiseen asemaansa, mikä voi johtaa sekä taloudelliseen että psykologiseen ahdinkoon.

Yrittäjyys ja taloudellinen itsenäisyys on vaikeutettu byrokratiaan ja viranomaisten sääntöihin, kuten verotukseen ja Kelan käytäntöihin. Filosofisesti tämä liittyy vapauteen ja oikeudenmukaisuuteen, ja juridisesti siihen, onko ihmisillä oikeus käyttää pääomaa ja resurssejaan elinkeinonsa kehittämiseen. Yhteiskunnallisesti se kritisoi taloudellisten esteiden luomista köyhyydestä nouseville ihmisille, jotka eivät pääse yrittämällä parantamaan asemaansa.

Laillisin keinoin köyhyydestä nouseminen on äärimmäisen vaikeaa, sillä järjestelmä on rakennettu siten, että pienikin ylimääräinen tulo tai säästö vie nopeasti tuet pois, joko verottamalla tai eväämällä muita sosiaaliturvaetuuksia, kuten Kelan tukia. Tämä luo selkeän esteen ihmisille, jotka yrittävät parantaa taloudellista tilannettaan. Onkin ilmeistä, että tällainen järjestelmä on suunniteltu siten, että suuri osa väestöstä jää pysyvästi matalapalkka- ja epävarmoille työmarkkinoille, joita ei voi paeta ilman merkittävää taloudellista tukea.

Tämä vaikuttaa tarkoitukselliselta: ihmisille annetaan vain pieniä mahdollisuuksia päästä eteenpäin, mutta ne mahdollisuudet ovat huonosti palkattuja, epävarmoja töitä, jotka eivät riitä parantamaan elämänlaatua. Kun ihmiset ajautuvat näihin huonoihin työtilanteisiin, he jäävät ansaan, koska heillä ei ole muuta vaihtoehtoa. Tämä luo oravanpyörän, jossa köyhyys ja epävarmuus pitävät ihmiset jumissa, estäen heitä saavuttamasta parempaa elämää ja mahdollisuuksia.

Kelan käytäntöjä voisi myös tarkastella siitä näkökulmasta, kuinka se estää ihmisiä saamasta edes pientä taloudellista hengähdystaukoa. Jos Kela huomaa, että tilille on tullut esimerkiksi lainaa sukulaiselta tai kaverilta, se huomioidaan tuloina toimeentulotukilaskelmassa, vaikka kyseessä on vain velka, joka on tarkoitus maksaa takaisin. Tämä voi johtaa siihen, että toimeentulotuki vähenee, vaikka henkilö ei ole saanut oikeasti lisää rahaa. Kela antaa anteeksi tämän vain, jos laina maksetaan takaisin saman kuukauden aikana – mutta käytännössä tämä on monelle Kelan asiakkaalle lähes mahdoton ehto täyttää. Lainan takaisinmaksu ei kuitenkaan auta, sillä vaikka laina maksetaan takaisin, Kela ei hyväksy sitä menoksi, vaikka todellisuudessa se on sitä.

Kela ei myöskään ota huomioon pelivoittojen todellista luonteenmukaista tilannetta. Pelivoitot saattavat näkyä tilillä, mutta Kela ei huomioi sitä rahaa, joka on alun perin käytetty pelifirmoille ennen voittamista. Tällöin verottaja ja Kela näkevät vain voitetun summan, eivätkä ota huomioon, kuinka paljon rahaa on mennyt ennen voittoa. Tämä vääristää todellista taloudellista tilannetta ja tekee köyhyysloukusta vielä entistä tukalampaa.

ASENTEET JA ETIKETTISÄÄNNÖT

Asenteet, etikettisäännöt ja toisten luomat odotukset meitä kohtaan ovat usein tekijöitä, jotka kaventavat vapauden tunteemme ja itseilmaisumme mahdollisuuksia. Arvot ja normit, jotka yhteiskunta tai ympäristö meille asettaa, saattavat ohjata käyttäytymistämme tavalla, joka ei ole linjassa omien todellisten toiveidemme ja mieltymystemme kanssa. Moni meistä elää ikään kuin muiden odotuksia täyttääkseen, sen sijaan, että toimisi omista haluistaan käsin.

Pukeutumisessa ja ulkonäössä tämä paine näkyy selvästi: muoti ja etiketti sanelevat usein, miltä meidän tulisi näyttää ja millä tavoin meidän tulisi käyttäytyä. Vaikka henkilö saattaisi itse valita toisenlaisen tyylin, muotiteollisuuden ja ympäröivän kulttuurin luomiin sääntöihin mukautuminen on monelle lähes pakollista. Myös auton merkki ja väri voivat olla valintoja, jotka eivät vastaa omia toiveitamme, vaan ovat seurausta muiden ihmisten vaikutusyrityksistä tai sosiaalisista paineista.

Sama koskee hiusten pituutta ja tyyliä. Ympäristön odotukset ja pelko erottumisesta voivat saada meidät valitsemaan turvallisen, "hyväksytyn" ulkonäön sen sijaan, että antaisimme sen vapaasti ilmentää omia yksilöllisiä piirteitämme. On helppo jäädä kiinni sosiaaliseen hyväksynnän kierteeseen ja haluta sulautua joukkoon, vaikka se tarkoittaisi omien toiveiden ja halujen sivuuttamista. Tällainen ulkopuolinen paine voi rajoittaa kykyämme elää omien periaatteidemme mukaisesti, ja estää meitä tuntemasta itseämme vapaaksi ja aidoksi.

Poliittinen kanta ja mielipiteet voivat olla yllättävänkin riippuvaisia ympäristön odotuksista ja sosiaalisesta paineesta. Moni ei uskalla ilmaista itseään selvästi valtavirrasta poikkeavalla tavalla, tai jos uskaltaakin, se tapahtuu usein vain tietyssä, turvallisessa piirissä, jossa omaa kantaa ei aseteta kyseenalaiseksi. Usein tämä mielipiteenilmaisu on vain näennäistä yhteisymmärrystä, sillä vaisto voi sanoa jotain aivan muuta, mutta pelko ulkopuolelle jäämisestä estää totuuden ilmaisemisen.

Samalla tavalla myös musiikkimakumme voivat olla muiden ihmisten mielipiteiden ja odotusten sanelemia. Monet valitsevat kuunneltavakseen vain sitä musiikkia, joka ei herätä ristiriitoja tai "ärsytä" ympärillä olevia, vaikka sydämessään saattaisivat kaivata täysin eri tyylistä musiikkia. Tämä taipumus mukautua ei ole todellista vapautta, vaan pikemminkin pakkoa miellyttää muita ja elää niiden odotusten mukaan, jotka eivät ole omia. Kun emme uskalla olla itseämme ja valita omia mieltymyksiämme, vapaus jää kauas, ja elämme usein roolissa, joka on enemmän muiden kuin oman itsen mukainen.

Sananvapaus, mielipiteen vapaus ja mielipiteen ilmaisun vapaus ovat perusperiaatteita, jotka luovat pohjan demokraattiselle yhteiskunnalle. Kuitenkin näihin vapauksiin sisältyy myös vastuu, sillä vapaus ei tarkoita rajatonta oikeutta toimia ilman seuraamuksia. Amerikassa sanotaan, että jokaisella on oikeus heristää nyrkkiä, mutta tämä oikeus loppuu ennen kuin se koskettaa toisen nenää – eli toisten vahingoittaminen ei ole sallittua, vaikka mielipiteensä voisi tuoda esille vapaasti. Tämä ajatus heijastaa syvempää pohdintaa siitä, kuinka vapaus ja vastuu kulkevat käsi kädessä.

Suomessa tätä vapautta ollaan rajoittamassa yhä enemmän, erityisesti sosiaalisessa mediassa ja internetissä. Verkkokeskusteluissa rajat sananvapaudelle voivat hämärtyä, ja on huomattavissa, että entistä tiukemmin valvotaan, millaisia mielipiteitä voidaan esittää ja millä tavalla. Vaikka meillä on perusoikeus ilmaista itseämme, tämä vapautemme on kuitenkin alttiina yhteiskunnan, kulttuurin ja jopa teknologian luomille rajoille. Mikä on oikea tasapaino vapauden ja vastuun välillä? Voimmeko olla täysin vapaita ilmaisemaan itseämme, jos se vaikuttaa toisten elämään tai oikeuksiin? Tätä kysymystä pohdimme yhä enemmän digitaalisessa aikakaudessa, jossa rajoitukset ja mahdollisuudet kulkevat käsi kädessä.

Tässä nousee esiin erittäin ajankohtaisia ja tärkeitä kysymyksiä sananvapaudesta, mielipiteen ilmaisusta sekä siitä, miten sosiaalisen median ja muiden digitaalisten alustojen valvonta voi rajoittaa yksilön oikeuksia. Se, että jollakulla on oikeus esittää eriäviä mielipiteitä, on olennainen osa demokraattista yhteiskuntaa. Mielipiteen ilmaiseminen, erityisesti silloin, kun se eroaa valtavirrasta, on ollut keskiössä monissa viimeaikaisissa keskusteluissa, kuten esimerkiksi koronarokotteista käydyissä väittelyissä.

Jos henkilö esittää kriittisen mielipiteen esimerkiksi rokotteen turvallisuudesta, ja tämä mielipide poikkeaa vallitsevasta narratiivista, se voi nopeasti kohdata leiman disinformaatiosta tai misinformaatiosta. Sosiaalinen media ja internet-alustat ovat alkaneet yhä enemmän valvoa ja sensuroida tällaisia mielipiteitä. Näin ollen, vaikka kyseessä olisi yksilön henkilökohtainen näkemys, joka perustuu hänen omiin kokemuksiinsa, huoleensa tai tutkimuksiinsa, se saatetaan torjua ilman mahdollisuutta keskustella asiasta avoimesti ja perustellusti. Tämä on ongelmallista, koska se voi estää rehellisen ja avoimen keskustelun, joka on elintärkeää yhteiskunnalliselle kehitykselle ja yleiselle hyvinvoinnille.

Erityisen huolestuttavaa on, että vaikka nämä poikkeavat mielipiteet saattavat saada sosiaalisen median alustojen ylläpitäjiltä kyseenalaisia leimoja, kuten "harhaanjohtava tieto" tai "disinformaatio", ne eivät kuitenkaan katoa täysin. Ne jäävät usein piilotetuksi, joko täysin poistettuina tai piilotettuina alustan taustalle, ja niitä voidaan käyttää myöhemmin käyttäjiä vastaan, mikä tuo mukanaan huomattavan eettisen ja oikeudellisen ongelman. Tällöin yksilön sananvapaus ei ole vain rajoitettua, vaan myös täysin jäljitettävissä ja valvottavissa.

Kysymys siitä, mitä pidetään "totuutena" ja mitä voidaan pitää "vääränä" mielipiteenä, on aina ollut kiistanalainen. Mielipiteet, jotka poikkeavat vallitsevasta narratiivista, eivät ole disinformaatiota, vaan ovat usein aivan yhtä laillisia mielipiteitä kuin valtavirtasuuntausten kannatus. Tiedon arviointi, validointi ja jakaminen ovat monimutkaisempia prosesseja kuin yksinkertainen "oikea" vs. "väärä" ja tämä on nähtävä myös sosiaalisessa mediassa ja muilla digitaalisilla alustoilla.

Vapaus esittää oma mielipide ilman pelkoa sensuurista tai seuraamuksista on keskeinen osa yksilönvapautta. Mikäli tämä vapaus rajoittuu, se vaikuttaa syvästi yhteiskunnan avoimuuteen ja demokraattisiin periaatteisiin. On tärkeää, että keskustelua käydään monenlaisista näkökulmista ja että ihmisillä on oikeus esittää omia mielipiteitään ilman pelkoa siitä, että heidän sanomansa poistetaan tai heitä rangaistaan. Tässä asiassa ei ole helppoja vastauksia, mutta avoin keskustelu ja jatkuva tarkastelu ovat avainasemassa, jotta voidaan löytää tasapaino sananvapauden ja väärän tiedon levittämisen estämisen välillä.

Lain mukaan Suomessa jokaisella kansalaisella on oikeus muodostaa omat mielipiteensä ja ilmaista ne vapaasti. Tämä sananvapaus tarkoittaa oikeutta esittää, jakaa ja vastaanottaa tietoa, mielipiteitä ja viestejä ilman ennakkoon tapahtuvaa estämistä tai sensuuria. Kuten laki säätää, sananvapaus on perusoikeus, joka kuuluu kaikille kansalaisille.

Mutta toteutuuko tämä perusoikeus todella arkitodellisuudessa? Miten vapaus ilmaista oma mielipide näyttäytyy käytännössä nykypäivän yhteiskunnassa?

Sosiaalinen media on yksi keskeinen esimerkki siitä, kuinka sananvapaus voi käytännössä olla rajoitettua. Vaikka laissa sanotaan, että mielipiteen ilmaisua ei saa estää, sosiaalisen median alustat ovat luoneet omat sääntönsä, jotka käytännössä voivat rajoittaa tätä vapautta. Alustat, kuten Facebook, Instagram ja YouTube, eivät enää ainoastaan tarjoa foorumia keskustelulle, vaan ne myös valvovat ja säätelevät, mitä sisältöä voidaan julkaista ja kuinka näkyväksi se tulee. Palkatut "faktantarkastajat" tarkistavat ja usein rajoittavat sisältöjen näkyvyyttä, jos ne eivät vastaa vallitsevaa tai hyväksyttyä narratiivia.

Tämän lisäksi sosiaalisen median algoritmit ovat keskeisessä roolissa siinä, miten jaetaan tietoa ja kuinka sen näkyvyys määräytyy. Algoritmit suosivat usein valtavirrassa olevia näkökulmia ja piilottavat poikkeavat mielipiteet tai vaihtoehtoiset tiedot, vaikka ne olisivat täysin perusteltuja ja laillisia. Tämä voi johtaa siihen, että ihmiset pelkäävät ilmaista mielipiteitään avoimesti, koska he saattavat kohdata rajoituksia tai jopa sensuuria.

Vaikka laki takaa sananvapauden, käytännön tilanne voi olla huomattavasti monimutkaisempi ja rajoitetumpi kuin mitä lakikirjat antavat ymmärtää. Sosiaalinen media, joka nykyisin on monille tärkein paikka mielipiteen ilmaisemiselle ja keskustelulle, ei enää takaa täysin vapaata sananvapautta. Tässä valossa onkin tärkeää kysyä: voiko sananvapaus todella toteutua, jos sen ilmaiseminen on jatkuvasti alisteista algoritmeille ja yksityisten yritysten sääntöjen mukaiselle valvonnalle?

On olemassa myös henkilöitä, jotka tarkoituksellisesti pahoittavat mielensä ja esittävät loukkaantuneensa enemmän kuin mitä todellisuudessa kokevat. Tämä käyttäytyminen on usein strategista, ja näiden henkilöiden motiivina on rajoittaa toisten sananvapautta ja ilmaisunvapautta. He voivat jatkuvasti etsiä sanoista ja tilanteista mahdollisia loukkauksia, ja kun he löytävät edes pienimmänkin rikkeen, he ovat valmiita viemään asian oikeuteen asti.

Tällaisessa käyttäytymisessä voi ilmetä piirteitä, jotka muistuttavat narsismia, erityisesti silloin, kun loukkaantuminen on väline, jonka avulla pyritään saamaan valtaa toisten yli ja manipuloimaan tilannetta omaksi hyödyksi. Nämä henkilöt eivät välttämättä ole aidosti loukkaantuneita, vaan heidän tärkein motiivinsa on usein henkilökohtainen etu, kuten taloudellinen hyöty, joka saadaan oikeusprosessien kautta. He voivat yrittää hyödyntää oikeudellisia keinoja rahallisesti, ilman todellista huolta itse asiasta, joka on väitetysti loukkaavaa.

Tällainen käyttäytyminen ei ole vain yksittäisten konfliktien seurausta, vaan se voi muodostaa laajemman ilmiön, jossa ihmiset käyttävät oikeusjärjestelmää ja sananvapautta vääristellen omien henkilökohtaisten etujensa ajamiseen. Tällöin yhteiskunnan oikeusjärjestelmä voi joutua kuormittumaan ja toisten vapaus mielipiteen ilmaisemiseen voi kaventua, kun ihmiset alkavat pelätä vastakkaisten mielipiteiden tuomitsevia seurauksia.

Sananvapauden rajoittaminen on nykyään jatkuvasti esillä, ja useissa tilanteissa ihmiset joutuvat pelkäämään, että heidän omia mielipiteitään käytetään syytöksinä ja rikoksina, vaikka niiden alkuperä ei olekaan ollut haitallinen. Tämän kaltaisessa ilmapiirissä, jossa halutaan löytää perusteita syyllistämiselle, yksilön oikeus ilmaista oma mielipiteensä on vaarassa. Koko yhteiskunta saattaa muuttua entistä sensuroivammaksi, jos keskustelun ilmapiiri muuttuu sellaiseksi, että mikä tahansa toisen mielipide voidaan tulkita hyökkäykseksi tai loukkaukseksi.

Ei ole kieltämätöntä, etteikö joissain tilanteissa olisi tärkeää säädellä sanojen vaikutuksia, jos ne aiheuttavat todellista haittaa tai vahinkoa. Kuitenkin, jos joku yksilö kokee mielenosoituksia tai eriäviä mielipiteitä loukkaaviksi, on parempi, että hän käsittelee asian itseään koskien ennen kuin nostaa sitä julkisesti esille. Näin hän välttää luomasta ilmapiiriä, jossa erimielisyyksiä käytetään vääriin tarkoituksiin, ja samalla antaa vääränlaisen esimerkin niille, jotka haluaisivat käyttää oman oikeutensa väärin. On tärkeää muistaa, että maailmassa on äärettömästi erilaisia mielipiteitä, eikä voi olla olemassa sellaista mielipidettä, joka olisi täysin miellyttävä kaikille. Meidän pitäisi pystyä hyväksymään se, että erimielisyyksiä tulee aina olemaan, eikä niiden vuoksi tarvitse rakentaa valtavaa ongelmaa.

Se, että Jeesus Kristus sovitti meidän syntimme, on monille ihmisille syvässä uskossa ja uskon vapaudessa oleva perusopetus, jota tulisi pitää yleisesti hyväksyttävänä ja hyvänä asiana. Valitettavasti tämä tärkeä ja positiivinen sanoma on kuitenkin monille tullut kiistaksi ja loukkausten lähteeksi, ja siitä on rakennettu isoja tunteita ja ristiriitoja. Jos joku tahallaan nostaa toisen mielipiteestä metelin ja tekee siitä suuren numeron, hän ei vain vie tilaa rehelliseltä keskustelulta, vaan riistää toisen perusoikeuden, eli oikeuden ilmaista oma mielipiteensä vapaasti. Mielipiteen ilmaiseminen ei saisi olla kiistanalainen asia, mutta nykyisin se on usein vaarassa joutua vaientamattomien ”loukkautumisten” pyörteisiin.

Asenteella on valtava voima ihmissuhteissa. Jos jollakin on negatiivinen asenne toista kohtaan, se luo estettä vapaalle ja avoimelle vuorovaikutukselle.

Tällöin toinen ei voi olla oma itsensä, vaan kokee itsensä vaivautuneeksi ja epäluontevaksi. Tämä voi johtaa siihen, että pelkkä toisen henkilön läsnäolo herättää ahdistusta, vaikka ei olisi mitään ilmeistä syytä.

Tämä ilmiö ei aina ole tietoinen. Monesti ihmiset eivät edes huomaa, kuinka heidän asenteensa vaikuttavat toisiin. Tällöin henkilö voi olla huomaamattaan töykeä ja luoda epämiellyttävän ilmapiirin, vaikka ei tarkoittaisikaan sitä. Tämä voi olla osa hänen luonteenpiirrettään, eikä hän itse edes ymmärrä, miksi toiset saattavat kokea olonsa epämukavaksi hänen seurassaan.

Toisaalta voi olla myös tahallista töykeyttä, jossa toinen henkilö tietoisesti pyrkii aiheuttamaan epämukavuutta ja haittaa. Tämä on huomattava ero, vaikka lopputulos olisikin samankaltainen. Molemmissa tapauksissa kuitenkin on kyse siitä, kuinka voimakkaasti asenteet vaikuttavat ihmisten välisiin suhteisiin ja kuinka ne voivat kaventaa toisen vapauden ja itsemääräämisoikeuden tällaisessa ilmapiirissä.

MEIDÄT KASVATETAAN ORJIKSI

Meille painotetaan nykyään moninaisuuden arvoja, ja usein kuulemme puhuttavan luonnon ja sukupuolten moninaisuudesta. Monikulttuurisuus ja sukupuolten moninaisuus nähdään tärkeinä ja positiivisina aspekteina yhteiskunnassa, mutta samalla rajoitetaan niitä sanoja ja käsitteitä, jotka aiemmin olivat osa arkipäiväistä kieltä ja keskustelua. Meitä ihmisiä on monenlaisia, ja tämä moninaisuus on luonnollinen osa ihmiskunnan olemusta, mutta tänä päivänä on tullut tabuksi käsitellä ihmisrodun tai sukupuolen kysymyksiä perinteisillä tavoilla.

Vaikka tiedämme kaikki, että olemme yksilöitä ja että ihmisrotuja on erilaisia, yhteiskunta on nykyisin taipuvainen estämään näistä asioista puhumisen. Ennen rodullisia eroja ei arvioitu ongelmaksi, vaikkakin rasismilla ja rotusorrolla on ollut pitkä ja vaikuttava historia, ja se on saanut aikaan sen, että joidenkin rotujen edustajia on pidetty vähempiarvoisina. Tämän vuoksi myös rotukysymykset ovat nykyään erityisen herkkiä, ja on pyritty varmistamaan, ettei tiettyjä sanoja tai käsitteitä käytetä, sillä pelätään niiden herättävän syrjintää ja halveksuntaa.

Samalla sukupuoli- ja seksuaalisuusasiat ovat myös muuttuneet osaksi tätä keskustelua. Aiemmin tiettyjä seksuaalisuuden tai sukupuolen ilmentymiä pidettiin sairauksina tai kehityshäiriöinä, mutta nykyään näitä "poikkeuksia" pyritään käsittelemään tavalla, joka tuo ne osaksi yhteiskunnan hyväksymiä normeja. Vaikka tämä voi tuntua edistykselliseltä, on samalla tunnustettava se, että tällaiset asiat eivät ole aivan yhtä tavallisia kuin se, mikä yleensä ymmärretään valtavirraksi. Tässä on kysymys siitä, kuinka yhteiskunta haluaa hallita keskustelua ja käsityksiä, ja kuinka moninaisuuden puolustaminen saattaa itse asiassa kahlita vapauttamme sanoa ja ajatella asioita vapaasti ja rehellisesti.

Tämä ristiriita luo jännitteen, jossa meitä ohjeistetaan ja jopa pakotetaan tiettyihin asenteisiin ja käsityksiin, joita ei saisi kyseenalaistaa. On kuin meitä kasvatettaisiin kohti orjuudeksi kehittynyttä ajattelua, jossa meiltä viedään mahdollisuus ilmaista monimutkaisempia ajatuksia ilman pelkoa syrjityksi tulemisesta tai leimautumisesta.

Nykyinen kasvatuskulttuuri perustuu vahvasti ajatukseen, että kaikkien yksilöiden pitäisi kasvaa saman mallin mukaan, ja että tietynlaisten ihanteiden mukaan elävät lapset ja nuoret ovat normaaleja ja terveitä. Tässä kulttuurissa psykologit ja asiantuntijat laativat tilastollisten analyysien pohjalta ohjeita siitä, millaista käyttäytymistä, kehitystä ja elämänvaiheita pidetään ideaalina eri ikäryhmissä. Tällöin, jos yksilö poikkeaa tästä ihanteellisesta kehityksestä – oli kyseessä temperamentti, käyttäytyminen tai oppimiskyky – se tulkitaan helposti poikkeamana, ja saattaa saada leiman jonkinlaisena "kehityshäiriönä". ADHD, autismikirjo ja monet muut diagnoosit ovat esimerkkejä siitä, kuinka yksilölliset piirteet tai poikkeamat voivat saada patologisen leiman.

Kuitenkin tämä ajattelutapa on yksinkertaistus ja yhteiskunnallisesti luotu malli. On olemassa valtava kirjo erilaisia persoonallisuuksia, temperamentteja ja kykyjä, eikä kaikki näistä mahdu kaavaan, jossa vain tietynlaiset, "keskiarvoa" edustavat piirteet nähdään terveinä. Tällöin syntyy tarve selittää ja määritellä kaikki poikkeavat piirteet sairauksiksi ja lääketieteellisiksi ongelmiksi. Tämä puolestaan avaa oven lääketeollisuuden valtavalle markkinalle, joka tuottaa toisinaan tarpeettomia ja jopa haitallisia lääkkeitä, jotka eivät ole yksilön hyvinvointia edistäviä, vaan pikemminkin yhteiskunnallisten normien mukauttamiseen tähtääviä.

Tosiasiassa on hyvin vähän täysin "keskiarvoisia" ihmisiä, koska ihmiset ovat luonteeltaan ja temperamentiltaan äärimmäisen erilaisia. Kasvatuskulttuurin ja lääketieteellisen mallin tarkentaminen keskiarvon ympärille tarkoittaa sitä, että yhä useammat yksilöt, jotka eivät sovi tähän kapeaan kehitysmalliin, joutuvat sairauden määritelmän alle. Tämä ei kuitenkaan ole luonnollista, vaan kulttuurisesti ja yhteiskunnallisesti rakennettua – tapa, jolla "poikkeavuuksia" käsitellään ja ihmisten luonteenpiirteitä määritellään patologisiksi.

Tästä tulee ongelma, koska tämä ajattelutapa ei vain rajoita yksilöiden vapauden ilmentämistä, vaan se myös tuottaa syrjintää ja sulkee pois yksilöt, jotka eivät sovi perinteisiin, yhteiskunnan määrittämiin muotteihin. Samalla se avaa lääketeollisuudelle ja muille kontrolloiville mekanismeille roolimallia, jonka tehtävänä on hallita ja ohjata poikkeavaa käyttäytymistä niin, että se saadaan sopimaan hyväksyttäviin kehityskulkuihin ja normeihin.

On kysymys siitä, miten yhteiskunnan odotukset ja paineet vaikuttavat yksilöiden kykyyn olla aitoja ja omia itsejään. Se nostaa esiin kysymyksen siitä, miten yksilöiden monimuotoisuus ja ainutlaatuisuus saattavat kadota yhteiskunnan asettamien standardien ja normien takia. Voidaan todeta, että jos yhteiskunta ja sen kulttuuriset rakenteet korostavat yhä enemmän tiettyjä malleja ja poikkeavuuksia ei hyväksytä, se voi johtaa siihen, että ihmiset alkavat piilottaa todelliset piirteensä ja sopeutuvat epäaidosti valtavirran vaatimuksiin.

Tässä on kyse niin sanotusta "sopeutumispaineesta", jossa yksilöt tuntevat, että heidän on pakko mukautua tietynlaisiin rooleihin ja käyttäytymismalleihin, vaikka se ei vastaisikaan heidän sisäistä luonteenpiirrettään. Tämä voi johtaa siihen, että ääripäiden edustajat, oli kyseessä sitten äärimmäinen hiljaisuus tai voimakas temperamentti, alkavat teeskentelemään jotain muuta. He saattavat alkaa piilottaa itsensä ja toimia täysin päinvastoin kuin todellisuudessa haluaisivat, peläten tuomituksi tulemista tai ulkopuolelle jäämistä.

Tällainen kehitys on merkki siitä, että yhteiskunnan vapautta ja yksilön mahdollisuutta olla oma itsensä ajetaan nurkkaan. Sen sijaan, että ihmisiä kannustettaisiin olemaan oma itsensä, heidät pakotetaan sulautumaan valtavirran odotuksiin. Tämä prosessi voi johtaa siihen, että ihmiset eivät enää uskalla näyttää tai jopa tunnistaa omia erityispiirteitään, vaan he valitsevat "sopeutumisen" vain sen vuoksi, että se on yhteiskunnallisesti hyväksyttävää.

On tärkeää huomata, että tämä ei vain kavenna yksilön vapautta, vaan myös köyhdyttää kulttuuria ja yhteiskuntaa. Kun jokaisella ihmisellä on rooli ja malli, johon hänen tulee mahtua, tämä rajoittaa mahdollisuuksia luovuuteen, omaperäisyyteen ja erilaisten ideoiden esiin tuomiseen. Näin yhteiskunta menettää sen rikkauden, joka syntyy yksilöiden moninaisuudesta ja kyvystä ajatella ja toimia eri tavoin.

Tulevaisuudessa tämä voi johtaa eräänlaisen "harmaan massan" syntymiseen, jossa kaikki ihmiset käyttäytyvät ja elävät hyvin samankaltaisilla tavoilla. Tällöin yhteiskunta ei enää arvosta yksilöllisyyttä, vaan se pyrkii pakottamaan kaikki samalle linjalle. Tämä voi olla pelottava suuntaus, sillä se vähentää ihmisten kykyä elää vapaasti ja aidosti, ja yhteiskunnasta tulee entistä enemmän paikka, jossa "poikkeaminen" on pelottavaa ja vaarallista.

Lopulta tämä herättää kysymyksen: onko todella mahdollista olla vapaa, jos olemme jatkuvasti alistettuina yhteiskunnan ja muiden ihmisten odotuksiin? Onko yksilön oikeus olla oma itsensä vain illuusio, joka murenee yhteiskunnallisten paineiden alla?

TUOMIO JA VAPAUTUMINEN

Tämä kysymys rikollisen vapautumisesta ja sen jälkeen tapahtuvasta elämän mahdollisuuksista on todella syvällinen ja haastaa monia peruskäsityksiä oikeudenmukaisuudesta ja yhteiskunnan rakenteista. Filosofisesti pohdittuna tämä tilanne liittyy siihen, mitä todella tarkoittaa olla vapaa ja mitä vapaus on rikoksen tehneelle. Onko yksilön vapaus todella palautettu, jos hänen menneisyytensä seuraa häntä jatkuvasti ja estää hänen paluunsa yhteiskuntaan täysin? Onko vapautuminen vankilasta pelkkä fyysinen vapaus, vai tarkoittaako se myös sitä, että henkilö voi palata yhteiskuntaan ja elää ilman yhteisön jatkuvaa tuomitsevaa katsetta?

Juridiikan näkökulmasta tilanne on monivaiheinen. Lain mukaan rikoksentekijällä on oikeus rangaistuksen suorittamisen jälkeen palata yhteiskuntaan, ja hänelle tulisi taata mahdollisuus elää rikoksettomasti. Kuitenkin käytännössä tämä on usein ristiriidassa yhteiskunnan muiden jäsenten asenteiden kanssa. Lehdistön julkaisema nimi ja tiedot rikoksesta voivat jäädä häilyväksi leimaksi, joka saattaa estää entistä rikollista toimimasta normaalisti yhteiskunnassa. Vaikka tuomio on juridisesti päättynyt, ihmisten muistot ja stereotypiat voivat estää täysin uutta alkua. Onko tämä yhteiskunnan tiedostamaton, mutta kuitenkin todellinen "lisärangaistus"? Tässä kohtaa lainsuojan periaate joutuu koetukselle, sillä vaikka lain mukaan rikollinen on "vapaa" vankeuden jälkeen, hänen yhteiskunnallinen vapautensa saattaa olla todellisuudessa rajattu.

Tässä on myös kysymys oikeudenmukaisuudesta ja siitä, missä määrin yhteiskunta on valmis antamaan ihmiselle mahdollisuuden kasvaa ja muuttua. Rikoksentekijän sopeutuminen vapaaseen elämään vaatii usein enemmän kuin pelkkää fyysistä vapautta; se vaatii myös henkistä ja sosiaalista tukea. Vankilassa asutaan omassa kuplassaan, jossa säännöt ovat tiukat ja yhteiskunnan arkea on rajoitettu. Vangin vapautuminen edellyttää kykyä sopeutua moniin muutoksiin, ja monesti tämä sopeutuminen jää kesken, koska vankilasta vapautuvan taakka ei ole vain rikostuomio, vaan myös sen julkinen leima. Muiden ihmisten ennakkoluulot ja epäluulo voivat estää entistä rikollista elämään täysipainoista elämää.

Tämä tuo esiin myös kysymyksen yhteiskunnan kyvystä uskoa muutokseen ja antaa anteeksi. Yhteiskunta ei ole aina valmis tunnustamaan, että ihmiset voivat muuttua, vaikka laki antaisi sille mahdollisuuden. Vankilasta vapautuva henkilö voi kohdata sen, että yhteiskunta ei salli hänen paluuta osaksi sitä, vaan hän jää hylätyksi, leimatuksi ja katkeraksi. Tällöin kysymys ei ole vain siitä, onko rikoksentekijä vapaa, vaan siitä, mitä vapaus todella tarkoittaa, jos sitä ei anneta mahdollisuutta elää täydellisesti.

Filosofisesti voidaan kysyä, onko oikein antaa rikoksen maksaa niin pitkään sen jälkeen, kun rangaistus on suoritettu? Jos yhteiskunta jatkuvasti pitää yllä menneisyyttä, estäen entistä rikollista sopeutumasta, voiko hän koskaan olla täysin vapaa? Entä onko yhteiskunta itse osaltaan syyllinen, kun se ei ole valmis antamaan ihmiselle mahdollisuutta alkaa alusta, vaikka lain mukaan hänelle olisi se oikeus?

Kun toimittajat julkaisevat rikollisen nimen lehdessä, herää kysymys siitä, miksi näin tehdään. Vangit eivät ole enää vapaalla jalalla, eivätkä he ole uhka yhteiskunnalle sillä tavalla kuin ennen tuomiotaan. Heidän vankeutensa itsessään on yhteiskunnan tapa osoittaa, että rikos on saatu rangaistuksi. Mikäli rikoksentekijä on jo tuomittu ja suorittaa rangaistustaan, hänen nimensä julkaiseminen lehdistössä ei perustu enää lain tai oikeudenmukaisuuden palveluun, vaan enemmänkin tiedonjanon ja sensaationhakuisten journalististen käytäntöjen täyttämiseen.

Tässä kohtaa voidaan kysyä, miksi toimittajat kokevat tarpeelliseksi "tuomita" ihmisen uudelleen lehdistön avulla, kun laki on jo käsitellyt asian. Vangin elämä on jo monesti moninkertaisesti rajoitettua vankeudessa, mutta tämän julkinen leimaaminen saattaa estää hänen mahdollisuuksiaan palata yhteiskuntaan normaalisti, edes vapauduttuaan. Vangin nimi, joka julkaistaan sensaationhakuisten otsikoiden alla, saattaa seurata häntä paljon pidempään kuin se, mitä laki olisi koskaan tarkoittanut. Tämä voi käytännössä sabotoida hänen mahdollisuutensa sopeutua yhteiskuntaan ja elää normaalisti.

Lähtökohtaisesti on selvää, että jokaisella ihmisellä tulisi olla oikeus uuteen alkuun, ja rikoksen maksaminen pitäisi päättyä rangaistuksen suoritukseen. Kun henkilö on tuomittu ja kärsinyt tuomionsa, hänen pitäisi saada palata yhteiskuntaan ilman ennakkoluuloja ja ulkopuolista tuomitsemista. Tällöin hän voisi todella aloittaa uuden elämän. Vangin julkinen nimettömyyden rikkominen lehdistössä ei ole vain journalistinen valinta, vaan se on valinta, joka asettaa esteitä ihmisen vapaudelle ja oikeudelle palata yhteiskuntaan täysivaltaisena jäsenenä.

On huomattava, että tuomion suorittaminen ei tarkoita vain fyysisen vankeuden päättymistä, vaan myös henkistä vapauden palautumista. Lehdistön julkaisemana nimilista voi kuitenkin jatkaa ihmisen tuomitsemista jopa silloin, kun hän on vapautunut. Tällöin kysymys ei ole vain siitä, että rikos on kärsitty ja täytetty, vaan siitä, että rikollisesta tulee yhteiskunnallisesti ja psykologisesti "ikuisesti syyllinen".

Tämä heikentää yhteiskunnan kykyä ja valmiutta uskoa ihmisen muutokseen, ja luo esteitä sille, että hän voisi todellisuudessa palata normaaliin elämään.

Sama kysymys nousee esiin siitä, mikä on oikeudenmukaista ja eettistä toimittajien näkökulmasta: pitäisikö heidän kunnioittaa vangin mahdollisuuksia palata yhteiskuntaan ilman elinikäistä leimaa vai onko heidän tehtävänsä edelleen ylläpitää ja lisätä sensaatiota, joka pahentaa vangin asemaa? Sitä voidaan tarkastella myös kysymyksenä siitä, kuinka yhteiskunta suostuu näkemään ihmisen: onko hän yhteiskunnallisesti hyväksyttävä ja ansaitseeko hän toisen mahdollisuuden, vai onko hän tuomittu loppuelämäkseen sen perusteella, mitä hän on tehnyt menneisyydessä?

Kun henkilö on leimattu rikolliseksi ja hänen nimensä on julkaistu mediassa, hän ei enää pääse siitä eroon. Vaikka hän olisi suorittanut tuomionsa ja vapautunutkin virallisesti, yhteiskunta ei ole valmis antamaan hänelle täysin puhdasta pöytää. Leimattu nimi ja menneisyyden rikos seuraavat häntä, ja tämä on vapaudenriisto, joka ei ole pelkästään fyysistä, vaan myös psykologista ja sosiaalista.

Vapaus ei ole vain vapautta liikkua fyysisesti, vaan se on ennen kaikkea oikeus toimia normaalisti ja ihmisarvoisesti yhteiskunnassa. Kun yhteiskunta estää henkilön mahdollisuuden elää normaalia elämää – esimerkiksi jatkuvalla maineen ja leiman säilyttämisellä – kyseessä on paljon syvempi vapaudenriisto kuin se, että henkilö on vankilassa. Vankilassa oleva ihminen ei ehkä pääse liikkumaan vapaasti, mutta hänellä on silti mahdollisuus sopeutua ja löytää itselleen uusi elämä vapauduttuaan. Sen sijaan rikoksen tekijä, jonka nimi on leimattu julkisuuteen, saattaa kohdata esteitä ja ennakkoluuloja, jotka tekevät paluun normaaliin elämään lähes mahdottomaksi.

Maineen menettäminen voi olla elämässä kaikkein tuhoisinta, sillä se ei koskaan täysin palaudu. Se ei ole vain tuomion suorittamista; se on koko loppuelämän tuomitseminen. Tämä on erityisen vakavaa, koska ihmiset, jotka ovat suorittaneet tuomionsa, eivät enää ansaitse yhteiskunnan tuomiota – he ansaitsevat mahdollisuuden elää uutta elämää ilman entistä vankilaleimaa. Siksi on tärkeää olla tarkkana, mitä kirjoitetaan mediassa. Lehdistön julkaisemalla nimellä ja häpeällä voi olla tuhoisia vaikutuksia henkilön elämään pitkään sen jälkeen, kun tuomio on suoritettu. Tämän vuoksi kysymys ei ole vain yksittäisistä ihmisistä, vaan siitä, millaisen yhteiskunnan haluamme olevan – onko se sellainen, joka antaa mahdollisuuden toiseen alkuun, vai sellainen, joka tuomitsee loppuelämäksi?

Tähän liittyy myös laajempi kysymys siitä, miten ihmiset jaetaan eri asumisyhteisöihin varallisuuden, yhteiskunnallisen aseman ja jopa menneisyyden mukaan. Rikkaat ja hyvin toimeentulevat eivät halua asua alueilla, joilla asuu vähempituloisia tai entisiä rikollisia. Tämä ei ole pelkästään halua suojella itseään häiriöiltä, vaan myös kyseenalaista eriarvoisuutta vahvistava valinta, joka lisää yhteiskunnan jakautumista.

Tällainen erottelu luo pitkällä aikavälillä enemmän ongelmia kuin se ratkaisee. Vaikka rikkaat saattavat uskoa, että eristäytyminen vähemmän varakkaista naapurustoista suojelee heitä, tämä käytäntö syventää yhteiskunnallista kuilua ja eriarvoisuutta. Kun ihmisiä arvotetaan heidän varallisuutensa mukaan ja heidät ohjataan tietyille alueille, luodaan erottelu, joka vaikuttaa paljon syvällisemmin kuin pelkkä asumispaikka. Tässä erottelussa piilee vaara, että se ei vain leimaa tietyt väestöryhmät, vaan se myös rajoittaa heidän mahdollisuuksiaan päästä osaksi yhteiskunnan korkeampia kerroksia ja elämäntapoja.

Tällainen leima on vapauden rajoittamista, joka menee paljon pidemmälle kuin vain asumisalueiden valinta. Se vaikuttaa siihen, miten ihmiset kokevat itsensä ja kuinka heitä kohdellaan. Vähempituloisten ja aiemmin rikoksiin syyllistyneiden ihmisten voi olla lähes mahdotonta päästä irti siitä maineesta, joka heille on luotu. He voivat joutua kohtaamaan ennakkoluuloja ja ylenkatsetta, eivät vain ympäristöstään, vaan myös omasta yhteiskunnastaan. Tämä ei vain rajoita heidän elämäänsä, vaan se myös luo pysyvän esteen yhteiskunnallisen osallistumisen ja vapauden kokemukselle.

Näin ollen, kun ihmiset erotetaan asumisalueittain varallisuuden ja menneisyyden mukaan, heitä ei vain jaeta maantieteellisesti, vaan myös sosiaalisesti ja psykologisesti. Tämä rakenne luo syvälle juurtuvan eriarvoisuuden, joka ei ole vain rakenteellista, vaan myös kulttuurista ja moraalista. Vapaus ei tarkoita vain fyysistä liikkumavaraa, vaan myös mahdollisuutta elää ilman tuomitsevia leimoja ja mahdollisuutta kokea itsensä tasavertaiseksi yhteiskunnan jäseneksi, riippumatta menneisyydestä tai varallisuudesta.

Ihmisillä on usein opittuja ennakkoasenteita, jotka muovaavat heidän suhtautumistaan eri yhteiskuntaluokkiin. Vähempituloisia, erityisesti niitä, jotka elävät taloudellisissa vaikeuksissa, saatetaan ylenkatsoa ja kohdella halveksivasti. Tämä asenne on juurtunut syvälle yhteiskuntaan, ja sitä vahvistavat stereotypiat ja ennakkoluulot, jotka usein liittyvät siihen, että köyhyys nähdään henkilökohtaisena epäonnistumisena. Vähempituloiset leimataan helposti laiskoiksi tai kyvyttömiksi, vaikka taustalla voi olla monenlaisia tekijöitä, kuten epäonnistuneet yhteiskunnalliset rakenteet tai mahdollisuuksien puute.

Toisaalta myös keskituloiset ja varakkaammat voivat kokea omat ennakkoluulonsa toisia yhteiskuntaluokkia kohtaan. Keskituloiset saattavat suhtautua rikkaimpiin vähintäänkin epämukautuneesti tai oudoksuen, ja jopa pelätä heitä. Rikkaus voi herättää tunteita vieraantumisesta, sillä varakkaammat elävät usein täysin erilaisessa maailmassa, jossa heidän elämänsä ja arkipäivän valintansa voivat tuntua keskituloisista vaikeasti ymmärrettäviltä tai etäisiltä. Tämä syrjivä suhtautuminen rikkaampiin ei kuitenkaan perustu niinkään henkilökohtaiseen tunteeseen huonommuudesta, vaan yhteiskunnallisiin eroihin ja vieraantuneisuuteen.

Molemmat suuntaukset — sekä köyhyyden halveksunta että rikkauden vieraantuneisuus — ovat eräänlaista reaktiota yhteiskunnallisiin rakenteisiin, jotka luovat luokkajaottelua. Ne estävät monia näkemästä, kuinka monimutkaisia ja toisiinsa kytkeytyneitä nämä kysymykset ovat. Erilaiset luokkarakenteet vahvistavat käsityksiä, jotka pitävät yllä eriarvoisuutta, ja nämä asenteet estävät syvällisempää ymmärrystä siitä, kuinka taloudellinen eriarvoisuus ja yhteiskunnallinen statuksen jako voivat vahingoittaa yhteiskunnan yhtenäisyyttä ja vapautta.

Näissä ennakkoasenteissa piilee eräs tärkeä, mutta usein huomaamaton piirre: vaikka asenteet eivät suoraan ilmenisikään toiselle osapuolelle, ne voivat ilmestyä hienovaraisesti eleiden ja mikroilmeiden kautta. Nämä pienet, alitajuiset signaalit voivat kertoa enemmän kuin sanallinen vuorovaikutus ja luoda ympäristön, jossa tietynlaisten ihmisten on vaikea tuntea itseään hyväksytyiksi. Erityisesti heikommin toimeentulevat kokevat usein, ettei heitä oteta vastaan tietyissä yhteisöissä, sillä heillä ei ole varallisuudesta kieliviä ulkoisia merkkejä, kuten kalliita vaatteita tai autoja. Tämä ei ole pelkästään taloudellinen este, vaan se luo myös psykologisen esteen, jossa he tuntevat olevansa muiden silmissä vähempiarvoisia.

Tällainen asenteellinen vähättely rajoittaa merkittävästi toisen osapuolen vapautta. Vähätelty henkilö ei voi nauttia siitä yhteisön tarjoamasta vapaudesta ja hyväksynnästä, joka muuten voisi rikastuttaa elämää. Toisaalta, vähättelijän asenteet rajoittavat hänen omaa vapauttaan. Kun hän suhtautuu muihin ihmisin objektiivisesti vain heidän varallisuutensa mukaan, hän sulkee itseltään mahdollisuuden syvällisiin, aidosti tasa-arvoisiin ihmissuhteisiin. Hän ei voi kokea aitoa ystävyyttä, jossa ei luokitella ketään rahatilanteen mukaan.

Tämä on myös muistutus siitä, kuinka ympäristön paine ja yhteiskunnan luomat roolit voivat viedä ihmiseltä emotionaalisen vapauden. Varsinkin varakkaat voivat kokea pakkoa esittää itsensä tietynlaisiksi – rikkaan ja menestyneen roolissa – ja tämä rooli voi estää heitä elämästä vapaasti ja aidosti. He saattavat menettää yhteyden omiin tunteisiinsa ja toisten ihmisten aitoon läheisyyteen. Koko elämän roolin kantaminen voi johtaa siihen, että henkilö ei enää tiedä, kuka hän on ilman tuota roolia, ja tämän seurauksena hän ei voi kokea aitoa, esteetöntä elämää ja suhteita.

SALAISUUTEEN PAKOTTAMINEN

Salaisuuden pitäminen on eräänlainen vapauden rajoitus, joka voi olla monella tavalla vahingollinen yksilön elämälle ja hyvinvoinnille. Kun jollekin paljastetaan arkaluinteinen tieto ja häntä velvoitetaan pitämään se salassa, tämä ei ole vain psykologinen taakka, vaan se voi olla myös moraalinen kuormitus. Ihmistä pakotetaan elämään ristiriidassa omien tunteidensa ja ulkopuolelta annettujen velvoitteiden kanssa, sillä salaisuudet voivat käydä painostaviksi. Tällöin yksilö saattaa tuntea, että hän on vastuussa muita ihmisiä kohtaan ja joutuu elämään heidän valintojensa mukaan.

Salaisuuden pitämisellä voi myös olla kielteisiä yhteiskunnallisia ja taloudellisia vaikutuksia. Kuka tahansa voi tahallaan julistaa jotain salaiseksi, vaikka oikeasti se saattaisi olla täysin haitallista tai tarpeetonta. Näin luodaan mekanismeja, joissa salaisuudet eivät olekaan enää yksityisiä, vaan ne voivat muodostaa voimavaroja ja keinoja, joilla rajoittaa toisten elämää. Jos tieto vuotaa ulos, salaisuuden paljastaja voidaan haastaa oikeuteen ja häneltä voidaan vaatia korvauksia – näin luodaan koko teollisuus, joka hyötyy salaisuuksien pitämisestä. Tällöin salaisuus ei ole enää pelkkä yksilön vastuulla oleva tekijä, vaan se muuttuu kaupalliseksi ja oikeudelliseksi välineeksi, jolla manipuloidaan ihmisten elämää.

Tämä asettaa salaisuuden pitämisen kaksijakoiseksi ilmiöksi. Toisaalta se on yksilölle suuri moraalinen ja psykologinen taakka, ja toisaalta se on keino, jolla voidaan kontrolloida ja manipuloida yksilöitä yhteiskunnan ja talouden tasolla. Salaisuudet eivät siis ole vain henkilökohtaisia asioita, vaan niillä on laajempia vaikutuksia, jotka voivat venyttää ja rajoittaa yksilön vapautta monin tavoin, aina henkilökohtaisista syistä taloudellisiin ja oikeudellisiin seuraamuksiin asti.

Salaisuuden pitäminen on monelle ihmiselle valtava psykologinen rasite, joka voi vaikuttaa elämänlaatuun ja henkiseen hyvinvointiin. Kun asiakirjoja tai asioita julistetaan salaisiksi, se ei rajoita pelkästään niihin liittyviä osapuolia, vaan se laajentaa vastuun myös ulkopuolelle, pakottaen yksilöitä jatkuvasti tarkkailemaan itseään ja omia puheitaan. Heidän on pelättävä, että mikä tahansa sanomisistaan saattaa aiheuttaa vahingossa salaisuuden paljastumisen. Tämä luo jatkuvan paineen, joka ei ole vain henkinen taakka, vaan myös oikeudellinen riski, koska salaisuuden paljastaminen voi johtaa oikeudellisiin seuraamuksiin.

Tämä painostus ei ole pelkästään vähäpätöinen, kuten se saattaisi alkuun vaikuttaa. Salaisuudet, erityisesti suuret ja tärkeät, voivat kasvaa taakaksi, joka alkaa hallita yksilön elämää. Salaisuuden pitäminen voi aiheuttaa syyllisyyden tunteita, ahdistusta ja jopa masennusta, koska yksilö ei ole vapaa ilmaisemaan itseään tai jakamaan kokemuksiaan. Tämä on erityisen ongelmallista, koska ei ole oikeudenmukaista asettaa samanlaisia vaatimuksia kaikille ihmisille, sillä eri ihmiset reagoivat salaisuuksien pitämiseen eri tavoin. Jotkut voivat kestää paineen hyvin ja pitää salaisuudet ilman vaikeuksia, mutta toiset saattavat olla luonteeltaan puheliaampia ja vähemmän kykeneviä hallitsemaan tämänkaltaista salassapitoa. On epäreilua, että heitä rasitetaan samoin perustein kuin niitä, jotka pystyvät pitämään salaisuuden ilman ongelmia.

Tämä eriarvoisuus salaisuuksien pitämisessä tuo esiin, kuinka tärkeitä ja henkilökohtaisia nämä asiat voivat olla. Yksilöiden vapautta rajoitetaan tilanteessa, jossa heitä pakotetaan kantamaan ylimääräistä painetta ja stressiä, joka voi vaikuttaa heidän elämäänsä tavalla, joka on suhteettoman raskasta verrattuna siihen, mitä heidän olisi oikeutettu elämään ilman tällaista henkistä taakkaa.

Tässä käsitellään salaisuuden pitämisen perusperiaatteita ja niiden moraalisia, juridisia sekä taloudellisia ulottuvuuksia. Mikäli täysin ulkopuolinen taho määrää asian salaiseksi, hän luo velvoitteen, joka siirtyy eteenpäin kenelle tahansa, jolle salaisuus kerrotaan. Tämä tuo esiin keskeisen eettisen ongelman: miksi yksilöiden pitäisi kantaa henkinen taakka, joka on ulkopuolelta heille langetettu? Kun joku kertoo salaisuuden, se ei ole vain tiedon jakamista, vaan se aiheuttaa kuulijalle myös henkisen vastuun, joka voi koitua taakaksi. Salaisuuden pitäminen vaatii jatkuvaa valppautta ja omien sanojen tarkkaa valikointia. Tällainen paino voi heikentää henkilön psykologista vapautta, estää häneltä autenttista vuorovaikutusta ja rajoittaa mahdollisuutta elää vapaasti.

Esiin nousee ajatus siitä, että salaisuuden kuulijalle pitäisi maksaa korvauksia salaisuuden pitämisestä, ja se tuo mielenkiintoisen näkökulman nykyiseen oikeus- ja yhteiskuntakäsitykseen. Se herättää kysymyksen siitä, miksi ihmisiä pakotetaan kantamaan ulkopuolista vastuuta ilman, että heillä olisi oma valintavapaus asiassa. Jos salaisuuden pitäminen olisi jonkinlaista palvelusta, joka vaatii vastikkeen, ihmiset saattaisivat olla tarkempia sen suhteen, kenelle he paljastavat luottamuksellista tietoa. Tässä näkökulmassa salaisuuden jakaminen ei ole yksinkertaisesti tiedon välittämistä, vaan se on resurssi, joka vie aikaa ja energiaa. Lisäksi tämä ajatus tuo esiin sen, kuinka salaisuuden tietäminen voi olla itse asiassa riski. Jos henkilö tietää salaisuuden ja sillä on taloudellista arvoa, hän voi joutua vastuuseen, jos tieto vuotaa. Tämä saattaa johtaa hyväksikäyttötilanteisiin, joissa salaisuuden paljastaminen käytännössä on taloudellisesti kannattavaa.

Ajatus siitä, että salaisuuksien pitäminen olisi taloudellisesti arvostettu tai korvattava resurssi, voisi vähentää turhaa salailua ja lisätä avoimuutta. Nykymaailmassa salailu on usein epäonnistuneen ja haitallisen järjestelmän seuraus, jossa ei ole tilaa rehelliselle vuorovaikutukselle. Salaisuudet voivat aiheuttaa tarpeettomia ristiriitoja, epäluottamusta ja vahinkoa. Jos tiedon jakaminen olisi enemmän vapaata ja avointa, ihmisten väliset suhteet voisivat pohjautua suuremmalle luottamukselle ja rehellisyydelle. Tällöin salaisuudet eivät enää olisi rasite, vaan niistä voisi tehdä tietoisia valintoja ilman, että se rajoittaisi liikaa yksilöiden vapautta.

VAIHTOEHTONA VAPAUS

Ennen vanhaan kulkuriromantiikka oli osa kansanperinnettä, ja kulkurit nähtiin vapauden symbolina – ihmisinä, jotka elivät elämäänsä vapaasti, ilman sidoksia yhteiskunnan rakenteisiin. He eivät asuneet missään pysyvästi, eivätkä olleet virallisesti kirjoilla missään paikassa, joten heidän elämäänsä oli vaikea määritellä tai valvoa. Kulkuriromantiikka symboloi yksilön vapautta elää ilman yhteiskunnan sääntöjä ja rajoituksia.

Tämä vapauden käsite kuitenkin muuttui, kun säädettiin irtolaislaki, joka toi tullessaan rakenteellisen muutoksen yhteiskunnan suhtautumisessa vapaisiin ja ilman vakituista kotia oleviin kansalaisiin. Irtolaislaki oli alun perin tarkoitettu hoitamaan ja valvomaan niitä, jotka jäivät yhteiskunnan ulkopuolelle: kerjäläisiä, prostituoituja ja muita, joiden elämänmuoto ei mahtunut perinteisiin yhteiskunnan rakenteisiin. Laki määritteli, että irtolaisella tarkoitettiin henkilöä, joka ei noudattanut yhteiskunnan normeja, ja tämä henkilö saatettiin näin ollen altistaa valvonnalle.

Irtolaislain myötä yhteiskunta sai oikeuden määrätä, missä ja miten irtolaiset saivat elää. Erityisesti tämä laki mahdollisti irtolaisvalvonnan, jossa viranomaiset saattoivat määritellä henkilön asuinpaikan ja tehdä hallinnollisia päätöksiä ilman oikeuden tuomion tarvetta. Valvonta oli ankara, ja hallintoviranomaisilla oli valta määrätä jopa työleireille lähettämisestä, mikä oli keino pakottaa nämä ihmiset yhteiskunnalliseen järjestykseen. Hallinto-oikeus saattoi päättää irtolaisen siirtämisestä työleirille ilman tuomioistuimen väliintuloa. Tämä hallinnollinen valta oli poikkeuksellinen, koska se ei antanut lain mukaisia oikeuksia puolustautumiseen, vaan valtion viranomaisilla oli lähes yksipuolinen päätösvalta.

Irtolaislaki ei ainoastaan rajoittanut liikkuvuutta ja vapauden tunnetta, vaan sen taustalla oli ajatus siitä, että vapaus oli sääntöjen rikkomista ja normien ulkopuolelle jäämistä. Tässä laissa piili ajatus siitä, että poikkeavat elämänmuodot olivat yhteiskunnan häiriöitä, joita piti kontrolloida ja järjestellä. Myöhemmin, kun sosiaalihuolto ja päihdehuoltolainsäädäntö kehittyivät, irtolaislainsäädännön merkitys väheni, ja se kumottiin. Tämä oli merkittävä muutos, sillä se heijasti laajempaa siirtymää kohti yksilön oikeuksia ja vapauden arvostamista, vaikka se ei poistanut täysin hallinnan halua yhteiskunnan marginaaliryhmiä kohtaan.

Jos vertaamme vapaata kulkurielämää nykyaikaiseen omistusasumiseen, huomaamme mielenkiintoisen ristiriidan vapauden käsitteessä. Kulkuri, joka elää ilman pysyvää asuinpaikkaa, on yhteiskunnan sääntöjen ulkopuolella ja vapaa monista velvoitteista, kuten veroista tai kiinteistönhoidosta. Hän ei ole sidottu kiinteistöönsä, ei omista mitään, eikä hänen tarvitse huolehtia monista yhteiskunnan asettamista vastuista. Hänen elämänsä on liikkumatonta ja itsenäistä – hän ei ole sidottu mihinkään omaisuuteen eikä viranomaisille ilmoitettuihin tietoihin.

Sen sijaan omistusasujalla on jatkuva yhteys yhteiskunnan rekistereihin ja byrokratiaan. Talo, maa ja kiinteistöt tuovat mukanaan velvoitteita, kuten verot ja ylläpitokustannukset. Vaikka omistaminen voi aluksi tuntua vapauden ilmentymältä, se on itse asiassa monella tapaa omistajalleen rasite. Omaisuuden ylläpitäminen vaatii huolellista taloudenhoitoa ja usein myös maksavia velvoitteita, jotka sitovat omistajan yhteiskunnan hallintoon. Hän on jatkuvasti viranomaisten tarkastelun kohteena, ja omaisuus tuo mukanaan monenlaisia rajoitteita.

Tässä kontekstissa omaisuus ei ole vapauden symboli, vaan ennemminkin orjuutuksen muoto. Se kytkee omistajan yhteiskunnan järjestelmiin, verotukseen ja hallintoon tavalla, joka voi rajoittaa liikkumisvapautta, taloudellista joustavuutta ja elämänhallintaa. Toisin sanoen, vaikka omistaminen saattaa antaa vaikutelman vapaudesta, se itse asiassa luo riippuvuuksia, jotka tekevät omistajasta vähemmän vapaasti liikkuvan ja vapaasti toimivan yksilön. Omistaminen sitoo ihmisen kiinteämmin yhteiskunnan vaatimuksiin ja normeihin, mikä tekee omistajuudesta monessa mielessä nykypäivän "vankilan", joka estää täyden vapauden elää ilman huolia ja velvoitteita.

Ihmisellä, joka ei omista mitään, ei ole mitään rekisteröitävää omaisuutta, vaan ainoastaan henkilökohtaiset tiedot, jotka on kirjattu henkilötietorekisteriin. Hän ei ole sidottu kiinteisiin omaisuusvelvoitteisiin, kuten verotukseen tai kiinteistöhallintaan, vaan elää vapaasti ilman omistamiseen liittyviä huolia. Tällainen elämäntapa tuo mukanaan tietynlaista vapauden keveyttä, koska siinä ei ole kiinteitä siteitä tai vastuuta omaisuuden hoitamiseen.

Vapaudella on kuitenkin hintansa. Kulkeminen vapaana ei tarkoita sitä, että sillä henkilöllä olisi valmis paikka tai omaisuus, johon vetäytyä. Hän ei voi vain astua omalle mökilleen tai huvilalleen, vaan hänen täytyy etsiä tilapäisiä asuinsijoja, kuten vuokrattavia huoneistoja tai kulkea mukana kevyemmällä asumisratkaisulla, kuten teltalla, laavulla tai asuntovaunulla. Vaikka tällainen elämä on vapaampaa monessa mielessä, se tuo mukanaan myös haasteita ja rajoituksia. Vapaita leiriytymispaikkoja ei ole helposti saatavilla, ja parhaat paikat on usein varattu pysyvämpään käyttöön, kuten mökeille ja asunnoille.

Tällaisessa elämäntavassa on kuitenkin aivan toisenlainen vapauden kokemus verrattuna omistamiseen. Omistaminen tuo mukanaan huolehtimisen taakkoja: talon ylläpitoa, verojen maksamista, omaisuuden suojelua ja mahdollisia lainoja. Omistaja on omaisuutensa vanki, ja hänen vapaus liikkua ja elää omassa elämänsä rytmissään on usein rajoittuneempaa. Sen sijaan ihminen, joka ei omista mitään, on vapaa kaikista näistä vastuista ja huolista, ja voi elää elämässään joustavammin. Omistaminen saattaa tarjota turvaa ja vakautta, mutta samalla se tuo mukanaan sidoksia, jotka voivat kaventaa henkilökohtaista vapautta ja liikkuvuutta.

Teltan tai muun tilapäisen asuinpaikan pystyttäminen on monessa paikassa rajoitettua, koska pelätään, että siitä voisi muodostua pysyvä asumispaikka. Vaikka leiriytyminen tarjoaa tiettyä vapauden tunnetta, yhteiskunta haluaa estää sen, ettei ihmiset voisi elää täysin itsenäisesti ilman kiinteää sidosta yhteiskunnan sääntöihin ja valvontaan. Esimerkiksi monet alueet sallivat leiriytymisen vain lyhyen ajan, kuten korkeintaan yhden vuorokauden tai mahdollisesti jopa viikonlopun yli, mutta sen pidempi oleskelu saatetaan katsoa sääntöjen rikkomiseksi. Tämä rajoitus on osa laajempaa kehitystä, jossa pyritään estämään leirien muodostuminen pysyviksi asuinalueiksi, koska se voisi uhata yhteiskunnan valvonnan ja infrastruktuurin rakenteita.

Tällainen rajoittaminen heijastaa syvempää pelkoa siitä, että yksilö voisi elää vapaasti ja itsenäisesti, ilman että hänen elämäänsä valvotaan tai säädellään jatkuvasti. Samalla se rajoittaa myös jokamiehen oikeuksia, jotka perinteisesti mahdollistavat luonnon käyttämisen ja leiriytymisen. Tällöin yhteiskunta asettaa rajoja ja sääntöjä, jotka rajoittavat luonnon ja tilapäisen asumisen vapaata hyödyntämistä, ja pyrkii estämään erilaisten vapauden muotojen leviämistä.

Entisajan irtolaiset olivat eliitille kiusallinen haaste, koska heidän elämänsä ei mahtunut yhteiskunnan kontrolloituun ja järjestäytyneeseen rakenteeseen. Irtolaislaki oli vastaus tähän ongelmaan, sillä sillä pyrittiin saamaan kaikki ihmiset valvonnan piiriin ja estämään vapauden muotojen, kuten kulkureiden ja itsenäisten kulkijoiden, leviämistä. Tällainen sääntely oli pelottavaa eliitille, koska se rikkoi yhteiskunnan sääntöjä ja normaaleja rakenteita. Myös nykyään pyritään rajoittamaan yksilön vapautta ja itsemääräämisoikeutta, ja tätä valvonnan laajentamista toteutetaan muun muassa vähentämällä jokamiehen oikeuksia, jotka aiemmin takasivat vapauden luonnossa liikkumiseen.

Valvonta, olipa se muodollista tai ei, on aina vapaudenriistoa. Se kaventaa yksilön autonomiaa ja mahdollisuuksia elää vapaasti. Valvonnan alla oleminen estää ihmisiä toimimasta omilla ehdoillaan ja tuo heidän elämäänsä sääntöjä ja määräyksiä, jotka voivat tuntua rajoittavilta. Tällainen kontrolli, joka ottaa vähemmän huomioon yksilön oikeudet ja vapaudet, ei ole vain ajankohtainen huolenaihe, vaan se on aina ollut osa yhteiskunnan pyrkimyksiä hallita ja alistaa, ja se on usein nähty tarpeellisena järjestyksen ja turvallisuuden ylläpitämiseksi.

Nykyään meistä kaikista on olemassa monenlaisia rekistereitä, jotka pitävät kirjaa kaikista teoistamme, päätöksistämme ja elämämme käännekohdista. Näitä tietoja kerätään ja säilytetään, ja me olemme jatkuvasti valvottuja ja tarkkailtuja näiden rekisterien kautta. Vaikka elämme vapaassa yhteiskunnassa, tämä jatkuva valvonta tekee meistä kaikkia eräänlaisia orjia ja vankeja, sidottuja yhteiskunnan hallintaan ja valvontakoneistoon.

Meillä ei ole käytännössä mahdollisuutta täysin tietää, mitä tietoja meistä on kerätty tai mihin niitä käytetään. Vaikka voimme pyytää itsellemme tietoja, se vaatii aina aktiivista ponnistelua ja tietopyyntöjen tekemistä. Tällöin saamme vain murto-osan siitä, mitä meistä todella tiedetään ja mitä rekistereihin on merkitty. Emme ole koskaan täysin selvillä siitä, mitä tietoja meistä milloinkin on kerätty tai miten niitä hyödynnetään, sillä tämä prosessi on monilta osin salattu ja epäselvä. Lisäksi suuri osa kansasta ei edes tiedosta tätä valvontaa ja tiedonkeruuta – ei ole yleistä tietoa siitä, että meillä on oikeus pyytää omia tietojamme, eikä tällaista käytäntöä tuoda esille laajasti tai selkeästi.

Tämä luo yhteiskuntaan valtavan epätasapainon: me olemme jatkuvasti valvottuja ja sidottuja rekisterien ja hallinnan piiriin, mutta meillä ei ole täyttä tietoa siitä, miten ja miksi meidän elämämme on näin tarkasti seurattua. Seurauksena on, että yksilön vapaus ja itsemääräämisoikeus heikkenevät entisestään, kun rekisteröidyt tiedot ohjaavat ja rajoittavat elämämme suuntia.

Aikuissosiaalityöntekijät ja lastensuojelun työntekijät keräävät valtavat määrät tietoa meistä, jopa yksityisistä viesteistämme, kuten tekstiviesteistä, ja tallentavat ne niin tarkasti, että virheettömyys on säilytetty jopa kirjoitusvirheiden osalta. Tietoja kerätään laajalti, mutta samalla niitä voidaan käyttää meitä vastaan. Erityisesti virheellisesti tai väärin tulkittu tieto, kuten virheellisesti syötetyt tekstiviestit, voi johtaa väärinkäsityksiin ja jopa rajoittaa yksilön vapautta tai oikeuksia.

Poliisilla on varmasti meistä huomattavasti enemmän tietoa, mutta sen saaminen on lähes mahdotonta. Rekisterit ovat suljettuja, ja vaikka meillä on oikeus pyytää tietoja itsestämme, todellisuudessa tämä prosessi on täynnä esteitä. Meidän tietojamme ei ole helppo saada käsiteltäväksi, mutta tiedämme, että poliisi voi ja kerää valtavat määrät tietoa meistä. Tämä tietojen säilyttäminen ja käyttö herättää huolen siitä, kuinka helposti sitä voidaan käyttää väärin.

Tekoälyn kehittyminen tuo mukanaan vielä lisää ongelmia. Tekoäly voi tulkita tekstiviesteissä esiintyvät kirjoitusvirheet monin eri tavoin, ja vaikka kyse olisi viattomista virheistä, kuten puhelimen viallisen tekstinsyöttöohjelman tai automaattisten korjausten aiheuttamista sekaannuksista, tekoäly ei ehkä kykene erottamaan virheellistä ja virheetöntä viestiä. Samalla tavalla virheellisiä viestejä voi myös tulkita ihminen, joskus tahallisesti, mutta usein myös tahattomasti, mikä lisää riskiä väärinkäsityksille ja siihen perustuville virheille.

Tällaisessa ympäristössä yksilön oikeus yksityisyyteen ja vapauteen vaarantuu. Pienetkin virheet voivat kasvaa suuriksi ongelmiksi, ja kaikkia näitä tietoja voi käyttää meitä vastaan tavalla, joka rajoittaa meidän vapauttamme. Tieto on valtaa, mutta se voi olla myös suuri rasite, jos sitä käytetään väärin.

Yksi tapa säästää on asua erillistalouksissa, erityisesti jos tavoitteena on saada isommat tukimaksut Kelalta. Kuitenkin, jos kaikki kulut joutuu itse kustantamaan, on usein taloudellisesti edullisempaa asua yhdessä. Tämä asettelu tuo mukanaan monia ristiriitaisia velvoitteita ja sääntöjä.

Jos mies ja vaimo elävät erillistalouksissa, miehen taloudellinen vastuuvapaus ei ole täysin toteutunut. Mikäli vaimon toimeentulo on riittämätön hänen elinkustannuksiinsa ja ihmisarvoiseen elämäänsä, on mies edelleen velvollinen tukemaan häntä taloudellisesti, mikäli miehen tulot ovat hyvät. Vastaavasti nainen on vastuussa miehensä toimeentulosta, jos tämän tulot eivät ole riittävät.

Tämä taloudellinen side ei rajoitu pelkästään yhteiseloon, vaan siinä voi olla pitkällisiä vaikutuksia jopa eron jälkeen, jos pariskunnalla ei ole sovittua avioehtoa. Ilman avioehtoa tämä taloudellinen vastuu voi säilyä vielä eroamisen jälkeenkin, mikä käytännössä rajoittaa osaltaan yksilön vapautta ja taloudellista itsenäisyyttä. Tässä mielessä eroaminenkaan ei takaa täydellistä taloudellista vapautta, mikäli entinen puoliso on jäänyt taloudellisesti riippuvaiseksi.

Tämä kaikki korostaa, kuinka vapaus ja taloudellinen itsenäisyys voivat olla sidottuja moniin yhteiskunnallisiin ja lainsäädännöllisiin tekijöihin. Henkilön vapaus ei ole vain hänen omasta tahdostaan kiinni, vaan siihen vaikuttavat myös yhteiskunnan määrittelemät taloudelliset vastuukysymykset, jotka voivat estää täysin itsenäisen elämän.

OMAN ITSENSÄ VANKI

Jokaisella ihmisellä on muodollinen vapaus valita asuinpaikkansa, muuttaa ja elää siinä ympäristössä, joka tuntuu parhaimmalta. Tämä perusoikeus liikkua ja asettua vapaasti yhteiskunnan sisällä kuvastaa yksilön vapautta, mutta samalla herää kysymys: onko tämä todellista vapautta? Itse asiassa, vaikka ihminen voi valita fyysisen sijaintinsa, hän on usein oman itsensä vanki.

Ihminen on tavallaan vanki omien tapojensa, ajatusmalliensa ja riippuvuuksiensa kahleissa. Vaikka ulkoinen ympäristö voi muuttua, sisäinen vankila saattaa pysyä. Vapaus ei tarkoita vain fyysistä liikkuvuutta, vaan myös henkistä ja emotionaalista vapautta. Monille tämä henkinen vankeus on yhteydessä syvempiin psykologisiin ja emotionaalisiin haasteisiin, kuten traumaattisiin kokemuksiin tai käsittelemättömiin menneisyyden kipupisteisiin. Riippuvuudet—olivatpa ne sitten aineellisia, kuten alkoholi tai huumeet, tai psykologisia, kuten ihmissuhteet tai perfektionismi—ovat usein mekanismeja, joilla pyritään suojelemaan itseämme sisäisiltä tuskilta, joita ei ole osattu käsitellä.

Riippuvuuden takana voi olla tarve paeta jotain, mitä ei voi kohdata suoraan. Tämä pakeneva käyttäytyminen luo illuusion vapaudesta, mutta se pitää ihmisen kahleissaan. Jos ihminen päättää muuttaa elämäntapojaan ja pääsee eroon entisistä ympäristöistään, se ei vielä takaa vapauden löytymistä. Riippuvuus ei katoa fyysisen muutoksen myötä, vaan se kulkee mukana kuin varjo, muuttaen muotoaan, mutta säilyttäen perustavanlaatuisen luonteensa. On kuin ihminen rakentaisi uuden elämän entisen häpeän ja pelon päälle—uuden ympäristön ja uusien ihmisten kanssa, mutta vanhat haavat seuraavat mukana.

Uusi asuinpaikka voi tarjota mahdollisuuden aloittaa alusta, mutta se ei poista vanhoja haasteita. Itse asiassa, kun ihminen siirtyy uuteen ympäristöön, hän ei ainoastaan tuo mukanansa fyysisiä varusteitaan tai tavaroitaan, vaan myös omia sisäisiä haasteitaan, pelkojaan ja epävarmuuksiaan. Uusi kaveripiiri saattaa syntyä vanhojen projektioiden kautta, joissa ihminen tiedostamattaan hakeutuu sellaisiin suhteisiin ja ympäristöihin, jotka heijastavat entisen elämänsä tuttuja piirteitä ja riippuvuuksia. Näin ollen riippuvuudet voivat syntyä ja jatkua uusissa yhteyksissä aivan kuin ne olisivat aina olleet osa tätä uutta elämää. Vapaus ulkoisesti voi siis olla vain pintaa, sillä sisäiset siteet ja riippuvuudet voivat estää todellisen muutoksen.

Tässä valossa vapautemme on enemmän kuin vain fyysisen paikan valinta; se on myös kyky vapautua menneisyytemme varjosta ja oppia elämään ilman riippuvuuksia, jotka estävät meitä olemasta aidosti vapaita. Vapaus on siis prosessi, joka vaatii sisäistä muutosta—emme voi vain paeta menneisyyttämme, vaan meidän on opittava kohtaamaan se, jotta voimme todella elää omassa voimassamme ja vapaudessamme.

Riippuvuuden pakeneminen ei ole mahdollista pelkästään ympäristön vaihdolla tai kaveripiirin jättämisellä, sillä uusi ympäristö tuo väistämättä tullessaan samanlaisia rakenteita ja suhteita. Itse asiassa, riippuvuuden taustalla olevat psykologiset ja emotionaaliset kaavat kulkevat mukana, eikä niitä voi paeta siirtymällä maantieteellisesti tai sosiaalisesti toisiin piireihin. Riippuvuuden voittaminen ei ole pelkästään fyysinen matka; se on syvällinen ja henkilökohtainen prosessi, joka vaatii itsensä kohtaamista, menneisyyden käsittelyä ja omien kipupisteidensä ymmärtämistä.

Riippuvuus on monesti suojautumismekanismi, joka on syntynyt reaktiona menneisyyden traumoihin ja käsittelemättömiin kokemuksiin. Näitä ei voi paeta; niitä on käsiteltävä. Tämä prosessi on kivulias ja vaatii usein syvää itsereflektiota sekä kykyä kohdata ne osat itsestään, joita on pitkään yrittänyt väistää. Menneisyyden hyväksyminen ja sen osaksi ottaminen on avain todelliseen vapauteen. Vasta silloin, kun ihminen ei enää pelkää menneisyyttään, hän voi astua eteenpäin vapaampana ja vahvempana.

Erityisen tärkeä osa tätä prosessia on oman itsetunnon palauttaminen. Monet riippuvaiset ihmiset ovat menettäneet itsensä arvostuksen ja kunnian ympäristön paheksunnan ja ylenkatsonnan vuoksi. Yhteiskunnan tuomitseva katse on jättänyt heidät usein tuntemaan itsensä arvottomiksi. Itsetunnon palauttaminen vaatii kykyä nähdä itsensä yhtä arvokkaana ja riittävänä kuin muut ihmiset—ei huonompana, ei vähemmän ansaitsevana. Tämä on tärkeä askel kohti täydellistä vapautta, sillä kun ihminen oppii tuntemaan itsensä arvokkaaksi, hän alkaa kokea kuuluvansa osaksi yhteisöä ja saa tunteen siitä, että hänellä on oikeus olla osa tätä maailmaa.

Tällöin ei ole enää kyse pelkästään siitä, että riippuvuus on voitettu, vaan myös siitä, että ihminen on voittanut itsensä. Hän on voittanut ne sisäiset esteet, jotka estivät häntä uskomasta omaan arvoonsa ja kykyynsä elää terveellä tavalla. Itsetunnon vahvistuminen on eräänlainen uusi alku, jossa ihminen voi astua elämässään eteenpäin, vapaana menneisyyden kahleista ja valmiina kohtaamaan maailman sellaisena kuin se on. Vapaus on silloin enemmän kuin vain vapautuminen riippuvuudesta—se on vapautta tulla juuri sellaiseksi ihmiseksi, joka hän on, ilman syyllisyyttä tai häpeää.

OMAVARAINEN ON VAPAA

Vapaus on monitasoinen käsite, ja sen ytimessä piilee omavaraisuus. Omavarainen ihminen ei ole riippuvainen ulkoisista järjestelmistä, palveluista tai toisten ihmisten hyvänsuovista tarjouksista. Hän elää omilla ehdoillaan, kykyjensä mukaan ja oman tahdon mukaisesti. Omavaraisuus ei ole vain taloudellinen itsenäisyys, vaan se ulottuu laajemmin elämän eri osa-alueille. Se tarkoittaa kykyä huolehtia omasta hyvinvoinnistaan ja terveydestään ilman jatkuvaa riippuvuutta yhteiskunnan tarjoamista resursseista ja palveluista, kuten lääkärikäynneistä ja lääkkeistä.

Esimerkiksi jatkuvasti lääkäreiden ja apteekkien välissä kulkeva ihminen on juuttunut terveydenhuoltojärjestelmän kierteeseen, jossa ulkopuolinen apu määrittelee hänen elämänsä rajoja ja valintoja. Hän on osittain orja järjestelmälle, joka tarjoaa helpotuksia, mutta myös asettaa riippuvuuden muurin. Sen sijaan omavarainen ihminen, joka pystyy hyödyntämään luonnon tarjoamia resursseja ja hoitamaan terveyttään itsenäisesti, on vapaa. Hän ei ole sidottu lääkekehityksen, terveydenhuollon ja muiden ulkoisten tekijöiden sanelemiin rajoihin. Tällainen vapaus ei tarkoita täydellistä eristäytymistä tai yhteiskunnan hylkäämistä, vaan kykyä valita oma tie ja olla vähemmän altis ulkoiselle hallinnalle. Omavaraisuus on vapauden täyttymys, joka mahdollistaa ihmisen elämisen omilla ehdoillaan ja luonnon kanssa tasapainossa.

Vapaus ilmenee monilla tasoilla, ja omavaraisuus on yksi sen keskeisimmistä ulottuvuuksista. Ihminen, joka on riippuvainen kaupasta ostaakseen elintarvikkeensa, on vankina kulutuskulttuurin ja markkinatalouden pyörteissä. Hän joutuu jatkuvasti kohtaamaan yhteiskunnan säätelemät hinnat ja tarjonnan, mikä rajoittaa hänen elämänhallintaansa ja valinnanvapauttaan. Toisaalta ihminen, joka pystyy itse kasvattamaan ruokansa, leipomaan leipänsä ja elämään omavaraisesti, on jo huomattavasti vapaampi. Kuitenkin, vaikka hän pystyy itsenäisesti huolehtimaan omasta ravitsemuksestaan, omistusoikeuden rajoitukset astuvat peliin. Jos hän omistaa maata tai peltoja, nämä kiinteistöt ovat virallisesti rekisteröityjä, ja hän joutuu maksamaan niistä veroja, mikä tuo lisää rajoituksia hänen vapauteensa.

Vasta täysin itsenäinen metsästäjä-keräilijä, joka ei omista mitään rekisteröityä, on täysin vapaa. Hän elää luonnon antimista—kalastaa, kerää marjoja ja sieniä, eikä ole sidottu minkäänlaisiin omistusvelvoitteisiin tai verotukseen. Hän toimii kuten aikojen alussa eläneet esi-isämme, metsästäjät ja keräilijät, jotka eivät tarvitse yhteiskunnan palveluja eikä niitä määrittäviä sääntöjä. Hän on vapaa kaikista yhteiskunnan asettamista rajoista, koska hänen elämänsä ei ole sidottu rekisteröityihin omaisuuksiin tai valtion valvontaan. Tällainen elämäntapa tarjoaa mahdollisuuden kokea todellista vapauden täyttymystä, jossa ei ole ulkoisia rajoitteita eikä verovelvoitteita. Juuri tämä on avain mahdollisimman suureen vapauteen: kyky elää omien ehtojensa mukaan ilman, että yhteiskunta asettaa sille esteitä.

Ihminen, joka ei pysty liikkumaan ilman autoa, on sidottu yhteiskunnan luomaan kulutuskulttuuriin ja sen liikkumisjärjestelmiin. Usein tällainen ihminen on saattanut muuttaa elintapansa niin, että auto on tullut lähes välttämättömäksi osaksi elämää, ja hänen liikkumisensa on riippuvaista siitä. Tällöin hän on tavallaan oman hyvinvointinsa orja – liikuntarajoitteinen ja saamattomaksi muuttunut, mutta myös ne, joilla on todellisia fyysisiä rajoitteita, joutuvat kohtaamaan autoriippuvuuden, jos he eivät pysty liikkumaan ilman autoa. Liikuntarajoitteinen ihminen on usein syytön omaan tilanteeseensa, ja auto on hänelle enemmänkin apuväline kuin vapauden väline.

Vaikka liikuntarajoitteiset eivät ole itse aiheuttaneet riippuvuuttaan autosta, he silti elävät autoriippuvuuden rajoittamina. Terve ihminen, joka on valmis tekemään pienen vaivannäön kävellen tai pyöräillen, sen sijaan elää huomattavasti vapaammin. Vaikka pyöräilykään ei ole täysin esteetöntä – polkupyörään voi joutua ostamaan osia ja renkaat voivat kulua, mikä tuo mukanaan riippuvuuden pyörän osista – pyöräily on silti huomattavasti itsenäisempää ja vapaampaa liikkumista kuin auton käyttö.

Hyvällä onnella ja kekseliäisyydellä pyöräilijä voi löytää osia romukasoista tai kaatopaikoilta, mikä mahdollistaa hänen riippumattomuutensa yhteiskunnan kaupallisista virroista. Tässä mielessä pyöräilijä on monin tavoin vapaampi ja itsenäisempi kuin autoilija. Hän ei ole sidottu polttoaineen hintaan, huoltotoimenpiteiden aikarajoihin tai autokuljetusten tarjoamiin rajoitteisiin, vaan pystyy liikkumaan vapaasti omien ehtojensa mukaan.

Kävelevä ihminen on yksi vapaimmista olomuodoista, sillä hän ei ole sidottu minkäänlaisiin kulkuneuvoihin. Hän tarvitsee vain kengät jalkaansa, ja kesällä ei niitäkään, jos haluaa kulkea paljain jaloin. Hänellä ei ole muuta polttoainetta kuin ruoka, joka luonnollisesti pitää kehon liikkeessä. Mutta myös kengät voidaan valmistaa itse, ja itse asiassa nahkakengät ovat suhteellisen yksinkertaisia valmistaa. Jos nahkaa ei ole käytettävissä, voi käyttää muita luonnonmateriaaleja tai jopa kierrätettyjä materiaaleja, jotka eivät ole enää käytössä alkuperäisessä tarkoituksessaan.

Vaatteetkin voidaan valmistaa omilla käsillä. Ylijäämäkankaista, vanhoista vaatteista tai jopa muista käyttämättömistä materiaaleista voi syntyä uusi vaatekappale. Ompeleminen on vain yksi tapa luoda itselleen vaatetus – vaatteet voidaan myös kutoa, punoa tai valmistaa erilaisista langoista, säikeistä tai suikaleista, jotka muuten menisivät hukkaan. Tämä prosessi voi tuntua vanhanaikaiselta, mutta se palauttaa elämään tärkeän vapauden: mahdollisuuden elää itsenäisesti ilman riippuvuutta kulutuskulttuurista tai kaupallisista järjestelmistä. Kävelevä ihminen on siten vapaampi kuin monet muut, sillä hänen ei tarvitse kantaa mukanansa monimutkaisia välineitä tai riippuvaisuuksia, vaan hän voi liikkua vapaasti ja valmistaa itselleen tarvitsemansa.

RAJOITAMME ITSE OMAA VAPAUTTAMME

Eräs syvällinen, mutta usein huomiotta jäävä ulottuvuus vapaudessa on se, että me itse rajoitamme omaa vapauttamme. Vapaus ei ole pelkästään ulkoisten esteiden puuttumista, vaan myös kykyä asettaa omat rajat ja valita, milloin ja kuinka suostumme toisten vaatimuksiin. Osaammeko sanoa "ei", kun meille annetaan ylimääräisiä tehtäviä ja velvollisuuksia, jotka vievät aikaamme ja energiaamme? Osaammeko kieltäytyä, kun meidät pyydetään kiireesti johonkin, vaikka meillä olisi parempaa tekemistä tai oikeus levätä?

Entä osaammeko ja maltammeko odottaa, että toinen osapuoli tulee luoksemme kertomaan asiansa sen sijaan, että me juoksisimme hänen peräänsä, koska hän niin pyytää? Usein vapauden illuusio syntyy juuri siitä, että meidät on opetettu olemaan alati valmiina täyttämään toisten odotuksia ja tarpeita, unohtaen omat rajamme ja itsellemme tärkeät asiat. Vapaus ei ole vain reaktiota ulkoisiin pyyntöihin, vaan se on myös kykyä asettaa omat ehtomme ja kunnioittaa omia rajoja, sillä vain näin voimme todella elää vapaasti, valita elämämme suunta ja elää oman tahtomme mukaan.

Kuinka hyvin me itse osaamme käyttää omaa aikaamme ja olla terveellä tavalla itsekkäitä? Onko aikamme täynnä pakonomaisia kaavoja, kiirettä ja suorittamista, jossa olemme jatkuvasti alttiina muiden vaatimuksille? Vapaus ei ole vain sitä, kuinka me käytämme aikaa, vaan myös sitä, kuinka taitavasti sovitamme aikamme yhteen elämämme muiden osa-alueiden kanssa. Onko meillä rohkeutta ja viisautta karsia turhaa taakkaa harteiltamme ja priorisoida elämämme olennaisimmat asiat?

Tärkeintä vapaudessa ei ehkä olekaan se, miten käytämme aikaa itseämme varten, vaan se, miten taitavasti osaamme tehdä tilaa omalle hyvinvoinnillemme ja elämämme merkityksellisille asioille, samalla kun pääsemme eroon kaikesta, mikä vie meiltä energiaa ja estää meitä olemasta aidosti läsnä omassa elämässämme. Vapaus on kykyä löytää tasapaino kiireen, vaatimusten ja omien tarpeidemme välillä, sekä uskoa siihen, että voimme päättää itse, mihin panostamme ja mihin emme.

Monet viranomaiset mielellään siirtävät omia vastuitaan asiakkaidensa harteille, kietoen ne "velvollisuus"-termin ympärille. Tällöin monet meistä hyväksyvät tehtävät ja vaatimukset kyseenalaistamatta, koska ne esitetään ikään kuin luonnollisina osina järjestelmässä, jossa meidän odotetaan vain toimivan. Virkailijat ja palveluntarjoajat voivat joskus jopa uhkailla asiakkaita sanktioilla – usein suurilla laskuilla – jos asiakas ei suostu heidän pyyntöihinsä. Tällaisessa tilanteessa valta, joka alun perin kuuluisi viranomaiselle, siirtyy helposti asiakkaalle, joka pakotetaan kantamaan vastuuta ja taakkaa, joka ei ole hänen oma.

Jos naapurimme pyytää meitä auttamaan esimerkiksi tavaroiden siirtämisessä, menemään jonnekin heidän kanssaan tai lainaamaan rahaa, kuinka hyvin osaamme sanoa "ei"? Entä kun pyyntö esitetään tunteisiin vedoten, esimerkiksi viitaten omaan kärsimykseensä tai siihen, että he ovat joskus auttaneet meitä? Tällaisissa tilanteissa, joissa pyynnöt saattavat herättää syyllisyyttä tai huonoa omaatuntoa, vapauden harjoittaminen tarkoittaa myös kykyä säilyttää omat rajamme ja priorisoida omat tarpeemme muiden odotusten ja tunteiden sijaan.

Jos tällaisia tilanteita toistuu jatkuvasti, alamme usein kokea niiden rajoittavan merkittävästi vapauttamme. Kyseessä on manipulointi, ja jos suostumme jatkuvasti muiden pyyntöihin, tämä käytäntö voi ajan myötä muuttua orjuuttavaksi. Usein juuri ne ihmiset, jotka jatkuvasti pyytävät meiltä jotakin, ovat luonteeltaan narsistisia ja taitavat manipuloida toisia saadakseen mitä haluavat. Tällaisessa ympäristössä elämisen seurauksena menetämme vähitellen omaa autonomiaamme ja vapauttamme, koska heidän tarpeensa alkavat hallita meidän elämäämme.

Tällaiset ihmiset voivat viedä vapautemme täysin. Meidän täytyy jatkuvasti juosta heidän asioitaan hoitamassa, ja heidän itkujaan ja valituksiaan kuunnellessamme emme saa koskaan rauhaa. Tämä on erityisen vaikeaa, jos kyseessä on uhriutuva narsisti. Tällaisen henkilön kanssa olemme jatkuvasti paapovia ja kuuntelevia, ja jos emme toimi näin, olemme heidän mielestään vastustajia, jotka loukkaavat heitä. Uhriutujan ongelmat näyttävät olevan hänen mielessään ainoita oikeita ongelmia, joiden ratkaiseminen on tärkeintä. Muiden ihmisten ongelmat taas jäävät täysin huomiotta.

Jos antaudumme jatkuvasti tällaisen henkilön manipulaatiolle ja hyväksymme sen, että hän määrittelee elämämme, tulemme menettämään vapautemme täydellisesti. Tällaiset uhriutujat on parasta jättää oman onnensa nojaan, jos haluamme säilyttää itsemme ja oman mielenrauhamme.

Monenlaista palavereja ja kokouksia järjestetään, ja meitä pyydetään niihin mukaan – usein ilmaiseksi, ilman minkäänlaista korvausta menetetystä ajasta. Samaan aikaan virkailijat ja muut osapuolet nauttivat palkkaa osallistuessaan näihin tilaisuuksiin.

Vastaavaa ilmiötä nähdään myös terveydenhuollossa, jossa lääkärit saattavat pyytää potilaita tekemään työtä heidän puolestaan: kirjoittamaan luetteloita, laatimaan taulukoita tai seuraamaan omia oireitaan. Kuitenkin keskustelusta unohtuu täysin se, että terveytemme seuranta, ja siitä huolehtiminen, on itse asiassa lääkäriemme ja sairaanhoitajiemme tehtävä.

Käytännössä siis monet meistä tekevät muiden työtä ilmaiseksi, ja kun tällaisia pyyntöjä kertyy useita, vie se suurimman osan ajastamme ja rajoittaa merkittävästi vapauttamme.

On osattava olla terveellä tavalla itsekäs, sillä ilman tätä ei voi saavuttaa todellista vapautta. Maailmassa on aina niitä, jotka osaavat manipuloida ja orjuuttaa toisia, saada ihmiset tekemään ylimääräisiä töitä omaksi hyödykseen. Usein asiat, joita meille väitetään velvollisuuksiksi, voivat olla oikeastaan kyseenalaistettavissa.

Tilanne on kuin sananlaskussa, jossa "jos annat pirulle pikkusormesi, se vie koko kätesi." Tässä tapauksessa se "piru" on se, joka haluaa orjuuttaa ja saada sinut tekemään työtään. On meidän vastuullamme estää tämä, olemalla liiaksi myöntymättä toisten vaatimuksiin.

Meidän täytyy osata asettaa terveet rajat itsellemme ja olla auttamatta liikaa. Auttaminen on arvokasta, mutta on tärkeää ymmärtää, missä menee raja, ja milloin avun pyytäminen muuttuu hyväksikäyttämiseksi. Vain kun pystymme sanomaan "ei" silloin, kun se on tarpeen, voimme todella suojella omaa vapauttamme ja hyvinvointiamme.

USKONNOLLINEN VAPAUDEN RAJOITTAMINEN

Erilaisilla uskonnollisilla ja uskontoon liittyvillä näkemyksillä, vakaumuksilla ja perinteillä voi olla syvällinen vaikutus siihen, miten ihmiset kokevat vapautensa. Usein uskonnolliset näkemykset eivät rajoita vain yksilön henkilökohtaista elämää, vaan ne voivat myös määritellä sen, mitä yhteiskunta tai uskonnollinen yhteisö odottaa ja vaatii. Vapaus, joka saattaa alkujaan tuntua yksilön omalta valinnalta ja halulta elää omalla tavallaan, saattaa äkisti kokea rajoituksia, kun se kohtaa yhteisön paineet ja vakaumusten tiukat rajat.

Tämä tuo esiin syvällisen filosofisen kysymyksen siitä, missä määrin uskonto voi olla vapautta tuottava voima ja missä määrin se voi toimia kahleena. Uskonnon pitäisi ehkä toimia ihmisen sisäisen vapauden tukena, auttaen yksilöä löytämään rauhan ja tasapainon, mutta se voi myös kääntyä vastaan, mikäli siihen liittyy ulkopuolista painostusta tai vaatimuksia, jotka rajoittavat henkilökohtaisia valintoja ja ajattelua.

Vapautemme uskonnollisessa kontekstissa on siis monitasoinen dilemma. Vapaus valita oma uskonto tai vakaumus on perustavanlaatuinen ihmisoikeus, mutta miten hyvin se kestää yhteisön tai uskonnollisen auktoriteetin vaatimuksia? Jos uskonnolliset vakaumukset luovat ympärillemme rajoja, onko ne todella valinta, vai onko kyseessä sosiaalinen ja kulttuurinen paine, jonka alaisena elämme, jopa ilman tietoista pohdintaa?

Litteään maahan uskovat, flättärit, muodostavat hyvin erikoisen ja omaleimaisen yhteisön, joka luo omat uskonnolliset ja filosofiset rajansa maailman ymmärtämiselle. Heidän vakaumuksensa perustuu siihen, että maapallo ei ole pyöreä, kuten perinteinen tiede väittää, vaan litteä. He tulkitsevat Raamatun kertomukset niin, että maailma on kuin tasainen levymäinen maa, jota ympäröi jäävallilla suljettu etelämanner, ja sen yläpuolella on lasikupoli, joka sisältää auringon, kuun ja tähdet, kulkien omilla radoillaan. Kupolin ulkopuolella on pelkästään vettä. Tällainen maailmankuva on täysin vastakkainen modernille tieteelliselle ymmärrykselle, ja se haastaa koko sen tiedon, jota on koottu vuosisatojen ajan.

Flättärit katsovat, että perinteinen tiede ja sen tarjoamat maailmankuvat, kuten maapallon pyöreys ja avaruuden tutkimus, ovat pelkkää valhetta ja manipulaatiota, jota ovat tukeneet suuryritykset ja valtiot, yhtenä esimerkkinä Nasa. He puolustavat vakaumustaan raivokkaasti, ja he uskovat, että he itse ovat vapaita, koska heidän maailmankuvansa ei ole muiden valheiden alainen. Tämä uskomus ja sen sisäinen logiikka tuovat esiin syvällisiä kysymyksiä siitä, kuinka uskomukset voivat synnyttää todellisuuksia ja yhteisöjä, jotka itse uskovat elävänsä "vapaasti", vaikka niiden maailmankuva on täysin ristiriidassa vallitsevan tieteellisen tiedon kanssa.

On erityisen merkittävää, kuinka flättärit, vaikka heidän maailmankuvansa perustuu vahvasti uskoon ja hylkää tieteelliset tosiasiat, tekevät tästä vakaumuksestaan niin voimakkaan identiteetin, että se toimii omalla tavallaan yhteisönä. Heillä on syvä usko siihen, että heidän "totuutensa" on vapauttanut heidät kaikista muiden uskomuksista ja "valheista", vaikka todellisuudessa se sulkee heidät tietynlaiseen ajattelun ja ymmärryksen rajoittuneisuuteen.

Tällaiset vakaumukset herättävät kuitenkin filosofisia kysymyksiä vapauden ja totuuden suhteesta: Voiko vakaumus olla vapaus, jos se sitoo ihmiset tiettyyn maailmankuvaan ja estää heitä tarkastelemasta maailmaa sen kokonaisuudessa? Entä jos vapaus onkin enemmän kykyä kyseenalaistaa ja tarkastella maailmaa kriittisesti, sen sijaan että rajautuisi kapeaan ja itse asiassa rajoittuneeseen uskomusjärjestelmään?

Raamattua voidaan tulkita monilla eri tavoilla, ja sen ymmärtäminen ei ole lainkaan yksinkertaista, kun huomioimme kaikki käännöksissä ja käsitteiden käytössä tapahtuneet muutokset vuosituhansien aikana. Käännöksissä ovat sanat ja käsitteet saaneet uusia merkityksiä, jotka saattavat poiketa alkuperäisestä tarkoituksesta. Tämä tekee Raamatun tulkinnasta monisyistä ja haastavaa, ja siitä on tullut lukemattomien eri suuntausten ja tulkintojen lähde.

Litteään maahan uskovilla on usein voimakas pakkomielle omasta vakaumuksestaan. Heidän uskomuksensa eivät ole vain teoreettisia, vaan ne ovat muotoutuneet osaksi heidän identiteettiään. Näin ollen he ovat oman ajattelunsa vankeja. He eivät ole avoimia kritiikille eivätkä valmiita keskustelemaan asiasta rakentavasti, sillä heidän maailmankuvansa on jo niin syvälle juurtunut, että se tuntuu olevan kiistaton totuus. He saattavat loukkaantua, jos heidän uskomuksiaan pyritään haastamaan tai osoittamaan virheellisiksi, sillä se koetaan henkilökohtaisena hyökkäyksenä.

Toisin kuin flättärit, pyöreään maahan uskovat eivät tunne tarvetta käännyttää muita omalle kannalleen. He sallivat muiden nähdä maailman omista lähtökohdistaan ja ymmärtää sen omalla tavallaan. He eivät pyri pakottamaan omaa maailmankuvaansa toisiin, vaan uskovat, että vapaus on myös siinä, että jokainen saa tutkia maailmaa ja tehdä omat johtopäätöksensä. Tällainen lähestymistapa kunnioittaa toisten näkemyksiä ja ymmärtää, että vapaus ei ole vain omien mielipiteiden julistamista, vaan myös muiden näkemysten kunnioittamista ja hyväksymistä.

Usko on monimutkainen ja syvällinen käsite, ja se muuttuu entistä vaikeammaksi, jos sitä lähestyy vain kirjaimellisella tasolla. Raamatun kertomukset maailman luomisesta ja muista tapahtumista voivat tuntua järkiperäisiltä ja tieteelliseltä vastakohdalta, mutta tällainen uskominen on usein hyvin maallista. Se on tapa, jolla yritämme sovittaa käsityksemme maailmasta johonkin järjelliseen ja helposti ymmärrettävään muotoon, vaikka todellisuus saattaa olla paljon syvällisempää ja moniulotteisempaa.

Oma henkilökohtainen näkemykseni on, että maa on pyöreä ja maailma äärettömän suuri, ja Jumala on jotain vielä suurempaa, jotakin, joka ylittää koko maailmankaikkeuden. Jumala ei ole vain osa maailmankaikkeutta, vaan Hän on jotain niin suurta ja käsittämätöntä, että ihmismieli ei voi sitä täysin käsittää. Jos me emme pysty edes ymmärtämään avaruutta tai maailmankaikkeuden äärettömyyttä, miksi emme ajattelisi, että on olemassa ulottuvuuksia, jotka ovat meille täysin käsittämättömiä?

Nämä ulottuvuudet eivät rajoitu vain perinteisiin käsityksiin tilavuudesta ja ajasta, vaan sisältävät myös syvällisempiä ulottuvuuksia, kuten "Taivaat ja Taivasten Taivaat", jotka ovat inhimilliselle järjelle lähes mahdottomia kuvitella. Nämä ulottuvuudet eivät ole sellaisia, jotka voisi helposti esittää kolmiulotteisilla malleilla, vaan niitä voidaan lähestyä vain kuudennen aistin avulla, joka ylittää tavallisen fysikaalisen maailman rajat. Tässä kolmiulotteisessa maailmassamme meidän täytyy opetella näkemään syvemmälle, ei vain ajattelun tai näkemisen tasolla, vaan myös intuitiivisesti, sielun ja hengen tasolla.

Ikuisuus, kuten aikakäsityksen ykseys, on jotain, joka on vaikeasti käsitettävissä, mutta voimme saada siitä käsityksen pysähtymällä hetkeksi ja sulkemalla itseltämme ajan kulun. Kun keskitymme vain tähän hetkeen, voimme kokea ajan katoavan ja ylittävän sen. Aika on meille vankila, sillä olemme sidottuja siihen fyysisen ruumiimme kautta. Mutta henki on vapaa ajasta. Henki ei vanhene, ei kulu eikä alistu ajan vaikutukseen samalla tavoin kuin aineellinen keho. Tämä muistutus siitä, että henki on ajasta riippumaton, antaa meille mahdollisuuden nähdä elämämme syvemmällä ja vapaammalla tasolla, joka ei ole rajoitettu ainoastaan fyysisen maailman lakeihin.

Litteään maahan uskovat pyrkivät luomaan kuvan, jossa Jumala on niin pieni, että yksinkertainen inhimillinen ymmärrys voisi käsittää Hänet. Tämä ajatus on heille pakkomielle, joka rajoittaa heidän käsitystään Jumalasta ja sulkee heidät oman, rajallisen maailmankuvansa sisälle. He eivät suostu näkemään, että Jumala on äärettömän suuri, ja että Hänen olemuksensa ylittää kaiken, mitä voimme ymmärtää tai käsittää. Sen sijaan he luovat kuvan, jossa Jumala mahtuu heidän pieneen, rajattuun maailmankuvaansa.

Tällainen ajattelutapa on hyvin lähellä lahkolaisuutta, jossa uskomusten ei sallita elää rinnakkain, vaan ne pakotetaan yhden ainoan, ehdottoman totuuden muottiin. Flättärit uskovat, että ihmiset eivät ole vapaita ennen kuin he hyväksyvät heidän uskomuksensa, ja tämän kautta he rajoittavat muiden ajatuksille ja näkemyksille avoimen tilan. Heidän maailmankuvassaan ei ole tilaa monimuotoisuudelle, vaan kaikki, mikä poikkeaa heidän omista uskomuksistaan, leimataan vääräksi.

Heidän mielestään jos uskot tieteen tarjoamaan maailmankuvaan, joka perustuu fysiikan lakeihin, olet väistämättä myös evoluutioteorian kannattaja. Tämä mustavalkoinen ajattelutapa sulkee pois mahdollisuuden ymmärtää maailmaa monista eri näkökulmista. He eivät osaa nähdä uskomusten monimuotoisuutta ja ajattelevat, että jos olet jossakin asiassa samaa mieltä heidän kanssaan, olet samaa mieltä kaikessa, myös kaikissa muissa asioissa.

Tällainen ajattelutapa on vapauden vastainen, sillä se estää rakentavan keskustelun ja mielipiteiden vaihdon. Toisinajattelijat eivät ole tervetulleita, koska he uhkaavat omien uskomusten vakaata pohjaa. Tämä mustavalkoinen, ehdoton lähestymistapa rajoittaa sekä omaa että muiden vapautta ajatella vapaasti ja ilman pelkoa hylkäämisestä.

TIEDON PANTTAAMINEN

Eräänlaisesta vapaudenriistosta voidaan puhua myös silloin, kun poliisilta ei saa kunnolla tietoa irti, eikä ole olemassa toimivia, virallisia kanavia tai yhteydenottotapoja, joiden kautta kansalaiset voisivat esittää mieltään askarruttavia kysymyksiä. Kun viranomaiset tarjoavat vain ennalta valmisteltuja tiedotustilaisuuksia ja lakonisia vastauksia, mutta jättävät pois mahdollisuuden tarjota suoraa, avointa vuorovaikutusta kansalaisille, syntyy tilanne, jossa vapaus tiedon saamiseen ja viranomaisten vastuukysymyksiin jää merkittävästi rajoittuneeksi.

Tällainen tilanne luo kuilun kansalaisten ja heidän valitsemiensa viranomaisten välille. Poliisin rooli yhteiskunnassa ei ole vain valvoa järjestystä, vaan myös olla avoin ja läpinäkyvä kansalaisille, joita varten viranomaisrakenteet on luotu. Kun kuitenkin ei löydy selkeitä kanavia, kuten sähköpostia, puhelinnumeroita tai nettilomakkeita, joilla voisi kysyä suoraan esimerkiksi poliisin toiminnan periaatteista tai virallisista päätöksistä, se estää kansalaisten mahdollisuuden osallistua aidosti demokraattiseen keskusteluun ja valvoa niitä päätöksiä, jotka heihin itseensä vaikuttavat. Tämä on vapauden rajoittamista, sillä kansalaisilta riistetään oikeus reiluun vuorovaikutukseen ja tiedon saamiseen silloin, kun se on tarpeen.

Miksi poliisit piileskelevät yleisöltä? Miksi heiltä ei voi kysellä avoimesti asioita? Mitä he oikeastaan salaavat kansalaisilta? Vai onko niin, että heillä ei ole edes kaikkia vastauksia ja pelkäävät jäävänsä sanattomiksi, kun kysymykset käyvät liian vaikeiksi tai kriittisiksi?

On huolestuttavaa huomata, että juuri poliisi, jonka tehtävä on toimia esimerkkinä yhteiskunnalle ja edustaa oikeudenmukaisuutta ja avoimuutta, vetäytyy syrjään ja piiloutuu tavallisilta kansalaisilta. Samalla he eivät epäröi seurata ja valvoa muiden yksityiselämää yhä tiukemmin. On jopa tilanteita, joissa poliisi voi alkaa rikkoa kansalaisten perusoikeuksia, kuten viestintäsalaisuutta, tai tunkeutua yksityishenkilöiden koteihin asukkaita kuulematta, asentaen sinne salakuuntelulaitteita. Tämä herättää vakavan kysymyksen: kuinka vapaassa yhteiskunnassa voimme kokea itsellemme kuuluvan oikeuden tietää, miten ja miksi valvontaa harjoitetaan, jos ne, joihin meidän pitäisi voida luottaa, piiloutuvat ja karttavat vastuuta?

Asioiden salaaminen toiselta ei ole vain tietyn informaation piilottamista, vaan se on syvällisempi vapauden riistämisen muoto. Salaaminen voi estää yksilöä tekemästä tietoista päätöstä omista asioistaan, koska hän ei saa täyttä ja oikeudenmukaista tietoa ympäröivästä maailmasta. Filosofisesti tarkasteltuna salaisuuksien pitäminen voi olla jopa moraalisesti ongelmallista, sillä se estää yksilöä täysipainoisesti elämään ja tekemään valintoja omilla ehdoillaan.

Kun joku pakotetaan pitämään salaisuuksia, hän ei vain tule estetyksi jakamasta tietoa, vaan häneltä riistetään myös mahdollisuus olla täysin oma itsensä. Tässä tulee esiin syvempi kontrollin ja vallan dynamiikka: salaisuuksien pitäminen velvoittaa yksilön piilottamaan osan totuudesta, mikä voi luoda valta-asetelmia ja hallintaa. Samalla ihmiset, jotka tietävät jotain mutta eivät voi jakaa sitä, jäävät marginaaliin ja ulkopuolelle vapaudestaan.

Jos salaisuus koskee koko yhteiskuntaa, ja vieläpä yksilöä itseään, silloin tämän tiedon piilottaminen on paitsi eettinen ongelma, myös vakava vapauden loukkaus. Se asettaa yksilön tilanteeseen, jossa hän ei voi täysin ymmärtää omaa asemaansa yhteiskunnassa eikä voi vaikuttaa omiin oikeuksiinsa ja vapauksiinsa. Vapaus ei ole vain fyysinen liikkumisen vapaus, vaan myös henkinen ja tiedollinen autonomia. Salaisuuksien varjostama yhteiskunta on yksi askel kohti tätä vapauden menettämistä.

Ihmisillä tulisi olla luontainen vapaus ja oikeus tietää. Tämä oikeus on keskeinen osa inhimillistä vapautta ja ihmisarvoa. Tietopyynnöt ja selvitykset ovat välineitä, joiden avulla kansalaiset voivat varmistaa omat oikeutensa ja valvoa vallanpitäjien toimintaa. Vapauden ydin ei ole vain liikkumisen vapaudessa, vaan myös oikeudessa saada tietoa, joka on oleellista oman elämän ja ympäröivän maailman ymmärtämiseksi. Filosofisesti tarkasteltuna tämä kysymys liittyy tiedon ja totuuden merkitykseen yhteiskunnassa. Tieto ei ole vain ulkoista faktaa, vaan se muodostaa sen perustan, jonka päällä yksilöt tekevät päätöksensä ja elävät elämäänsä. Jos meiltä riistetään tieto, meiltä riistetään myös kyky toimia vapaasti ja järkevästi.

Kun toinen osapuoli ei anna rehellistä vastausta tai jopa välttelee vastaamasta, se ei vain loukkaa meidän oikeuttamme tietää, vaan rajoittaa meiltä myös vapauden käyttää tätä tietoa elämämme ohjaamiseen. Tiedon salaaminen tai manipuloiminen on kuin vangitsisi meidät tietämättömyyteen, jättäen meidät heikoiksi ja riippuvaisiksi toisista. Tällainen toiminta on vastoin inhimillistä oikeudenmukaisuutta, sillä jokaisella tulisi olla oikeus ymmärtää maailmaa, jossa elämme, ja tehdä päätöksiä sen tiedon perusteella.

Erityisesti lääketieteessä, jossa ihmisten terveys ja henki ovat vaakalaudalla, tiedon salaaminen on erityisen vakavaa. Esimerkiksi koronapiikkien haittavaikutusten salaaminen ei ole vain tieteellinen väärinkäytös, vaan se on myös moraalinen vapauden riisto. Kun yksilö ei saa täyttä tietoa mahdollisista terveysriskeistä, häneltä riistetään oikeus tehdä informoituja valintoja oman kehon ja elämänsä suhteen. Tämä ei ole pelkästään tiedon piilottamista, vaan vapauden ja itsemääräämisoikeuden heikentämistä. Ihmisten vapaus, niin yksilönä kuin yhteisönä, on suoraan sidoksissa siihen, kuinka paljon tietoa heille annetaan ja kuinka rehellisesti heille vastataan. Tieto on voimaa, ja voiman rajoittaminen on samalla vapauden kaventamista.

Tällainen salailu on yksi merkittävä vapauden rajoittamisen muoto. Kun EU:ssa ja muissa hallituksissa suunnitellaan ja toteutetaan toimenpiteitä, jotka voivat olla kansalaisten kannalta haitallisia tai epätoivottuja, niiden salaaminen kansalta kaventaa demokratian ja avoimuuden perusperiaatteita. Nämä salaiset sopimukset, joissa viranomaisia velvoitetaan pitämään kansalta piilossa tieto, eivät ole vain hallinnon väärinkäytöksiä, vaan ne ovat myös syvä loukkaus kansalaisten oikeuteen tietää ja osallistua yhteiskunnallisiin päätöksentekoprosesseihin.

Filosofisesti tarkasteltuna tämä tilanne tuo esiin peruskysymyksiä vallasta ja sen oikeutuksesta. Mitä tapahtuu, kun vallankäyttäjät piilottavat itseltään vastuullisuuden kansalaisilta? Salailu ja tiedon kätkeminen voivat olla tehokkaita välineitä, joiden avulla suuret päätökset saadaan tehtyä ilman kansan vastarintaa. Kuitenkin juuri kansan valvonta ja osallistuminen tekevät hallituksesta legitiimin ja oikeudenmukaisen. Jos hallitus voi toimia salassa ilman, että kansa saa tietää tai ilmaista mielipidettään, se uhkaa demokratiamme ja vapauden perustaa.

Vapaus ei ole vain henkilökohtaista oikeutta tehdä omia valintoja, vaan myös oikeus olla tietoinen siitä, mitä maailmassa tapahtuu ja millaisia päätöksiä tehdään omalta osaltaan. Kun nämä asiat salataan, kansalaisilta viedään mahdollisuus toimia vapaasti ja järkevästi. Se on oikeudenmukaisuuden ja vapauden kieltämistä yhteiskunnan tasolla, ja se rikkoo syvästi niitä perusperiaatteita, joihin moderni demokratia on rakennettu.

Tämä on kysymys, joka avaa syvemmän pohdinnan demokratian ja kansalaisvapauden tilasta nyky-yhteiskunnassamme. Vaikka lain lausuntokierrokset ovat virallisesti avoimia kansalaisille, monelle tavalliselle ihmiselle tämä mahdollisuus on tuntematon. Olemme niin usein tottuneet siihen, että suurin osa päätöksistä tehdään "ylhäällä", kaukana kansan arjesta, että emme edes tiedosta omaa rooliamme ja oikeuksiamme tässä prosessissa. Lausuntokierrokset jäävät usein asiantuntijoiden, järjestöjen ja virkamiesten käsiteltäviksi, mutta ne eivät tavoita kansan syviä kerroksia.

Filosofisesti katsottuna tämä heijastaa yhteiskunnan ristiriitaa sen välillä, mitä se sanoo ja mitä se todella toteuttaa. Meidän tulisi voida vaikuttaa asioihin, jotka koskettavat meitä kaikkia, mutta käytännössä monet kansalaiset jäävät ulkopuolelle. Miksi on niin vaikeaa saada kansalaiset tietoisiksi näistä mahdollisuuksista ja aktivoitumaan? Miksi olemme tulleet passiivisiksi siinä, missä ennen olisimme olleet aktiivisia vaikuttajia? Tämä on kysymys yhteiskunnan roolista yksilön vapauden tukemisessa – kun kansalaisten mahdollisuudet vaikuttaa jäävät piiloon, vapauden toteutuminen kärsii.

Ja entä sitten se, kuinka moni lausunto todella huomioidaan tai vaikuttaa päätöksentekoon? Onko tämä prosessi vain näennäistä avoimuutta? Vaikka ihmiset osallistuisivat aktiivisesti, mitä hyötyä he saavat siitä, jos heidän lausuntonsa jäävät kuulematta ja huomiotta? Onko tämä koko lausuntokierros vain kaunis formaali harjoitus, jolla luodaan vaikutelma avoimuudesta, mutta lopulta päätökset tehdään jollain muulla, piilossa olevalla tavalla? Tällöin niin sanottu "vapaus" kääntyy itse asiassa vapauden riistoksi, koska meiltä viedään oikeus tietää ja vaikuttaa siihen, miten yhteiskunta meitä hallitsee.

Demokratian perusta on se, että kansalaisilla on valta vaikuttaa. Mutta se valta on ainoastaan silloin todellista, kun se ei ole pelkkää illuusiota. Jos lausuntokierrokset jäävät kuolleeksi kirjaimeksi, jos kansalaiset eivät tiedä niistä eikä heidän mielipiteillään ole merkitystä, silloin vapauden käsite menettää sisältönsä. Tällöin vapaus ei ole enää mahdollisuus osallistua ja vaikuttaa, vaan se on pelkkä sana, jonka takana ei ole mitään todellista vaikutusvaltaa.

PAINOSTUS

Poliittista painostusta on nyky-yhteiskunnassa yleisesti nähtävissä monilla tasoilla. Etenkin päättävässä asemassa olevat henkilöt, kuten poliitikot ja yhteiskunnalliset vaikuttajat, saattavat julistaa omia mielipiteitään ja kannanottojaan niin voimakkaasti ja fanaattisesti, että niiden mukana kulkee usein myös epäsuora painostus muiden hyväksyä samat näkemykset. Tällainen paatoksellinen esittäminen voi luoda tunnelman, jossa erilaiset mielipiteet eivät ole enää vain vaihtoehtoisia näkökulmia, vaan niitä pidetään jopa uhkana tai väärinä, mikä asettaa muita ihmisiä paineen alle. Tällöin ei enää keskustella avoimesti, vaan pyritään voimakkaasti muokkaamaan toisten ajattelua ja käyttäytymistä tiettyyn suuntaan, vaikka oikeus omaan mielipiteeseen ja vapaus ajatella itsenäisesti ovat keskeisiä osia vapaan yhteiskunnan perusrakenteista.

Vapauteen kuuluu olennaisena osana oikeus poiketa tutuista ajatusmalleista ja käydyistä poluista. Vapaassa yhteiskunnassa ei ole pakkoa seurata aina samaa vanhaa kaavaa tai alistua toisten ennalta määrittelemiin ehtoihin. Vapaa ihminen ei pelkää kyseenalaistaa vakiintuneita näkemyksiä, vaan hänellä on rohkeus etsiä ja löytää uusia tapoja ajatella ja toimia. Hänelle ei riitä se, mikä on tuttua ja turvallista, vaan hän etsii jatkuvasti uusia mahdollisuuksia, uusia ideoita ja uusia suuntia. Tällainen jatkuva uudistuminen ja itsensä haastaminen on vapauden hedelmää, joka rikastuttaa paitsi yksilöä itseään, myös koko yhteiskuntaa.

Olemmeko me vanhojen kaavojemme orjia, vai uskallammeko antaa itsellemme vapauden poiketa tutuilta reiteiltä ja valmiista aikatauluista? Luovuuden ja persoonallisuuden kehittyminen vaatii kykyä irrottautua totutuista rajoista ja antaa mielikuvitukselle tilaa. Jos haluamme kasvaa luoviksi ja itsenäisiksi yksilöiksi, meidän on oltava valmiita rikkomaan vanhoja kaavoja, kyseenalaistamaan vakiintuneet tavat ja etsimään uusia suuntia. Tällöin avautuu mahdollisuus löytää täysin uusia näkökulmia, jotka voivat muuttaa paitsi omia elämämme polkuja, myös vaikuttaa ympäröivään maailmaan.

.Rutiinin rikkominen on avain elämän syvempään vapautumiseen. Vaikka rutiini voi tarjota hyödyllistä rakennetta ja säästää energiaa arjen pyörteissä, se voi samalla muuttua elämän orjuuttavaksi voimaksi. Rutiini vapauttaa mielen monilta pieniltä päätöksiltä ja helpottaa toimimista tutussa ympäristössä, mutta pitkällä aikavälillä se voi kaventaa ajattelun ja kokemusten horisonttia. Aivot, tuo elämän elintärkeä keskus, ovat taipuvaisia kulkemaan tuttuja polkuja, joissa synapsit liukuvat samoilla reiteillä, mutta aivojen todellinen potentiaali herää vasta silloin, kun ne opetetaan luomaan uusia hermoverkkoja. Tämä tapahtuu, kun lähdemme tutkimaan tuntemattomia reittejä, opettelemme uusia taitoja tai rikomme vanhoja tapoja.

Rutiinin muuttaminen ei ole vain käytännöllinen toimi, vaan syvällinen mahdollisuus henkiseen kasvuun. Kun annamme itsellemme luvan rikkoa kaavoja, voimme elää vapaammin, kehittää itseämme ja nähdä maailmaa uusista näkökulmista. Ilman tätä vapautta elämä alkaa tuntua mekaaniselta ja vailla merkitystä olevalta, ja jopa arjen pienet askareet muuttuvat taakaksi, jota ei voi enää suorittaa innostuksella. Vain rikkomalla vanhoja rajoja voimme vapauttaa itsestämme sen, mikä on elävää ja luovaa, ja löytää kauneuden ja mielekkyyden elämän kaikista puolista.

Uskonnonvapaus on perusoikeus, joka on suojattu lainsäädännössä niin kansallisesti kuin kansainvälisesti. Uskonnon ja omantunnon vapaus on olennainen osa yksilönvapautta, ja se takaa oikeuden valita ja harjoittaa uskontoa omantunnon mukaisesti ilman pelkoa syrjinnästä tai rajoituksista. Euroopan unionin lainsäädännössä, tarkemmin sanottuna EU:n perusoikeuskirjan 10. artiklassa, on selkeästi määritelty, että kaikilla on oikeus ajatuksen, omantunnon ja uskonnon vapauteen. Tämä oikeus ei rajoitu vain uskontoon liittyvään vakaumukseen, vaan siihen kuuluu myös oikeus vaihtaa uskontoa, tunnustaa se yksin tai yhteisön kanssa ja harjoittaa sitä omalla tavallaan, olipa kyse julkisista tai yksityisistä uskonnollisista tilaisuuksista.

Suomen perustuslaki, erityisesti 11 §, takaa kansalaisille uskonnon ja omantunnon vapauden. Tämä laki korostaa, että jokaisella on oikeus tunnustaa ja harjoittaa uskontoa tai vakaumustaan ilman pakkokeinoja, ja että kansalaisilla on myös oikeus kuulua tai olla kuulumatta uskonnolliseen yhteisöön. Tämä laki suojelee yksilön itsemääräämisoikeutta, estäen ulkopuolisia tahoja pakottamasta ketään uskonnollisiin käytäntöihin, jotka eivät ole yhteensopivia hänen omantuntonsa kanssa.

YK:n yleismaailmallinen ihmisoikeuksien julistus, erityisesti sen 18. artikla, vahvistaa saman periaatteen, laajentaen sen koskemaan kaikkia maailman kansalaisia. Artikla takaa oikeuden valita ja muuttaa uskontoa tai vakaumusta, sekä julkisesti että yksityisesti ilmaista omia uskonnollisia näkemyksiään ilman pelkoa vainosta. Tämä oikeus ei ole pelkästään negatiivinen vapautus pakottamisesta, vaan myös positiivinen oikeus harjoittaa uskontoa ja vakaumusta omalla tavallaan, niin yksin kuin yhteisöjen kanssa.

Kaikki nämä säädökset yhdistyvät keskenään korostaen sitä, että uskonnonvapaus ei ole pelkästään yksilön oikeus valita uskontonsa, vaan myös oikeus toteuttaa sitä omalla tavallaan ilman ulkopuolista painostusta tai syrjintää. Uskonnonvapaus on siten perusvapaus, joka turvataan kansallisesti ja kansainvälisesti, sillä se on olennainen osa yksilön itsemääräämisoikeutta ja henkilökohtaista vapautta.

Lain mukaan meillä on oikeus valita ja harjoittaa uskontoa sekä vakaumusta vapaasti, mutta kuten monessa muussa asiassa, todellisuus voi olla monimutkaisempi kuin pelkkä lain mustavalkoinen kirjaimellisuus. Lainsäädännön perusperiaatteet, kuten uskonnonvapaus, ovat vankasti suojeltuja, mutta käytännön tasolla niiden täysi toteutuminen voi olla kiinteästi sidoksissa yhteiskunnallisiin ja kulttuurisiin tekijöihin, jotka eivät aina ole lain puolelta yksiselitteisesti ratkaistavissa.

Vaikka lakien taustalla on pyhä tavoite suojella yksilön oikeuksia ja vapauksia, aina löytyy niitä, jotka pyrkivät kiertämään sääntöjä, olipa kyse tahallisesta tulkintojen venyttämisestä tai oikeudellisista porsaanrei'istä. Tällöin tietyt säädökset voivat tulla haavoittuviksi, ja henkilö, joka haluaa kiertää tietyn lainkohdan, saattaa löytää toisen säädöksen, joka tekee aiemman lainkohdan käytännössä tehottomaksi. Tämä ilmiö herättää kysymyksiä lain luotettavuudesta ja sen kyvystä suojata yksilön oikeuksia reilulla ja tasapuolisella tavalla.

Lopulta tämä kuvaa syvempää jännitettä lain ja inhimillisen vapauden välillä: vaikka laki itsessään voi taata meille oikeuden valita oma vakaumuksemme, sen täysi toteutuminen riippuu siitä, kuinka hyvin lainsäädäntö kykenisi sopeutumaan muuttuvan yhteiskunnan ja yksilöiden käytäntöihin. Lain kiertäminen ei välttämättä aina tarkoita rikkomista, vaan se voi myös kuvastaa lain heikkouksia – sen epäjohdonmukaisuuksia, joiden kautta vapauksien täysi toteutuminen jää vajaaksi.

On totta, että eri uskonnoilla on erilaisia käsityksiä vapaudesta ja niiden määritelmä saattaa vaihdella suurestikin. Monissa uskonnoissa vapaus voi olla rajoittunut, joko ulkoisten sääntöjen tai hengellisten velvoitteiden kautta. Kristinusko on saanut kritiikkiä siitä, että se voi joskus näyttää olevan tuomitseva, mutta on tärkeää tarkastella, kuinka nämä syytökset perustuvat usein yksittäisiin tulkintoihin tai uskonnollisten yhteisöjen käytäntöihin, eivätkä välttämättä edusta koko uskonnon ydinsanomaa.

Jos tarkastelemme islamia, voidaan nähdä, että monet sen opetuksista voivat vaikuttaa hyvin rajoittavilta ja jyrkiltä, erityisesti kääntymisen ja uskonnon vapauden osalta. Islamissa on opetuksia, jotka käskevät kääntymistä takaisin islamin uskoon, ja kääntymistä pois uskonnosta voidaan pitää vakavana rikkomuksena, jopa kuolemanrangaistuksen arvoisena, erityisesti tietyissä maissa ja yhteisöissä. Tämä asettaa uskonvapauden ja yksilön oikeuden valita uskontonsa todella haasteelliseen valoon.

Jos tällaisia uskontoja verrataan moottoripyöräkerhoihin, havainto on mielenkiintoinen, sillä tietyt suljetut yhteisöt – oli kyseessä uskonto tai ei – voivat usein asettaa jyrkkiä sääntöjä ja rajoituksia jäsenilleen. Tämä voi tarkoittaa, että eroaminen kerhosta tai uskontokunnasta voi johtaa vakaviin seurauksiin, jopa väkivaltaan. Tässä mielessä voimme nähdä, että tietyt yhteisöt, olipa kyseessä uskonto tai ei, voivat omaksua äärimmäisiä ja jopa väkivaltaisia käytäntöjä yksilön vapauden ja valinnan rajoittamiseksi.

Kysymys siitä, miksi kristinuskoa pidetään erityisesti tuomitsevana, vaatii syvällistä pohdintaa. Kristinusko itse asiassa opettaa monia perusperiaatteita rakkaudesta, armollisuudesta ja anteeksiannosta. Kuitenkin yksilöiden tulkinnat ja uskonnoista juontuvat kulttuuriset käytännöt voivat antaa kuvan tuomitsevuudesta, joka ei välttämättä ole kristinuskon keskeinen sanoma. Näin ollen voidaan kysyä, miksi juuri kristinusko koetaan niin tuomitsevaksi, vaikka monissa muissa uskonnoissa ja yhteisöissä saattaa olla huomattavasti tiukempia ja väkivaltaisempia sääntöjä. Ehkä tämä liittyy osin siihen, kuinka kristinuskoa on käytetty historiallisesti oikeuttamaan valtarakenteita, jotka rajoittavat ihmisten vapautta, tai miten yksilöiden vapaus on tullut käännetyksi yhteisön etujen alle.

Lopulta kaikki uskonnot – kuten kulttuurit ja yhteiskunnat laajemmin – voivat olla monimutkaisia ja sisältää sekä vapautta että rajoituksia, ja vapauden todellinen määritelmä saattaa riippua siitä, kuinka yksilöt tulkitsevat ja elävät uskontoaan.

On totta, että kristinuskon piirissä voi olla monenlaisia uskovia ja tulkintoja siitä, mitä kristinusko todella opettaa. Jeesus Kristus opetti rakkaudesta, armahtamisesta ja anteeksiannosta, ja nämä perusperiaatteet muodostavat kristinuskon ydinsanoman. Kuitenkin, kuten monessa uskonnossa, kristinusko on saanut monenlaisia tulkintoja ja käytäntöjä eri aikakausina ja kulttuureissa, mikä voi johtaa ristiriitaisiin asenteisiin. On ihmisiä, jotka saattavat tuomita ne, jotka eivät seuraa kristinuskoa heidän käsityksensä mukaan, mutta tämä ei ole kristinuskon perusluonne.

Kristinuskon perusopetus ei itse asiassa ole tuomitsemista, vaan suvaitsevuutta ja armoa. Jeesus opetti rakastamaan lähimmäistämme, jopa vihollisiamme, ja tuomitseminen ei ollut osa hänen sanomaansa. Kuitenkin myös kristinuskon opetuksessa on sellainen piirre, että kristityt pyrkivät auttamaan ja opastamaan niitä, jotka ovat eksyneet tai kulkevat vaarallisella polulla. Tämä ei ole tuomitsemista, vaan halua auttaa toista löytämään oikea tie – aivan kuten me varoittaisimme läheistämme, jos he olisivat tekemässä jotain, mikä voisi johtaa heitä vahinkoon.

Tämä ajatus tuo esiin eron sen välillä, mitä tarkoittaa tuomitseminen ja se, että halutaan auttaa toista pois vaarasta. Tuomitseminen on välineellistä ja tuottaa erottelua, kun taas auttaminen ja ohjaaminen on myötätuntoista ja toisen huomioon ottavaa. Kristinuskon sanoma ei ole se, että ihmiset tulisi tuomita epäuskon vuoksi, vaan että heitä tulisi rakastaa ja auttaa kääntymään kohti parempaa tietä.

Tämä ero on tärkeä, koska väärinymmärrykset voivat syntyä silloin, kun kristinuskon opetukset nähdään pelkästään tuomitsevina, vaikka todellisuudessa ne pohjautuvat ennen kaikkea rakkauden ja yhteisön tukemisen periaatteille.

Kristinuskon ytimessä ei ole sokea suvaitsevaisuus, joka hyväksyy kaiken ilman harkintaa. Suvaitsevaisuus, kuten rakkaus, on vahvasti sidoksissa oikeudenmukaisuuteen ja hyvän puolustamiseen. Kun kristinusko opettaa rakastamaan lähimmäistä, se ei tarkoita sokeaa hyväksymistä kaikkea kohtaan, mitä toinen tekee, erityisesti silloin, kun kyseessä on paha tai vahingollinen käytös. Pahuuden suvaitseminen ei ole rakastamista, sillä silloin jäädään välinpitämättömiksi tai jopa hyväksytään tekoja, jotka vahingoittavat muita.

Kristinuskon opetuksessa on selvät rajat sille, mitä hyväksytään ja mitä ei. Kristityn tehtävä ei ole hyväksyä pahuutta, vaan toimia sen vastavoimana. Suvaitsevaisuus, joka hyväksyy kaiken, mukaan lukien pahaa, on miellyttämistä ilman vastuuta, se on sitä, että yritetään olla kaikille mieleen eikä tehdä oikein Jumalan silmissä. Pahuuden ei ole tarkoitus saada tilaa rakkauden nimissä, koska se ei palvele ketään – ei rakastettua ihmistä, ei yhteisöä eikä Jumalaa.

Jeesus opetti meitä rakastamaan, mutta ei koskaan suvaitsemaan pahuutta. Hän osoitti, että rakkaus ei ole sellaista passiivista hyväksymistä, joka ei puutu epäkohtiin, vaan aktiivista hyvinvoinnin edistämistä, jossa oikeudenmukaisuus, totuus ja armo kulkevat käsi kädessä. Kristityn ei tule suvaita pahuutta, sillä se rikkoo jumalallisen hyvyyden ja järjestyksen. Sen sijaan kristittyjen tulee olla valmiita puuttumaan väärään, ei hyväksymään sitä.

ARKISET VÄLTTÄMÄTTÖMYYDET OVAT MUUTTUNEET MAKSULLISIKSI

On hämmentävää, kuinka syvälle vapauden rajoitukset ulottuvat meidän jokapäiväiseen elämäämme, jopa kaikkein luonnollisimmissa ja välttämättömimmissä tarpeissa. Vessassa käymisestä, joka on perusinhimillinen oikeus, tulee usein taloudellinen velvoite. Se, että ihminen haluaa vain huolehtia omasta hyvinvoinnistaan ja tarpeistaan, voi johtaa siihen, että hän joutuu maksamaan siitä, vaikka se on osa hänen perustarpeitaan. Vessojen käyttöön liittyvät maksut tai ne ehdot, että pääsy niihin on usein sidottu ostoksiin, luovat absurdin tilanteen, jossa arkiset toimetkin muuntuvat kaupalliseksi vaihdoksi.

Tällaiset tilanteet tuovat esiin erikoisen ristiriidan: kuinka on mahdollista, että näin perustavanlaatuinen inhimillinen tarve, kuten wc:ssä käynti, voi muuttua joksikin, joka on kaupallistettu ja sidottu rahallisiin resursseihin? Onko se oikeudenmukaista, että sellainen tarve, jota ei voi välttää, mutta johon ei ole takuita, että meillä on varaa osallistua, voi johtaa yhteiskunnalliselle tasolle jopa sanktioihin? Ja jos et pysty maksamaan, joudut tilanteeseen, jossa joutuu kohtaamaan ei vain fyysisen tarpeen tyydyttämisen ongelman, vaan myös yhteiskunnan ja viranomaisten paineen.

Kysymys on kuitenkin siitä, miksi yhteiskunnan pitäisi asettaa esteitä niin perustavanlaatuiselle ja henkilökohtaiselle asialle kuin huolenpito omista tarpeistamme? Miksi meille kerrotaan, että vapaus on oikeus, mutta samaan aikaan meidän täytyy suostua maksamaan vapauden rajoituksista, jotka liittyvät meidän perusolemukseemme?

Pankkitilit ovat nykyään lähes elintärkeitä, jotta voimme toimia osana yhteiskuntaa. Ne ovat väline, jonka avulla voimme hoitaa päivittäisiä raha-asioita, maksaa laskuja, vastaanottaa palkkaa ja käydä kauppaa. Ilman pankkitiliä monet perustoiminnot olisivat yksinkertaisesti mahdottomia. Kuitenkin samalla, kun pankkitilit ovat lähes välttämättömyys, niiden ylläpidosta ja käytöstä peritään jatkuvasti kasvavia maksuja, mikä herättää kysymyksiä vapauden ja oikeudenmukaisuuden suhteen.

Aiemmin pankit toimivat paikkana, jossa säästöt kasvoivat ajan myötä korkoa tuottaen, ja tilille tallettaminen oli keino suojata omaa varallisuutta. Pankki oli siis paikka, jossa rahaa ei pelkästään säilytetty, vaan se sai myös kasvua. Nykyään kuitenkin tilanne on toinen: pankit tarjoavat yhä vähemmän korkotuloja, ja sen sijaan niistä tulee vähitellen vain tiloja, jotka auttavat siirtämään rahaa paikasta toiseen. Mutta maksut tilinhoidosta, kortin käytöstä ja muista pankkipalveluista jatkuvasti nousevat, mikä herättää pohdinnan siitä, kuinka paljon vapautta on enää olemassa, kun pankkitoiminta itsessään tuottaa kustannuksia, eikä se enää palvele kansalaisia samalla tavalla kuin aiemmin.

Tämä kehitys voi tuntua epäoikeudenmukaiselta, sillä pankkitilien käyttö on lähes pakollista, mutta samalla niihin liittyy jatkuvaa taloudellista kuormitusta. Miten voimme puhua vapaudesta ja oikeudenmukaisuudesta, kun peruspalvelut, kuten pankkitilit, jotka ovat olennainen osa yhteiskunnan toimivuutta, muuttuvat yhä enemmän taloudelliseksi taakaksi, johon liittyy maksuja ja rajoituksia? Tämä herättää kysymyksiä siitä, kuinka vapaus voi todella toteutua, kun meitä pakotetaan maksamaan omista perustoiminnoistamme.

Nyky-yhteiskunnassa viranomaisten ja palveluntarjoajien tavoittaminen on yllättävän vaikeaa, vaikka peruspalveluiden pitäisi olla kaikkien saatavilla. Yksi esimerkki tästä on se, että sähköpostitse tai muilla perinteisillä yhteydenottotavoilla ei saa kunnollista vastausta, mutta samalla tarjotaan maksullisia palvelunumeroita, joiden jonottaminen maksaa, ja joskus jopa itse palveluun pääseminen on yllättävän vaikeaa. Tällöin herää kysymys, kuinka helppoa ja oikeudenmukaista on ylipäätään päästä käsiksi niihin palveluihin, jotka ovat meille oikeudellisesti kuuluvia?

Yhä useammin asiakaspalvelu on siirtynyt chat-botteihin, jotka pystyvät vastaamaan vain valmiisiin, pinnallisiin kysymyksiin. Nämä automaattiset järjestelmät on ohjelmoitu vastaamaan vain yksinkertaisiin, usein myös yksipuolisiin kysymyksiin, joita ei tarvitse syvällisemmin käsitellä. Kuitenkin, kun asiakkaalla on tarve saada tarkempia tai syvällisempiä vastauksia, botin tarjoama apu on täysin riittämätöntä. Tämä luo eräänlaisen esteen yhteiskunnalliselle keskustelulle ja rehelliselle vuoropuhelulle, koska tärkeisiin kysymyksiin ei enää ole olemassa suoraa ja rehellistä vastauksen antajaa, vaan vastaaminen on jätetty joko kokonaan pois tai se jää vältteleväksi.

Monissa tilanteissa ainoa keino saada vastauksia on turvautua epävirallisiin ja jopa sekaviin keinoihin, kuten eri virastoja pommittamalla tai yrittämällä tavoittaa henkilöitä sosiaalisen median kautta. Silloin, kun viranomaiset eivät ole valmiita tarjoamaan avoimia vastauksia, asiakas on pakotettu etsimään apua epäsuorilla, epävirallisilla tavoilla, ja tämä voi vain lisääntyä, jos sähköposteihin ei vastata. Erityisesti, jos viranomainen tai organisaatio pelkää julkisuuden lisäävän painetta, viesteihin ei mielellään vastata. Tämä on vapauden ja demokratian vastainen käytäntö, sillä se estää kansalaisia saamasta heille kuuluvia vastauksia ja tiedon saanti on usein tahallisesti estetty.

Tällainen toimintakulttuuri herättää vakavan pohdinnan siitä, kuinka vapautemme ja oikeutemme todella toteutuvat, kun ne rajoittuvat lähinnä maksullisiin ja epävirallisiin palveluihin, joista emme saa oikeudenmukaisia tai avoimia vastauksia.

JOKU MUU PÄÄTTÄÄ VAPAUDESTAMME

On todella pohdittavaa, kuinka ulkopuoliset tahot voivat säätää lakeja, sääntöjä ja määräyksiä, jotka velvoittavat meidät kaikki noudattamaan niitä. Nämä tahot, usein hallitukset ja lainsäätäjät, tekevät keskinäisiä sopimuksia ja päätöksiä, jotka vaikuttavat syvästi kansalaisten elämään, mutta harvemmin on tilaisuutta, että tavallisilla kansalaisilla olisi mahdollisuus osallistua näiden päätösten tekoon. Meidät pakotetaan noudattamaan lakeja, jotka syntyvät pääasiassa poliittisista ja taloudellisista keskusteluista, joissa emme ole osallisina, emmekä ole edes nähneet niitä sopimuksia, joihin ne perustuvat.

Tämä herättää tärkeän kysymyksen: kuinka voimme puhua vapaudesta ja oikeudenmukaisuudesta yhteiskunnassa, jossa päätöksenteko on useimmiten eristetty suurilta osin kansalaisten vaikutusmahdollisuuksien ulkopuolelle? Vapaus ei voi olla todellista, jos sen ehtoja määräävät tahot, jotka eivät ole vastuussa niille, joita ne säädökset ja sopimukset koskevat. Vapauden ja oikeudenmukaisuuden pohja horjuu, kun perusperiaatteet, kuten osallistuminen ja suostumus, jäävät taka-alalle. Tämä onkin juuri se ydinongelma: me olemme velvoitettuja noudattamaan sääntöjä ja lakeja, jotka eivät ole saaneet meidän hyväksyntäämme, emmekä ole voineet vaikuttaa niihin. Tällainen tilanne ei ole pelkästään erikoinen, vaan se on suorastaan perusperiaatteiden vastaista.

On huolestuttavaa, että valtio tuntuu usein omaksuvan roolin, jossa se kuvittelee omistavansa kansalaisten elämät ja jopa heidän lapset. Tämä näkyy erityisesti nykyisin vallalla olevissa ideologioissa, kuten LGBTQ+ ja gender-ideologioissa, jotka haastavat perinteiset käsitykset sukupuolesta ja identiteetistä. Valtio vaikuttaa pyrkivän siihen, että kansalaiset hyväksyisivät sen, että jokainen voi määritellä itsensä haluamallaan tavalla sukupuolen suhteen, jopa sellaiseksi, joka ei perustu biologisiin tai tieteellisiin realiteetteihin.

Tämä herättää kuitenkin vakavia kysymyksiä siitä, mikä on vapauden, itsemääräämisoikeuden ja luonnollisten rajojen paikka yhteiskunnassa. Onko todella oikein, että valtio pyrkii määräämään, miten yksilön tulee ymmärtää itsensä sukupuolen ja identiteetin tasolla? Ja mitä tämä merkitsee yhteiskunnalliselle keskustelulle ja yhteisön eheyden rakentamiselle, jos perinteiset käsitykset murtuvat ilman laajempaa kansalaiskeskustelua ja hyväksyntää? On tärkeää pohtia, missä kulkevat rajat valtion vaikutusvallassa yksilön elämään ja vapauteen tehdä omat valintansa ilman ulkopuolista painostusta tai pakkoa.

On syvästi huolestuttavaa, että Yhdysvalloissa on tullut esiin tapauksia, joissa opettajat ottavat aktiivisesti roolin ohjatessaan lapsia sukupuolen vaihdon ajatuksiin ja ideologioihin, jotka voivat olla liian monimutkaisia ja aikuisen mittakaavassa käsiteltäviä nuorille. Erityisesti ongelmallista on, että joissain tapauksissa opettajat estävät lapsia kertomasta vanhemmilleen näistä keskusteluista. Tämä herättää kysymyksiä siitä, missä määrin opettajien rooli lasten kehityksessä ja identiteetin muodostamisessa tulisi rajoittua, ja kenen vastuulla on antaa lasten käsitellä monimutkaisia ja potentiaalisesti peruuttamattomia valintoja omassa tahdissaan.

Tällainen toiminta tuo esiin vielä laajempia yhteiskunnallisia ja eettisiä huolia: kenen oikeus on päättää lasten elämänpoluista? Vanhempien rooli lasten kasvatuksessa ja suojelemisessa on ollut kautta aikojen keskeinen, mutta nyt puhutaan myös lainsäädännöistä, jotka voisivat pakottaa vanhemmat tekemään valintoja vastoin omia arvojaan. Tämä avaa syviä kysymyksiä vapaudesta ja yksilön oikeuksista, mutta myös perheen suojelemisesta yhteiskunnalliselta ja poliittiselta painostukselta. Onko oikein, että valtiot tai muut tahot puuttuvat näin syvällisesti perhesuhteisiin ja perheiden sisäiseen dynamiikkaan?

On järkyttävää huomata, kuinka lastensuojelussa vallitsee käytäntö, jossa asiakkuus syntyy yksipuolisena päätöksenä viranomaisten suunnalta, ilman selkeää ja osapuolia tasapuolisesti kuulevaa sopimusta. Yleisesti ottaen ajatus "asiakas on aina oikeassa" on periaate, johon luotamme monilla elämänalueilla, mutta lastensuojelussa tämä periaate on jollain tapaa kääntynyt päälaelleen. Onko asiakas aina väärässä, vaikka hän saattaa olla oikeassa? Tämä kysymys on keskeinen, sillä usein asiakas jää viranomaisten armoille, ilman että hänen oikeutensa ja näkökulmansa tulevat asianmukaisesti huomioiduksi.

Lastensuojelussa päätökset tehdään riippumatta siitä, kuinka oikeassa tai väärässä asiakas on. Tämä vie pohjan käsitykseltä, jossa asiakas nähdään yhteistyökumppanina, jolla on oikeus tulla kuulluksi ja kunnioitetuksi. Tässä kontekstissa asiakas on pelkkä väline, jolle viranomainen tarjoaa palveluja, mutta ei saa vastaavasti yhtä lailla kunnioitusta omalta osaltaan. Asiallinen ja oikeudenmukainen vuorovaikutus katoaa, kun asiakkaan oikeudet jäävät huomiotta, ja viranomainen toimii enemmän omaa etuaan, eli taloudellista hyötyä, ajavana osapuolena.

Tämä ajattelumalli on hälyttävä, sillä se estää oikeudenmukaisuutta ja eriarvoistaa asiakassuhteen, jossa asiakas on pelkkä "objekti" palvelun tuottajan suunnassa. Tässä ei ole kyse pelkästään taloudellisesta hyödystä, vaan myös ihmisoikeuksien ja inhimillisen arvon tunnustamisesta – aivan kuten perheen ja vanhempien oikeudet tulla kuulluiksi ja kunnioitetuiksi lapsensuojelun päätöksissä.

Todellisuudessa valtio näyttää omistavan lapsemme ja käyttävän niitä omiin tarpeisiinsa, sen sijaan että se kunnioittaisi vanhempien oikeuksia kasvattaa ja ohjata lapsiaan omien arvojensa ja periaatteidensa mukaan. Lapsi ei ole pelkkä valtion resurssi, vaan elävä yksilö, jolla on oikeus kasvaa perheessään ja yhteisössään, ilman että valtiolla on oikeus tunkeutua liian syvälle perhesuhteiden ja kasvatuksen alueelle.

On tietenkin tärkeää, että lastensuojelu toimii silloin, kun lapsi on vaarassa, kärsii huonosta hoidosta tai on vaarassa jäädä heitteille. Tällöin lastensuojelulla on tärkeä rooli, ja sen tulisi toimia ensisijaisesti lasten hyvinvoinnin puolesta. Mutta tilanne muuttuu, kun lastensuojelu ryhtyy edistämään omia ideologisia tai poliittisia agendojaan, jotka eivät perustu lapsen tarpeisiin, vaan yhteiskunnallisiin tai ideologisiin paineisiin. Jos lastensuojelu pakottaa ideologioita, jotka menevät perheen ja vanhempien tahdon ja mielipiteiden vastaisesti, kyse ei enää ole lasten hyvinvoinnin edistämisestä.

Kun viranomaiset uhkaavat viedä lapsia vanhemmiltaan, koska vanhemmat vastustavat tietynlaisten ideologioiden soveltamista, tämä on vakava oikeuksien loukkaus. Vanhemmilla on oikeus kasvattaa lapsiaan omien arvojensa mukaan, ja heidän ei tulisi kokea, että heidän perhearvojensa puolustaminen tekee heistä epäkelpoja vanhempia. Tämä on tilanne, jossa valtion pitäisi kunnioittaa perheiden oikeuksia, eikä yrittää ohjata tai muokata lapsia ideologioiden välikappaleiksi. Lapsen terveys, hyvinvointi ja oikeus kasvaa rakastavassa, turvallisessa ympäristössä eivät ole valtion kontrolloitavissa, vaan niiden pitäisi aina olla perheen ja yhteiskunnan keskiössä.

On tärkeää ymmärtää, että lapsen kehityksessä ja identiteetin etsinnässä ei ole mitään väärää, jos poika ihastuu tyttöön ja haluaa samaistua tähän ihastukseensa. Tämä on täysin luonnollinen osa nuoren elämää ja kasvuprosessia. Mutta silloin, kun yhteiskunnassa tai yksilöissä, joilla on oma agenda, alkaa olla paineita ja suostuttelua lapsille, että heidän tulisi vaihtaa sukupuoltaan, ollaan todella vaarallisilla vesillä. Nuori, joka ei vielä täysin ymmärrä omia tunteitaan tai sukupuolen monimutkaisuutta, saattaa helposti joutua tekemään peruuttamattomia päätöksiä, joita hän tulee koko loppuelämänsä katumaan.

Tällaisiin asioihin puuttuminen on äärimmäisen tärkeää, sillä kyse ei ole vain hetkellisistä tunteista, vaan pitkälle tulevaisuuteen ulottuvista valinnoista, jotka voivat vaikuttaa lapsen elämään ikuisesti. Lapsen pitää saada olla lapsi ja käydä läpi kasvuprosessinsa ilman, että häntä painostetaan tekemään päätöksiä, joita hän ei vielä kykene täysin ymmärtämään tai arvioimaan.

Keskustelu vanhempien kanssa on ehdottoman tärkeää tällaisissa tilanteissa. Vanhempien tulisi olla ensimmäinen tuki ja turva lapselleen. On järkyttävää, että jotkut tahot yrittävät estää näitä keskusteluja, jopa kiistää vanhempien oikeuden osallistua lapsensa elämän tärkeisiin päätöksiin. Lapsen etu ei ole se, että hänet ohjataan kohti radikaaleja ja peruuttamattomia lääketieteellisiä toimenpiteitä, jotka voivat muuttaa hänen elämänsä lopullisesti ja korjaamattomasti. Tällainen toimintatapa ei ole vain eettisesti väärin, vaan se on myös saatanallista, sillä se vie lapselta oikeuden kasvaa ja kehittyä vapaasti ilman ulkopuolista painostusta ja manipulointia.

On äärimmäisen huolestuttavaa, että tietyt opettajat ja muut auktoriteetit, jotka vaikuttavat lasten elämään, tekevät pikaisia johtopäätöksiä poikkeavista käyttäytymismalleista tai sanoista ja uskovat, että nämä merkitsevät jotain syvällisempää, johon täytyy puuttua. Tällaiset ajatukset voivat pohjautua pelkästään omiin ideologisiin uskomuksiin tai pintapuolisiin havantoihin, eikä niissä huomioida lapsen luonnollista kehitystä ja identiteetin etsimistä.

Lapsi, joka kasvaa ja kehittää itseään, voi pohtia monia asioita eri tavoin. Erityisesti murrosiän aikana lapsen käsitys itsestään ja ympäröivästä maailmasta on muotoutumassa, ja tämä prosessi on herkkä ja monivaiheinen. Seksuaalisuuden ja sukupuoli-identiteetin löytäminen on osa tätä luonnollista kehitystä, ja se voi olla monivivahteinen kokemus. Siksi on tärkeää, että lapsella on vapaus kehittää itse omaa identiteettiään ilman ulkopuolisten, erityisesti opettajien tai muiden auktoriteettien, painostusta.

Mikäli joku tulee tämän herkän kehitysvaiheen aikana tyrkyttämään omia ideologioitaan, muuttaa lapsen käsityksiä väkisin ja ennenaikaisesti, se voi sotkea lapsen kehityksen kulun. On vaarallista, että lasten identiteetin muotoutumista ohjataan ideologisilla tai poliittisilla ajattelutavoilla, jotka eivät ole vakiintuneita eivätkä ole saaneet riittävää tieteellistä pohjaa. Tämä saattaa estää lapsen luonnollista kasvuprosessia ja asettaa hänet tekemään vakavia päätöksiä, joita hän ei vielä täysin ymmärrä.

Uusien ideologioiden esiinnousu on ollut huolestuttavaa, sillä ne voivat olla liian tuoreita ja tutkimattomia. Pitkän aikavälin tutkimuksia näistä ilmiöistä ei ole, joten on vaarallista tehdä niiden pohjalta suuria ja peruuttamattomia päätöksiä, jotka voivat vaikuttaa lasten elämään ja hyvinvointiin. Meidän tulee kysyä itseltämme, onko oikein ohjata lapsia ja nuoria ideologioiden ja uskomusten kautta, jotka eivät ole saaneet tieteellistä ja eettistä hyväksyntää. Lapsen kehitykselle pitäisi antaa tilaa ja aikaa ilman tällaista häiriötekijää.

On erittäin huolestuttavaa, että lastensuojelun virkailijat saattavat käyttää valtaansa tavalla, joka alistaa huostaanotettujen lasten vanhempia. Tämä lähestymistapa voi olla joko harkitsematon tai jopa tahallisesti toisen osapuolen haitaksi suunniteltu. Erityisesti tilanteet, joissa alkoholismia tai päihderiippuvuutta käytetään jatkuvasti vanhempien kohtelua ja tilannetta määrittävänä tekijänä, voivat olla syvästi epäreiluja ja vääristäviä. Riippuvuuden leimaaminen vanhemman koko identiteetiksi ja elämänpiiriksi saattaa vääristää käsitystä heidän kyvystään huolehtia lapsistaan ja kohdata arkea.

Tällainen asenne voi johtaa siihen, että vanhempien elämäntapojen virheet tai haasteet otetaan valta-asemaksi, joka käytetään heitä vastaan. Riippuvuuden myöntäminen voi olla iso askel kohti muutosta, mutta sen käyttö aseena toista kohtaan on erittäin epäreilua. Kun toinen osapuoli on alistetussa asemassa, on hänet helppo vaientaa ja marginalisoida, ja tämä voi estää aidon muutoksen ja avun saamisen.

Tämänkaltaiset virkailijat, jotka turvautuvat ylemmyydentunteeseen ja käyttävät toisen haavoittuvuutta hyväkseen, eivät ole oikealla alalla. Lastensuojelun tehtävänä on tukea perheitä ja auttaa heitä selviytymään vaikeuksistaan, ei käyttää heidän heikkouksiaan vasta-aseenaan. Tällainen toimintatapa on vastoin sosiaalisen työn eettisiä periaatteita ja saattaa pahentaa niitä ongelmia, joita perheet kokevat.

Moni päihderiippuvainen, joka pyrkii palaamaan normaaliin elämään, kohtaa jatkuvasti alistavaa asennetta, erityisesti viranomaisten taholta. Tällainen asenne ei vain heikennä heidän itsetuntoaan, vaan vahvistaa myös sitä tunneperäistä kuilua, jonka he kokevat ympäröivään yhteiskuntaan nähden. Virkailijoiden ja erityisesti parempituloisten henkilöiden suhtautuminen saattaa usein tuntua siltä, että riippuvaiset ihmiset ovat jonkinlaisia "kakkoskansalaisia", joiden ihmisarvo ei ole samalla tasolla kuin muiden. Tämä alistava käytös ei tee mitään päihderiippuvaisen elämän parantamiseksi, vaan päinvastoin se saattaa estää hänen elämänsä parantumista.

Tällaisessa tilanteessa on vaikea kuvitella, että päihderiippuvainen voisi koskaan nostaa itsensä ylös tästä syvästä kuopasta. Kun yhteiskunta tai viranomaiset jatkuvasti käsittelevät heitä alempiarvoisina, he saattavat kokea, että heillä ei ole oikeutta muutokseen tai parempaan tulevaisuuteen. Alistava asenne toimii voimakkaana vaikutteena, joka vain syventää riippuvuutta ja lukitsee ihmisen alempaan asemaan.

Riippuvainen ihminen tarvitsee tuekseen vahvistusta ja kannustusta, ei arvostelua tai alistamista. Hänellä on oikeus tulla kohdelluksi ihmisarvoisesti ja saada tukea itsetunnon vahvistamiseksi. Ainoastaan sellaisella lähestymistavalla, joka tukee ja uskoo mahdollisuuksiin, voidaan todella auttaa häntä nousemaan takaisin jaloilleen ja löytämään tie kohti parempaa elämää.

AA:ssa ja muissa vertaistukiryhmissä korostuva itsensä alkoholistiksi leimaaminen voi toki toimia tärkeänä muistutuksena siitä, että riippuvuus on sairaus, ja sen kanssa on elettävä koko elämänsä ajan. Tämä jatkuva itsensä syyttäminen voi kuitenkin olla haitallista itsetunnolle, erityisesti silloin, kun henkilöllä on muutenkin heikko käsitys itsestään. Itsetuntoa alentavat hokemat voivat vahvistaa negatiivisia ajatuksia omasta arvosta ja kyvyistä, eikä tämä ole kaikille toimiva tapa käsitellä ongelmia.

Sen sijaan, että toistamme itseämme huonommaksi, meidän tulisi keskittyä toistamaan itsellemme vahvistavia ja positiivisia ajatuksia, jotka tukevat itsetuntoamme. Esimerkiksi itselleen sanominen, että "olen kykenevä muuttumaan" tai "minulla on voimaa ottaa hallinta omaan elämääni", voi olla paljon tehokkaampaa kuin jatkuva negatiivinen toistaminen. Jos ajattelutapaamme muutetaan niin, että vertaamme itseämme muihin vain inspiraation lähteenä – emme vertailukohteiksi – voimme alkaa nähdä omat voimavaramme ja vahvuutemme.

Pieni ajattelutavan muutos voi johtaa suuriin muutoksiin elämässä, sillä se avaa meille mahdollisuuden nähdä itsessämme enemmän potentiaalia ja parempia tulevaisuuden mahdollisuuksia. Tämä lähestymistapa ei vain edistä itsetunnon vahvistamista, vaan myös tukee kokonaisvaltaisempaa ja positiivisempaa elämänhallintaa.

Kateellisuus on tunteena hyvin yleinen ja osittain inhimillinen reaktio toisen menestykselle, mutta se ei ole itsessään negatiivinen voima. Kateuden voi valjastaa myönteiseksi motivaatioksi, joka kannustaa kehittämään itseään ja saavuttamaan omia tavoitteitaan. Suomessa on tuttua, että näemme naapurimme menestyvän ja saamme kimmokkeen tuon menestyksen tuhoamiseen – ehkä jopa tiedostamatta, mutta kuitenkin, että tämä vain estää oman kasvun ja onnellisuuden.

Sen sijaan, kun katsomme toisten menestystä ja käännämme sen itsellemme voimaksi, voimme nähdä siinä mahdollisuuden: *Miten voisin minä tehdä samanlaisen onnistumisen omalla tavallani?* Tämä ajattelutapa on yleisempi Yhdysvalloissa, jossa kilpailuhenkisyys ja henkilökohtainen kasvu ovat vahvasti läsnä. Sieltä voimme ottaa oppia – sen sijaan, että tuhoaisimme muiden onnistumisia, meidän pitäisi tarkastella niitä inspiraationa omiin tavoitteisiimme.

Jos joku on onnistunut, meillä on kaikki syyt uskoa, että voimme onnistua myös itse. Menestyksen kaavat eivät ole salaisuuksia, vaan monesti ne ovat saavutettavissa kovalla työllä, omistautumisella ja oikealla asenteella. Tämä on se tärkeä oppitunti, jonka meidän tulisi omaksua: näkemyksemme omista mahdollisuuksistamme on avain menestykseen. Jos joku toinen pystyy saavuttamaan jotain suurta, ei ole mitään perusteltua syytä sille, miksemme me itsekin voisi.

PAKOTTAVAT VELVOLLISUUDET

Velvollisuudet ovat monitasoinen ja monimutkainen aihe, joka vaikuttaa kansalaisten elämään eri tavoin ja eri tasoilla. Eettisistä, filosofisista ja juridisista näkökulmista tarkasteltuna velvollisuudet voivat vaikuttaa merkittävästi yksilön vapauteen ja elämänlaatuun. Ne voivat olla yhteiskunnan toiminnan kannalta välttämättömiä, mutta ne voivat myös muodostaa esteen yksilön autonomialle ja itsemääräämisoikeudelle. Velvollisuudet voivat ilmetä monessa muodossa, kuten verojen maksaminen, lakien noudattaminen, kansalaispalvelukset, mutta myös vähemmän konkreettisina, kuten sosiaalisten normien ja odotusten täyttäminen.

Juridisesti velvollisuudet ovat usein säädetty lainsäädännössä, ja ne voivat olla pakottavia, jolloin niiden noudattaminen ei ole vapaaehtoista. Tämä voi ilmetä monella tasolla, kuten verovelvollisuutena, joka edellyttää kansalaisilta tulojen ilmoittamista ja verojen maksamista. Tai lakien noudattaminen, joka takaa yhteiskunnan ja järjestyksen pysymisen toimivana. Juridiset velvollisuudet ovatkin yhteiskunnan toiminnan ja oikeusjärjestelmän perusta, mutta ne saattavat myös olla ongelmallisia, jos ne koetaan epäoikeudenmukaisiksi tai rajoittaviksi. Lainsäätäjien ja viranomaisten tehtävä on tasapainottaa yksilön oikeudet ja yhteiskunnan tarpeet, mutta tämä ei aina ole helppoa. Velvollisuuksia voidaan säätää sellaisella tavalla, että ne rajoittavat yksilöiden vapausasteita, ja usein nämä säädökset tehdään ilman yksilöiden suostumusta tai osallistumista päätöksentekoon.

Eettisestä näkökulmasta velvollisuuksien asettaminen liittyy usein kysymyksiin oikeudenmukaisuudesta ja tasa-arvosta. Onko oikein, että valtiot tai muut ulkopuoliset tahot asettavat velvollisuuksia, jotka rajoittavat yksilöiden toimintaa ilman heidän suostumustaan? Eettisesti pohdittuna voidaan esittää kysymys, onko oikein, että tiettyjä velvollisuuksia perustellaan yleisellä edulla tai yhteiskunnan hyvinvoinnilla, mutta samalla unohtetaan yksilöiden oikeudet ja vapaus tehdä omia valintojaan? Velvollisuuksien perustelu voi usein tuntua epäreilulta, etenkin jos ne koetaan kohtuuttomiksi tai ne eivät ole sidoksissa siihen, miten yksilöt itse kokevat tarpeelliseksi elää elämäänsä.

Filosofisessa mielessä velvollisuudet voivat liittyä myös moraaliseen vastuuseen, joka on sidoksissa yksilön vapaan tahdon ja yhteiskunnan sääntöjen väliseen suhteeseen. Filosofit kuten Immanuel Kant ovat pohtineet, miten moraaliset velvollisuudet syntyvät ja miten niitä tulisi noudattaa. Kantin mukaan moraaliset velvollisuudet ovat universaaleja ja eivät riipu yksilön henkilökohtaisista mieltymyksistä tai seurauksista, mutta toisaalta hän korosti myös yksilön autonomian tärkeyttä. Kantin ajattelussa velvollisuudet voivat olla pakottavia, mutta ne eivät saisi koskaan viedä pois yksilön kykyä itse päättää toiminnastaan. Kysymys, joka nousee esiin, on siis se, kuinka yhteiskunnan asettamat velvollisuudet voivat olla oikeudenmukaisia ja moraalisia, jos ne vievät pois yksilön itsemääräämisoikeuden.

Usein velvollisuuksia perustellaan rationaalisilla väitteillä, kuten yhteiskunnan turvallisuudella tai yleisellä hyvinvoinnilla, mutta nämä perusteet eivät aina kestä tarkempaa eettistä tai filosofista tarkastelua. Onko oikeudenmukaista velvoittaa kansalaisia noudattamaan sääntöjä ja maksamaan veroja, jos nämä säännöt ja verot eivät aidosti edistä yhteiskunnan hyvinvointia, vaan toimivat lähinnä hallituksen tai viranomaisten valvontavälineinä? Usein näiden velvollisuuksien taustalla on se, että ne hyödyttävät ensisijaisesti valtiota tai viranomaisia, eivät niinkään kansalaisia itseään.

Velvollisuuksia voidaan siis tarkastella monilta eri kannoilta: ne voivat olla välttämättömiä yhteiskunnan toiminnan kannalta, mutta samalla ne voivat olla myös yksilön vapauden rajoittajia. Velvollisuudet saattavat usein tuntua epäreiluilta, erityisesti silloin, kun ne perustuvat perusteluihin, jotka eivät ole järkiperäisiä tai oikeudenmukaisia. Tällöin syntyy ristiriita sen välillä, mitä pitäisi tehdä yhteiskunnan etujen nimissä ja mikä on oikeudenmukaista yksilön vapauden ja itsemääräämisoikeuden kannalta.

Velvollisuuksien perusteet ovat keskeinen kysymys, kun tarkastellaan niiden vaikutusta yksilöiden vapauteen ja oikeuksiin. Yhteiskunnallinen rakenne perustuu siihen, että me kaikki kuulumme tiettyyn yhteisöön, ja tämä yhteisö asettaa meille velvoitteita, joiden noudattamista odotetaan ja joiden laiminlyönnistä voi seurata seuraamuksia. Nämä velvollisuudet voivat vaihdella verovelvollisuuksista lain noudattamiseen, mutta yhteistä niille kaikille on se, että ne rajoittavat yksilön vapautta valita, miten hän haluaa elää elämäänsä. Kysymys kuuluukin: millä oikeudella ja minkälaisin perustein meitä velvoitetaan?

Yksi keskeinen peruste velvollisuuksille on se, että kuulumme johonkin yhteiskuntaan. Yhteiskunnassa asuvat kansalaiset ovat eräänlaisessa yhteisymmärryksessä siitä, että he noudattavat yhteisesti sovittuja sääntöjä ja lakeja. Tämä yhteisön jäsenyys tuo mukanaan velvollisuuksia, sillä yhteiskunta tarvitsee toimivaksi tullakseen sääntöjä ja velvoitteita, jotka takaavat sen järjestyksen ja turvallisuuden. Yhteiskunnan peruslähtökohtana on, että me kaikki hyväksymme tietyt ehdot ja osallistuessamme siihen, olemme sitoutuneet myös sen sääntöihin. Tämä voidaan nähdä sopimusluonteisena suhteena, jossa yksilö valitsee elää yhteiskunnassa ja hyväksyy siihen kuuluvat velvollisuudet osana tätä yhteisön jäsenyyttä.

Kuitenkin tällainen yhteiskuntaan kuulumisen perusteella tapahtuva velvoittaminen nostaa esiin tärkeitä eettisiä ja filosofisia kysymyksiä. Ensinnäkin, onko todella oikeudenmukaista velvoittaa yksilöitä noudattamaan sääntöjä ja lakeja, joihin he eivät ole suoraan antaneet suostumustaan? Usein yhteiskunnan velvoitteet asetetaan yksilöiden hyväksi tai sen vuoksi, että yhteiskunnan toiminta ja turvallisuus vaativat niitä, mutta eivät kaikki kansalaiset ole samaa mieltä siitä, että heidät pitäisi velvoittaa esimerkiksi maksamaan veroja tai noudattamaan tiettyjä sääntöjä, jotka eivät heidän mielestään ole oikeudenmukaisia tai tarpeellisia. Tässä on ristiriita yksilön vapauden ja yhteiskunnan tarpeiden välillä.

Velvollisuuksia säädettäessä otetaan usein huomioon yhteiskunnan edut ja kansalaisten hyvinvointi, mutta samalla saattaa jäädä huomiotta se, kuinka nämä velvoitteet rajoittavat yksilöiden oikeuksia ja vapautta. Esimerkiksi lainsäädännön, kuten verotuksen tai muiden yhteiskunnallisten velvoitteiden, tavoitteena on usein yleinen etu, mutta tämä yleinen etu saattaa helposti tulla yksilöiden hyvinvoinnin kustannuksella. Onko oikein, että yksilöiden vapaus rajoitetaan, koska yhteiskunta kokee sen olevan tarpeellista yleisen edun vuoksi? Miten varmistetaan, että nämä säädökset eivät ole epäoikeudenmukaisia tai liian kuormittavia yksittäisille kansalaisille?

Tässä yhteydessä tulee esille myös se, että monilla velvoitteilla on usein epämääräisiä ja jopa itseisarvoisia rajoitteita, jotka eivät perustu selkeästi yksilön tarpeisiin, vaan ennemminkin yhteiskunnan hallinnan tarpeisiin. Esimerkiksi tietyt lait voivat rajoittaa yksilöiden vapaata liikkuvuutta tai oikeutta tehdä omia valintojaan elämässään, mutta nämä rajoitukset eivät aina ole perusteltuja yksilön näkökulmasta. Mikäli yhteiskunnan sääntöjä ja lakeja ei voida perustella riittävällä tavalla yksilön hyvinvoinnin ja vapauden kannalta, ne saattavat vaikuttaa kohtuuttomilta ja epäreiluilta. Tämä herättää kysymyksen, ovatko velvollisuudet, jotka perustuvat yhteiskunnan tai viranomaisten etuihin, todella oikeudenmukaisia ja moraalisesti hyväksyttäviä, jos ne rajoittavat yksilön oikeuksia ilman, että ne tuottavat samanlaista etua yksilölle itselleen?

Yhteiskunnan sääntöjen ja velvollisuuksien luonne on siis monimutkainen ja ne voivat olla perusteltuja vain siinä tapauksessa, että niiden täyttämisellä on todellista hyötyä yhteisölle ja yksilöille. Jos velvollisuudet asetetaan vain siksi, että ne helpottavat yhteiskunnan tai viranomaisten toimintaa ja niillä ei ole riittävää järkiperustetta yksilön kannalta, niitä voidaan pitää vapauden rajoittamisena ilman perusteltua syytä. Tällöin yksilön oikeus itse päättää omasta elämästään ja vapaudestaan jää alisteiseksi yhteiskunnan tarpeille ja vaatimuksille.

Lopulta voimme kysyä, onko tämä yhteiskunnan ja yksilön suhteessa vallitseva tasapaino oikeudenmukainen ja eettinen, ja onko oikein, että yksilöitä velvoitetaan asioihin, jotka rajoittavat heidän vapauden valintojaan ilman heidän suostumustaan? Tämä kysymys on keskeinen, kun pohdimme, kuinka yhteiskunnan pitäisi säädellä velvollisuuksia ja mitkä ovat ne oikeudenmukaiset perusteet, joiden mukaan meitä tulisi velvoittaa.

KEKSITTYJÄ RAJOITTEITA

Vapauden rajoittaminen ei aina ilmene vain valtioiden tai yhteiskunnallisten instituutioiden kautta, vaan se voi myös olla itse luotu ja itse asetettu rajoite, joka ilmenee erityisesti uskonnollisten yhteisöjen piirissä. Uskonnon nimissä asetetut rajat voivat olla syvällisiä ja monenlaisiin ajattelutapoihin liittyviä, ja niitä voidaan käyttää välineinä ohjata yksilöitä toimimaan yhteisön ja opettajien tahtojen mukaan. Näitä rajoitteita ei kuitenkaan aina nähdä itsestäänselvinä, ja ne voivat olla jopa keksittyjä tai itse luotuja, kun yksilö alkaa rakentaa omia, monesti ahdasmielisiä näkemyksiään uskonnon ja elämän tarkoituksen suhteen.

Yksi esimerkki tällaisesta rajoitteesta on uskoon tullut ihminen, joka kokee suurta innostusta ja haluaa jakaa tätä uutta uskoaan muille. Tämä tuore uskovainen saattaa alkaa neuvomaan ja opastamaan pidempään uskossa olleita, kokeneempia henkilöitä, vaikka hän itse ei ole vielä ehtinyt syventyä asioihin samalla tavalla. Tässä tilanteessa oppipoika alkaa opettaa opettajaa, ja tämä voi johtaa monenlaisiin väärinkäsityksiin ja sekaannuksiin, koska vastuu uskonnollisesta opastuksesta on perinteisesti ollut kokeneemmilla ja viisaammilla. Näin ollen syntyy tilanne, jossa tuore uskovainen, joka ei ole täysin ymmärtänyt uskonnon syvällisiä luonteenpiirteitä, alkaa luoda omia tulkintojaan ja kehittää sellaisia ajatuksia, jotka eivät ole uskonnon alkuperäisiä tai sen perinteitä kunnioittavia.

Tällaisissa tilanteissa voi syntyä monenlaisia ristiriitoja, erityisesti silloin, kun nämä tuoreet uskovaiset alkavat hyväksyä ja levittää ajattelutapoja, jotka poikkeavat huomattavasti tieteellisesti todistetusta maailmankuvasta. Esimerkiksi litteän maan teorioita voidaan pitää yhtenä esimerkkinä tästä ajattelutavasta. Näillä tuoreilla uskovaisilla on taipumus haluta yksinkertaistaa maailmankuvansa ja löytää selityksiä, jotka tuntuvat heidän omalle älylleen ymmärrettäviltä, vaikka ne eivät ole tieteellisesti kestäviä. He voivat torjua monimutkaiset tieteelliset selitykset ja haluavat ymmärtää kaikki asiat yksinkertaisella ja suoraviivaisella tavalla, joka tukee heidän henkilökohtaisia uskomuksiaan.

Tässä on kuitenkin suuri ongelma: jos uskonnollinen usko ja ajattelutapa alkaa kumota tieteellisesti vahvistetut fysiikan lait ja luonnontieteet, syntyy looginen ristiriita. Jos perinteiset fysiikan lait voidaan mitätöidä, silloin ei voida olla valikoivia siinä, mitä otetaan vakavasti ja mitä ei. Tieteelliset faktat, jotka ovat hyvin dokumentoituja ja laajasti hyväksyttyjä, eivät voi olla mukautettavissa tai valikoivasti kumottavissa vain siksi, että ne eivät sovi johonkin henkilökohtaiseen uskomukseen. Jos usko sallii sen, että tieteellisesti vahvistetut faktat kumotaan, silloin on vaarassa, että kaikki tiede ja sen saavutukset jäävät kyseenalaisiksi.

Tämä tuo esiin tärkeän eettisen kysymyksen: millä oikeudella uskonnolliset yhteisöt tai yksilöt voivat luoda omia, tieteellisesti epäpätevillä perusteilla toimivia sääntöjään ja rajoitteitaan? Uskonnon nimissä asetetut rajoitukset voivat johtaa siihen, että yksilöiden vapautta rajoitetaan, koska he alkavat uskoa, että vain tietyt tavat ajatella ovat hyväksyttäviä. Tämä voi eristää heidät laajemmasta maailmankuvasta ja tehdä heistä osittain sokeita tieteelliselle ja rationaaliselle ajattelulle. Tällöin he eivät enää pysty kyseenalaistamaan tai arvioimaan omaa ajatteluaan kriittisesti, mikä voi estää heitä ymmärtämästä maailmaa kokonaisvaltaisemmin ja rajoittaa heidän mahdollisuuksiaan kasvaa ja kehittyä ajattelijoina.

Erityisesti uskoon tulleiden henkilöiden kohdalla tämä ajattelun vapaus ja kyky tutkia maailmaa eri näkökulmista on äärimmäisen tärkeää. Jos heidät rajataan tietynlaisten ajattelutapojen ja uskomusten sisälle, he eivät välttämättä pysty kehittymään täysin ihmisinä. He voivat jäädä jumiin yksinkertaistettuihin maailmankatsomuksiin, jotka eivät ota huomioon todellisuutta sellaisena kuin se on, ja tämä voi johtaa ei vain tieteen ja faktatiedon torjumiseen, vaan myös vapauden menettämiseen ajatella ja toimia omien periaatteidensa mukaan.

Lopulta tämä kysymys rajoitteista tulee keskittymään siihen, miten uskonnolliset yhteisöt ja uskoon tulleet yksilöt suhtautuvat vapauteen ja vastuuseen omasta ajattelustaan ja toiminnastaan. Tietoollinen ajattelu, joka on rakennettu avoimuudelle, keskustelulle ja jatkuvalle kyseenalaistamiselle, voi olla rikkaampi ja syvällisempi tapa käsitellä maailmankuvia kuin ne, jotka perustuvat jäykkään ja kapeaan ajatteluun. On tärkeää ymmärtää, että uskonnon tai muiden henkilökohtaisten uskomusten ei tulisi rajoittaa sitä, miten me näemme ja ymmärrämme maailmaa, vaan niiden tulisi avartaa näkökulmaamme ja auttaa meitä kehittymään kokonaisvaltaisemmiksi ajattelijoiksi ja toimijoiksi yhteiskunnassa.

Tässä luvussa käsitellään ilmiötä, jossa uskonnolliset nuorukaiset ja uskoon tulleet ihmiset lähtevät kyseenalaistamaan ja muokkaamaan jopa perinteisiä uskomuksia, kuten Jeesuksen nimeä, ja pyrkivät muodostamaan omia, usein mielivaltaisia tulkintojaan. Esimerkiksi ajatus siitä, että ainoastaan nimi Jeshua olisi oikea ja että se olisi ainoa hyväksyttävä nimitys, on osa tätä ilmiötä. Jeshua on todellakin Jeesuksen hepreankielinen nimi, ja molemmat nimet viittaavat samaan henkilöön. Kuitenkin, kun ihmiset alkavat väittää, että nimen käyttö on ainoa oikea tie pelastukseen tai uskonnon totuuden ymmärtämiseen, ollaan vaarallisilla vesillä. Tällainen väittely menee helposti pilkunviilaukseksi, jossa olennainen asia – Jeesuksen sanoma ja hänen opetuksensa – jää täysin syrjään.

Tämä nimien alkuperästä käytävä väittely ei ole harvinaista uskonnollisessa yhteisössä, mutta se voi helposti johtaa siihen, että tärkein sanoma jää huomiotta. Koko keskustelu muuttuu pinnalliseksi ja irrationaaliseksi, kun se keskittyy yksityiskohtiin, jotka eivät ole todellisia ratkaisuja uskon perusteisiin. Nimen muokkaaminen ja erikoisten tulkintojen kehittäminen voivat johtaa siihen, että yhteisön jäsenet alkavat etsiä symbolisia merkityksiä asioista, joilla ei ole todellista pohjaa, ja he alkavat pitää näitä merkityksiä "salaisina" tai "pyhinä" symbolisina totuuksina.

Tämä ilmiö muistuttaa hyvin tunnettua sanontaa, jonka mukaan "kun vasara on kädessä, kaikki näyttää nauloilta". Tällöin henkilö, joka on saanut käsiinsä tietynlaisen välineen tai ajattelutavan, alkaa nähdä kaikki asiat sen kautta. Symboliikka ja tulkinta saavat aivan liian suuren painoarvon, ja yksinkertaiset asiat muuntuvat monimutkaisiksi, jopa väkisin tehdyiksi selityksiksi. Esimerkiksi heprean tai latinan kielen symboliikkaa tulkitaan usein hyvin mielivaltaisesti ja luodaan merkityksiä, jotka eivät ole kielellisesti tai historiallisesti paikkansapitäviä. Tällainen symboliikka, joka ei perustu faktatietoihin, vaan pikemminkin haluun löytää salattuja merkityksiä, ei vie uskovaisia kohti syvällisempää ymmärrystä, vaan kiinnittää heidän huomionsa epäolennaisiin yksityiskohtiin.

Tässä on myös filosofiasta kumpuava viisaus, joka muistuttaa, että ihmisten taipumus muokata maailmankuvaansa omien uskomustensa mukaiseksi saattaa estää heitä näkemästä asioiden todellista luonteenpiirrettä. Kun henkilö pyrkii näkemään kaikki asiat vain omien uskomustensa läpi, hän voi helposti muovata ne sellaisiksi kuin hän haluaa. Tämä voi olla vaarallista, koska se estää kykyä nähdä asioita objektiivisesti ja kehittää syvällistä ja perusteltua uskoa. Jos uskon perusta on epärealististen tulkintojen varassa, se voi johtaa harhaan ja estää aitoa hengellistä kasvua.

Tällaiset hakemalla haetut merkitykset ja itse luodut tulkinnat voivat myös eristää uskovaisia muista yhteisöistä ja sulkea heidän ajattelunsa. Kun uskovaiset keskittyvät näihin keksittyihin rajoitteisiin ja merkityksiin, he voivat alkaa rakentaa omaa eksklusiivista maailmankuvaansa, joka on irti laajemmista yhteiskunnallisista ja tieteellisistä konteksteista. Tämä voi johtaa yhteisön eristäytymiseen ja ahdasmielisyyteen, jossa ainoa oikea totuus on omassa ajattelussa rakennettu, ei avoimessa keskustelussa ja tutkimuksessa.

Tämän takia on tärkeää kyseenalaistaa, kuinka paljon uskonnollisten yhteisöjen tulisi muokata ja tulkita perinteisiä uskomuksia omiin tarpeisiinsa. Uskonnollinen vapaus on oikeus löytää omat uskomukset ja tulkinnat, mutta tämän tulee tapahtua avoimuuden ja kriittisen ajattelun kautta. Kun uskomukset eivät enää ole pohjautuneet vankalle ja koetulle totuudelle, vaan niistä tulee mielivaltaisia ja irrationaalisia, ne alkavat rajoittaa yksilön ajattelua ja vapauden kokemusta. Tämä on kohtalokas ansa, johon voi langeta, jos pyritään luomaan uskon järjestelmää, joka ei perustu rehellisyyteen ja järkeen, vaan pelkästään itsetarkoituksellisiin tulkintoihin ja kekseliäisiin merkityksiin.

Lisäksi tässä luvussa käsitellään ilmiötä, jossa ihmiset etsivät salaisia viestejä ja merkityksiä ympäröivästä maailmasta, erityisesti musiikista ja väreistä. Tämä ilmiö on erityisen ilmeinen, kun jotkut ryhmät tai yhteisöt, kuten tietyt lahkot, ryhtyvät tulkitsemaan kulttuurisia ilmiöitä ja taiteen muotoja tavalla, joka ei perustu niihin itseensä, vaan ulkoisesti luotuihin merkityksiin. Esimerkiksi 1980-luvulla tuli tunnetuksi tapaus, jossa tietyt lahkolaiset alkoivat väittää, että heavy-metal-musiikissa oli piilotettuja saatanallisia viestejä, jotka kuultuina takaperin paljastaisivat pahoja ja vaarallisia sanomia. Tämä väite perustui yksinkertaisesti siihen, että jos nauhoitetta kuuntelee takaperin, se voi kuulostaa satunnaisilta ja epäselviltä sanoilta, jotka on sitten tulkittu "piilotetuksi viestiksi". Tällainen ajattelutapa on äärimmäisen mielivaltainen, sillä mitä tahansa ääntä voidaan manipuloida tai tulkita tietyllä tavalla, jolloin syntyy illuusio salaisista viesteistä.

Tällainen merkityksien etsiminen on syvästi juurtunut ajatukseen siitä, että ympäröivä maailma on täynnä salaisia viestejä, joita voi havaita vain tietyllä tavalla ajattelevat. Jos joku on jo päättänyt, että tietyn asian tai ilmiön takana on salainen viesti tai piilotettu merkitys, hän löytää sen melkein kaikessa, mitä kokee. Tässä yhteydessä se, että lahkolaiset eivät olleet erityisen kiinnostuneita heavy-musiikista itsessään, vaan ainoastaan siitä, että se tarjosi mahdollisuuden etsiä saatanallisia viestejä, paljastaa ajattelun vinouman. Heidän ei ollut niinkään tarkoitus arvostaa musiikkia sinänsä, vaan etsiä siitä asioita, jotka tukisivat heidän uskomuksiaan.

Tämä sama ilmiö voi ilmetä monilla muillakin alueilla. Värit, esimerkiksi, voivat olla voimakkaita symboleja, joilla on eri merkityksiä eri kulttuureissa ja yhteisöissä. Jollekin ne voivat edustaa poliittisia ideologioita, kuten punainen ja musta väri voivat olla yhteydessä tiettyihin poliittisiin liikkeisiin tai valtioiden lippuihin. Värit voivat olla myös voimakkaita kansallisia symboleja, kuten monien valtioiden lippujen värit, jotka edustavat historiallisiin tapahtumiin tai arvomaailmoihin kytkeytyviä merkityksiä. Toisille taas värit voivat olla vain esteettisiä valintoja, ei mitään enemmän, eikä niille tarvitse antaa syvällisiä tai poliittisia merkityksiä. He voivat yhdistellä värejä puhtaasti henkilökohtaisen mieltymyksensä mukaan, ilman että niihin liitetään mitään suurempaa symboliikkaa.

Tämä ero ajattelutavoissa – se, että toiset etsivät merkityksiä ja viestejä ja toiset nauttivat yksinkertaisista esteettisistä kokemuksista – korostaa ihmisluonteen taipumusta etsiä tai luoda järjettömiä yhteyksiä ja merkityksiä, jotka eivät perustu todellisuuteen. Tämä ei ole pelkästään psykologinen ilmiö, vaan myös kulttuurinen. Jos kulttuurissa tai yhteisössä on vallitseva ajatus siitä, että asioilla on piilotettu merkitys, silloin ihmiset saattavat alkaa etsiä tätä merkitystä kaikesta, mikä ei ole sen totutun ajattelutavan mukaista. Se on myös esimerkki siitä, miten kulttuuri voi vaikuttaa siihen, miten ihmiset tulkitsevat ja kokevat ympäröivän maailman.

Tällainen jatkuva symbolien ja salaisuuksien etsiminen saattaa johtaa siihen, että yksilöt hukkaavat kyvyn kokea maailmaa yksinkertaisena ja esteettisenä, sen sijaan että he etsivät siihen aina piilotettuja merkityksiä, jotka voivat hämärtää heidän kykyään nähdä asioiden todellinen luonne. Tämä voi rajoittaa ihmisten kykyä nauttia elämästään ja suhtautua siihen avoimin mielin, sen sijaan, että he miettivät, mitä salaisuuksia on kaikkialla heidän ympärillään. Tällöin ihmisten vapaus kokea elämää sellaisena kuin se on, ja nauttia sen yksinkertaisuudesta, voi jäädä toissijaiseksi, kun he keskittyvät vain etsimään piilotettuja merkityksiä ja viestejä.

Luvussa käsitellään ilmiötä, jossa ihmisten elämään otetaan mukaan tarpeettoman monimutkaisia ja mielivaltaisia merkityksiä, kuten värit ja kirjainyhdistelmät, joiden taustalla ei ole oikeaa järkeä tai perusteita. Tällainen ajattelutapa vie vapauden, koska se pakottaa ihmiset asettamaan itselleen rajoituksia ja noudattamaan sääntöjä, jotka eivät perustu reaalisiin tai järkiperustaisiin tarpeisiin, vaan täysin keinotekoisiin ja usein epäselviin merkityksiin. Tämä tilanne voi muodostaa esteen elämän vapaudelle ja yksilön omalle ajattelulle, koska ihmiset alkavat jatkuvasti valvoa itseään ja muita muiden kyseenalaisten sääntöjen ja merkitysten mukaisesti. Tällaisessa ympäristössä vapaus heikentyy, koska ihmiset sitoutuvat näihin sääntöihin ja yhteisön normeihin, jotka rajoittavat heidän kykyään toimia ja ajatella vapaasti.

Jos jokaiselle ihmiselle annettaisiin erityinen väri tai kirjainyhdistelmä, se ei enää olisi yksilöllistä tai erityistä, vaan pelkästään yksi osa valtavaa järjestelmää, joka ei enää palvele sen alkuperäistä tarkoitusta. Kun värejä tai merkityksiä jaetaan kaikille maailman kahdeksalle miljardille ihmiselle, ne eivät enää eroa toisistaan millään olennaisella tavalla. Tällöin on vaikea nähdä, mitä järkeä on luoda tällaisia jaotteluja, sillä niiden ainutlaatuisuus katoaa, eikä niitä voi käyttää yksilöivinä tekijöinä. Jos värijärjestelmät tai kirjainyhdistelmät ovat niin yleisiä, että ne voivat koskea lähes ketä tahansa, niiden merkitys häviää ja ne muuttuvat pelkäksi muodollisuudeksi ilman syvempää sisältöä.

Samanlaisia lyhenteitä ja värejä käytetään hyvin erilaisissa yhteyksissä, ja jokaisella niistä on oma, kulttuurisesti tai kontekstuaalisesti määräytynyt merkityksensä. Värien ja symbolien merkitykset voivat muuttua täysin riippuen siitä, missä niitä käytetään. Esimerkiksi punaista väriä voidaan käyttää vaikkapa poliittisessa kontekstissa symboloimaan vasemmistolaisuutta, mutta samalla se voi olla myös juhlinnan ja ilon väri. Samalla kirjainyhdistelmät voivat olla tärkeitä esimerkiksi virallisessa asiakirjassa, kuten henkilötunnuksessa, mutta ne eivät ole yhteydessä toisiinsa, vaikka ne olisivat samantyyppisiä.

Tällöin ei ole mitään syytä yhdistää kaikkia näitä merkityksiä toisiinsa, koska ne ovat itsenäisiä ja kontekstisidonnaisia. Kaikenlaiset mielivaltaiset merkitykset, jotka liitetään väreihin ja kirjainyhdistelmiin ilman todellista perustetta, voivat johtaa siihen, että ihmiset alkavat uskoa, että maailmassa on olemassa järjestelmä, jossa kaikki tulee jakaa ja määritellä tiettyjen sääntöjen mukaan. Tällainen ajattelutapa vie yksilöltä mahdollisuuden nähdä maailmaa monipuolisena ja avoimena, ja se tukahduttaa kyvyn kokea elämää ilman rajoitteita. Järjestelmä, joka tekee liiallisista ja kehitetyistä merkityksistä elämän keskiön, ei enää tarjoa ihmisille vapautta, vaan pakottaa heidät elämään suljetuissa rajoissa, jotka on itse itselleen luotu.

Tässä tekstissä käsitellään merkitysten ja symbolien luonteen monimuotoisuutta ja sitä, miten helposti niitä voi vääristellä ja liioitella, jolloin niitä aletaan käyttää perusteettomasti ja mielivaltaisesti. Esimerkiksi Zalandon lyhenteen "Z" ei liity mitenkään Venäjän armeijaan, mutta sen avulla voidaan rakentaa yhteyksiä ja merkityksiä, joita ei ole olemassa. Tämä on vain yksi esimerkki siitä, kuinka symbolit ja lyhenteet voivat saada aivan uusia merkityksiä pelkän sattuman tai ihmisten tulkintojen kautta. Samoin musiikissa on vaikea välttää samankaltaisuutta, sillä monet melodiat voivat kuulostaa toistensa kaltaisilta, vaikka niitä ei olisi tietoisesti kopioitu. Tämä on ongelma, jota musiikintekijät kohtaavat jatkuvasti, ja nykyaikainen teknologia, kuten tekoäly, reagoi herkästi kaikkiin samankaltaisuuksiin, mikä voi johtaa virheellisiin syytöksiin plagioinnista. Tällainen liiallinen tarkkuus ja pilkun viilaaminen voivat helposti johtaa väärinkäsityksiin, joissa alkuperäinen taide tai merkitys hukkuu.

Sama periaate pätee myös ihmisten käyttämiin sääntöihin ja normeihin. Liiallinen merkitysten etsiminen ja pilkun viilaaminen saavat aikaan ahtaita ja mielivaltaisia käsityksiä, jotka estävät meitä nauttimasta elämän monimuotoisuudesta ja vapaudesta. Kristillisestä näkökulmasta katsottuna vapaus on lahja, jonka Kristus on antanut meille, eikä meidän tulisi itse rajoittaa tätä vapautta liiallisilla säännöillä ja normeilla, jotka eivät perustu todellisiin arvoihin tai tarpeisiin. Pilkun viilaaminen ja turhan tarkat sääntöjen soveltamiset vievät meidät pois vapauden ja elämän monimuotoisuuden tieltä. Jos luomme itsellemme tarpeettomia rajoitteita ja sääntöjä, jotka eivät oikeasti palvele mitään todellista tarkoitusta, menetämme sen vapauden, jonka pitäisi olla olennainen osa elämäämme.

INFORMAATION SALAAMINEN

Informaation salaaminen on ilmiö, joka herättää monia kysymyksiä siitä, kuinka paljon yhteiskunnassamme on piilossa asioita, jotka olisivat tärkeitä kansalaisille kokonaiskuvan hahmottamisen kannalta. Tällaisia asioita ei yleisesti ottaen julkisesti kuuluteta eikä niistä keskustella avoimesti. Usein tuntuu siltä, että ne, jotka omistavat kyseisen tiedon, toivovat pikemminkin, että ihmiset eivät kyseenalaistaisi sitä tai edes kyselisi asiasta. Tämä puolestaan herättää epäilyksiä ja kysymyksiä siitä, kuinka paljon meille oikeasti kerrotaan ja kuinka paljon jätetään pimentoon.

Vaikka voimme aina tehdä virallisia tietopyyntöjä ja esittää kysymyksiä viranomaisille, ei ole takeita siitä, että saamme niihin vastauksia. Ja vaikka vastauksia joskus saamme, onko niissä tarpeeksi syvyyttä ja kattavuutta, jotta ne auttaisivat meitä ymmärtämään koko tilannetta? Oikeastaan kysymys on siitä, kuinka paljon meiltä salataan asioita, jotka voisivat olla merkityksellisiä yhteiskunnallisen ja yksilöllisen päätöksenteon kannalta. Tämä salailu ei ole vain tiettyjen tiedonpalojen piilottamista, vaan se voi koskea laajempia rakenteita ja järjestelmiä, joiden tarkoitus on pitää kansalaiset tietämättöminä.

On tärkeää, että yhteiskunnassamme vallitsee avoimuus ja läpinäkyvyys, sillä vain silloin kansalaiset voivat tehdä tietoon perustuvia päätöksiä ja osallistua aktiivisesti yhteiskunnallisiin keskusteluihin. Informaation salaaminen ja piilottaminen ei ainoastaan rajoita meidän mahdollisuuksia ymmärtää maailmaa ympärillämme, vaan se myös heikentää luottamusta instituutioihin ja vahvistaa vallan ja tiedon epätasaista jakautumista.

Meiltä salataan usein tietoja, jotka liittyvät suoraan meidän henkilökohtaiseen elämäämme ja vapauteemme. Tällaiset salaisuudet voivat rajoittaa merkittävästi elämämme hallintaa ja itsemääräämisoikeutta. Nykyään meistä kaikista on arkistoitu tietoja monenlaisilla tasoilla eri viranomaisten ja yksityisten tahojen toimesta. Nämä tiedot voivat liittyä esimerkiksi taloudellisiin tilanteisiimme, terveydentilaamme, käyttäytymisemme arviointiin tai jopa mielipiteisiimme ja yhteiskunnallisiin asenteisiimme. Meitä luokitellaan ja kategorisoidaan erinäisiin ryhmiin, ja tämä luokittelu vaikuttaa monin tavoin siihen, miten meitä kohdellaan ja mihin mahdollisuuksiin pääsemme.

Erityisen ongelmallista on se, että nämä tiedot eivät ole usein avoimesti saatavilla meille itsellemme. Emme tiedä tarkalleen, mitä meistä tiedetään tai kuinka meitä on arvioitu eri järjestelmissä. Salaisissa tiedostoissa voi olla muistiinpanoja ja merkintöjä, jotka vaikuttavat elämäämme, mutta joihin meillä ei ole pääsyä. Tämä herättää vakavan kysymyksen yksilön oikeuksista ja vapaudesta. Kun meitä luokitellaan ja seurataan ilman, että meillä on mahdollisuus tarkistaa tai vaikuttaa siihen, mitä meistä tiedetään, meidän henkilökohtainen vapautemme ja autonomiamme on uhattuna. Tällainen valvonta ja luokittelu voi johtaa siihen, että meidät suljetaan tiettyihin rooleihin tai rajoitetaan mahdollisuuksiamme osallistua yhteiskuntaan vapaasti.

Tulevaisuuden terveydenhoito saattaa kehittyä yhä enemmän datan ja luottopisteiden varaan, mikä herättää vakavia kysymyksiä oikeudenmukaisuudesta ja tasa-arvosta. Kun ihmisistä kerätään jatkuvasti dataa ja tätä dataa käytetään määrittämään, millaista hoitoa he saavat, on vaarana, että terveydenhuoltojärjestelmään syntyy luokkajako. Tämä järjestelmä saattaisi perustua siihen, että varakkaammat ja korkeammilla luottopisteillä olevat saavat parempaa hoitoa, kun taas huonompiosaiset joutuvat tyytymään vähempään ja huonompaan hoitoon. Tällainen kehitys johtaisi entistä syvempiin eroihin yhteiskunnan eri luokkien välillä, jossa terveydenhuollon laatu ja saatavuus määräytyisivät pitkälti taloudellisten tai sosiaalisten kriteerien mukaan.

Tämä herättää kysymyksen siitä, kannattaako huonompiosaisten enää kuulua tällaiseen yhteiskuntaan, jossa heidän arvoaan ja oikeuksiaan voidaan määritellä näiden luokittelujen mukaan. Jos tulevaisuuden yhteiskunta rakentuu luokkajaolle ja sosiaalisten kriteerien varaan, saattaa herätä ajatus siirtyä johonkin vaihtoehtoiseen yhteiskuntaan, jossa ei ole tällaisia eroja. Tällaisia yhteiskuntia löytyy muun muassa Amerikan amissiyhteisöistä, joissa korostetaan yksilön arvoa ja yhteisön tukea riippumatta henkilön varallisuudesta tai statuksesta. Tällaisessa yhteiskunnassa ihmiset elävät ja toimivat yhteisönsä ehdoilla, ilman ulkoisten luokittelujen rajoituksia, ja jokaisella jäsenellä on mahdollisuus kokea itsensä arvokkaaksi ja tärkeäksi osaksi yhteisöä.

Jos yhteiskunta kehittyy yhä enemmän taloudellisten ja sosiaalisten erojen pohjalta, kysymys yksilön vapaudesta ja oikeudesta tasa-arvoiseen kohteluun on yhä ajankohtaisempi. Millainen on yhteiskunta, jossa yksilön hyvinvointi määrittyy enenevässä määrin sen mukaan, kuinka paljon arvoa hänelle annetaan erilaisten järjestelmien ja luokittelujen pohjalta? Onko tämä todella se yhteiskunta, johon me haluamme kuulua, vai onko aika etsiä vaihtoehtoisia malleja, joissa jokainen voi elää vapaana luokittelujen ja eriarvoisuuden kahleista?

Kun tekoälyn avulla kerätään ihmisistä jatkuvasti dataa ja käytetään sitä heidän luokittelemisekseen, syntyy vaarallinen tilanne, jossa luokittelun tuloksista ei ole helppo valittaa. Tekoälyjärjestelmät on suunniteltu suorittamaan tehtäviään automaattisesti ja nopeasti, mutta ne eivät ole kykeneviä käsittelemään valituksia tai tunnistamaan inhimillisiä tekijöitä, jotka voivat vaikuttaa arvioiden ja luokitusten oikeudenmukaisuuteen. Jos henkilö kokee, että hänet on luokiteltu väärin tai epäoikeudenmukaisesti, on käytännössä hyvin vaikeaa saada muutosta, sillä ei ole helppoa löytää ihmistä, joka olisi vastuussa virheellisen luokittelun korjaamisesta.

Tämänkaltaisessa automatisoidussa järjestelmässä, jossa valta on siirtynyt algoritmeille ja tekoälylle, vastuu siirtyy yhä enemmän pois inhimillisiltä toimijoilta. Virkailijat, jotka aiemmin olivat käytettävissä virheiden korjaamiseen ja asiakaspalveluun, ovat yhä harvinaisempia. Kaikki päätökset perustuvat enenevässä määrin koneellisiin arvioihin, ja kun virheitä tapahtuu, ne jäävät usein huomaamatta, koska tekoäly ei ole suunniteltu ottamaan huomioon yksittäisten ihmisten ainutlaatuisia tilanteita tai käsittelemään inhimillisiä poikkeuksia. Tämä luo eräänlaisen eristyneen ja välinpitämättömän järjestelmän, jossa ihmiset voivat jäädä vaille oikeutta tulla kuulluiksi tai saada apua epäoikeudenmukaisista luokituksistaan.

Tällaisen kehityksen myötä me joudumme kysymään, kuinka paljon voimme luottaa järjestelmään, joka ei pysty tarjoamaan inhimillistä reagointia virheisiin tai valituksiin. Onko tämä tulevaisuus, jossa päätökset tehdään kylmien algoritmien pohjalta, vai pitäisikö meidän vaatia, että edes automatisoidussa yhteiskunnassa säilytetään mahdollisuus oikeudenmukaiseen valitukseen ja inhimilliseen puuttumiseen, jolla järjestelmät eivät jää valvonnan ulkopuolelle?

MIKÄ ON VAPAA TAHTO?

Vapaa tahto on monimutkainen käsite, ja erityisesti päihteiden käytön yhteydessä sen merkitys saattaa hämärtyä. Päihderiippuvuus tuo esiin kysymyksen siitä, onko ihmisellä todella vapaata tahtoa, kun hänen mielitekojensa ja riippuvuuksiensa vaikutus on niin voimakas. Onko ihmisen tahto todella vapaa, jos hän ei kykene vastustamaan hetkellisiä mielihalujaan, jotka saavat hänet käyttämään päihteitä, vaikka hänen järkensä ja syvempi tahtonsa haluaisivatkin raittiutta?

Päihderiippuvaisella on usein selkeä halu elää ilman päihteitä ja palata normaaliin elämään, mutta hänen tahtonsa ei aina ole linjassa tämän tavoitteen kanssa, sillä hetkelliset mieliteot voivat vallata hänen mielensä ja ohjata toimintaansa. Tässä tilanteessa ei voida puhua täysin vapaasta tahdosta, sillä se, mitä hän todella haluaa syvällä sisimmässään, on ristiriidassa hetkellisten, riippuvuudesta johtuvien halujen kanssa.

Jos ajattelemme, että tahto on aina tilannekohtainen ja mielialat määrittelevät ihmisen tahtoa hetkestä toiseen, voidaan nähdä, että vapaasta tahdosta puhuminen on vielä monimutkaisempaa. Tahto ei ole staattinen voima, vaan se voi vaihdella sen mukaan, millaisia tunteita ja mielentiloja ihminen kokee tietyllä hetkellä. Onko tahto silloin enää todella vapaa, vai onko se jatkuvasti alttiina ulkoisille tekijöille, kuten mielialoille, riippuvuuksille ja ympäristön vaikutuksille? Tätä pohdittaessa on tärkeää erottaa hetkellinen tahdonmuutos syvemmistä, pitkäaikaisista tavoitteista, jotka saattavat olla ristiriidassa niiden hetkellisten impulssien kanssa, jotka estävät ihmiseltä vapauden valita pitkän aikavälin hyvää.

Kun pohdimme päihderiippuvaisen kokemaa taistelua, jossa vahva halu pysyä raittiina kohtaa hetkellisen mielihalun käyttää päihteitä, kysymys siitä, mikä on "oikea" tahto ja mikä on vapaan tahdon ohjaamaa tahtomista, muuttuu monimutkaiseksi. Vahva tahto raittiuteen on pitkäaikainen ja syvällinen tavoite, joka pohjautuu henkilökohtaiseen hyvinvointiin ja itsensä kehittämiseen. Hetkellinen mieliteko taas on kuin ulkoinen, voimakas impulssi, joka voi ohittaa hetkellisesti tämän syvemmällä tasolla olevan tahtotilan.

Onko tämä hetkellinen mieliteko sitten osa vapaata tahtoa, vai onko se itse asiassa ristiriidassa vapauden kanssa, sillä se estää ihmistä toteuttamasta syvempää haluaan pysyä raittiina? Vapaalla tahdolla pitäisi olla kyky ohjata ihmistä valitsemaan pitkäaikaisia, kestävää hyvinvointia edistäviä ratkaisuja, mutta hetkelliset mielihalut voivat lyödä tämän tahdon hetkellisesti, jolloin kysymys kuuluukin, onko vapaa tahto todella vapaata silloin, kun sen ohjaamat valinnat ovat ristiriidassa yksilön pitkäaikaisten tavoitteiden kanssa.

Toisaalta, voiko ihmiselle tulla mieleen, että hetkellinen hyvän mielen kokemus, vaikka se tulisikin päihteistä, olisi "se oikea tahto", vaikka se olisikin vain hetkellistä ja voi johtaa negatiivisiin seurauksiin pitkällä aikavälillä? Onko kyseessä itsepetos, jossa ihminen uskoo hetkellisen mielihyvän olevan tärkeämpää kuin se syvempi, kestävämpään hyvinvointiin tähtäävä tahto? Tässä kysymyksessä piilee syvällinen pohdinta siitä, kuinka vapaus ja tahto liittyvät toisiinsa, ja voivatko hetkelliset, lyhytkestoiset mielihalut estää meitä toteuttamasta vapaata tahtoa, joka olisi perusteltu ja kestävä.

Tässä pohdinnassa kysymys siitä, onko hetkellinen mieliteko niin voimakas, että se saa syvällisemmän tahdon vaikenemaan, avaa monia filosofisia ja psykologisia ulottuvuuksia. Voidaanko sanoa, että vapaasta tahdosta puhuminen on merkityksellistä vain silloin, kun se ilmenee selkeästi ja järkevästi, vai onko vapaa tahto jotain, joka toimii vain osittain, kun se joutuu taistelemaan voimakkaita, ulkopuolelta tulevia vaikuttimia vastaan?

Jos hetken mielihalu päihteiden käytöstä saa syvemmän tahdon raittiuteen vaikenemaan, silloin herää kysymys, mikä näiden kahden tahdon välillä on "aidosti" vapaata. Onko se, että tahto raittiuteen tulee omasta sisimmästämme, vai onko se jollain tavalla ulkopuolelta ohjattua ja ehkä jopa manipuloitua? Eikö vapaassa tahdossa pitäisi olla kyky valita ja toimia itsenäisesti, mutta voiko hetkellinen, voimakas mieliteko hallita meitä siinä määrin, että se ohittaa tuon syvemmän, kestävämmän tahdon, joka suuntaa meidät terveempään ja kestävämpään elämään?

Entäpä, onko mieliteko itsessään lähtöisin omista haluistamme, vai voiko sen taustalla olla jokin ulkopuolinen voima, kuten ympäristö, kulttuuri tai jopa päihteiden itsensä aiheuttama biologinen vaikutus? Onko se jollain tapaa väline, jonka avulla pyritään pakenemaan syvempiä ja ehkä epämiellyttäviä tunteita, kuten surua, ahdistusta tai häpeää? Voiko päihteiden käyttö olla keino, jolla ihminen peittää ikäviä muistoja ja tunteita, joihin ei haluta palata, koska niiden kohtaaminen tuntuisi liian tuskalliselta?

Voi olla, että koko päihderiippuvuuden tahto on jollain tapaa myllerryksessä, ja ihmiselle on vaikeaa erottaa, onko kyseessä hänen oma tahtonsa, vai oliko hän ehkä alun perin ajautunut tähän suuntaan ulkoisten olosuhteiden, kuten ympäristön tai henkilökohtaisten haasteidensa, vuoksi. Kun päihteet tarjoavat hetkellistä lohtua, ne voivat myös sulkea pois tarpeen käsitellä syvällisempiä tunteita, jolloin tahto jää vain pinnalliseksi ja reagoivaksi, vailla kykyä olla aidosti vapaata ja johdonmukaista.

Vapaasta tahdosta puhuttaessa on tärkeää ymmärtää, että tahtoa voi olla monenlaista, ja sen alkuperä herättää usein kysymyksiä. Onko tahto todella omaa, vapaasti valittua, vai onko se ulkopuolelta manipuloitu, esimerkiksi propagandan tai yhteiskunnan normien kautta ohjautuva? Onko tahto niin sanotusti "vapaa", jos sen taustalla on jokin ulkoinen paine tai sisäiset impulssit, jotka rajoittavat sen todellista vapautta? Tällöin herää ajatus siitä, kuinka paljon ihminen oikeastaan voi vaikuttaa omaan tahtoonsa, jos hän on jatkuvasti altistunut ulkopuolisille vaikuttimille tai jopa sisäisille, ei-rationaalisille vieteille.

Tämä nostaa esiin kysymyksen, millainen tahto on täysin vapaata tahtoa. Jos tahto on vapaata, onko silloin mahdollista tehdä valintoja täysin ilman ulkoisia tai sisäisiä rajoitteita? Onko silloin kyse siitä, että ihminen pystyy päättämään asioistaan juuri niin kuin itse haluaa, ilman että hän kokee ulkoista painetta tai sisäisiä ristiriitoja? Näennäisesti vapaassa tahdossa ei ole mitään esteitä, mutta käytännössä ihmisellä on harvoin puhdasta valinnanvapautta. Meitä ohjaavat tiedostamattomat motiivit, yhteiskunnan vaatimukset, perhesiteet, kulttuuri ja jopa biologiset vietit, jotka voivat kaikki vaikuttaa siihen, miten päätämme.

Vaikka ihmisillä on lähtökohtaisesti vapaus tehdä valintoja, todellisuus on usein monimutkaisempi. Esimerkiksi päihteiden käyttäjät kokevat usein, että he haluavat raittiuden, mutta hetkelliset mielihalut ja päihteiden tarjoama hyvä olo voivat hetkellisesti saada tämän tahdon vaikenemaan. Tällöin huomataan, kuinka hetkelliset tuntemukset voivat viedä voiton rationaalisista päätöksistä ja suunnitelmista. Tässä vaiheessa voi olla vaikea erottaa, onko tahdon muutos todella vapaata vai onko se enemmänkin impulssin, riippuvuuden tai ulkoisten tekijöiden ohjaamaa. Tätä hetken mielitekoa ja sen vaikutusta on hyvin vaikea hallita, vaikka ihminen rationaalisesti tietäisi paremmin, mikä hänelle olisi pitkässä juoksussa parempi valinta. Tällöin kysymys vapaasta tahdosta ja sen rajoitteista nousee erityisen ajankohtaiseksi.

Maanpuolustustahto on herkkä ja helposti manipuloitavissa oleva tahtotila, jonka taustalla on usein syvä kansallinen ylpeys ja halu suojella kotimaata. Kuitenkin nykyisessä geopoliittisessa tilanteessa, kuten Suomessakin, tämä tahto saattaa joutua ristiriitaan sen kanssa, mitä oikeasti puolustamme. Suomen liittyessä Natoon ja sallimalla Naton tukikohtien sijoittamisen maaperällemme, olemme astuneet tilanteeseen, jossa emme voi enää rehellisesti väittää puolustavamme vain omaa isänmaata. Naton velvoitteet ja sen jäsenvaltioiden yhteiset sotilaalliset sitoumukset tarkoittavat, että osallistumme mahdollisesti sotatoimiin, jotka eivät ole täysin linjassa oman kansallisen etumme kanssa.

Tällöin herääkin kysymys, puolustammeko me enää omaa maata vai alistummeko Naton globaaleihin intresseihin, jotka voivat olla ristiriidassa kansallisvaltioiden omien etujen kanssa. Jos Naton läsnäolo maassamme johtaa siihen, että taistelemme muiden valtioiden tavoitteiden puolesta, ei voida enää puhua täysin vapaasta, kansallisesta puolustustahtotilasta, vaan tilanne alkaa muistuttaa enemmänkin ulkopuolisten toimijoiden etujen puolustamista omien rajojemme sisällä.

Suomessa suuri osa kansasta on tietämättään ajautunut tukemaan Natoa ja sen asemaa, koska tietoa ja keskustelua ei ole käyty tarpeeksi laajasti siitä, mitä liittyminen todella tarkoittaa. Manipulointi ei välttämättä ole tietoisesti paha intentio, mutta se voi kuitenkin tapahtua valikoidun tiedon jakamisen ja tietynlaisten narratiivien kautta, jotka tukevat tiettyä poliittista agendaa. Ihmiset saattavat uskoa, että Naton jäsenyyttä puolustetaan oman turvallisuuden nimissä, mutta samalla he eivät välttämättä tiedosta, että osana tätä jäsenyyttä he voivat joutua osallistumaan sotiin, jotka eivät liity heidän omaan maahan tai sen kansallisiin etuihin. Tällainen manipulointi ei ainoastaan ohjaa yksilön tahtoa, vaan se voi myös kaventaa kansalaisten vapautta valita omat sotilaalliset ja poliittiset suuntansa itsenäisesti.

Jos sisimmässämme herää epäilys siitä, että teemme jotakin väärää – kuten toimimme Naton määräysten mukaan tai osallistumme toimiin, jotka voivat olla ristiriidassa omien moraalisten periaatteidemme kanssa – on silloin aiheellista pysähtyä ja miettiä syvällisemmin, mitä teemme ja miksi. Tällöin meidän olisi syytä käyttää aikaa asioiden tutkimiseen ja varmistaa, että ymmärrämme täsmälleen, mihin olemme sitoutuneet. Tämä prosessi voi auttaa meitä saavuttamaan jonkinlaisen sovinnon omantuntomme kanssa. Tämä voisi olla ensimmäinen askel kohti vapautta, sillä vapautemme ei rajoitu pelkästään siihen, mitä meiltä vaaditaan, vaan myös siihen, kuinka rehellisesti me kohtaamme omat valintamme ja niiden seuraukset.

Jos me epäilemme tekevämme omaa tahtoamme vastaan, silloin me todella toimimme itseämme vastaan. Tämä voi johtaa tilanteeseen, jossa joudumme tekemään päätöksiä, jotka vievät meidät syvemmälle pois omista arvoistamme ja uskomuksistamme. Pahimmassa tapauksessa epäily voi johtaa meitä tekemään vääriä valintoja, jotka voivat olla moraalisesti ja jopa laillisesti tuomittavia. Tämä on vaarallista, koska se voi johtaa siihen, että teemme jotain, jota emme pysty koskaan oikeuttamaan itsellemme.

Esimerkiksi sotilaan asema tuo esiin vakavan kysymyksen. Vaikka sotilas saisi käskyn ylemmältä taholta, esimerkiksi käskyn tappaa, onko se todella oikeutettua? Tappaminen on aina rikos – rikos Jumalan ja elämän pyhyyttä vastaan. Olkoonkin, että sota ja väkivalta voivat olla valtion tai järjestön määräämiä, ei se poista teon moraalista vääryyttä. Tällöin ei voida väittää, että sotilaat olisivat vapaita valinnoissaan, vaan heidän täytyy kantaa vastuu omista teoistaan, riippumatta siitä, kuinka korkeat viranomaiset tai päättäjät käskyn antavat. Tällaisessa tilanteessa on vaikea puhua todellisesta vapaasta tahdosta, sillä toimimme muiden ohjaamina ja ulkoisten määräysten perusteella, vaikka ne saattavat olla ristiriidassa omien syvempien arvojemme kanssa.

ONNELLISUUS

Mikä on onnellisuuden merkitys vapauden kannalta, ja miten vapaus puolestaan vaikuttaa onnellisuuteen? Ensimmäinen kysymys liittyy siihen, kuinka paljon ihmiset ovat valmiita panostamaan onnellisuuden tavoitteluun ja kuinka paljon vaivannäköä siihen yleensä menee. On selvää, että onnellisuuden etsiminen voi vaatia ponnisteluja, mutta jokainen ylimääräinen vaivannäkö, jota sen saavuttaminen vaatii, vie osan vapaudesta. Vaikka tavoitteena onkin lisätä omaa hyvinvointia ja vapauden tunnetta, usein onnellisuuden tavoittelu itse asiassa rajoittaa vapauden kokemusta.

Onnellisuuden tavoittelu ei ole vain pelkkä matka kohti parempaa elämää, vaan se on myös usein sisäisen ristiriidan lähde. Jos ihminen ei ole varovainen, hän voi asettaa itsensä orjaksi sille, mitä hän kokee tarvitsevansa onnellisuuteen. Tällöin tavoitteet ja ulkoiset olosuhteet alkavat hallita hänen elämäänsä, jolloin hänen vapauden tunne kaventuu. Tämä on paradoksi: vaikka onnellisuuden tavoittelulla pyritään parantamaan elämänlaatua, se voi itse asiassa viedä ihmiseltä vapauden, sillä jatkuva pyrkimys johonkin saattaa johtaa siihen, että ei osata nauttia siitä, mikä on jo saavutettu.

Monelle ihmiselle onnellisuuden etsiminen muuttuu pakonomaiseksi toiminnaksi, suoranaiseksi pakkomielteeksi. Onnellisuutta tavoitellaan usein väkisin, hankkimalla rahaa ja omaisuutta, sillä ajatuksella, että tulevaisuus olisi näin turvattu. Mutta onko todellinen onnellisuus todella kiinni materiaalisten asioiden, kuten rahaan ja omaisuuteen, kerryttämisestä? Monille nuorille naisille on myös tavallista pyrkiä löytämään hyvin toimeentuleva mies, jonka kanssa mennään naimisiin, ja uskotaan näin saavuttaneensa onnellisuuden.

Kysymys kuitenkin kuuluu: ollaanko silloin todella onnellisia? Ja ennen kaikkea, ollaanko silloin vapaita, jos parisuhde perustuu johonkin muuhun kuin vapaaseen sydämen tunteeseen? Tällöin on mahdollista, että onnellisuus on vain pintatasoa, eikä sisäistä vapauden ja itseilmaisun tunnetta saavuteta. Onnellisuus ei voi olla pelkkä ulkoinen ilmentymä, vaan sen tulisi olla seurausta vapaudesta elää omien arvojensa ja tunteidensa mukaisesti.

Onko sittenkin niin, että köyhä ja heikommin toimeentuleva on vapaampi? Miten paljon vapaus vaikuttaa ihmisen onnellisuuteen, tai toisinpäin, kuinka paljon onnellisuus voi tehdä ihmisestä vapaamman? Näihin kysymyksiin vastauksia etsittäessä on syytä pohtia molempia käsitteitä syvällisemmin.

Jos onnellisuus on jotain, jota täytyy tavoitella kaikilla mahdollisilla keinoilla, jos siihen on käytettävä valtavasti energiaa, aikaa ja resursseja, eikö tällainen prosessi itsessään ole jo onnetonta? Onnellisuuden pakonomainen etsiminen vie ihmisen kaiken vapauden ja lukitsee hänet orjuuttavaan kierteeseen. Onnellisuuden tavoittelu voi muuttua itse asiassa niin kuormittavaksi ja väsyttäväksi, että se itse asiassa estää aitoa onnellisuutta. Tällöin onnellisuuden saavuttaminen ei ole enää vapaata ja nautinnollista, vaan siitä tulee pelkkä päämäärä, jota janoaa, mutta joka tuntuu aina karkaavan kauemmas.

Jos sen sijaan osaa ottaa onnen vastaan pienistä onnistumisen hetkistä, elämän pienistä hyvistä asioista, on jo oikealla polulla kohti aitoa onnellisuutta. Tällainen ihminen osaa nähdä elämän myönteiset puolet, ja hän on kiitollinen kaikesta, mitä hänelle elämässä tarjotaan. Hän ymmärtää myös ikävien asioiden yhteyden suurempaan kokonaisuuteen ja näkee niissä piileviä hyviä merkityksiä, vaikka hetkellisesti ne tuntuisivatkin vaikeilta tai kivuliailta. Tämä kyky nähdä elämän koko kirjo — niin valoisat kuin tummatkin hetket — tuo syvempää ymmärrystä ja tasapainoa, ja sellainen ihminen on paljon onnellisempi.

Erityisesti hän on vapaa. Ja kun hän on vapaa, ei hänen tarvitse enää tavoitella onnea, koska se löytää hänet luonnollisesti. Onni tulee hänelle, koska hän on valmis vastaanottamaan sen sellaisena kuin se ilmenee. Hän ei ahnehdi sitä, vaan antaa sen tulla elämäänsä ilman painetta tai pakkoa. Hän on vapaa elämään tässä ja nyt, nauttimaan kaikesta, mitä hänellä on, ilman jatkuvaa kaipuuta enempään.

Tämä onkin se keskeinen ero: onnellisuus ei synny väkisin tavoitellen, vaan se syntyy silloin, kun ihminen hyväksyy ja osaa arvostaa elämänsä pienetkin ilot. Hän ei juokse onnen perässä, vaan onni antaa hänelle itselleen, koska hän ei ole sidottu sen perään. Hän ei ole ahne, eikä hänen tarvitse etsiä enemmän, sillä hän on tyytyväinen siihen, mitä hänellä on.

Mitä enemmän me hamuamme onnea itsellemme, sitä enemmän me alamme sitä myös vaatia, ja lopulta ahneudestamme tulee meille vankilamme. Ahne ihminen ei ole koskaan onnellinen, sillä hänen janoaan ei mikään voi tyydyttää. Ahneus vie pois vapauden nauttia elämästä sellaisena kuin se on, ja ahne ihminen onkin oman ahneutensa orja ja vanki. Onnellisuus ei ole sitä, mitä saamme, vaan sitä, mitä osaamme antaa ja arvostaa juuri tässä hetkessä.

Vapaus ja onni ovat yhtä, ne kietoutuvat toisiinsa luonnollisesti ja täydentävät toisiaan. Vapaus ei ole pelkästään ulkoista tilaa, jossa voimme liikkua ilman rajoitteita, vaan se on myös sisäistä rauhaa ja tasapainoa. Onni puolestaan ei ole kaukainen haave, joka odottaa jossain, vaan se on läsnä jokaisessa hetkessä, joka on täynnä kiitollisuutta ja rauhaa.

Vapaus ja onni ovat kuin rauhallinen kävelyretki metsässä kauniina kesäpäivänä, kun tuuli käy lempeästi ja lintujen laulut täyttävät ilman. Ne ovat kuin pulahtaminen helteisenä iltapäivänä virkistävään veteen, kuin se hetki, jolloin keho ja mieli kohtaavat luonnon armollisen viileyden. Ne ovat kuin tyynenä varhaisena kesäaamuna mato-ongella onkiminen rannalta, kun aamu-usva kohoaa järven pinnalta ja kaikki tuntuu olevan juuri niin kuin sen pitääkin olla. Ne ovat kuin runsas marja-apaja luonnon keskellä, jossa voi poimia herkkuja, antaa hetkelle merkityksensä ja nauttia yksinkertaisista asioista.

Kaikista näistä pienistä, mutta syvästi merkityksellisistä asioista löytyy sekä onni että vapaus. Ne eivät ole kaukana meistä, vaan ne ovat koko ajan ympärillämme, odottamassa, että huomaisimme ne. Vapaus ja onni ovat läsnä jokaisessa hengityksessä, jokaisessa askeleessa, joka vie meitä eteenpäin kohti täyttä elämää.

OMAN TAHDON VAIKUTUS VAPAUTEEN

Oman tahdon vaikutus vapauteen ilmenee syvällisesti arkipäivän valinnoissa, kuten esimerkiksi älypuhelimen hallinnassa. Puhelimen äänettömäksi laittaminen on aluksi yksinkertainen ja vapauttava teko, mutta se ei olekaan niin helppoa nykyisessä maailmassamme. Yhä useammat sovellukset ja palvelut vaativat jatkuvaa yhteydenpitoa ja hälytysten kuuntelemista, koska ne ovat keskeisiä osia elämässämme ja taloudellisessa toimeentulossamme. Tämä luo eräänlaisen paradoksin: vaikka voimme valita, milloin puhelin on hiljaa, emme enää aina saa päättää, milloin se on läsnä.

Kun viestintäkanavat ovat jatkuvasti auki, ulkoinen paine ja odotukset astuvat sisään elämäämme, jolloin oma tahto joutuu tietyssä mielessä alistumaan näille ulkoisille vaatimuksille. Työpaikan sähköpostit, kiireelliset viestit ystäviltä ja perheeltä, sekä jatkuvasti päivittyvä some-alustojen informaatio täyttävät elämämme. Vapaus ei ole enää pelkästään kyky tehdä valintoja omien toiveiden mukaan, vaan se on myös kyky puolustaa omaa tilaa ja ajankäyttöä ulkoisten vaatimusten rinnalla.

Tämä tilanne herättää eettisen ja filosofisen kysymyksen vapauden ja tahdon suhteesta. Onko todella vapaa se, joka ei voi kytkeä pois kaikkia niitä häiriöitä ja painostuksia, jotka jatkuvasti pyrkivät ohjaamaan hänen valintojaan? Eikö vapaus ole sitä, että meillä on mahdollisuus hallita omaa aikaa ja tilaa ilman ulkopuolelta tulevia jatkuvia vaatimuksia?

Samalla se tuo esiin teknologian ja taloudellisen riippuvuuden kietoutumisen yksilön vapauteen. Ihmiset tekevät yhä enemmän päätöksiä taloudellisten ja sosiaalisten tarpeidensa ohjaamina, vaikka nämä valinnat rajoittavat heidän todellista autonomiaansa. Oman tahdon vaikutus vapauteen ei olekaan pelkkä sisäinen kokemus, vaan se on myös vahvasti yhteydessä yhteiskunnan rakenteisiin, joissa meidän on jatkuvasti neuvoteltava omasta ajastamme ja valinnoistamme. Tässä valossa puhelimen äänettömäksi laittaminen ei ole pelkästään yksittäinen päätös, vaan se on symboli laajemmasta kamppailusta vapauden ja kontrollin välillä.

Oman tahdon käyttö oman vapauden ylläpitämiseksi liittyy syvällisesti siihen, kuinka me jäsennämme ja hallitsemme elämämme aikarajoja ja odotuksia. Esimerkiksi tavallisten sosiaalisten käytäntöjen, kuten tapaamisajan määrittelyn, kautta ilmenee se, kuinka yksinkertainenkin valinta – kuten kello viiden jälkeen saapuminen – voi muuttaa elämän kokemusta vapaudesta ja kontrollista. "Viiden jälkeen" -ilmaisu herättää helposti epäselvyyksiä ja jää avoimeksi, mikä johtaa siihen, että aikaraja on tulkinnanvarainen ja sen toteutumiselle ei ole selkeää rajaa. Tämä epäselvyys voi helposti muuttua ahdistavaksi, sillä se vie yksilöltä mahdollisuuden hallita omaa aikatauluaan ja ennakoitavuuttaan.

Filosofisesti tämä tilanne tuo esiin, miten oman tahdon käyttö ei ole vain henkilökohtaisten päätösten tekemistä, vaan se on myös kykyä määrittää omia rajoja ja valita, miten aikamme ja elämämme järjestämme. Jos "viiden jälkeen" ei ole tarkasti rajattu, kuka tahansa voi käyttää sitä tekosyynä saapua mihin aikaan tahansa. Tämä luo tilannetta, jossa meidän on kyettävä jatkuvasti sopeutumaan toisten henkilöiden haluihin ja aikarajoihin, ja se voi riistää meiltä vapauden hallita omaa ajankäyttöämme.

Erityisesti ihmisille, jotka eivät halua jäädä kotiinsa odottamaan näin epämääräistä aikaa, tämä voi tuntua vapauden riistämiseltä. Vapaus ei ole vain fyysisesti paikallaolemista, vaan se on myös kyky liikkua, valita oma aikaraja ja päättää, kuinka paljon odotamme muiden tahdon ja aikarajoitusten mukaan. Elämämme rakenteet ja odotukset eivät saa muodostua vapauden esteeksi. Jos puhutaan yksinkertaisista asioista, kuten tapaamisista, meillä on oikeus kokea, että oma aikamme on omamme ja ettei sitä käytetä väärin muiden tahdon nimissä.

Tässä yhteydessä oman tahdon käyttäminen ei ole pelkästään itsekästä, vaan se on tarpeen omien rajojen asettamiseksi. Jos jatkuvasti joustamme ja sopeudumme muiden aikarajoihin ilman selkeää määrittelyä siitä, mitä se tarkoittaa, menetämme osan vapaudestamme. Vapaus on juuri kyky elää elämäämme niin, että voimme päättää itse, kuinka aikamme käytämme, ja mihin se menee. Jos emme aseta selkeitä rajoja, annamme osan vapaudestamme pois.

Tätä tilannetta voidaan tarkastella eettisesti ja filosofisesti niin, että vapaus ei ole pelkästään reaktiivista sopeutumista, vaan se on aktiivista valinnan ja tahdon käyttämistä oman elämän hallintaan. Jos tapaamisajan epämääräisyys vie pois vapauden toimia oman tahdon mukaan, on tärkeää pohtia, milloin ja miten meidän tulisi määritellä aikarajat ja suojella vapauttamme niiden puitteissa. Tämä heijastaa laajempaa kysymystä siitä, kuinka ihminen käyttää omaa tahtoaan ei vain reaktiivisesti, vaan myös aktiivisesti, omaksuen vastuun omasta ajastaan ja omista rajoistaan.

MAINE JA VAPAUS

Maineen mustaaminen ja sen vaikutus vapauteen ovat monivaiheinen ja syvällinen kysymys, joka heijastaa yhteiskunnan arvoja ja valtarakenteita. Julkisuuden henkilön tai poliitikon maineen kyseenalaistaminen voi olla kuin väline, jolla pyritään hillitsemään yksilön vapautta ja ilmaisua. Politiikassa tämä ilmiö on erityisen korostunut, sillä maineen hallinta toimii usein vallan ja kontrollin välineenä. Pyytämällä anteeksi jotakin, mihin ei välttämättä edes ollut syyllinen, julkisuuden henkilö joutuu alttiiksi kansalaisten ja median jatkuvalle tarkastelulle. Tällöin anteeksipyynnöstä tulee enemmänkin väline alistaa ja nöyryyttää henkilöä kuin aidosti korjata virhe.

Tässä vaiheessa maine ja vapaus kietoutuvat yhteen. Yksilö ei ole enää vapaa puhumaan omasta näkemyksestään tai elämään ilman pelkoa, että hän tulee julkisesti kyseenalaistetuksi ja pilkatuksi. Jos pyydämme anteeksi jotain, mitä emme ole tehneet väärin, olemme jo kompromississa oman vapauden ja itsemääräämisoikeutemme kanssa. Vapaus ilmaista omaa mielipidettämme, toimia omilla ehdoillamme ja säilyttää arvomme on uhattuna, kun meitä pakotetaan tunnustamaan virheitä, joita emme ole tehneet.

Tämä ilmiö ei ole vain yksittäisten ihmisten kokemuksia, vaan se luo laajempia vaikutuksia yhteiskunnassa. Kun yhteiskunta asettaa vaatimuksia anteeksipyynnöille ja rangaistuksille, se heikentää yksilön vapautta puolustaa itseään ja elää omilla ehdoillaan. Tällöin maineen menettäminen ei ole pelkästään henkilökohtainen kokemus, vaan koko yhteiskunnallinen järjestelmä hyödyntää tätä haavoittavuutta kontrolloidakseen ja pakottaakseen yksilöt toimimaan tietyllä tavalla.

Erityisesti poliittisessa kontekstissa maineen käsitteleminen liittyy usein siihen, kuinka hyvin yksilö voi ylläpitää omaa vapauttaan ja uskottavuuttaan yhteiskunnassa. Kun vastakkaista poliittista agendaa edustava henkilö joutuu jatkuvaan julkiseen nöyryytykseen ja maineensa häpäisyyn, heidän vapautensa saada äänensä kuuluvaksi tulee rajoitetuksi. Ei vain siitä syystä, että he joutuvat puolustautumaan jatkuvasti, vaan myös siitä, että heiltä viedään mahdollisuus osallistua tasapuolisesti yhteiskunnallisiin keskusteluihin ilman pelkoa siitä, että heitä mustamaalataan tai heidän maineensa mustataan.

Tässä valossa maine ei ole vain sosiaalinen statussymboli, vaan se on myös voimakas väline kontrollissa ja vallassa. Vapauden ja maineen välinen suhde on siis läheinen ja monimutkainen. Maineen mustaaminen toimii usein mekanismina, joka rajoittaa yksilön vapautta olla oma itsensä ja ilmaista itseään ilman pelkoa yhteiskunnallisista seuraamuksista.

Tässä tilanteessa maineen mustaaminen ja jatkuva nöyryyttäminen eivät ole vain yksittäisen ihmisen henkilökohtaisia kokemuksia, vaan ne ovat osa laajempaa yhteiskunnallista peliä, jossa mediassa ja vallassa olevat tahot voivat käyttää valtaansa yksilöiden alistamiseen ja kontrollointiin. Kun henkilö pakotetaan julkisesti pyytämään anteeksi, hän ei vain joudu olemaan nöyryytettynä vaan myös menettää oman vapautensa reagoida tilanteeseen oman tahtonsa mukaan. Tämä on vapauden rajoittamista, koska yksilö ei voi enää toimia omilla ehdoillaan vaan on alistettu muiden vaatimuksille ja säännöille.

Ongelma kuitenkin kasvaa entistä monimutkaisemmaksi, koska valtamedia, joka voisi toimia vapaan ja moniarvoisen yhteiskunnan peruspilarina, on usein itse mukana tässä nöyryyttämisprosessissa. Valtamedian poliittinen suuntautuneisuus, vaikka se kieltää sen, vaikuttaa siihen, miten he käsittelevät tiettyjä henkilöitä ja aiheita. Media ei vain raportoi tapahtumista, vaan se usein aktiivisesti muokkaa narratiivia ja luo paineita, jotka vievät tilaa vapaa-ajattelulta ja monipuoliselta keskustelulta. Kun media toimii vallan välineenä ja hyväksyy roolinsa osana tätä nöyryytysprosessia, se ei ainoastaan rajoita yksilöiden vapautta, vaan myös estää yhteiskuntaa käymästä avoimia ja rehellisiä keskusteluja.

Tällöin mediasta tulee paitsi maineen muodostaja, myös maineen murtaja. Vaikka väitetään, että media on objektiivinen ja sitoutumaton, sen toimet voivat paljastaa toisenlaisen totuuden – sen, että se on tiiviisti yhteydessä poliittisiin voimiin ja suurempiin valtarakenteisiin. Nämä rakenteet voivat ohjata ja kontrolloida paitsi uutisointia myös sitä, kuinka julkisuuden henkilöt ja tavalliset kansalaiset joutuvat alttiiksi julkiselle häpäisylle. Tämä voi estää yksilöitä ilmaisemasta itseään vapaasti, sillä pelko maineen menettämisestä ja nöyryytyksestä voi estää heitä astumasta esiin ja puolustamasta omia näkemyksiään.

Tässä kuviossa näkyy vapauden ja vallan välinen jännite: maineen ja nöyryytyksen kautta valta luo vapauden rajoja, rajoittaa yksilöiden toiminnan mahdollisuuksia ja estää heitä olemasta oma itsensä. Yksilö, joka joutuisi näin alttiiksi vallan ja median manipuloinnille, ei voi enää todella elää vapaasti. Vapaus ei ole vain henkilökohtaisten valintojen tekemistä, vaan myös sitä, että yksilöllä on oikeus toimia ja ilmaista itseään ilman pelkoa siitä, että hänen maineensa hämärtyy tai että hänet pakotetaan pyytämään anteeksi jotain, johon hän ei ole edes syyllinen.

Tämä ilmiö voi tulla esiin erityisen järkyttävällä tavalla: ihmiset, joilla on valtaa tai erityisasema, voivat toimia lähes täysin ilman seuraamuksia, samalla kun toisia, jotka saattavat jopa pyytää anteeksi vilpittömästi, nöyryytetään entistä enemmän. Tämä eriarvoisuus ei ainoastaan heikennä yhteiskunnan moraalista pohjaa, vaan se myös syö yksilöiden mahdollisuuksia elää vapaasti ja ilman pelkoa julkisen häpäisyn tai nöyryytyksen kohteena olemisesta. Kun median luoma narratiivi on kerran saanut tilaa ja leviää laajasti, anteeksipyytelijän rooli jää pysyväksi leimaksi, ja tätä leimaa voidaan käyttää hyväksi sekä politiikassa että mediassa aivan yhtä hyvin kuin yhteiskunnan rakenteissa.

On erittäin irvokasta, että tämä prosessi tapahtuu entistä enemmän politiikassa, jossa pitäisi olla paikka rehelliselle keskustelulle ja erilaisten näkökulmien kohtaamiselle. Nykyisin politiikasta on tullut yhä enemmän peli, jossa häpeää ja nöyryytystä käytetään välineinä toisten murtamiseen ja omien etujen ajamiseen. Tämä ei ole enää politiikkaa, vaan sirkusta, jossa kansalaisia pyritään manipuloimaan ja johdattelemaan yksittäisten henkilöiden kautta. Se on eräänlaista kansan kontrollointia, jossa huomio siirretään aidosta poliittisesta keskustelusta ja päätöksenteosta pelkkiin henkilökohtaisiin hyökkäyksiin ja skandaaleihin.

Tässä valtasuhteet ja vapaus ovat kietoutuneet toisiinsa siten, että ne, joilla ei ole tarpeeksi valtaa, joutuvat jatkuvasti puolustamaan itseään julkisesti ja pyytämään anteeksi virheitään tai mielipiteitään, kun taas ne, joilla on valta ja mediaresurssit hallussaan, voivat toimia lähes ilman rajoja. Tämä ei ole vain epäoikeudenmukaista, vaan se riistää kansalaisilta mahdollisuuden toimia vapaasti yhteiskunnassa ja kehittää itseään ilman pelkoa siitä, että heidän elämäänsä ja mainettaan käytetään poliittisen agendan välineenä.

Maineen ja nöyryytyksen kautta käytetty valta on siis selkeä rajoite vapaudelle: se määrittää, keillä on oikeus elää vapaasti omilla ehdoillaan ja keiltä tämä oikeus viedään pois. Nykypäivän politiikassa tämä ilmiö on erityisen vahva, koska se muokkaa paitsi yksilöiden elämää myös koko yhteiskunnan rakenteita.

Tässä nähdään jälleen, miten vapaus ja maine kietoutuvat toisiinsa ja luovat yhteiskunnallisia epäoikeudenmukaisuuksia. Ihmisten nimien julkistaminen rikosten yhteydessä on esimerkki siitä, miten media käyttää valtaa yksilöitä kohtaan, jopa silloin kun he ovat jo saaneet laillisen tuomion ja kärsivät siitä. Maineen pilkkaaminen jatkuu sen jälkeenkin, kun oikeus on tehnyt päätöksensä, ja se ei ole vain yksilön kohtalon käsittelyä, vaan yhteiskunnallisen nöyryytyksen tuottamista, joka ei ole enää lainmukaista tai tarpeellista.

Tällainen toiminta luo vakavia eettisiä ongelmia: lehdistö ottaa oikeuden omiin käsiinsä ja rikkoo yksilön oikeuksia. Ihmisen yksityisyys ja oikeus toipua virheistään jäävät sivuun, kun media jatkaa hänen häpäisemistään. Vaikka oikeus on jo langettanut tuomion, media ei pysähdy siihen, vaan tekee lisätuomioita yksilön elämään. Se on jatkuva nöyryytys, joka vie yksilön mahdollisuudet palauttaa elämänsä ja maineensa takaisin, vaikka hän olisi jo maksanut yhteiskunnan asettaman hinnan.

Tässä tilassa vapaus ja oikeudenmukaisuus eivät enää toteudu. Yksilöiden oikeus elää ilman jatkuvaa häpeäleimaa ja antaa itselleen mahdollisuus uuteen alkuun menee hukkaan, koska yhteiskunnan painostus ja median voimakas vaikutus jatkavat ihmisten elämän vaikeuttamista. Lehdistön ja median rooli tässä on erityisen ongelmallinen, sillä heidän toimensa eivät ole oikeuslaitoksen virallisia päätöksiä, vaan ne muodostavat ylimääräisiä rangaistuksia, jotka eivät ole lain tai moraalin mukaisia.

Vapaus ei ole sitä, että ihminen jää tuomituksi ja nöyryytetyksi koko elämänsä ajaksi, vaikka hän olisi jo saanut oman osansa rangaistuksesta. Tällöin yhteiskunta ei salli yksilön vapautumista virheistään, vaan pitää häntä alistetussa asemassa. Tätä mediassa ja julkisessa keskustelussa on syytä pohtia, onko tällainen toiminta todella oikeudenmukaista, ja kuinka paljon se vaikuttaa ihmisten vapauteen elää ilman jatkuvaa pelkoa maineen menettämisestä.

KOKEMUSHORISONTIN VAIKUTUS VAPAUTEEN

Vapauden käsitteeseen liittyy monia syvällisiä kysymyksiä, ja yksi niistä koskee valheen vaikutusta vapauden tunteeseemme. Voimme kysyä: kuinka paljon valhe vaikuttaa siihen, miten koemme itsemme vapaina? Jos ihmiselle jatkuvasti valehdellaan hänen olevan vapaa, vaikka häntä itse asiassa pidetään orjuutettuna tietyllä tavalla, voiko hän todella olla vapaa?

Tässä tapauksessa ihminen voi tuntea itsensä vapaaksi ja uskoa, että hänen elämänsä on omassa hallinnassaan, mutta tämä subjektiivinen kokemus voi olla illuusio. Hän saattaa olla täysin tietämätön siitä, että hänen "vapauden" tunteensa on rakenteellinen harha, joka on luotu ulkoisten voimien, kuten vallanpitäjien, manipulatiivisten valheiden tai yhteiskunnallisten normien, avulla. Tällöin kyseinen henkilö ei ole vapaa siinä perinteisessä ja objektiivisessa mielessä, jossa vapaus tarkoittaa mahdollisuutta toimia omien valintojen mukaan ilman ulkopuolista pakkoa tai rajoituksia.

Filosofisesti tarkasteltuna tämä tuo esiin kysymyksen vapauden luonteesta. Voimmeko todella kutsua itseämme vapaiksi, jos meidän kokemamme vapaus on vain illuusiota? Onko vapautemme siten sidoksissa vain siihen, mitä me omassa mielessämme koemme ja tunnemme, vai onko olemassa ulkopuolinen, objektiivinen vapauden määritelmä, joka ei riipu henkilökohtaisista tuntemuksistamme?

Tämä kysymys vie meidät syvälle siihen, mitä vapaus on eettisesti ja juridisesti. Onko vapaus vain henkilökohtainen tunne, joka liittyy sisäiseen kokemukseen, vai onko vapaus myös laajempi yhteiskunnallinen ja oikeudellinen käsite, joka edellyttää reaalisia olosuhteita, kuten oikeuksia, valtasuhteita ja yhteiskunnallista järjestystä? Jos henkilö elää yhteiskunnassa, jossa hänen oikeutensa ovat rajoitettuja ja hän on ulkoisesti alistettu, mutta hän ei ole tietoinen näistä rajoituksista, voidaanko häntä ylipäätään pitää vapaana?

Tämä vie meidät myös eettisiin pohdintoihin: onko moraalisesti oikein hyväksyä tilanne, jossa valheellinen tietoisuus vapaudesta hallitsee ihmisten elämää? Tässä yhteydessä voidaan puhua "vapauden vieraantumisesta" – ilmiöstä, jossa yksilö ei enää kykene tunnistamaan omaa vapauden potentiaaliaan, koska hän on vieraantunut todellisista vapauden mahdollisuuksista. Onko eettisesti kestävämpää tavoitella vapautta, joka on vapauden subjektiivinen kokemus, vai vapauden, joka perustuu objektiivisiin, reaalisiin vapauksien edellytyksiin?

Lopulta voidaan kysyä, onko vapautemme aina vain se, minkä koemme ja tunnemme omassa mielessämme, vai voidaanko vapauden käsitettä laajentaa myös sellaiseen ulkopuoliseen, absoluuttiseen vapauteen, joka ei ole sidoksissa yksilön subjektiivisiin tuntemuksiin. Tämä kysymys ei ole pelkästään filosofinen, vaan sillä on myös syviä käytännön ja oikeudellisia ulottuvuuksia. Vapauden oikeus – olipa kyseessä elämänvalinnan vapaus, liikkumisvapaus tai taloudellinen vapaus – on perustuslaillinen ja kansainvälinen kysymys, jonka mukaan vapaus ei ole vain tunne, vaan se on myös oikeus, joka voidaan rikkoa tai turvata yhteiskunnallisilla ja poliittisilla rakenteilla.

Erakko, joka vetäytyy täysin yhteiskunnasta ja elää itsenäisesti, voi ehkä kokea itsensä vapaaksi siinä mielessä, että hän ei ole sidottu muiden käskyihin eikä altistu ulkopuoliselle vallalle. Hänen elämänsä ei ole riippuvainen muiden odotuksista tai vaikutusvallasta, mikä tekee hänen vapaudestaan, ainakin tietyssä mielessä, täydellistä. Erakon kokemus vapaudesta on puhdas ja ehdoton, sillä hän ei ole enää yhteydessä ulkoisiin velvoitteisiin tai yhteiskunnallisiin paineisiin.

Kuitenkin, kun tarkastelemme yksilöä, jota ympäröi jatkuva valheiden verkko – olipa kyseessä valkoisia valheita tai laajempia manipulatiivisia harhakuvia – hänen vapauden tunteensa on väistämättä rajoittunut. Vaikka hän saattaa kokea elämänsä helpommaksi ja kevyemmäksi, koska hän ei joutuisi kohtaamaan ikäviä tai vaikeita totuuksia, hänen subjektiivinen kokemuksensa vapaudesta ei ole absoluuttinen. Tämä vapauden tunne perustuu vääristyneelle käsitykselle maailmasta ja omasta asemastaan siinä. Hänen elämässään on ulkopuolinen voima olkoon se sitten yhteiskunnallinen normi, valtiollinen valta tai yksilö, joka manipuloi häntä – ja tämä voima rajoittaa hänen kykyään kokea vapaus todellisessa, objektiivisessa mielessä.

Tässä herääkin syvä kysymys siitä, mikä on yksilön oikeus totuuteen. Vaikka tämä henkilö saattaa elää mukavassa kuplassa, jossa valheet tarjoavat hänelle psykologista turvaa ja elämän yksinkertaisuutta, hänen oikeutensa tietää totuus on selvästi loukattu. Onko oikein, että häneltä salataan tietoa, joka voisi muuttaa hänen käsitystään vapaudestaan ja maailmastaan? Totuuden salaisuudet estävät häntä tekemästä valintoja, jotka perustuvat koko tietoon todellisuudesta, ja näin ollen rajoittavat hänen mahdollisuuksiaan toimia vapaasti ja itseohjautuvasti.

Tässä yhteydessä voidaan tarkastella vapauden ja tiedon välistä suhdetta. Voiko ihminen olla todella vapaa, jos hän ei tiedä kaikkea sitä, mikä hänen elämässään vaikuttaa? Jos vapaus perustuu kykyyn tehdä tietoinen valinta ilman ulkopuolista pakkoa, silloin vapauden kokemus on aina rajoitettu, jos tieto on vääristynyt tai rajoitettua. Vapaus ei ole vain kyky toimia ilman esteitä, vaan myös kyky ymmärtää ja käsitellä maailmaa sellaisena kuin se on – ilman valheiden tai vääristymien luomia esteitä.

Filosofisesti tämä tuo esiin kysymyksen tiedon ja vapauden yhteydestä. Onko vapaus pelkästään yksilön kykyä toimia omien halujensa mukaan, vai onko se myös kykyä ymmärtää omat valintansa ja toimintansa kokonaisvaltaisessa, objektiivisessa todellisuudessa? Vapaus, joka ei perustu totuuteen, on vain näennäistä vapautta. Tässä on myös eettinen ulottuvuus: onko oikein manipuloida ihmisten käsityksiä ja estää heitä tietämästä totuutta, jos heidän vapauden kokemuksensa on vaarassa jäädä pinnalliseksi ja epätodelliseksi?

Vapaus ja totuus kulkevat käsi kädessä – ainoastaan tietäessään totuuden voi yksilö tehdä vapaasti valintoja, jotka todella heijastavat hänen tahtotilaansa ja todellisia mahdollisuuksiaan. Vapaus ei ole vain kokemus siitä, että voidaan valita, vaan se on myös kyky toimia valintojen pohjalta, jotka ovat oikeudenmukaisia, perusteltuja ja todellisia.

Filosofiassa puhutaan usein horisontista käsitteenä, joka viittaa siihen, kuinka yksilöt hahmottavat maailmaa ja kokemuksiaan eri tavoin oman näkökulmansa, eli horisonttinsa, kautta. Tämä horisontti ei ole pelkästään fyysinen rajapinta, vaan se on symbolinen ja subjektiivinen kehys, jonka kautta yksilö tulkitsee ympäröivän maailman. Horisontti määrittelee, mitä asiat tarkoittavat meille ja miten koemme ne.

Työmiehen horisontti on esimerkiksi sellainen, joka on muotoutunut hänen elämänkokemuksistaan ja yhteiskunnallisesta asemastaan. Tämä horisontti on hänelle hänen "absoluuttinen totuutensa" maailmasta: hän näkee ja kokee asiat omista, usein käytännönläheisistä lähtökohdistaan. Mikäli jotain, joka ei kuulu hänen horisonttiinsa, ilmestyy hänen maailmankuvansa ulkopuolelta, se voi tuntua vieraalta ja hämmentävältä. Tällöin kyseinen asia voi näyttäytyä oudolta, jopa epäluotettavalta, koska se ei sovi hänen kokemansa todellisuuden rajojen sisälle. Tällaisessa tilanteessa saattaa olla hyödyllistä tarkastella asiaa toisenlaisesta horisontista, pyrkiä ymmärtämään, miksi asia näyttäytyy toisin ja millaisia syitä tähän näkökulman eroon voi olla.

Samalla tavalla, jos ajatellaan virkailijaa, joka tarkastelee maailmaa virkailijan roolista käsin, hänen näkemyksensä eroaa huomattavasti filosofin tai kirjailijan horisontista. Näin ollen vaikka he puhuisivat samasta asiasta – olkoon se sitten poliittinen päätös, yhteiskunnallinen ilmiö tai yksilön oikeus – heidän käsityksensä tästä asiasta saattavat poiketa merkittävästi. Virkailija saattaa tarkastella asiaa lain ja hallintoprosessien näkökulmasta, kun taas filosofi saattaa lähestyä kysymystä moraalin ja eksistentiaalisten kysymysten kautta, ja kirjailija taas voi nähdä sen taiteen, kulttuurin ja inhimillisten kokemusten kentällä. Tällöin vaikka nähtävät objektit ja asiat ovat objektiivisesti samat, niiden merkitykset ja tulkinnat vaihtelevat täysin sen mukaan, minkälaista horisonttia ne tarkastelevat.

Tämä horisonttien välinen ero voi tuottaa vaikeuksia kommunikaatiossa ja ymmärryksessä. Usein arkikielessä puhutaan siitä, että ollaan "samalla aaltopituudella" tai "eri aaltopituudella". Tämä vertaus kuvaa hyvin sitä, kuinka vaikeaa voi olla kohdata toisenlaisen horisontin näkökulma ja kuinka eri tavoin asiat voivat näyttäytyä riippuen siitä, missä kehyksessä niitä tarkastellaan. Eri aaltopituudella oleminen ei tarkoita vain eroja havainnoissa, vaan myös eroavaisuuksia arvostuksissa, tuntemuksissa ja jopa siinä, miten ihminen kokee olevansa vapaa.

Tämä horisonttien käsite tuo esiin myös vapauden monimutkaisuuden. Vapaus ei ole universaali käsite, joka on kaikille samanlainen, vaan se on sidoksissa siihen, millaisesta horisontista vapauden kokemus syntyy. Työmies saattaa kokea vapautensa työsuhteensa kautta ja tehdä valintoja sen mukaan, mikä parhaiten palvelee hänen elämänsä käytännöllisiä tarpeita. Filosofi taas saattaa nähdä vapauden paljon abstraktimpana ja täydellisempänä käsitteenä, jossa henkilö ei ole sidottu pelkästään fyysisiin rajoituksiin vaan myös älyllisiin ja eksistentiaalisiin esteisiin. Tässä valossa vapaus ei ole vain ulkoisten esteiden puuttumista, vaan myös kykyä nähdä maailmaa ja toimia sen mukaan, mikä on mahdollisimman autenttista ja totta yksilön omassa horisontissa.

Horisonttien välinen ero siis ei ainoastaan vaikuta siihen, miten asiat nähdään, vaan myös siihen, miten niitä arvostetaan ja miten niihin reagoidaan. Tämä voi tuottaa rajoituksia vapauden kokemuksessa, koska erilaiset horisontit luovat omat esteensä ja näkemyksensä siitä, mitä vapaus todella tarkoittaa.

On itsestäänselvää, että todellinen vapaus keskustelussa edellyttää syvällistä ymmärrystä toisistamme. Ilman tätä ymmärrystä keskustelut eivät voi olla täysin vapaita, sillä ne ovat jatkuvasti alttiita väärinkäsityksille ja rajoitteille. Yksilöiden väliset keskustelut eivät ole koskaan täysin esteettömiä, sillä ne kulkevat aina oman henkilökohtaisen horisontin ja perspektiivin suodattimen läpi. Me näemme toisen ihmisen aina oman maailmankuvamme ja ennakko-oletustemme läpi, ja usein me automaattisesti odotamme, että toinen ihminen reagoi ja ajattelee samalla tavalla kuin itse ajattelemme ja odotamme. Tämä tuo keskusteluihin tietynlaista esteellisyyttä, sillä emme voi koskaan olla täysin varmoja siitä, kuinka toinen ihminen todella kokee ja näkee asiat.

Tämä on se suurin ongelma, joka estää syvällistä ymmärrystä ja aitoa vapautta keskustelussa: me emme tunne toisen henkilön horisonttia, hänen ajattelutapojaan, arvojaan tai elämänkokemuksiaan. Tämä tuntemattomuus toisen sisäisestä maailmasta luo väistämättömän esteen aidolle vuorovaikutukselle, ja keskustelu jää helposti pinnalliseksi ja on täynnä väärinkäsityksiä. Meidän omat käsityksemme ja tulkintamme toisen sanomisista voivat olla vääristyneitä, koska ne perustuvat omiin ennakko-oletuksiimme ja näkökulmaamme. Tämän seurauksena saamme vain osittaisen ja usein virheellisen kuvan toisen ihmisen ajattelusta ja näkemyksistä.

Näin ollen keskustelu, joka ei perustu molemminpuoliseen ymmärrykseen, on ristiriitainen ja väistämättä rajoittunut. Usein keskusteluista jää jäljelle monenlaisia väärinkäsityksiä, jotka voivat olla vaikeita korjata. Vaikka molemmat osapuolet voivat kokea, että he ovat tulleet kuulluksi, heidän omat käsityksensä ja tulkintansa voivat silti olla täysin eri linjoilla. Näin ollen keskustelu, joka olisi voinut olla vapaa ja hedelmällinen, jääkin ristiriitaiseksi ja usein tyhjentäväksi kokemukseksi kummallekin osapuolelle.

Tässä kohtaa olisi tärkeää ottaa huomioon, että ennen merkittäviä keskusteluja toisten kanssa olisi suositeltavaa investoida aikaa ja vaivannäköä siihen, että todella pyrimme ymmärtämään toista henkilöä. Yksi tapa tätä tehdä on tutustua henkilöön syvemmin – haastatella häntä ja yrittää päästä kiinni siihen, millaisessa horisontissa hän elää ja miten hän kokee maailman. Samalla meidän tulisi myös jakaa omasta itsestämme tietoa, joka auttaa toista henkilöä näkemään ja ymmärtämään meidän horisonttimme. Tämä ei tarkoita pelkästään pintapuolista esittelyä, vaan syvempää ja rehellistä vuorovaikutusta, joka mahdollistaa toisen ihmisen ajattelun ja tuntemusten autenttisen kohtaamisen.

Tällainen lähestyminen vaatii paljon enemmän kuin vain pintapuolisia keskusteluja tai keskusteluja, jotka perustuvat oletuksiin ja valmiisiin käsityksiin. Se vaatii aitoa halua ymmärtää toista henkilöä sellaisena kuin hän on, ei sellaisena kuin me haluaisimme hänen olevan. Tämä ei ainoastaan rikastuta keskusteluamme, vaan se avaa mahdollisuuden aidolle, vapauttavalle ja syvälliselle vuorovaikutukselle, jossa molemmat osapuolet voivat jakaa omia näkemyksiään ja kokemuksiaan ilman pelkoa väärinkäsityksistä tai rajoitteista.

Tällainen lähestymistapa ei ole vain keskustelun tai kommunikoinnin parantamista, vaan se on myös eettinen valinta: pyrimme kunnioittamaan toista ihmistä kokonaisvaltaisena olentona, ei vain omien ennakko-oletustemme peilinä. Vain tällä tavalla voimme saavuttaa aidon vapauden vuorovaikutuksessa, jossa molemmat osapuolet voivat kokea olevansa kuultuja ja ymmärrettyjä.

Erilaisten ihmisten kanssa keskustelu voi joskus olla haastavaa, erityisesti silloin, kun yhteistä näkemystä ei löydy. Tämä voi johtua siitä, että eri ihmiset voivat lähestyä asioita eri arvoista ja käsityksistä käsin. Esimerkiksi henkilö, joka on innokas kielenuudistaja ja joka pitää tärkeänä edistää sukupuolineutraalia kielenkäyttöä, saattaa kokea, että perinteinen kielenkäyttö, jossa esiintyy mies-sana, on rajoittavaa ja syrjivää. Tämä henkilö voi pyrkiä muuttamaan esimerkiksi ammatillisia nimikkeitä ja muita ilmaisuja sukupuolineutraaleiksi. Tällöin keskustelu voi törmätä syvällisiin erimielisyyksiin, koska perinteiset sanat, kuten "miehen" tai "naisen" käyttäminen ammatillisissa nimikkeissä, saattavat kuulostaa joidenkin korvissa oudolta tai jopa vastenmieliseltä.

Kun tällaisia kielenmuutoksia ehdotetaan, ne voivat vaikuttaa joidenkin ihmisten korvissa vähemmän vakavilta, jopa naurettavilta, koska heidän horisonttinsa ja kielenkäytön perinteet ovat syvälle juurtuneet heidän kulttuuriseen ja yhteiskunnalliseen kokemuspiiriinsä. Tämä voi johtaa siihen, että keskustelun toinen osapuoli ei tavoita esitetyn ajatuksen syvempää merkitystä tai vakavuutta, vaan kokee sen pinnallisena tai liioiteltuna. Esimerkiksi ammattiluokituksessa käytetty "tyyppi" sukupuolineutraalina vaihtoehtona voi joidenkin mielestä tuntua keinotekoiselta ja jopa huvittavalta. Kuitenkin toiselle henkilölle se voi olla tärkeä askel kohti inklusiivisempaa ja tasa-arvoisempaa yhteiskuntaa. Siten väärinymmärryksiä syntyy helposti, koska kummankin osapuolen horisontit ja kielelliset viitekehykset poikkeavat toisistaan.

Tällaisissa tilanteissa ymmärryksen puute ei ole pelkästään kielten ja sanojen tulkintaa koskevaa, vaan se ulottuu syvemmälle siihen, kuinka ihmiset kokevat identiteetin, sukupuolen ja yhteiskunnan rakenteet. Kielen muutos ei ole vain kielellinen kysymys, vaan se on myös osa laajempaa kulttuurista ja yhteiskunnallista muutosta, jonka merkitystä toiselle voi olla vaikea ymmärtää, jos ei jaa samoja arvoja tai kokemuksia. Tämä tuo esiin, kuinka kielen ja keskustelun kautta heijastuvat erimielisyydet voivat olla sidoksissa syvempiin eettisiin ja filosofisiin kysymyksiin, kuten oikeudenmukaisuuteen, tasa-arvoon ja ihmisten väliseen kunnioitukseen.

Kielen merkitys keskusteluissa ei ole vain käytännöllinen, vaan se on myös eettinen ja filosofinen kysymys, joka vaikuttaa siihen, kuinka ihmiset kokevat toisensa ja kuinka he voivat kokea olevansa vapaita ja arvostettuja yhteiskunnassa. Kun kielenmuutoksen tarpeellisuus kohtaa vastustusta tai epäymmärrystä, kyse ei ole vain sanoista, vaan myös syvemmästä keskustelusta siitä, mitä vapaus, tasa-arvo ja kunnioitus todella tarkoittavat erilaisille ihmisille eri horisonteissa. Tällöin keskustelu ei ole enää vain kielellinen, vaan myös kulttuurinen ja yhteiskunnallinen, ja sen ratkaiseminen vaatii avointa ja rehellistä vuoropuhelua, joka ei rajoitu vain sanojen muotoon, vaan ottaa huomioon niiden taustalla olevat arvot ja uskomukset.

On äärimmäisen tärkeää, että kaikki yhteiskunnalliset ja kulttuuriset uudistukset esitetään vaihtoehtoina, ei pakotteina. Ne eivät saisi koskaan olla ainoita oikeita totuuksia, koska silloin ne estäisivät yksilön vapauden tehdä omia valintojaan ja päättää omasta elämästään. Vapaus ei ole pelkästään mahdollisuus valita, vaan myös oikeus kyseenalaistaa, tarkastella ja hylätä sellaisia ajatuksia ja käytäntöjä, jotka eivät tunnu oikeilta tai eivät vastaa omia arvoja ja kokemuksia. Kun vaihtoehdot muuttuvat pakollisiksi, vapaus ja itsenäinen ajattelu kapenevat, ja yksilön kyky elää omilla ehdoillaan heikentyy.

Valitettavasti nykyisin on havaittavissa, että monet poliittiset ja yhteiskunnalliset agendat ovat muodostuneet niin pakonomaisiksi, että ne eivät enää jätä tilaa vapaalle pohdinnalle tai valinnanvapaudelle. Monesti nämä ideologiat esitetään sellaisina, että niiden hyödyllisyys ja positiiviset vaikutukset näyttäytyvät niin itsestäänselvinä, että ne pakottavat ihmiset hyväksymään ne ilman keskustelua tai kriittistä tarkastelua. Näin syntyy tilanne, jossa ei enää ole tilaa epäilykselle tai vaihtoehtoisille näkemyksille. Kun näin tapahtuu, koko yhteiskunta muuttuu väistämättä vähemmän monimuotoiseksi ja vähemmän avoimeksi. Ihmiset pakotetaan omaksumaan ajatuksia, jotka eivät välttämättä ole heidän omiaan tai eivät ole täysin harkittuja.

Sen sijaan, että ehdotamme yksittäisiä, ehdottomia ratkaisuja, jotka vaativat kaikilta täydellistä hyväksyntää, meidän tulisi tarjota monia vaihtoehtoja, jotka perustuvat kokemukseen ja jatkuvaan arviointiin. Vaihtoehtojen tulee olla riittävän moninaisia, jotta ihmiset voivat löytää itselleen sopivimman tavan toimia ja elää. Tällöin on tärkeää antaa tilaa kokeiluille, jotta voimme selvittää, mitkä vaihtoehdot todella tuottavat toivottuja tuloksia pitkällä aikavälillä. Ei ole järkevää tehdä päätöksiä ennen kuin on mahdollisuus tarkastella käytännön vaikutuksia ja kokemuksia. Kokeilukulttuuri, jossa huonot ja haitalliset vaihtoehdot voidaan karsia pois ja parhaat ratkaisut valita, on ainoa tapa varmistaa, että päätökset todella palvelevat yhteistä hyvää ja edistävät yhteiskunnan vapautta ja hyvinvointia.

Tämä lähestymistapa ei ainoastaan edistä yksilön vapauden säilymistä, vaan myös tukee yhteiskunnan kehitystä kestävämmäksi ja monimuotoisemmaksi. Vain jatkuvalla avoimuudella, kokeilukulttuurilla ja vaihtoehtojen hyväksymisellä voimme luoda yhteiskunnan, jossa todellinen vapaus voi kukoistaa ja jossa ihmiset voivat aidosti valita oman polkunsa.

KIIRE SYÖ VAPAUTEMME

Kiire on harvemmin seurausta pelkästään omista sisäisistä tarpeistamme tai toiveistamme; se syntyy yleensä ulkopuolelta, ympäristön vaatimuksista ja yhteiskunnallisista rakenteista, jotka asettavat aikarajoja ja aikarajoituksia elämällemme. Mutta mistä kiire oikeastaan syntyy? Onko meillä valtaa siihen, että elämämme täyttyy aikarajoista ja aikatauluista, vai onko se väistämätön seuraus ulkopuolelta tulevista paineista ja odotuksista?

Usein kiireen taustalla on se, että olemme riippuvaisia muista ihmisistä tai toiset ovat riippuvaisia meistä. Tämä vuorovaikutus luo aikarajoitteita ja -vaatimuksia, jotka puolestaan synnyttävät kiireen tunteen. Esimerkiksi vanhemmuus tuo mukanaan aikarajoitteita, kuten päiväkodin aikataulut. Aamu alkaa kiireellä, kun lapsi viedään päiväkotiin, ja iltapäivällä aikaraja tuo kiireen takaisin, kun lapsi pitää hakea tietyssä ajassa. Tällöin aikarajoitteet eivät ole pelkästään henkilökohtaisia vaan yhteiskunnallisia ja sosiaalisia velvoitteita, jotka määrittävät elämämme rytmin. Tämä aikarajoitettu toiminta on ulkoa määrättyä ja pakottaa meidät sopeutumaan siihen, vaikka se saattaa olla kaukana omista toiveistamme tai tarpeistamme.

Tässä esimerkissä kiire ei ole peräisin yksilön omista impulsseista tai sisäisistä tarpeista, vaan ulkopuolelta tulevista aikarajoituksista, kuten päiväkodin säännöistä ja aikatauluista. Meidän on noudatettava näitä aikarajoja, vaikka emme olisi itse valinneet niitä. Tämä ulkopuolinen aikarajoite asettaa meidät jatkuvaan kiireeseen ja valvontaan, sillä lapsen elämään liittyvät aikarajat ovat ulkoisesti määriteltyjä, ja meidän on sopeuduttava niihin, riippumatta omista toiveistamme tai elämäntavoistamme.

Tämä esimerkki havainnollistaa hyvin, kuinka kiire syntyy useimmiten ulkoisista, yhteiskunnallisista tekijöistä – olipa kyseessä perhesuhteet, työaikataulut tai sosiaaliset velvoitteet. Me emme aina voi hallita, mihin aikarajoihin elämässämme joudumme, ja se on yksi keskeinen syy siihen, miksi kiire on usein tunteena enemmän ulkoapäin tuleva pakko kuin sisäinen valinta.

Kun haluamme saavuttaa jotain merkittävää, suuntaamme energiamme kohti päämääräämme ja pyrimme täyttämään omat tai yhteiskunnan asettamat odotukset. Meidän halumme saada asioita aikaan ei synny vain omasta sisäisestä motivaatiostamme, vaan myös siitä toiveesta, että muut näkevät ja tunnistavat saavutuksemme mahdollisimman nopeasti. Tämä luo tilanteen, jossa kiireen pohjimmaisena syynä ei ole pelkästään henkilökohtainen tarpeemme, vaan myös ulkopuolinen paine – muiden ihmisten odotukset ja arvioinnit siitä, kuinka nopeasti ja tehokkaasti suoriudumme. Tässä kontekstissa kiire voi juontua kahdesta eri lähteestä: omasta halustamme todistaa pätevyytemme ja yleisön, työyhteisön tai yhteiskunnan paineesta, joka kannustaa nopeaan ja tehokkaaseen suoritukseen.

Toisaalta, kiire voi syntyä sisäisestä tarpeestamme näyttää toisille, että olemme päteviä ja aikaansaavia, jotta voimme ansaita arvostusta ja kunnioitusta. Tämä sisäinen halu näyttää muille, kuinka tehokkaita olemme, saattaa viedä meidät kiireen polulle, jossa emme koe olevamme oikeasti läsnä hetkessä, vaan jatkuvasti keskittyneinä siihen, miten vaikutamme muihin. Toisaalta, kiire voi myös tulla suoraan ulkoisista odotuksista – yleisön, työtovereiden tai esimiesten painostuksesta, joka vaatii meitä suoriutumaan rivakasti ja tehokkaasti. Nykyään tämä kiireen ulkoinen lähde on erityisen korostunut, sillä sosiaalinen media ja yhteiskunnan jatkuva kiirehtiminen luovat paineita tehdä asioita nopeasti ja näkyvästi.

Tämä ulkoinen paine on erityisesti nykypäivänä laajentunut, kun kaikenlaista toimintaa arvioidaan ja palkitaan nopeudella ja näkyvyydellä. Kiire ei enää ole pelkästään henkilökohtainen kokemus, vaan myös sosiaalinen ilmiö, joka muokkaa meidän käsitystämme ajasta, suorituksista ja omasta arvostamme. Kiireen taustalla olevat motiivit voivat olla moninaisia – niin sisäisiä kuin ulkoisia – mutta ne molemmat kietoutuvat yhteen siinä, että elämme ajassa, jossa nopeus ja tehokkuus ovat korkeassa arvossa.

Kuka siis lopulta sanelee aikataulumme? Kenen vuoksi me luomme ja noudatamme niitä? Harvoin aikataulut ovat pelkästään omia tarpeitamme varten – ne ovat usein seurausta ulkoisista paineista, muiden odotuksista tai yhteiskunnallisista velvoitteista. Itse asiassa, jos olisimme erakkona jossakin syrjäisessä kolkassa, kaukana yhteiskunnan aikarajoitteista, tuskin kokisimme kiirettä samalla tavalla kuin nykymaailmassa. Tällaisessa eristyksessä, ilman jatkuvia aikarajoja ja muiden vaatimuksia, elämämme olisi todennäköisesti vapaampaa, ja aikataulut eivät olisi päivittäinen huolenaihe.

Ainoat tekijät, jotka voisivat tuoda kiireen tunteen tähän yksinkertaiseen elämäntapaan, olisivat luonnon ilmiöt, kuten säänvaihtelut. Jos asuisimme korvessa, meille voisi syntyä kiireen tunne, kun keräämme sesonkiaikaan marjoja ja sieniä ennen kuin kausi päättyy. Tällöin kiire ei syntyisi henkilökohtaisista aikarajoista vaan luonnon aikarajoituksista – säästä ja vuodenajoista, jotka eivät ole meidän kontrollissamme. Myös liikkumisen tarpeet, kuten kiire päästä suojapaikkaan ennen sateen tai pimeän tuloa, voisivat aiheuttaa kiireen tunteen, mutta jälleen kerran, nämä aikarajoitteet tulevat ulkopuoleltamme, eivät omista sisäisistä tarpeistamme.

Tällaisessa yksinkertaistetussa elämässä aikataulut ja kiire eivät olisi niin määrittyneitä, koska ne olisivat riippuvaisia luonnon rytmeistä eikä ulkopuolisten toimijoiden tai yhteiskunnallisten rakenteiden asettamista vaatimuksista. Kiire syntyisi ainoastaan sen mukaan, kuinka hyvin sopeutamme itsemme luonnon kulkuun ja sen vaihtelevaan aikarajaan. Tämä kontrasti nykymaailman jatkuvaan aikapaineeseen nostaa esiin sen, kuinka paljon aikarajoitteita ja kiirettä elämäämme tuodaan ulkoapäin – riippuen siitä, mihin kontekstiin olemme uppoutuneet ja kuinka yhteiskunta määrittelee aikarajat ja odotukset elämällemme.

Ainoa kiireen lähde, joka voi todella syntyä omasta sisäisestä maailmastamme, on ahneus. Ahneus ei tarkoita vain materiaalista halua, vaan se voi myös ilmetä tarpeena osoittaa toisillemme oma nopeutemme, tehokkuutemme tai pätevyytemme. Tämä sisäinen ahneus voi ilmetä myös haluna saavuttaa mahdollisimman paljon mahdollisimman lyhyessä ajassa, asettaen itsellemme tavoitteita, jotka vaativat nopeaa etenemistä ja suorituksia. Tällöin kiireen tunne ei ole enää ulkopuolelta tulevien paineiden seurausta, vaan sisäisestä tarpeesta täyttää henkilökohtaisia odotuksia – olipa kyse sitten halusta näyttää muille tai itselle, että pystymme hallitsemaan aikaa ja tehtäviä tehokkaasti.

Kuitenkin, vaikka ahneus saattaa syntyä omasta sisimmästämme, sen herättämä kiire ei ole täysin irti ulkopuolisista tekijöistä. Sisäinen halu olla tehokas, saavuttaa paljon tai osoittaa omaa arvoa vaatii usein ympäristöltä tukea tai hyväksyntää. Jos ympäristömme ei tue tai arvosta sitä, mitä teemme, ahneus ei välttämättä synnytä kiirettä samalla tavalla. Tarvitaan ulkopuolinen kanava, joka tunnistaa ja palkitsee tämän tehokkuuden, jotta sisäinen ahneus todella saa tilaa kasvaa kiireeksi. Meidän kiireemme ei siis synny pelkästään omista impulssistamme, vaan se on aina jollain tavalla yhteydessä myös siihen, mitä muut odottavat tai arvostavat ympärillämme.

Näin ollen, vaikka kiireen voi ajatella olevan peräisin sisäisistä haluistamme, sen todellinen muoto ja voima ilmenevät vasta, kun nämä halut kohtaavat ulkopuolisten tekijöiden – muiden ihmisten tai yhteiskunnan – odotukset ja arvostukset.

Ihminen, joka jatkuvasti hoputtaa meitä, ei pelkästään pyri saamaan meitä toimimaan nopeammin – hän saattaa myös haluta hallita meitä. Hoputuksen kautta hän ohjaa meitä tekemään hätiköityjä, pinnallisia päätöksiä, jotka eivät sisällä syvällistä pohdintaa tai harkintaa. Tällöin päätöksenteko jää helposti pintapuoliseksi, ja meiltä saattaa jäädä huomaamatta asiat, jotka olisivat tärkeitä päätösten taustalla. Hoputtaja pyrkii estämään meitä tutkimasta tarkemmin vaihtoehtojamme ja niiden mahdollisia seurauksia, sillä nopeuden kautta hän voi ohjata meitä kohti sellaisia valintoja, joita hän itse pitää toivottavina, mutta jotka voivat olla meille haitallisia tai epäedullisia.

Kun meitä hoputetaan tekemään nopeita päätöksiä ilman riittävää pohdintaa, saatamme päätyä valitsemaan huonompia vaihtoehtoja, joita emme ole täysin ymmärtäneet tai arvioineet. Tällöin kiireen tunne ja ulkopuolinen paine tekevät meistä alttiimpia huonoille valinnoille, sillä emme ehdi tai jaksa syventyä siihen, mikä todella olisi meidän kannaltamme parasta. Hoputtaminen voi siis toimia eräänlaisena vallankäytön välineenä, jossa kiireen tuoma paine estää meitä toimimasta itsenäisesti ja harkitusti.

YHTEISKUNNAN VELVOITTEET

Yhteiskunta on käsite, joka herättää monenlaisia tunteita ja pohdintoja. Kuka oikeastaan kuuluu yhteiskuntaan, ja kenellä on valta siinä? Yhteiskunnan määritelmä ei ole yksiselitteinen, sillä se ulottuu moniin eri tasoihin ja sisältöihin, joihin me kaikki tavalla tai toisella liitymme. Yhteiskunnan säännöt, sen jäsenten välinen yhteys ja yhteiskunnan ykseys ovat keskeisiä elementtejä, jotka määrittävät paitsi sen, mitä yhteiskunta on, myös sen, miten sen jäsenet kokevat oman asemansa ja velvollisuutensa sen sisällä.

Jos yhteiskuntaan voi kuulua, ja jos voimme kokea, että tämä yhteiskunta on meidän omamme – että me omistamme sen ja osallistumme siihen omaehtoisesti – herää kysymys: voiko kukaan muu omistaa yhteiskuntaa enemmän kuin ne, jotka siihen kuuluvat ja sen ylläpidosta huolehtivat? Yhteiskunta ei ole yksittäisten, ylhäältäpäin asetettujen hallitsijoiden omistuksessa, vaan se rakentuu kollektiivisesti niiden jäsenten kautta, jotka sitoutuvat sen arvoihin, normeihin ja rakenteisiin. Tällöin yhteiskunnan omistaminen ei ole vain valtaa pitävien ryhmien yksinomainen oikeus, vaan se kuuluu kaikille sen jäsenten panosta ja osallistumista vastaan.

Veronmaksajat ovat yhteiskunnan selkäranka, sillä juuri heidän maksamansa verot mahdollistavat yhteiskunnan pyörien pyörimisen ja palveluiden toimimisen. Verojen maksaminen voidaan nähdä eräänlaisena sopimuksena, jossa kansalaiset luovuttavat osan varoistaan yhteiskunnan ylläpitoon, luottaen siihen, että yhteiskunta puolestaan täyttää heidän tarpeensa ja varmistaa perustarpeiden täyttymisen. Kauniisti ajatellen veronmaksajien rooli on osana yhteisön rakenteita, joka takaa hyvinvointia kaikille jäsenilleen. Kuitenkin todellisuus on usein vähemmän idealistinen: veronmaksajille ei anneta vaihtoehtoja, vaan heiltä revitään rahaa väkipakolla yhteiskunnan toiminnan turvaamiseksi, ilman että heillä olisi vapaus valita, mihin ja miten heidän maksamansa varat käytetään.

Ajatus irrottautumisesta yhteiskunnasta on houkutteleva monelle, joka kokee yhteiskunnan ja sen sääntöjen rajoittavan omaa vapauttaan. Kuitenkin, jos yrittäisimme irtautua yhteiskunnasta, huomaamme nopeasti, että maapallo on jakautunut valtioihin ja alueisiin, jotka rajoittavat meidän liikkumismahdollisuuksiamme. Mikäli haluaisimme elää täysin vapaasti ja itsenäisesti ilman kuuluvuutta mihinkään yhteiskuntaan, meidän olisi käytännössä löydettävä paikka, jossa ei ole valtiollisia rajoja tai yhteiskunnallisia rakenteita. Tällainen paikka on kuitenkin lähes mahdoton löytää, sillä lähes jokainen maapallon kolkka on jollain tavalla jaettu valtioiden, kansallisten rajojen ja lainsäädännön mukaan. Irrottautuminen yhteiskunnasta ei olekaan yksinkertainen valinta – se tarkoittaisi paitsi fyysistä pakenemista myös suurempaa yhteiskunnallista eristymistä, jota ei ole helppo saavuttaa.

Eliitti – ne rikkaat ja valtaapitävät – jotka tekevät keskeiset päätökset yhteiskunnan toiminnasta, eivät itse kanna suurta vastuuta yhteiskunnan kustannuksista. He elävät usein yltäkylläisesti ja nauttivat resursseista, jotka ovat saatu muiden, usein köyhempien ja heikommin toimeentulevien, työpanoksella. Näiden yhteiskunnan alempien kerrosten jäsenet maksavat verot, jotka rahoittavat ei vain rikkaiden päivittäistä elämää, vaan myös heidän suuria vaatimuksiaan, henkilökohtaisia nautintojaan, huvitteluaan sekä jopa eläkkeitään. Tällöin rikkaiden ja vallassa olevien elämäntyyli perustuu pitkälti niiden, jotka joutuvat elämään vähemmällä, työpanokseen ja verotuloihin.

Rikkaat päättäjät säätävät lakeja ja säädöksiä, jotka velvoittavat muut kansalaiset rahoittamaan heidän elinkustannuksensa aina elämän loppuun saakka. Tämä ei rajoitu vain elämän aikana syntyviin kuluihin, vaan näiden päättäjien kuoleman jälkeenkin heidän suurten hautajaistensa järjestäminen jää köyhempien varaan. Näin syntyy syvä epätasapaino, jossa yhteiskunnan valta-asemassa olevat hyötyvät rakenteista, jotka koettelevat muiden kykyä selviytyä, ja jossa köyhemmät maksavat osaltaan toisten yltäkylläisyyttä ja etuoikeuksia.

Miten tällaiset eliitit voivat olla oikeutettuja päättämään koko yhteiskunnan asioista, vaikka heidän valintansa ja toimensa eivät aina heijasta kansan todellisia toiveita? Vaikka yhteiskunnissa puhutaan kansanvaltaisuudesta ja demokratian periaatteista, harvoin kansalaisille annetaan mahdollisuus todella vaikuttaa merkittäviin päätöksiin. Esimerkiksi kansanäänestykset, joissa ihmiset voisivat vaikuttaa oman yhteiskuntansa suuntaviivoihin, ovat yllättävän harvinaisia ja usein jopa vältettävissä. Otetaan esimerkiksi päätös liittyä Natoon. Tällöin kansalta ei kysytty suoraan, vaan koko prosessi tapahtui salassa, ilman edes suuntaa-antavaa kansanäänestystä. Päätökset oli jo valmiiksi tehty, ja kansan tuntemuksia pyrittiin ohjaamaan sellaisten tulosten suuntaan, jotka tukevat valtaapitävien intressejä. Presidentti Sauli Niinistö julkisti esimerkiksi Facebookissa tehdyn gallupin perusteella väitteen siitä, kuinka kansa "haluaa" liittyä Natoon. Tämä gallup, joka ei ollut tieteellisesti edustava, käytti hyväkseen ihmisten pinnallisia mielipiteitä ja johdatteli keskustelua haluttuun suuntaan, antaen Niinistölle oikeutuksen hakeutua Natoon ilman laajempaa kansanmandaatin vahvistamista.

Se, joka oikeasti omistaa yhteiskunnan, on veronmaksaja – se, joka omilla veroillaan rahoittaa yhteiskunnan toiminnan. Tämä on keskeinen ero siihen, miten ajattelemme yhteiskunnan omistajuuden periaatteet. Mikäli veronmaksu rinnastuisi vuokraamiseen, voisi olla mahdollista, että me maksaisimme vain tietystä osasta yhteiskuntaa, esimerkiksi tietyistä palveluista, jolloin meillä olisi vapaus valita, mitä osa-alueita yhteiskunnan toiminnoista haluamme itsellemme. Tällöin emme maksaisi koko yhteiskunnan toiminnasta, vaan vain siitä, mikä on valikoitua ja tarpeellista.

Mutta nykyisessä järjestelmässä, jossa veronmaksajat maksavat kaikesta – kouluista, terveyskeskuksista, infrastruktuurista ja jopa yhteiskunnan ylintä johtoa varten – emme voi puhua yhteiskunnan omistamisesta muilta kuin veronmaksajilta. Mikäli koko yhteiskunnan toiminta perustuu veronmaksajien varoihin, silloin veronmaksajilla on oikeus ajatella, että he omistavat yhteiskunnan sen kokonaisuudessaan. Sen sijaan, että omistajuus olisi erillinen etuoikeus joidenkin harvojen käsissä, yhteiskunnan omistajuus tulisi määritellä veronmaksajien kollektiivisen panoksen kautta.

Yhteiskunnassa on myös niitä, jotka tekevät työtä sen pyörittämiseksi, järjestävät palveluja ja huolehtivat yhteiskunnan toimivuudesta. He saavat palkkansa tekemästään työstä, mutta kaiken muun yhteiskunnan toiminnan rahoittaminen perustuu verotuloihin. Veronmaksajat siis kattavat suurimman osan yhteiskunnan tarpeista, ollen näin keskeinen osa sen ylläpitämistä.

TOISTEN IHMISTEN AIHEUTTAMA TAAKKA

Usein toiset ihmiset, erityisesti perheenjäsenet ja läheiset, voivat kasata meille monenlaisia ongelmia. Erityisen raskaiksi taakoiksi voivat muodostua päihdeongelmaiset, jotka voivat olla raskas taakka niin omalle hyvinvoinnilleen kuin läheisilleen. Päihderiippuvuuden kohdalla on tärkeää tiedostaa, että meidän on osattava olla terveellä tavalla itsekkäitä. Meidän täytyy oppia asettamaan rajat ja suojelemaan itseämme, ettemme uppoa liikaa toisten ongelmiin, sillä vain näin voimme säilyttää oman henkisen ja taloudellisen tasapainomme. Auttaminen on tärkeää, mutta se ei saa tarkoittaa, että hyväksymme toisten ongelmat omiksemme ja näin vaarannamme oman hyvinvointimme.

Esimerkiksi rahantarve, joka päihdeongelmaisilla usein ilmenee, edellyttää varovaisuutta. Jos heillä on akuuttia rahantarvetta, on tärkeää laskea tarkasti, mistä tämä raha voitaisiin ottaa, ja miten voimme varmistaa, ettei se jää maksamatta takaisin. Koska päihderiippuvaisilla on usein vaikeuksia maksaa velkojaan, on tärkeää miettiä ennakoivasti, miten tällaisessa tilanteessa toimitaan. Lainattava raha ei saisi tulla omista säästöistämme, sillä tämä voisi altistaa meidät itse taloudellisille vaikeuksille. Koko lainausprosessin pitäisi olla suunniteltu niin, että raha voidaan tarvittaessa vähentää jollain muulla antamallamme avun muodolla, jolloin vältämme taloudellisia tappioita, jos laina jää maksamatta.

Tämä on asia, jota kannattaa suunnitella ja kehitellä huolellisesti, jos olemme tekemisissä päihderiippuvaisten kanssa. Kyse on pohjimmiltaan eräänlaisesta lainan takauksesta, jossa ennakoimme, miten laina voidaan tarvittaessa kuitata pois. On tärkeää ymmärtää, että auttaminen ei saa olla huolettomasti annettu apu, vaan siihen pitää liittyä selkeitä ehtoja ja varovaisuutta.

Useimmille meistä on kuitenkin todella vaikeaa osata olla tarpeeksi päättäväisiä ja kovan linjan pitäjiä, ettemme sortuisi toisen manipulaation kohteeksi. Jos lainan pyytämisestä alkaa kehittyä jatkuva ja loputon ruinaaminen, kannattaa silloin laittaa puhelimet äänettömälle. Ei ole velvollisuutemme pitää yhteyttä ja pelätä toisen loukkaantumista, sillä usein tuo "loukkaantuminen" on vain manipulointia eikä todellista tuntemusta. On tärkeää tunnistaa, milloin joku yrittää käyttää meidän myötätuntoamme hyväkseen, ja silloin on asetettava selkeät rajat.

Jokaisen meistä täytyy osata ja voida ottaa oma irtiottomme arjesta. Meillä kaikilla on oikeus huolehtia omasta hyvinvoinnistamme ja etsiä keinoja, jotka auttavat meitä rentoutumaan ja palautumaan. Se voi tarkoittaa luontoon menemistä ja lenkkeilyä, joka on monille yleinen tapa päästä irti päivittäisistä paineista. Monille myös musiikki tai muut taiteen muodot toimivat pakopaikkana, ja tietenkin monet harrastukset auttavat meitä irrottautumaan ikävien asioiden pyörittelystä mielessämme. On tärkeää löytää omat keinot säilyttää tasapaino ja jaksaa arjessa.

Me kaikki tarvitsemme oman vapautemme, jotta voimme henkilökohtaisesti latautua ja palautua. Tämä on se hetki, jolloin meidän ei tarvitse olla velvollisia olemaan kenenkään muun kanssa tekemisissä. On tärkeää tunnistaa, että oma hyvinvointimme ja henkilökohtainen vapautemme ovat perusedellytyksiä sille, että voimme olla avuksi muille. Ilman itseämme ja omaa huolenpitoamme emme pysty tukemaan muita, vaan meistä itsestämme tulee niitä, joita tarvitaan autettaviksi.

Se, kuinka tärkeää oma vapaus on, ulottuu kaikkiin elämän osa-alueisiin, olipa kyseessä parisuhde, työsuhde tai mikä tahansa muukin suhde. Jopa työelämässä meidän on säilytettävä tietty vapaus, jotta voimme tehdä työtämme kunnolla ja hyvin. Työsuhteessa meidän tulee voida päättää omista asioistamme ja tehdä työmme ilman, että jatkuva tarkkailu ja valvonta kuormittavat meitä. Kun vapaus ja itsenäisyys säilytetään, pystymme suoriutumaan paremmin, olemaan luovia ja kehittämään itseämme. Tällöin myös muiden auttaminen ja tukeminen on helpompaa ja luonnollisempaa.

On siis tärkeää, että ymmärrämme itsessämme, kuinka paljon oma vapaus ja henkilökohtainen tila vaikuttavat elämänlaatuumme. Kun huolehdimme itsestämme, voimme aidosti olla läsnä ja apuna myös muille, mutta ilman sitä emme jaksa. Vapaus on osa elämänhallintaa, joka tukee niin henkilökohtaista hyvinvointia kuin kykyä elää tasapainoista elämää.

Myös viranomaisten kanssa toimiessamme tarvitsemme mahdollisuuden vapaamuotoiseen kanssakäymiseen. Erityisesti poliisi nousee esiin, kun puhutaan keskustelun vapaudesta. Poliisi on usein se taho, joka ensimmäisenä tulee mieleen, kun mietimme viranomaisten valtaa ja roolia yhteiskunnassa. Poliisi saattaa monesti vaikuttaa erityisen innokkaalta antamaan käskyjä ja ohjeita, mikä saa meidät miettimään, opetetaanko poliisikoulussa ihmiselle oikea tapa keskustella kansalaisten kanssa. Onko kenties niin, että poliisit eivät enää osaa tai uskalla keskustella tavallisten ihmisten kanssa samalla tasolla? Vai onko heidän asenteensa ja käyttäytymisensä tulosta siitä, että he kokevat tarvitsevansa auktoriteettia ja valtaa, jota he mielellään esittävät?

Poliisin rooli yhteiskunnassa ei saisi olla pelkästään käskyjen antamista ja auktoriteetin korostamista. Poliisin tulisi pystyä keskustelemaan kansalaisten kanssa, osoittamaan empatiaa ja ymmärrystä, eikä pelkästään valvovan auktoriteetin roolia. Kun poliisi käyttäytyy liian käskyttävästi, se voi johtaa siihen, että kansalaiset tuntevat olonsa epämukavaksi, ja jopa pelokkaiksi. Pelon ilmaiseminen poliisia kohtaan voi antaa virheellisen kuvan siitä, että henkilö on tehnyt jotain väärää tai lainvastaista, vaikka tämä ei olisikaan totta. Jos henkilö pelkää poliisia, hän saattaa alitajuisesti alkaa miettiä, onko hän rikkonut lakia jollain tavalla, vaikka tilanne ei sitä tukisikaan.

Tällöin kanssakäyminen ei ole enää vapaamuotoista ja tasa-arvoista, vaan siihen sekoittuu pelkoa ja epäluottamusta. Poliisin roolin tulisi olla luottamusta rakentavaa ja olla tukena, ei pelon ja jännityksen aiheuttajana. Keskustelun vapaus ja avoimuus ovat avainasemassa, kun haluamme edistää terveitä ja toimivia suhteita viranomaisten ja kansalaisten välillä.

Patologinen pelko poliisia kohtaan on syytä karsia itsestämme. Se on este vapaalle ja rehelliselle kanssakäymiselle. Kun pelko on poistettu, pystymme keskustelemaan viranomaisten kanssa normaalilla, ennakkoluulottomalla tavalla, aivan kuten kenen tahansa muun kanssa. Tämä ei tarkoita sitä, että emme tunnustaisi poliisin auktoriteettia, vaan että voimme keskustella heidän kanssaan inhimillisesti ja avoimesti.

Muiden viranomaisten kanssa käytävissä keskusteluissa on hyvä ottaa käyttöön filosofinen ajattelutapa. Tällöin voimme tarkastella asioita laajemmasta perspektiivistä ja pohtia monia syvällisiä kysymyksiä, jotka saattavat aluksi tuntua ajanhaaskaukselta, mutta jotka ovat itse asiassa tärkeitä ja merkityksellisiä. Filosofinen lähestymistapa ei rajoitu vain tavanomaisiin keskustelunaiheisiin, vaan se haastaa meidät tarkastelemaan maailmaa ja yhteiskuntaa monilta eri näkökannoilta. Tällainen ajattelu auttaa avaamaan uusia oivalluksia, jotka voivat tukea ja vahvistaa ajatusrakennelmiamme.

Kaikenlaiset keskustelut, myös ne, jotka poikkeavat tavanomaisista keskusteluista, ovat tärkeitä. Meidän on kyettävä tuomaan esiin monenlaisia näkökulmia ja ideoita. Filosofinen periaate, totuuden etsiminen, on tässä avainasemassa. Tämä totuuden etsintä voi tuoda esiin kysymyksiä, joita ei yleensä käsitellä viranomaisten kanssa keskusteltaessa. On tärkeää osata lukea rivien välistä, nähdä kokonaisuus ja olla utelias. Meidän tulisi uskaltaa kysyä niistä taustoista, jotka herättävät kysymyksiä ja epäilyksiä. Jos joku kokee tämän lähestymistavan loukkaavaksi, on todennäköistä, että hänellä on jotain, jota hän haluaa salata, ja pelkää paljastavansa sen.

Vapautemme kannalta on olennaista, että uskallamme olla eri mieltä muiden kanssa. Jos meidät pakotetaan olemaan aina samaa mieltä, ei meillä ole todellista mielipiteen vapautta. Tämän vuoksi on tärkeää kyetä puolustamaan omaa oikeuttaan ilmaista oma mielipiteensä ilman pelkoa siitä, että se tukahdutetaan.

Virassa toimimisen ja viranomaispalaverien aikana on myös tärkeää, että jokaisella osapuolella on mahdollisuus tulla kuulluksi. Jos tilanne menee niin, että yksi henkilö dominoi keskustelua koko ajan, ja muut vastaavat vain silloin, kun heille annetaan puheenvuoro, on tärkeää puolustaa omaa oikeuttaan tulla kuulluksi. On hyvä varmistaa, että kaikilla osapuolilla on tasapuoliset mahdollisuudet esittää omat näkemyksensä. Jos puheenvuoroa ei jostain syystä saa, on parempi ehdottaa toista tapaamista, jossa käsitellään samat asiat uudelleen, siten että kaikkien mielipiteet otetaan huomioon ja keskustelu on aidosti avoin.

On olemassa monenlaisia uhkauskeinoja, joita käytetään, kun halutaan saada ihmiset suostumaan tiettyihin ratkaisuihin tai valintoihin. Näitä vaihtoehtoja esitetään usein joko siten, että hyväksymme vaatimukset tai, jos emme suostu, kohtaamme seuraamuksia ja hankaluuksia.

Esimerkiksi taloudellisten velvoitteiden kohdalla voidaan käyttää kiristystä, kuten vaatimusta maksaa lasku eräpäivään mennessä, tai muuten syntyy sanktioita, kuten korkojen nousu tai maksukielto. Samalla tavoin, jos esimerkiksi päihdeongelmaiselle määrätään tietty korvaushoitolääke, ja hän ei halua ottaa sitä, häneltä voidaan evätä perhesuhteiden hoitamisen mahdollisuus, mikä voi rajoittaa hänen elämänsä perusrakenteita.

Monesti nämä korvaushoitolääkkeet aiheuttavat haittavaikutuksia, jotka voivat olla niin voimakkaita, että potilas kokee elämänsä lähes epätodelliseksi ja sietämättömäksi. Tässä tilanteessa potilaalle esitetään usein huonoin mahdollinen vaihtoehto, vaikka olisi olemassa myös parempia vaihtoehtoja, joita ei kuitenkaan edes haluta esittää. Sen sijaan, potilasta painostetaan hyväksymään tämä huonompi vaihtoehto, koska häntä voidaan helposti pakottaa siihen, esimerkiksi estämällä häneltä normaalit mahdollisuudet tavata perhettään.

Tällaisissa tilanteissa potilas saattaa olla jumissa valinnan kanssa, jossa hänelle annetaan ainoastaan vaihtoehtoja, jotka ovat kaikki hänen etunsa kannalta huonoja. Tämä ei ole oikeudenmukaista eikä ihmisarvoista, sillä se vie valinnanvapauden ja pakottaa ihmiset tilanteisiin, joissa he kokevat olevansa epätoivon partaalla.

Poliisien kuulusteluissa käytettävät taktiikat nojaavat usein uhkauksiin ja tyhjiin lupauksiin, jotka esitetään, jos suostumme heidän ehdottamiinsa vaihtoehtoihin. Tämä voi olla hyvin manipuloivaa ja koetella ihmisen paineensietokykyä. Jos kuulusteltavalla ei ole todistajia, kuten avustajaa tai keinoa tallentaa keskustelu poliisin kanssa, poliisit saattavat helposti olla pitämättä lupauksiaan. He tietävät, ettei tilanteessa ole ulkopuolisia todistajia, ja voivat käyttää tätä hyväkseen.

Ilman todistajia tai todisteita on hyvin vaikeaa puolustautua poliisin tekemille väärille väitteille tai lupauksille. Poliisit voivat myös esittää vaihtoehtoja, jotka näyttävät olevan edullisia, mutta todellisuudessa niistä voi seurata merkittäviä haittoja. Koska valvontaa ei ole, ja keskustelu tapahtuu usein yksi yhtä vastaan, tilanne voi kääntyä epäoikeudenmukaiseksi ja puolueelliseksi. Tällöin on erityisen tärkeää pitää mielessä oma oikeus tulla kohdelluksi reilusti ja oikeudenmukaisesti, ja jos mahdollista, varmistaa, että kaikki vuorovaikutus poliisin kanssa dokumentoidaan tai todistetaan jollain tavalla.

ULKOAPÄIN OHJATUT MIELIPITEET

Monesti mielipiteemme eivät ole täysin omiamme, vaan ne ovat ulkoapäin ohjattuja, ja usein media toimii pääasiallisena agitaattorina. Meidän on helppo jäädä kiinni muiden esittämiin näkökulmiin, sillä valtamedian ja erilaisten vaikuttajien viestit voivat vaikuttaa syvästi tunteisiimme ja ajatteluumme. Lisäksi ihmiset saattavat kokea, etteivät pysty ilmaisemaan mielipiteitään vapaasti, koska he eivät ole tietoisia siitä, kuinka alitajuiset assosiaatiot ja tunteet rajoittavat heidän ajatteluaan.

Ei ole yllättävää, että valtamedia on saanut ihmiset herkistymään voimakkaasti tunteisiin vaikuttavilla uutisilla, kuten Venäjän ja Ukrainan, tai Israelin ja Palestiinan välisillä konflikteilla. Näitä uutisia on muokattu ja levitetty siten, että ne saavat ihmiset tuntemaan tiettyjä tunteita ja muodostamaan tietynlaisia mielipiteitä ilman, että he ovat välttämättä täysin tietoisia siitä, miten syvälle media on heidän ajatteluunsa juurtunut. Sosiaalinen media on entisestään pahentanut tilannetta, sillä siellä ylläpitäjät ja vaikuttajat usein johdattelevat yleisöä tietynlaisiin asenteisiin ja mielipiteisiin. Tämä ilmiö ei ole rajoittunut vain sosiaaliseen mediaan, vaan se toistuu myös valtamedian kanavissa, joissa tiedon välittäminen ja mielipiteen muokkaaminen kietoutuvat usein yhteen.

Kun ihmisiltä kysytään sosiaalisessa mediassa, kuka katsotaan sodan aloittajaksi – se, joka tekee satunnaisen iskun toiseen maahan, vai se, joka vastaa tähän iskuun – useimmat vastaajat eivät edes huomaa, että kysymys itsessään on irti yleisistä tapahtumista, joista olemme saaneet kuulla, vaikka siinä puhutaan nimenomaan "satunnaisesta" iskusta. Sana "satunnainen" jää huomaamatta, ja se yhdistetään meneillään oleviin tapahtumiin, jolloin ei kyetä näkemään sen irrallisuutta ja objektiivisuutta.

Yleisin reaktio kysymykseen on se, että se nähdään Venäjän ja Ukrainan sotana, jonka lännen propagandassa on vakiintunut nimellä "Venäjän hyökkäyssota Ukrainaa vastaan." Venäläisen propagandan mukaan sama tilanne taas nimetään "sotilasoperaatioksi." Monilla vastauksilla on myös yhteys Israelin ja Palestiinan tilanteeseen, mutta Venäjän ja Ukrainan välinen konflikti esiintyy eniten, sillä se on ollut valtamedian pääaihe viimeisten vuosien ajan. Suurin osa vastaajista on niitä, jotka seuraavat valtamedian uutisointia ja saavat sieltä kaikki näkemyksensä, jolloin heidän vastauksensa väistämättä heijastavat median tarjoamia, yksipuolisia näkökulmia.

Monenlaisia vastauksia on olemassa, ja ne kaikki liittyvät enemmän tai vähemmän median kautta saatuihin vaikutteisiin. Usein vastauksissa pidetään yhtä syyllisinä kumpaakin osapuolta, tai sitten niitä, jotka ensimmäisinä tappavat tuhansia ihmisiä. Myös pohditaan, että syyllisiä ovat valtiot, jotka eivät pysty säilyttämään laillista yhteiskuntajärjestystä, ja siihen vaikuttavia syitä nähdään olevan muun muassa kulttuuri, uskonto, paikalliset erimielisyydet, korruptio, puhdas vallanhalu ja monet muut tekijät.

Monille suomalaisille talvisota on jäänyt syvälle mieleen, ja siksi esimerkiksi "Mainilan laukaukset" nähdään usein sodan syynä.

Kaikki eivät kuitenkaan ole rajoittaneet tiedonsaantiaan vain valtamedian uutisointiin. Heidän vastauksissaan vilahtaa ajatuksia myös ulkopuolisista tahoista, joiden ajatuksena saattaa olla saattaa valtiot sotimaan toisiaan vastaan.

Moni on täysin hakoteillä kysymyksen sisältämästä ajatuksesta, koska kysymyksessä ei tarkoiteta mitään tiettyä sotaa tai tilannetta, vaan se on tulkittava filosofisesti. Tästä syystä tunnepohjaiset vastaukset eivät voi johtaa muuhun kuin harhaan. Esimerkiksi eräässä vastauksessa todetaan, että jos Suomi ei olisi puolustautunut vuonna 1939, ei talvisotaa olisi ollutkaan, koska hyökkääjä ei ole aloittaja vaan puolustautuja on se, joka reagoi hyökkäykseen.

Koska tämä kysymys käsittelee sodan alkamista, eli missä vaiheessa tilanne voidaan katsoa sellaiseksi, että sitä voidaan oikeudellisesti kutsua sodaksi, ei siihen ole helppo löytää yksiselitteistä vastausta. Kansainvälisen oikeuden näkökulmasta sota voidaan määritellä aseelliseksi konfliktiksi, jossa valtiot tai valtion toimijat käyttävät väkivaltaa toisiaan vastaan. Tässä määritelmässä on kuitenkin monta kerrosta: esimerkiksi, kuinka määritellään hyökkäys, mikä on vastatoimenpide, ja milloin voidaan puhua sodan alusta?

Ajatellaanpa esimerkkiä, jossa henkilö uhkaa toista ja yrittää haastaa riitaa. Mikäli uhkaus ei johda vastatoimiin, emme voi puhua tappelusta, koska tappeluun tarvitaan vähintään kaksi osapuolta, jotka molemmat aktivoituvat tilanteessa. Vasta silloin, kun toinen osapuoli vastaa hyökkäykseen jollain tavalla, voidaan puhua tappelun käynnistymisestä. Sama logiikka voidaan ulottaa sodan määritelmään: vaikka toinen valtio tekisi aggressiivisen iskun, se ei vielä yksin riitä sodan alkamiseen, ellei toisen osapuolen reaktio ole riittävän vahva ja molemmat valtiot ole valmiita tunnustamaan tilanteen sodaksi.

Oikeudellisesti ajatellen, sodan alkaminen määrittyy usein sen mukaan, miten molemmat osapuolet reagoivat ja kuinka tilanne kehittyy. Jos reaktio on puolustautumista, sitä voidaan pitää itsepuolustuksena, mutta jos osapuolet eskaloivat tilanteen jatkuvasti, siitä voi kehittyä täysimittainen sota. Tässäkin yhteydessä merkityksellistä on se, kuinka kansainvälinen oikeus ja valtion sisäinen oikeus määrittelevät itsepuolustuksen ja hyökkäyksen rajat.

Juurisyitä etsitään usein vastauksissa, vaikka kysymyksessä ei suoraan kysytä mitään syitä, vaan pyydetään määrittelemään, kumpi sodan aloittaa. Kansainvälisen oikeuden mukaan tulkinta on yksiselitteinen siinä, että se, joka aloittaa väkivallan, katsotaan aloittavaksi sodan. Mutta hetkinen – aloittaako siis *kukaan* mitään, vai missä vaiheessa tilanne konkretisoituu sodaksi? Kysymys ei ole pelkästään siitä, kuka iskee ensin, vaan siitä, milloin tilanne ylittää sen kynnyksen, jossa toimintaa voidaan pitää sodan alkamisen edellytyksenä.

Itse asiassa kysymyksen "kumpi sodan aloittaa" vastaus ei ole niin yksinkertainen, koska sodan määritelmä on monivivahteinen ja siihen liittyy usein kansainvälinen konteksti, jossa tilanteen luonteen määrittäminen voi olla monimutkaista. Sodan aloittaminen ei ole pelkästään se, että toinen valtio tekee hyökkäyksen, vaan siinä on otettava huomioon myös osapuolten reaktiot ja ne juridiset tekijät, jotka tekevät tilanteesta laajempaa kansainvälistä konfliktia.

Selvästi ärtymystä voi herättää kysymyksessä oleva "yksipuolinen hyökkäys". Kysymyksessä tämä hyökkäys ei vielä muodosta täysimittaista sotaa, mutta sen jälkeen tuleva eskalointi – erityisesti, jos kohteena oleva valtio vastaa hyökkäykseen – saattaa helposti saada sodan alkamiselle annetun määritelmän. Toisin sanoen, vaikka yksipuolinen hyökkäys itsessään ei ole sodan virallinen alkaminen, niin siihen vastataan usein vastahyökkäyksellä, joka nostaa tilanteen sotatilaksi. Tämä herättääkin kysymyksen siitä, miten kansainvälisen oikeuden ja valtioiden sisäisten lakien rajat menevät, ja mikä tekee hyökkäyksestä sodan alkuperäisen käynnistäjän. Tällaisessa tilanteessa on tärkeää huomata, että reaktioiden ja tapahtumaketjujen tulkinta saattaa vaihdella, mikä tekee kysymyksestä erityisen monivivahteisen.

Kun kysymystä ei täysin ymmärretä, syntyy käsiteharha, joka saa ihmiset usein kiihtymään ja tuntemaan, että heidän oma vastauksensa on ehdottomasti oikea, vaikka se ei oikeastaan liity suoraan esitettyyn kysymykseen. Tällöin kysymyksen esittäjä saatetaan jopa haukkua väärinkäsityksen vuoksi, koska keskustelu kääntyy pois alkuperäisestä aiheesta. Ihmiset helposti tarttuvat siihen, mikä vastauksessa tuntuu loogiselta tai tunteita herättävältä, mutta eivät välttämättä syvenny kysymyksen filosofiseen luonteeseen tai sen tarkempaan pohdintaan. Tämä voi johtaa siihen, että oikea ymmärrys jää saavuttamatta ja keskustelu jää pinnalliselle tasolle.

Kysymyksen luonne on filosofinen, mutta lähes kaikki haluavat nähdä sen juridisena. Tällöin monet keskittyvät siihen, mikä vaikuttaa helposti ymmärrettävältä, kuten se, kuka ensimmäisenä aloitti väkivallan tai hyökkäyksen. Harva miettii kuitenkaan asian syvällisempää luonteen pohdintaa, jossa tulisi ottaa huomioon se, että sodan alkaminen ei ole aina niin yksiselitteinen ja mustavalkoinen tapahtuma. Filosofinen lähestymistapa avaa kysymykseen monia vivahteita, joita oikeudellinen tarkastelu ei välttämättä paljasta.

On kuitenkin olemassa vastauksia, joissa kysymyksen sisältö ymmärretään syvällisemmin. Näissä vastauksissa todetaan, että syyllinen ei ole pelkästään se, joka aloittaa väkivallan tai hyökkäyksen, vaan se, joka jatkaa väkivallan eskaloitumista. Tässä näkökulmassa nousee esiin ajatus koston kierteen synnystä – se, että väkivalta ei aina pääty siihen, kuka aloitti, vaan siihen, miten tilanne kehittyy ja eskaloituu. Tällöin syyllinen ei ole pelkästään aloittaja, vaan myös se, joka myötävaikuttaa tilanteen jatkumiseen ja kärjistymiseen. Tällainen ajattelutapa avaa uudenlaisen näkökulman sodan alkuun, joka ei ole vain mustavalkoinen reaktio ensimmäiseen iskuun, vaan monivaiheinen ja pitkään kehittyvä prosessi.

Kommentoinneissa huomataan monenlaisia argumentointivirheitä, jotka pintapuolisesti näyttävät oikeanlaisilta vastauksilta, mutta kun niitä tarkastellaan tarkemmin, niissä paljastuu selvä looginen virhe. Nämä virheet liittyvät usein tiettyihin tilanteisiin, joita kysymyksessä ei itse asiassa käsitellä. Sen sijaan, että vastauksessa pysyttäisiin alkuperäisessä kysymyksessä – joka koskee sitä, kumpi aloittaa sodan – kommentoijat tuovat esiin tiettyjä valtioita ja valtionjohtajia syyllisinä, jotka eivät ole itse asiassa relevantteja kysymyksen kannalta. Tällöin huomion keskipiste siirtyy pois kysymyksestä, ja keskustelu menee harhaan. Tämän vuoksi perusluonteen ymmärtäminen on tärkeää, jotta keskustelu ei jää epäolennaisiin väitteisiin, jotka eivät liity kysymyksessä esitettyyn teemaan.

Nämä argumentointivirheet johtuvat usein erilaisten assosiaatioiden muodostumisesta, jotka liittyvät median luomiin mielikuviin ja juuri lähimenneisyydessä sattuneisiin tapahtumiin. Media on voinut pitkään korostaa tiettyjä sotatilanteita ja konflikteja, jotka ovat jääneet voimakkaasti ihmisten mieleen, ja tämän seurauksena ihmiset ehdollistuvat tietynlaisiin reagointitapoihin. Kun media jatkuvasti liittää käsitteet "sota" ja "hyökkäys" tiettyihin valtiollisiin tapahtumiin ja puolueisiin, nämä käsitteet aktivoituvat mielissä automaattisesti tiettyjen ärsykkeiden yhteydessä. Tällöin ihmiset alkavat reagoida tiettyyn tapaan pelkästään sanan "sota" kuulemisesta, koska heidän mielessään se yhdistyy nopeasti jonkinlaiseen väkivaltaiseen konflikti- ja uhkakuvastoon, johon he ovat aiemmin altistuneet. Tällainen ehdollistuminen voi vääristää keskustelua ja estää syvällisempää pohdintaa, koska reaktiot ovat enemmän tunteen kuin analyyttisen ajattelun ohjaamia.

Tästä kaikesta käy ilmi, kuinka helposti olemme alttiita propagandalle ja ulkopuolisille vaikutuksille, eikä kukaan ole suojassa niiltä. Vaikka tunnemme itsemme vapaiksi ja itsenäisiksi ajattelijoiksi, todellisuudessa vapaata tahtoamme ilmaista oma mielipiteemme ohjaillaan jatkuvasti eri tavoin. Media on kenties selkein ja voimakkain vaikuttaja, mutta sosiaalinen media ja erilaiset johdattelevat kyselyt ovat myös osaltaan mukana muovaamassa mielipiteitämme. Nämä ulkoiset vaikutteet eivät rajoitu vain perinteiseen uutisointiin tai mainontaan, vaan ne ulottuvat myös paljon hienovaraisemmalle tasolle, kuten alitajuntaamme vaikuttaviin toimintoihin, kuten toistuvien viestien ja kuvien esittämiseen, jotka eivät aina ole täysin tietoisia. Vaikka voimme yrittää torjua tiettyjä ajatuksia tai mielikuvia tietoisesti, monet vaikutukset imeytyvät syvälle alitajuntaamme ja vaikuttavat meihin tavalla, jota emme aina osaa tunnistaa. Koko tämä prosessi muistuttaa siitä, kuinka helposti altistumme ympäristön ja yhteiskunnan rakenteiden luomille uskomuksille ja mielikuville, jotka voivat muovata meitä ilman, että edes huomaamme sitä.

Ihmisten mielipiteitä on todella helppo ohjata, kun pelkoa käytetään välineenä. Pelko on yksi voimakkaimmista tunteista, ja sen avulla on mahdollista vaikuttaa syvällisesti yksilöiden ajattelutapoihin ja käyttäytymiseen. Sotauutiset ovat esimerkki siitä, kuinka pelkoa voidaan lietsoa tehokkaasti: ne esitetään usein dramaattisessa valossa, joka herättää huolta ja epävarmuutta tulevaisuudesta. Vaikka moni saattaisi epäillä ja kyseenalaistaa kaikki valtamedian kertomat uutiset, moni silti jatkaa niiden seuraamista. Tämä ei ole vain tiedonhankintaa, vaan se liittyy syvempään psykologiseen mekanismiin, jossa pelko maailman tilanteesta ajaa ihmisiä hakemaan lisää tietoa, jopa sellaista, joka tuntuu epämiellyttävältä tai vastenmieliseltä.

Pelon ja epävarmuuden täyttämässä ympäristössä uutisointi otetaan vastaan sellaisena kuin se tarjotaan, vaikka siihen ei uskoisikaan täysin. Tällöin uutiset eivät jää vain pintatasolle vaan alkavat syöpyä syvemmälle mieleen. Toistuvasti esitetyt kuvat, sanat ja narratiivit vaikuttavat alitajuntaan, muovaten mielipiteitämme ja reaktioitamme maailman tapahtumiin. Vaikka tietoisesti voimme yrittää suojautua ulkopuolisilta vaikutuksilta ja epäillä esitettyjä kertomuksia, niiden jatkuva altistaminen vaikuttaa meihin väistämättä. Tämä jatkuva informaatioaltistus muuttaa asenteitamme, vaikka emme sitä aina itse huomaisikaan. Näin pelko, jota lietsotaan uutisoinnilla ja jatkuvalla toistolla, ohjaa ajatteluamme ja käyttäytymistämme tavalla, jota on vaikea nähdä selkeästi.

VAPAUS VALITA URANSA

Vapaus valita oma ura on yksi keskeisimmistä yksilön oikeuksista, joka liittyy moniin filosofisiin, juridisiin ja eettisiin pohdintoihin. Juridisesti tämä vapaus on suojattu monilla lainsäädännön tasoilla, kuten työlainsäädännössä ja ihmisoikeuksissa, jotka takaavat yksilöille mahdollisuuden valita itse omat työskentelytavat ja -ympäristöt ilman syrjintää. Työn vapaus ja mahdollisuus toteuttaa itseään ammatillisesti luovat perustan yhteiskunnalle, jossa ihmisten ei tarvitse kokea olevansa sidottuja muihin kuin omiin kykyihinsä ja toiveisiinsa.

Filosofisesti vapaus uravalinnoissa kytkeytyy usein kysymyksiin elämän merkityksellisyydestä ja itseilmaisusta. Onko työnteko pelkästään elannon hankkimista, vai voidaanko se nähdä myös väylänä henkilökohtaisen kehityksen ja itseilmaisun saavuttamiseen? Tällöin työn merkitys muuttuu – se ei ole enää vain rahaa tuottavaa toimintaa, vaan myös paikka, jossa voi elää omien arvojensa mukaisesti. Eettisesti tämä pohdinta ulottuu siihen, mitä tarkoittaa hyvä työ: Onko eettinen työ se, joka palvelee yhteisöä, vai se, joka palvelee vain työntekijän henkilökohtaisia etuja?

Sosiaalisen median kirjoittelu tuo kuitenkin esiin ongelman, joka liittyy tämänkaltaisiin pohdintoihin: lyhyet, ytimekkäät kirjoitukset voivat helposti johtaa siihen, että monimutkaisista kysymyksistä tulee esitettyä vain pinnallisia totuuksia. Palkka ja itsensä toteuttaminen työssä ovat tärkeitä elementtejä, mutta ne eivät ole ainoita. Toisille itsensä toteuttaminen voi tarkoittaa esimerkiksi työnsä yhdistämistä muiden miellyttävien asioiden, kuten äänikirjojen kuuntelun, kanssa. Tämä osoittaa, että itsensä toteuttaminen ei aina vaadi suuria, elämää mullistavia tekoja. Vapaus valita oma uransa ja tapa toteuttaa itseään onkin monivivahteinen, ja siihen vaikuttavat monet tekijät, joihin ei aina pääse helposti käsiksi, varsinkaan jos niistä ei keskustella syvällisesti.

Tämä keskustelu nostaa esiin monia tärkeitä kysymyksiä vapaudesta, vastuusta ja yhteiskunnallisista rakenteista, jotka muokkaavat mahdollisuuksia valita oma ura. Ajatus työmarkkinatuen ja muiden tukien poistamisesta saattaa ensikuulemalta vaikuttaa siltä, että se kannustaa yksilöitä ottamaan vastuuta omasta työllistymisestään ja taloudellisesta tilanteestaan. Juridisessa mielessä tämä liittyy yksilön vapauteen tehdä omia päätöksiä ja vastata omasta elämisestään, mutta käytännön tasolla tämä ehdotus herättää monia kysymyksiä ja vaikeuksia, erityisesti niille, jotka vasta aloittavat työuraansa ilman taloudellisia resursseja.

Filosofisesti tarkasteltuna tämä kysymys vie meidät keskusteluun oikeudenmukaisuudesta ja tasa-arvosta. Voidaanko todella odottaa, että kaikki yksilöt voivat ottaa vastuuta omasta työllistymisestään ja varautua työttömyyden varalle, jos heillä ei ole siihen tarvittavia resursseja? Onko tämä vapaus todella vapaus, jos se perustuu siihen, että kaikki eivät ole samassa asemassa taloudellisesti tai yhteiskunnallisesti? Tässä tuleekin esiin kysymys elämänlaadun tasa-arvosta ja siitä, miten yhteiskunta määrittelee, kuka on vastuussa omasta elämänsä hallinnasta ja keiden pitäisi saada tukea.

Eettisesti ajatellen tukijärjestelmien, kuten työmarkkinatuen, rooli yhteiskunnassa on turvata ne, jotka eivät ole siinä asemassa, että voisivat itsenäisesti huolehtia taloudellisesta tilanteestaan. Se on yhteiskunnallinen sopimus, jossa heikoimmassa asemassa olevat saavat tukea, jotta he voivat saada mahdollisuuden osallistua yhteiskuntaan ja markkinoille. Näin ollen tuen poistaminen voisi entisestään lisätä eriarvoisuutta ja yhteiskunnallista kahtiajakoa, erityisesti nuorten ja vähävaraisempien keskuudessa.

Tämän keskustelun keskeinen dilemma on se, että monet kommentoijat eivät aina näe kokonaisuutta. He voivat tuoda esiin näkökulman, joka on itse asiassa perusteltu silloin, kun tarkastellaan yksilön vastuuta omasta elämästään, mutta sivuuttaa täysin ne rakenteelliset ja taloudelliset esteet, joita yhteiskunta asettaa tiettyjen ihmisten eteen. Eettisesti katsottuna on tärkeää tunnistaa, että jokaisella ei ole samanlaisia mahdollisuuksia lähteä liikkeelle elämässään, ja siksi yhteiskunnan rooli tukea heitä on merkittävä.

Tässä keskustelussa nousee esiin monia syvällisiä taloudellisia ja yhteiskunnallisia kysymyksiä, jotka liittyvät työn ja tuen rakenteisiin. Se, että nuorelle tarjotaan ensimmäiseksi työksi usein työharjoittelua tai matalapalkkatyötä, joka ei riitä edes elämiseen, on todellakin huolestuttava ilmiö. Tämä ilmentää sitä, kuinka työmarkkinat voivat olla epäreilut ja epätasapainossa nuorten ja muiden heikoimmassa asemassa olevien kanssa. Ehdotus siitä, että työttömyyspäivärahat poistettaisiin ja ihmiset säästäisivät itse työttömyysvakuutusta varten, ei ota huomioon sitä, että suurin osa nuorista tai aloittelevista työntekijöistä ei voi edes unelmoida säästämisestä, koska heidän tulonsa ovat usein olemattomia tai niukkoja. Matalapalkkatyöt ja epävarmat työsuhteet eivät mahdollista taloudellista itsenäisyyttä tai varautumista elämän epävarmuuksiin.

On myös syytä tarkastella tätä ehdotusta katkeruuden näkökulmasta. Monesti ne, jotka ajavat tällaisia ehdotuksia, ovat itse kokeneet vaikeuksia omassa taloudessaan tai liiketoiminnassaan. He saattavat tuntea, että heidän verorahansa menevät "turhaan" tukien maksamiseen toisille. Tässä voidaan nähdä ristiriita, jossa he haluavat tukea itsenäisyyttä ja vastuullisuutta, mutta eivät näe, että nykyiset yhteiskunnalliset ja taloudelliset rakenteet estävät monilta yksilöiltä itsenäisyyden saavuttamista ilman julkista tukea. Ehdotusten takana voi olla myös ajatus, että verorahoja ei käytetä tehokkaasti tai oikein, mutta unohdetaan, että verotuksen tarkoitus on varmistaa yhteiskunnan yhteinen hyvinvointi.

Verotuksen osalta tämä keskustelu nostaa esiin myös sen, miten verorahat jaetaan ja mihin niitä käytetään. Kuten mainitaan, verotus ei ole vähenemässä, ja aina löytyy uusia syitä verottaa ja keksitään keinoja, joilla rahaa kerätään. Tämä voi helposti tuntua turhauttavalta niille, jotka kokevat, että verorahat menevät esimerkiksi turhiin byrokratia- ja hallintokuluihin, joista ei ole suoraa hyötyä kansalaisille. Erityisesti työttömiltä kerätään suhteessa enemmän veroja, vaikka he eivät ole itse saaneet yhtä suurta osuutta yhteiskunnan resursseista. Tämä on eettisesti ongelmallista, sillä se lisää eriarvoisuutta ja kuormittaa niitä, jotka ovat jo heikommassa asemassa taloudellisesti.

Verotuksen epätasa-arvoisuus on siis keskeinen huolenaihe tässä keskustelussa. Työttömien verotus on suhteessa korkeampi kuin työssäkäyvien tai yrittäjien, mikä voi tuntua epäoikeudenmukaiselta ja lisää taloudellista painetta heikoimmassa asemassa oleville. Tämä tilanne nostaa esiin kysymyksen siitä, miten yhteiskunta jakaa vastuun ja varat. Eriarvoisuuden ja tuloerojen kasvaminen voi johtaa siihen, että työttömät, vaikka he eivät hyödy yhteiskunnasta yhtä paljon, joutuvat kantamaan osan siitä, mitä he eivät pysty itse tuottamaan. Tällainen tilanne heikentää osaltaan yhteiskunnan koheesiota ja lisää eripuraa. Toisaalta, kuten mainitaan, työttömät saattavat maksaa veroissa osan omista työttömyyskorvauksistaan, mikä tuo esiin verotuksen itseensä kohdistuvan epäsuoran rasitteen ja sen, miten yhteiskunnalliset rakenteet voivat ylläpitää eriarvoisuutta.

Tämä tuo esiin tarpeen tarkastella syvällisemmin verojärjestelmän oikeudenmukaisuutta ja sen vaikutuksia yhteiskunnan eri osiin, erityisesti heikommassa asemassa oleviin.

PROPAGANDAN EHDOLLISTUMINEN

Propaganda on moninainen ilmiö, joka muokkaa yhteiskunnan ajattelua ja käsityksiä usein tiedostamattomalla tasolla. Kun valtamediassa toistetaan tiettyjä sanoja, teemoja ja käsitteitä toistuvasti, nämä sanat alkavat muodostaa mielikuvia ja assosiaatioita, jotka ohjaavat meidän ajatuksiamme ja asenteitamme. Tätä ilmiötä voidaan kutsua ehdollistumiseksi, joka on psykologinen prosessi, jossa toistuvat ärsykkeet (tässä tapauksessa sanat ja aiheet) saavat aikaan tietynlaisia reaktioita ja tunteita.

Erityisesti jatkuva toisto, kuten esimerkiksi sodan ja siihen liittyvien käsitteiden toistaminen mediassa, on vahva tapa ehdollistaa yleisöä tiettyihin ajattelumalleihin. Jos valtamedia toistaa kaksi vuotta esimerkiksi sotaa, sen seurauksena ovat ilmiöt, joissa kuullut ja luetut sanat, kuten "hyökkäys", "rauha", "sota" tai "uhka", alkavat automaattisesti herättää mielikuvia ja tunteita juuri siihen kontekstiin, jossa niitä aiemmin on käytetty. Kysymys ei siis ole enää vain sanoista sinänsä, vaan sanojen yhdistämisestä tiettyihin tunteisiin ja mielikuviin, jotka muokkaavat yksilön maailmankuvaa.

Ehdollistuminen toimii alitajuisella tasolla ja estää objektiivista ja analyyttista ajattelua. Kun nämä termit liitetään jatkuvasti yhteen tietynlaisten uutisten, kuvien ja videoiden kanssa, ne alkavat vaikuttaa siihen, miten me havaitsemme ja reagoimme uusiin tietoihin. Valtamedia ei vain tarjoa tietoa; se luo konteksteja ja mielikuvia, jotka voivat hallita ajatteluamme jopa silloin, kun emme ole tietoisia niiden vaikutuksesta. Tämän vuoksi ajattelu ei ole enää itsenäistä, vaan se on ehdollistettu tietynlaisille reaktioille ja mielipiteille.

Tällainen propaganda ei aina ole ilmeisen puolueellista, vaan se voi olla myös hienovaraisempaa. Toistuvat kuvat ja äänet voivat luoda vaikutelman siitä, että tietty asia on "itsestäänselvä" tai "ilmiselvä", vaikka se ei olisi sitä. Esimerkiksi jatkuva sodan uhan esille tuominen voi luoda käsityksen siitä, että tilanne on vakavampi ja lähempänä kuin se oikeasti on, jolloin yksilö voi kokea pelkoa ja ahdistusta ilman objektiivista tietoa tilanteen todellisuudesta.

Propaganda voi myös luoda kaksijakoisia ajattelumalleja. Jos media esittää meille tietyn valtion tai ryhmän "vastustajana", se saattaa automaattisesti luoda käsityksen, että kaikki, mikä liittyy tähän tahoon, on negatiivista ja uhkaavaa. Tämä on vaarallinen muoto ehdollistumisesta, koska se rajoittaa kykyämme nähdä asioita monimutkaisempina ja ymmärtää niitä laajemmasta kontekstista. Esimerkiksi, jos jatkuvasti kuulemme, että tietyn maan johtaja on "paha" ja "aggressiivinen", me alamme luonnollisesti yhdistää kaikki tämän johtajan tekemiset ja sanat tähän negatiiviseen kuvaan.

Tällaisen propagandan vaikutus ei rajoitu vain ajattelutapaan, vaan se voi myös vaikuttaa meidän toimintaamme. Ehdollistuminen ei ole vain kognitiivinen prosessi, vaan se liittyy myös tunteisiin ja käyttäytymiseen. Pelko ja viha, jotka syntyvät toistuvasta mediasta saatavasta tiedosta, voivat ohjata meitä toimimaan tietyllä tavalla, kuten hyväksymään sodan, rajoittamaan vapauksia tai kannattamaan tiettyjä poliittisia toimia, joita emme välttämättä kyseenalaistaisi ilman tätä ehdollistumista.

Ehdollistumisprosessissa on myös se piirre, että vastustus on usein heikkoa. Kun jokin ajatus tai tunne on toistettu niin monesti, se ei enää herätä yhtä voimakasta kriittistä pohdintaa kuin alkuperäinen, vähemmän tunnettu ajatus. Tämä on osittain syy siihen, miksi jopa ilmeinen vääristely tai valikoiva uutisointi voi vaikuttaa yleiseen mielipiteeseen. Ihmiset eivät enää kyseenalaista sitä, mitä he kuulevat tai lukevat, koska he ovat niin tottuneet siihen, että se on totta.

Propagandan ehdollistuminen liittyy myös mediaekosysteemin rakenteisiin. Nykyisin, kun uutisointi on niin nopeaa ja laajaa, on helppo jäädä yksittäisten uutiskohteiden ja kontekstien vangiksi. Ei ole enää mahdollista omaksua syvällistä ymmärrystä kaikesta, mitä tapahtuu maailmassa. Tällöin yksinkertaistetut ja toistuvat uutisnäkökulmat vievät voiton, ja kansalaiset voivat jäädä yksipuolisten kertomusten vangiksi, jotka vain vahvistavat heidän ennakkokäsityksiään ja uskomuksiaan.

Lopuksi on tärkeää pohtia, miten voimme suojautua tältä ehdollistumiselta. Kriittinen ajattelu, tiedon etsiminen monista lähteistä ja tietoisuus siitä, kuinka media voi vaikuttaa meihin, ovat keinoja, joilla voimme vastustaa propagandan vaikutuksia. On kuitenkin huomattava, että tämä ei ole yksinkertainen tehtävä, sillä monet media-alustat käyttävät yhä kehittyneempiä menetelmiä vaikuttaakseen ajatteluumme ja asenteisiimme. Kysymys ei ole vain tiedon saamisesta, vaan kyvystä analysoida, kyseenalaistaa ja ymmärtää syvemmin, miksi ja miten meidät on ohjattu tietynlaisiin ajatusmalleihin.

SÄÄNNÖT JA LAIT

Maailma on täynnä sääntöjä ja lakeja, joita on tarkoitettu ohjaamaan yhteiskunnan toimintaa ja varmistamaan sen sujuvuus. Mutta kun pysähdymme hetkeksi pohtimaan, ketä varten nämä säännöt ja lait todella on laadittu, herää kysymys: ovatko ne todella olemassa pelkästään yhteisen hyvän, rauhan ja järjestyksen ylläpitämiseksi? Vai piileekö niiden taustalla syvempiä intressejä, kuten vallan ja rahan keräämistä?

Ensimmäinen ajatus, joka helposti nousee esiin, on se, että säännöillä ja laeilla pyritään varmistamaan yhteiskunnan toimivuus, suojelemaan yksilöitä ja ylläpitämään järjestystä. Ilman sääntöjä kaikki voisi mennä kaaokseksi, ja yhteiskunta romahtaisi. On kuitenkin tärkeää muistaa, että säännöt eivät ole vain puolueettomia, rationaalisia rakenteita, jotka pyörittävät yhteiskuntaa; ne ovat ennen kaikkea ihmisten laatimia ja toteuttamia. Ja kuten monilla ihmisillä ja yhteiskunnilla on omat intressinsä ja agendansa, ei ole mahdotonta, että lainsäädäntö ja sääntöjen toimeenpano saattavat palvella myös niiden laatijoiden tai hallitsevien tahojen etuja.

Ajatus siitä, että säännöillä ja laeilla pyritään suojelemaan yhteiskuntaa, tuntuu järkevältä, mutta onko se niin yksinkertaista? Säännöillä voi olla monia tasoja ja syvempiä merkityksiä, jotka eivät aina ole näkyvillä pinnalla. Esimerkiksi sakot ja rangaistukset, jotka usein seuraavat säännöistä poikkeamisesta, voivat myös toimia valtion rahankeruukeinoina. Olemme kaikki jossain vaiheessa elämäämme kokeneet tilan, jossa lain tai säännön rikkomisesta seuraa sakko, vaikka ei olisi ollut pahaa aikomusta. Tällaisten sääntöjen olemassaolo herättää kysymyksen siitä, kuinka usein sääntöjen noudattamisen valvonta on itse asiassa enemmän valtion talouden vahvistamista kuin pelkästään järjestyksen ylläpitämistä.

Mieti vaikka liikennesääntöjä: useimmiten rikomme niitä ilman, että tarkoitamme vahingoittaa ketään, mutta sakot, jotka seuraavat väärin pysäköinnistä tai ylinopeuden ajamisesta, eivät ole pelkästään kurinpalautusta. Ne myös täyttävät valtion kassaa. Tällöin herää kysymys siitä, onko säännöissä ja laeissa kyse pelkästään yhteiskunnan hyväksi toimimisesta, vai ovatko ne myös keino kontrolloida kansalaisia taloudellisesti ja psykologisesti.

Ja jos mietimme, ketä varten nämä säännöt oikeastaan on laadittu, voi olla, että osa niistä ei palvele kansan etuja, vaan suurempia valta- ja taloudellisia rakenteita. Lait ja säännöt voivat joko vahvistaa tai heikentää valtasuhteita, ja usein ne heijastavat niitä intressejä, jotka hallitsevat yhteiskuntaa ja sen poliittisia rakenteita. Onko siis niin, että sääntöjä ja lakeja käytetään yhteiskunnan eheyttämiseen ja rauhan säilyttämiseen, vai ovatko ne keino, jolla vahvemmat pitävät heikommat kurissa ja nauttivat järjestyksen luomasta taloudellisesta hyödystä?

Näin ollen, vaikka säännöillä ja laeilla on tärkeä rooli yhteiskunnassamme, on meidän tärkeää pysähtyä miettimään, kuinka paljon niihin sisältyy myös vallankäytön ja talouden logiikkaa. Kysymys ei ole pelkästään siitä, kuinka hyvin yhteiskunta toimii sääntöjen ja lakien puitteissa, vaan myös siitä, ketkä oikeasti hyötyvät niiden noudattamisesta – ja ketkä joutuvat kärsimään.

Säännöt ja lait eivät ole vain abstrakteja käsitteitä, jotka koskevat meitä kaikkia. Ne ovat ennen kaikkea välineitä, joita tarvitaan silloin, kun ihminen ei pysty luottamaan muihin. Säännöistä tulee silloin keino kontrolloida ja hallita, pakottaa toiset ihmiset toimimaan tietyllä tavalla. Tässä kontekstissa säännöt eivät ole enää pelkästään yhteiskunnan järjestyksen ylläpitämiseksi tai oikeudenmukaisuuden takaamiseksi, vaan ne ovat välineitä, joiden avulla yksilö tai valtaapitävä taho voi ohjata toisten käyttäytymistä omien etujensa mukaisesti.

Kun luottamus toisiin ihmisiin puuttuu, tarvitaan sääntöjä, jotka pakottavat ihmisiä toimimaan tietyllä tavalla. Tämä luo ympäristön, jossa ei ole tilaa vapaudelle, vaan kaikki toiminta on määritelty ja rajoitettu. Säännöt muuttuvat välineiksi, joilla estetään poikkeaminen normista ja pyritään pitämään toiset hallinnassa. Ihminen, joka ei usko muiden luotettavuuteen, saattaa kokea tarpeelliseksi laatia sääntöjä, jotka pitävät muiden ihmisten käyttäytymisen hallinnassa ja estävät itseensä kohdistuvan epäluottamuksen aiheuttamat riskit.

Tällöin säännöt voivat olla eräänlainen ulkoistettu pelote, joka estää toisten ihmisten vapauden toteutumisen ja samalla suojaa sääntöjen laatijaa mahdollisilta epäluottamuksen seurauksilta. Ihminen, joka ei usko toisten hyveisiin tai vilpittömyyteen, saattaa kokea, että ainoastaan sääntöjen avulla voi taata, että yhteiskunta pysyy toimivana ja turvallisena. Ja koska hänen itsensä maailma perustuu sääntöihin ja valvontaan, hän ei ehkä kykene näkemään, että muidenkin ihmisten elämää voisi ohjata esimerkiksi luottamus, yhteistyö ja vapaaehtoinen yhteisymmärrys.

Tässä mielessä säännöistä tulee paitsi keino kontrolloida myös eräänlainen muuri, joka eristää yksilöt toisistaan. Niiden avulla estetään vapaus, koska vapaus on pelottavaa ihmiselle, joka ei osaa tai halua luottaa. Tällöin luodaan yhteiskunta, jossa kaikkien on pakko sopeutua sääntöihin, jotta vältetään kaaos ja epäjärjestys, mutta samalla vapaus jää vain haaveeksi.

Tämä tilanne voi olla osa suurempaa vallankäytön dynamiikkaa, jossa säännöt toimivat pelivälineinä, joiden avulla yhteiskunnan rakenteet säilyttävät pysyvyyttään. Sen sijaan, että pyrittäisiin ratkaisuihin, jotka perustuvat ihmisten keskinäiseen kunnioitukseen ja luottamukseen, sääntöjen käyttö saa olla tapa hallita ja estää inhimillinen vuorovaikutus, joka ei ole ennustettavissa tai kontrolloitavissa. Näin ollen, säännöt eivät ole vain yhteiskunnan eheyden takaajia, vaan ne voivat myös estää ja rajoittaa sitä itseään, mitä niiden pitäisi suojella – yksilön vapauden ja yhteisön aidon yhteyden.

Jos ihmiset pystyisivät luottamaan enemmän toisiinsa, sääntöjen ja lakien tarve vähenisi huomattavasti. Luottamus toisiinsa voisi luoda sellaisen ympäristön, jossa yksilöiden itseohjautuvuus ja yhteisön vastuullisuus riittäisivät ylläpitämään järjestystä ilman jatkuvaa valvontaa ja sääntöjen pakottamista. Ihmiset, jotka luottavat toisiinsa, voivat toimia yhdessä ilman, että heitä tarvitsee pakottaa toimimaan tietyllä tavalla. Tällöin yhteisön normit syntyvät luonnollisesti ja niitä tukevat keskinäinen ymmärrys, kunnioitus ja halu tehdä hyvää toisille.

Kuitenkin tämä ideaalinen ajatus tuo esiin sen ongelman, että vaikka luottamus kasvaisi, yhteiskunnan järjestyksen ylläpitäminen voisi edelleen vaatia tiettyjä ohjaavia perussääntöjä. Jos ihmiset eivät käyttäytyisi toivotulla tavalla, olisi tarpeen puuttua asiaan. Tässä vaiheessa kuitenkin tulee esiin kysymys siitä, miten tällainen ohjaaminen toteutetaan. Perinteisesti tämä on tapahtunut sääntöjen ja lakien avulla, mutta nykyisin se on usein toteutettu tehokkaammin ja huomaamattomammin propagandan ja joukkosuggestion kautta. Propaganda luo kollektiivisia ajattelumalleja, jotka ohjaavat ihmisten käyttäytymistä ilman, että he itse ovat tietoisia siitä, kuinka syvästi heidän mielipiteensä ja valintansa on muokattu ulkoisten tekijöiden avulla.

Tällöin sääntöjen ja ohjailun raja hämärtyy. Kun säännöt ylittävät järkevän rajan ja muuttuvat pelkästään käyttäytymisen kontrolloimiseksi, ne alkavat muistuttaa enemmän manipulaatiota kuin oikeudenmukaista yhteisön hallintaa. Propaganda voi toimia välineenä, joka muokkaa ihmisten käsityksiä ja käyttäytymistä siten, että he toimivat tietyn tavoitteen mukaisesti ilman vapaaehtoista valintaa. Tämä voi loukata ja rajoittaa yksilönvapautta siinä määrin, että yhteiskunta muuttuu vieraaksi ja paineen alaiseksi tilaksi, jossa vapaus ei ole enää itsemääräämisoikeutta, vaan enemmänkin valvottua toimintaa.

Tässä kohtaa säännöt eivät enää täytä alkuperäistä tarkoitustaan – suojella yhteiskunnan toimivuutta ja turvata yksilöiden oikeudet. Sen sijaan ne voivat toimia orjuuttamisen välineenä, jossa yksilöiden toimintaa ohjataan ulkoapäin niin, että heidän valintansa eivät enää ole täysin heidän omiaan. Tällöin sääntöjen tehtävä on kääntynyt täysin vastakkaiseksi: niiden sijaan, että ne tarjoaisivat rakenteen ja turvallisuuden, ne alkavatkin tukahduttaa ihmisluonteen moninaisuuden ja yksilön oikeuden vapaaseen valintaan. Kontrollin ja orjuuttamisen rajat voivat ylittää myös sen, mitä yhteiskunnan normit on alun perin tarkoitettu suojaamaan – ihmisten oikeuden elää vapaasti, omilla ehdoillaan, ilman ylhäältäpäin tulevia rajoituksia ja manipulointia.

MIKÄ ESTÄÄ OLEMASTA OMA ITSENSÄ?

Miten paljon yhteiskunnan luomat roolit, ammatit ja virat rajoittavat ihmisten mahdollisuuksia olla oma itsensä? Meillä on lukemattomia toimenkuvia, titteleitä ja tehtäviä, jotka asettavat paitsi käytännön vaatimuksia, myös odotuksia siitä, millaisia meidän pitäisi olla. Työelämä määrittää monessa mielessä, miten meidän tulee käyttäytyä, ajatella ja ilmaista itseämme. Mutta kuinka paljon tämä yhteiskunnassa vakiintunut roolitus estää meitä olemasta täysin vapaita, olemasta oma itsemme ja toimimaan sisimpien halujen mukaan?

On tärkeää pohtia, kuinka paljon me kannamme töidemme taakkoja vapaa-ajalla. Onko mahdollista olla irti työstään – ei vain fyysisesti, vaan myös henkisesti ja emotionaalisesti? Jos työ on tiukasti yhteydessä identiteettiimme, se voi kulkea mukana kaikkialla, vaikka emme olisikaan työpaikalla. Esimerkiksi poliisin tai lastensuojeluviranomaisen rooli ei lopu työpäivän päättymiseen – voivatko he nähdä entisiä asiakkaitaan siviilielämässään ilman, että työ ja sen kokemukset tunkeutuvat väkisin heidän mieleensä? Tällaiset ammatit, joissa ollaan jatkuvasti tekemisissä muiden ihmisten vaikeiden tilanteiden kanssa, voivat luoda psykologista painetta, joka ei helpota vapaalla ollessa.

Mutta entä ne, jotka elävät työssään roolia, joka ei ole heidän aito oma itsensä? Eri aloilla on tarpeen "esittää" jotakin muuta kuin mitä olemme. Työelämässä roolit voivat olla monessa tapauksessa täysin irrallaan omasta persoonasta – saatamme joutua käyttäytymään tavalla, joka ei vastaa omia arvojamme, tunteitamme tai halujamme, vaan yhteiskunnan tai työpaikan sanelemaa normia. Tämä voi olla yksilönvapauden rajoite, sillä työpaikan vaatimukset voivat pakottaa meidät näyttelemään ja roolittamaan itsestämme kuvan, joka ei ole aito. Onko tällöin vapaus vain illuusio?

Vastaus kysymykseen siitä, saneleeko työnantaja käyttäytymissäännöt myös siviilielämään, on valitettavan monesti kyllä. Eri ammateissa on sääntöjä, jotka ulottuvat työajan ulkopuolelle – olipa kyse pukeutumiskoodista, käyttäytymisnormeista tai asenteista. Työnantajan asettamat odotukset voivat vaikuttaa siihen, miten käyttäydymme työpaikan ulkopuolella, koska pelkäämme, että henkilökohtainen käytöksemme heijastaa huonosti ammatillista asemaamme. Tämä voi luoda ristiriidan sisäisen halun ja ulkoisten vaatimusten välillä, jolloin emme ole täysin vapaita olemaan se, mitä todella olemme.

Poliisit ovat usein tottuneet käyttämään tietynlaista käskevää ja auktoriteettipitoista äänensävyä lähes kaikissa tilanteissa, vaikka monet kerrat tilanne antaisi mahdollisuuden puhua rauhallisesti ja vähemmän jyrkästi. Tämä tietynlainen toimintatapa on osittain opetettu ammattina ja liittyy poliisin rooliin lain valvojana, mutta se voi myös heijastaa syvempää pelkoa tai halua ylläpitää auktoriteettia ja kontrollia. Etenkin poliisin tulisi olla esimerkki muille kansalaisille – rauhallisuuden, sävyisyyden ja asiallisuuden mallina. Miksi siis poliisi usein valitsee komentelevan, jopa provosoivan tyylin, vaikka tilanne ei sitä vaatisi?

Tällainen käytös voi vaikuttaa negatiivisesti yhteiskunnan muuhun käyttäytymiseen. Poliisin käskevä ääni saattaa helposti johtaa siihen, että myös muut osapuolet alkavat käyttäytyä samalla tavalla – riidanhaluisesti tai vastareaktioita etsien. Poliisien rooli ei ole vain lain toimeenpanija, vaan myös esimerkin antaja siitä, miten väkivaltaa ja konfliktia tulisi välttää. Kun poliisi käyttää uhkaavaa tai komentelevaa sävyä, se voi altistaa tilanteen eskaloitumiselle, vaikka alkuperäinen tilanne ei olisikaan niin latautunut.

Tässä herääkin kysymys: onko poliisilla pelkona joutua epäuskottavaan asemaan, jos hän "asettuu samalle tasolle" kuin muut ihmiset ja kommunikoi rauhallisesti ja tasavertaisesti? Onko olemassa pelko siitä, että liiallinen rauhallisuus heikentäisi poliisin auktoriteettia ja uskottavuutta, jolloin hänet nähtäisiin heikkona tai epäpätevämpänä? Tällöin poliisi saattaa kokea, että hänen täytyy säilyttää etäisyys ja käyttää kovempaa sävyä, jotta hän ei menettäisi viranomaista rooliaan ja kykyään kontrolloida tilannetta. Kysymys onkin siitä, miksi tietyissä ammateissa, kuten poliisin, auktoriteetin täytyy välttämättä liittyä kovuuteen ja komentamiseen – ja kuinka se vaikuttaa vuorovaikutuksen laatuun sekä yleiseen yhteiskunnalliseen ilmapiiriin.

Pelko on usein se voima, joka saa ihmiset valitsemaan tietyn roolin, vaikka se ei olekaan heidän todellinen itsensä. Monesti niin sanotut "kovikset", jotka yrittävät esiintyä vapaina ja ansaita kunnioitusta tai arvostusta, eivät todellisuudessa ole yhtään vapaampia kuin muutkaan. Päinvastoin, juuri nämä "kovikset" ovat kaikkein vähiten vapaita, sillä heidän on jatkuvasti esitettävä kovaa roolia, vaikka se ei ole heidän todellinen luonteensa. He elävät pelon vallassa, ja väkisin ylläpidetty rooli voi viedä heidät yhä kauemmas omasta itsestään. Vankilassa tämä ilmiö korostuu erityisesti, sillä siellä monet ajautuvat näyttämään koviksilta, koska pelkäävät olla aitoja ja haavoittuvia. Vankilassa pelon kulttuuri on vahvasti läsnä, ja se saa aikaan käsityksen siitä, että kovikset olisivat muiden yläpuolella – ja heidän tulisi pelon kautta ansaita kunnioitusta.

Vankilaympäristössä pelko onkin keskeinen tekijä, joka määrittelee sen, miten ihmiset suhtautuvat toisiinsa. Koviksen roolin ylläpitäminen tarkoittaa myös jatkuvaa valvontaa ja manipulointia, sillä kaikki ei ole aitoa. Tämä rooli perustuu pelolle, joka pitää muiden vangittujen käytöstä kurissa ja ohjaa heidän asenteitaan. Mutta entä jos tämä pelottelumanipulaatio paljastetaan? Jos ihmiset alkavat ymmärtää, että koviksen rooli on itse asiassa pelon, ei kunnioituksen, ylläpitämistä, se menettää koko tarkoituksensa. Kun pelon lähde paljastuu ja sen valta murtuu, koko järjestelmä alkaa murentua. Tässä näkyy, kuinka roolit ja valtarakenteet, jotka perustuvat pelolle ja manipuloinnille, ovat haavoittuvia, sillä niiden voima on täysin riippuvainen ihmisten alistumisesta ja pelosta. Jos tämä pelon ilmapiiri paljastetaan ja kyseenalaistetaan, sen takana ei enää ole mitään konkreettista tai todellista, ja tällöin koko järjestelmä voi romahtaa.

Myös musiikkialalla ja muilla julkisuuden aloilla monilla ihmisillä on sama ongelma: he joutuvat näyttelemään roolihahmoa, jonka he ovat itselleen luoneet. Tämä voi tarkoittaa sitä, että julkinen kuva ja yksityinen minä eivät ole enää sama asia, vaan ammatillinen menestys edellyttää jatkuvaa roolin ylläpitämistä. Monilla julkisuuden henkilöillä tämä rooli saattaa olla raskas kantaa, sillä heidän on jatkuvasti pidettävä yllä tiettyä imagoa, joka ei välttämättä ole täysin yhteensopiva heidän todellisen itsensä kanssa. Tällöin henkilö saattaa alkaa elää enemmän roolinsa kuin oman persoonansa kautta, mikä voi johtaa jatkuvaan sisäiseen ristiriitaan ja ahdistukseen.

Jos haluaa olla oikeasti vapaa ja vapaasti oma itsensä sekä urallaan että ammatissaan, samoin kuin myös vapaa-ajallaan, kannattaa silloin miettiä etukäteen, minkälaisen roolihahmon itsestään aikoo konstruoida. Tämä ei tarkoita sitä, että ihmisen tulisi muuttaa itseään tai luoda täysin uudenlaista identiteettiä, vaan enemmänkin miettiä, kuinka voi yhdistää henkilökohtaisen totuuden ja julkisen roolin. Jos rooli on helppo ja kevyt kantaa ja jos se on lähellä sitä totuutta, joka henkilö itse on muutenkin, ei kovin suuria ongelmia roolin kanssa pitäisi kehkeytyä. Tällöin henkilö ei joudu luomaan itsestään valheellista kuvaa yleisölle eikä piilottelemaan todellista itseään.

Kun rooli on linjassa todellisen persoonan kanssa, henkilö pystyy olemaan aidosti vapaa – sekä ammatillisesti että henkilökohtaisesti. Tällöin ei tarvitse pelätä, että roolin ylläpitäminen vie liikaa energiaa tai että se vääristää kuvaa itsestä. Tämä voi tarjota mahdollisuuden autenttiseen yhteyteen muiden kanssa, olipa kyse sitten yleisöstä, kollegoista tai ystävistä. Tällaisen roolihahmon kuka tahansa voi löytää käyttöönsä, millä alalla sitten sattuu olemaankin, sillä se perustuu henkilökohtaiselle rehellisyydelle ja aitoudelle.

Apteekkien henkilökunta on usein koulutettu esiintymään vakavina ja asiantuntevina, ja tämän vuoksi he saattavat vaikuttaa jopa tylyiltä tai etäisiltä asiakkaille. Tämä asenne on osa ammattimaisuuden ilmentämistä, sillä apteekissa käsitellään tärkeitä terveyteen liittyviä asioita, ja asiakkaita palvellaan usein tilanteissa, joissa he voivat olla huolissaan tai stressaantuneita. Silti herää kysymys: onko apteekkien henkilökunnan vakava ilme todella välttämätön, vai voisiko apteekkien ilmapiiri olla jollain tapaa enemmän ystävällinen ja lähestyttävä ilman, että se vaarantaa asiantuntevuuden tai palvelun laadun?

Voisiko tosiaan olla, että apteekeissa hymyily on kiellettyä, tai ainakin paheksuttava tapa? Onko tämä osa syvempää kulttuurista normia, joka liittyy siihen, että apteekit nähdään paikkana, jossa vakavuus ja asiantuntevuus ovat avainasemassa, eikä siellä ole tilaa iloiselle asiakaspalvelulle? Tämä muistuttaa pitkälti menneisyyden käytäntöjä, joissa eri myymälöissä, kuten Alkoissa, asiakkaiden kohdalla pyrittiin luomaan epämukava ilmapiiri tiettyjen tuotteiden ostamisen ympärille. Alkoissa oli aikanaan sääntöjä, joiden mukaan myyjien tuli olla mahdollisimman tylyjä ja epäystävällisiä, jotta asiakas kokisi ostoprosessin epämukavaksi – tällöin ostaminen itsessään nähtiin yhteiskunnallisesti paheksuttavana asiana.

Nykyään, kuitenkin, jopa Alkon myymälöissä henkilökunta hymyilee ja asiakaspalvelu on ystävällisempää, vaikka myytävät tuotteet eivät ole muuttuneet. Tämä on yksi esimerkki siitä, kuinka asiakaspalvelu on muuttunut ja kuinka tärkeäksi on tullut asiakkaan kokemus ostoprosessissa, riippumatta tuotteen luonteesta. Jos tämä trendi on voinut tapahtua Alkossa, voisiko se tapahtua myös apteekeissa? Eikö apteekkien henkilökunta, joka kuitenkin tekee lääketeollisuudelle rahaa ja tarjoaa tärkeitä terveyspalveluja, voisi käyttää enemmän ystävällistä ja iloisempaa lähestymistapaa houkutellakseen asiakkaita ja tehdä jopa sairastamisesta vähemmän ahdistavaa ja stressaavaa?

Ystävällinen palvelu apteekissa ei tarkoittaisi, että asiantuntevuus kärsisi, mutta se voisi tehdä apteekkikäynnistä asiakkaille mukavampaa ja vähemmän pelottavaa. Tämä voisi jopa auttaa luomaan ilmapiirin, jossa asiakkaat tuntevat olevansa tervetulleita ja saavat hoitavan ja empaattisen kokemuksen, joka saattaa lievittää heidän huoliaan. Apteekki ei ole pelkästään kaupallinen paikka, vaan myös osa ihmisten terveyden ja hyvinvoinnin tukemista, joten sielläkin voisi hyödyntää lämminhenkistä asiakaspalvelua ilman, että se vähentäisi ammattimaisuutta.

KIIREESTÄ

Kiire on käsite, joka on monelle meistä tuttu – se on osa nykyaikaista elämänrytmiä, joka usein määrittelee arkemme. Tommy Helstenin ajatus siitä, että kiire ei ole pelkästään ulkopuolelta tuleva voima, vaan se lähtee myös meistä itsestämme, herättää pohdintaa siitä, kuinka paljon hallitsemme omaa aikamme kulkua ja kuinka paljon meitä ohjaavat ulkopuoliset paineet ja odotukset. Kiire ei ole vain ulkoisen maailman vaikutus, vaan se on myös oma valintamme, omasta suhtautumisestamme elämään ja ajankäyttöömme riippuva tekijä. Tällöin kysymys ei ole ainoastaan siitä, mitä ympärillämme tapahtuu, vaan myös siitä, kuinka suhtaudumme omaan elämäämme ja sen aikarajoihin.

Helstenin ajatus perustuu siihen, että kiire on loppujen lopuksi henkilökohtainen kokemus ja päätös, jonka teemme itse. Meidän ei tarvitse jäädä vangiksi kiireen orjuuteen, jos emme halua, vaan voimme valita oman suhteemme aikaan. Tämä ajatus saattaa tuntua radikaalilta nykyaikaisessa kulttuurissa, jossa kiire on lähes pakkomielle ja kiirehtiminen arvostettu kyky. Kiireen ympärille rakentuu helposti kulttuuri, jossa tehokkuus, nopeus ja tuottavuus ovat keskiössä. Yhteiskunnassamme kiire on usein liitetty onnistumiseen ja kunnianhimoisuuteen, ja ihmiset, jotka saattavat "pysähtyä" tai "hidastaa", nähdään usein vähemmän kunnianhimoisina tai jopa laiskoina. Tällöin kiire voi alkaa määritellä meidän arvojamme – se voi tuntua itsestäänselvältä tavalta elää ja toimia.

Mutta kuinka paljon tästä on todella omasta valinnasta kiinni, ja kuinka paljon se on ympäröivän maailman rakentamaa painostusta? Kiire ei ole vain ulkopuolelta tuleva pakko; se on myös sisäinen tila, jonka me itsellemme luomme. Esimerkiksi työelämässä kiire voi tuntua olevan lähes väistämätöntä. Työnantajat odottavat tehokkuutta, ja yhteiskunta painottaa tuottavuutta. Kun henkilö on jatkuvasti kiireinen ja täynnä tehtäviä, hän saattaa kokea, että hänellä ei ole oikeutta pysähtyä tai hidastaa, koska yhteiskunta arvostaa toimintaa ja näkyvyyttä. Tässä kontekstissa kiire voi olla lähes pakonomainen ilmiö, jossa ei löydy sijaa pysähtymiselle tai rentoutumiselle.

Helstenin ajatus kuitenkin haastaa tämän ajattelutavan ja muistuttaa, että kiireen voi itse valita. Se on sisäinen valinta ja päätös. Jos haluamme muuttaa kiireen kokemusta, meidän on tehtävä tietoinen päätös luopua siitä. Tällöin kysymys ei ole niinkään siitä, että maailma pysähtyy tai että kaikki ympärillämme muuttuu, vaan että me itse päätämme, miten suhtaudumme aikaan ja velvollisuuksiin. Tämä ajatus paljastaa, kuinka paljon me itse hallitsemme kiireen luonnetta omassa elämässämme. Toisaalta on myös tärkeää miettiä, että vaikka voi valita kiireestä luopumisen, se ei ole aina helppoa. Kiire saattaa tuntua turvalliselta, koska se tuo tunteen siitä, että asioita tapahtuu ja että elämä on merkityksellistä ja täynnä tekemistä. Meitä ympäröivä kulttuuri ja ympäristön odotukset voivat helposti pitää meidät kiireen orjina. Tällöin kiire ei ole enää pelkkä valinta, vaan se muuttuu lähes pakkomielteeksi, johon ei aina osaa suhtautua järkevästi. Kiireen kulttuuri rakentuu niin vahvasti yhteiskunnan rakenteisiin ja normeihin, että se saattaa alkaa tunkea elämäämme ilman, että edes huomamme sitä.

Entä sitten ulkopuolinen paine, joka meihin kohdistuu kiirehtimisen suhteen? Se voi tulla monista eri lähteistä: työelämä, perhesuhteet, ystävien odotukset tai yhteiskunnan yleinen tahti. Vaikka me voimme päättää, ettemme halua olla kiireisiä, ympäröivä maailma voi yrittää puskea meitä kohti jatkuvaa kiireen tilaa. Jos ympäristössä on vahva kulttuuri kiireestä, voimme kokea, että meidän on pakko osallistua siihen, jotta voimme olla hyväksyttyjä, tuottavia tai jopa rakastettuja. Esimerkiksi työelämässä työnantajat voivat asettaa aikarajoja ja tehokkuusvaatimuksia, jotka luovat jatkuvan paineen tehdä asioita nopeasti ja ilman taukoja. Samoin sosiaalinen media voi luoda illuusion siitä, että muiden elämässä on aina kiire ja täyteläisyys, mikä saattaa vaikuttaa siihen, miten me itse koemme oman elämämme rytmin.

Ulkoinen kiireen vaatimus voi siis estää meitä päättämästä omasta ajankäytöstämme ja elämänrytmistämme. Kuitenkin se, miten suhtaudumme kiireen vaatimuksiin, on myös meidän käsissämme. Voimme valita olla kuuntelematta ulkoisia paineita ja päättää, että kiire ei ole ainoa tapa mitata arvomme tai onnellisuutemme tasoa. Tämä ei tarkoita, että meidän täytyy olla välinpitämättömiä tai laiskoja, vaan että me voimme valita, miten tasapainotamme elämämme ja pidämme kiinni omasta hyvinvoinnistamme.

Lopuksi kiireen kokemus on aina henkilökohtainen ja subjektiivinen. Kiire voi olla synonyymi stressille, ahdistukselle ja väsymykselle, mutta se voi myös olla valinta, joka tuo mukanaan täyttymyksen ja tarkoituksen. Se, kuinka paljon kiire määrittelee elämäämme, on täysin riippuvainen siitä, kuinka me suhtaudumme omaan elämäämme ja valintoihimme. Kiireen voi valita, mutta sen voi myös päättää jättää pois. On kuitenkin tärkeää muistaa, että meidän ei tarvitse antaa kiireen viedä meitä mukanaan – me voimme päättää elää omassa tahdissamme, vaikka ympäröivä maailma puskisi meitä kiireen suuntaan.

ALOITTAVAN YRITTÄJÄN ONGELMIA

Yrittäjyys on monelle houkutteleva vaihtoehto, mutta se tuo mukanaan myös paljon epävarmuutta ja huolia. Ennen kuin astuu yrittäjyyden maailmaan, on luonnollista miettiä, mitä tapahtuu, jos yritys ei menesty, ja mitä vaihtoehtoja on, jos unelma kaatuu. Usein yrittäjäksi aikovat murehtivat eniten juuri yrityksen mahdollisen epäonnistumisen seurauksia ja sitä, miten he selviävät elannon hankkimisesta, jos bisnes ei kanna. Yrittäjälle epäonnistuminen ei ole vain liiketoiminnan lopahtaminen, vaan se voi merkitä myös taloudellista turvattomuutta, henkilökohtaisia takaiskuja ja aikaa, joka on käytettävä elannon etsimiseen uudelleen. Tällöin alkaa myös miettiä, kuinka paljon turvaa yhteiskunta voi tarjota, jos yritys kaatuu.

Yksi suurimmista huolenaiheista on varmasti se, kuinka vaikeaa voi olla turvata itselleen elanto, jos yritys ei tuota tai menee nurin. Jos yrittäjä ei ole onnistunut saamaan työllistymistukea tai muuta vastaavaa taloudellista tukea, hän saattaa jäädä yksin taloudellisten paineidensa kanssa. Yhteiskunnan tarjoama tuki, kuten työttömyysturva, on monelle yrittäjälle elintärkeä pelastus, mutta sen saaminen ei ole aina yksinkertaista. Tällöin yrittäjä kohtaa usein byrokratian karut kasvot, ja erityisesti Kelan byrokratia voi tuntua epäoikeudenmukaiselta ja turhauttavalta.

Kela on monelle tuttu viranomainen, ja erityisesti yrittäjien keskuudessa sen toiminta herättää usein epäilyksiä. Kela osaa olla tunnetusti sitkeä ja hidas prosessissaan, ja se saattaa vaatia turhan tarkkoja ja vaikeasti todistettavia dokumentteja. Esimerkiksi tilanteessa, jossa yrittäjä on lopettanut toimintansa eikä hänellä ole varastoa tai muuta myytävää omaisuutta, voi Kelalta tulla vaatimus esitellä varastojen myynnistä saatuja tuloja – vaikka niitä ei ole. Tällöin yrittäjä saattaa olla vaikeuksissa, sillä hän ei ole voinut toimittaa sellaista asiakirjaa, joka ei oikeasti ole olemassa. Jos yrittäjä on toiminut itsenäisesti ilman varastoa ja ilman varallisuutta, ei ole mitään dokumenttia tai asiakirjaa, joka voisi todistaa tämän väitteen todeksi. Kela saattaa silti vaatia papereita ja todistuksia, ja yrittäjän olisi saatava virkailija uskomaan, että hänen väitteensä pitävät paikkansa. Tilanne voi tuntua erityisen epäoikeudenmukaiselta, sillä yksinkertaisesti ei ole mitään, mitä voisi esittää.

Tällöin yrittäjän ja viranomaisen välinen kommunikaatio saattaa jäädä jumiin ja aiheuttaa valtavan stressin yrittäjälle, joka on jo kärsinyt epäonnistuneen yrityksen tuomista taloudellisista vaikeuksista. Eikä tässä vielä kaikki, sillä yrittäjän on myös osattava navigoida virastojen ja viranomaisten monimutkaisessa byrokratiassa, joka tuntuu vain estävän mahdollisuuksia. Vaikka yrittäjä voisi olla täysin vilpitön ja rehellinen tilanteessaan, hän saattaa silti kohdata esteitä ja hankaluuksia saadessaan tarvitsemaansa tukea.

Entä sitten, miten yrittäjä voi selviytyä arjesta, jos yritys ei menestykään ja tilanne näyttää epätoivoiselta? Yksi vaihtoehto on, että yrittäjä voi yrittää hakeutua työttömyysturvan piiriin, jos hän on ollut yrittäjänä ja saanut ansiotuloja. Työttömyysturvan saaminen yrittäjälle ei kuitenkaan ole aina suoraviivaista. Työnhakijaksi ilmoittautuessaan yrittäjän on myös muistettava, että hänen pitää täyttää tietyt ehdot, ja joskus se voi olla monimutkaista. Yrittäjänä toimiessaan monet eivät ole saaneet tasaisesti palkkaa, ja se tekee työttömyyskorvauksen hakemisen hankalammaksi, sillä monilla yrittäjillä ei ole säännöllistä palkkaa, jonka perusteella hakemus voitaisiin hyväksyä. Omavastuupäivät saattavat olla ainoa helpotus, mutta silti tuki voi olla vaivalloinen ja pienempi kuin mitä yrittäjä toivoisi.

Vaikka yrittäjät saavat usein osakseen myötätuntoa ja arvostusta riskinottajina ja omistautuneina työntekijöinä, heidän haasteensa eivät lopu siihen. Erityisesti silloin, kun yritys menee huonosti tai kaatuu, yrittäjä saattaa joutua yksin vastuuseen sekä taloudellisesti että sosiaalisesti. Tämä saattaa lisätä ahdistusta ja turvattomuutta, sillä yrittäjän tulee käydä läpi pitkiä ja monimutkaisia prosesseja päästäkseen takaisin elämässään tasapainoon.

Miten siis yrittäjät voisivat saada riittävää tukea epäonnistumisensa jälkeen? Yksi vaihtoehto on, että yhteiskunta alkaa luomaan joustavampia ja yrittäjälähtöisempiä tukijärjestelmiä, jotka ottavat huomioon yrittäjien erityistarpeet. Yrittäjät tarvitsevat tukea erityisesti silloin, kun yritys ei menesty, sillä heidän taloudellinen elämänsä on usein sidottu yhden liiketoiminnan onnistumiseen. Kela ja muut viranomaiset voisivat myös tarkastella omia käytäntöjään ja pohtia, kuinka he voivat toimia yrittäjän tukena tilanteessa, jossa liiketoiminta ei tuota. Tämä voisi tarkoittaa joustavampia dokumentointivaatimuksia ja parempaa tukea yrittäjille, jotka haluavat siirtyä takaisin työmarkkinoille.

Lopulta, vaikka yrittäjyys on riskialtis ja vaatii paljon rohkeutta ja sitoutumista, yhteiskunnan tulisi ymmärtää, että yrittäjän epäonnistuminen ei ole henkilökohtainen epäonnistuminen, vaan osa liiketoiminnan luonteenpiirteitä. Yhteiskunnan tuki ja ymmärrys voivat auttaa yrittäjiä nousemaan ylös ja jatkamaan elämäänsä, vaikka heidän liiketoimintansa onkin päättynyt. On aika siirtyä kohti sitä, että yrittäjille annetaan oikeudenmukaisempia mahdollisuuksia ja tukea, jotta he voivat saada uuden alun elämälleen ja taloudelleen ilman turhaa byrokratiaa ja epäoikeudenmukaisuutta.

LEIKATAANKO VAI VEROTETAANKO?

Kun vaalikoneissa kysytään, olisiko vastaaja valmis leikkaamaan jostakin tai kiristämään verotusta, kysymys herättää usein ristiriitaisia tunteita. Itse en suorastaan kannata kumpaakaan vaihtoehtoa yksinään, sillä molemmilla on omat haittansa ja rajoituksensa. Tällöin joutuu turvautumaan kompromissiin, jossa voidaan sekä tehdä leikkauksia että kiristää verotusta, mutta vain kohtuullisesti ja harkiten. Yksi puoli ei saa viedä toista liikaa, sillä liian suuret leikkaukset voivat vaarantaa hyvinvointivaltion rakenteet, ja liiallinen verotuksen kiristäminen taas voi tukahduttaa talouskasvua ja luoda epäoikeudenmukaisuutta.

Aina kun uusi hallitus astuu valtaan, se usein pyrkii korjailemaan edellisen hallituksen tekemiä virheitä. Tällöin verotusta voidaan kiristää yltiöpäisesti tai leikata rajusti, ja valitettavasti nämä toimet kohdistuvat usein vähäosaisimpiin kansalaisiin. Kuitenkin työttömyys ja talouden ongelmat eivät ratkea sillä, että ihmiset pakotetaan tekemään töitä sellaisilla palkoilla, joilla ei pysty elämään kunnollisesti – ei edes itselleen asettamilla peruselämän edellytyksillä. Pienillä tuloilla ei pysty maksamaan kohtuullista asumista, saati sitten nauttimaan elämästään tai osallistumaan kulttuuriin ja muuhun yhteiskunnalliseen elämään. On tärkeää ymmärtää, että todellinen talouden elvyttäminen ei perustu pelkästään pakkotyöhön ja palkkojen painamiseen alas, vaan siihen, että ihmisille tarjotaan mahdollisuus elättää itsensä kunnollisella työllä, joka myös mahdollistaa elämänlaatua.

Jos se ainoa harrastus, joka jollekin jää elämään, on television katselu ja tietokoneella pelaaminen, silloin on syytä pohtia, mitä on jäänyt elämässä saavutettavaksi. Tällöin on vaarassa ajautua eräänlaiseen orjuuttavaan viihdemaailmaan, jossa ajankulutus menee täysin turhiin ja pinnallisiin asioihin. Tällaista elämäntapaa ei voi sanoa kovin ihmisarvoiseksi. Se on elämä, jossa yksilö jää jumiin passiivisiin nautintoihin, joissa ei ole tilaa luovalle ajattelulle, henkilökohtaiselle kehitykselle tai minkäänlaiseen aidon elämän kokemiseen. Tämä on juuri sitä, mitä globalistieliitti näyttää haluavan kansalaisiltaan – helposti ohjailtavia ja omia ajatuksiaan vailla olevia yksilöitä, jotka voivat kuluttaa massatuotettuja tuotteita ja tuottaa taloudellista voittoa ilman, että heidän elämässään on tilaa todelliselle vapaudelle tai henkilökohtaiselle itsemääräämisoikeudelle. Viihde kuluttaa, mutta ei tuota mitään, joka toisi elämään syvempää merkitystä.

Toisaalta on olemassa toinenkin maailmankuva, jossa ihmiset voivat elää omannäköistä, rikasta elämää ilman, että heidän tarvitsee sulkeutua neljän seinän sisälle ja paeta todellisuutta virtuaalimaailmoihin. Ulkoilmaharrastukset, kuten vaeltaminen, pyöräily tai vaikkapa puutarhanhoito, tarjoavat paitsi terveellistä liikuntaa myös yhteyden luontoon ja elämän tärkeisiin asioihin. Musiikki, käsityöt ja jopa pienet korjausprojektit voivat tuoda arkeen syvempää tarkoitusta ja iloa. Kasvimaanhoito ei ole vain hyödyllinen tapa kuluttaa aikaa, vaan se antaa myös konkreettisia tuloksia: ruokaa, jota on itse vaivalla kasvatettu ja hoidettu. Tällaiset toiminnot tarjoavat paitsi henkistä tyydytystä, myös osaltaan auttavat palauttamaan ihmiselle sen tärkeän tunteen elämän hallinnasta, johon viihteen ja digitaalisten alustojen tarjoama passiivinen osallistuminen ei pysty.

Tällainen elämä, jossa omat kädet ja mieli luovat jotain konkreettista ja arvokasta, ei ainoastaan rikasta omaa elämää, vaan vahvistaa myös yhteisöjä. Se on elämäntapa, jossa ei anneta kulutuskulttuurin viedä mennessään, vaan valitaan olla aktiivisia, luovia ja itsenäisiä toimijoita omassa elämässämme. On tärkeää ymmärtää, että todellinen vapaus ei löydy siitä, kuinka monta tuntia vietämme television tai tietokoneen ääressä, vaan siitä, kuinka paljon saamme itsestämme irti, kuinka voimme jakaa osaamistamme ja resurssejamme sekä kuinka pystymme luomaan merkityksellisiä yhteyksiä muihin.

MITEN NÄEMME ITSEMME?

Minkälaisia vaatimuksia asetamme itsellemme, ja kuinka realistisia nämä tavoitteet ovat? Onko se, mitä odotamme itseltämme, linjassa kykyjemme ja resurssiemme kanssa, vai saammeko joskus ahdistuksen, stressin ja epäonnistumisen tunteiden vuoksi huomata, että asetetut tavoitteet olivat liian kunnianhimoisia? Onko meillä taipumusta vaatia itseltämme liikaa, vai jäämmekö kenties liian helposti tyytyväisiksi siihen, mitä pystymme juuri sillä hetkellä saavuttamaan? Näitä kysymyksiä pohdittaessa on tärkeää tarkastella niin omia odotuksia kuin myös tapaa, jolla suhtaudumme itseemme ja edistymiseemme.

Kun lähdemme tavoittelemaan jotain, positiivinen mielentila voi tehdä ihmeitä. Se voi antaa meille rohkeutta asettaa itsellemme korkeita tavoitteita ja uskoa, että voimme saavuttaa ne. Kuitenkin negatiivisella asenteella tämä on toisin. Tällöin korkeiden tavoitteiden asettaminen saattaa vain lisätä stressiä, turhautumista ja epätoivoa. Jos tavoitteet tuntuvat ylivoimaisilta ja ne tuottavat enemmän ahdistusta kuin palkitsevia hetkiä, on hyvä pysähtyä ja miettiä, onko taso todella realistinen. Jos et pysty nauttimaan matkasta tai saavuttamaan tavoitteitasi edes osittain, se voi johtaa loppuun palamiseen tai jopa halun menettämiseen koko prosessista.

Tässä kohtaa kannattaa harkita tavoitteen madaltamista, jotta se pysyy motivoivana ja saavutettavana. On tärkeää tunnistaa omat rajat ja sen sijaan, että ajattelisi "täytyy olla täydellinen", voi asettaa pienempiä, realistisia etappeja, jotka tuovat iloa ja tyytyväisyyttä matkan varrella. Näin pystyy keräämään itselleen positiivisia kokemuksia ja voimia jatkaa eteenpäin. Osatavoitteiden saavuttaminen luo itseluottamusta ja uskoa omiin kykyihin, ja samalla se helpottaa suurempien päämäärien saavuttamista ajan mittaan.

Tällainen vaiheittainen eteneminen muistuttaa hieman portaittain kulkemista ylämäkeen, jossa jokainen askel vie lähemmäs huippua. Leveät lepotasanteet matkan varrella auttavat palautumaan ja nauttimaan saavutuksista, ennen kuin astuu seuraavaan vaiheeseen. Tämä lähestymistapa tekee kokonaisuudesta vähemmän kuormittavan ja enemmän palkitsevan, ja se on usein se tie, joka vie meidät kohti kestävää menestystä ja itsensä toteuttamista ilman ylikuormitusta.

On tärkeää muistaa, että elämä ei ole vain jatkuvaa suorittamista, vaan myös epäonnistuminen ja siitä oppiminen ovat olennainen osa matkaa. Epäonnistuminen ei tarkoita loppua, vaan mahdollisuutta kasvaa ja kehittyä. Meillä on oikeus mokata, ottaa askel taaksepäin ja sitten nousta taas ylös. Tällainen joustavuus itselle tuo kaivattua armollisuutta ja vähentää turhaa painetta. Jos jatkuvasti asettaa itselleen tiukkoja rajoja, joissa epäonnistuminen tuntuu katastrofilta, se voi luoda ympäristön, jossa pelko estää meitä yrittämästä uudelleen. Sen sijaan, kun hyväksymme, että epäonnistuminen on vain osa prosessia, voimme edetä vapaasti ilman pelkoa, että joku virhe pilaisi koko matkan.

Rauhallinen ja harkittu eteneminen on avain siihen, että kokemus pysyy mielekkäänä ja nautittavana. Kun asettaa itselleen kohtuullisia tavoitteita ja nauttii matkastaan sen sijaan, että keskittyisi pelkästään päämäärään, syntyy enemmän sisäistä tyytyväisyyttä. Jos joka askeleella tuntuu, että menee eteenpäin, vaikka pieninkin askelin, kokemus on itsessään palkitseva. Tällöin matka ei ole painostava, vaan positiivinen kokemus, joka vie kohti tavoitetta ilman, että sitä tuntuu pakottavan eteenpäin. Jos taas juoksemme "verenmaku suussa", kiirehtien kohti liian korkealle asetettua tavoitetta, se vie helposti ilon ja tekee matkastamme uuvuttavan.

Pienet askeleet antavat meille mahdollisuuden hengittää ja nauttia prosessista, vaikka päämäärä olisi vielä kaukana. Kun annamme itsellemme luvan aloittaa uudelleen, emme pelkää epäonnistumista. Se ei ole loppu, vaan uusi alku, joka avaa mahdollisuuden tehdä asiat paremmin ja oppia matkan varrella. Se on myös itseluottamuksen rakennusmateriaalia: joka kerta, kun nousemme ylös ja kokeilemme uudelleen, olemme lähempänä tavoitteidemme saavuttamista. Tällainen lähestyminen takaa sen, että matka pysyy mielekkäänä ja saavutettavissa olevana – ilman, että mikään epäonnistuminen vie meitä kokonaan pois kurssilta.

Se, että joku toinen yrittää asettaa tavoitteita tai vaatimuksia meidän elämällemme ja tekemisillemme, voi olla paitsi rajoittavaa, myös suorastaan haitallista. Jokaisella meistä on oma polkunsa kuljettavana, omat unelmamme ja omat keinomme saavuttaa ne. On tärkeää muistaa, että vaikka muut voivatkin tarjota neuvoja tai tukea, heidän tavoitteensa eivät saisi koskaan syrjäyttää tai estää meidän omia pyrkimyksiämme. Tässä yhteydessä on myös huomioitava, että jos joku todella haluaa valmentaa tai ohjata toista, kuten urheilussa tai ammatillisessa ympäristössä, on se hyväksyttävää vain, jos henkilö itse on sitoutunut siihen prosessiin ja antaa luvan ottaa vastaan ulkopuolista ohjausta. Vain silloin ulkopuolisten asettamat tavoitteet voivat olla hyödyllisiä ja edistäviä.

On kuitenkin väärin vaatia ketään olemaan jotain, mitä hän ei ole. Jos joku haluaa, että kaikki tekevät asiat samalla tavalla, oppivat samoja taitoja ja noudattavat samoja kaavoja, se ei edistä yhteisön tai yksilöiden hyvinvointia. Me kaikki olemme yksilöitä, ja meidän lahjamme, kiinnostuksen kohteemme ja kyvykkyytemme eroavat toisistaan.

Ei ole oikeudenmukaista tai järkevää vaatia, että jokainen ihminen täyttää jonkin ulkoisen mallin, joka ei ota huomioon ihmisten monimuotoisuutta.

Erilaiset taidot, lahjat ja kyvyt tekevät meistä ainutlaatuisia, ja nämä erikoispiirteet voivat tuoda yhteisöön juuri sitä rikastusta, jota tarvitaan. Esimerkiksi yhdessä tiimissä voidaan hyödyntää monenlaisia vahvuuksia, jolloin jokainen jäsen voi tuoda omia erikoisosaamisiaan ja -näkökulmiaan pöytään. Yhteisön voima ei synny siitä, että kaikki olisivat samanlaisia, vaan siitä, että erilaiset yksilöt voivat työskennellä yhdessä ja täydentää toistensa puutteita.

Tällainen ymmärrys monimuotoisuudesta ja yksilöllisistä tarpeista ei ainoastaan auta meitä paremmin hyväksymään toisia, vaan myös kannustaa meitä hyväksymään omat erikoispiirteemme. Meidän ei tarvitse vertautua toisiin tai elää heidän asettamien tavoitteiden mukaan, koska jokaisella meistä on oma tapansa olla hyvä – ja joskus se hyvä tulee esiin juuri omalla, uniikilla tavallamme.

Koulumaailmassa on paljon odotuksia ja vaatimuksia, joita nuoret joutuvat täyttämään, mutta valitettavasti ne eivät aina vastaa sitä, mitä oikeasti tarvitaan elämän haasteissa. Kouluaineet, jotka eivät liity käytännön elämään, voivat tuntua turhilta ja saattavat jättää nuoret valmistautumattomiksi niihin todellisiin tilanteisiin, joita saattavat elämässään kohdata. Nykyisin opetetaan paljon tietotekniikkaa ja digitaalisia taitoja, mutta yksi merkittävä aukko opetussuunnitelmissa on se, että koulut eivät opeta kunnolla selviytymistaitoja – erityisesti niitä, joita tarvitaan silloin, kun modernit mukavuudet, kuten sähkö ja tietotekniikka, eivät ole käytettävissä.

Kriisiajan selviytymistaitoja pitäisi opettaa huomattavasti enemmän. Emme voi taata, että väestönsuojat ovat aina saatavilla, tai että julkinen apu on riittävä silloin, kun yhteiskunnan infrastruktuuri on järkkynyt. Elämän perusasioiden opettaminen on tärkeää: miten metsästää ja kalastaa, kuinka hankkia ruokaa luonnosta, miten rakentaa suojaa sään vaihteluilta ja miten tehdä tulta ilman nykyaikaisia työkaluja. Nämä ovat taitoja, jotka eivät ole vain hyödyllisiä hätätilanteissa, vaan myös luovat itseluottamusta ja autonomiaa arjessa.

Meidän tulisi palata juurille ja opettaa nuorille taitoja, jotka auttavat heitä selviämään elämän perusasioista – ruohonjuuritasolta. Tämä ei tarkoita, että meidän pitäisi hylätä tietotekniikka tai moderni koulutus, mutta kriittiset selviytymistaidot tulisi olla osa jokaisen kansalaisen perustaitoja. On paljon parempi, että meillä on valmiuksia kohdata kriisejä, vaikka niitä ei tulisikaan heti, kuin että joudumme opettelemaan niitä paniikissa ja epätoivoisessa tilanteessa.

Selviytymistaitojen opettaminen on perusta, joka tukee nuoren elämänhallintaa ja luo varmuutta silloinkin, kun maailma ympärillä saattaa kaatua. Tällaisia taitoja ei opeteta pelkästään elämän kriiseihin, vaan ne luovat pohjan itsenäiselle ajattelulle ja omalle vastuulle. Olisi arvokasta, että kouluissa alettaisiin nähdä tämä osa elämää tärkeänä, ja että se olisi osa oppimiskokemusta kaikille nuorille, jotta heistä kasvaisi valmistautuneita ja itsevarmoja kansalaisia, jotka eivät pelkää kohdata elämän kovia hetkiä.

KEVYT TAPA LIIKKUA ON VAPAUTTA

Vähillä tavaroilla matkustaminen voi olla yllättävän miellyttävää. Kun mietimme, että meillä on vapaus valita, miten liikumme ja matkustamme, sekä kuinka paljon tavaraa haluamme kantaa mukanamme, se tuo esiin monia ulottuvuuksia vapaudesta. Tavaralistan supistaminen ei ole vain käytännöllinen valinta, vaan myös symboli vapaudelle: mahdollisuudelle liikkua kevyesti ja ilman raskaita taakkoja, mutta myös valinnalle, kuinka paljon kuormaa haluamme elämäämme tuoda.

Jos olemme vaelluksella ja haluamme viedä mukanamme kaikki mahdolliset mukavuudet, meistä tulee käytännössä melkoisia kuormajuhtia, täynnä painavia varusteita. Sen sijaan, jos kannamme mukanamme taitoa, tietämystä ja kykyä sopeutua, osaamme hyödyntää ympäröivää luontoa ja pärjäämme huomattavasti vähemmillä varusteilla. Tämä ei vain kevennä fyysistä kuormaa, vaan vapauttaa myös mielen, sillä tiedämme pystyvämme elämään yksinkertaisesti ja tehokkaasti, ilman liiallisia riippuvuuksia.

Olen itse vaeltanut hyvin vähillä varusteilla, ja usein on riittänyt pelkästään muutama perusväline: teräskousikka, puukko, tulentekovälineet ja juoma-astia – kuksa on erinomainen valinta, mutta myös muovimuki kelpaa, tai vaikka itse tehty tuohilippi luonnosta. Eväiksi on riittänyt yksinkertaisia aineksia, kuten riisiä ja lihaliemikuutioita, joskus makkaraa tuomaan lisää makua. Kahvia tai teetä on helppo nauttia, mutta myös luonnon omista teeyrteistä voi keittää virkistävän juoman.

Majoittumista varten riittää kevyt suojapressu, ohut makuupussi ja vaikka yksinkertainen alumiinikankaalla päällystetty auton tuulilasin suojus alustaksi. Jos haluaa, havuista saa helposti pehmikkeen maahan. Tällaiseen minimalistiseen varustukseen ei oikeastaan muuta tarvita kuin kunnollinen rinkka tai reppu, johon kaikki tavarat mahtuvat.

Paperinen kartta on suositeltavaa ottaa mukaan, esimerkiksi vaikkapa pelkkä tulostettu kopio riittää – kompassi on myös arvokas apuväline, sillä puhelimen akku voi loppua yllättäen, eikä elektroniikkaan kannata luottaa luonnonolosuhteissa, erityisesti vesivahinkojen vuoksi. Kartan suojaamiseen riittää tavallinen arkistomapin muovitasku, ei tarvitse kantaa erillistä karttalaukkua. Tällaisella yksinkertaisella varustuksella pärjää pitkälle, ja voi keskittyä nauttimaan luonnon kauneudesta ilman liiallista kuormaa.

Juokseminen luonnossa on paljon miellyttävämpää, kun tekee sen paljain jaloin ja mahdollisimman vähillä vaatteilla. Syrjäisillä luontopoluilla tämä on erityisen nautinnollista ja sujuvaa, sillä luonto tarjoaa ympäristön, jossa ihminen voi olla mahdollisimman lähellä alkuperäistä ja luonnollista olotilaa. Tällöin yhteys ympäröivään luontoon vahvistuu merkittävästi: mitä vähemmän vaatteita on päällä, sitä läheisemmäksi tuntee itsensä luonnon osana.

Tämä yhteys ei ole vain fyysinen, vaan myös henkinen. Ihminen pääsee nauttimaan raikkaasta ilmasta ja kokemaan, miten keho ja mieli rentoutuvat. Ilmakylvyt iholle ja paljaiden jalkojen kautta tapahtuva maadoittuminen luontoon ovat fyysisesti hyvinvointia edistäviä. Lisäksi aurinko, joka paistaa paljaalle iholle, auttaa D-vitamiinin saannissa, joka on tärkeää kehon toiminnalle. Tällainen kokemus luontopolulla ei ainoastaan virkistä, vaan se myös rauhoittaa mieltä ja vahvistaa kehon ja luonnon välistä yhteyttä.

Tämäntyyppinen yhteys luontoon on erityisen voimakas metsäpoluilla, joissa saa rauhassa kokea vapautumisen tunteen kaikista yhteiskunnan kahleista ja rasitteista. Metsä tarjoaa paikan, jossa ei tarvitse murehtia velvollisuuksista tai kiireistä, vaan voi vain olla osa ympäröivää luontoa. Se on aivan toisenlaista elämää verrattuna yhteiskunnan tiukkaan ja usein rajoittavaan elämänrytmiin. Metsässä juokseminen ei ole vain fyysinen kokemus, vaan se tarjoaa myös henkisen puhdistautumisen ja vapauden tunteen, jota on vaikea kokea muualla.

VARAUTUMINEN ESIINTYMISIIN YM.

Useimmat ihmiset varautuvat esiintymisiin todella tarkasti, ja monesti he valmistautuvat siihen päntäten ja miettien etukäteen jokaisen sanan ja liikkeen. He saattavat kirjoittaa esityksensä valmiiksi, hioa jokaista kohtaa täydelliseksi ja miettiä jopa, miten he liikkuvat lavalla. Vaikka tämä on monille luonteva tapa valmistautua, se voi myös aiheuttaa turhaa stressiä ja ylimääräistä painetta. Joskus kaikki tämä valmistelu on vain ylimääräistä vaivannäköä, joka saattaa jopa estää luonteenomaisen esiintymisen.

Itse asiassa, usein esiintymiselle riittää, että suuntaviivat ovat selvät. On tärkeää tietää, mitä halutaan sanoa ja miksi, mutta usein kaikkea ei tarvitse miettiä tarkkaan etukäteen. Jos perusideat ja pääkohdat ovat kirkastuneet mielessä, voi esitystä muokata ja mukauttaa tilanteen mukaan, ja jättää myös tilaa luonnolliselle, hetken inspiroimalle improvisoinnille. Tällöin esiintymisestä tulee elävämpää ja aidompaa, eikä se tunnu jäykältä tai mekaaniselta.

Esiintymisjännitys on kuitenkin monille tuttu tunne, ja se voi olla hyvin hankala este. Minua itseänikin on vaivannut ujous ja jännittäminen läpi koko elämäni. Varsinkin lapsuudessa olin hyvin ujo ja pelkäsin esiintymistilanteita, mutta ajan myötä olen huomannut, että jännityksestä ei tarvitse tehdä itselleen liian suurta ongelmaa. Sen sijaan, että jäisin jännityksen vangiksi ja yrittäisin pakottaa itseni valmistautumaan täydellisesti, olen oppinut hyväksymään sen osaksi prosessia.

Vaikka monilla on tapana harjoitella etukäteen kaikessa yksityiskohtaisuudessaan, en ole koskaan itse kokenut tarpeelliseksi harjoitella esiintymisiä täysin etukäteen. On toki totta, että tietyissä tilanteissa, kuten musiikkiesityksissä, kappaleet on hallittava ulkoa ja niiden suoritukseen on valmistautuminen tarpeellista. Mutta puhe esityksissä ja keskusteluissa on usein paljon luonnollisempaa ja vapaampaa, jos annamme itsellemme tilaa improvisoida. Tämä ei tarkoita, että olisi hyvä olla täysin valmistautumaton, vaan enemmänkin, että esityksessä kannattaa säilyttää tiettyä joustavuutta ja valmiutta reagoida ympäristön ja yleisön tunnelmaan. Improvisointi voi antaa puheelle aitoa tunteellisuutta ja tuoda esiin syvemmän yhteyden kuulijoihin.

Kun on onnistunut pääsemään eroon liiallisesta jännittämisestä ja oppinut suhtautumaan esiintymisiin ja muuhun suorittamiseen rennommin, huomaa, että jännitys ei enää ole yhtä suuri este kuin ennen. Aluksi voi tuntua pelottavalta heittäytyä tilanteisiin ilman täydellistä valmistautumista, mutta kun pääsee eroon tästä tarpeesta kontrolloida jokaista yksityiskohtaa, esiintyminen alkaa tuntua luonnollisemmalta ja helpommalta. Jännityksen väheneminen johtuu siitä, että uskaltaa luottaa itseensä ja omiin kykyihinsä selviytyä tilanteista ilman liiallista valmistautumista. Kun ei enää yritä pakottaa itseään noudattamaan tiukkoja kaavoja ja ohjeita, syntyy vapaus, joka avaa oven luovuudelle ja spontaanisuudelle.

Tämä ajattelutapa pätee moniin elämänalueisiin, ei pelkästään esiintymisiin. Meillä on usein taipumus ajatella, että meidän täytyy seurata tarkasti annettuja ohjeita, olipa kyseessä sitten ruokaresepti, työtehtävä tai muu arkipäivän ohjeistus. Liian tiukat ohjeet voivat estää meitä ajattelemasta luovasti ja soveltamasta asioita omalla tavallamme. Esimerkiksi keittiössä ei tarvitse aina noudattaa tarkasti jokaista mausteohjetta ja mittakupillista, vaan voi päästää mielikuvituksen valloilleen ja luoda omia makuyhdistelmiä. Samoin työelämässä, kun on sisäistänyt perusasiat ja perusperiaatteet, voi ruveta soveltamaan omaa järkeä ja luonteenpiirteitä ilman, että jokaista askelta täytyy käydä läpi kirjallisten ohjeiden mukaan.

Erityisesti monen arkipäivän tilanteen ja tehtävän kohdalla liiallinen ohjeiden seuraaminen voi tuntua turhalta ja rajoittavalta. Joskus itse asiassa parhaiten opimme, kun annamme itsellemme luvan tehdä virheitä ja kokeilla uutta. Ohjeet ovat usein suuntaviivoja, jotka auttavat meitä alkuun, mutta ne eivät ole kiveen hakattuja sääntöjä, joita täytyy ehdottomasti noudattaa. Elämä on täynnä tilanteita, joissa voimme soveltaa luovuuttamme ja järkeämme, eikä meidän tarvitse tuhlata energiaa täydelliseen muistamiseen ja ulkoaoppimiseen. Tämä pätee erityisesti niihin asioihin, jotka eivät ole elämämme kannalta kriittisiä. Voimme valita, missä annamme tarkkojen ohjeiden hallita itseämme ja missä puolestaan uskallamme elää vapaammin, soveltaen omia taitojamme ja ideoitamme.

Kun osaa heittäytyä ja uskaltaa luottaa omaan vaistoonsa ja kykyynsä soveltaa asioita luovasti, elämästä tulee paljon rikkaampaa ja vähemmän stressaavaa. Tämä ei tarkoita sitä, että kaikkia ohjeita pitäisi hylätä tai unohtaa, vaan enemmänkin sitä, että emme anna niiden hallita elämäämme liikaa. Jos jännityksestä pääsee irti, voi elämässä olla enemmän tilaa kokeiluille, virheille ja uusille ideoille, jotka saavat meidät kasvamaan ja oppimaan.

ESTÄMINEN SOMESSA JA SEN ONGELMA

Vapaus on yksi filosofian ja etiikan syvimmistä ja monimutkaisimmista käsitteistä. Se on väline, jonka avulla yksilöt voivat toteuttaa itseään, tehdä valintoja ja elää elämäänsä ilman rajoituksia. Vapaus ei kuitenkaan ole pelkästään ulkoisten esteiden, kuten lakien tai yhteiskunnan sääntöjen, poistamista. Vapaus ulottuu paljon pidemmälle: se on myös sisäisten esteiden ja pelkojen voittamista. Erityisesti nykypäivän digitaalisessa maailmassa, jossa ihmissuhteet usein muotoutuvat sähköisten yhteyksien kautta, vapaus ja estäminen nousevat uudella tavalla esiin.

Monet meistä tuntevat olonsa turvattomaksi tai ahdistuneeksi, kun kohtaamme konfliktitilanteita tai ihmisiä, joiden kanssa suhteet ovat menneet solmuun. Usein tämä johtaa siihen, että turvaudumme esteisiin. Estämme toisia sosiaalisessa mediassa, WhatsAppissa tai jopa puhelimessa, katkaisten yhteydet ulkoisesti. Tämä voi tuntua helpolta ja välittömältä ratkaisulta, mutta onko se todellista vapautta? Onko tällainen ulkoinen eristäytyminen todella vapauttavaa, vai onko se vain uusi tapa olla orja omille peloillemme ja ahdistuksillemme?

Kun estämme jonkun, se ei poista ongelmaa. Se ei poista niitä negatiivisia tunteita, joita koemme konfliktin vuoksi. Estäminen saattaa vain siirtää ongelman pois näkyvistä, mutta se ei poista sitä omasta mielestämme. Päinvastoin, usein tämä ulkoinen rajoitus saattaa lisätä sisäistä ahdistusta ja pelkoa. Estäjä saattaa jatkuvasti pelätä, milloin hän törmää estämäänsä henkilöön livenä. Vaikka hän ei enää ole yhteydessä tähän henkilöön digitaalisessa maailmassa, hän kantaa tuota kohtaamista mielessään. Pelko elää edelleen, eikä estäminen ole todellinen keino vapautua siitä.

Tämä tuo meidät vapauden eettiseen ja filosofiseen ulottuvuuteen: onko vapaus todella mahdollista, jos olemme jatkuvasti sidoksissa omiin pelkoihimme? Voiko estäminen todella vapauttaa meidät toisista ihmisistä, vai onko se vain pakokeino, joka kahlitsee meidät sisäisesti? Filosofisesti tarkasteltuna vapaus ei ole vain ulkoisten esteiden poistamista, vaan myös sisäisten esteiden – kuten pelkojen, ennakkoluulojen ja epäluulojen – voittamista. Jos estämme jonkun vain sen vuoksi, että pelkäämme hänen kohtaamistansa, silloin emme ole vapaita. Meidän on kohdattava pelkomme ja ymmärrettävä, että ne ovat osa meitä, mutta eivät määrittele meitä.

Eettisesti tarkasteltuna kysymys vapaudesta ja estämisestä liittyy myös vastuuseen toisista ihmisistä. Estäminen ei ole vain yksilön valinta, vaan sillä on seurauksia myös toiselle osapuolelle. Tällöin nousee esiin kysymys siitä, miten kohtelemme muita ihmisiä ja mitä oikeuksia meillä on rajoittaa heidän yhteyttään meihin. Vapaus ei voi olla vapautta toisten vapauden kustannuksella. Jos valitsemme estää jonkun ilman, että olemme yrittäneet ratkaista erimielisyyksiämme tai käsitellä konfliktiamme, voimmeko silloin sanoa toimivamme eettisesti? Onko vapaus todella vapautta, jos se rajoittaa toisten oikeuksia?

Filosofisesti ajatellen vapaus on aina suhteellista. Se ei ole vain yksilön oikeus toimia omien halujensa mukaan, vaan myös kyky elää yhteisössä, jossa kunnioitetaan muiden oikeuksia ja vapautta. Tämä ei tarkoita, että meidän pitäisi sietää huonoa kohtelua tai sallia toisten ylittää rajamme, vaan että meidän on löydettävä keinoja käsitellä erimielisyyksiä ja konflikteja tavalla, joka vapauttaa meidät sisäisistä kahleista ja tuo oikeudenmukaisuutta suhteisiimme.

Esteiden asettaminen, olipa kyseessä digitaaliset kanavat tai henkilökohtaiset kontaktit, ei ratkaise syvempää ongelmaa. Ainoastaan rehellinen keskustelu, sovinto ja kyky päästä yhteisymmärrykseen voivat vapauttaa meidät. Tällöin emme enää kanna sisällämme pelkoa kohtaamisesta, vaan voimme todella elää vapaina, ei vain ulkoisesti, vaan myös sisäisesti.

Kun mietimme vapauden käsitettä, meidän on ymmärrettävä, että se ei ole vain muiden estämistä tai eristämistä. Vapaus on vapautta valita kohtaaminen, keskustelu ja sovinto. Se on kykyä antaa anteeksi, mutta myös kykyä asettaa rajat silloin, kun se on tarpeen. Todellinen vapaus ei ole pelkästään fyysistä etäisyyttä, vaan sitä, että voimme elää ilman pelkoa ja häpeää, täysin omana itsenämme, mutta myös osana yhteisöämme. Silloin vasta voimme sanoa olevamme todella vapaita.

Vapaus ei ole vain valinta, vaan se on prosessi. Prosessi, jossa jatkuvasti kamppailemme oman sisäisen maailmamme ja ulkoisten rajoitusten kanssa. Vapaus on taistelua pelkojen ja epävarmuuden kanssa, ja se on ennen kaikkea kykyä elää sovussa muiden kanssa. Vapaus ei ole etäisyyttä – se on kohtaamista. Ja vasta, kun kohtaamme itsemme ja toiset, voimme kokea todellista vapautta.

ASUMISEN KONTROLLOINTIA

Talonrakentajille asetetaan monenlaisia sääntöjä ja ohjeistuksia, kuten energialuokka- ja rakennusmääräyksiä, jotka määrittelevät tarkasti, millaisia materiaaleja ja rakenteita taloihin saa käyttää. Yksi esimerkki tästä on höyrynsulkumuovien käyttö talojen seiniin – materiaali, jota ei todellisuudessa pitäisi missään nimessä lisätä rakennuksiin. Tällaisten sääntöjen takana on usein hyväntahtoinen pyrkimys säästää energiaa ja suojella ympäristöä, mutta niiden vaikutukset voivat olla monimutkaisempia. Niiden noudattaminen kaventaa yksilöiden ja ammattilaisten vapautta tehdä valintoja omista asioistaan ja toimia omien arvioidensa mukaan.

Rakennusalalla erityisesti nämä määräykset voivat tuntua yhä kasvavalta hallinnolliselta taakalta, joka ohjaa päätöksentekoa yhä pienempiin yksityiskohtiin. Se, mikä alun perin oli tarkoitettu parantamaan asuinrakennusten laatua ja energiatehokkuutta, on monesti muuttunut päämäärättömäksi sääntöjen ja direktiivien viidakoksi, jossa toimiminen tuntuu enemmän sääntöjen orjalliselta noudattamiselta kuin ammattitaidolla tehdyltä päätöksenteolta. EU:n määräämät direktiivit ovat omiaan luomaan tämän kaltaista säänneltyä kenttää, joka ohjaa niin syvälle yksityiskohtiin, että rakennusalan ammattilaiset kokevat sen rajoittavan omaa asiantuntemustaan ja luovuuttaan.

Vaikka on melko selvää, että sääntelyllä pyritään varmistamaan turvallisuus ja ympäristönsuojelu, se voi myös tuntua ylikorostetulta ja vapautta rajoittavalta. Liiallinen sääntöjen ja määräysten kietoutuminen arkipäivän toimintaan estää henkilökohtaisen ja ammatillisen vapauden ja itsenäisyyden tunteen. Tällöin rakentamisesta ei enää tule vain tekninen prosessi, jossa hyödynnetään parhaita mahdollisia ratkaisuja, vaan monesti jatkuva kamppailu lainsäädännön ja byrokratian kanssa, joka voi tehdä työntekijöistä ja asiantuntijoista enemmän lainvalvojia kuin luovia ongelmanratkaisijoita.

Vapaus tässä kontekstissa tarkoittaa mahdollisuutta valita, käyttää omia tietojaan ja taitojaan ilman, että ulkoiset määräykset jatkuvasti rajoittavat toimintaa. Sen sijaan, että voisimme suunnitella ja rakentaa mahdollisimman tehokkaita ja kestäviä rakennuksia omien arvioidemme ja asiantuntemuksemme mukaan, joudumme jatkuvasti arvioimaan, miten voimme mahtua sääntöjen rajoihin. Tällöin vapautemme toimia ja valita heikentyy, ja tuloksena saattaa olla tilanteita, joissa ratkaisut eivät ole parhaita mahdollisia, vaan pelkästään sääntöjen mukaisia.

Perinteinen hirsitalo on edelleen paras paikka asua. Hirsiseinät hengittävät luonnollisesti, eivätkä ne tarvitse mitään höyrynsulkumuoveja. Jos tällaisia muoveja lisättäisiin, koko seinä olisi tuhoon tuomittu, koska hirsirakenne tarvitsee ilmaa ja kosteuden haihtumista säilyäkseen terveenä. Valitettavasti EU:n säädökset ovat menneet niin pitkälle, että perinteisten hirsiseinien käyttö on monin paikoin kielletty rakentamisessa. Tämä kehitys tuntuu ristiriitaiselta, sillä siinä, missä luonnonmukaiset ja perinteiset rakennusmenetelmät ovat kestäviä ja elinvoimaisia, nykyiset sääntöjen ja määräysten rajoitukset vievät meitä yhä kauemmas todellisesta kestävyydestä ja järkevästä rakentamisesta.

Tämän lisäksi on suunnitteilla, että suuri osa Suomesta jätettäisiin asumattomaksi, ja ihmiset pakotettaisiin keskittymäseuduille, suurkaupunkien kerrostalobokseihin, joissa ei ole tilaa elää vapaasti ja omannäköisesti elämää. Tällöin elämä rajoittuisi pääosin television ja digitaalisten laitteiden luomaan virtuaalimaailmaan, jossa fyysinen olemassaolo jäisi taka-alalle. Virtuaalimaailma olisi se alue, jossa ihmiset voisivat liikkua ja toimia näennäisesti vapaasti, mutta todellisuudessa he olisivat kotivankilassaan, vankina omassa elämänsä kehikossa.

Tämä visio on osa laajempaa kehitystä, johon digitalisaatio on osaltaan ajamassa. Viidentoista minuutin kaupungit, joissa kaikki tarvittava on saavutettavissa lyhyen matkan päästä, ovatkin enemmän kuin vain logistinen innovaatio – ne saattavat olla yhtä suuria vankiloita, joissa yksilön liikkumisvapaus on kahlittu rajoitetuksi. Ja asunnoksi kutsuttu boksi voi todellisuudessa muistuttaa vankiselliä, jossa ihmiset elävät jatkuvassa valvonnassa ja kuluttavat itseään virtuaalisten maailmojen ja passiivisen viihteen parissa.

Digitalisaation lisäämistä perustellaan usein mukautuvilla ja tehokkailla palveluilla, mutta käytännössä se usein tarkoittaa juuri päinvastaista: ihmisten kontrollointia ja rajoittamista. Missä tahansa digitalisaatiota halutaan edistää, se on väistämättä askel kohti tiukempaa valvontaa. Tämä kehitys tähtää siihen, että ihmiset siirtyvät pois maaseudulta ja haja-asutusalueilta, keskitetään heidät kaupunkeihin, joissa he voivat olla jatkuvan valvonnan alaisia, valvontakameroiden ja digitaalisten seurantatyökalujen silmien alla. Samalla halutaan, että he pysyvät sisällä asuntovankilabokseissaan, kuluttavat vähemmän energiaa ja elävät koko elämänsä lähes täydellisessä eristyksessä ulkomaailmasta – kuluttaen ja tuottamatta mitään itse.

Kaikki ne aidot ja terveelliset asiat, joita ihmisten tulisi harjoittaa – kuten liikkuminen luonnossa, elää harmoniassa luonnon kanssa, syödä metsän antimia ja lämmittää kotejaan puilla – ovat jatkuvan rajoittamisen kohteena. Tällaiset elintavat, jotka edistävät niin fyysistä terveyttä kuin mielenrauhaakin, pyritään yhä enemmän viemään ihmisiltä. Ne eivät ole vain elämisen perusedellytyksiä, vaan myös keinoja, jotka auttavat meitä yhteydessä itseemme ja ympäröivään maailmaan. Silti juuri nämä luonnolliset tavat halutaan estää ja sulkea pois ihmisten ulottuvilta. Se, mikä todella edistää hyvinvointia ja tasapainoa, halutaan korvata jollain vähemmän todellisella ja enemmän kontrolloidulla – jotta ihmiset jäävät riippuvaisiksi järjestelmistä ja kulutuksesta, jotka eivät tuo heille aitoa elämänlaatua.

Tällä valtaeliitillä on lääkebisnes valmiina tukemaan järjestelmää, joka perustuu ihmisten eristämiseen normaalista, terveellisestä elämäntavasta. Kun ihmiset joutuvat kauas luonnollisista ja tasapainoisista elinoloista, heidän fyysiset vaivansa ja mielen ongelmansa voidaan "ratkaista" näennäisesti lääkkeillä. Voimakkaat psyykenlääkkeet tarjoavat kätevän ratkaisun, jolla ihmiset pidetään riippuvaisina lääketeollisuudelle. Näiden lääkkeiden avulla yksilöitä pidetään kurissa ja passiivisina, jotta he eivät kyseenalaista vallitsevia olosuhteita.

Kun ihminen on hiljaa ja ei valita, häntä pidetään "terveenä", vaikka todellisuudessa hän on vain vaiennettu ja tukahdutettu. Jos joku kuitenkin erehtyy valittamaan tai kyseenalaistamaan elämänsä olosuhteet, lääkitystä lisätään – sillä pyritään pitämään ihmiset hiljaisina ja alistettuina. Tällöin heidät saadaan pysymään yhteiskunnan ulkopuolella, ilman todellista vapautta ilmaista itseään tai elää terveellistä, itsenäistä elämää. Näin ihmiset voivat jäädä vangeiksi ilman, että he edes tiedostavat sitä, sillä koko järjestelmä toimii salaa, omien terveysongelmiensa ja mielenrauhansa menettämisen kautta.

Eliitti on myös varautunut siihen, että ihmisten hallinta voidaan toteuttaa riippumatta vastaväitteistä, sillä suunnitelmissa on, että kaikki Maailman Talousfoorumin ja vastaavien tahojen julistamat "tieteelliset" lausunnot olisivat ehdottomia totuuksia. Erityisesti lääketeollisuuden kritisoiminen on nostettu erityiseen epäluulon valoon – sen kyseenalaistaminen voitaisiin määritellä niin vakavaksi rikokseksi, että siitä voitaisiin määrätä pitkiä vankeusrangaistuksia. Tämä ei ole pelkästään valvontaa, vaan myös täydellinen yritys tukahduttaa kaikki kriittinen ajattelu ja estää ihmisiä esittämästä kysymyksiä. Jos jokin järjestelmä pystyy kriminalisoimaan sen, että yksilöt kyseenalaistavat sen itseään hyödyttävät käytännöt, se tarkoittaa, että vapaus ja itsenäinen ajattelu ovat vaarassa. Kyseessä ei ole vain hallinnan ja kontrollin varmistaminen, vaan myös täysin ajattelevien, itsenäisten ja vapaiden yksilöiden mahdollisuuksien tukahduttaminen.

VAALIT JA VALHE

Vaalit eivät edusta nykypäivänä millään tavalla aitoa demokratiaa. Se, mikä alun perin oli kansanvaltaisen yhteiskunnan kulmakivi, on muuttunut vain teatteriksi, jossa näyttelijöiden roolit on valmiiksi kirjoitettu ja ohjaajat tietävät, mitä tapahtuu. Vaalit ovat enää pelkkä formaali prosessi, joka antaa kansalle illuusion siitä, että heidän äänellään olisi merkitystä, vaikka todellisuudessa suurimmat päätökset on jo tehtu kauan annen kuin äänestyspäivä koittaa. Eri puolueet ja ehdokkaat toimivat valmiiksi asetetun järjestelmän osina, ja kansan valinta on monesti vain näennäistä vapaata tahtoa, jonka takana ei ole todellista vaihtoehtoa.

Vaalit muistuttavat yhä enemmän huolellisesti lavastettua peliä, jossa tarjotaan vain rajattu määrä vaihtoehtoja – ja kaikki ne vaihtoehdot johtavat lopulta samaan lopputulokseen. Se on kuin annettaisiin ihmisille kolme ovea, joista yksi avaa tien ulos ja kaksi muuta johtavat kohti suurta, pimeää huonetta, jonne kaikki lopulta päätyvät. Sitten, juuri ennen äänestystä, poistetaan se ovi, josta pääsisi ulos – se ei ole enää käytettävissä. Vain ne kaksi ovea, jotka johtavat samaan huoneeseen, jätetään jäljelle. Näin vaaleissa ei ole enää kysymys valinnanvapaudesta, vaan siitä, että ihmiset valitsevat kahdesta vaihtoehdosta, jotka molemmat vievät heidät samaan suuntaan.

Tämä ei ole vain teoreettinen ajatusleikki, vaan kuvaus siitä, miten nykyisin vaalit toimivat monissa maissa. Usein puolueet ja ehdokkaat, vaikka he saattavat erota toisistaan ulkonäöltään, puheissaan ja jopa joissain politiikan kysymyksissä, edustavat pitkälti samaa poliittista ja taloudellista eliittiä, joka hallitsee ja ohjaa yhteiskuntaa. Heidän eronsa saattavat olla vain pinnallisia ja vähäisiä, mutta heidän valitsemansa polut vievät kuitenkin pitkälti samoihin päämääriin, jotka eivät palvele kansan etua vaan säilyttävät valta-asemat ja eturyhmien vaikutusvallan.

Nykypäivän vaalijärjestelmässä on kyse siitä, että kansalle annetaan valinnan illuusio, mutta todelliset päätökset on jo kauan ennen vaaleja sovittu taustalla. Vaaleista on tullut hallitsevien rakenteiden vahvistamisen väline, ei kansan tahdon ilmaisemisen paikka. Ehdokkaat voivat puhua suuria lupauksia ja tehdä kauniita vaalilupauksia, mutta ne eivät koskaan horjuta vakiintuneita valtarakenteita. Sen sijaan, että kansa olisi mukana vaikuttamassa yhteiskunnan suuntaan, vaalit ovat usein vain osa poliittista peliä, jossa kaikki osapuolet pitävät kiinni omista eduistaan.

Tämä tilanne on myös seurausta siitä, että vaalit järjestetään yhä useammin isojen taloudellisten ja poliittisten eturyhmien valvonnassa. Media, rahoittajat ja yritysmaailma, jotka hallitsevat suurinta osaa kansallisista ja kansainvälisistä resursseista, vaikuttavat siihen, mitkä ehdokkaat pääsevät esiin, mitä kysymyksiä käsitellään ja minkälaisia lupauksia pidetään realistisina. Siten ne, jotka eivät kuulu tähän eturyhmien piiriin, jäävät usein marginaaliin tai estetään kokonaan saamasta näkyvyyttä.

Kansan vaikutusvalta vaaleissa on siis olematon. Vaikka ihmiset voivat käydä äänestämässä ja uskoa tekevänsä tärkeän päätöksen, todellisuus on se, että heillä on vain rajattu määrä vaihtoehtoja, jotka eivät horjuta järjestelmää. Ehdokkaiden välillä saattaa olla pieniä eroja, mutta kun tarkastellaan suurempaa kuvaa, kaikki ne valinnat vievät kohti samanlaista yhteiskuntaa – yhteiskuntaa, jossa taloudellinen valta, korruptio ja suuryritysten etu säilyttävät dominanssinsa. Tämä ei ole demokratiaa. Tämä on valhe, joka naamioi itsensä demokratian muodoksi.

Tämä illuusio demokratian toimivuudesta on erityisen vaarallinen, koska se saa kansalaiset uskomaan, että he ovat mukana yhteiskunnallisessa päätöksenteossa, vaikka he todellisuudessa eivät ole. Ihmiset voivat olla tyytyväisiä, että heillä on mahdollisuus valita presidentti tai pääministeri, mutta tämä valinta ei vaikuta siihen, kuka todella hallitsee tai mitä politiikkaa viedään eteenpäin. Tämä illuusio antaa järjestelmälle legitimiteetin, joka perustuu valheelliseen uskoon kansanvallasta.

Aito demokratia ei ole sitä, että ihmiset valitsevat päättäjiä, jotka tekevät päätöksiä heidän puolestaan. Aito demokratia on sitä, että kansa voi itse vaikuttaa suoraan siihen, mitä yhteiskunnassa tapahtuu, ja että kaikki päätöksenteko on avointa ja läpinäkyvää. Nykyisellään vaalit ovat kuitenkin vain keino hallita ja ohjata kansan tahtoa, ei antaa sille todellista valtaa. Se, että äänestäjille annetaan rajattu valikoima vaihtoehtoja, ei ole vapautta – se on vankila, jossa vankien annetaan valita vankilan siipi, mutta heidät pidetään silti lukkojen takana.

Vaalit ovat siis nykyisin monessa paikassa suurten taloudellisten ja poliittisten eturyhmien valvontaa, jossa kansa on saanut roolin, mutta ei todellista valtaa. Tämä on demokratian varjo, joka pitää kansalaiset tyytyväisinä illuusiolla, mutta ei oikeasti tuo heille mahdollisuutta vaikuttaa omaan elämäänsä ja yhteiskunnan suuntaan.

Yleensä vaaleista pelataan pois kaikki sellaiset ehdokkaat, jotka jollain tavalla uhkaavat globalistieliitin agendaa tai kyseenalaistavat vallitsevan poliittisen järjestelmän. Tällöin vain ne ehdokkaat pääsevät esiin, jotka ovat valmiita toteuttamaan suuren rahan ja vallan tahdon, pitäen yllä nykyistä hallintaa ja sen etuja.

Tämä ei ole sattumaa – se on osa järjestelmän suunnittelua, jossa kansalle tarjotaan vain niitä vaihtoehtoja, jotka eivät vaaranna valtarakenteita.

On kuitenkin olemassa muita vaalikäytäntöjä, jotka voisivat tarjota kansalle aidompaa valinnanvapautta. Näitä käytäntöjä ei kuitenkaan haluta käyttää, koska niiden tulokset voivat olla aivan toisenlaisia kuin mitä on etukäteen suunniteltu. Esimerkiksi ajatus siitä, että äänestäjillä olisi mahdollisuus valita useampia vaihtoehtoja, voisi horjuttaa vallitsevia valtasuhteita. Tällöin ihmiset voisivat valita aluksi kaksi tai kolme ehdokasta, jotka heidän mielestään parhaiten edustavat heidän arvojaan ja intressejään. Samalla he voisivat valita myös yhden ehdokkaan, jota he eivät missään tapauksessa haluaisi nähdä jatkamassa kilpailussa. Tämä lähestymistapa voisi johtaa aivan erilaiseen tulokseen kuin nykyinen järjestelmä, jossa äänestäjien on valittava vain yksi vaihtoehto ja jossa monet potentiaaliset ja arvokkaat ehdokkaat jäävät syrjään.

Tällainen vaalikäytäntö avaisi todellisen keskustelun ja valinnanvapauden. Se ei olisi vain vaali, jossa ihmiset valitsevat sen, joka on pienin paha, vaan vaali, jossa kansalaiset voivat aidosti vaikuttaa siihen, millaisia vaihtoehtoja heille tarjotaan. Tällöin äänestäjillä olisi mahdollisuus valita enemmän kuin vain sen yhden ehdokkaan, joka on järjestelmän hyväksymä. He voisivat koota laajemman, aidon edustuksen, joka heijastaa moninaisempaa kansan tahtoa.

Mutta tämäntyyppinen järjestelmä olisi uhka sille, mitä nykyiset valtarakenteet haluavat ylläpitää. Se voisi paljastaa, että kansa ei ole täysin tyytyväinen vallitsevaan politiikkaan ja että on olemassa laaja joukko kansalaisia, jotka haluaisivat vaihtoehtoja, joita ei tarjota. Tämän vuoksi vaihtoehtoiset vaalikäytännöt, jotka voisivat johtaa toisenlaisiin tuloksiin, pysyvät marginaalissa ja syrjäytettyinä. Niitä ei haluta ottaa käyttöön, koska ne voisivat rikkoa tarkasti suunnitellun poliittisen pelin ja tuoda esiin ne rakenteet, joita ei haluta kyseenalaistaa.

Vaalit ovat nykyisin monella tapaa peliä, jossa kansanvalta on näennäistä ja jossa lopputulos on etukäteen määritelty. Tällöin vaihtoehtojen tarjoaminen ja moninaisuuden tukeminen jäävät pois pelistä, koska ne voivat johtaa hallitsevien voimasuhteiden horjumiseen. Tämä paljastaa demokratian varjopuolen – sen, että nykyiset vaalit eivät ole enää paikka, jossa kansa voi oikeasti valita omaa tulevaisuuttaan, vaan paikka, jossa vain tietyt, valtaapitävät vaihtoehdot saavat tilaa.

TULEVAISUUDEN KIRISTYKSIÄ VASTAAN VARAUTUMINEN

Vapaudesta puhuttaessa on mahdotonta ohittaa sitä synkkää ja kipeää tosiasiaa, että vapautemme rajoittaminen on jatkuva prosessi, joka tiukkenee päivä päivältä. Yhä enemmän valtaapitävät pyrkivät kaventamaan yksilön vapauksia ja rajoittamaan omia elämänvalintoja. Tämä ei ole vain kaukainen uhka, vaan se on jo arkipäivää monilla elämänalueilla. Siksi on tärkeää tarkastella tulevaisuuden skenaarioita ja kysyä, miten voimme valmistautua ja vastustaa tätä kehitystä. Miten voimme välttää sen, että päädymme elämään tiukan kontrollin ja vapaudenriiston alaisina, tai ainakin selvitä siitä mahdollisimman vähällä? Tämä kysymys on elintärkeä, sillä se koskettaa jokaista meistä ja määrää, millaisessa yhteiskunnassa elämme tulevaisuudessa.

Tärkein huomionarvoinen asia tulevaisuuden valvontakulttuurissa on digitaalinen henkilöllisyys ja kaikki, mitä siihen voidaan integroida. Digitaalisen ID:n myötä yhdistetään henkilökohtaiset tiedot ennennäkemättömällä tavalla: terveystiedot, rokotushistoria ja -status, pankkitilit, ostoskäyttäytyminen, verotus, luottotiedot, liikkumisen seuranta, ihmisten väliset kontaktit, sosiaalisen median käyttö ja käyttäytymismallit, viranomaisrekisterit ja niin edelleen. Kun nämä kaikki tiedot on kytketty yhteen, ollaan todella tiukassa valvonnassa, jossa yksityisyyden raja on lähes olematon.

Globalistieliitti, joka ajaa tätä kehitystä, tavoittelee täydellistä seurantaa, hallintaa ja kontrollia jokaisella elämän osa-alueella. He haluavat valvoa meitä kaikessa – siitä, mitä syömme ja missä liikumme, siihen, kuinka käyttäydymme verkossa ja kenen kanssa olemme yhteydessä. Jos esimerkiksi käytämme sosiaalista mediaa tavalla, joka poikkeaa virallisesta linjasta, luemme tai jaamme artikkeleita, jotka haastavat vallitsevan narratiivin, tai jos rokotustietomme eivät ole ajan tasalla, meitä voidaan rangaista. Vielä vakavampaa on, että jos meillä on kontakteja henkilöihin, joita pidetään epäilyttävinä, tai jos olemme laiminlyöneet taloudellisia velvoitteitamme – esimerkiksi ostaneet liikaa liha- ja maitotuotteita – meitä voidaan rangaista entistäkin ankarammin. Tämä ei ole enää vain valvontaa; se on kaikkien elämäntapojemme ja valintojemme kontrollointia. Meidän tilimme voidaan jäädyttää, rahamme voidaan estää liikkumasta, ja elämästämme voi tulla jatkuvaa valvontaa ja rajoittamista ilman, että meillä on mahdollisuutta paeta tai kyseenalaistaa tätä järjestelmää.

Valtamedia on saanut tehtäväkseen levittää globalistieliitin agendaa tukevaa propagandaa, ja tämä näkyy selvästi monissa julkaistuissa artikkeleissa. Esimerkiksi eräs tällainen propaganda-artikkeli väitti, että oma kotiviljely, kuten kasvimaan pitäminen, olisi jopa kuusi kertaa haitallisempaa ilmastolle kuin suurten teollistettujen tilojen viljely, joita globalistieliitin suuret sijoittajat omistavat. Tämä on täydellinen esimerkki siitä, kuinka totuus käännetään päälaelleen ja esitetään väärin, jotta edistetään valmiiksi suunniteltuja taloudellisia ja poliittisia päämääriä.

Tällaiset väitteet eivät ole sattumaa, vaan osa laajempaa suunnitelmaa, jossa suuri pääoma ja valta keskittyvät entistä vähemmille toimijoille. Esimerkiksi osakkeiden kautta BlackRock, Maailman talousfoorumi (WEF) ja muut vastaavat globaalit suursijoittajat toimivat omaksi edukseen, keräten varoja ja valtaa samalla, kun he tyhjentävät tavallisten ihmisten kukkaroita. Tavoitteena on luoda järjestelmä, jossa suuri osa ihmisistä jää taloudellisesti riippuvaiseksi suurista omistajista ja heidän hallitsemistaan tiloista. Ihmiset köyhdytetään ja tehdään alisteisiksi niin, että he eivät lopulta enää pysty elämään omavaraisesti, vaan joutuvat turvautumaan näiden suuromistajien tarjoamiin tuotteisiin ja palveluihin. Tämä ei ole pelkästään taloudellista vallan keskittämistä, vaan myös yhteiskunnan ja ihmisten itsenäisyyden heikentämistä.

Meidän on löydettävä vaihtoehtoisia tapoja käydä kauppaa ja elää vapaasti, jos haluamme välttää globalistieliitin vaatimien orjuuttavien käytäntöjen, kuten rokotteiden ja muiden pakotteiden, hallitseman yhteiskunnan. Jos emme sopeudu heidän asettamiinsa sääntöihin, meidät rajataan nopeasti heidän kontrolloimansa yhteiskunnan ulkopuolelle. Tämä on osa suurempaa suunnitelmaa, jossa meidät joko alistetaan tai eristetään.

Todellinen uhka tulee kuitenkin näistä organisaatioista kuten Maailman Talousfoorumi (WEF) ja Maailman Terveysjärjestö (WHO), jotka ovat keskiössä pandemiasopimuksissa ja "tauti X:ssä". Tämä niin sanottu tauti X on jo suunniteltu, vaikka sen tarkkaa nimeä ei ole vielä paljastettu. On kuitenkin jo aloitettu suunnittelut sen varalle, että rokotteet olisivat valmiina ennen kuin itse taudin nimi edes ilmoitetaan. Tämä kaikki näyttää olevan osa laajempaa suunnitelmaa, jossa tällaisia "tulevaisuuden tauteja" käytetään verhoamaan koronarokotteiden mahdollisia haittavaikutuksia.

Todellisuudessa nämä tulevaisuuden taudit saattavat olla enemmänkin koronarokotteiden sivuvaikutuksia – verenvuotokuumeen ja muiden vakavien oireiden muodossa. Kun oireet ilmenevät, ne voidaan helposti liittää tähän "tauti X:ään", vaikka ne oikeasti juontavat juurensa aiemmista rokotteista. Ja kuten näemme, seuraava askel on tarjoilla entistä vaarallisempaa hoitoa – rokotetta, joka voi olla jopa risiinipohjainen ja jonka arvioidaan aiheuttavan kuolemia kymmenkertaisesti verrattuna koronarokotteisiin. Tämä kaikki ei ole enää sattumaa, vaan osa järjestelmällistä manipulointia, jossa ihmisten terveys ja elämä asetetaan kaupallisten ja poliittisten intressien alttarille.

On äärimmäisen tärkeää alkaa jo nyt suunnitella ja varautua siihen, miten voimme elää mahdollisimman vapaasti tulevaisuudessa, kun digitaalinen identiteetti, seurantatekniikat ja henkilökohtaiset terveystiedot tulevat yhä enemmän vaatimuksiksi. Meiltä tullaan vaatimaan yhä tarkempaa tietoa rokotushistoriastamme, terveystiedoistamme ja monista muista henkilökohtaisista tiedoistamme, ja tämä voi johtaa siihen, että yksityisyytemme rippeet häipyvät lähes olemattomiin.

Samalla on syytä olla valppaana, sillä myös valepoliisien tai muiden viranomaisena esiintyvien henkilöiden määrä saattaa kasvaa tulevaisuudessa. Suomessa on jo nähty ulkomaisia toimijoita, kuten Naton edustajia ja EU:n tarkastajia, joilla on lähes rajoittamaton lupa liikkua missä tahansa. Näiden henkilöiden toiminnan ja valtuuksien tarkistaminen onkin vähintään järkevää, ja se voi olla ratkaisevaa väärinkäytöksiltä suojautumisessa. Mikäli alueellemme ilmestyy tällaisia virantoimittajia, meidän on selvitettävä heidän henkilöllisyytensä ja tehtävänsä, ja tarvittaessa kysyttävä heiltä virkamerkkejä ja työlupia. On oikeutettua ja tarpeellista pyytää nähdä heidän viralliset asiakirjansa varmistaaksemme, että he todella edustavat sitä tahoa, jonka he itsensä väittävät olevan.

Ennen kuin luovutamme henkilökohtaisia tietojamme kenellekään, meidän on varmistuttava sataprosenttisesti siitä, keille tiedot annamme, miksi niitä tarvitaan ja minne ne menevät. On tärkeää, että tiedämme, kuinka meidän tietojamme käsitellään ja että ne pysyvät turvassa myös silloin, kun ne ovat muiden käsissä. Ainoastaan näin voimme varmistaa, ettemme joudu osaksi suurempaa valvontakulttuuria, jossa yksityisyys on vain muisto menneisyydestä.

MULTITASKAAMINEN

Kevättalvella, kun kelit olivat erinomaiset ja järven jää tarjosi vapaan kulkualustan, huomasin selvästi eron tavallisella kadulla kulkemiseen verrattuna. Järven jäällä sain vaeltaa vapaasti minne tahansa ilman rajoitteita, ja tämä avasi silmäni omalle tekemiselleni aivan uudella tavalla. Siellä, luonnon keskellä, oli helppo nauttia rauhasta ja hiljaisuudesta. En kiirehtinyt, vaan kuljin omaan tahtiini, ja huomasin kuinka se vei mukanaan monia taakoista, joita en edes ollut tiedostanut kantavani. Aikaisemmin olin tuntenut tarpeen ehtiä tiettyihin paikkoihin tietyssä ajassa, ja tämä pakko oli muodostunut lähes rutiiniksi, mutta samalla myös rasitteeksi. Tuo hetki sai minut oivaltamaan, että elämään ei tarvitse lisätä tarpeettomia asioita. Tällainen ylikuormittaminen johtaa helposti multitaskaamiseen, joka taas kuluttaa voimia ja häiritsee keskittymistä. Ymmärsin, että vähemmän on usein enemmän – ja tämä ajatus jäi kytemään mielen syövereihin pitkään kävelyretken vielä jälkeen.

Nykyään monet ihmiset etsivät jatkuvasti dopamiinihuippuja, eli niitä nopeita mielihyvän tunteita, joita saamme pienistä, usein pinnallisista asioista. Tämän vuoksi he eivät enää osaa nauttia syvästi mistään, sillä jatkuva monen eri ärsykkeen vastaanottaminen estää heitä keskittymästä ja uppoutumasta mihinkään kunnolla. On äärimmäisen tärkeää oppia elämään hetkessä ja nauttimaan yhdestä asiasta kerrallaan. Vain silloin voimme todella elää täysillä, ilman, että päivämme menevät turhaan kiireen ja liiallisen tekemisen tuomassa sekasorrossa.

Äänikirjat ovat monelle suosittu valinta lenkkeilessä, ja ne voivat olla hauskaa ja viihdyttävää kuunneltavaa. Kuitenkin jos äänikirjan kuuntelusta tulee pakkomielteistä, saattaa se kääntyä itse lenkin ja sen tuoman rauhan tarkoitusta vastaan. Lenkin perimmäinen tarkoitus ei ole vain päästä läpi jostain kuunneltavasta sisällöstä, vaan se on ennen kaikkea hetki luonnossa, jossa voi hiljentyä, kuunnella luonnon ääniä ja antaa omien ajatusten virrata vapaasti. Tämä on myös mahdollisuus tuulettaa tunteita, tyhjentää mieltä ja päästä irti stressistä.

Kun annamme itsellemme luvan kävellä luonnossa ilman häiriöitä, kuunnellen vain ympäristön ääniä ja omia tuntemuksiamme, opimme sallimaan ajatusten tulla ja mennä vapaasti. Juuri tämä on tie henkiseen vapautumiseen ja luovuuden virtaamiseen. Se hetki, jolloin opimme arvostamaan yksinkertaisia, rauhallisia kokemuksia, voi avata meille syvällisempiä yhteyksiä itseemme ja ympäröivään maailmaan.

On erityisen tärkeää harjoitella kykyä olla suorittamatta mitään. Itse asiassa jopa ajattelun hallitseminen, ajatusten pitämiseksi kurissa, voi olla eräänlaista suorittamista. Tällöin tarkoitus ei ole taistella mielen virtaa vastaan, vaan oppia hyväksymään ajatukset sellaisina kuin ne tulevat, ilman että takerrumme niihin. Rauhoittuminen tarkoittaa sitä, että annamme ajatusten virrata vapaasti, ilman pakkoa tai kiirettä, ja opimme elämään hetkessä ilman jatkuvaa sisäistä paineen tunnetta.

Usein rajoitamme itse omaa vapauttamme, sillä teemme itsestämme orjia omien tavoitteidemme ja odotustemme vangeiksi. Me täytämme päivän ohjelman ylenpalttisesti ja unohdamme, että todellinen vapaus löytyy yksinkertaisuudesta ja keskittymisestä. On siis korkea aika alkaa karsia turhia asioita elämästämme.

Arjen kiireessä moni meistä ajautuu tilanteeseen, jossa yhtä aikaa on meneillään liian monta asiaa: video pyörii taustalla, äänikirja soi, tiedostoja ladataan ja samaan aikaan yritämme tehdä muuta. Sosiaalinen media vie huomiota, kun täytyy kirjoittaa postauksia, seurata reaktioita ja vastata viesteihin heti. Tähän päälle saatamme vielä laittaa ruokaa, opiskella jotain uutta tai hoitaa työasioita.

Jos nämä asiat tuottavat meille aitoa iloa ja tyydytystä, ei niissä itsessään ole mitään vikaa. Mutta jos niistä syntyy jatkuva rasitus ja stressi, on aika alkaa karsia niitä pois. Tärkeää ei ole luopua kaikesta, vaan järjestää asiat niin, että ne eivät enää kuormita meitä liikaa. Todellinen nautinto syntyy siitä, että osaa keskittyä yhteen asiaan kerrallaan. Kun pystymme nauttimaan hetkestä ja antamaan täyden huomiomme sille, mitä teemme, elämä tuntuu rikkaammalta ja vapaammalta.

Ne asiat, joista oikeasti nautimme, tuovat meille vapauden tunteen ja auttavat meitä elämään täysillä. Kuitenkin on myös niitä asioita, jotka kulkevat mukanamme koko päivän ajan ilman, että edes huomaamme, kuinka ne kuormittavat meitä. Nämä kuormittavat tekijät on tärkeää tunnistaa ja karsia pois, niin pitkälle kuin mahdollista. Tietenkään kaikkia välttämättömiä asioita ei voida kokonaan poistaa elämästämme, vaikka ne tuntuisivatkin kiviriipoilta. Sen sijaan meidän tulisi pyrkiä keventämään niitä, etsimään keinoja hallita niitä paremmin ja vähentää niiden painoarvoa elämässämme. Kun teemme näin, tilaa jää enemmän niille asioille, jotka todella tuottavat meille iloa ja vapautta.

Kun mukavuuden tavoittelu menee äärimmilleen ja pyrimme jatkuvasti lisäämään elämäämme uusia mukavuuksia, joiden avulla yritämme nostaa dopamiinitasojamme, olemme kadottaneet mukavuuden todellisen merkityksen. Mukavuus ei ole enää sitä, että elämme hetkessä ja nautimme yksinkertaisista asioista, vaan siitä on tullut loputon pyrkimys täyttää elämämme erilaisilla ärsykkeillä ja hetkellisellä mielihyvällä.

Esimerkiksi, jos elokuvan katsominen vaatii koko ajan karkkeja ja sipsiä viihdykkeeksi, kannattaa todella miettiä, onko elokuvassa itsessään mitään sellaista, joka ansaitsee huomiotamme. Voisiko olla, että itse elokuvasta ei löydy tarpeeksi syvyyttä, jotta voisimme nauttia siitä ilman lisä-ärsykkeitä? Saatamme todellisuudessa kokea enemmän nautintoa, jos suljemme television, annamme herkkujen makujen täyttää meidät ja keskitymme täysin niihin, ilman että ympärillä on mitään muuta hälinää. Näin voimme palata mukavuuteen, joka ei perustu pakonomaisiin ärsykkeisiin, vaan syvempään ja aidompaan elämästä nauttimiseen.

Me huomaamattamme multitaskaamme monia kertoja päivässä, usein aivan tavallisissa arkirutiineissa. Puhelimen selaaminen ruokapöydässä, äänikirjojen kuuntelu samalla kun kokkaamme, ja televisioon vilkuileminen samalla, kun hoidamme muita tehtäviä, ovat meille niin tavanomaisia, että emme edes huomaa niiden vaikutusta keskittymiskykyymme. Tällainen jatkuva monen asian hoitaminen samanaikaisesti voi helposti viedä huomiomme pois siitä, mitä oikeasti teemme, ja estää meitä nauttimasta hetkestä.

Esimerkiksi ruoanlaittoon voisi keskittyä kokonaan, sillä se ei ole pelkkä velvollisuus, vaan mahdollisuus nauttia ja olla läsnä. Kun hidastamme tahtia ja otamme aikaa täysillä keskittyäksemme siihen, mitä teemme, aivomme saavat kaivattua lepoa ja palautumisaikaa jatkuvasta suorittamisesta. Jos ruoanlaitto on vain arkinen rutiini, jonka suoritamme nopeasti sen vuoksi, että täytämme vain perustarpeet, voimme opetella antamaan sille enemmän aikaa. On tärkeää muistaa, että edes muutaman minuutin rauhallinen hetki voi antaa mielen levon, joka tuo tasapainoa kiireiseen päivään.

On myös totta, että on niitä, jotka kokevat ruoanlaiton taiteena, luovuuden ilmaisemisen ja nautinnon lähteenä. Heille keittiössä vietetty aika on enemmänkin harras rituaali kuin pakollinen askare. Mutta joskus nämä intohimoiset kokit saattavat kadottaa tasapainon muissa elämänalueissa, kun kaikki energia suuntautuu vain yhteen tehtävään. Tällöin voi olla hyvä miettiä, kuinka löytää tasapaino, jossa voidaan nauttia ruoanlaitosta ilman, että muut tärkeät asiat jäävät huomiotta. Kultaisen keskitien löytäminen on avain tasapainoiseen elämään, jossa kaikki osa-alueet saavat ansaitsemansa huomion.

Kun tunnistamme, mitkä asiat tuottavat meille mukavuutta ja sujuvuutta, meidän kannattaa jatkaa niiden parissa ja pyrkiä vähentämään ylimääräisiä taakkoja elämästämme. On tärkeää keskittyä niihin asioihin, jotka tuottavat hyvää mieltä, ja tehdä niistä entistäkin miellyttävämpiä ja helpompia toteuttaa.

Vaikka elämässä tulee aina olemaan myös ikäviä ja haastavia hetkiä, nekin voidaan käsitellä paljon helpommin, jos niihin suhtautuu kevyesti ja huumorilla. Tämä ei tarkoita, että huumori vähentäisi ongelmien vakavuutta, vaan että se auttaa meitä käsittelemään vaikeita asioita vähemmän raskain mielin. Huumori voi avata meille uuden näkökulman, joka tekee ikävistä tehtävistä vähemmän ahdistavia ja jopa siedettäviä.

Jos jokin asia tuntuu niin vastenmieliseltä, että sen käsitteleminen tuntuu lähes mahdottomalta, on vaikea päästä asian ytimeen. Tällöin helposti vältämme sen hoitamista, ja ongelma jää roikkumaan. Kuitenkin, kun suhtaudumme siihen vähemmän vakavasti, niin saamme sen käsiteltyä tehokkaammin ja vähemmällä vastustuksella. Kaikessa on kyse asenteesta: mitä ikävämpi tehtävä, sitä enemmän meidän kannattaa panostaa siihen, että teemme sen mahdollisimman helpoksi ja miellyttäväksi hoitaa. Näin voimme elää kevyemmin ja suorittaa tarvittavat asiat ilman, että ne rasittavat meitä liikaa.

ESIMERKKINÄ FLÄTTÄREIDEN TAPA RAJOITTAA NÄKEMYKSIÄÄN

Kun tarkastelee flättäreiden eli maapallon litteyttä uskovien ajattelutapaa, on tärkeää pohtia, miksi tällainen ajattelumalli saa hedelmää ja vie ihmisiä kohti uskomuksia, jotka ovat ristiriidassa vakiintuneen tieteen ja maailmanhistorian kanssa. Flättäreiden puolustamat teoriat, vaikka ne monesti näyttäytyvät epäloogisilta ja tieteellisesti virheellisiltä, ovat silti heidän vapautensa ilmentymiä. Vapaus on vahvasti keskiössä, mutta kysymys kuuluu: minkälaista vapautta he todella tavoittelevat? Onko se todellista vapautta, vai itse luotua vankilaa, jossa totuus käännetään päälaelleen?

Monet flättäreiden käyttämistä "todisteista", kuten kalansilmälinssin aiheuttamista vääristymistä ja manipuloiduista meemeistä, paljastavat enemmänkin uskomusjärjestelmän itsepintaisuudesta kuin oikeasta tieteellisestä pohdinnasta. Näissä väitteissä on usein poissuljettu olennaisia yksityiskohtia, jotka kumoavat teorian, mutta sen sijaan ne muokkaavat todellisuutta niin, että se tukee omaa näkemystä. Tämä on ilmiö, joka herättää filosofisia ja eettisiä kysymyksiä: miksi joku on valmis hylkäämään objektiivisen tiedon ja valitsemaan vaihtoehtoiset totuudet, vaikka ne rikkovat perusperiaatteita, kuten loogisuutta ja konsistenssia?

Tässä yhteydessä nousee esiin myös se, kuinka vapaus ja totuus voivat olla ristiriidassa. Flättäreiden tapa kiistää maapallon pyöreys ei ole vain tieteen väärinkäsitystä, vaan myös vapauden väärinkäyttöä. Heidän valitsemansa “totuus” on itse asiassa kahle, joka estää heitä ymmärtämästä maailmaa sellaisena kuin se on, ja se estää heitä saavuttamasta täydempää ymmärrystä ja kasvua. Vapaus ei ole vain mahdollisuus valita, vaan myös kyky kohdata maailma rehellisesti ja objektiivisesti. Filosofisesti katsottuna se, että valitsemme kieltää tieteen ja totuuden vain oman mukavuuden tai itsepäisyyden vuoksi, saattaa olla merkki syvällisestä eettisestä ristiriidasta – haluamme vapauden, mutta emme ole valmiita kohtaamaan sen seurauksia.

Flättäreiden pakonomainen tarve kyseenalaistaa NASA:n ottamat kuvat ja kuulentojen todistusaineistot on ilmiö, joka juontaa juurensa moniin tekijöihin, joista yksi keskeinen on halu ylläpitää vaihtoehtoista totuutta, joka tarjoaa yksinkertaisia vastauksia monimutkaisiin kysymyksiin. Tämä ristiriita totuuden ja omien uskomusten välillä voi olla sekä filosofisesti että eettisesti mielenkiintoinen, sillä se herättää kysymyksen siitä, miksi niin moni on valmis sulkemaan silmänsä tieteelliseltä konsensukselta ja pitämään kiinni mielikuvista, jotka vahvistavat omaa maailmankuvaa.

Kuun pinnalla heiluvan USA:n lipun "todisteeksi" käytetty video on esimerkki siitä, kuinka väärinkäsitykset ja valikoiva tiedon käsittely voivat johtaa harhaanjohtaviin johtopäätöksiin. Jos tarkastellaan fysikaalisia olosuhteita Kuun pinnalla, jossa ei ole ilmakehää, eikä tuulen aiheuttamaa kitkaa, on täysin loogista, että lippu voi heilua hetken aikaa, vaikka ei olisi tuulta. Tällaisia yksinkertaisia selityksiä kuitenkin sivuutetaan flättäreiden keskuudessa, koska ne eivät sovi heidän valitsemaansa narratiiviin. Sen sijaan, kun käytetään elokuvista tai studioista peräisin olevia kuvia ja videoita, flättäreiden keskuudessa syntyy käsitys, että kaikki kuulentokuvat ovat lavastettuja ja feikkejä, vaikka todellisuus on huomattavasti monimutkaisempaa.

Tässä tulee esiin syvempi kysymys siitä, miksi ihmiset haluavat omaksua yksinkertaistettuja ja virheellisiä totuuksia, vaikka tosiasiat ovat selvästi saatavilla. Eettisesti tarkasteltuna tämä tapa kieltää tieteellinen konsensus ja asettaa vaihtoehtoiset "todisteet" keskiöön voi vaikuttaa kohtuuttomalta ja jopa vahingolliselta. Tiede ja totuus eivät aina ole helpoimmassa muodossa omaksuttavissa, mutta ne tarjoavat rehellisen ja johdonmukaisen tavan ymmärtää maailmaa. Jos valitsemme sulkea silmämme tieteeltä ja tosiasioilta vain siksi, että ne eivät tue omaa maailmankuvaamme, voimme ajautua yhä kauemmas rehellisestä pohdinnasta ja yhteisestä ymmärryksestä. On tärkeää kysyä itseltään: miksi haluamme epäillä totuutta, ja onko se todella se tie, joka vie meitä kohti parempaa ja vapautuneempaa maailmaa?

Kun NASA joskus myönsi, että se oli korvannut kuun pinnalta otetun kuvan keksillä, se herätti huomiota ja sai aikaan valtavan kohun. Tämä tapaus leimattiin nopeasti koko organisaation ja sen tutkimusten epäluotettavuudeksi, ja tuli osaksi laajempaa salaliittoteoriaa, jossa kaikki Nasan toiminta ja sen tuottamat tiedot nähdään valheina. Tämä ajattelutapa on ominaista sille, että keskitytään yksittäisiin epäonnistumisiin tai virheisiin ja tehdään niistä yleistys, joka koskee kaikkea, mitä kyseinen organisaatio tekee. Tällainen yleistys on kuitenkin pohjimmiltaan virheellinen ja irrationaalinen.

Kun käsittelemme tietoa, meidän tulisi aina arvioida se kokonaisuutena, eikä vain poimia yksittäisiä tapauksia, joiden perusteella muodostamme johtopäätöksiä. Tällainen ajattelutapa, jossa kaikki Nasan kuvat, videot ja artikkelit leimataan automaattisesti valheiksi, on äärimmäisen yksinkertaistettua ja hyvin epäeettistä. Se ei perustu objektiiviseen tiedon arviointiin, vaan se lähtee liikkeelle virheellisiin oletuksiin ja vääriin johtopäätöksiin pohjautuvasta päättelystä. Filosofisesti tarkasteltuna tämä on pohjimmiltaan järjetöntä, sillä se hylkää kaikki tieteelliset ja rationaaliset perusteet tiedonhankinnassa ja päätöksenteossa.

Tietoteoreettisesti voimme nähdä tämän niin, että päätelmä, joka perustuu yhden virheen yleistämiseen, on arvotonta. Jos lähdemme siitä, että yhden virheen takia koko instituution työ on valheellista, menetämme kyvyn arvioida todellista tietoa ja sen arvoa. Tällaisten päätelmien tekeminen ilman syvällistä pohdintaa ja tutkimusta voi johtaa siihen, että suljemme itsemme pois laajemmasta ymmärryksestä ja todellisesta totuudesta. Lakitermein sanoen, tällaiset väitteet voidaan leimata hölynpölyksi – ne eivät ole järkiperäisiä eikä niillä ole todellista pohjaa.

Nämä pakkomielteet, jotka liittyvät salaliittoteorioihin ja vääriin uskomuksiin, kertovat paljon ihmisen psykologisista mekanismeista. Ne heijastavat syvää halua uskoa johonkin, joka tuntuu omalle maailmankuvallesi oikealta, vaikka todisteet olisivat vastakkaisia. Tällöin ei enää haluta käsitellä todisteita, jotka horjuttaisivat omaa uskomusjärjestelmää, ja ne leimataan automaattisesti valheiksi tai manipulaatioiksi. Tämä on erityisesti kognitiivisen dissonanssin ilmentymä: sisäinen ristiriita, joka syntyy, kun olemassa olevat uskomukset ovat ristiriidassa uuden tiedon kanssa.

Sen sijaan, että kohtaamme tämän ristiriidan ja tarkastelemme sitä avoimesti, on helpompaa jättäytyä omiin kuvitelmiimme ja rakentaa ympärillemme kupla, jossa kaikki tukee omaa näkemystämme. Tämä kognitiivinen puolustusmekanismi auttaa meitä välttämään epämukavuuden tunteen, joka syntyy, kun joudumme kohtaamaan epäloogisia tai ristiriitaisia ajatuksia.

Tällainen ajattelutapa voi tuntua turvalliselta, mutta se on filosofisesti ja eettisesti ongelmallista, koska se estää meitä avaamasta itseämme uudelle tiedolle ja laajentamasta ymmärrystämme maailmasta. On inhimillistä haluta uskoa siihen, mikä tuntuu oikealta, mutta on myös tärkeää olla valmis tarkastelemaan omia uskomuksiaan ja tarvittaessa muuttamaan niitä, jos uudet, luotettavat todisteet osoittavat ne vääriksi. Ainoastaan tällä tavalla voimme päästä lähemmäksi totuutta ja kehittää rationaalista ajattelua.

Jos tarkastellaan tätä vapauden näkökulmasta, voi kysyä: onko ihminen, joka uskoo jotakin olevan tietyllä tavalla, todella vapaa? Tällainen ihminen voi olla vapaa omassa mielessään, sillä hän on valinnut uskoa tiettyyn todellisuuteen, joka tuntuu hänelle oikealta. Kuitenkin, jos hänen sisimmässään piilee epäilyksiä siitä, että asiat voisivat olla jotain muuta kuin hänen omaksumansa todellisuus, tuo sisäinen ristiriita luo jatkuvaa painetta ja jännitystä. Tämä jatkuva taistelu vastakkaisten ajatusten välillä rajoittaa hänen vapauttaan.

Vapaus ei ole pelkästään ulkoisten esteiden puutetta, vaan se on myös mielen tilaa, jossa ei ole tarvetta puolustella omaa uskomusjärjestelmää tai vältellä epämiellyttäviä totuuksia. Kun ihminen elää ristiriidassa itsensä kanssa ja kamppailee jatkuvasti kognitiivisen dissonanssin kanssa, hän ei enää ole vapaa. Hän on alistunut omalle pelolleen ja epävarmuudelleen, ja tämä epävarmuus kahlitsee hänen ajatuksiaan ja tunteitaan. Vapaus löytyy vain silloin, kun uskallamme kohdata ristiriidat avoimesti, ilman pelkoa siitä, että meidän täytyy puolustaa epäilyttäviä tai vääriksi osoittautuneita käsityksiämme. Tällöin voimme elää rauhallisesti, ilman jatkuvaa kireyttä ja vastarintaa itseämme kohtaan.

VIRKATEHTÄVÄN TUOMA TURVAN TUNNE

Yksi usein huomiotta jäävä seikka on se, että sosiaalityöntekijöiden, lastensuojelutyöntekijöiden ja hoitoalan ammattilaisten pariin hakeutuu ihmisiä, joiden oma lapsuus on voinut olla vaikea. Esimerkiksi alkoholistiperheessä kasvaminen tai liian varhain vastuun ottaminen perheestä voi jättää syviä jälkiä, jotka ohjaavat ammatinvalintaa. Nämä ihmiset saattavat hakeutua aloille, joissa he voivat tuntea olevansa turvassa ja hallitsevansa elämänsä. Työskentelemällä hoivan ja suojelun parissa he voivat ikään kuin rakentaa suojamuurin omien ratkaisemattomien kokemustensa ympärille. Tämä ei ole väärin, mutta se tuo mukanaan tarpeen reflektoida omaa taustaansa, jotta työ ei ala heijastaa käsittelemättömiä traumoja.

Toisaalta myös poliisin ammatti vetää puoleensa ihmisiä, joilla voi olla vahva kontrollin ja vallan tarve. Tämä ei tarkoita, että kaikki poliisit toimisivat itsekkäistä tai epäterveistä motiiveista, mutta ammatti tarjoaa alustan, joka voi houkutella myös henkilöitä, joiden tavoitteet eivät aina ole yhteisön edun mukaisia. Tämä ilmiö nostaa esiin kysymyksen ammattien eettisistä ja psykologisista lähtökohdista: miten varmistetaan, että näissä tärkeissä tehtävissä toimivat henkilöt voivat käyttää valtaansa ja vaikutusvaltaansa rakentavasti? Näiden ammattien eettiset vaatimukset korostavat vastuun merkitystä: hoivan, suojelun ja vallan tulee aina palvella yhteisön parasta ja jokaisen yksilön oikeuksia.

Mitä korkeammalle uralla edetään, sitä vähemmän syntyy tilanteita, joissa muiden mielipiteet, toimet tai valta-asemat voisivat uhata yksilön asemaa. Tämä dynamiikka voi houkutella etenkin niitä, joilla on käsittelemättömiä lapsuuden traumoja, ja jotka pyrkivät rakentamaan itselleen turvallisuuden tunnetta ulkoisten saavutusten kautta. Selustan turvaaminen konkretisoituu uran huipulla: asemassa, jossa on vähemmän haavoittuvuuksia ja jossa yksilö kokee hallitsevansa tilannetta.

Kun valtaa saavutetaan, sen käyttäminen voi muuttua helposti kontrollin välineeksi. Niille, joilla on syvä tarve suojella itseään hylätyksi tulemisen tai voimattomuuden kokemuksilta, määräysvallan saaminen voi toimia keinona siirtää haavoittuvuus muiden kannettavaksi. Hallitsemalla muita he voivat alitajuisesti pyrkiä välttämään tilanteita, joissa he itse kokisivat olevansa hallinnan kohteena. Tämä nostaa esiin eettisen kysymyksen: missä määrin henkilökohtaiset motiivit voivat vaikuttaa vallankäyttöön, ja miten varmistetaan, että valtaa käytetään vastuullisesti ja oikeudenmukaisesti? Valta-asemaan liittyvä vastuu vaatii paitsi kykyä johtaa, myös rehellistä itsereflektiota ja oman vallankäytön vaikutusten ymmärtämistä.

Kun saavutetaan asteikon yläpäät, kuten korkeat virka-asemat, taustalla vaikuttavat käsittelemättömät traumaperäiset ongelmat voivat ilmetä uusilla tavoilla. Usein näitä asemia motivoi ennemmin alitajuinen tarve ylläpitää itsesuojelua kuin aidosti rakentava tai yhteisöllinen päämäärä. Tämä jatkuva selustan turvaaminen voi heijastua vaikeutena luoda aitoja, avoimia vuorovaikutussuhteita. Ihmisten kanssa keskusteleminen muuttuu vaikeaksi, koska näillä henkilöillä on pakonomainen tarve varmistaa, ettei mikään uhkaa heidän asemaansa, vaikka uhka olisi vain kuviteltu.

Tällainen dynamiikka ei rajoitu vain virkamiehiin, vaan erityisen korostuneesti se näkyy narsistisessa persoonallisuudessa, kuten tietyissä poliisin viranhoidon tapauksissa. Narsistinen poliisi saattaa nojautua ylimieliseen käytökseen, joka toimii eräänlaisena suojamuurina. Tämä käytös ei kuitenkaan ilmene vain ylimielisyytenä, vaan se voi myös sisältää vaatimuksen, että kaikki muut osoittavat hänelle kunnioitusta, joka ylittää normaalin kanssakäymisen rajat. Tämä "ylöspäin katsomisen" vaatimus luo epäterveitä vuorovaikutustilanteita, joissa toinen osapuoli tuntee itsensä jatkuvasti alisteiseksi.

Kun tällainen käyttäytyminen on leimallista virkatehtävissä, siitä syntyy vakava eettinen ongelma. Viranhaltijan asema on tarkoitettu yhteiskunnan palvelemiseen, ei omien traumojen ja vallanhalun ruokkimiseen. Tämä tuo mukanaan myös juridisia ulottuvuuksia: missä vaiheessa ylimielinen käytös muuttuu virkavelvollisuuksien laiminlyönniksi, jopa vallan väärinkäytöksi? Näissä tilanteissa kansalaisten luottamus viranomaistoimintaan joutuu koetukselle, koska he kohtaavat vallan, joka näyttäytyy enemmän hallinnan kuin palvelun välineenä.

Näitä ilmiöitä on myös tärkeä tarkastella laajemmassa yhteiskunnallisessa kontekstissa. Rakenteet, jotka mahdollistavat tällaisen käyttäytymisen, saattavat jopa palkita niitä, jotka kiipeävät hierarkiassa muiden kustannuksella. Samalla se johtaa usein siihen, että yhteisön kannalta aidosti merkitykselliset, eettiset ja empatiaa korostavat arvot jäävät syrjään. Tämä luo dilemman: kuinka yhteiskunta voi pitää huolta siitä, että johtotehtävissä olevat kykenevät palvelemaan muita sen sijaan, että he keskittyvät vain oman asemansa varmistamiseen?

Onneksi on myös olemassa hyviä johtajia, sosiaalityöntekijöitä ja poliiseja, jotka kykenevät hoitamaan tehtävänsä ilman edellä mainittuja pakkomielteitä tai vallanhalun ohjaamia motiiveja. Nämä ammattilaiset erottuvat sillä, että heillä on aitoa empatiakykyä ja halua kohdata ihmiset tasavertaisina yksilöinä. He eivät asetu yläpuolelle, vaan ymmärtävät, että tehtävän tarkoitus on palvella, tukea ja luoda turvallisuutta – ei hallita tai kontrolloida.

Tällaiset henkilöt pystyvät luomaan yhteyden toisiin, koska heillä ei ole menneisyyden käsittelemättömiä traumoja tai turvattomuuden tunnetta, joka ohjaisi heidän käytöstään. Heidän sisäinen tasapainonsa heijastuu heidän kykyynsä kuunnella, ymmärtää ja tehdä päätöksiä, jotka kunnioittavat toisten oikeuksia ja ihmisarvoa. Tällainen lähestymistapa luo ympärilleen luottamuksen ilmapiirin, joka on erityisen tärkeää viranomaisten ja asiakkaiden välisessä vuorovaikutuksessa.

Hyvien johtajien ja viranomaisten vahvuus ei kuitenkaan ole vain empatiassa, vaan myös kyvyssä soveltaa oikeudenmukaisuutta käytännössä. He ymmärtävät, että valta on vastuu, ei etuoikeus. He pystyvät kohtaamaan tilanteet, joissa on vaikeita päätöksiä tehtävänä, ilman että he sortuvat ylimielisyyteen tai alistamiseen. Heidän toimintaansa ohjaa syvä eettinen ymmärrys siitä, että jokaisella ihmisellä on oma arvonsa ja tarinansa, joka ansaitsee tulla kuulluksi.

Näiden hyvien esimerkkien arvo on yhteiskunnalle mittaamaton. He toimivat mallina siitä, kuinka virka-asema voi olla voimakas työkalu yhteisen hyvän edistämisessä. Samalla he osoittavat, että menneisyydestä ja sen vaikeuksista voi päästä yli, ja että on mahdollista johtaa sekä empaattisesti että tehokkaasti ilman, että oma historia ohjaa vääristynyttä vallankäyttöä. Juuri tällaisia ihmisiä yhteiskunta tarvitsee: niitä, jotka eivät vain tavoittele turvaa itselleen, vaan luovat sitä ympärilleen muille.

VOIMMEKO ME VAIKUTTAA ITSE OMAAN VAPAUTEEMME?

Onko meillä todellisia mahdollisuuksia vaikuttaa itse omaan vapauteemme, vai onko se vain illuusio, jota haluamme uskoa todeksi? Vastaus on kyllä – meillä on monessa tilanteessa enemmän valtaa kuin usein ymmärrämmekään. Vapauteen vaikuttaminen ei tarkoita vain ulkoisten esteiden poistamista, vaan se alkaa sisältämme, siitä tavasta, jolla katsomme maailmaa ja suhtaudumme siihen.

Ajattelumallimme on tässä keskeisessä roolissa. Positiivinen ajattelutapa ei ole vain kulunut klisee, vaan se voi todella muuttaa tapaa, jolla koemme elämän ja vapauden. Jokainen meistä voi tietoisesti valita, suuntaako huomionsa rakentaviin vai lannistaviin ajatuksiin. Tämä valinta ei ehkä muuta ulkoisia olosuhteitamme välittömästi, mutta se muokkaa suhtautumistamme niihin. Kun asennoidumme positiivisesti, avaamme mielessämme tilaa mahdollisuuksille ja ratkaisuille, jotka negatiivinen ajattelu voi tukahduttaa.

Tätä kautta meillä on valta vapauttaa itsemme henkisistä kahleista, kuten pelosta, epävarmuudesta ja epätoivosta, jotka usein rajoittavat vapauttamme enemmän kuin mitkään ulkoiset tekijät. Todellinen vapaus alkaa siitä, että tunnistamme oman voimamme muuttaa ajatuksiamme ja siten myös tapaa, jolla koemme elämämme. Tämä ei tarkoita, että voisimme aina hallita olosuhteita, mutta voimme hallita omaa reaktiotamme niihin. Juuri tämä tietoisuus antaa meille mahdollisuuden kokea vapautta silloinkin, kun maailma ympärillämme yrittää rajoittaa meitä.

Jos jokin todella rajoittaa vapauttamme, se on negatiivinen ajattelu. Se on kuin näkymätön kahle, joka sitoo meidät paikallemme ja saa meidät näkemään maailman mahdollisuuksien sijaan pelkkien esteiden täyttämänä. Mutta tässä on lohdullinen totuus: meillä kaikilla on vapaus irrottautua tästä rajoittavasta ajattelutavasta. Meillä on mahdollisuus valita positiivinen näkökulma ja oppia näkemään kaikissa asioissa niiden hyvät puolet – vaikka ne eivät heti näkyisikään selkeästi.

Negatiivisuuden kuorman kantajina meidän ei tarvitse olla. Elämässä on usein riittävästi haasteita ilman, että lisäisimme niiden painoa omilla ajatuksillamme. Positiivisuus ei tarkoita ongelmien kieltämistä tai väheksymistä, vaan sitä, että valitsemme nähdä ratkaisuja haasteiden sijaan ja mahdollisuuksia rajoitusten yli. Tämä asenne vapauttaa meidät näkemään maailmaa avoimin mielin.

Edistyminen positiivisen asenteen voimin ei vaadi valtavia harppauksia. Se voi alkaa pienistä askelista, kuten siitä, että huomaamme yhden hyvän asian päivässä tai kiinnitämme huomiota onnistumisiin epäonnistumisten sijaan. Joskus on tilaa myös suurille suunnitelmille ja rohkeille tavoitteille, mutta nekin toteutuvat helpommin, kun suhtaudumme niihin rauhallisesti ja realistisesti. Kun uskomme siihen, että asiat voivat järjestyä ja että esteet ovat voitettavissa, luomme itsellemme perustan vapaudelle. Tämä asenne antaa meille voimaa selvittää asioita ja jatkaa eteenpäin, askel kerrallaan – mutta määrätietoisesti ja luottavaisesti.

Omalla kohdallani voin kiitollisena todeta erityisesti Jumalan huolenpidon olleen kantava voima elämässäni. Vaikka välillä on ollut tiukkaa, olen silti aina löytänyt keinot selviytyä. Hänen johdatuksensa ansiosta olen saanut hoidettua kaikki ne asiat, jotka ovat olleet vastuullani – ei pelkästään siten, että juuri ja juuri pärjäisin, vaan siten, että olen tuntenut oloni tuetuksi ja turvatuksi.

Tämä opettaa meille tärkeän periaatteen: kun suhtaudumme elämään luottaen ja edeten maltillisesti, saamme usein juuri sen, mitä tarvitsemme – ei liikaa eikä liian vähän, vaan täsmälleen sen verran, mikä palvelee meitä sillä hetkellä parhaiten. Tällainen luottamus tuo mukanaan paitsi rauhaa myös vapautta, sillä emme enää jatkuvasti murehdi siitä, mitä tulevaisuus tuo tullessaan. Sen sijaan voimme keskittyä käsillä olevaan hetkeen ja luottaa siihen, että asiat järjestyvät ajallaan.

Kiitollisuuden harjoittaminen, oli se sitten Jumalaa, elämää tai läheisiä kohtaan, antaa meille voimaa kohdata myös ne hetket, kun kaikki ei tunnu menevän suunnitelmien mukaan. Se on muistutus siitä, että olemme osa suurempaa kokonaisuutta ja että asioilla on taipumus järjestyä, kun säilytämme toivon ja rauhallisen mielen.

Kun osaamme olla kiitollisia pienistäkin asioista ja katsomme elämää positiivisessa valossa, avautuu meille mahdollisuus nähdä myös ikävät kokemukset osana suurempaa, positiivista kokonaisuutta. Tällöin negatiivisetkin tapahtumat saavat merkityksensä ja roolinsa elämässämme, sillä ne palvelevat tarkoitustaan – auttavat meitä kasvamaan, oppimaan ja kehittymään.

Meillä on kyky kerätä ja käyttää jopa negatiivisia kokemuksia omaksi hyödyksemme. Jokainen vaikeus ja epäonnistuminen voi tarjota arvokasta tietoa, jos vain uskallamme katsoa niitä rehellisesti ja avoimesti. Esimerkiksi voimme kirjoittaa ohjeita siitä, miten tietyt asiat ovat johtaneet tiettyihin tapahtumien kulkuihin, ja miten voimme tulevaisuudessa välttää samat virheet. Näin negatiiviset kokemukset voivat muuntua voimavaraksi, joka ohjaa meitä kohti parempia valintoja ja päätöksiä.

Tärkeintä on, että otamme opiksemme ja hyödynnämme tätä tietoa. Mikäli emme jää murehtimaan virheitämme vaan katsomme niitä oppimisen paikkoina, voimme entistä paremmin kohdata tulevat haasteet. Tällöin elämässä ei ole enää pelkästään esteitä, vaan mahdollisuuksia kasvuun, jotka vievät meitä kohti parempaa huomista.

Positiivinen ajattelu on meille vapautta – se avaa meille mahdollisuuden elää elämää, jossa voimme valita ajatella valoisasti ja toiveikkaasti. Tämä valinta, tämä vapaus, on täysin meidän omissa käsissämme. Kukaan ei voi pakottaa meitä ajattelemaan negatiivisesti, eikä meidän tarvitse pelätä mitään, vaikka välillä valtamediassa saatetaan yrittää luoda pelkoa ja epävarmuutta. On tärkeää muistaa, että meillä on vapaus elää ilman pelkoa, ja se vapaus on aivan käsissämme.

Valitettavasti tämä vapaus unohtuu helposti, kun ympärillämme olevat tekijät, kuten pelon lietsonta, alkavat hallita ajatteluamme. Me näimme tämän erityisesti koronapandemian aikana, kuinka ihmiset joutuivat pelon ja epävarmuuden vallassa toimimaan impulsiivisesti ja jopa välttelemään toisiaan peläten tartuntoja. Moni ei ole vieläkään päässyt irti niistä peloista ja traumoista, joita pandemia aiheutti, ja sen vaikutukset tuntuvat yhä.

Mediassa ja poliittisessa keskustelussa pelkoa on ruokittu ja hyödynnetty massojen hallitsemiseksi. Globalistieliitti on huomannut, kuinka tehokkaasti pandemiat voivat ohjata ihmisten käyttäytymistä ja lisätä kontrollia. Tällöin emme puhu enää vain pandemiasta, vaan voimme puhua myös plandemiasta – suunnitellusta tapahtumasta, jossa pelkoa ja epävarmuutta on käytetty keinona manipuloida ja ohjata kansan käyttäytymistä.

On kuitenkin tärkeää ymmärtää, että pelolle ja epäluulolle ei ole paikkaa, jos me itse valitsemme olla valvoja ja pysyä rauhallisina. Emme ole velvollisia alistumaan pelon valtaan, vaan voimme valita reagoida tilanteisiin positiivisesti, rohkeasti ja järkevästi. Vapaus ei ole vain fyysistä, se on myös henkistä vapautta päättää, minkälaista todellisuutta me haluamme elää.

On äärimmäisen tärkeää olla valppaana ja tiukkana siinä mielessä, että emme anna muiden pelotella meitä. Pelko on yksi tehokkaimmista välineistä, joita voidaan käyttää ihmisten manipulointiin ja massojen ohjaamiseen, mutta emme ole velvollisia alistumaan sille. On tärkeää kehittää kyky tutkia ja arvioida asioita objektiivisesti. Jos huomaamme, että tietynlaiset ilmiöt tai viestit levittävät pelkoa ja epävarmuutta, meidän on syytä perehtyä niihin tarkemmin ja tutkia, mitä niiden takana todella on. Miten ne vaikuttavat yleiseen mielialaan? Mikä on niiden todellinen tarkoitus?

Tällaisia pelkoa lietsovia tekijöitä on tärkeää tutkia, koska niiden taustalla voi olla hyvin tarkkaan suunniteltuja strategioita, joiden tavoite on hallita tai manipuloida ihmisten käyttäytymistä. Kun saamme selville, miksi pelkoa käytetään tällaisessa mittakaavassa, saamme myös paremman käsityksen siitä, miten voimme suojautua tältä manipulaatiolta. Tieto ja ymmärrys antavat meille välineet suojautua tällaisten pelottelutaktiikoiden vaikutuksilta.

Kun tiedämme, miksi pelkoa yritetään käyttää meitä vastaan, pystymme paremmin tunnistamaan sen ja välttämään sen vaikutuksia. Meidän on kyettävä erottamaan se, mikä on todellista ja mikä on luotu pelon ja paniikin lietsomiseksi. Tieto ja kriittinen ajattelu ovat keskeisiä työkaluja vapautemme suojelemisessa. Vapaus ei ole vain fyysistä, vaan myös henkistä kykyä elää ilman ulkopuolelta tulevia pelon aiheita, jotka estävät meitä olemasta oma itsemme ja elämään elämäämme rauhassa ja tasapainossa.

MASSADATAN KERÄÄMINEN

On suorastaan hämmästyttävää, kuinka paljon tietoa ja dataa meistä kaikista kerätään jatkuvasti. Tämä massadatan kerääminen ei rajoitu vain meidän perustietoihimme, vaan se ulottuu syvälle elämämme eri osa-alueille. Meidän käyttäytymisemme, ostosvalintamme, hakuhistoriamme, mieltymyksemme ja jopa tunteemme tallennetaan ja analysoidaan. Tämä valtava tietomäärä voi vaikuttaa meihin tavoilla, joita emme aina osaa edes kuvitella, ja se tarjoaa mahdollisuuksia toimia vastaan monilla eri tavoilla.

Dataa voidaan käyttää luokittelemaan meitä ja asettamaan meidät lokeroihin, joissa emme välttämättä haluaisi olla. Esimerkiksi meitä voidaan määritellä poliittisiin ääriryhmiin kuuluviksi tai liittää meitä leimoihin, kuten ilmastodenialisteiksi, koronankieltäjiksi tai muiksi yhteiskunnallisesti epätoivotuiksi ryhmiksi. Nämä luokitukset eivät perustu siihen, keitä me oikeasti olemme, vaan siihen, millaisia kaavoja ja malleja data-analyysi pystyy meistä luomaan. Meidät voidaan nähdä osana suurempaa massaa, ei yksilöinä, ja tämä luo riskejä yksityisyytemme ja vapautemme kannalta.

Tällainen massadatan kerääminen voi heikentää henkilökohtaista vapauden tunnetta, sillä kun tiedämme, että meitä tarkkaillaan ja arvioidaan jatkuvasti, alamme kysyä, kuinka paljon vapautta todella meillä on tehdä valintoja, jotka heijastavat omaa tahtoa ja identiteettiämme. Tieto voi myös olla manipuloitavissa ja vääristettävissä tavalla, joka vaikuttaa ihmisten valintoihin ja mielipiteisiin, tuoden esiin kysymyksen siitä, kuinka paljon itse asiassa hallitsemme elämämme suuntaa ja kuinka paljon meitä ohjaillaan datan ja sen taustalla olevan teknologian kautta.

Tämän takia, kun käytämme sosiaalista mediaa, on hyvä olla tietoinen siitä, kuinka paljon dataa jätämme jälkeemme. Kun tykkäämme erilaisista asioista ja reagoimme sisältöihin, on viisasta olla olematta liian johdonmukainen. Jos reaktiomme ovat liian kaavamaisia, meidät on paljon helpompi luokitella ja kategorisoida tiettyihin ryhmiin. Siksi voi olla järkevää seikkailla netissä monenlaisilla sivustoilla ja vuorovaikuttaa erilaisten sisältöjen kanssa. Lisäksi on hyödyllistä valita sosiaaliset verkostomme monipuolisesti, mukaan lukien ihmisiä erilaisista piireistä. Tämä laajempi valikoima kavereita ja kiinnostuksen kohteita tekee meistä vaikeampia luokitella tiettyihin ryhmiin, ja auttaa suojaamaan itseämme kohdennetulta mainonnalta ja manipuloivilta viesteiltä. Tällä tavoin voimme säilyttää jonkin verran itsellemme kuuluvasta yksityisyydestä ja hallita, kuinka meidät nähdään digitaalisen maailman silmissä. Aikojen myötä tällaisesta datan keruusta voi muodostua merkittävä taakka yksilölle. Kiina on jo osoittanut, kuinka laajasti tätä dataa voidaan hyödyntää, ja on hyvä muistaa, ettemme ole itse sen vapaampia tämänkaltaisesta tietojen hyväksikäytöstä. Toki tämä pätee vain silloin, kun olemme aktiivisesti netissä, mutta nykypäivänä harva pystyy täysin välttämään internetin käyttöä. Virtuaalinen maailma on niin keskeinen osa päivittäistä elämäämme, että lähes kaikki palvelut toimivat verkossa, ja jos ne eivät toimi, niiden saaminen muilla tavoin on usein niin vaikeaa, että se tuntuu lähes mahdottomalta. Tämä digitalisaation syvällinen juurtuminen arkeen tekee yksityisyyden suojaamisesta entistä haastavampaa ja nostaa esiin kysymyksiä siitä, kuinka paljon vapautta todella on jäljellä.

Ei ole välttämättä järkevää tuoda omaa tarkkaa mielipidettämme liikaa esille internetissä, erityisesti alustoilla, joissa on riski, että meidät voidaan luokitella tietynlaiseen ryhmään. Mitä enemmän seikkailemme eri sivustoilla ja reagoimme monin eri tavoin, vaikka nämä reaktiot eivät olisikaan täysin totta, se kuitenkin vaikeuttaa totuudenmukaisen datan keräämistä meistä. Tämä on tärkeä huomio, sillä juuri näin voimme tehokkaasti suojata omaa yksityisyyttämme.

Meistä kerätty data myydään usein eteenpäin, ja Maailman talousfoorumin mukaan sitä pidetään jopa rahassa mitattavana omaisuutena. Kun tämä myyty data päätyy vääriin käsiin, sitä voidaan käyttää meitä vastaan. Kukapa muu olisi kiinnostunut meidän datastamme niin paljon kuin tahot, jotka haluavat hyödyntää meitä omaksi edukseen.

Kun meitä luokitellaan ja käytössä on lukuisia digitaalisia alustoja, massadatan avulla tehty luokittelu alkaa määrätä meitä tiettyihin lokeroihin, mikä puolestaan rajoittaa meidän toimintaamme. Siksi onkin tärkeää, että pyrimme käyttämään anonyymiä selausta ja hajautettuja toimintoja, erityisesti silloin, kun selaamme nettiä.

Jos olemme esillä julkisesti verkossa, meidän tulisi hajauttaa omaa digitaalista olemustamme kaikilla mahdollisilla tavoilla, jotta mikään algoritmi ei pystyisi muodostamaan meistä liian selkeää kuvaa.

Tänä päivänä, vaikka emme olisi täysin pakotettuja olemaan jatkuvasti verkossa, hyvin monessa tilanteessa netissä asioiminen on melkein välttämätöntä. Vaihtoehtoisia asiointitapoja on toki vielä saatavilla, mutta on epävarmaa, kuinka kauan tämä tilanne jatkuu. Toistaiseksi verkkopalvelujen käyttö ei saisi olla pakollista kenellekään, mutta kehitys saattaa tuoda muutoksia tähän.

Kuvitellaanpa tulevaisuuden skenaariot, joissa omistaminen ei ole enää normi, vaan kaikki tarvittava vuokrataan. Asuntoakaan ei enää omistettaisi, vaan se vuokrattaisiin, ja silloin kun asukas ei ole paikalla, sitä voitaisiin käyttää muuhun tarkoitukseen hetkellisesti. Kaikki tilat ja aika pyrittäisiin hyödyntämään mahdollisimman tehokkaasti. Tällöin vuokralaiselta ei tarvitsisi maksaa vuokraa koko ajalta, mutta tämä niin sanottu vapaus olisi hyvin rajallista. Yksityisyyttä ei olisi juuri lainkaan, sillä jatkuva valvonta ja yhteiskunnan tehokkuusnäkökulma veisivät jäljelle jäävänkin henkilökohtaisen tilan.
Myös kaikki muu tavara, jota tarvitsemme, tulee tulevaisuudessa olemaan saatavilla vain silloin, kun sitä oikeasti tarvitaan. Kun se ei ole käytössä, se siirtyy toisten käsiin. Tavarat vuokrataan tarpeen mukaan, ja niiden hyödyistä nauttii lopulta vain se ylin eliitti, joka on onnistunut keräämään kaiken rikkauden itselleen. Tässä järjestelmässä yksilön omistaminen jää taka-alalle, kun taas valta ja varallisuus keskittyvät yhä vähemmille.
Tällainen käytäntö ei kuitenkaan tule toimimaan luovan työn tekijöille, kuten säveltäjille, taiteilijoille tai keksijöille, jotka tarvitsevat oman tilan, jossa he voivat toteuttaa innovaatioitaan milloin tahansa. Luova työ vaatii usein oman rauhallisen ympäristön, jossa ideat voivat syntyä vapaasti ilman aikarajoja tai ulkopuolisia häiriöitä. Tällaisilla henkilöillä on usein työpajat tai studiot, joissa he asuvat ja työskentelevät. Näitä tiloja ei voida vuokrata toisille, koska ne ovat täynnä henkilökohtaisia, yksityisluonteisia esineitä, kuten taideteoksia, luonnoksia ja keskeneräisiä projekteja, jotka heijastavat luojansa ajatusmaailmaa ja työprosessia. Erityisesti keksijöiden kohdalla, mutta myös muiden luovien alojen edustajien, on tärkeää, että heidän työnsä on suojattu, koska keskeneräiset ideat ja innovaatiot eivät ole vielä patenttien tai tekijänoikeuksien turvaamia. Tämä luo haasteen, sillä ilman suojauksia näitä ideoita voidaan varastaa tai käyttää hyväksi ilman luovan työn tekijän suostumusta. Tästä syystä omien tilojen ja yksityisyyden turvaaminen on luovan työn kannalta välttämätöntä, jotta innovaatiot voivat kukoistaa ja kehittyä vapaasti ilman ulkopuolista pelkoa tai rajoituksia.
On olemassa todellinen vaara, että luovan työn tekijöiden ideat ja tuotokset joutuvat ulkopuolisten saataville. Tällainen tilanne on erityisen huolestuttava, koska luovan työn tekijät, olipa kyseessä taiteilija, säveltäjä tai keksijä, tarvitsevat jatkuvaa ja esteetöntä pääsyä omiin teoksiinsa ja projekteihinsa. Jos kaikki luovuuden tuotokset jouduttaisiin jatkuvasti siirtämään lukkojen taakse kaappeihin ja komeroihin, työprosessi kävisi äärimmäisen hankalaksi ja hidastuneeksi. Musiikkialalla tämä tarkoittaisi myös sitä, että kaikki elektroniset laitteet, kuten syntetisaattorit ja tietokoneet, joissa luovat ideat muotoutuvat, pitäisi aina irrottaa sähköisistä

liitännöistään ja asentaa uudelleen joka kerta, kun halutaan jatkaa työskentelyä. Tämä vie paitsi aikaa myös estää virtaavan inspiraation, joka on välttämätöntä luovassa työssä. Tällainen ympäristö luo liiallisia esteitä ja rajoituksia luovuudelle, jolloin parhaat ideat voivat jäädä syntymättä tai jäädä keskeneräisiksi, koska tekijä ei pääse toteuttamaan niitä vapaasti ja sujuvasti.

Tämä kaikki on osa digitalisaatiota, joka vie ihmisiltä jopa vähimmänkin yksilöllisen vapauden. Kaikki, mitä tulevaan digitalisaatioon liittyy, on luonteeltaan sellaista, että sen hintana on ihmiskunnan vapauden menetys. Digitalisaation mukana tulevat muutokset eivät ainoastaan rajoita fyysistä liikkumista, vaan myös henkilökohtaista vapautta. Aluksi ihmiset sidotaan tiukemmin sähköverkkoon, ja vaikka liikkumismatkat saattavat lyhentyä, samalla myös liikkumisen vapaus kapenee. Sähkökulkuneuvot, vaikka ne tarjoavatkin ympäristöystävällisempiä vaihtoehtoja, eivät voi liikkua vapaasti minne tahansa samalla tavalla kuin polttomoottorikäyttöiset ajoneuvot ovat tähän saakka tehneet. Akkujen kapasiteetti rajoittaa kulkemista pitkillä matkoilla, eikä sähkövirtaa voida kuljettaa pitkiä matkoja samalla tavalla kuin polttoainetta. Tämä luo uudenlaista riippuvuutta infrastruktuurista ja vähentää liikkumisen joustavuutta, joka oli aiemmin mahdollista perinteisillä kulkuneuvoilla.

Digitalisaatio tuo mukanaan kaiken kattavan valvonnan, joka mahdollistaa meidän seuraamisemme tavoilla, joista emme ole edes tietoisia. Käyttämissämme tavaroissa ja vaatteissakin voi olla siruja, jotka seuraavat liikkumistamme ja käyttäytymistämme. Sähkölaitteet voivat olla etäohjattavia, ja jopa robottipölynimurit voivat tallentaa kuvia kotitalouksistamme. Onko tulevaisuuden ihmisillä enää mitään intiimiä yksityisyyttä edes omassa kodissaan? Ja voidaanko paikkaa, joka ei ole täysin yksityinen – jossa muiden on mahdollista päästä käsiksi henkilökohtaisiin asioihimme heti, kun suljemme oven takanamme – enää edes kutsua kodiksi? Tämä kyseenalaistaa käsityksemme yksityisyydestä ja kodin pyhyydestä, kun teknologia ja valvonta ulottuvat jokaiseen kulmaan elämässämme.

Vaikka digitalisaatio usein puetaan kauniisiin sanoihin ja esitetään meille lähes pelastavana voimana, sen perimmäinen tarkoitus on kontrolli. Ja vaikka sen alkuperäinen ajatus ei ehkä ollut kontrolloida meitä, on aina olemassa niitä, jotka haluavat kääntää sen omaksi välineekseen. Digitalisaation avulla pyritään hallitsemaan ja jopa vangitsemaan yksilöitä monin tavoin. Tätä voidaan toteuttaa eräänlaisella panttivankiperiaatteella: jos emme suostu tiettyihin ehtoihin, meidät voidaan yhdellä klikkauksella poistaa yhteiskunnan ulkopuolelle.

Ilmastopropaganda toimii välineenä, joka houkuttelee ja ujuttaa ihmiset mukaan digitalisaation maailmaan, luoden illuusion vastuullisuudesta ja kestävyyden tavoittelusta. Hankalimmat vastustajat saadaan mukaan jopa pakottamalla, sillä digitaalisen yhteiskunnan ulkopuolelle jääminen on yhä vaikeampaa. Mutta kuten olen aiemmin maininnut algoritmeista, jos todella haluamme säilyttää vapautemme, on viisainta pysyä mahdollisimman erossa digitalisaatiosta. Tässä maailmassa, jossa teknologia ja valvonta kulkevat käsi kädessä, yksityisyyden säilyttäminen vaatii tietoista etäisyyttä digitaalisen infrastruktuurin sisällä olevista paineista.

On tärkeää huomata, kuinka digitalisaatiota ollaan hivuttamassa osaksi jokapäiväistä elämää, aluksi pienenä helpotuksena ja myöhemmin lähes pakollisena osana yhteiskunnassa toimimista. Tämä kehitys tuo mukanaan hiljalleen lisääntyvää valvontaa ja riippuvuutta teknologiasta, kun kaikki toiminta ja vuorovaikutus siirtyy yhä enemmän digitaalisiin kanaviin.

Erityisesti maanviljelykselle on olemassa selvä globaali uhka. Siihen pyritään kohdistamaan rajoituksia ja häiriöitä, jopa tarkoituksellista tuhoa. Globaali eliitti haluaa vallan koko maanviljelyksestä, ja tämän toteuttamiseksi suunnitellaan siirtymistä kaupungistettuun, teknologian ohjaamaan viljelyyn, jossa kaikki tapahtuu tietokoneohjattujen led-lamppujen valossa. Tätä visiota tukee pelottelutaktiikka, jonka avulla pyritään saamaan ihmiset hyväksymään, että tulevaisuuden kaupungeissa viljeltäisiin led-valojen alla kaikenlaisia proteiinilähteitä, kuten torakoita, hyönteisiä, keinolihaa ja itusalaatteja. Tällainen viljely murtaisi perinteisen maatalouden ja siirtäisi vallan yhä enemmän keskitettyihin ja kontrolloituihin ympäristöihin, joissa yksilöiden valinnat ja elämäntavat olisivat yhä tiukemmin valvottuja.

Kaikki tämä on selvästi nähtävissä: taustalla on ajatus, että yksityishenkilöiltä halutaan tuhota kaikki elinkeinot, jotka voisivat edes jollain tavalla mahdollistaa omavaraisuuden. Erityisesti maaseudulla asuvat ihmiset ovat tulevaisuuden skenaariossa globaalille eliitille niitä kaikkein hankalimpia tapauksia – suoranaisia esteitä, koska heitä on vaikea kontrolloida. Heillä on kyky hankkia elantonsa omavaraisesti maanviljelystä ja ympäröivästä luonnosta, ja tämä tekee heistä uhkan nykyisen järjestelmän hallitsijoille.

Tämän vuoksi eliitille onkin tärkeää tuhota heidän tuotantonsa ja elinkeinonsa, ja pakottaa heidät muuttamaan kaupunkeihin. Heidän verotustaan tulisi nostaa niin korkeaksi, että he joutuvat myymään tilansa ja maansa valtaeliitille. Samalla heidän elämänsä pitäisi saada riippuvaiseksi kaupungissa sijaitsevista resursseista, joita eliitti kontrolloi. Kaupunkielämään pakotettuina heistä tulisi yhä riippuvaisempia eliitin tuottamasta ravinnosta ja digitaalisen valvonnan alaisuudesta, mikä mahdollistaisi entistä tiukemman kontrollin heidän elämistään.

Seuraavaa askelta ollaan jo ottamassa, ja se on Suomen metsien ja soiden ennallistaminen luonnontilaisiksi. Luonto on tarkoitus muuttaa ihmisille kielletyksi alueeksi, joka rauhoitetaan luonnonsuojelun nimissä – siis kokonaan ihmisten ulottumattomiin. Droonit ja robottikamerat vartioivat maata, estäen jopa marjojen tai sienten keräämisen luonnosta.

Tämä on selvä merkki siitä, kuinka vapauttamme pyritään riistämään kaikilla mahdollisilla keinoilla. Erityisesti luonto, joka on ollut meille suomalaisille symboli vapaudesta, on nyt uhattuna. Luonnossa olemme aina kokeneet itsemme vapaiksi ja selviytymismahdollisuudet ovat olleet parhaimmillaan juuri siellä. Nyt tämä meille tärkeä vapauden alue halutaan viedä kokonaan pois.

Maanviljelijät ovat eliitille pahin painajainen, sillä he asuvat keskellä luontoa ja heillä on mahdollisuus elää omavaraisesti. Eliitti ei halua, että kukaan on omavarainen – sen sijaan jokaisen pitäisi olla riippuvainen eliitin tuottamasta ravinnosta. Tämä on ilmastoagendan taustalla piilevä todellinen tarkoitus: hallita ja rajoittaa ihmisiltä kaikki vapauden mahdollisuudet luonnossa.

VAPAAT MARKKINAT

Puhutaanpa nyt valuutasta ja kaupankäynnistä, kahdesta keskeisestä osasta taloudellista vapautta. Kun tarkastelemme historian erilaisia valuuttoja, voimme löytää arvokkaita opetuksia, jotka voisivat tukea tulevaisuuden vapaiden markkinoiden rakentamista. Perinteisesti valuutat ovat olleet sidoksissa johonkin konkreettiseen arvoon, kuten kultaan tai hopeaan, mikä on antanut niille vakautta ja luotettavuutta. Mutta nykyisin markkinat siirtyvät nopeasti digitaaliseen valuuttaan, mikä tuo mukanaan aivan uudenlaisia haasteita ja mahdollisuuksia.

Tämä digitaalinen valuutta, jota hallitsevat keskuspankit, on suunniteltu olevan täysin kontrolloitavissa ja säänneltyä rahaa. Keskuspankkien valvoma digitaalinen raha tarkoittaa sitä, että jokainen rahasiirto, talletus tai maksu on potentiaalisesti jäljitettävissä ja säädeltävissä keskuspankin taholta. Tämä luo vakavan huolen kansalaisten vapaudesta, sillä tällöin rahaa ei enää voitaisi käyttää täysin vapaasti, vaan sen käyttö olisi riippuvainen poliittisista ja taloudellisista päätöksistä, joita saattaa olla vaikea ennakoida tai kyseenalaistaa.

Toisaalta, kryptovaluutta, vaikka se onkin digitaalista rahaa, tarjoaa aivan toisenlaisen lähestymistavan valuutan käyttöön. Se on vapaata valuuttaa, jota ei ole keskitetysti kontrolloitu, ja joka on jokaisen käytettävissä ilman välikäsiä. Kryptovaluutta mahdollistaa täysin hajautetun kaupankäynnin, mikä tarkoittaa, että se ei ole kenenkään hallittavissa tai valvottavissa. Tämän vapautensa vuoksi se houkuttelee monia, jotka arvostavat taloudellista itsenäisyyttä ja yksityisyyttä. Kuitenkin, kuten kaikessa, myös kryptovaluutassa on omat varjonsa. Kryptovaluutan säilyttämiseen tarvitaan digitaalinen lompakko, jonka käyttö voi joissain tapauksissa olla säännelty, riippuen lainsäädännöstä ja alueesta.

Monet ovat kuitenkin kovasti arvostelleet kryptovaluuttaa, ja tämä kritiikki liittyy usein siihen, että se on täysin vapaa valuutta. Tästä syystä se voi houkutella myös rikollisia, jotka voivat hyödyntää sen anonymiteettiä ja hajautettua luonnetta estääkseen viranomaisten valvonnan. Kriitikoiden mukaan tämä tekee kryptovaluutasta turvallisuusuhan, mutta samalla se muistuttaa meitä vapauden ja vastuullisuuden tasapainosta.

Kryptovaluutoissa on toki suuria etuja, mutta yksi merkittävä ongelma on niiden luotettava säilyttäminen. Vaikka on olemassa monenlaisia kaupankäyntipaikkoja ja digitaalisia lompakoita, joihin voi tallettaa kryptovaluuttaa, kaikki nämä vaihtoehdot ovat altteina hakkeroinnille. Lisäksi monet kaupankäyntialustat voivat joutua konkurssiin tai kadota netistä kokonaan, mikä johtaisi siihen, että tallettajan omaisuus katoaisi samalla. Tämä tekee kryptovaluutoista hieman riskialttiita verrattuna perinteisiin valuuttoihin, joissa keskuspankit ja sääntelyelimet tarjoavat jonkinlaista suojaa.

Tämän vuoksi onkin suositeltavaa hajauttaa kryptovaluutat useisiin eri paikkoihin, niin että jos yksi tai kaksi säilytyspaikkaa katoaa, osa varoista voisi silti jäädä turvaan kolmanteen paikkaan. Hajauttaminen on olennainen osa riskienhallintaa kryptovaluutoilla, sillä se voi auttaa suojaamaan omaisuutta epävarmoilta tapahtumilta ja ylläpitämään taloudellista turvallisuutta.

Kuvitellaanpa tilanne, jossa tulevaisuudessa internettiin pääsy edellyttää digitaalista tunnistautumista, ja tämä tunnistautuminen on sidottu rokotuspassiin, jonka tiedot on oltava ajan tasalla. Tässä skenaariossa ihmiset voivat joutua pakotetuiksi ottamaan useita rokotuksia tai "myrkkypiikkejä" voidakseen käyttää verkkoa tai suorittaa digitaalisia maksuja. Tämä luo suuren ongelman kryptovaluutoille, sillä niiden käyttö voisi riippua tällaisesta valvonnasta ja pakollisista vaatimuksista, jotka rajoittavat yksilön vapautta.

Jos kryptovaluutoista tulee osa järjestelmää, jossa hallitaan ja rajoitetaan pääsyä verkkoon ja muihin peruspalveluihin, niiden alkuperäinen idea vapaasta ja hallitsemattomasta valuutasta voi kadota. Tällöin ihmiset voivat joutua kyseenalaistamaan, kuinka vapaita he todella ovat digitaalisessa maailmassa, ja kuinka suuria heidän yksityisyytensä ja valinnanvapautensa rajat ovat.

Aikaisemmin yhteiskunnissa toimi vaihdantatalous, jossa ihmiset vaihtoivat suoraan tuotteita ja palveluja keskenään. Kuitenkaan vaihdantatalous ei ollut kovin käytännöllinen pitkällä aikavälillä, koska ei aina ollut mahdollista löytää suoraa vastinetta tarpeille. Tästä syystä kaupankäynnin sujuvoittamiseksi otettiin käyttöön kolmas vaihdon väline, joka oli väline, joka pystyi säilyttämään arvonsa ja jota käytettiin laajalti maksuvälineenä.

Tätä välinettä alettiin kutsua rahaksi. Raha voi olla periaatteessa mitä tahansa, jolle voidaan määrittää kiinteä hinta ja joka säilyttää arvonsa kohtuullisen tasaisesti. Aluksi tämä voi olla vaikka tavaroita kuten kahvia, sokeria, suolaa tai säilykelihaa — mikä tahansa, joka on yleisesti tarpeellista ja käyttökelpoista arjessa. Tällaista vaihdon välinettä voidaan siis pitää käypänä valuuttana, joka helpottaa kaupankäynnin sujuvuutta ja talouden toimivuutta.

Jos haluttaisiin luoda valuutta, joka perustuu johonkin fyysiseen materiaaliin, kuten metalliin, kiveen, puuhun tai muuhun vastaavaan, sen täytyy olla ensinnäkin suhteellisen vaikeasti hankittavaa. Muuten se menettäisi arvonsa nopeasti, koska yltäkylläisyys markkinoilla johtaisi inflaatioon. Lisäksi aina on olemassa väärentämisen riski: jos markkinoille pääsee liikaa kyseistä valuuttaa, se johtaa arvon laskuun ja talouden epävakauteen. Tämän vuoksi valuutan on oltava jollain tavalla säänneltyä ja kontrolloitua, jotta sen arvo säilyy vakaana ja luotettavana maksuvälineenä.

Bitcoinissa itsessään on sisäänrakennettu sääntelymekanismi, sillä sen määrä on rajallinen, ja sen arvo määräytyy sen mukaan, kuinka paljon sitä on vapaasti liikkeellä markkinoilla. Bitcoinin arvoon voidaan vaikuttaa lähinnä kahdella tavalla: toisaalta valtiot voivat kieltää sen käytön, mikä rajoittaa sen hyväksyntää ja käyttöä, ja toisaalta suuret mainoskampanjat voivat manipuloida ihmisiä ostamaan ja myymään Bitcoinia, mikä luo hetkellisiä hintavaihteluita. Tällaiset ulkoiset tekijät voivat siis vaikuttaa Bitcoinin hintaan, mutta sen luonnollinen sääntely tapahtuu sen rajoitetun määrän kautta.

Kryptovaluutta on erinomainen vaihtoehto valuutaksi, mutta siinä on yksi merkittävä haaste: se on olemassa vain sähköisinä bitteinä. Tämä tarkoittaa, että emme voi täysin luottaa siihen, sillä digitaalinen maailma on haavoittuva ja altis häiriöille. Silti kryptovaluutta on kuitenkin parempi vaihtoehto kuin keskuspankkien valvoma raha, koska se tarjoaa enemmän vapautta ja riippumattomuutta.

Vaihdannan välineeksi, rahaksi, voidaan periaatteessa ottaa käyttöön mikä tahansa, jolle voidaan määrittää arvo. Tärkeintä on, että tämän arvon pitää pysyä kohtuullisen vakaana kaikissa olosuhteissa, ja sen on oltava helposti säilytettävää ja vaihdettavaa. Tällöin valuutta voi täyttää käytännön vaatimukset ja olla luotettava vaihdon väline.

Jos meidän täytyy kehittää vaihtoehtoinen valuutta, on olemassa muutamia perusperiaatteita, jotka sen täytyy täyttää. Ensinnäkin, rahan on oltava "rahan" arvoista, mikä tarkoittaa, että sen täytyy olla vaikeasti hankittavaa – kuten Bitcoinin louhintaprosessi tai kullan kaivaminen.

Jos rahaa on liian helppoa saada, sen arvo heikkenee merkittävästi. Mikäli kuka tahansa voi hankkia sitä mielin määrin ilman rajoituksia, raha menettää täysin arvonsa ja siitä tulee pelkkä vaihdon väline ilman todellista luotettavuutta. Tämän vuoksi valuutan täytyy olla harvinainen ja sen hankkiminen vaatii vaivannäköä, jotta se säilyttää arvonsa ja uskottavuutensa.

Kuvitellaanpa tilanne, jossa meidän täytyy elää yhteiskunnan ulkopuolella ja kehittää omat keinot selviytyä. Tällöin raha, vaikka se olisikin vain yksinkertainen paperilappu tai kuponki, olisi jaettava tasan kaikkien kesken. Tämä valuutta olisi jaettava kaikille aluksi samansuuruisina osuuksina, ja sen määrä olisi riittävä kaikille osapuolille.

Kun raha on jaettu, sillä voidaan aloittaa kaupankäynti. Kuitenkin, jos alussa yksi henkilö hallitsisi koko valuutan määrää ja käyttäisi niitä maksuvälineenä, kaupankäynti ei toimisi tasavertaisesti. Tällöin suurin osa resursseista päätyisi yksiin käsiin, ja muut joutuisivat vaihtamaan tavaroitaan vain tämän yksilön ehdoilla.

Tässä piilee suuri ongelma: jos valuuttaa voidaan luoda mielin määrin, syntyy riski, että sen arvo menee pilalle, ja kuka tahansa voi väärentää sitä. Siksi valuuttaa, olipa kyseessä kuponki tai digitaalinen valuutta, täytyy olla rajoitettu määrä, aivan kuten Bitcoinia, jossa luku on ennalta määrätty ja sen tarjonta on rajattu. Näin vältetään inflaatio ja väärinkäytökset.

Tämän vuoksi kuponkeja tulisi jakaa kaikille tasaisesti ja niiden määrä olisi tarkasti säädelty. Näin varmistetaan, että kaupankäynnissä käytettävä valuutta säilyttää arvonsa ja pysyy tasapainossa markkinoilla. Se toimisi vaihdon välineenä, jossa ihmiset voivat vaihtaa tuotteita ja palveluja keskenään ilman, että jonkin osapuolen valta kasvaa kohtuuttomasti. Tämä tasapuolinen ja reilu jakaminen on avainasemassa, jotta kaupankäynnin perusmekanismit voivat toimia oikeudenmukaisesti ja kestävällä pohjalla.

KAKSI ERI YHTEISKUNTAA

Kun valtaeliitti ehdottaa, että ne, jotka eivät suostu ottamaan heidän määräämiään "vaarallisia" rokotteita, tulisi sulkea yhteiskunnan ulkopuolelle, on äärimmäisen tärkeää tarkastella tilannetta myös vastakkaisesta näkökulmasta. Tällöin on syytä pohtia, mitä tarkoittaa yhteiskunta, ja millaisia eettisiä ja filosofisia kysymyksiä tämänkaltaiset toimet herättävät.

Tällöin voimme nähdä, että yhteiskunnista muodostuu kaksi erillistä maailmaa: yksi, jota valtaeliitti hallitsee ja joka perustuu täydelliseen valvontaan, ja toinen, joka voisi olla vapauden ja yksilön oikeuksien turvaama yhteiskunta. Eettisesti ajatellen onko oikein luoda yhteiskunta, jossa valtaeliitti määrää kaikesta ja sulkee pois niitä, jotka eivät suostu alistumaan tietynlaiseen kontrolliin? Onko tällainen yhteiskunta todella "oikea" yhteiskunta, vai onko se vain väline valvonnan ja pelon hallitsemiseen?

Kun suuri osa kansasta suljetaan pois valvontayhteiskunnan ulkopuolelle, tapahtuu eräänlainen paradoksi. Vaikka valtaeliitti saattaa kuvitella, että he suojelevat ja hallitsevat yhteiskuntaa valvonnan avulla, he samalla sulkevat itsensä pois vapaasta, avoimesta yhteiskunnasta, joka perustuu moniarvoisuuteen, itsemääräämisoikeuteen ja perusoikeuksiin. Tällöin valtaeliitti eristää itsensä omasta valvontayhteiskunnastaan, luoden sen tilalle itselleen vankilan, jossa kaikki toiminta, valinta ja liikkuminen on rajoitettua.

Filosofisesti tämä herättää kysymyksen siitä, onko vapaus ja yksilön oikeus valita oma elämänsä, omat terveydelliset valintansa, niin keskeisiä arvoja, että niiden loukkaaminen luo eettisesti kestämättömän tilanteen. Vapaus valita – olipa kyseessä terveys, elämänpolku tai muu henkilökohtainen valinta – on keskeinen osa ihmisoikeuksia ja ihmisarvoa. Kun tämä oikeus pyritään systemaattisesti estämään, se johtaa yhteiskunnan eriarvoistumiseen ja syvään moraaliseen ja juridiseen ristiriitaan.

Juridisesti tarkasteltuna tämä tuo esiin kysymyksen yhdenvertaisuudesta lain edessä. Onko oikeus elää ja osallistua yhteiskuntaan riippuvainen siitä, mitä päätöksiä teemme yksilöinä? Onko yhteiskunnallinen osallistuminen ja yhteisön jäsenyys todella sidottu valtion tai valtaelitin määrittämiin normeihin, vai pitäisikö yksilön valinnanvapaus olla suojaamatta kaikilta ulkoisilta paineilta? Tämä ei ole vain filosofinen pohdinta, vaan kysymys, joka tulee vaikuttamaan siihen, kuinka määrittelemme oikeudenmukaisen ja tasa-arvoisen yhteiskunnan tulevaisuudessa.

Yhteiskunta, jossa valtaeliitti sulkee itsensä ulkopuolelle ne, jotka eivät suostu alistumaan sen sääntöihin, on yhteiskunta, joka menettää vapautensa ja jossain määrin myös inhimillisyyden. Onko se yhteiskunta, jossa voimme todella sanoa elävämme vapaasti, vai onko se itse luotu vankila, jonka muurit kasvavat koko ajan korkeammiksi ja eristävät meitä toistemme todellisesta yhteydestä ja vapaudesta?

Asia voidaan nähdä myös toisinpäin: ne, jotka eivät suostu liittymään valvontayhteiskuntaan, itse asiassa suojelevat ja vahvistavat oman terveen ja vapaan yhteiskuntansa rajat. He valitsevat elämän, jossa taloudellista toimintaa ei valvota eikä säännellä keskuspankkien tai muiden ulkoisten tahojen toimesta. Tämä elämänmuoto perustuu vapauteen – vapauteen elää, valita ja toimia ilman jatkuvaa valvontaa ja ulkopuolisia rajoituksia.

Vapaus on avainsana tässä keskustelussa, sillä se on pohjimmiltaan se, mikä erottaa valvontayhteiskunnan, vapaan yhteiskunnan ja vankeuden. Vankeus ei ole vapauden ilmentymä, vaan sen vastakohta – vankeus on se, joka rajaa liikkumavaran, joka rajoittaa valinnanvapauden ja muuttaa yksilön elämän jatkuvaksi tarkkailuksi ja kontrolliksi.

Valvontayhteiskunta itsessään toimii vankilana, jossa ihmiset ovat jatkuvasti alttiina valvonnalle ja säännellyille rajoituksille. Vapaassa yhteiskunnassa sen sijaan on tilaa elää ilman pelkoa jatkuvasta tarkkailusta, ilman pelkoa siitä, että jokainen valinta ja liike on valvonnassa.

Kun yhteiskunta, joka toimii vapaassa taloudessa, valitsemalla olla olematta osa tätä valvontaa kieltäytymällä osallistumasta siihen, he itse asiassa puolustavat vapauden perusperiaatteita. He elävät todellisessa vapaudessa, jonka ei tarvitse olla sidottu minkään ulkopuolisen valvonnan tai säännösten alaisuuteen. Tässä yhteiskunnassa ihmiset voivat toimia, käydä kauppaa ja elää omilla ehdoillaan, ilman että heidän elämäänsä määrittävät ulkopuoliset tahot.

Filosofisesti tarkasteltuna tämä herättää keskeisen kysymyksen siitä, mikä todella määrittää vapautemme: onko vapaus sitä, että voimme tehdä valintoja ilman pelkoa seurauksista ja rajoituksista, vai onko vapaus sitä, että voimme elää yhteiskunnassa, joka ei määrää meitä kaikessa? Onko vapaus yksilön oikeus hallita omaa elämäänsä, vai onko se yhteisön valvonnan alainen olotila, jossa kaikki valinnat on kontrolloitu ja säädelty?

Miten sitten vapaassa yhteiskunnassa, jossa ei ole internettiä, voidaan ylläpitää yhteyksiä ja viestintää? Tämä kysymys nousee usein esiin, mutta vastaus löytyy monista perinteisistä ja innovatiivisista vaihtoehdoista, jotka voivat mahdollistaa yhteydenpidon ilman digitaalisen valvonnan tai keskitettyjen verkkojen riippuvuutta. Perinteisiä keinoja ovat muun muassa kirjeet, sanomalehdet, yhteiset kokoontumispaikat ja suorat tapaamiset. Nämä mahdollistavat kommunikoinnin ja yhteisön ylläpidon samalla tavalla kuin ne ovat toimineet vuosisatojen ajan. Myös perinteiset viestinviejät, kuten lähetit, voivat olla ratkaisu yhteyksien pitämiseen, erityisesti alueilla, joissa teknologian käyttö on rajoitettua.

Kuitenkin, jos yhteyksiä halutaan ylläpitää pidemmillä etäisyyksillä, on olemassa myös moderneja, mutta yksinkertaisia ja tehokkaita teknologioita, kuten pitkän kantaman wifi (long-distance wifi). Tämä teknologia mahdollistaa tietokoneiden yhdistämisen toisiinsa jopa 50 kilometrin päähän ilman tarvetta internetiin. Long-distance wifi perustuu radioaaltoihin, ja vaikka se toimii samalla periaatteella kuin perinteinen wifi, sen kantama on huomattavasti laajempi, mikä mahdollistaa viestinnän pitkienkin matkojen päähän. Tällaisessa verkossa ei tarvita keskitettyä internet-yhteyttä, ja se toimii itsenäisesti.

Intiassa on esimerkkejä kokonaisista kylistä, jotka toimivat yhden ja saman wifi-verkon alla. Verkko on rakennettu siten, että signaalia vahvistetaan jokaisessa liitoksessa, jolloin yhteys pysyy tehokkaana jopa laajoilla alueilla. Tämä luo mahdollisuuden ylläpitää yhteyksiä ja tiedonvälitystä ilman perinteistä internetin infrastruktuuria. Kuitenkin tällaiselle verkolle ei saa olla esteitä, kuten mäkiä, puita tai rakennuksia, jotka voivat estää signaalin kulun ja luoda katvealueita.

Tämä pitkän kantaman wifi-verkko on kuin laajennettu kotiverkko, joka ulottuu monen kilometrin päähän. Tällaisessa verkossa voisi pyörittää vaikka radio-ohjelmia ilman internettiä ja ilman suuria kustannuksia. Se on erinomainen esimerkki siitä, miten vapaassa yhteiskunnassa voidaan säilyttää tehokas viestintä ja yhteys, vaikka perinteinen internet-yhteys ei olisikaan käytettävissä.

Samalla tavalla toimivat myös nykyaikaiset radiopuhelimet, jotka voivat kantaa jopa 25 kilometrin päähän ja mahdollistavat välittömän yhteydenpidon ilman internettiä. Nämä teknologiat ovat elintärkeitä osia omavaraisen yhteiskunnan infrastruktuurissa, sillä ne tarjoavat luotettavan ja itsenäisen tavan kommunikoida ilman ulkopuolista valvontaa.

Yhteydenpito vapaassa yhteiskunnassa ei siis tarvitse olla digitaalisen valvonnan alainen. Perinteiset ja modernit teknologiat tarjoavat monia mahdollisuuksia ylläpitää viestintää ja yhteyksiä, jopa ilman internetin tai keskitettyjen verkkojen tukea. Tärkeintä on, että näiden järjestelmien avulla voidaan säilyttää vapaus, yksityisyys ja itsenäisyys, samalla kun yhteisö pystyy toimimaan ja elämään ilman ulkopuolista kontrollia.

VAPAUDET POLIISIASIOISSA

Entäpä, jos joudumme tilanteeseen, jossa poliisi pidättää meidät? Tällaisessa tilanteessa on tärkeää muistaa, että meillä kaikilla on perustuslaillinen oikeus tallentaa tapahtumat, erityisesti silloin, jos tallenteet voivat toimia todisteina. Tämä oikeus kattaa muun muassa äänen nauhoittamisen ja videokuvan ottamisen, mikäli se on tarpeen tilanteen dokumentoimiseksi. Nämä tallenteet voivat tarjota tärkeää tietoa mahdollisessa oikeudenkäynnissä ja suojella meidän oikeuksiamme.

On kuitenkin tärkeää huomioida, että henkilöiden kuvaaminen ilman heidän suostumustaan on rajoitettua, eikä yksityishenkilöiden tunnistetiedot, kuten kasvokuvia tai rekisterinumeroita, saa tallentaa tai jakaa ilman lupaa. Tämän vuoksi on tärkeää ymmärtää rajat, joita lainsäädäntö asettaa yksityisyyden suojalle, samalla kun puolustamme oikeutta tallentaa tapahtumia, jotka voivat vaikuttaa meidän oikeuksiimme ja vapauteemme.

On myös täysin oikeutettua esittää kysymyksiä ja tallentaa muistiinpanovälineillä tärkeää tietoa, erityisesti silloin, kun olemme vuorovaikutuksessa viranomais- tai viranhaltijahenkilöiden kanssa. Tämä on paitsi juridinen oikeus, myös eettinen velvollisuus, joka tukee yksilön oikeuksia ja suojelua mahdollisia väärinkäytöksiä vastaan. Tallenteet ja muistiinpanot voivat auttaa meitä muistamaan tarkasti, mitä on sanottu ja sovittu, ja ne voivat myöhemmin toimia todisteina, jos tilanne sitä vaatii.

Tässä yhteydessä on tärkeää tunnistaa, että monet viranomaiset saattavat käyttää auktoriteettiasemaa vahvistaakseen valtaansa kansalaisia kohtaan. Meidän ei tulisi hyväksyä tätä auktoriteettiasemaa sokeasti, vaan meidän on hyvä suhtautua tilanteisiin kriittisesti ja tarkasti. Meidän on oltava "sivustakatsojia", jotka tarkastelevat keskusteluja ja tilanteita objektiivisesti, ikään kuin ulkopuolelta.

Tällainen etäisyys ja tietoisuus omasta asemastamme estävät meitä joutumasta manipuloinnin kohteeksi ja suojelevat meitä viranomaisten mahdollisilta autoritaarisilta toimilta. Kun emme ole alistuvia hallintapyrkimyksille, vaan pysymme valppaina ja tiedostamme oikeutemme, viranomaisten on vaikeampi hallita meitä. Tällöin he eivät pysty ylittämään rajojaan tai käyttämään valtaansa väärin yhtä helposti.

Aina kannattaa katsoa asioita ikään kuin sivusta, mutta vielä parempaa on asettua niiden yläpuolelle. Tällöin saamme laajemman ja syvällisemmän näkökulman – ikään kuin otamme askeleen taaksepäin ja tarkastelemme tilannetta kokonaisuutena. Tällainen etäinen ja korkeammalta katsominen ei tarkoita etäisyyttä tai välinpitämättömyyttä, vaan se antaa meille mahdollisuuden nähdä piilevät yhteydet, laajemmat kontekstit ja syvemmät merkitykset. Tämä ei ole pelkkää ulkopuolista tarkkailua, vaan henkistä asennoitumista, joka mahdollistaa meitä ymmärtämään paremmin niin omat toimintamme kuin ympäröivän maailman dynamiikat.

Filosofisesti ajatellen tämä asennoituminen on yksi tie kohti viisautta. Kun onnistumme astumaan pois suorasta toiminnan tai tunteen keskuksesta, me saamme välimatkan, joka auttaa meitä näkemään asiat ilman tuomitsevia tai rajoittavia tunteita. Se avaa tilaa syvemmälle pohdinnalle ja mahdollistaa meille vapauden valita, kuinka haluamme reagoida, sen sijaan että reagoimme automaattisesti ympäröivään maailmaan. Tämä kyky nähdä asiat suurempana kokonaisuutena, yltäen hetkistä pidemmälle, tuo meille sisäistä rauhaa ja kyvyn navigoida elämän monimutkaisissa tilanteissa.

Tällainen ajattelutapa on elämän ja maailman hyväksymistä sellaisena kuin se on – ei yksinkertaisena tai mustavalkoisena, vaan monisyisenä ja jatkuvasti muuttuvana. Se antaa meille tilaa kasvaa ja kehittyä sekä itsenäisesti että suhteessa muihin, säilyttäen samalla selkeän ymmärryksen siitä, että kaikki on osa jotain suurempaa ja merkityksellisempää.

Mitään asiaa ei kannata ottaa liian henkilökohtaisena, ei edes silloin, kun kohtaamme käskytystä tai auktoriteetin vaikutuksen. On tärkeää säilyttää tietynlainen etäisyys, jopa henkisesti, kaikesta ympäröivästä – ikään kuin tarkastelisimme tilannetta ulkopuolelta ja mieluiten yläpuolelta. Tällöin voimme nähdä tilanteen kokonaisuutena ja hahmottaa sen laajemman kontekstin.

Jos taas sukellamme liikaa yksityiskohtiin tai antaudumme liian syvälle tilanteeseen, jossa toinen osapuoli käyttää auktoriteettiaan, saatamme jäädä vangiksi yksittäisiin elementteihin ja unohtaa suuremman kuvan. Yksityiskohtiin keskittymällä voimme helposti menettää selkeän käsityksen siitä, mitä oikeasti tapahtuu. Tällöin olemme vaarassa jäädä vangiksi tilanteen manipuloinnille ja huijaukselle, sillä pienet yksityiskohdat voivat helposti hämärtää kokonaiskuvan.

Filosofisesti katsottuna tämä on muistutus siitä, kuinka tärkeää on säilyttää mielen selkeys ja kyky nähdä elämän monimutkaisuudet ilman, että meidät sidotaan pieniin, hetkellisiin asioihin. Kun pysymme ulkopuolella ja katsomme asioita laajemmasta perspektiivistä, säilytämme paremman ymmärryksen omista valinnoistamme ja reaktioistamme, emmekä joudu muiden manipulaatioiden tai painostuksen alaisiksi. Tällöin säilytämme sisäisen vapauden, joka on elämän perimmäinen voima.

On äärimmäisen tärkeää säilyttää jatkuva yhteys kokonaisuuteen. Hetkeksikään ei ole hyvä laskea tästä huomiota, sillä vastapuoli huomaa helposti, milloin keskittymisemme

herpaantuu ja milloin alamme seurata hänen ohjaustaan. Pienet yksityiskohdat voivat olla hyvin houkuttelevia, mutta ne ovat aina osa suurempaa kokonaisuutta. Näitä pieniä osia voidaan käyttää meitä vastaan, jos emme ole tarkkoina ja valppaina.
Vapauden kannalta tämä on erityisen keskeistä: se, että pystymme pitämään mielen avoinna ja terveenä, on vapaan ihmisen henkinen asenne. Tällöin voimme suojella itseämme ulkopuolisilta vaikutuksilta, jotka pyrkivät ohjaamaan meitä pois omalta polultamme. Tämän ajattelutavan taustalla on terveellä tavalla itsekäs asenne – ei siis egosentrinen, vaan itsekunnioitusta ja itsenäisyyttä korostava. Vapaus ei tarkoita kapinointia, vaan vapautta valita oma tiensä ja elää omien periaatteidensa mukaan. Kapinallinen saattaa ulkoisesti näyttää itsenäiseltä, mutta hän on omassa taistelussaan vangittuna – hän ei ole vapaa, vaan energiansa kuluttava vastarinta on hänen vankilansa. Vapaus syntyy siitä, että ei tarvitse jatkuvasti taistella tai vastustaa, vaan elää itsenäisesti ja valita olla osana suurempaa, mutta samalla pitää omat rajat ja kokonaiskuva kirkkaana mielessä.

Miten me voimme kokea olevamme todella irti ympäröivästä systeemistä? Ei ole olemassa mitään taikakeinoja tai salaisia lääkkeitä tähän, vaan kyse on yksinkertaisesta mutta syvällisestä asenteesta. Kuten olen tässä luvussa useasti todennut, meidän täytyy lähestyä maailmaa ikään kuin katselisimme sitä yläpuolelta ja ulkopuolelta – etäisyyden ja objektiivisuuden näkökulmasta. Tämä etäisyys antaa meille kyvyn tarkastella kokonaisuutta selkeämmin, ilman, että jumiudumme yksittäisiin osiin tai reaktiivisiin tilanteisiin.

Kun pystymme hallitsemaan kokonaisuutta, edes jollain tasolla, silloin voimme kokea olevamme aidosti vapaita. Vapaus ei synny ulkoisista tekijöistä, vaan siitä, että meillä on kyky pitää mieli ja toiminta kokonaisvaltaisesti omissa käsissämme, vaikka maailma ympärillämme jatkuvasti muuttuisikin.

On tärkeää olla katsojana omassa elämässään, ilman että annamme muiden asioiden tai tunteiden täysin hallita itseämme. Meidän ei tule liikaa uppoutua muiden ongelmiin tai elämän käänteisiin, sillä jokainen ihminen, jopa lapsi, voi tahattomasti manipuloida ympäristöään saadakseen tahtonsa läpi. Esimerkiksi lapsen itku voi olla voimakas keino saada aikuiset reagoimaan, mutta jos me jäämme tuohon ansaan, annamme itsellemme ja muille liikaa valtaa.

Tämä ei tarkoita kylmyyttä tai välinpitämättömyyttä, vaan yksinkertaisesti sen ymmärtämistä, että meidän täytyy säilyttää oma tasapainomme ja olla tietoisia siitä, mitä annamme omalle huomiollemme. Vain silloin, kun olemme tietoisia tästä ulkopuolisesta tarkkailijasta itsessämme, voimme todella kokea, että olemme vapaita – vapaita manipulaatiosta ja ympäröivän maailman rajoituksista.

Jos me pystymme säilyttämään rauhallisuutemme ja tarkastelemaan kaikkea ikään kuin sivusta, silloin olemme todella vahvoja, eikä kukaan saa meistä henkistä yliotetta. Tämä asenne muistuttaa tilannetta, jossa joku yrittää provosoida toista suuttumaan, mutta kaikki yritykset epäonnistuvat. Se on kuin tulisten hiilien kaataminen henkilön päälle, joka toivoo, että reagoimme, mutta me pysymme rauhallisina ja välinpitämättöminä.

Tällöin, vaikka ympärillä olisi kaaos, me emme anna itsemme joutua sen osaksi. Se on kuin kaataisi tulisia hiiliä jonkun päälle, joka haluaa nähdä toisen reagoivan, mutta itse pysymme viileinä ja etäisinä. Vastapuoli saattaa yrittää saada meidät suuttumaan tai reagoimaan, mutta me pysymme hiljaisina, tarkkailijoina, katsoen koko tilannetta objektiivisesti ja ylhäältä käsin. Tässä hetkessä on voima: kun emme anna muiden tunteiden tai odotusten hallita meitä, säilytämme itsenäisyytemme ja vahvuutemme, riippumatta siitä, mitä ympärillä tapahtuu.

Eivät kaikki poliisitkaan välttämättä hae voimakasta reaktiota, vaikkakin erityisesti nuoremmat konstaapelit saattavat kentällä yrittää kokeilla vaikutusvaltaansa. Kuitenkin, ammatissaan kasvettuaan, tällaiset mahtailut yleensä hiipuvat ja jäävät taakse.

Kun pohdimme suhtautumistamme poliisiin, se ei ole pelkästään yksittäinen teko tai tapaus, vaan siinä on syvällisiä psykologisia ja kulttuurisia tekijöitä, jotka voivat juontaa juurensa jopa sukupolvien taakse. Poliisipelko ei ole vain yksilöllinen tunne, vaan se on usein syvälle juurtunut reaktio, joka liittyy siihen, miten yhteiskunta on rakentanut auktoriteetin, valvonnan ja pelon välistä dynamiikkaa.

Usein poliisiin liittyvä pelko voi kummuta jo varhaisista kokemuksista, jotka meistä monelle voivat olla tiedostamattomia. Jos on elänyt ympäristössä, jossa viranomaiset olivat jatkuvasti läsnä, mutta eivät suinkaan suojelleet vaan osallistuivat ympäristön hallintaan pelon lietsonnalla ja voimankäytöllä, tämä voi jättää jälkensä. On mahdollista, että syyllisyydentunne ei edes liity itse tekoihin vaan se on juurtunut pelkoon tai tunnetilaan, joka syntyy, kun kohtaa poliisin, riippumatta siitä, mitä on tapahtumassa. Tämä pelko voi johtaa siihen, että poliisia kohtaan tuntee alistuneisuutta, ja sitä voi helposti kantaa mukanansa ilman, että edes ymmärtää, miksi reagoimme niin voimakkaasti.

Poliisia, ja viranomaisia yleensä, on pitkään pidetty eräänlaisina yhteiskunnan korkeimpina auktoriteetteina, ja tämä auktoriteetti on usein sidoksissa pelkoon, mutta myös kunnioitukseen. On hyvin inhimillistä pelätä asioita, joita ei täysin ymmärrä tai joilla on valta meidän elämäämme – tämä on myös psykologinen puolustusmekanismi, joka suojaa meitä kokemasta liian suuria tunteita ja ahdistusta tilanteessa, jossa kontrolli on ulkoistettu jollekin muulle. Mutta tämä sama pelko voi luoda myös harhan siitä, että poliisi on "ylivoimainen" ja "voittamaton", kun todellisuudessa se on vain ihmisten muodostama käsitys, joka usein ei ole perusteltu.

Koko auktoriteetti ja pelko eivät ole vain ulkoista hallintaa, vaan ne heijastuvat myös sisäisesti. Syyllisyyden tunne, joka voi syntyä pelkästään poliisin nähdessä, voi olla peräisin siitä, miten olemme sisäistäneet yhteiskunnan normit ja arvot. Jos kasvatamme itseämme ajatukseen, että meidän on aina alistuttava valvonnan ja kontrollin alaisuuteen, voi olla vaikeaa kyseenalaistaa tällaisia oppeja aikuisena. Näin syntyy syyllisyydentunto, joka on itse asiassa harha, sillä jokaisella meillä on perusoikeus toimia vapaasti ja olla vapaa hallinnasta, joka ei perustu oikeudenmukaisuuteen tai tasa-arvoon.

On kuitenkin tärkeää ymmärtää, että tämä pelko ja auktoriteetin sisäistäminen eivät ole epärealistisia tunteita – ne ovat psykologisia reaktioita, jotka voivat olla hyvin todellisia ja voimakkaita. Ne voivat estää meitä tuntemasta itseämme vapaina, estää meitä kohtaamasta viranomaisia rauhassa ja keskustelemasta heidän kanssaan samalla tavalla kuten jonkun muun kanssa. Tällöin voimme jäädä loukkuun pelkoomme ja siihen, miten muut ihmiset – poliisit tai viranomaiset – ovat niin sanotusti "ylivoimaisia" meihin verrattuna.

Kehityksen ja kasvun kannalta on kuitenkin tärkeää purkaa tätä pelkoa ja ymmärtää, että jokainen ihminen, myös poliisi, on yhtä arvokas ja inhimillinen kuin me itse. Meidän ei tarvitse alistua auktoriteettiin pelon kautta, vaan voimme lähestyä sitä, kuten lähestyisimme ketä tahansa toista ihmistä – luottavaisesti ja rauhallisesti. Jos voimme hymyillä poliisille ja keskustella heidän kanssaan aivan tavallisista asioista, silloin vapautemme kasvaa. Tämä on psykologinen muutos, jossa siirrymme pelon ja alistumisen tilasta kohti itsetietoista ja itsenäistä asemaa, jossa meillä on valta päättää omasta suhtautumisestamme ja toiminnastamme.

Vapaus ei ole vain ulkoinen tila, se on myös sisäinen asenne ja kyky irrottautua niistä sidoksista, jotka pitävät meidät alistettuina. Se ei tarkoita, etteikö voisi olla kunnioittava viranomaisia kohtaan, vaan se tarkoittaa, että voimme tehdä sen ilman pelkoa. Tämä on henkinen vallankumous, jossa muutamme tapamme nähdä itsemme ja maailman ympärillämme – emme enää ole hallinnan ja pelon alaisia, vaan olemme vapaita valitsemaan, miten toimimme.

KAIKESTA VALITTAMINEN VIE VAPAUDEN

Vapautemme rajoittaminen ei aina johdu ulkoisista tekijöistä, vaan siitä, kuinka reagoimme ympäröivään maailmaan. Yksi tavallisimmista esteistä sisäiselle vapaudelle on taipumus valittaa ja keskittyä negatiivisiin asioihin, erityisesti silloin, kun elämä tuntuu kulkevan väärään suuntaan. Monet meistä saattavat piehtaroida epätoivossa tai upota murehtimiseen, kun päivät eivät suju odotetusti. On täysin inhimillistä tuntea turhautumista ja vihaa, kun asiat menevät pieleen, mutta tämä valittaminen ja murehtiminen voi pitkällä aikavälillä rajoittaa elämänhallintaa ja itsensä vapauttamista.

Kysymys ei ole siitä, että meidän pitäisi vaimentaa tunteemme tai teeskennellä, ettei mitään negatiivista tapahdu – se ei olisi tervettä eikä aitoa. Mutta vapauden käsite muuttuu, kun ymmärrämme, että valittaminen ja murehtiminen eivät varsinaisesti vie meitä kohti ratkaisua tai sisäistä rauhaa. Itse asiassa, ne voivat sitoa meidät entistä tiukemmin ulkoisiin tekijöihin ja elämänmuotoihin, jotka koemme epäoikeudenmukaisiksi. Tällöin valittaminen ei olekaan pelkästään reagointitapa, vaan se muuttuu tavaksi, joka vangitsee meidät tunnetasolle, jossa emme voi liikkua eteenpäin.

Kun jäämme liiaksi kiinni negatiivisiin tunteisiin, me luomme itse esteitä vapaudellemme. Emme voi kokea todellista vapautta, jos emme osaa päästää irti murehtimisen ja valittamisen kierteestä. Vapautemme ei synny siitä, että ulkoiset olosuhteet muuttuvat täydellisesti haluamiksimme, vaan siitä, että opimme valitsemaan, miten suhtautumme niihin. Meillä on valta päättää, kuinka paljon annamme ulkoisten tekijöiden määrittää omaa elämäämme. Vapaus ei tarkoita sitä, että kaikki menisi aina hyvin, vaan sitä, että voimme säilyttää sisäisen rauhan ja voimamme, vaikka asiat eivät mene suunnitelmien mukaan.

Tässä tulee esiin sisäisen asenteen merkitys. Vapaus on ennen kaikkea henkinen tila, ei pelkästään ulkoisten olosuhteiden summa. Kun pystymme näkemään vaikeudet ja vastoinkäymiset osana elämän kulkua – ei vihollisina, vaan osina, joita voimme käsitellä ja oppia niistä – silloin olemme todella vapaita. Valittaminen ja piehtarointi voivat tuntua hetkellisesti helpotukselta, mutta ne eivät vie meitä eteenpäin. Vapautemme kasvaa silloin, kun voimme hyväksyä sen, että elämässä on ylä- ja alamäkiä, mutta itse emme jää niiden valtaan. Itse asiassa, mitä vähemmän kiinnitymme ulkoisiin esteisiin ja mitä enemmän keskitymme siihen, kuinka me itse voimme vastata niihin, sitä enemmän voimme kokea vapauden tunnetta.

Vapaus on valinta suhtautua elämään tavalla, joka ei rajoita meitä, ei tuo lisää taakkaa, vaan avaa uusia mahdollisuuksia. Se ei ole täydellistä maailmaa, vaan kyky nähdä sen kauneus ja merkitys, vaikka se ei aina täytä toiveitamme. Vapaus on sitä, että voimme valita elää hetkessä, kohdata haasteet rauhassa ja nähdä, että vaikka elämässä on kipuja ja pettymyksiä, niiden ei tarvitse määrittää meitä. Vapaus syntyy siitä, että me emme ole heidän armoillaan, jotka odottavat, että maailma olisi aina täydellinen, vaan voimme hyväksyä elämän imperfektion ja elää silti täysillä.

Todellisuus paljastaa, että jatkuva valittaminen ja negatiivinen ajattelu voivat vangita meidät yhä syvemmälle epätoivon ja pessimismin kierteeseen. Kun suostumme jäämään negatiivisten ajatusten valtaan, annamme niille kaiken huomion ja energiaamme, eikä meillä ole enää tilaa positiiviselle tai toiveikkaalle ajattelulle. Itse asiassa, tällainen ajattelutapa pitää meidät juurtuneina paikoilleen, estäen meitä näkemästä mahdollisuuksia ja estämällä meitä ottamasta askelia kohti muutosta.

Positiivinen ajattelu puolestaan avaa oven vapauteen. Se ei tarkoita, että meidän tulisi sulkea silmämme todellisuuden haasteilta tai ongelmilta, vaan sitä, että opimme suhtautumaan niihin tavalla, joka ei heikennä meitä. Positiivinen ajattelu antaa meille voimaa kohdata vaikeudet, koska silloin me uskomme, että voimme vaikuttaa asioihin ja että muutos on mahdollinen. Negatiivinen ajattelu sen sijaan kahlitsee meidät uskomuksiin siitä, että emme voi muuttaa mitään, ja jättäydymme jumittamaan paikoillemme.

Kun ajattelemme negatiivisesti, emme anna itsellemme edes mahdollisuutta onnistua. Sen sijaan jäämme vangiksi epäonnistumisen pelkoon ja turhautumiseen, ja saamme mielessämme elämäämme yhä vain lisää epätoivoa. Jos joskus mielessä vilahtaa pieni toivonkipinä, se saatetaan nopeasti pyyhkäistä pois, koska se tuntuu häiritsevän negatiivisten ajatusten hallitsemaa mielenmaisemaa. Näin jäämme kiinni ajatusmalleihin, jotka estävät meitä näkemästä, kuinka paljon voimme vaikuttaa omaan elämäämme ja millaisia muutoksia voimme tuoda elämäämme.

Positiivinen ajattelu ei tarkoita naiivia suhtautumista elämään tai sen ongelmiin, vaan kykyä kohdata ne rohkeasti ja avoimesti. Se on valinta suhtautua haasteisiin mahdollisuuksina oppia ja kasvaa, ei esteinä, jotka määrittelevät meidät. Kun valitsemme keskittymisen positiivisiin ajatuksiin ja uskon omaan kykyymme selviytyä, me vapautamme itsemme negatiivisuuden ja epätoivon kahleista. Vapaus ei tule siitä, että asiat menevät täydellisesti, vaan siitä, että me kykenemme hallitsemaan reaktioitamme niihin ja löytämään tien eteenpäin, vaikka matka olisi vaikea.

Kuvittele, kuinka paljon vapautuneempia ja avoimempia olisimme, jos vain osaisimme päästää irti tuosta valittamisen tarpeesta – siitä itsepintaisesta pakkomielteestä, joka vaatii meitä murehtimaan ja valittamaan koko ajan. Entä jos aurinko voisi päästä paistamaan syvälle mielemme pimeimpiin kolkkiin, jos lopettaisimme itsellemme määräämästä, että meidän on oltava jatkuvasti tyytymättömiä?

Todellisuudessa, kun luovutamme valittamisen pakosta, annamme itsellemme mahdollisuuden kokea onnea, jopa niinä hetkinä, jotka tuntuvat vaikeilta tai haasteellisilta. Tämä ei tarkoita, että meidän pitäisi teeskennellä, ettei mikään ole pielessä, vaan että meillä on lupa olla iloisia ja nauttia elämästämme huolimatta vastoinkäymisistä. Kun sallimme itsellemme sen vapauden, että voimme olla onnellisia juuri nyt, vaikka tilanne ei olisi täydellinen, avautuu mielenrauha ja valoa sinne, missä aikaisemmin oli vain varjoa.

Tässä ei tarvitse muuta kuin yksinkertaisesti antaa itsellemme lupa olla iloisia – ilman syyllisyyttä, ilman epäilyksiä. Positiiviset ajatukset eivät ole mitään pakotettuja tai teennäisiä käsityksiä, vaan ne tulevat luonnostaan, kun vain luomme tilaa sille, että voimme tuntea kiitollisuutta, naurua ja iloa myös haastavina hetkinä.

Negatiivinen ajattelu voi viedä meidät loputtomaan kierteeseen, jossa pyöritämme samoja ahdistuneita ja pessimistisiä ajatuksia ilman loppua. Se pitää meidät lukittuina ahtaisiin rajoihin, joissa mikään ei muutu ja mikään ei tunnu riittävän. Mutta positiiviset ajatukset syntyvät eri tavoin: ne ovat kuin raikas tuulahdus, joka tuo mukanaan uusia mahdollisuuksia ja avaruuden, jossa voimme hengittää vapaasti. Kun opimme keskittymään niihin, huomaamme, kuinka paljon valoa ja elämäniloa voimme saada itsellemme – ihan vain sillä, että päätämme antaa itsellemme luvan olla onnellisia.

Meidän ei tarvitse kuin päästää irti kaikista negatiivisista ajatuksista, ja mieli selkeytyy kuin raikas tuulahdus. Positiivinen ajatus on kuin puhdas, raikas ilma ja kirkas taivas – se ei ole raskas, vaan se virtaa luonnollisesti ja vapaasti. Positiivisia ajatuksia ei tarvitse väkisin tavoitella tai ponnistella saadakseen niitä mieleen. Ne tulevat itsestään, kun vain luomme tilaa niille. Ne eivät vaadi meiltä ponnistelua, vaan tarjoavat keveyttä ja vapautta, aivan kuin kevätpäivä, joka tuo elämänvoimaa ilman, että sitä tarvitsee erityisesti odottaa. Positiivinen ajattelu ei ole vaivalloista; se on luonnollinen olotila, joka virtaa suoraan mielen syvyyksistä, kun vain annamme itsellemme luvan kokea sen.

On aina olemassa ihmisiä, jotka tuntuvat elävän jatkuvassa valituksessa ja epätoivossa, pyöriskellen omassa onnettomuudessaan. Itse olen kuitenkin aina ollut sitä mieltä, että huonolla fiiliksellä ei kannata lähteä tekemään mitään. On paljon järkevämpää ensin luoda itselleen hyvä fiilis ja sitten vasta ryhtyä toimeen. Kun mieli on kirkas ja positiivinen, kaikki tehtävät tuntuvat helpommilta ja tehokkaammilta.

Yksi parhaista tavoista kohentaa omaa mielialaa on lenkkeily ja ulkoilu. Raikas ulkoilma ja kevyet liikkeet auttavat tuomaan mielenrauhan ja selkeyden. Aamun kävely, kun mieli on vielä levollinen ja avoin, on loistava hetki antaa itselleen lupa ajatella mukavia ja positiivisia asioita. Tämä nostaa fiilistä ja luo perustan koko päivän asenteelle. Kun mieli on korkealla ja positiivinen, on paljon helpompi kohdata päivän haasteet ja tehdä vaativatkin tehtävät tehokkaasti ja iloisin mielin.

VAPAUS VALITA

Nykyään kuulemme yhä useammin syytöksiä siitä, että olemme vastuuttomia, jos ostamme edullisempia tuotteita. Meitä syytetään siitä, että suosimalla halpoja vaihtoehtoja, me mahdollistamme epäeettisten tuotantokäytäntöjen, kuten lapsityövoiman käytön, tai ympäristölle haitallisten menetelmien, kuten liiallisen saastuttamisen, jatkumisen. Kuitenkin on tärkeää kysyä: voimmeko todella olla vastuussa toisten ihmisten kärsimyksistä pelkästään siksi, että olemme valinneet ostaa tuotteita edullisempaan hintaan?

Meillä on oikeus ja vapaus valita, mitä ostamme ja mihin rahamme käytämme. Tällöin on oleellista ymmärtää, että valinta edullisempien tuotteiden välillä ei tee meistä moraalisesti syyllisiä. Jos meitä syytetään tästä, se johtaa helposti vaaralliseen käytäntöön, jossa kuluttajille pyritään tyrkyttämään kalliimpia vaihtoehtoja väittäen, että ne olisivat eettisempiä ja ekologisempia. Mutta tällainen väite ei aina ole totta – kalliimpi tuote ei takaa ekologista tai eettistä tuotantoa. Itse asiassa, kuluttajilta voidaan huijata rahaa väittämällä, että kalliimmat vaihtoehdot ovat vastuullisempia, vaikka ne saattavat todellisuudessa olla aivan yhtä haitallisia ympäristölle tai ihmisoikeuksille kuin edullisemmat tuotteet.

Vapaus valita on perusoikeus, ja sen vääristäminen syyllistämällä kuluttajia heidän valinnoistaan ei vain rajoita tätä vapautta, vaan luo myös mahdollisuuden manipuloida ja huijata ihmisiä, jotka vain yrittävät elää arkeaan mahdollisimman järkevällä ja kohtuullisella tavalla. Jos alamme uskoa, että jokainen valinta, jonka teemme, saattaa johtaa syyllisyyteen, siitä syntyy pelon ja epävarmuuden kulttuuri, jossa kuluttajat eivät enää osaa tehdä valintoja ilman pelkoa, että he tekevät väärän päätöksen. Vapauden käsite muuttuu tällöin tyhjäksi, ja meidät saadaan tuntemaan itsemme jatkuvasti vastuullisiksi asioista, jotka eivät ole meidän hallinnassamme.

On syytä muistaa, että todellinen vapaus on mahdollisuus tehdä valintoja ilman, että meidät pakotetaan ottamaan vastuuta asioista, joita emme voi muuttaa tai kontrolloida. Siksi meidän ei tulisi tuntea syyllisyyttä, jos valitsemme edullisemman tuotteen. Sen sijaan meidän tulisi keskittyä luomaan avoin ja rehellinen keskustelu kuluttamisesta, joka ottaa huomioon aidot ekologiset ja eettiset valinnat ilman, että meidät vedetään ansaan manipuloivan markkinoinnin tai syyllistämisen kautta.

Kuinka pitkälle ne ihmiset, jotka ostavat tuotteita, joita väitetään ekologisemmiksi ja eettisemmiksi, voivat todella tarkistaa tuotteen alkuperän ja sen koko valmistusketjun?

Pystymmekö me todellisuudessa jäljittämään tuotteen kulkua aina sen syntyvaiheesta ostajalle asti? Onko tämä edes mahdollista, vai jääkö tämä jäljitettävyys vain teoriaksi? Tällaiset kysymykset ovat keskeisiä, kun pohdimme, kuinka luotettavia väitteet ekologisuudesta ja eettisyydestä ovat.

Valitettavasti monissa tapauksissa tuotteen ekologisuus tai eettisyys on vaikeasti todistettavissa ja jopa petollisesti esitetty kuluttajalle. Vaikka markkinoinnissa väitetään, että tuote on valmistettu ympäristöystävällisistä materiaaleista ja että sen tuotanto on reilua ja vastuullista, todellisuus voi olla aivan toisenlainen. Yksi suurimmista ongelmista on se, että monet valmistajat voivat käyttää "vihreitä" ja "eettisiä" etikettejä ilman, että niitä on oikeasti validoitu tai varmistettu riittävällä tarkkuudella. Nämä väitteet voivat olla pelkkää markkinointikikkailua, joka houkuttelee kuluttajia maksamaan enemmän tietämättömyyden ja hyvän omantunnon toivossa, vaikka todellisuudessa tuotteen alkuperä ja valmistusprosessi saattavat olla täysin ristiriidassa sen ekologisen ja eettisen lupauksen kanssa.

On myös hyvä kysyä, kuinka syvälle kuluttaja voi tutkia koko tuotantoketjua. Suurilla monikansallisilla yrityksillä on usein monivaiheisia toimitusketjuja, jotka ulottuvat eri puolille maailmaa, ja näitä ketjuja voi olla lähes mahdotonta jäljittää tarkasti. Usein tuotantovaiheiden eri osat tapahtuvat maissa, joissa työvoiman hyväksikäyttö ja ympäristön kuormitus saattavat olla todellisia ongelmia, mutta kuluttajat eivät ole niistä tietoisia. Vaikka yritykset tarjoavat kuluttajille ympäristöystävällisiä tai reilun kaupan sertifikaatteja, niiden todellinen luotettavuus ja kattavuus jäävät usein hämärän peittoon. Onko yritys todella tarkistanut koko tuotantoketjun jokaisen vaiheen ja varmistanut, että se täyttää eettiset ja ekologiset vaatimukset? Usein tämä jää epäselväksi.

Ongelmana on myös se, että suuri osa "ekologisista" ja "eettisistä" sertifikaateista saattaa olla osittain tai kokonaan kaupallisia. Ne voivat olla organisaatioiden myöntämiä sertifikaatteja, jotka eivät välttämättä takaa, että tuote on aidosti eettinen ja ympäristöystävällinen. Sertifikaatit voivat olla hyvä tapa markkinoida tuotetta, mutta niiden taustalla voi olla epäselvyyksiä ja heikkoa valvontaa. Voi olla, että tuotteen valmistaja vain haluaa esittää tietyn kuvan itsestään ja tuotteestaan ilman todellista sitoutumista eettisiin ja ekologisiin periaatteisiin.

Näin ollen on hyvä tiedostaa, että kuluttajan on vaikeaa tarkistaa täysin tuotteen alkuperä ja sen eettiset ja ekologiset vaatimukset ilman, että syvällisesti perehtyy jokaiseen tuotteen valmistusvaiheeseen, ja se on usein yllättävän vaikeaa. Moni ei pysty tarkistamaan esimerkiksi, millä tavoin työvoimaa on käytetty tai kuinka suuri ympäristövaikutus tuotteen valmistusprosessilla on ollut. Moni kuluttaja joutuu luottamaan vain siihen, mitä heille kerrotaan, ja valitettavasti tässä tilanteessa he voivat helposti tulla huijatuksi, jos he eivät ole tarkkana.

Lopulta voimmekin kysyä, onko koko "ekologisuuden" ja "eettisyyden" käsite monille vain markkinointivalhe, joka palvelee enemmänkin kuluttajaa syyllistämisen ja hyväntahtoisuuden kautta kuin aidon, vastuullisen kulutuskäyttäytymisen mahdollistamisen kautta. Tämä herättää kysymyksen, voimmeko koskaan todella tietää, mitä ostamme – ja miten voimme tehdä varmoja valintoja, jotka edistävät oikeasti kestävämpää ja vastuullisempaa maailmaa, kun todellisuus on usein niin hämärä ja monivaiheinen?

Miten paljon me sitten olemme vastuussa toisten ihmisten kärsimyksistä, sekä välillisesti että välittömästi? Tämä on monisyinen ja syvällinen kysymys, johon ei ole helppo vastata. Suoraanhan olemme tietenkin vastuussa, jos itse aiheutamme toiselle kärsimystä tai vahinkoa, mutta maailma on niin monimutkainen ja arkipäiväiset valintamme kietoutuvat usein globaaleihin talousrakenteisiin, että meidän on vaikea nähdä kaikkia niitä reittejä, jotka yhdistävät meidät muihin ihmisiin.

Vaikka emme itse aktiivisesti tuottaisikaan kärsimystä, olemme silti osallisia maailmanlaajuisissa järjestelmissä, jotka vaikuttavat toisten elämään. Tämä tarkoittaa, että vaikkemme olisikaan suoraan vastuussa jonkun toisen kärsimyksestä, se, miten elämme ja mitä kulutamme, voi silti vaikuttaa maailmaan ja niihin, jotka elävät aivan eri olosuhteissa. Globaalit tuotantoketjut, joissa kuluttajat länsimaissa ostavat edullisia tuotteita, voivat helposti piilottaa meille totuuden siitä, millä hinnalla nämä tuotteet on tuotettu. Vastuullisuus ei ole pelkästään omien valintojen tarkastelua, vaan myös niiden vaikutusten pohtimista, joita emme näe päivittäin, mutta jotka kuitenkin ovat olemassa.

On kuitenkin muistettava, että monessa köyhässä maassa työ, joka lännessä saattaisi vaikuttaa epäinhimilliseltä – pienet palkat, huonot työolosuhteet, vaaralliset ja epäoikeudenmukaiset käytännöt – voi itse asiassa olla verrattain parempi vaihtoehto verrattuna äärimmäiseen köyhyyteen ja nälkään, joita ihmiset kohtaisivat, jos he eivät tekisi juuri tätä työtä. Tällöin voi herätä kysymys, kuinka paljon voimme syyttää itseämme siitä, että ostamme tuotteita, jotka ovat peräisin tällaisista olosuhteista. Onko meidän oikeus valita edullinen tuote, jos sillä on jollain tavalla epäsuora vaikutus toisten ihmisten elämään? Vai onko meidän vastuullamme tarjota vaihtoehtoja, jotka tukevat oikeudenmukaisempia työolosuhteita, vaikka se tarkoittaisikin korkeampia hintoja?

Tämä monimutkainen kysymys ei ole helppo ratkaista, sillä sen taustalla on suuria globaaleja rakenteita, joiden muuttaminen on valtavan vaikeaa. Jos ajattelemme omaa vastuullisuuttamme globaalissa mittakaavassa, meidän on pohdittava omia valintojamme kriittisesti: ostamme kohtuuhintaisia tuotteita, mutta tiedämmekö, millä hinnalla ne on tuotettu? Onko meidän mahdollista etsiä eettisempiä vaihtoehtoja, vaikka ne olisivat kalliimpia? Ja ennen kaikkea: kuinka voimme muuttaa asenteitamme ja käytöstämme, jotta voimme kantaa vastuuta ei vain omasta kulutuksestamme, vaan myös siitä, mitä vaikutuksia valinnoillamme on maailmanlaajuisesti?

MULTITASKAAMINEN POIS JA ASIA KERRALLAAN

Kevään tullen päätin pitää taukoa äänikirjojen kuuntelusta, vaikka ne ovatkin erinomainen väline itsensä kehittämiseen ja tietojen kartuttamiseen. Äänikirjat tarjoavat mahdollisuuden syventyä uusiin aiheisiin, vaikka arjen kiireet ja monenlaisten velvollisuuksien keskellä ei aina ehtisikään istahtaa lukemaan perinteisiä kirjoja. Ne tarjoavat kätevän tavan oppia ja sivistyä, olipa kyseessä sitten historia, psykologia, filosofia tai tieteen uudet tuulet.

Kuitenkin nykyään monilla alustoilla on tarjolla valikoima, joka tuntuu selvästi myötäilevän globalistien agendaa ja valtavirran narratiivia. Tällöin valinnanvapaus kutistuu, ja meidän on pohdittava, kuinka paljon todella voimme valita vapaasti, kun niin suuri osa tarjonnasta on suodatettua ja jopa ideologisesti värittynyttä. Onkin hyvä muistaa, että vaikka äänikirjat ovat kätevä tapa kuluttaa tietoa, niiden moninaisuus voi olla rajoitettua, ja tietyt äänikirjat saattavat toistaa samaa ajatusmallia tai maailmankuvaa.

Tämän vuoksi tuntui järkevältä pitää välillä taukoa äänikirjoista ja palata siihen, mitä voin itse omassa mielessäni luoda ilman ulkopuolista sisällön syöttämistä. On helppo lipsahtaa siihen tilaan, jossa kuuntelee jatkuvasti äänikirjoja samalla kun tekee muuta – multitaskaaminen vie huomiota ja syö energiaa. Välillä on tärkeää antaa itselleen aikaa ja tilaa pohtia asioita ilman jatkuvaa ulkoista syötettä. Erityisesti äänikirjat vaativat keskittymistä ja kriittistä kuuntelua, sillä niiden sisältö voi olla monasti sävyltään tietyllä tavalla johdattelevaa. Tämä tuo mukanaan lisää kognitiivista kuormitusta, joka estää syvällisempää pohdintaa ja sisäistämistä.

Tauko äänikirjoista on mahdollisuus palata hiljaisuuteen ja omiin ajatuksiin, ilman että ulkopuolinen sisältö jatkuvasti muokkaa mielenmaisemaa. Se avaa tilaa itsereflektoinnille, jossa voi tarkastella omia uskomuksia, arvomaailmaa ja ymmärrystä maailmasta ilman jatkuvaa ideologista suodatinta.

Kirjoista voi todella saada paljon irti, ja niiden kautta voi löytää uusia ajatuksia, syventää ymmärrystä ja avartaa maailmankuvaa. Filosofien, psykologien ja monen muun alan asiantuntijoiden teokset tarjoavat arvokasta tietoa, joka voi viedä ajattelua uusiin suuntiin ja auttaa meitä näkemään asioita uudessa valossa. On kuitenkin tärkeää muistaa, että jatkuva tiedon vastaanottaminen voi viedä meidät tilanteeseen, jossa mieli on täynnä kerättyä tietoa, mutta se ei ole vielä täysin sulateltu ja jäsennelty.

Kun olemme kuunnelleet ja lukeneet paljon, tieto alkaa kerääntyä alitajuntaamme. Uudet ideat ja näkemykset alkavat hiljalleen muotoutua, mutta ne tarvitsevat aikaa kypsyäkseen. On kuin ajatus olisi kypsymässä, mutta se ei ole vielä täysin valmis. Tällöin tulee se hetki, jolloin on aika antaa tälle tiedolle tilaa ja mahdollisuus ilmestyä tietoiseen ajatteluun. Tämä on kuin synnytysprosessi, jossa alitajunta tuottaa niitä oivalluksia, joita on prosessoitu pitkään, mutta jotka eivät ole vielä päässeet täysin tietoisuuden valoon.

Kun nämä ajatukset ovat saaneet olla alitajunnassa tarpeeksi pitkään, on niiden aika tulla ulos, muodostua johdonmukaiseksi ajatteluksi ja olla käytettävissä arjessa ja päätöksenteossa. Tieto, joka on kertyneenä alitajuntaan, saattaa ilmetä meille uusina ideoina, oivalluksina tai luovina ratkaisuina, joita voimme käyttää hyväksemme.

Tässä prosessissa on osattava antaa itselleen aikaa ja tilaa, jotta mielen alitajuiset varastot voivat "kehittyä" ja ilmetä tietoisuudessa. Se ei ole pelkästään tiedon omaksumista, vaan sen prosessointia, kypsyttämistä ja lopulta synnyttämistä. Vasta silloin, kun nämä ajatukset nousevat tietoisuuteen, voimme oikeasti alkaa työstää niitä, ja ne voivat tuoda meille syvemmän ymmärryksen, selkeyttä ja uusia näkökulmia. Tällöin tieto ei ole enää vain passiivista vastaanottamista, vaan aktiivista luomista ja soveltamista.

Multitaskaaminen on todellakin erittäin raskasta pidemmän päälle. Vaikka emme aina itse huomaa sitä, alitajuntamme kuormittuu jatkuvasti liian monista asioista, jotka eivät saa tilaa noustakseen tietoisuuteen. Tämä jatkuva virta informaatiota, tehtäviä, velvoitteita ja ajatuksia voi tuntua hallittavalta hetken aikaa, mutta ajan myötä se alkaa uuvuttaa mieltä. Kun jatkuvasti vaihdamme huomiota eri tehtäviin ja rooleihin, emme anna itsellemme mahdollisuutta todella keskittyä mihinkään – ja juuri tämä hajanaisuus estää meitä syventymästä asioihin kunnolla.

Alitajunta toimii kuin varasto, joka kerää kaiken ympärillämme olevan tiedon ja kokemukset, mutta jos emme anna sille mahdollisuutta prosessoida niitä rauhassa, se alkaa ylikuormittua. Usein me emme edes huomaa, kuinka tämä tietotulva vaikuttaa meihin – me vain toimimme ja reagoimme automaattisesti. Jatkuva "tehtävien tekeminen" ja ajatusten pyörittäminen vievät paljon energiaa ja saavat meidät unohtamaan, kuinka tärkeää on antaa itselle aikaa olla vain.

Meidän pitäisi siis pystyä heittämään hetkeksi kaikki ylimääräiset taakat pois ja vain olla. Tämä ei tarkoita pelkästään passiivisuutta, vaan aktiivista rentoutumista ja tilan antamista itselle. Sellainen pelkkä oleminen – ilman suorituspaineita ja huolenaiheita – on äärimmäisen tärkeää oman hyvinvointimme ja kehityksemme kannalta. Kun opimme olemaan hetkessä, sallimme itsellemme hengähdystauon. Tämä on kuin mielenterveydellinen nollaus, joka antaa meille mahdollisuuden palautua ja ladata akkujamme.

Rentoutuminen ei ole vain fyysistä levon ottamista, vaan se on myös henkistä irrottautumista kaikista ulkoisista ärsykkeistä. Kun opimme olemaan ajattelematta mitään, voimme antaa mielen tyhjentyä ja palautua. Tällöin avautuu mahdollisuus syvempään ajatteluun ja luovuuteen, sillä rentoutunut mieli on usein avoimempi uusille ideoille ja oivalluksille. Tämä "oleminen" on niin tärkeä osa tasapainoista elämää, että se tulisi nähdä osaksi omaa kehitystämme – ei vain hengähdystaukona, vaan myös aktiivisena työkaluna, joka tukee mielen selkeyttä ja hyvinvointia.

Tärkein ajatus tässä on juuri rentoutumisessa. Se ei ole vain lomaa tai vapaa-aikaa, vaan se on elintärkeä osa mielen ja kehon tasapainoa. Kun opimme rentoutumaan, annamme itsellemme mahdollisuuden olla enemmän läsnä ja nauttia elämästämme – ja ennen kaikkea, me annamme itsellemme tilaa kasvaa ja kehittyä ilman jatkuvaa kuormitusta ja stressiä.

PÄIVÄ KERRALLAAN VAI VAKITUINEN URA?

Onko helpompaa elää päivän kerrallaan, murehtimatta huomisesta, ja miettiä joka päivä, miten saa kerättyä rahat laskujen maksamiseen ja peruselämän ylläpitämiseen? Vai onko parempi, että suunnittelee elämänsä etukäteen, takaa itselleen vakaan tulonlähteen, vaikka se saattaakin syödä merkittävästi vapautta ja joustavuutta? Tämä kysymys on yksi niistä elämän valinnoista, joita jokainen meistä kohtaa, ja siihen ei ole yksiselitteistä oikeaa tai väärää vastausta. Molemmissa lähestymistavoissa on omat etunsa ja haasteensa.

Päivän kerrallaan eläminen saattaa vaikuttaa houkuttelevalta, erityisesti silloin, kun elämä tuntuu kaoottiselta ja epävarmalta. Tällöin voisi ajatella, että jokainen päivä tuo omat ratkaisunsa, ja huoli huomisen toimeentulosta jää taka-alalle. Tällainen elämisen tapa voi tarjota tietynlaista vapauden tunnetta: ei ole tiukkoja rajoja, ei ennakoitavaa tulevaisuutta, eikä pakkoja. Kuitenkin tämä tapa voi myös kasvattaa stressiä ja ahdistusta, sillä epävarmuus saattaa kasvaa entisestään. Miten pitkälle voi luottaa siihen, että huomiselle riittää tarpeeksi rahaa ja resursseja, jos ei suunnittele etukäteen?

Toisaalta suunnittelu ja vakaan tulonlähteen turvaaminen voi luoda turvallisuuden ja varmuuden tunteen. Jos tietää, että tulevaisuudessa on aina tietty määrä rahaa käytettävissä, voi elää rauhallisemmin ja keskittyä muuhun elämään ilman jatkuvaa huolta taloudellisista asioista. Tämä voi tarjota vakautta ja mahdollisuuden elää jollain tavalla "ilman pelkoa", mutta se ei ole vapaa valinta, koska vakituiset tulot yleensä vaativat tiettyjä rajoitteita ja sitoumuksia. Työpaikka, säännöllinen aikataulu, tietty elämäntyyli – kaikki nämä voivat rajoittaa omaa vapautta ja liikkuvuutta.

Kysymys ei ole pelkästään rahasta, vaan myös siitä, miten elämän kokonaisvaltainen tasapaino rakentuu. Elämme maailmassa, jossa turvallisuuden ja vapauden välinen jännite on jatkuvasti läsnä. Tulojen turvaaminen tuo turvallisuutta, mutta se saattaa myös sulkea oven spontaanille elämälle ja mahdollisuudelle nauttia hetkistä ilman paineita. Toisaalta vapautta tuova elämäntapa, jossa ei ole tiukasti kiinni tulevaisuudessa, saattaa herättää pelkoa siitä, että menettää hallinnan tunteen omasta elämästään.

Tärkeintä on löytää oma tasapaino näiden kahden välillä. Kenties paras lähestymistapa on kyky yhdistää molemmat: luoda varmuutta ja suunnitelmallisuutta silloin, kun se on tarpeen, mutta osata myös antaa itselleen tilaa elää hetkessä ja nauttia elämästä ilman jatkuvaa huolta tulevasta. Tämä tasapaino ei ole staattinen tila, vaan se voi vaihdella elämäntilanteiden ja tarpeiden mukaan.

Sekin voi kuluttaa ihmistä melkoisesti, kun joutuu näkemään valtavasti vaivaa luodakseen itselleen järjestelmän, joka takaa jatkuvat tulot. Oli kyseessä sitten työskentely palkkatyössä tai passiivisten tulojen hankkiminen, molemmat vaativat usein huolellista suunnittelua ja jatkuvaa vaivannäköä. Passiiviset tulot voivat kuulostaa houkuttelevalta vaihtoehdolta, mutta nekin edellyttävät yleensä pitkäjänteistä markkinointia ja mainostamista, jotta niiden kasvua voidaan vauhdittaa ja tuloja varmistaa.

Toisaalta, jos valitsemme elää niin, että mietimme aina yhden asian kerrallaan – esimerkiksi sitä, mistä milloinkin saamme rahaa tiettyihin tarpeisiimme – tämä elämäntapa tuo mukanaan omat haasteensa. Jatkuva tarve miettiä, mistä seuraava raha saadaan, saattaa myös tuoda mukaan markkinointia ja mainostamista, erityisesti jos tarjoamme palveluja tai tuotteita jollain alustalla, kuten sosiaalisessa mediassa. Tämä puolestaan vaatii aikansa ja energiansa, ja voi tuntua siltä, että jatkuva itsensä markkinointi vie voimat ja jättää vähemmän tilaa muulle elämälle.

Vaikka ajatus elää hetkessä voi olla houkutteleva, se tuo usein mukanaan tarpeen pysyä jatkuvasti näkyvillä ja etsiä uusia mahdollisuuksia. Tämä kierre voi tuntua loppumattomalta, koska vaikka saisimme varmistettua lyhyen aikavälin toimeentulon, vapaus ja mielenrauha saattavat jäädä taka-alalle. Monesti tämä ajatus prosessi saattaa tuntua oravanpyörältä, jossa toimiessa kaikki energia menee jatkuvaan varmistamiseen, markkinointiin ja kilpailuun.

On olemassa monia keinoja hankkia rahaa, joista osa voi toimia hyvänä lisätulojen lähteenä, erityisesti hätätilanteissa. Esimerkiksi kirpputorimyynti netissä eri alustoilla voi tuoda yllättäviäkin rahasummia, mikäli myytävä tavara on kysyttyä ja osaat markkinoida sitä oikein. Tärkeintä on tietenkin se, mitä myyt ja miten hankit myytävät tuotteet. Hyvin valitut ja edullisesti hankitut tavarat voivat tuoda mukanaan kohtuullista voittoa. Kirpputorimyynti on myös siitä etu, että se ei vaadi suuria alkuinvestointeja ja voi toimia nopeasti.

Lisäksi nykyään on useita kuntoilusovelluksia, joiden avulla voi ansaita pientä lisätuloa. Näissä sovelluksissa usein palkitaan käyttäjiä tietyistä suorituksista, kuten askeleiden laskemisesta tai treenien tekemisestä. Tämä on helppo tapa saada hieman rahaa, vaikka siitä ei tulisi suuria summia. Vastaavia vaihtoehtoja ovat myös nettikyselyt, jotka tarjoavat palkkioita vastauksista. Näiden kautta voi ansaita pieniä summia, mutta kyselyt ovat usein melko hitaita ja tulot jäävät vaatimattomiksi. Ne voivat kuitenkin toimia satunnaisena lisätulojen lähteenä.

Pelaaminen sen sijaan ei ole koskaan suositeltavaa tulonhankintakeinona. Pelit on suunniteltu niin, että ne houkuttelevat käyttäjiä panostamaan rahaa, mutta pitkällä aikavälillä pelifirmat tekevät aina enemmän voittoa kuin pelaajat. Vaikka satunnaiset voitot voivat tuntua houkuttelevilta, pelit ovat itse asiassa taloudellisesti epäedullisia, ja ne voivat helposti johtaa rahankäytön hallinnan menetykseen. Pelaaminen saattaa luoda illuusion nopeista voitoista, mutta tosiasiassa se on harvoin kestävä tai kannattava keino ansaita rahaa.

PALAVERIEN LUONNE

Palaverit ovat usein työelämän vakiintuneita käytäntöjä, jotka voivat vaihdella jäsentymättömistä keskusteluista tiukasti ohjattuihin kokouksiin. Monesti palaverit saattavat olla tilanteita, joissa yksi henkilö nousee esiin ja ottaa päävastuun keskustelusta, jolloin muut osallistujat jäävät enemmän kuuntelijoiksi kuin aktiivisiksi keskustelijoiksi. Tämä on erityisen yleistä organisaatioissa, joissa vallankäyttö on tiukasti keskittynyt tietyille henkilöille, tai joissa kulttuuri on sellainen, että hierarkia estää alaisempia henkilöitä tuomasta omia mielipiteitään esiin.

Tällaisessa kokouksessa yksi henkilö voi hallita keskustelua niin voimakkaasti, että muiden osallistujien puheenvuorot jäävät vähäisiksi. Vaikka ne, jotka saavat puheenvuoron, saattavatkin esittää hyviä ja tärkeitä näkökulmia, heidän mielipiteensä eivät välttämättä saa arvoa. Tällöin syntyy kysymys: *Ovatko muiden osallistujien mielipiteet edes merkityksellisiä?* Onko kokouksessa todella kyse yhteisön ajattelun laajentamisesta ja kaikkien äänien kuulemisesta, vai onko se vain muodollisuus, jossa tietyt ennakkokäsitykset ja mielipiteet jo valmiiksi määrittävät keskustelun suuntaa?

Monesti palaverin hallitseva henkilö saattaa pitää omaa mielipidettään niin vahvana, että se syrjäyttää muiden ehdotukset ja ajatukset. Tämä voi johtua organisaation kulttuurista, jossa yhdelle henkilölle on annettu liiallinen valta tai jossa eriarvoisuus äänioikeudessa estää tasavertaista keskustelua. Tällöin saattaa tuntua, että muut osallistujat eivät voi vaikuttaa päätöksentekoon, vaikka heillä olisi hyviä ideoita tai huolenaiheita. Näin syntyy tilanne, jossa itse palaverin tarkoitus – yhteinen ongelmanratkaisu ja päätöksenteko – jää vähemmälle ja osanottajat jäävät toteuttajiksi, jotka vain kuuntelevat ja noudattavat annettuja ohjeita.

Erityisen ongelmalliseksi tämä käy silloin, kun palaverissa on jo etukäteen päätetty, miten asiat tulevat menemään. Tässä tilanteessa koko kokouksen luonne muuttuu tiedotustilaisuudeksi, jossa tiedotetaan päätetyt asiat osallistujille, mutta heillä ei ole mahdollisuutta vaikuttaa niiden muotoon tai sisältöön. On tärkeää huomioida, että tämä ei ole enää oikea palaveri, vaan yksi henkilö tai pieni ryhmä vie kokouksen sisällön ja päätöksentekoprosessin täysin omiin käsiinsä, ja se muuttaa demokraattisen ja osallistavan kokouksen vain muodollisuudeksi. Tässäkin tapauksessa osallistujilta olisi syytä säästää aikaa ja energiaa, sillä mikään ei estä tiedon jakamista kirjeitse tai sähköpostitse. Mikäli osallistujien ainoa rooli on kuunnella valmiiksi päätettyjä asioita, ei kokousta olisi syytä edes pitää – se on vain turhaa resursseja kuluttavaa toimintaa.

Tällaisessa ympäristössä, jossa kokouksen rakenne on ennalta määrätty ja muiden mielipiteet eivät saa arvoa, on tärkeää pohtia, miksi tällaisia palavereita pidetään ylipäätään. Jos palaverissa ei ole tilaa aidolle keskustelulle ja vuorovaikutukselle, se voi viedä koko organisaation kehityksestä. Palaverit, joissa kaikkien osallistujien ääni tulee kuulluksi ja jossa päätöksenteko on yhteinen prosessi, voivat johtaa parempiin tuloksiin ja vahvistaa yhteisöllisyyden tunnetta. Mutta jos keskustelussa ei anneta tilaa erilaisille näkökulmille ja jos yksi ääni vie koko shown, se voi vain estää innovaation ja luovuuden virtaamisen.

Näissä tilanteissa olisi tärkeää, että osallistujat osaisivat nostaa esiin epäkohtia ja kyseenalaistaa palavereiden toiminnan. Mikäli palaverissa ei ole mahdollisuutta vaikuttaa, voi olla, että päätöksentekoprosessi itse on epäilyttävä. Se on usein merkki siitä, että organisaatiossa ei ole aitoa dialogia tai yhteistä tahtotilaa, vaan pyritään vain täyttämään muodollisuuksia ja pakottamaan päätökset läpi. Tämä on kuitenkin ristiriidassa sen kanssa, mitä organisaation pitäisi olla – elävä yhteisö, jossa yhteinen visio ja osallistaminen ovat keskiössä.

Siksi palaverin, jossa keskustelun ja osallistamisen arvo on olematon, voi olla parasta mitätöidä kokonaan. Tällöin ei ole järkevää pyytää muita osallistujia paikalle turhaan. Sen sijaan voidaan päättää lähettää sähköpostiviesti, joka tiivistää kokouksen pääkohdat, ja samalla liittää mukaan kaikki yhteyshenkilöt, joille osallistujat voivat lähettää mahdolliset kysymyksensä ja palautteensa. On tärkeää, että organisointikulttuuri huomioi, että aidosti osallistavassa keskustelussa kaikki osallistujat voivat vaikuttaa ja että heidän mielipiteillään on merkitystä.

Yhteisön ja organisaation menestyminen perustuu vahvaan vuorovaikutukseen ja haluun kuulla toisiaan. Kokouksia ja palavereita ei pidä käyttää pelkästään päätösten teon välineinä, vaan myös paikkana, jossa yhteiset ideat, huolenaiheet ja ratkaisut voivat syntyä. Kun jokaiselle annetaan mahdollisuus osallistua, silloin voi syntyä tilaa luovuudelle ja uusille ideoille – ja se vie organisaatiota eteenpäin.

KIIREINEN NYKYAIKA

Nykyaikaisissa puhelimissa viestiäänet ovat usein kovin kiivastempoisia ja levottomia, mikä luo jatkuvaa kiireen ja paineen tuntua. Ne eivät vain häiritse, vaan myös synnyttävät mielessämme tunteen, että olemme jatkuvassa liikkeessä – että aina on jotain, johon täytyy reagoida. Verrattuna tähän, entisaikojen kellot kulkivat rauhallisesti, kellon naksahdukset tuntuivat lähes meditaatiomaisilta. Ne viestittivät kuulijalleen, että aika ei ole loppumassa, ei ole mitään kiirettä, vaan elämä kulki omaa, tasapainoista tahtiaan.

Kuitenkin nykypäivän kellot tikittävät nopeammin, ja niiden rytmi tuntuu kiirehtivän koko ajan. Nykymaailman jatkuva kiire tuntuu imevän meidät mukaansa, luoden illuusion siitä, että meidän on pakko elää jatkuvassa kiireessä, juosten paikasta toiseen. Mutta onko tämä todella ainoa vaihtoehto? Eikö meillä ole oikeus valita elää rauhallisemmin ja hallita omaa aikaamme omalla tavallamme? Vaikka joku saattaisi pitää tällaista elämänrytmin hidastamista kapinointina tai vastustuksena, se ei ole sitä. Pikemminkin se on tervettä itsehoitoa – kykyä huolehtia itsestämme ja elämänlaadustamme. Se on itsekästä vain siinä mielessä, että se on tervettä itsekkyyttä: oikeus ajatella, tuntea ja elää rauhassa. Tervehenkinen elämänrytmi ei ole kapinaa vaan valinta, joka tekee meille mahdolliseksi kokea elämä syvemmin ja nauttia siitä ilman jatkuvaa paineen ja kiireen tunnetta.

Yleensä asiat menevät pieleen juuri siinä vaiheessa, kun me rupeamme kiirehtimään liikaa. Kiireessä teemme hätiköityjä päätöksiä, emmekä anna itsellemme riittävästi aikaa harkita asioita rauhassa. Siksi on äärimmäisen tärkeää luopua kiirehtimisestä kokonaan, varsinkin silloin, kun kyseessä ovat tärkeät ja merkitykselliset päätökset. On viisasta antaa itselleen mahdollisuus ajatella ja pohtia asioita rauhassa – jopa yön yli, jos se on tarpeen.

Mutta miksi sitten niin monet puhelinsoittelijat ja kauppiaat tuntuvat olevan niin kiireisiä, että he hoputtavat meitä tekemään päätöksiä heti, ilman mitään harkinta-aikaa? Miksi tarjouksiin lisätään tiukkoja takarajoja, jotka luovat paineen tunteen? Tämän kaiken taustalla on usein yksinkertainen syy: he haluavat saada meidät tekemään päätöksiä nopeasti, jotta emme ehtisi pohtia asiaa kunnolla. Kiireen ja paineen alla meillä ei ole aikaa tarkastella tarjouksia objektiivisesti tai miettiä, ovatko ne todella meille parhaita vaihtoehtoja.

Tämä kiireen tunne saa meidät usein tekemään hätiköityjä valintoja, jotka eivät välttämättä ole taloudellisesti tai henkilökohtaisesti järkeviä. Ja mitä tapahtuu, kun tarjous on mennyt umpeen? Yllättäen tuotteen hinta laskeekin, ja meille tarjotaan mahdollisuus ostaa se halvemmin. Tämä on klassinen esimerkki siitä, kuinka kuluttajia voidaan huijata: ensin luodaan kiireen ja paineen ilmapiiri, ja sen jälkeen tarjotaan "hyväksytty" tarjous, joka oli alun perin hinnoiteltu korkeammaksi kuin oli tarpeen. Tällä tavalla ihmiset saadaan ostamaan tavaroita, joita he eivät ehkä olisi olleet valmiita ostamaan, jos heillä olisi ollut riittävästi aikaa harkita ja vertailla.

Tällaisia kiireellä manipuloimiseen perustuvia keinoja hyödynnetään nykyään runsaasti verkkokaupassa. Esimerkiksi tuotesivuille saatetaan lisätä viesti, että varastossa on vain yksi tai kaksi tuotetta jäljellä, jolloin ostajat tuntevat kiireen ja paineen tehdä ostopäätöksensä mahdollisimman nopeasti. Tämä strategia perustuu siihen, että kiire luo ostopäätöksiä, joiden taustalla ei ole aina perusteellista pohdintaa, vaan enemmänkin pelkoa siitä, että tarjous menee ohi.

Tällaiset manipulaatiot ovat yhä yleisempiä nykyaikaisessa kaupankäynnissä, sillä kilpailu on valtavan kovaa ja kauppojen määrä on räjähdysmäisesti kasvanut. Verkkokaupat haluavat erottua joukosta ja saada asiakkaat tekemään ostopäätöksiä mahdollisimman nopeasti. Tässä kilpailussa käytetään erilaisia psykologisia trikkejä, kuten kiireen tunnetta ja rajoitettuja tarjouksia, jotta kuluttajat tuntevat olevansa osana jonkinlaista "tilaisuutta", joka saattaa pian mennä ohi. Tällaiset taktiikat eivät pelkästään manipuloidu ostopäätöksenteon nopeudessa, vaan ne myös estävät kuluttajia ottamasta aikaa ja harkitsemaan ostopäätöstään järkevästi.

Kun kiire saadaan rajattua elämästämme pois, avautuu meille aivan uusi maailma täynnä mahdollisuuksia – vapautta tehdä enemmän asioita, jotka todella tuovat meille iloa ja merkitystä. Voimme rauhassa lähteä kalastamaan, kävellä metsissä, nauttia luonnosta ja kerätä marjoja ja sieniä ilman, että meillä on tunne, että koko ajan pitäisi olla jossain muualla. Emme joudu juoksemaan kiireellä kaupoissa hakemassa valmisruokia, jotka usein ovat epäterveellisiä ja tarjoavat vain väliaikaista helpotusta, mutta eivät oikeasti ravitse meitä.

Meidän täytyy vain oppia rajaamaan kiire elämämme ulkopuolelle. Ei ole mitään järkeä antaa kiireen valtaa koko elämäämme. Jos joku haluaa kiirehtiä, se on heidän valintansa, mutta en voi sanoa, että kiirehtiminen olisi rauhallista – kiire on rauhasta kaukana. Meillä kaikilla on vapaus valita elämämme tahti. Jos joku valitsee pyrkiä maksimaaliseen tuottavuuteen, se on hänen henkilökohtainen valintansa, mutta se ei saa olla muiden ihmisten painostamista, koska kiire on aina henkilökohtainen päätös. Kukin saa tehdä omat asiansa omaan tahtiinsa.

Ei kannata valita sellaista työtä, jossa kiireelliset aikarajat ja ylisuorittaminen ovat normi. Kiireellisissä töissä työn laatu usein kärsii, ja työntekijän hyvinvointi jää taka-alalle. Esimerkiksi tehtaassa, jossa työtä tehdään nopealla tahdilla huonolla palkalla, ihminen voi tuntea itsensä uupuneeksi, eikä väsymykseltään jaksa nauttia omasta vapaa-ajastaan. Vapaa-aika, joka menee palautumiseen ja rentoutumiseen, on silloin enää vain haave. Onko oikein antaa elämän kulua niin, että väsymys hallitsee arkea ja sen sijaan, että nauttisimme vapaa-ajastamme, olemme liian väsyneitä nauttiaksemme mistään?

Jos rahaa ei voi hankkia helpommin tai vähemmällä vaivalla, ei kannata nähdä vaivannäköä niin paljon, että joutuu rääkkäämään itseään tehtaassa. On tärkeää muistaa, että raha ei ole kaiken mittari. Elämässä on paljon muutakin, ja joskus pienemmätkin asiat, kuten lepo ja hyvinvointi, ovat ne, jotka tekevät elämästä todella arvokasta.

Kiire tehtaalla johtuu usein siitä, että työnantajat pyrkivät maksimoimaan oman vaurautensa ja omaisuutensa työntekijöiden kustannuksella. He manipuloivat ja painostavat alaisiaan, usein erottamisen uhalla, työskentelemään epäinhimillisellä tahdilla, jotta tuotanto ei ainoastaan jatkuisi, vaan olisi myös mahdollisimman tehokasta. Tämä jatkuva kiire ja ylikuormitus ovat seurausta siitä, että työnantajat näkevät työntekijän työpanoksen pelkkänä välineenä oman etunsa maksimoimiseksi.

Yksi yleinen manipulointikeino on tarjota pieni palkankorotus, joka näyttäytyy kauniina eleenä. Mutta vaikka tämä korotus saattaa kuulostaa houkuttelevalta, se ei käytännössä paranna työntekijän elämää millään merkittävällä tavalla. Ehkä se tuo muutaman kympin tai enimmillään satasen kuukaudessa lisää tilille, mutta kun vertaa siihen, kuinka kovasti työntekijä joutuu raatamaan – työpäivät venyvät, tauot ovat lyhyitä ja rasitus on jatkuvaa – se on hyvin pieni korvaus.

On hyvä huomata, että tällainen summa ei ole ainoa tapa hankkia rahaa. Itse asiassa, voimme ansaita saman verran – tai enemmänkin – paljon helpommilla keinoilla, kuin tehtaassa hikoillen. Esimerkiksi, jos onnistumme löytämään vanhoja polkupyöriä tai käytettyjä läppäreitä edullisesti, voimme myydä niitä eteenpäin ja ansaita helposti saman summan ilman tehtaassa tarvittavaa fyysisesti uuvuttavaa työtä. Tämä on tärkeä muistutus siitä, että rahaa ei tarvitse aina ansaita raskaan työn kautta. Usein älykäs ja harkittu lähestymistapa voi tuoda yhtä hyviä tai parempia tuloksia huomattavasti vähemmällä vaivalla.

Tällainen työnantajien harjoittama manipulaatio, jossa he lupaavat pieniä palkankorotuksia suurten vaivannäköjen ja stressin hinnalla, ei ole vain epäoikeudenmukaista, vaan se estää monia näkemästä muitakin mahdollisuuksia. Tiedostamalla, että meillä on mahdollisuus valita omat tiemme elämässämme ja ansaita rahaa älykkäämmillä tavoilla, voimme murtaa tämän kierteen ja elää vapaampaa, itseämme kunnioittavampaa elämää.

Kannattaa todella pysähtyä miettimään, onko kiireinen työ oikeasti ainoa vaihtoehto elannon hankkimiseen, vai voisimmeko löytää muita tapoja kompensoida rauhallisemman työn jättämiä sadan euron vajeita. On olemassa lukuisia vaihtoehtoja, joilla voimme ansaita tarvittavat rahat ilman, että meidät hukutetaan ylikuormittavaan kiireeseen ja stressiin. Voimme esimerkiksi tehdä pieniä palveluksia ihmisille, tarjota apua, joka on sekä hyödyllistä että palkitsevaa, ja samalla ansaita sen verran rahaa, että elämme mukavasti ilman turhaa kiireen tuntua. Tällaiset vaihtoehdot eivät vain auta meitä pärjäämään, vaan myös rikastuttavat elämäämme, koska voimme elää omilla ehdoillamme, rauhassa ja tasapainossa.

Vapaus on kallisarvoinen asia, ja meidän on todella tärkeää pysyä oikeasti vapaana, sillä ei ole mitään järkeä suostua orjuuttavaan työhön, joka vie meidät kauas omasta sisäisestä rauhastamme ja terveydestämme. Jos haluamme pitää itsemme terveinä, niin fyysisesti kuin henkisesti, on tärkeää ymmärtää, että kiire ei ole elämän ainoa suunta. Meidän tulisi miettiä, miksi olemme täällä – onko ihminen luotu pelkästään kiirehtimään ja elämään stressissä, vai onko hänen tarkoitettu nauttivan elämästään ja kokea todellista vapautta? Kun oivallamme tämän eron, voimme vapautua kiireen kahleista ja omaksua elämässämme enemmän rauhaa, tasapainoa ja elämänlaatua.

OPETUKSET PÄIVÄKODEISSA JA KOULUISSA

On todella tärkeää kiinnittää huomiota siihen, miten lapsia kasvatetaan päiväkodeissa ja opetetaan kouluissa, sillä nämä varhaiset kokemukset ja ympäristöt vaikuttavat syvällisesti lasten kehitykseen ja tulevaisuuteen. Päiväkodit ja koulut eivät ole vain paikkoja, joissa opitaan tietoa ja taitoja; ne ovat myös paikkoja, joissa muotoutuvat lastemme sosiaaliset taidot, itsetunto ja kyky kohdata maailmaa. Siksi on ensiarvoisen tärkeää, että nämä ympäristöt tarjoavat lapsille turvallisen ja tukevan ilmapiirin, jossa he voivat kasvaa ja kehittyä parhaalla mahdollisella tavalla.

Erityisesti huonot henkilökemiat hoitajan ja lapsen välillä tai opettajan ja oppilaan välillä voivat vaikuttaa merkittävästi lapsen kehitykseen. Lapsi on herkkä ympäristönsä vaikutuksille, ja jos hän ei koe tukea ja ymmärrystä aikuisilta, se voi vaikuttaa hänen itsearvostukseensa ja oppimisvalmiuksiinsa. Jos hoitaja tai opettaja ei pysty luomaan myönteistä vuorovaikutussuhdetta lapsen kanssa, lapsi saattaa tuntea itsensä syrjäytetyksi, turvattomaksi tai epäonnistuneeksi. Tämä puolestaan voi johtaa siihen, että lapsi vetäytyy, ei osallistu aktiivisesti toimintaan tai alkaa kamppailla tunne-elämän ja käyttäytymisen kanssa.

Tämä sama periaate pätee myös monissa muissa elämänalueissa, kuten viranomaisasioissa tai oikeudenkäynneissä. Viranomaisilla on suuri vastuu käsitellessään yksilöitä ja perheitä, ja heidän tulee pystyä suhtautumaan jokaiseen tapaukseen empaattisesti ja objektiivisesti. Samoin oikeudenkäynneissä tuomarit ja asianajajat tekevät ratkaisuja, jotka voivat vaikuttaa ihmisten elämään syvästi. Jos näissä tilanteissa on huonoja henkilökemioita tai väärinkäsityksiä, se voi johtaa epäoikeudenmukaisiin päätöksiin tai lisäjännitteisiin osapuolten välille. Onkin tärkeää, että kaikki osapuolet pystyvät toimimaan yhteistyössä ja löytämään yhteisymmärryksen, jotta oikeudenmukaisuus toteutuu parhaalla mahdollisella tavalla. Ihmisten välinen kemia voi siis muuttaa monia asioita, ja sitä ei tulisi aliarvioida, sillä se voi vaikuttaa merkittävästi ihmisten elämään ja hyvinvointiin.

On valitettavan yleistä, että huono henkilökemia ja sen vaikutukset sivuutetaan täysin, vaikka se voi olla monen konfliktin tai epäonnistuneen yhteistyön taustalla. Usein ajatellaan, että ihmiset yksinkertaisesti eivät tule toimeen keskenään ilman syvempää pohdintaa siitä, miksi näin on. Itse asiassa huonon henkilökemian taustalla voi olla monia tekijöitä, jotka liittyvät luonteenpiirteisiin, temperamenttiin ja yksilöllisiin eroihin.

Jos näitä tekijöitä ei tunnisteta ja niitä ei oteta huomioon, seurauksena voi olla jatkuvaa kitkaa ja epäonnistuneita yhteistyötilanteita.

Yksi keino ymmärtää ja käsitellä huonoa henkilökemiaa on tarkastella yksilöiden luonteita ja persoonallisuuspiirteitä. Usein ihmiset voivat vaikuttaa toistensa kanssa vaikeilta tulla toimeen, koska heidän luonteensa ja lähestymistapansa ovat niin erilaisia. Näiden erojen tunnistaminen voi olla avain konfliktien ehkäisemiseen ja sujuvampaan yhteistyöhön. Esimerkiksi introvertti ja ekstrovertti voivat nähdä maailman ja vuorovaikutuksen täysin eri tavoin, mikä voi johtaa väärinkäsityksiin, jos he eivät ymmärrä toistensa tarpeita ja toimintatapoja. Tällöin oikeanlaisten työskentelytapojen löytäminen edellyttää kykyä huomioida nämä luonteelliset erot ja sopeutua niihin.

Mielenkiintoista on, että astrologiset näkökulmat voivat myös tarjota mielenkiintoista tietoa ihmisten luonteenpiirteistä ja vuorovaikutusmalleista. Vaikka monet saattavat pitää astrologiaa vain viihteellisenä tai epätieteellisenä, monille astrologian tarjoama näkökulma luonteiden yhteensopivuuteen on yllättävän tarkka ja valaiseva. Astrologiset syntymäkartat voivat paljastaa, miten tietyt ihmiset reagoivat erilaisiin tilanteisiin ja toisiinsa, sekä miten heidän persoonallisuutensa saattavat yhteensopia tai olla ristiriidassa toistensa kanssa. Kun tarkastellaan astrologisia aspekteja, voidaan saada arvokasta tietoa siitä, millaisessa ympäristössä ihmiset pystyvät työskentelemään parhaiten yhdessä, ja missä tilanteissa he voivat joutua jatkuviin konflikteihin.

Onkin järkevää ottaa nämä luonneanalyysit ja astrologiset näkökulmat osaksi päätöksentekoprosessia erityisesti työelämässä ja muissa yhteisöissä, joissa ihmisten välinen yhteistyö on keskeistä. Jos esimerkiksi yrityksessä tai tiimissä ymmärretään, mitkä luonteenpiirteet voivat aiheuttaa haasteita yhteistyölle, voidaan etukäteen suunnitella, miten välttää mahdollisia ristiriitoja ja kehittää työskentelytapoja, jotka tukevat tehokasta ja harmonista yhteistyötä.

Kehitys voisi edetä jopa niin pitkälle, että luonneanalyysien ja astrologisten aspektien huomioiminen ennen työntekijöiden, tiimien tai osastojen yhdistämistä olisi lakisääteinen käytäntö monilla aloilla, joissa vuorovaikutus on jatkuvaa. Tällöin ennaltaehkäisevä lähestymistapa huonon henkilökemian ehkäisemiseksi voisi vähentää stressiä, parantaa työilmapiiriä ja lisätä tuottavuutta. Tällöin ei olisi enää kyse vain siitä, että ihmiset "vain eivät tule toimeen", vaan siitä, että heille on annettu mahdollisuus toimia omien vahvuuksiensa mukaisesti ja tehdä yhteistyötä ympäristössä, joka tukee heidän luonteenpiirteitään.

VAPAUDEN POHJIMMAINEN OLEMUS

Kun alamme pohdiskella vapauden perimmäistä olemusta, huomaamme nopeasti, että se ei ole yksiselitteinen tai yksinkertainen asia. Mistä voimme etsiä tuota mystistä vapautta, joka tuntuu niin monella tavalla määrittelevän ihmisen olemassaolon? Ensimmäisenä voimme tarkastella Raamatun tarjoamaa näkökulmaa, jossa totuus vapauttaa. "Vapauteen Kristus meidät vapautti," kuten Galatalaiskirjeessä todetaan. Tämä ajatus ei ole pelkästään teologinen toteamus, vaan syvällinen kutsu pohtia, mitä tarkoittaa olla todella vapaa.

Raamatullinen vapaus ei rajoitu ulkoisiin tekijöihin, kuten poliittiseen tai sosiaaliseen vapauteen. Sen sijaan se käsittelee syvää sisäistä vapautta, joka kumpuaa luottamuksesta ja yhteydestä Jumalaan. Tämän vapauden ydin on Pyhän Hengen vaikutuksessa, joka muuttaa meidät ja avaa sydämemme kokemaan rauhan, joka ylittää kaiken ymmärryksen. Psykologisesta näkökulmasta tämä voidaan ymmärtää sisäisenä levollisuutena ja vapautena pelosta, syyllisyydestä ja eksistentiaalisesta ahdistuksesta. Kun ihminen kokee olevansa ehdottomasti rakastettu ja hyväksytty, vapautuu valtava sisäinen energia elämiseen.

Filosofisesti tätä voi verrata eksistentialistiseen ajatukseen, jossa vapaus liittyy autenttisuuteen – siihen, että ihminen voi elää totuudellisesti suhteessa itseensä ja maailmaansa. Raamatullinen näkökulma kuitenkin menee tätä syvemmälle, sillä se ei ainoastaan kuvaa vapautta mahdollisuutena valita, vaan myös mahdollisuutena ylittää inhimillinen rajoittuneisuus ja kokea yliluonnollinen yhteys.

Maailmallinen vapaus, jota usein etsimme ulkoisista olosuhteista – asemasta, varallisuudesta, tai muista maallisista saavutuksista – osoittautuu lopulta rajalliseksi. Nämä asiat voivat tuoda hetkellistä tyydytystä, mutta ne eivät pysty tarjoamaan pysyvää vapauden tunnetta, koska ne ovat riippuvaisia ulkoisista olosuhteista. Vasta kun ihmisen sielu pääsee yhteyteen Jumalan kanssa, syntyy vapaus, joka ei perustu ulkoisiin tekijöihin, vaan sisäiseen ymmärrykseen ja luottamukseen.

Tämä vapaus on myös eettinen kutsu: kun ihminen vapautuu itsekkäistä pyrkimyksistään, hän pystyy rakastamaan ja palvelemaan muita aidosti. Kristillinen vapaus ei ole yksilön vapautta muista ihmisistä, vaan vapautta elää yhteydessä heidän kanssaan. Tämä korostaa vastuuta ja solidaarisuutta: vapaus ei ole vain oma oikeus, vaan myös mahdollisuus tuoda vapautta ja toivoa niille, jotka sitä kaipaavat.

Kun ihminen kokee taivaallisen avun todellisuuden ja luottamuksen, hän väistämättä alkaa tarkastella maailmaa uudesta näkökulmasta. Ahdistukset, jotka ennen hallitsivat, menettävät otteensa, koska niitä ei enää kohdata yksin. Tämä ei tarkoita, että vaikeudet katoaisivat, mutta niiden vaikutus ihmisen sisäiseen maailmaan muuttuu. Usko tarjoaa perustan, jonka varaan rakentaa elämää, ja tämä perusta kantaa jopa silloin, kun kaikki muu tuntuu horjuvan.

Todellinen vapaus on siis matka kohti totuutta – totuutta itsestämme, toisista ihmisistä ja Jumalasta. Se on uskallusta kohdata elämän syvimmät kysymykset ja antautua vastauksille, jotka ylittävät ihmisen oman ymmärryksen. Tällainen vapaus ei ole saavutettavissa omin voimin, vaan se on lahja, jonka voi ottaa vastaan vain avoimin sydämin.

Todellinen vapaus on sellainen, jossa maalliset murheet menettävät otteensa, sillä meillä on tietoisuus, että elämämme on suuremman voiman kannateltavana. Tällainen vapaus syntyy luottamuksesta siihen, että on olemassa auttaja, joka ei petä meitä, vaikka omat voimamme hiipuisivat ja kohtaamme elämän suurimpia haasteita. Kun meillä on tämä varmuus, löydämme rauhan, joka ei perustu ulkoisiin olosuhteisiin, vaan syvään yhteyteen ja luottamukseen Jumalan johdatukseen.

Kun ihminen väsyy ja tuntee voimattomuutta, hän voi löytää uudenlaisen voiman ja vapauden heittäessään huolensa Hänen käsiinsä. Tämä ei ole pelkästään yksilöllinen kokemus, vaan hengellinen totuus, joka koskettaa koko olemustamme. Pyhän Hengen vaikutuksesta ihminen voi tuntea, että hänen taakkansa kevenee, ja vapauden tunne leviää sydämeen tavalla, jota mikään maallinen apu ei voi tarjota.

Niille, jotka eivät ole tätä itse kokeneet, voi olla vaikeaa ymmärtää sen syvyyttä ja merkitystä. Kuitenkin tämä on kutsu, joka kannattaa ottaa vastaan: antautua luottamaan siihen, että on olemassa voima, joka ylittää inhimilliset rajamme. Minulla on omakohtaista kokemusta tästä koko elämäni ajalta, ja juuri siksi tunnen vahvasti halun jakaa tämän totuuden. Ilman tätä hengellistä perustaa kaikki vapauden etsintä jää vajaaksi, sillä maalliset vapautumisen keinot tarjoavat vain hetken helpotusta, eivätkä ne voi täyttää sydämen syvimpiä kaipauksia.

Maailmassa on monia asioita, jotka antavat vapauden tunteen tai hetken huojennuksen, mutta täydellistä ja pysyvää vapautta ei ole muualla kuin Jumalan avussa Jeesuksen Kristuksen kautta. Tämä vapaus ei ole vain teoriaa tai uskonopillista puhetta, vaan elävä todellisuus, joka voi muuttaa elämän. Se on lahja, joka odottaa ottajaansa, ja sen vaikutukset ulottuvat koko olemukseen ja elämään. Tämä on vapaus, joka todella kestää ja vapauttaa meidät kaikista kahleista.

Raamatullinen vapaus ei rajoitu ulkoisiin tekijöihin, kuten poliittiseen tai sosiaaliseen vapauteen. Sen sijaan se käsittelee syvää sisäistä vapautta, joka kumpuaa luottamuksesta ja yhteydestä Jumalaan. Tämän vapauden ydin on Pyhän Hengen vaikutuksessa, joka muuttaa meidät ja avaa sydämemme kokemaan rauhan, joka ylittää kaiken ymmärryksen. Psykologisesta näkökulmasta tämä voidaan ymmärtää sisäisenä levollisuutena ja vapautena pelosta, syyllisyydestä ja eksistentiaalisesta ahdistuksesta. Kun ihminen kokee olevansa ehdottomasti rakastettu ja hyväksytty, vapautuu valtava sisäinen energia elämiseen.

Filosofisesti tätä voi verrata eksistentialistiseen ajatukseen, jossa vapaus liittyy autenttisuuteen – siihen, että ihminen voi elää totuudellisesti suhteessa itseensä ja maailmaansa. Raamatullinen näkökulma kuitenkin menee tätä syvemmälle, sillä se ei ainoastaan kuvaa vapautta mahdollisuutena valita, vaan myös mahdollisuutena ylittää inhimillinen rajoittuneisuus ja kokea yliluonnollinen yhteys.

Maailmallinen vapaus, jota usein etsimme ulkoisista olosuhteista – asemasta, varallisuudesta, tai muista maallisista saavutuksista – osoittautuu lopulta rajalliseksi. Nämä asiat voivat tuoda hetkellistä tyydytystä, mutta ne eivät pysty tarjoamaan pysyvää vapauden tunnetta, koska ne ovat riippuvaisia ulkoisista olosuhteista. Vasta kun ihmisen sielu pääsee yhteyteen Jumalan kanssa, syntyy vapaus, joka ei perustu ulkoisiin tekijöihin, vaan sisäiseen ymmärrykseen ja luottamukseen.

Tämä vapaus on myös eettinen kutsu: kun ihminen vapautuu itsekkäistä pyrkimyksistään, hän pystyy rakastamaan ja palvelemaan muita aidosti. Kristillinen vapaus ei ole yksilön vapautta muista ihmisistä, vaan vapautta elää yhteydessä heidän kanssaan. Tämä korostaa vastuuta ja solidaarisuutta: vapaus ei ole vain oma oikeus, vaan myös mahdollisuus tuoda vapautta ja toivoa niille, jotka sitä kaipaavat.

Kun ihminen kokee taivaallisen avun todellisuuden ja luottamuksen, hän väistämättä alkaa tarkastella maailmaa uudesta näkökulmasta. Ahdistukset, jotka ennen hallitsivat, menettävät otteensa, koska niitä ei enää kohdata yksin. Tämä ei tarkoita, että vaikeudet katoaisivat, mutta niiden vaikutus ihmisen sisäiseen maailmaan muuttuu. Usko tarjoaa perustan, jonka varaan rakentaa elämää, ja tämä perusta kantaa jopa silloin, kun kaikki muu tuntuu horjuvan.

Todellinen vapaus on siis matka kohti totuutta – totuutta itsestämme, toisista ihmisistä ja Jumalasta. Se on uskallusta kohdata elämän syvimmät kysymykset ja antautua vastauksille, jotka ylittävät ihmisen oman ymmärryksen. Tällainen vapaus ei ole saavutettavissa omin voimin, vaan se on lahja, jonka voi ottaa vastaan vain avoimin sydämin.

VAPAUTTAMME RIISTÄVÄT PUMMIT

Entä miten meidän kannattaa suhtautua rahan ruijaajiin? Tämä kysymys on monille arkinen, mutta samalla syvällinen pohdita siitä, missä kulkee avunannon ja itsesuojelun raja. Juuri tällaisissa tilanteissa meidän on tärkeää osata toimia terveellä tavalla itsekkäästi ja asettaa rajat, jotka suojelevat omaa hyvinvointiamme.

On totta, että auttaminen voi tuottaa mielihyvää. Kun ojennamme kätemme apua tarvitsevalle, koemme usein sisäistä iloa siitä, että olemme voineet parantaa toisen ihmisen tilannetta, edes hetkellisesti. Tämä on inhimillinen ja arvokas tunne, joka ilmentää myötätuntoa ja empatiaa. Kuitenkin avun antaminen muuttuu ongelmalliseksi, jos siitä tulee yksipuolinen ja jatkuva vaatimus. Jos rahan ruinaaminen muuttuu toistuvaksi, häiritseväksi ja jopa manipuloivaksi, kyseessä ei enää ole aito avunpyyntö, vaan tilanne alkaa muistuttaa hyväksikäyttöä.

Tällaisessa tilanteessa alkutilanteen molemminpuolinen hyvä mieli voi vaihtua ahdistukseen ja kuormitukseen. Vapaudesta, joka auttamisessa aluksi tuntui, voi tulla raskas taakka, joka vie energiaa ja henkistä tilaa. Tämä osoittaa, kuinka tärkeää on osata asettaa rajat ja arvioida tilanne realistisesti. On hyvä muistaa, että jatkuva hyväksikäyttö ei ole vain epämiellyttävää, vaan se voi myös estää toista ihmistä ottamasta vastuuta omasta elämästään.

Rajojen asettaminen ei tarkoita empatiasta luopumista. Se on sen ymmärtämistä, että joskus suurin palvelus, jonka voimme toiselle tehdä, on olla tukematta vahingollista käyttäytymistä. Auttaminen on arvokasta, mutta sen on tapahduttava tasapainossa sekä auttajan että autettavan näkökulmasta.

Nämä ovat asioita, joissa kannattaa olla ehdottoman tarkkana. Joillekin jatkuvasti rahaa pyytäville voi joutua käyttämään jopa valkoista valhetta selitykseksi, kuten että rahat ovat loppu, sillä muuten he eivät usko eivätkä lopeta ruinaamistaan. Valitettavasti edes tämä ei aina tehoa, ja tilanne voi jatkua uuvuttavana. Moni rahan ruinaaja ei tunnu välittävän toisen ihmisen taloudellisista huolista pätkääkään, vaan pyrkii häikäilemättömästi hyötymään, vaikka se tarkoittaisi toisen viimeisten pennien viemistä.

Erityisen turhauttavaa on, kun rahaa pyydetään suurin lupauksin siitä, että se maksetaan takaisin tuplana ja vieläpä samana päivänä, mutta todellisuudessa näin ei tapahdu. Tämä asettaa lainaajan epäreiluun asemaan, varsinkin jos hänen oma taloudellinen tilanteensa ei kestä ylimääräisiä riskejä. Vaikka ruinaajalla olisi teoriassa mahdollisuus maksaa laina takaisin, jatkuva rahan pyytäminen on henkisesti kuormittavaa. Monilla ruinaajilla on aluksi tapana vakuuttaa, että he hoitavat velkansa kunnialla, mutta ajan myötä maksut alkavat viivästyä tai jäävät kokonaan maksamatta. Tämä johtaa usein loputtomaan velkakierteeseen, joka rasittaa sekä lainan antajaa että heidän läheisiään.

Tilanne on erityisen vaikea, kun ruinaaja käyttää tunteisiin vetoavia keinoja, kuten vetoaa ystävyyteen, perhesuhteisiin tai hätätilanteisiin, joiden aitoutta voi olla vaikea arvioida. Siksi on tärkeää asettaa selkeät rajat ja pitää niistä kiinni, vaikka se tuntuisi aluksi vaikealta. Joskus paras tapa suojella itseään on kieltäytyä lainaamasta kokonaan, sillä toistuvien pettymysten kierre voi aiheuttaa pitkäkestoista harmia ihmissuhteille ja taloudelle.

Varsinkin Facebook Messenger on yksi keskeisistä kanavista, jonka käyttöä kannattaa harkita tarkkaan tai jopa pitää kiinni, sillä juuri sitä kautta moni rahaa tarvitseva lähestyy lainaajia. Usein rahaa pyytävät eivät ole edes läheisiä ystäviä, vaan pikemminkin lähes tuntemattomia – Facebook-kavereita, joita ei todellisuudessa edes tunneta. Tämä tekee tilanteesta erityisen epämiellyttävän, sillä se voi tuntua tunkeilevalta ja vaikeuttaa kieltäytymistä. Sosiaalisen median helppous luo myös illuusion läheisyydestä, jota ruinaajat häikäilemättä käyttävät hyväkseen saadakseen haluamansa.

Tilanne pahenee entisestään, jos entisiä velkoja alkaa kertyä niin paljon, että niiden takaisinmaksaminen muuttuu käytännössä mahdottomaksi. Kun velkoja on rästissä yhä enemmän ja takaisinmaksusta ei näy merkkejä, voi olla syytä todeta, että lainaajalla ei enää ole aikomustakaan hoitaa velvoitteitaan. Tässä vaiheessa rahan pyytäminen ei ole enää pelkkä huono tapa, vaan saattaa olla muuttunut suorastaan hyväksikäytöksi tai paatuneeksi toimintamalliksi.

Erityisesti sosiaalisen median kautta tapahtuvassa rahojen pyytämisessä on vaarana se, että lainaaja käyttää hyväkseen toisten ihmisten auttamishalua, empatian tunnetta tai sosiaalista painetta. Lähestyminen voi alkaa viattomalta tuntuvalla viestillä, mutta kun toistuvat pyynnöt jäävät vaille takaisinmaksua, se aiheuttaa yhä suurempaa stressiä ja epäluottamusta. Tämä ei vain rasita lainaajan omaa taloutta, vaan voi myös vahingoittaa ihmissuhteita peruuttamattomasti.

Onkin tärkeää tunnistaa nämä tilanteet ajoissa ja asettaa selvät rajat. Sosiaalisen median ilmoituksia voi rajoittaa tai sulkea kokonaan, ja avoin keskustelu ruinaajan kanssa voi joskus auttaa. Jos mikään ei kuitenkaan muutu ja tilanne toistuu, on hyvä harkita, haluaako olla tällaisessa suhteessa mukana. Omien taloudellisten resurssien suojaaminen ja henkisen hyvinvoinnin ylläpitäminen on lopulta tärkeämpää kuin jatkuva velkojen kierteessä eläminen toisten kustannuksella.

LAPSEN SAAMINEN TUOKIN VAPAUDEN

Mitä voisi sanoa lapsista, tuosta elämän suurimmasta lahjasta ja mullistuksesta? Kun sain poikani viisikymppisenä, ymmärsin lapsen merkityksen tavalla, jota en ollut koskaan aiemmin tullut ajatelleeksi. Nuorempana olin nähnyt lapset elämää rajoittavana tekijänä – jonain, mikä sitoisi minut täysin ja estäisi tekemästä asioita omien halujeni ja vapauteni mukaan. Ajattelin, että lapsen saaminen tarkoittaisi hyvästijättöä omille unelmille ja spontaanille elämälle.

Mutta kun lapseni syntyi, kaikki muuttui. Se ei ollut vain elämänmuutos, vaan täydellinen näkökulman vaihdos, joka uudisti käsitykseni vapaudesta. Ymmärsin, että todellinen vapaus ei olekaan sitä, että voi tehdä mitä haluaa milloin tahansa, vaan sitä, että löytää merkityksen ja täyttymyksen omassa elämässään. Lapseni myötä sain jotain, mitä en ollut osannut edes kaivata: uudenlaisen kiintymyksen, rakkauden ja yhteenkuuluvuuden tunteen, joka ylittää kaiken muun.

En enää pysty kuvittelemaankaan tilannetta, jossa joutuisin olemaan pitkään erossa lapsestani. Monet vanhemmat toki kaipaavat hengähdystaukoja, ja on täysin luonnollista, että joskus haluaa hetkeksi omaa aikaa. On ymmärrettävää, että vanhemmat haluavat välillä viettää kahdenkeskeistä aikaa esimerkiksi parisuhteen ylläpitämiseen, mutta olen oppinut, että nämä hetket eivät tarvitse olla pitkiä ja monimutkaisia järjestelyitä. Jos molemmat todella haluavat, pieni yhteinen hetki löytyy aina. Se voi olla yksinkertainen ilta kotona, kun lapsi nukkuu, tai hetki, jolloin yhteys kumppanin kanssa syvenee sanattomasti arjen keskellä.

Mutta se, mikä ennen tuntui tärkeältä – vapauden tavoittelu omien halujen ehdoilla – on saanut täysin uuden muodon. Lapseni syntymän jälkeen olen oppinut, että vapaus voi tarkoittaa myös syvää rakkautta ja vastuuta, joka antaa elämälle uuden tarkoituksen. Lapsi ei ole este vapaudelle, vaan mahdollisuus kokea elämä syvemmin ja merkityksellisemmin kuin koskaan ennen.

Jos taas työn puolesta on joskus tarpeen ottaa aikaa itselleen, esimerkiksi tärkeän palaverin tai työmatkan vuoksi, se on täysin ymmärrettävää. Työhön liittyvät velvoitteet ovat usein välttämättömiä ja voivat myös tarjota vanhemmalle hengähdystaukoja arjesta. Toisaalta, jos lapsi on päiväkodissa pitkät päivät, siinä on jo yleensä riittävästi aikaa keskittyä omiin asioihin, harrastuksiin tai muihin velvollisuuksiin. Useimmille vanhemmille tämän ajan tulisi normaalisti riittää oman tilan ja mielenrauhan saavuttamiseen.

Vanhemmuudessa on myös se kaunis puoli, että meillä on täysi vapaus suunnitella asioitamme niin, että lapset ovat osa niitä. Lapsen kanssa vietetty aika voi olla antoisaa ja rikastuttavaa, kunhan asenne on oikea. Minulle lapsi ei suinkaan ole ollut vapauden viemistä, vaan päinvastoin – hän on tuonut elämääni uudenlaista vapautta ja merkitystä. On vapauttavaa löytää iloa ja rauhaa asioista, jotka ennen lapsen syntymää olisivat saattaneet tuntua pieniltä tai merkityksettömiltä. Yhteiset hetket, olipa kyseessä leikki, yhdessä oppiminen tai pelkkä arjen jakaminen, ovat syvällisesti palkitsevia.

Normaalisti vanhempi ei koe todellista mielenrauhaa, jos lapsi on poissa tai hänen hyvinvointinsa on epävarmaa. Tämä tunne on luonnollinen osa vanhemmuutta – lapsi on osa sinua, ja hänen läsnäolonsa tuo mukanaan turvallisuuden ja kokonaisuuden tunteen. Jos vanhempi kokee jatkuvasti, että lapsi vie hänen elämästään liikaa, eikä kykene löytämään tasapainoa vanhemmuuden ja itsenäisyyden välillä, voi olla, että vanhemmuuteen liittyvä kasvuprosessi on vielä kesken. Tämä ei ole harvinaista, sillä vanhemmuus on matka, joka haastaa ja muovaa meitä.

On kuitenkin myös mahdollista, että tällainen kokemus kumpuaa vääristyneistä käsityksistä vanhemmuudesta. Jos vanhempi tuntee, että lapsi on pelkkä velvollisuus tai taakka, hän saattaa kantaa mukanaan omasta lapsuudestaan periytyneitä malleja, jotka estävät häntä näkemästä vanhemmuuden kauneutta ja mahdollisuuksia. Näissä tapauksissa vanhemmuudesta voi tulla taakka, jos sitä lähestytään pelkästään velvoitteiden kautta eikä nähdä sen syvempää merkitystä.

Vanhemmuus tarjoaa mahdollisuuden oppia paitsi lapsesta myös itsestämme. Se haastaa meidät kasvamaan ja kehittymään. Todellinen kypsyys vanhemmuudessa syntyy, kun opimme löytämään tasapainon oman vapautemme ja vastuumme välillä, ymmärtäen, että vapaus voi olla syvimmillään elämän jakamista toisen kanssa.

Vanhemmuuden ytimessä on syvä, luonnollinen rakkaus omia lapsia kohtaan – rakkaus, joka on niin voimakas, että se ylittää kaikki muut tunteet ja prioriteetit. Tämä rakkaus on usein niin kokonaisvaltaista, että lapsesta erossa oleminen herättää välittömästi ikävän tunteen, joka muistuttaa lapsen merkityksestä ja paikasta vanhemman sydämessä. Se ei ole vain tunne, vaan eräänlainen biologinen ja emotionaalinen yhteys, joka sitoo vanhemman ja lapsen yhteen ainutlaatuisella tavalla.

Ikävän tunne ei ole pelkästään merkki rakkaudesta, vaan myös muistutus siitä, miten tärkeä osa lapsi on vanhemman identiteettiä ja elämää. Lapsi ei ole vain huolenpidon kohde, vaan hänen läsnäolonsa tuo täyttymyksen, jota on vaikea saavuttaa muilla tavoilla. Tämä side vahvistuu ajan myötä ja muuttuu osaksi vanhemman jokapäiväistä elämää – jopa silloin, kun lapsi on fyysisesti poissa, hänen olemassaolonsa tuntuu aina läsnä olevana ajatuksissa ja sydämessä.

Rakkaus lapseen ei ole pelkästään tunteen tasolla, vaan se näkyy teoissa, päätöksissä ja siinä, miten vanhempi asettaa lapsen tarpeet osaksi omaa elämäänsä. Tämä ei tarkoita oman itsensä unohtamista, vaan sitä, että lapsi ja hänen hyvinvointinsa ovat kiinteä osa arkea ja valintoja. Vanhemman kokema ikävä voi myös opettaa arvostamaan entistä enemmän yhteisiä hetkiä lapsen kanssa – ne eivät ole itsestäänselvyys, vaan ainutlaatuisia ja arvokkaita.

Jos vanhempi ei koe tätä ikävää tai tunnesidettä, voi olla syytä pysähtyä pohtimaan, mistä tämä tunne-etäisyys kumpuaa. Se voi liittyä uupumukseen, omiin elämänkokemuksiin tai siihen, että vanhemmuuden tuoma vastuu ja läheisyys ovat vielä prosessissa löytää paikkansa. Tämä ei tee vanhemmasta huonoa, mutta voi osoittaa tarpeen itsetutkiskelulle ja tukea mahdollisten esteiden käsittelyssä.

Vanhemmuus on matka, ja rakkaus lapseen voi syventyä ja kehittyä ajan myötä. Siksi on tärkeää antaa itselleen ja lapselle tilaa kasvaa yhdessä. Rakkaus, joka ilmenee ikävän tunteena erossa ollessa, on yksi voimakkaimmista osoituksista siitä, että lapsi on paitsi perheenjäsen myös korvaamaton osa vanhemman elämää ja sydäntä. Tuo side, vaikka toisinaan raskas kantaa, on samalla yksi elämän suurimmista siunauksista.

NEGATIIVINEN AJATTELU

On selvää, että negatiivinen ajattelu voi rajoittaa elämän vapautta. Se luo sisäistä painetta, ahdistusta ja estää meitä nauttimasta elämästämme täysillä. Positiivinen ajattelu puolestaan avaa ovia vapauteen, sillä se tukee mielen rauhaa ja elämänmyönteisyyttä. Kuitenkin on olemassa myös ajatus, että välillä on hyvä antaa tunteiden virrata vapaasti, myös negatiivisten. Tunteet ovat osa inhimillisyyttämme, eikä niitä voi sulkea pois ilman, että se aiheuttaa sisäistä ristiriitaa.

Tunteiden purkaminen voi toimia, mutta sen tarkoitus ei ole jäädä loukkuun negatiivisiin ajatuksiin. Sen sijaan puhdistamme mieltä ja sydäntä, jotta negatiiviset ajatukset voivat päästä ulos ja tilalle voisi tulla taas rauha. Tällöin mielen ja kehon pitäisi tuntua kevyemmältä, ja olisi mahdollista kokea jonkinlainen helpotus. Tämä hetken "puhdistus" voi tarjota hetkellistä lohtua ja lievitystä, mutta jos hyvää oloa ei synny, on syytä kysyä, onko taustalla jotain syvempää, joka kaipaa huomiota.

Jos negatiiviset tunteet eivät purkaudu oikealla tavalla, voi olla, että ne eivät ole saaneet tarpeeksi tilaa tulla kohdatuiksi. Usein pelkkä pintapuolinen purkaminen ei riitä, vaan tarvitaan syvällisempää tarkastelua. Tällöin ei ole kyseessä pelkästään hetkellinen "höyryjen päästely", vaan todellinen käsittelyprosessi, jossa tutkitaan tunteiden alkuperä ja vaikutukset. Tämä voi vaatia aikaa ja itsemyötätuntoa, sillä syvemmät tunteet eivät aina purkaudu heti.

Negatiiviset ajatukset ja tunteet ovat osa ihmisyyttä, mutta niiden hallinta ja käsittely on tärkeää. On hyvä olla tietoinen siitä, ettei anna niiden ottaa valtaa elämästään. Kun opimme kohtaamaan ne, annamme niiden kulkea lävitsemme ja samalla tunnistaa, mitä ne meille opettavat, voimme saavuttaa todellista vapautta ja mielenrauhaa.

Meillä on täydellinen vapaus purkaa omia tunteitamme ja antaa niiden virrata – se on todellista vapautta. Tunteiden ilmaiseminen voi olla keino päästää irti sisäisestä paineesta, tuulettaa mieltä ja kehoa. Se voi tuoda hetkellistä keveyttä ja helpotusta, mutta on tärkeää muistaa, ettei jäädä jumiin näihin purkauksiin. Jos tunteiden ilmaiseminen jää ainoaksi keinoksi käsitellä niitä, saattaa se kääntyä orjuudeksi. Tunteet eivät silloin ole enää vapauden ilmaisemista, vaan ne voivat alkaa hallita meitä, estäen meitä etenemästä ja luomasta pysyvää mielenrauhaa.

Ihminen on todella sitä, mitä hän ajattelee – sekä sanoin että teoin. Vanha sanonta "Ihminen niittää, mitä hän kylvää" pätee myös ajatteluun. Ajatuksemme muokkaavat meitä ja elämäämme, sillä me olemme sitä, miten suhtaudumme itseemme ja maailmaan. Jos ajattelemme negatiivisesti, jatkuvasti huolestuneina tai pessimistisesti, se muokkaa paitsi meidän tunne-elämäämme myös sitä, miten suhtaudumme ympäröivään maailmaan ja ihmisiin. Vastaavasti, jos ajattelumme on myönteistä ja avoimen rakentavaa, se heijastuu elämäämme.

Meillä on vapaus valita ajattelutapamme, mutta on tärkeää muistaa, että tämä vapaus ei ole rajaton. Ajattelutapamme muokkaa koko elämämme kulkua. Jos jatkuvasti ajattelemme itsestämme ja elämästämme rajoittavasti, niin myös todellisuus ympärillämme rajoittuu. Tämä ei tarkoita, että meidän pitäisi aina ajatella "positiivisesti" kaikissa olosuhteissa, vaan että meidän tulisi olla tietoisia siitä, millaisia ajatuksia annamme vallita mielessämme, sillä ne luovat pohjan sille, millaiseksi elämämme kehittyy.

Tämä on erittäin tärkeä seikka, koska meidän on ymmärrettävä, että ajattelutavat eivät ole vain ohimeneviä mielenliikkeitä, vaan niillä on todellinen vaikutus siihen, mitä elämässämme tapahtuu. Miten ajattelemme itsestämme, maailmasta ja muista ihmisistä, luo perustan sille, miten toimimme ja reagoimme. Ajatukset eivät ole vain passiivisia ilmiöitä – ne ovat aktiivinen voima, joka muokkaa todellisuuttamme.

Meillä on täydellinen vapaus muokata itseämme juuri sellaisiksi kuin haluamme. Meillä on valta valita, millaisia henkilöitä haluamme olla ja miten suhtaudumme elämään. Jos todella haluamme olla pahantuulisia ja kiukuttelevia, voimme täysin vapaasti valita tämän tavan olla. Kukaan ei estä meitä elämästä niin, mutta tärkeää on ymmärtää, että tällainen valinta ei välttämättä ole meille aidosti hyväksi. Vaikka olisikin helppoa luisua jatkuvaan valittamiseen ja tyytymättömyyteen, tämä ei todennäköisesti ole sitä, mitä pohjimmiltamme haluamme elämältämme.

Usein on niin, että vaikka kiukuttelu tai valittaminen saattaa tuntua helpolta tavalta käsitellä turhautumista hetkellisesti, se ei tuo meille todellista tyytyväisyyttä tai onnea. Itse asiassa se usein vain lisää stressiä ja pahentaa mielen tilaa. Silti moni ihminen valitsee tämän polun, koska se on tuttua ja se voi hetkellisesti tuntua helpolta ratkaisulta. Mutta pohjimmiltaan harva meistä haluaa olla ihminen, joka elää jatkuvassa negatiivisessa tilassa.

Mutta on myös aivan yhtä helppoa opetella olemaan iloinen ja positiivinen, jos se on se, mitä todella haluamme. Iloisuus ei ole sattumaa tai ulkoisten tekijöiden yksinomaan luoma olotila, vaan se on valinta, jonka voimme tehdä joka päivä. Tämä ei tarkoita, että meidän pitäisi olla onnellisia kaikissa olosuhteissa, mutta se tarkoittaa sitä, että voimme valita suhtautumistapamme elämään ja tilanteisiin. Se, miten suhtaudumme vaikeuksiin ja haasteisiin, määrittelee pitkälti sen, kuinka onnellisia olemme.

Iloisuuden ja positiivisuuden valitseminen ei tarkoita sitä, että meidän pitäisi sulkea silmämme todellisuudelta tai kieltää negatiiviset tunteet, vaan se tarkoittaa, että opimme karsimaan itsestämme kaiken sen negatiivisuuden, joka ei vie meitä eteenpäin. Meidän ei tarvitse jäädä jumiin valitukseen tai katkeruuteen, vaan voimme valita päästää irti ja keskittyä siihen, mikä elämässä on hyvää ja arvokasta. Tämä ei tapahdu hetkessä, mutta se on täysin mahdollista, kun olemme valmiita tekemään tietoisen valinnan.

Tunteiden purkaminen on jokaiselle yksilöllinen prosessi, ja se voi ilmetä monin eri tavoin. Toiset purkavat kiukkunsa suoraan ilmaisemalla tunteensa räjähtävästi, antaen kiukun tulla ja mennä. Toiset taas saattavat valita rauhallisemman tavan, kuten puhumalla jollekin läheiselle ystävälle tai perheenjäsenelle, joka kuuntelee ilman tuomitsemista. Joillekin kirjoittaminen toimii parhaiten, olipa kyse päiväkirjan pitämisestä tai vaikkapa blogin tai vlogin luomisesta, jotka ovat nykyaikaisia tapoja tuoda tunteet ja ajatukset ulos. Nykyajan somekanavat ja YouTube-videot voivat toimia myös eräänlaisina "päiväkirjoina", joissa voi jakaa tunteitaan ja elämänsä kiintopisteitä.

Tärkeintä on, että meillä on monenlaisia keinoja saada itseämme kuulluksi ja näkyväksi. Tämä voi olla kirjoittamista, vloggaamista, tai vaikka yksinkertaisesti keskustelua läheisten kanssa. Kaikki nämä tavat ovat merkityksellisiä, sillä niiden avulla saamme purkaa mielessämme pyöriviä ajatuksia ja tunteita. Tunteiden purkaminen ei aina tarvitse olla räjähtävää tai äänekästä, vaan se voi olla myös lempeää ja hiljaista keskustelua, joka vie päivän aikana kerääntyneet huolet pois mielestä.

Tunteiden jakaminen voi olla myös pieniä, ohimennen lausuttuja sanoja ja lauseita elämänkumppanille – yksinkertaisia keskusteluhetkiä, joissa ei tarvitse syventyä suuriin dramatiikoihin, vaan juttelu itsessään on jo riittävä. Joskus pelkästään se, että saa jakaa päivän tapahtumat, voi helpottaa oloa ja vähentää mielen raskautta. Nämä pienet, arkiset hetket auttavat meitä olemaan yhteydessä toisiin, jolloin ei tarvitse jäädä yksin synkkien ajatusten kanssa.

On hyvä muistaa, että synkät ajatukset eivät ole niin synkkiä, kun niitä jaetaan. Yksin murehtiminen voi saada ne näyttämään valtavilta ja hallitsemattomilta, mutta kun niitä käsittelee yhdessä jonkun kanssa, ne saattavat kadottaa voimaansa ja tulla ymmärrettäviksi. Meillä kaikilla on oikeus ja vapaus purkaa tunteemme, käsitellä vaikeita asioita ja jakaa niitä muiden kanssa. Tunteiden ulos tuominen ei ole heikkoutta, vaan voimavara, joka tukee henkistä hyvinvointiamme ja auttaa meitä säilyttämään yhteyden itseemme ja ympärillämme oleviin ihmisiin.

Meillä on toki täydellinen vapaus uskoa mihin tahansa, mitä haluamme. Voimme uskoa olevamme sellaisia kuin toivomme, ja tämä uskomus voi olla voimakas osa identiteettiämme ja elämämme suuntaa. Vapaus uskoa itsestämme ja maailmasta on tärkeä osa henkilökohtaista kasvua ja elämänfilosofiaa. Kuitenkin on myös tärkeää ymmärtää, että kaikki kuvittelut itsestämme eivät ole aina realistisia, eikä kaikkea voi pitää terveenä tai järkevänä ajatteluna.

Jos esimerkiksi ihminen alkaa uskoa olevansa presidentti, kuningas, joulupukki tai jopa Kristuksen morsian, tällainen ajattelu menee jo selvästi epänormaalin puolelle. Tällöin kyse voi olla harhaluuloista, jotka voivat liittyä esimerkiksi skitsofreniaan tai muihin vakaviin mielenterveyshäiriöihin, jotka vaativat ammattiapua ja tukea. Tällaisten harhamaisten kuvitelmien tukeminen ei ole tervettä, eikä se edistä henkilön hyvinvointia, vaan pikemminkin voi eristää hänet todellisuudesta ja estää henkilökohtaista kasvua.

Samalla tavoin, jos aikuinen henkilö, jonka fyysiset ominaisuudet viittaavat yhteen sukupuoleen, alkaa vakavasti uskoa olevansa toista sukupuolta, tämä ajattelutapa voi herättää kysymyksiä. Lapsilla on vielä normaalia kokeilla eri rooleja ja sukupuolia leikeissään, koska heidän identiteettinsä on vasta kehittymässä ja he ovat avoimia uusille kokemuksille. Mutta aikuisilla, joiden sukupuoli-identiteetti on jo vakiintunut ja muotoutunut heidän fyysisten piirteidensä mukaan, on tärkeää, että he hyväksyvät ja ymmärtävät oman sukupuolensa. Jos aikuinen kokee itsensä jollain tavalla vääräksi oman sukupuolensa kanssa, tämä voi liittyä syvempiin psykologisiin tekijöihin, kuten epävarmuuteen, elämänkokemuksiin tai jopa traumaattisiin tapahtumiin. Esimerkiksi mies, joka haluaa olla nainen, voi kokea miehisten roolien ja odotusten olevan ahdistavia, väkivaltaisia tai pelottavia, ja tällöin halu identiteetin muuttamiseen voi olla tapa paeta näitä tunteita.

On tärkeää muistaa, että vaikka yksilöllä on vapaus etsiä ja määritellä oma identiteettinsä, kaikenlainen vapaus ei ole aina hyväksi. Esimerkiksi jos vapaus tarkoittaa sitä, että yksilö valitsee tien, joka voi vahingoittaa häntä itseään tai muita, se ei ole toivottavaa. Ajatus vapaudesta murhata tai raiskata on äärimmäinen esimerkki siitä, että vapauden rajat on asetettava yhteiskunnan ja eettisten periaatteiden mukaan. Vaikka tietyt kulttuurit ja uskonnolliset opetukset saattavat hyväksyä väkivallan tietyissä konteksteissa, on tärkeää, että yhteiskunta asettaa rajat, jotka suojelevat kaikkia sen jäseniä ja takaavat kaikkien oikeudet ja turvallisuuden.

Kaikki vapaudet eivät siis ole tasavertaisia, ja meidän on pohdittava, milloin vapaus alkaa vahingoittaa meitä tai muita. Vapaus on tärkeä arvo, mutta sen mukana tulee myös vastuullisuus ja yhteisön hyvinvointi.

Meillä on vapaus uskoa itseemme niin paljon kuin haluamme, ja tämä on tärkeä oikeus. Itsetunto ja itseluottamus ovat tärkeitä, mutta niiden on pysyttävä realistisissa raameissa. Jos uskomme itseemme liikaa, saamme helposti liiallisen itsevarmuuden, joka voi johtaa virheellisiin päätöksiin ja epärealistisiin odotuksiin. Tällöin saatamme päätyä ylittämään omat kykymme ja asettamaan itsellemme mahdottomia tavoitteita, jotka vain lopulta johtavat pettymyksiin ja epäonnistumisiin. Itsevarmuus ilman pohjaa voi johtaa ylpeiden virheiden tekemiseen ja epärealististen haaveiden seuraamiseen.

Toisaalta, jos emme luota itseemme tarpeeksi, se voi olla yhtä haitallista. Liiallinen epäilys omista kyvyistämme voi estää meitä yrittämästä tarpeeksi tai tavoittelemasta unelmiamme. Jos jatkuvasti vähättelemme itseämme ja kykyjämme, jäämme usein paikoillemme, emmekä uskalla ottaa niitä tarvittavia askeleita kohti parempaa elämää. Tällöin emme haasta itseämme, emmekä koskaan saavuta täyttä potentiaaliamme, koska pelkäämme epäonnistumista ja kieltäydymme edes yrittämästä.

Ihanteellinen tilanne on löytää tasapaino näiden kahden ääripään välillä. Olisi hyvä uskoa itseensä sen verran kuin todellisuus antaa myöten, mutta lisätä siihen pientä ylimääräistä uskoa ja itsevarmuutta, jotta voimme asettaa kunnianhimoisia tavoitteita. Tämä ei tarkoita, että meidän pitäisi kuvitella itsestämme jotain, mitä emme ole, vaan enemmänkin sitä, että uskomme omiin kykyihimme ja rohkaistumme astumaan epämukavuusalueelle. Tällöin meillä on todellista kunnianhimoa ja motivaatiota pyrkiä kohti tavoitteitamme. Meillä on yritystä ja halua kehittää itseämme, koska tiedämme, että pystymme siihen, mutta myös tiedämme, että matka ei ole helppo ja onnistuminen vaatii työtä ja itsekuria.

Tämä tasapaino itseluottamuksen ja realististen odotusten välillä auttaa meitä pitämään jalat maassa, mutta samalla kurkottamaan korkeammalle. Se antaa meille voimaa tehdä tarvittavat muutokset elämässämme ja saavuttaa niitä unelmia, jotka ovat todella saavutettavissa.

Meillä on täysi vapaus uskoa mihin tahansa, olipa se sitten Jumalaan, Allahiin, Kuu-ukkoon, metsänhenkiin tai vaikka pyöreään tai litteään maahan. Uskominen on henkilökohtainen kokemus, ja se, miten yksilö näkee oman maailmansa, on hänen oma asiansa. Niin kauan kuin tämä uskominen pysyy omassa sisäisessä maailmassa eikä pyri vaikuttamaan muihin, se ei aiheuta ongelmia. Jokaisella on oikeus elää omien uskomustensa mukaisesti ilman pelkoa tuomituksi tulemisesta. Erilaiset uskomukset rikastuttavat maailmankatsomustamme ja tarjoavat meille ainutlaatuisia näkökulmia, jotka tekevät elämästämme monimuotoisempaa ja mielenkiintoisempaa. Kuitenkin, kun yksilö alkaa pyrkiä muokkaamaan muiden ihmisten ajattelua ja uskomuksia omansa kaltaisiksi, syntyy ristiriitoja ja ongelmia. Usko on henkilökohtainen valinta, ja se, miten joku näkee maailman, ei saisi koskaan olla toisten kontrolloitavissa tai pakotettavissa. Meillä on vapaus omaksua omat totuudet, mutta silloin, kun yritämme pakottaa muut omaksumaan omat näkemyksemme, emme enää kunnioita heidän vapauden ja itsenäisyyden oikeutta.

Tällainen pakottaminen voi ilmetä monella tavalla: alkaen tiedostamattomista paineista aina avoimeen manipulointiin tai jopa väkivaltaan. Ihmiset, jotka kokevat, että heidän totuutensa on ainoa oikea, voivat alkaa vaatia, että myös muut uskovat samalla tavalla. Tämä ei ole vain väärin, vaan se voi myös johtaa konflikteihin ja eripuraan, sillä kaikki eivät koskaan tule jakamaan samoja näkemyksiä, ja se on täysin luonnollista.

Kristinuskon perinteissä on toki piirteitä, joissa halutaan johdattaa "eksyneitä lampaita oikealle tielle", mutta sekin tulee tehdä rakkaudella ja ymmärryksellä, ei pakolla tai väkivallalla. Uskonnollisessa kontekstissa on tärkeää, että keskustelu ja opettaminen tapahtuvat lempeästi, kutsuen, mutta ei pakottaen. Todellinen usko ei voi syntyä pelon tai pakottamisen kautta; se kasvaa vapaaehtoisesti ja sydämestä, silloin kun se koetaan aidoksi ja oikeaksi.

Meillä kaikilla on vapaus uskoa ja omaksua oma maailmankatsomuksemme ilman, että muiden pitäisi muokata sitä omien mieltymystensä mukaan. Tämän vapauden pitäisi olla pyhä ja suojeltu, koska se on osa ihmisarvoamme. Kunnioituksen ja ymmärryksen toisia ihmisiä kohtaan, riippumatta siitä, millaisia uskomuksia he omaksuvat, pitäisi olla keskeinen osa yhteiskuntaamme ja vuorovaikutustamme.

OIKEAA VAPAUDEN MÄÄRITELMÄÄ ETSIMÄSSÄ

Jos meillä on vapaus tehdä mitä tahansa ja uskoa itseemme aivan vapaasti, se on todellista vapautta. Vapaus uskoa mihin tahansa, valita omat totuutemme ja elää niiden mukaisesti, on yksi elämän perustavanlaatuisista oikeuksista. Se on vapautta silloin, kun voimme olla aidosti omia itsejämme ilman ulkopuolelta tulevaa painetta tai sisäistä pakkoa. Mutta jos tämä vapaus alkaa kääntyä pakkomielteeksi – olipa kyseessä uskomus, vapauden tavoittelu tai jatkuva pyrkimys olla jotain, mitä emme oikeasti ole – silloin vapaus menettää merkityksensä. Pakkomielteet rajoittavat vapauden kokemusta, koska ne tekevät meistä orjia omille toiveillemme ja peloillemme.

Vapaus on käsitteenä jotain, joka ei ole sidottu mihinkään ulkoisiin tai sisäisiin pakotteisiin. Se ei tarkoita pelkästään sitä, että voimme tehdä mitä tahansa, vaan myös sitä, että voimme olla täysin vapaita kaikista paineista – sekä ympäröivältä maailmalta että omalta mieleltämme. Juuri tässä piilee vapauden ydinkysymys: todellinen vapaus on kyky valita oma polkumme ilman, että meidät pakotetaan mihinkään suuntaan. Se on vapautta olla omassa olemuksessa ja ajattelussa, ilman, että mikään ulkopuolinen voima tai sisäinen tarve määrittelee elämäämme. Vapaus ei ole siis jatkuva pyrkimys kohti jotain, vaan tasapaino ja hyväksyntä siitä, että saamme olla juuri sellaisia kuin olemme – ilman painetta muuttaa itseämme tai elämäämme toisten tai omien odotustemme mukaiseksi.

Todellisessa vapaudessa ei saa olla minkäänlaisia pakottavia elementtejä mistään suunnasta. Se ei ole alisteista omille sisäisille ajatuksillemme, ei ulkoiselle painostukselle tai toisten odotuksille, ei menneisyyden varjoille eikä tulevaisuuden peloille. Vapaus ei ole sidottu mihinkään vallitsevaan asiaan, näkemykseen tai käsitykseen. Se ei asetu hetkelle, joka on tai joka oli, vaan se ulottuu yli ajan ja tilan. Todellinen vapaus ei ole riippuvainen ympäristön olosuhteista tai hetkellisistä tunteistamme; se on kyky elää täysin omassa läsnäolossamme, vapaana kaikista ulkopuolisista tai sisäisistä kahleista. Vapaus on tasapainoa siinä, että voimme olla täysin vapaita kaikesta – menneisyyden kaivelemisesta, tulevaisuuden huolista ja jopa nykyhetken paineista. Se on täydellistä vapautta olla olemassa ilman, että mikään ulkoinen tai sisäinen voima määrää tai rajoittaa meidän kokemustamme elämästämme.

Todellisen vapauden saavuttaminen on äärimmäisen vaikeaa. Harva meistä voi väittää saavuttaneensa sen, vaikka monet ovat yrittäneet eri tavoin – jotkut vaipuen nirvanaan, toiset meditoiden tuntikaupalla päivittäin. On kuitenkin tärkeää ymmärtää, että meditaatio ei itsessään tuo todellista vapautta. Vaikka meditaatio on arvokas väline rauhan ja mielen selkeyden saavuttamiseen, siinä ollaan silti sitoutuneita tiettyyn tilaan – hiljaisuuteen ja paikallaan olemiseen. Tämä sitoutuminen ei ole vapautta, vaan se on eräänlainen henkinen sidos. Meditaation tarkoitus voi olla rauhoittaa mieltä, mutta se ei itse asiassa vapaudu kaikista rajoitteista.

Oikea vapaus on jotain paljon syvempää. Se on tila, jossa ajatukset tulevat ja menevät ilman, että ne jäävät vangiksi mieleemme tai jollain tavalla rajoittavat meitä. Vapaus ei ole ajatus, joka pakottaa meidät jäämään tiettyyn suuntaan, vaan ajatus, joka virtaa vapaasti ja luontevasti. Se ei sido meitä mihinkään – ei tiettyihin uskomuksiin, ei toimintoihin, eikä edes tunteisiin. Se on kyky elää täysin läsnä tässä hetkessä ilman, että ajatukset tai tunteet hallitsevat tai määrittävät meitä. Tämä vapautuminen ajatuskierteistä, ulkopuolisista paineista ja sisäisistä rajoitteista on todellinen vapauden ydin. Se on tila, jossa emme ole sidottuja mihinkään – emme menneisyyteen, emme tulevaisuuteen, emmekä edes nykyhetken koettelemuksiin.

Tässä on jotain hyvin tärkeää, joka kuuluu vapauden syvimpään olemukseen: se on kyky elää täysin vapaana kaikista ulkoisista ja sisäisistä siteistä, täysin omassa todellisuudessaan ilman, että mikään ajatus tai tunne määrää meitä. Tämä on todellista vapautta.

Jos vapaus on jotakin, joka virtaa vapaasti, tulee ja menee omia aikojaan ilman, että se sitoo ihmistä mihinkään ajatukseen, silloin ihminen voi kokea olevansa vapaa missä tahansa olosuhteissa. Itse asiassa hän voi olla vapaa jopa vankilassa, ainakin silloin, kun hän ei tiedosta olevansa vangittu. Tässä tilanteessa hänen mielensä ei ole rajoitettu vankeuden ajatuksella, ja hän saattaa kokea itsensä täysin vapaaksi.

Mutta heti, kun hän tiedostaa olevansa vankina, vapaus katoaa. Tietoisuus vankeudesta sulkee pois vapauden kokemuksen, ja hän ei enää voi olla vapaa – ainakaan omassa mielessään. On kuitenkin mahdollista olla vanki myös ilman tietoisuutta siitä. Jos ihminen ei tiedosta olevansa sidottu johonkin, hän saattaa elää vapaan tuntuisessa tilassa, vaikka objektiivisesti tarkasteltuna hän onkin vangittu. Tämä voi tarkoittaa esimerkiksi sosiaalisia, psykologisia tai henkisiä rajoitteita, jotka estävät häntä toimimasta vapaasti, vaikka hän ei itse sitä tunnista. Hän saattaa elää elämässään ikään kuin ilman kahleita, mutta silti hänen toimintansa ja valintansa ovat rajoittuneet.

Mutta onko sillä loppujen lopuksi väliä, jos henkilö ei tiedosta rajoituksiaan? Jos hänen kokemuksensa on vapaa, voidaanko sanoa, että hän todella on vapaa? Tässä piilee mielenkiintoinen kysymys: onko vapaus todellisuudessa sidoksissa siihen, mitä tiedämme ja tunnemme omasta tilanteestamme, vai voiko se olla olemassa riippumatta siitä, kuinka rajoittuneet olosuhteet ovat?

Jos ihminen kokee oman näkemyksensä ja horisonttinsa kautta vapautensa täydelliseksi, eikö silloin voi sanoa, että hän on vapaa? Vaikka ulkoiset olosuhteet saattavat estää häneltä todellisen vapauden, hänen omassa sisäisessä kokemusmaailmassaan hän voi kokea olevansa täysin vapaa. Jos hän ei tunne rajoituksia omassa mielessään, hän elää vapaana omassa kokemuksessaan, ja siten hän itse on vapaa – ainakin omasta näkökulmastaan.

Tämä herättää tärkeän kysymyksen: Onko vapaus todellista vain silloin, kun se on myös ulkoisesti näkyvää, vai voiko se olla täysin sisäistä ja subjektiivista? Jos ihminen on vapaa sisäisesti, mutta ei ulkoisesti, voimmeko silti sanoa hänen olevan vapaa? Onko ulkoinen vapaus tärkeämpää kuin sisäinen kokemus? Tai voiko olla niin, että sisäinen vapaus on lopulta se kaikkein tärkein, koska se määrittää, kuinka ihminen kokee oman elämänsä ja reagoi ulkomaailman rajoituksiin?

Emmehän me voi kuvitella, että kaikki maailman ihmiset olisivat vapaita ulkoisesti samalla tavalla. Vapaus ei ole vain yhtä ja samaa kaikille, sillä se, mikä vapauttaa yhden, voi olla toiselle rajoite. Esimerkiksi joku saattaa kokea ahdistusta toisten ihmisten seurassa, kun taas toinen voi olla ahdistunut jopa ilman muiden läsnäoloa. On myös monia muita tekijöitä, kuten taloudelliset huolet, terveydelliset rajoitteet tai sosiaaliset paineet, jotka voivat kaventaa vapauden tunnetta.

Silti vapaus on ennen kaikkea henkilökohtainen kokemus – se on sisäinen, subjektiivinen tila, joka ei aina riipu ulkoisista olosuhteista. Se ei ole pelkkä ajatus, jonka voimme muotoilla tai sanoilla selittää, vaan se on kokemus, joka syntyy omassa mielessä, omassa sydämessä. Juuri tämä henkilökohtainen kokemus on sitä todellista vapautta. Jos ihminen kokee olevansa vapaa omassa mielessään, silloin hän todella on vapaa – vaikka ulkoinen maailma saattaisikin tarjota rajoituksia. Tämä kokemus on se, joka määrittää vapauden syvimmän olemuksen.

Jos yritämme keksiä vapaudelle jonkin yleisen termin, joka pystyisi määrittelemään sen kokemuksen kaikille ihmisille samalla tavalla, se ei tule onnistumaan. Vapaus on ennen kaikkea henkilökohtainen ja subjektiivinen kokemus, joka muotoutuu kunkin yksilön ainutlaatuisessa kokemusaikakaudessa ja ympäristössä. Vaikka voimme keskustella vapauden teoreettisista ulottuvuuksista, se kokemus, jonka jokainen meistä elää, on aina hieman erilainen. Meidän vapautemme ei ole sama kuin toisen, sillä se väistämättä kulkee käsi kädessä omien arvojemme, kokemuksiemme, pelkojemme ja toiveidemme kanssa. Juuri tämä yksilöllinen kokemus tekee vapaudesta niin monimuotoisen ja vaikeasti määriteltävän ilmiön. Sen sijaan, että pyrkisimme pakottamaan yhden määritelmän, voisimme tunnustaa, että vapaus on useiden erilaisten kokemusten summa, jossa kukin kokee vapauden omalla tavallaan, ja tämä moninaisuus on juuri sen kauneus.

VEROTUKSEN PAKOLLISUUS

Kun maksamme veroja, perusperiaatteessa maksamme niitä vastineeksi erilaisista palveluista ja hyödykkeistä, joita valtio ja kunnat tarjoavat meille. Kuitenkin, verrattuna tavallisiin kaupankäyntitilanteisiin, verotuksessa ei ole vapaaehtoisuutta. Normaalissa kaupankäynnissä, jos joku yrittäisi myydä jotain väkisin ja vaatisi, että asiakkaan on pakko maksaa, se olisi rikollista toimintaa. Verotuksen tapauksessa kuitenkin tilanne on toinen: meitä velvoitetaan maksamaan veroja myös sellaisista asioista, joita emme halua tai tarvitse. Meidät pakotetaan maksamaan näitä veroja ilman mahdollisuutta valita, mitä palveluja haluamme käyttää, ja jos emme maksa, kohtaamme rangaistuksia.

Tällöin herääkin kysymys, miksi veroja pitäisi maksaa pakolla palveluista, joita emme ole pyytäneet emmekä tarvitse? Tavallisesti, jos emme haluaisi jotain palvelua, voisimme vain kieltäytyä sitä maksamasta, mutta verotuksessa ei ole tätä vaihtoehtoa. Esimerkiksi, jos joku ei ole kiinnostunut kirkon palveluista, hän voi valita olla maksamatta kirkollisveroa. Miksi emme voisi soveltaa tätä logiikkaa muihinkin julkisiin palveluihin?

Verotuksessa pitäisi olla avoimuutta ja läpinäkyvyyttä: verovelvolliselle pitäisi olla selvää, mihin rahansa menevät, ja ne pitäisi eritellä selkeästi valtion ja kuntien osalta. Jos veronmaksajat voisivat valita, mihin palveluihin he haluavat osallistua ja mitä rahoittaa, se olisi oikeudenmukaisempaa ja demokraattisempaa. Ei ole kohtuullista, että maksamme veroja asioista, joita emme halua tai tarvitse.

Valitettavasti nykyinen verojärjestelmä muistuttaa monessa mielessä väkivaltaista järjestelmää, jossa pakottaminen ja rangaistukset ovat keskiössä. Vaikka verotusta on pyritty legitimoimaan monenlaisten lakipykälien avulla, sen luonne ei poikkea paljoakaan siitä, että meitä vaaditaan maksamaan pakolla, ilman mahdollisuutta valita. Tällöin syntyy ajatus siitä, että verotus on eräänlainen laillistettu pakkotyö – se ei ole täysin vapaaehtoista, vaan sen taustalla on pakottaminen ja uhka rangaistuksista.

Aikaisemmin valtio oli instituutio, joka oli olemassa kansalaistensa palveluksessa, huolehtien heidän hyvinvoinnistaan ja tarjoamalla peruspalveluja yhteisön tarpeiden mukaan. Mutta nykyään tilanne on kääntynyt päälaelleen: valtio ei enää ole kansalaisiansa palveleva taho, vaan kansalaiset palvelevat valtion eliittiä. Verot ja erilaiset maksut, joita kansalaiset maksavat, eivät enää mene yhteiskunnan yleiseen hyvinvointiin, vaan ne ohjautuvat usein suoraan hallitseville eliiteille ja suuryrityksille, jotka käyttävät ne omiin etuihinsa ja elintapoihinsa. Tämä ei ole vain rahankäytön vääristymistä, vaan pohjimmiltaan kysymys vallasta ja tasa-arvosta.

Tämä järjestelmä ei kuitenkaan rajoitu pelkästään rahaan. Kansalaisia ei vain velvoiteta maksamaan veroja, vaan heidät pakotetaan myös orjatyöhön ja velvollisuuksiin, jotka palvelevat pääasiassa globaaleja yrityksiä ja hallitsevaa eliittiä. Keksityt työnhakuvelvoitteet, aktiivisuusmallit ja muut "velvoitteet" eivät ole suunniteltu kansalaisten hyvinvointia varten, vaan niillä pyritään kontrolloimaan ihmisten elämää ja työskentelyä tavoilla, jotka hyödyttävät vain niitä, joilla on valta. Tämä johtaa siihen, että yksilöt pakotetaan työskentelemään paikoissa ja tehtävissä, jotka eivät ole heille itselleen kannattavia eivätkä edes tuota yhteiskunnalle varsinaista arvoa.

Kansalaiset joutuvat antamaan aikaansa ja työpanostaan, mutta siitä ei jää heille juuri mitään takaisin – se menee suuryrityksille ja hallitseville tahoille. Heidän etunsa ajavat kaiken ohi, ja kansalaisten elämästä tulee entistä enemmän työvelvoitteen täyttämistä, jossa oikea vapaus ja valinnanmahdollisuus jäävät taka-alalle. Valtio ei enää toimi kansalaisiaan tukevana voimana, vaan se on muuttunut eliitin välineeksi, joka käytännössä orjuuttaa kansalaiset pakollisten velvollisuuksien ja taloudellisten rasitusten kautta. Tässä järjestelmässä kansalaisilla ei ole muuta vaihtoehtoa kuin jatkaa oravanpyörässä, jossa heidän työnsä ja veronsa menevät suoraan niiden hyväksi, jotka jo hallitsevat maailman taloudellista ja poliittista kenttää.

LUONNOSTA LÖYTYY TODELLINEN VAPAUS

Kun etsimme todellista vapautta, ei sitä kannata etsiä elämän viihteen vilinästä tai ihmisten joukosta. Vapauden kokemus syntyy usein juuri luonnon rauhassa, kaukana kaupungin hälystä ja kiireestä. Todellista vapaudentunnetta voi kokea silloin, kun voi olla täysin yhteydessä luontoon, antautua sen rytmeille ja sen kauneudelle. Tämä kokemus syvenee entisestään, jos voi heittää vaatteet pois ja olla alasti luonnossa, sillä silloin ihminen palaa jollain syvällä tasolla omaan alkuperäiseen olemukseensa. Alastomana ja vailla mitään yhteiskunnan asettamia paineita tai rooleja, hän tuntee itsensä osaksi luontoa, eikä ole sidottu mihinkään ulkoisiin vaatimuksiin. Tämä on se alkukantainen, vaistomainen vapauden kokemus, joka on meissä kaikissa – se hetki, jolloin me vapautamme itsemme omista rajoistamme ja koemme olemuksemme puhtaana ja vapaana.

Kokemus olla osa suurta luontoa, kokea itsensä täydellisesti osaksi ympäröivää maailmaa, irti yhteiskunnan tuottamasta paineesta ja kuormituksesta, on syvällinen ja vapauttava. Todellinen irtiotto oravanpyörästä vaatii paikan, jossa voimme olla rauhassa, kaukana hälinästä ja kiireestä. Tällöin tiedämme, ettei kukaan tule meitä häiritsemään, ja voimme päästää irti kaikista ulkoisista rajoituksista, jopa riisua vaatteet ja kokea itsemme vapaiksi.

Paljain jaloin kulkeminen luonnossa on myös tärkeä osa tätä kokemusta. Se ei ole vain fyysinen asia, vaan symboloi maadoittumista, yhteyttä maahan ja sen energiaan. Meissä itsessämme on värähtelyä, aivan kuten maassa, ja tämä yhteys maan kanssa luo tasapainoa ja syvempää yhteyttä ympäröivään luontoon. Maadoittuminen auttaa meitä virittäytymään luonnolliseen rytmiin, pois teknologian ja yhteiskunnan luomista häiriöistä. Tällöin voimme kokea todellisen, luonnollisen vapautemme, jossa keho ja mieli ovat harmoniassa ympäristömme kanssa.

Myös hiusten vapaa, auki oleminen voi lisätä vapauden ja yhteyden tunnetta. Mitä pidempi tukka, sitä voimakkaammin tämä vaikutus voi tuntua, kuten aikaisemmin mainitsin tässä kirjassa intiaanien pitkän tukan merkityksestä kuudentena aistina. Pitkät hiukset eivät ole vain ulkonäkökysymys, vaan ne voivat olla yhteys johonkin syvempään, intuitiiviseen ja henkiseen tasoon.

Monilla henkisesti herkemmillä ihmisillä on taipumus kasvattaa pitkät hiukset, ja tämä ei ole sattumaa. Herkkä ihminen ymmärtää kuudennen aistinsa merkityksen ja kaipaa yhteyttä siihen, mitä ei voi nähdä, mutta joka silti vaikuttaa. Pitkät hiukset voivat olla symboli tälle herkkyydelle ja halulle kokea maailmaa monella tasolla – ei vain järjen, vaan myös vaiston ja intuitiivisen ymmärryksen kautta.

Nuorempana ajattelin usein, että kun menen armeijaan ja joudun leikkaamaan hiukseni lyhyiksi, menetän jotain tärkeää persoonastani – jotakin sellaista herkkyyttä, joka ei yksinkertaisesti pääse ilmenemään samalla tavalla, jos tukka on lyhyt tai jopa kalju. Tämä ajatus selittää, miksi usein juuri aggressiivista käyttäytymistä ihannoivat ihmiset valitsevat lyhyet hiukset tai ajavat päänsä kaljuksi. Hiusten pituus ei ole vain ulkonäköseikka, vaan se voi olla myös symboli sille, millä tavalla ihminen kokee itsensä ja minkälaista energiaa hän haluaa itsessään ja ympäristössään korostaa. Lyhyt tukka voi viestiä selkeydestä ja kontrollista, mutta samalla se saattaa sulkea pois herkkyyden ja intuitiivisuuden, joita pitkä tukka saattaa symboloida.

Myös se, että antaa auringon lämmittää paljasta ihoaan luonnon keskellä, on yksi syvimmistä ja autenttisimmista vapauden tunteista. Tällöin keho ja mieli vapautuvat kaikista paineista, kun me tunnemme olevamme täysin yhteydessä luontoon. Tähän liittyy myös neljä tärkeää elementtiä – tuli, vesi, maa ja ilma – jotka yhdessä luovat sen täydellisen tasapainon, joka tuo todellisen vapauden.

Vedessä voimme kokea virkistävää ja elvyttävää vapautta, kun alastomana sukellamme järven viileään syleilyyn. Vesi ei vain puhdista kehoa, vaan myös mieltä, sillä se tasapainottaa ja rauhoittaa. Järven pinta heijastaa elämän hiljaisuutta, joka rauhoittaa hektisen maailman ääniä ja vie meidät hetkeksi pois ajasta. Tuli on myös voima, joka luo rauhaa, mutta se on myös tuhoava – kuluttava voima, joka on samaan aikaan elämän ja kuoleman symboli. Jumala on itse esittäytynyt tulen liekkinä, sillä tuli on yksi alkuvoimista, joka muovaa maailmaa. Auringon paiste on verrattavissa tuleen – se on lämmittävä, elinvoimainen ja herättää meidät eloon. Auringon lämpö, aivan kuten nuotion liekit, luo ympärilleen sen maagisen rauhan, jossa voi täysin unohtaa ulkomaailman häiriöt.

Tuuli, joka puhaltaa kevyesti kasvoillamme, tuntuu iholla virkistävänä ja raikastavana. Se puhdistaa mielen samalla tavalla kuin se raikastaa ilman, tuoden elämään sen odottamattoman vapauden tunteen. Tuuli on jatkuvassa liikkeessä, se ei pysähdy eikä rajoitu, ja se muistuttaa meitä siitä, kuinka myös me voimme olla vapaita, liikkua vapaasti ilman esteitä. Maa on se tukeva alusta, joka kantaa meitä. Se on planeettamme sydän, sen juuret, paikka, jossa elämme ja kuljemme. Maa on turvapaikka, jolle voimme palata ja jossa tunnemme itsemme osaksi suurempaa kokonaisuutta. Se muistuttaa meitä siitä, että meillä on vapaus liikkua ja elää tässä maailmassa, kunhan vain kunnioitamme sen luonnonvoimia ja elämää sen pinnalla.

Kun nämä neljä elementtiä yhdistyvät, ne tarjoavat täydellisen vapautumisen tunteen, jossa ihminen voi todella kokea olevansa vapaa kaikista rajoitteista – sekä ulkoisista että sisäisistä. Tuli, vesi, maa ja ilma yhdessä muodostavat sen luonnon voiman, joka vapauttaa meidät mielen ja kehon kahleista ja palauttaa meidät siihen alkuperäiseen vapauden tilaan, joka oli olemassa ennen kuin yhteiskunnan paineet ja normit asettuivat elämäämme.

MITÄ SE SITTEN ON SE VAPAUS?

Nyt, kun olen pohtinut vapautta syvällisesti, tarkastellut sitä eri näkökulmista ja kääntänyt sen monia puolia, olen tullut siihen tulokseen, että olen ehkä löytänyt omanlaisen määritelmän sille, mitä vapaus todellisuudessa on. Vapaus ei ole vain ulkoisten esteiden puuttumista, vaan se on ennen kaikkea sisäinen tila, joka mahdollistaa mielen täyden liikkumisen ilman rajoitteita. Se on kuin ajatus, joka kulkee vapaasti ihmisen mielessä, mutta ei takerru siihen. Se ei vaadi kiinnipitämistä, vaan se virtaa omalla tavallaan, liikkumatta aikatunteen tai ulkoisten tekijöiden hallitsemina.

Vapaus on myös irti kaikista aikarajoitteista ja aikatauluista – se on tila, jossa ei ole pakko olla missään tietyssä hetkessä, ei ole kiirettä eikä velvoitteita. Se on juuri sitä, että olemme vapaita olemaan tässä ja nyt, ilman että meidän täytyy murehtia siitä, mitä pitää tehdä seuraavaksi. Vapaus on myös riippumattomuutta toisista ihmisistä ja heidän odotuksistaan. Se on kyky olla oma itsensä ilman, että toisten mielipiteet tai yhteiskunnan normit määräävät, millaisia me saamme olla tai mitä meidän täytyy tehdä. Tämä vapaus ei ole vain ulkoinen tila, vaan ennen kaikkea sisäisen mielen vapaus, joka antaa meille mahdollisuuden olla läsnä omassa elämässämme ilman jatkuvaa huolta tulevaisuudesta tai menneisyydestä.

Harva ihminen saavuttaa täydellistä vapautta, ehkä kukaan ei täysin, sillä vapauden kokemus on usein hetkellinen ja subjektiivinen. Kuitenkin jokainen meistä voi kokea hetkiä, joissa vapauden tunne on aito ja henkilökohtainen. Nämä hetket voivat olla elämän suurimpia oivalluksia, mutta nekin ovat alttiita ulkopuolisille ärsykkeille, jotka voivat hetkeksi horjuttaa mielenrauhaa.

Silti vapaus on meille jokaiselle syvästi henkilökohtainen kokemus. Kukaan muu ei voi määritellä, mitä meidän vapautemme on tai millaisista kokemuksista se syntyy. Se on kokemus, joka ei ole ulkoisten olosuhteiden määrittelemä. Vapaus ei ole sidottu ympäröivään maailmaan tai olosuhteisiin; sen olemus riippuu siitä, kuinka kykenemme suhtautumaan ulkopuolisiin ärsykkeisiin ja estämään niitä vaikuttamasta mieleemme. Ulkoiset olosuhteet eivät voi poistaa

vapauden tunnetta, jos emme anna niiden hallita ajatuksiamme tai tunteitamme. Vapaus syntyy mielen tilasta, ei ulkopuolisista tekijöistä.

Se, miten koemme ulkopuoliset olosuhteet ja sisäisen maailmamme, määrittelee todellisen vapautemme. Kukaan muu ei voi ottaa tätä vapautta pois meiltä, sillä se on sisäisesti koettu kokemus. Niin kauan kuin koemme itsemme vapaiksi, me todella olemme vapaita. Mutta jos alamme uskoa olevamme vankeja, vaikka olisimme ulkoisesti vapaita, silloin emme ole enää vapaita – silloin olemme vangittuja vain omien luulojemme kahleisiin. Vaikka kyseessä olisi pelkkä harha, sen vaikutus on niin voimakas, että se voi estää meitä kokemasta todellista vapautta. Tämä luulo voi olla meille niin todellinen, että se rajoittaa vapauden kokemistamme, vaikka ulkoisesti olisimme täysin vapaita.

Toisinpäin ajateltuna, jos emme tiedä olevamme vankeja, vaan luulemme olevamme vapaita, silloin me itse asiassa koemme olevamme vapaita – ja tämä kokemus tekee meidät vapaiksi. Mutta jos me tiedämme olevamme vankeja ja silti uskottelemme itsellemme, että olemme vapaita, silloin emme ole oikeasti vapaita. Tämä itsemme huijaaminen ei riitä tuomaan todellista kokemusta siitä, mitä me todella olemme.

Nyky-yhteiskunnassa monet meistä elävät kuitenkin vankeina ja orjina, vaikka emme ehkä sitä aina tiedostakaan. Harva ihminen pystyy täysin irrottautumaan yhteiskunnasta, sillä aina jollain tavalla olemme riippuvaisia sen järjestelmistä ja infrastruktuurista. Tämä riippuvuus tarjoaa mahdollisuuden orjuuttaa meitä – keinoja siihen on monia. Meitä hallitaan ja manipuloidaan näiden järjestelmien avulla, ja näin vapauden illuusio voi helposti muuttua riippuvuudeksi, joka pitää meidät kahleissa.

Jos me todella haluamme olla vapaita, meidän on irrottauduttava yhteiskunnan kahleista. Yhteiskunnan tarjoamat palvelut ja hyödykkeet eivät saa olla ainoita ja ehdottomia asioita, joita elämässämme tarvitsemme. Ne on sisäistettävä niin, että ne nähdään vain lisäapuna, ei elämän perusedellytyksinä. Samalla tavoin meidän on sisäistettävä digitalisaatio.

Digitalisaatiosta ollaan luomassa jotakin, jonka on tarkoitus tulla ainoaksi ehdottomaksi ratkaisuksi. Tällöin kehitys saattaa johtaa siihen, että joudumme hallinnan ja jatkuvan tarkkailun alaisiksi. Digitalisaation rooli on tärkeä, mutta se on nähtävä pelkkänä apuvälineenä, ei elämän perustana. Perinteiset tavat ja menetelmät, jotka eivät vie meitä tähän digitaalisen riippuvuuden ansaan, täytyy säilyttää rinnalla. Jokaisella ihmisellä tulisi olla oikeus valita, haluaako hän käyttää perinteisiä keinoja vai digitaalisten palveluiden tarjoamia vaihtoehtoja.

Digitalisaatio voi monessa tapauksessa nopeuttaa toimintaa ja tehdä siitä tehokkaampaa, mutta aina on oltava myös mahdollisuus toimia ilman digitalisaatiota, perinteisellä, jo vuosisatojen ajan toimivalla tavalla. Vaihtoehdot digitaalisille palveluille ovat siis välttämättömiä.

Samoin terveydenhuollossa on tärkeää, että vaihtoehtoinen lääketiede saa säilyttää paikkansa, vaikka valtamedia usein pyrkii rajoittamaan ja estämään sen käytön. Valtamedia on monin tavoin valjastettu tukemaan käsitystä siitä, että ainoa "oikea" lääketiede on suurten lääketeollisuusyritysten, Big Pharman, tarjoama. Tämä halutaan esittää ainoana oikeana totuutena, kun taas kaikki muut lääketieteen muodot ja vaihtoehtoiset hoitomuodot pyritään alistamaan tai jopa kieltämään.

Kaikki sellainen, joka tuottaa suuria voittoja ahneille tahoille, halutaan pitää ainoana hyväksyttävänä ratkaisuna, mutta jos joku yrittää selviytyä ilmaiseksi tai ilman suurempaa rahallista hyötyä, se ei ole tervetullutta. Siksi ilmaiset tai vähemmän kaupalliset lääketieteen muodot pyritään kieltämään.

On aina hyödyllistä kysyä ja selvittää, mitä jokin palvelu tai tuote maksaa, kuka sen rahoittaa, kuka kerää maksut ja onko olemassa edullisempia vaihtoehtoja – tai jopa täysin ilmaisia vaihtoehtoja. Jos tällaisia vaihtoehtoja ei ole saatavilla, on tärkeää nostaa nämä kysymykset esiin ja painostaa päättäviä tahoja selvittämään niitä. Parasta on nostaa esille tällaiset asiat julkisesti, sillä avoin keskustelu voi herättää enemmän huomiota ja saada aikaan muutosta.

Olen itsekin kokeillut toimittajan työtä – kirjoittanut lehtiin, tehnyt radio-ohjelmia ja videoita. Kun halutaan kysyä arkaluonteisista asioista, usein vastaukset jäävät saamatta, sillä harva uskaltaa vastata. Nykyjournalismi on mennyt siihen suuntaan, että harva haluaa enää vastata kysymyksiin, koska pelätään, että arkaluontoiset asiat joutuvat julkisuuteen. Mutta juuri tämä kertoo siitä, että jotain on tehty väärin, jos omatunto kolkuttaa ja pelko julkisuudesta häiritsee.

Vaikeat kysymykset eivät ole pelkästään hankalia, vaan ne paljastavat, että vastaukset tiedetään – ja ne ovat niin herkkiä, että niitä pyritään välttämään. Vastaajat kiertävät totuutta, yrittävät eksyttää pois varsinaisesta aiheesta, ja joskus valehtelevaan suuhun päätyy suora valhe, jos pelätään, että totuus voisi tuoda myöhemmin ongelmia.

Mutta se, että toimittajalle valehdellaan, on jo itsessään suuri ongelma. Jos siitä jää kiinni, se vahingoittaa luottamusta ja uskottavuutta. On toki eri asia, jos ei tiedetä oikeaa tietoa ja valhe tulee vahingossa – silloin ei voi syyttää ketään, jos alkuperäinen tieto on ollut väärää.

Tämä vie meidät jälleen vapauden teemaan: kysymykseksi siitä, mitä meillä on vapaus puhua, ja missä vaiheessa meistä tulee vastuullisia sanomisistamme, jos sanamme sisältävät väärää tietoa. Nykyään tuntuu, että ainoa oikea totuus on se, jonka valtamedia on virallisesti hyväksynyt, ja kaikki muu halutaan leimata vääräksi tiedoksi. Mutta kysymys onkin siitä, mikä todellisuudessa on oikeaa tietoa ja mikä väärää.

Jos pyritään sensuroimaan kaikki vaihtoehtoiset opit ja faktat, väittäen niitä valheiksi ja disinformaatioksi, niin kuka voi todistaa, että kyseessä on todella disinformaatiota? Millä perusteella tämä voitaisiin osoittaa?

Tällainen väite vaatii entistä laajempia, puolueettomia ja monipuolisia tutkimuksia, jotka pystyvät erottamaan, mikä todella on disinformaatiota ja mikä ei. Pelkät niin sanotut "faktantarkastajat" eivät riitä tässä. Meidän on pystyttävä tarkastelemaan heidän toimintatapojaan, jotta voimme arvioida heidän rehellisyyttään ja varmistaa, että heidän arviointinsa ovat luotettavia.

Disinformaatiota koskeva väite ei ole läheskään niin yksinkertainen tai yksiselitteinen asia. Jos joku nostaa tämän kysymyksen esille, hänet pyritään usein hiljentämään ja koko asia lakaistaan maton alle, pois näkyvistä ja pois mielestä.

Olemme nykyään valitettavasti siinä tilanteessa, että ne, jotka uskaltavat tuoda esiin näitä tärkeitä kysymyksiä—olipa kyseessä lakimiehet, lääkärit tai muut asiantuntijat—joutuvat usein kohtaamaan vakavia seurauksia. Heitä ajetaan jopa vankiloihin, ja samalla pelotellaan kansaa sillä, mitä voi tapahtua, jos totuuden puhuminen ja "virallisen narratiivin" kyseenalaistaminen jatkuu.

Kaikki asiat on tuotava esille, niitä on käsiteltävä ja niistä on kysyttävä. Ei ole mitään kunnianloukkausta tai halventavaa, jos halutaan selvittää, mikä on disinformaatiota ja millä perusteilla jotain pidetään sellaisena.

Ajatellaanpa, että alkaisin kirjoittaa blogia, jossa käsittelen jotain arkaluonteista aihetta ja kyselen siihen liittyvää tietoa. Tällöin on hyvin todennäköistä, että tämä projekti törmäisi moniin esteisiin, sillä minulle ei välttämättä annettaisi mitään oikeaa tietoa, tai jopa mitään tietoa ollenkaan.

Monia ihmisiä on äärimmäisen vaikea saada vastaamaan, erityisesti niitä, joilla on todella tietoa asiasta. He eivät uskalla vastata, koska pelkäävät joutuvansa vastuuseen, jos kertovat jotain väärää. He eivät myöskään uskalla valehdella, sillä pelko siitä, että valhe jää kiinni, estää heitä puhumasta.

Viranomaiset ja virkamiehet, jotka joutuvat vaikenemaan ja pysymään hiljaa, ovat todellisessa vaikeassa asemassa tässä nykyisessä sensuurin täyttämässä maailmassa. Heidän tilanteensa on monella tavalla tukala, sillä heidän on navigoitava vaikenemisen ja totuuden välillä.

Tässä kohtaa onkin pohdittava, millä perusteella ja minkälaisin sopimuksin virkailijat pakotetaan olemaan hiljaa. Jos joku kertoo toiselle salassa pidettävän asian, eikö silloin pitäisi olla jonkinlainen sopimus, johon molemmat osapuolet ovat sitoutuneet? Pelkkä "salassa pidettävä"-leiman lyöminen paperiin ei vaikuta riittävältä. Jos salaisuuden pitäminen olisi todella sitovaa, siihen pitäisi olla selkeä sopimus, jossa molemmat osapuolet ovat tietoisia ja suostuvat siihen.

Mutta kukaan ei tule sanelemaan ehtoja, eikä näitä sopimuksia vain kirjoiteta. Entä jos ei halua hyväksyä sellaista sopimusta, jos sellaista tarjotaan? Onko seurauksena uhkailu tai painostus? Tämä on äärimmäisen tärkeä kysymys, sillä jos ei halua allekirjoittaa sopimusta, joka pakottaa toisen olemaan hiljaa jostain asiasta, kuten vaitiolovelvollisuudesta, mitä silloin tapahtuu? Tähän kysymykseen meidän on löydettävä vastauksia, sillä se koskee vapauden rajoittamista hyvin vakavalla tavalla.

Näissä tilanteissa pitäisi aina olla ulkopuolisia todistajia. Usein tällaisissa tilanteissa kaksi henkilöä pyytää toista allekirjoittamaan paperin, ja joskus jopa aseella uhaten pakotetaan uhri kirjoittamaan nimensä. Tässä mennään siihen, mitä olen aina sanonut: nykyään ei pidä päästää ketään kotiinsa ilman varautumista. Vähintäänkin pitäisi olla kamerat kuvaamassa ja nauhoitus päällä.

On myös tärkeää tarkistaa kaikki paperit ja niistä löytyvät tiedot. Nykyään on elintärkeää tarkistaa jokaiselta viranomaiselta – oli kyseessä poliisi, sosiaalityöntekijä tai kuka tahansa virkamies – heidän henkilöpapereidensa ja työlupansa aitous, sekä selvittää kaikki asiat, joiden tiimoilta he asioivat kanssamme.

SOMETTAMISTA

Puhutaanpa sitten somettamisesta. Meillä kaikilla on oikeus käyttää sosiaalista mediaa ja jakaa siellä omia ajatuksiamme, mutta on tärkeää muistaa, että jokaisella somealustalla on omat sääntönsä, yhteisönorminsa ja ohjeistuksensa, joiden puitteissa meidän tulee toimia ja kirjoittaa. Mielipiteet ovat kuitenkin meidän henkilökohtaisia oikeuksiamme, eikä kenenkään tule estää niitä. Jos haluamme keskustella näistä mielipiteistä, on myös oltava oikeus ja vapaus siihen ilman pelkoa seurauksista.

Nykyään kuitenkin monissa maissa ollaan rajoittamassa vapaata mielipiteen ilmaisua, jopa sosiaalisessa mediassa. On säädetty lakeja, jotka estävät "vääränlaisten" mielipiteiden esittämisen, ja näistä voi seurata jopa pitkiä vankeusrangaistuksia. Tämä on huolestuttava suuntaus, joka rajoittaa yhä enemmän yksilöiden perusoikeuksia ilmaista itseään vapaasti.

Jos olemme eri mieltä jostakin valtamedian edistämästä asiasta, kuten Maailman Talousfoorumin agendasta, ilmastopropagandasta tai rokotepropagandasta, emme saa enää ilmaista näistä asioista poikkeavaa mielipidettä ilman, että siitä seuraa sanktioita – pahimmillaan jopa vankeusrangaistus. Pitkät vankeustuomiot ovat muodostuneet tehokkaaksi pelotteeksi, joka pakottaa ihmiset joko näennäisesti olemaan samaa mieltä tai ainakin pysymään hiljaa. Tämä luo ilmapiirin, jossa pelko estää avoimen keskustelun ja aidon mielipiteen ilmaisemisen, ja ihmiset pakotetaan vaikenemaan sen sijaan, että he voisivat vapaasti ilmaista näkemyksensä.

Mutta jos olemme eri mieltä valtamedian pakkosyöttämistä asioista, niitä ei saa kyseenalaistaa. Kuitenkin, eikö näistä olisi silti lupa kirjoittaa? Voisimmeko edes kysyä, miksi nämä asiat ovat niin tarkasti varjeltuja, ettei niitä saa kyseenalaistaa tai poikkeavia mielipiteitä tuoda esiin? Onhan se toki niin, että kaikki eivät ole samaa mieltä, ja monet jopa uskovat, että nämä valtamedian edistämät asiat eivät ole totta. Meidän tulisi voida kysyä ja pohtia, miksi tiettyjä näkemyksiä ei sallita ilman rangaistuksia tai vaientamista.

Mutta voiko edes sellainen asia olla todellinen, johon ihmiset joudutaan pakottamaan uskomaan? Eikö aito totuus löydykin vasta, kun sitä etsitään avoimesti, vapaassa ja rehellisessä keskustelussa? Totuus ei voi olla pelkkä julistettu totuus, joka ei kestä kyseenalaistamista. Aito totuus on se, joka kestää kaikkien eri näkökulmien ja pohdintojen alla.

Jos jonkun toisen julkaisut somessa tuntuvat ahdistavilta, ei ole mitään estettä poistaa henkilö kavereista tai ainakin rajoittaa heidän sisällön näkymistä omassa uutisvirrassaan. Toki, pelkän mielipiteen tai hetkellisen ärsytyksen vuoksi toisen eristäminen ei ole järkevää, mutta jos julkaisut ovat jatkuvasti haitallisia tai ahdistavia, on se silti oikeus. Facebookissa voi myös asettaa ihmisen rajoitettuun ryhmään, jolloin heidän postauksensa eivät enää täytä uutisvirtaa, mutta niihin voi silti palata ja tutustua, jos haluaa. Tärkeää on, että kaikilla on mahdollisuus valita, mitä sisältöä he haluavat seurata, ilman, että heidän sananvapautensa rajoittuu.

Omia erilaisia mielipiteitä saa ja pitääkin julkaista. On tärkeää, että voimme tuoda omat näkemyksemme esiin, ja että voimme myös keskustella ja olla eri mieltä toisten julkaisemista sisällöistä, ilman pelkoa vastareaktioista. Tämä on sananvapauden peruslähtökohta, ja sen kuuluu olla luonnollinen osa yhteiskuntaamme. Kuitenkin nykyään, jos emme ole samaa mieltä valtavirran kanssa, siitä helposti suututaan ja tuomitaan. Mistä tämä johtuu? Miksi on niin vaikeaa hyväksyä, että jokaisella meistä voi olla omat ajatuksemme ja mielipiteemme?

Onko pyrkimyksenä pakottaa kaikki ajattelemaan ja uskomaan samalla tavalla, samaan totuuteen, joka on julistettu "oikeaksi"? Mutta eikö aito totuus muodostu juuri siitä, että jokainen meistä saa vapaasti pohtia asioita, etsiä vastauksia ja kysyä kysymyksiä ilman pelkoa siitä, että joudumme suuttumuksen kohteeksi tai leimataan väärässä oleviksi? Totuus ei ole vain yksi yksinkertainen, valmiiksi tarjottu näkemys, vaan se on monen eri osatekijän summa, ja jotta voimme kokea tämän totuuden, meidän on oltava vapaita kyseenalaistamaan, keskustelemaan ja pohtimaan ilman rajoituksia. Tällaisessa vapaudessa todellinen ymmärrys ja totuus voivat syntyä.

Jos totuutta ei saa etsiä vapaasti ja kyseenalaistaa asioita, onko silloin kyseessä enää totuus? Totuus ei voi olla jotain, jota ei saa tarkastella tarkemmin tai kyseenalaistaa. Jos jotain esitetään totuutena, sen pitäisi kestää vapaasti ja avoimesti tehtävän tutkimisen ilman pelkoa tai rajoituksia. Totuus kestää tarkastelun ja tutkitusti vahvistamisen. Jos taas kyseessä on valheellinen narratiivi, se ei kestä pitkän aikavälin tarkastelua, sillä valhe paljastuu aina, kun siihen kohdistetaan riittävästi kysymyksiä ja tarkempaa tutkimusta. Totuus ei pelkää valoa, mutta valhe kätkee itseään ja pelkää paljastamista.

Somessa on nykyään monenlaisia ryhmiä, joissa keskustellaan kullekin omista aihepiireistä, ja usein jäädään rajoittamaan itseään vain näihin kupliin. Vaikka tämä voi tarjota turvallisuuden tunnetta ja tutun yhteisön, se voi myös johtaa siihen, että ajaudumme eräänlaiseen somekuplaan, jossa olemme täysin eristyksissä ympäröivästä maailmasta. Tässä kuplassa elämme itse luomassamme valheellisessa kuvassa, emmekä salli muiden näkökulmien tai tiedon pääsevän sisään. Tällöin rakennamme itsellemme ennakkoluuloja ja asenteita, jotka estävät meitä hyväksymästä erilaisia näkemyksiä. Jos esimerkiksi vastaan tulee vastakkaista tietoa poliittisesta oppositiosta tai jostain muualta, joka ei ole samassa kuplassa kanssamme, suljemme sen pois ennakkoasenteiden vuoksi, vaikka siinä voisi olla järkeä.

Tämäntyyppistä tietoa ei usein haluta edes kuunnella, koska se ei sovi vallitsevaan maailmankuvaamme. Kuitenkin on äärimmäisen tärkeää kuunnella erilaisia mielipiteitä ja pohdiskella niitä avoimin mielin, ilman ennakkoluuloja. On tärkeää muistaa, että poliittinen tai ideologinen sitoutuminen voi estää vapaata ajattelua ja rajoittaa mielipiteiden kehittymistä. Vapaus ajatella ja muodostaa omia mielipiteitä ilman ulkoisia rajoitteita on osa aitoa vapauden kokemusta. Ainoastaan avoin keskustelu ja kyky kuunnella kaikenlaista tietoa mahdollistavat todellisen ymmärryksen ja vapauden.

TOTUUDEN VÄÄRISTYMINEN

Tässä luvussa tarkastelen totuuden vääristymistä ja sen vaikutuksia. Vapaa kommunikaatio ja sananvapaus, sekä oikeus kertoa asioista omalla tavallaan, voivat kuitenkin johtaa väistämättömästi totuuden vääristymiseen. Tämä ilmiö ilmenee erityisesti nyky-yhteiskunnassa monilla eri tasoilla, esimerkiksi erilaisissa alakulttuureissa, kuten Woke-kulttuurissa, joka on syntynyt osittain juuri tätä tarkoitusta varten: vääristelläkseen totuutta ja muokatakseen käsityksiämme maailmasta.

Nykypäivänä puhekielestä poistetaan jatkuvasti sanoja ja termejä, jotka ovat "vääriä" tai "loukkauksia" joidenkin mielestä, vaikka ne olisivat täysin neutraaleja tai aiemmassa käytössä olleet hyväksyttäviä. Tämä jatkuva sääntöjen tarkentaminen johtaa tilanteeseen, jossa pelkkä puhuminen voi muuttua niin hankalaksi, että parempi olisi vain olla hiljaa. Kun jatkuvasti varoo sanomasta jotain, mikä saattaisi loukata jotakuta, päädymme yhteiskuntaan, jossa sananvapaus on kaventunut ja jossa lähes kaikki sanottava voidaan kokea loukkauksena.

Tällainen loukkaantumiskulttuuri ei vain heikennä avointa keskustelua, vaan sen taustalla on pyrkimys tehdä totuuden puhumisesta entistä vaikeampaa. Jos emme enää saa käyttää selkeitä, tarkkoja sanoja ja käsitteitä, miten voimme keskustella tärkeistä asioista ja ymmärtää, mistä todella on kyse? Sanat ja termit ovat tärkeä väline ymmärrykselle, ja ilman niitä jäämme helposti jumiin väärinkäsityksiin. Tämä ei koske vain sanojen valintaa, vaan se vaikuttaa myös siihen, miten vastaanottaja ymmärtää viestin. Jos ei ole oikeita sanoja, ajatus voi vääristyä ja tulla tulkituksi aivan eri tavalla kuin alkuperäinen viesti oli tarkoitettu.

Jos yhteiskunnassa on tällaisia "kiellettyjä" sanoja ja aiheita, niiden käsitteleminen muuttuu äärimmäisen vaikeaksi. Vaikka yrittäisi puhua niistä vain varovasti vihjaillen, totuuden ilmaiseminen jää helposti puolivillaiseksi ja epäselväksi. Monet ihmiset, peläten reaktioita tai seurauksia, puhuvat näistä asioista niin varovaisesti, että viesti ei välttämättä mene perille tai se ymmärretään väärin. Tällaisessa kommunikaatiossa totuuden esille tuominen on yhä haastavampaa, sillä liian varovainen lähestyminen ei välttämättä tavoita sitä ydintä, joka on oleellista asian ymmärtämiseksi. Ja vaikka totuus saataisiin jollain tavalla esille, jää kysymys: ymmärtääkö se yleisö oikein vai tulkitseeko se vain pinnallisesti, väärin tai epäselvästi? Totuuden välittäminen vaatii avoimuutta, mutta jatkuvat varoitukset ja rajoitukset tekevät siitä entistä vaikeampaa.

Eri asia onkin, halutaanko kerrotun asian todella ymmärrettävän. Jos ei haluta ymmärtää, voidaan sitä kiistää loputtomiin, mutta kuinka järkevää tämä on? Kokonaiskuvan kannalta tällaisessa lähestymistavassa ei ole mitään hyötyä, vaan se vain luo esteitä ja hankaloittaa asioiden selvittämistä.

Sen sijaan tulisi käyttää sanoja, jotka todella kuvaavat tarkoitettua, tai vaihtoehtoisesti puheen tulisi olla niin selkeä ja tarkka, että ei jää tilaa väärinymmärryksille. Tällöin viesti tulee ymmärretyksi juuri kuten on tarkoitettu, eikä vain häilyvästi tai summittaisesti.

Toinen merkittävä totuuden vääristäjä on politiikka. Poliittinen puolue ja sen asettama puoluekuri sitovat henkilön puolueellisuuteen, jolloin ei uskalleta puhua asioista rehellisesti, eikä käytetä niitä sanoja, jotka todella kuvaisivat tilannetta. Politiikassa pelätään usein totuudenmukaisuuden ja avoimuuden puutetta, koska puoluekuri saattaa estää keskustelua siitä, mikä on oikeasti tärkeää.

Vielä pahempaa on, että jo pelkästään vihjaaminen "kielletyistä" aiheista voi johtaa siihen, että ne jäävät käsittelemättömiksi, koska niitä pidetään liian arkaluonteisina. Tällöin ne asiat jäävät syrjään, eivätkä ne koskaan saavuta laajempaa keskustelua tai pääse muiden ulkopuolisten korviin.

Useimmat eivät uskalla tuoda kaikkea totuutta esiin, koska pelkäävät puolueesta erottamista tai muita mahdollisia sanktioita. Mutta onko edes järkevää kuulua puolueeseen, jonka ideologia on niin ahtaasti rajattu, että kaikki uusi ja ennakkoluuloton hylätään automaattisesti?

Onko sellaista aatetta ja puoluetta ylipäätään syytä kannattaa? Monesti puolueet ajavat vain yhtä tai muutamaa linjaa, ja jos totuus poikkeaa näistä näkemyksistä, sitä ei voida tuoda esiin puolueen nimissä. Tällöin joudutaan rajoittamaan omaa ajattelua ja sananvapautta, mikä estää todellista keskustelua ja totuuden löytymistä.

Puolueen jäsenenä oleva henkilö yhdistetään automaattisesti puolueensa linjaan, ja hän joutuu pitämään suunsa kiinni, olipa kyseessä yksityishenkilö tai puolueen edustaja. Hän on aina puolueen edustaja niin kauan kuin hän kuuluu siihen, mikä luonnollisesti vääristää totuutta ja rajoittaa rehellistä keskustelua.

Politiikka on viime kädessä usein sanapeliä ja paperisotaa. Useimmat poliittiset ongelmat voitaisiin ratkaista matemaattisin menetelmin, jolloin tekoäly voisi hoitaa poliittiset päätökset. Kuitenkin tällöin syntyy kysymys siitä, kuinka puolueeton henkilö on, joka ohjelmoi tekoälyn tekemään nämä päätökset.

Tavallinen arkinen politiikka on pitkälti valheen varaan rakennettu järjestelmä, aivan kuten velkaan perustuva raha ja talous. Rahapolitiikka, joka pohjautuu velkaan ja valtavaan pääomaan, muistuttaa sitä, miten nopeasti yksityishenkilöltä menisi kaikki talous, jos minä lainaisin toiselle tonnin ja kirjoittaisin siitä vain paperin, mutta pitäisin tililläni silti saman summan. Tämän päälle lisäisin vielä toisen tonnin ja tekisin siitä osan omaa rahaa, jolloin tuntisin itseni rikkaammaksi, vaikka todellisuudessa en omistaisi sitä rahaa.

Kaupan kassalla minut pysäytettäisiin, koska ei olisi järkeä maksaa ostoksia rahalla, jota ei oikeasti ole. Mutta näin toimitaan nykyisin niin kauan kuin raha on vain paperilla tai digitaalisina numeroina. Tällöin on helppoa pitää yllä järjestelmää, jossa rahaa luodaan tyhjästä. Kuitenkin tämä valuuttajärjestelmä on rakennettu valheen varaan, ja se tulee aikanaan kaatumaan, koska tämä raha ei ole todellista – se on pelkkää illuusiota.

Myös etikettisäännöt ovat yksi niistä tekijöistä, jotka voivat vääristää totuutta. Jos ihmistä pakotetaan käyttäytymään tietyllä tavalla ja näyttämään ulospäin joltakin tietynlaiselta, hän antaa väkisinkin itsestään kuvan, joka ei vastaa todellisuutta. Tämä on valitettavaa, sillä monet ihmiset pyrkivät esittämään itsensä paremmaksi ja hienommaksi kuin ovatkaan, erityisesti pukeutumalla pukuun ja esiintymällä toisten edessä tietyllä tavalla. Kuitenkin, kun esirippu laskeutuu, saattaa käydä niin, että monista näennäisistä herrasmiehistä kuoriutuu aivan toisenlainen, jopa häpeämätön puoli. Ei ole sattumaa, että sanotaan, että suurimpia roistoja ovat usein ne, jotka pukeutuvat pukuihin ja esiintyvät hienoissa juhla-asuissa – tämä on saanut alkunsa monista kokemuksista, joissa ulkokuori ei vastaa sisintä.

SANANVAPAUS JA SANANVASTUU

Paljon puhutaan sananvapaudesta ja sananvastuusta, mutta harvemmin keskustellaan siitä, miten nämä käsitteet soveltuvat eri konteksteihin. Esimerkiksi musiikissa, sanoituksissa, kertomakirjallisuudessa, romaaneissa ja runoudessa on usein tarpeen käyttää ronskia kieltä ja voimakkaita kielikuvia tehokeinoina. Tällaisissa taiteen ja kirjallisuuden lajeissa, joissa metaforat ja kielikuvat ovat olennainen osa ilmaisua, ronskit sanat ja sanonnat eivät ole tarkoitettu loukkaamaan, vaan ne palvelevat ilmaisun voimaa ja syvyyttä. Näitä sanoja ei tulisi arvioida samalla tavalla kuin päivittäisessä keskustelussa käytettyjä ilmaisuja. Taiteessa ja kirjallisuudessa jopa rumimmat sanat voivat olla vain keino tuoda esiin syvempi merkitys ja herättää tunteita, ja ne tulisi ymmärtää osaksi suurempaa kokonaisuutta, jossa ne auttavat välittämään sen, mitä oikeasti halutaan sanoa.

Nykyään vaikeneminen on mennyt niin pitkälle, että tietyistä asioista ei saisi enää edes puhua. Tiedämme kaikki, että ihmiset kuuluvat moniin eri rotuihin, ja tämä on meille opetettu jo lapsuudessa tervehenkisenä asiana. Kuitenkin nykyisin on tullut tavaksi, että ihmisroduista ei saisi enää keskustella, koska tällainen luokittelu koetaan loukkaavaksi. Samalla kuitenkin eläimistä puhutaan edelleen eri roduissa ilman, että se herättää vastaavaa huomiota.

Tieteessä, kun halutaan käsitellä ja tutkia sitä, että ihmisillä on erilaisia rotuja, syntyy todellinen ongelma siitä, kuinka tämä voidaan ilmaista, jos oikeita termejä ei enää saa käyttää. Sama ongelma koskee sukupuolia. Jos esimerkiksi halutaan selittää, että tytöt ovat tyttöjä ja pojat ovat poikia, miten tämä voidaan ilmaista ilman, että käytetään oikeita, hyväksyttyjä termejä? Tämä sensuuri tekee tärkeiden asioiden käsittelystä ja ymmärtämisestä entistä haastavampaa ja vääristää viestin selkeyttä.

Nykyään monille aiemmin selkeästi ilmaistaville asioille on keksittävä uusia termejä, jos halutaan välittää ihmisille tarkkaa tietoa ymmärrettävästi. Siitä huolimatta ei voida kiistää todellisuutta: tytöt ovat tyttöjä ja pojat poikia, ja ihmisiä on olemassa eri rotuisia. Nämä ovat perusasioita, joista pitäisi pystyä keskustelemaan avoimesti ilman pelkoa väärinymmärryksistä tai sensuurista. Totuus ei muutu sen mukaan, kuinka monimutkaista tai vaihtelevaa kieltä käytämme sen ilmaisemiseen.

Jos joudumme jatkuvasti pohtimaan, mitä sanoja voimme käyttää, ettei kukaan loukkaantuisi, voin sanoa, että lopulta päädymme tilanteeseen, jossa ei ole enää olemassa sanoja, joita voisi käyttää ilman pelkoa. Mahdollisia loukkaantujia on takuulla yhtä monta kuin on ihmisiäkin, sillä maailmassa on yhtä paljon sanoja, joista joku voi loukkaantua, jos hän niin haluaa. Voimme muotoilla asian myös niin, että lähes jokaista sanottua sanaa voidaan käyttää loukkaantumisen perusteena, erityisesti jos loukkaantuminen toimii keinotekoisena välineenä puhujaa vastaan. Tavoitteena on vaientaa puhuja ja estää vapaata keskustelua.

OMA TOTUUS

Meitä ihmisiä ohjaa suurelta osin se ympäristö, jossa elämme, ja jonka olemme omaksuneet osaksi itseämme. Tämä ympäristö ei ole vain paikka, jossa elämme, vaan se on myös se kulttuurinen, yhteiskunnallinen ja psykologinen kenttä, jossa olemme vuorovaikutuksessa toisten kanssa. Se voi ilmetä monin tavoin: se voi olla yhteiskunnallinen ja kulttuurinen konteksti, poliittinen agenda tai jopa sosiaalisen median luoma kupla, jossa kokemuksemme ja ymmärryksemme maailmasta ovat rajattuja ja muokattuja tietynlaisen puhetyylin ja ajattelutavan mukaan. Tämä ympäristö toimii kehikkona, jonka sisällä muodostamme käsityksiämme itsestämme ja maailmasta.

Sosiaalinen ympäristömme on jatkuvassa vuorovaikutuksessa sisäisten maailmamme kanssa. Me emme ole tyhjiössä, vaan elämme ja toimimme vuorovaikutuksessa muiden kanssa, ja tämä vuorovaikutus on keskeinen osa sitä, miten me kehitämme käsityksemme totuudesta. Tällöin totuus ei ole staattinen tai yksiselitteinen käsite, vaan se on dynaaminen ja muokkautuva. Meidän käsityksemme totuudesta, oikeasta ja väärästä, ei ole vain henkilökohtainen tulkinta, vaan se on myös sosiaalisten ja kulttuuristen normien ja rakenteiden tuotosta. Yhteisö, johon kuulumme, tuo meille omat sääntönsä, arvonsa ja ajattelutapansa, jotka vaikuttavat siihen, mitä pidämme totuutena. Tätä totuutta emme muodosta tyhjiössä, vaan sen luomisessa on mukana kaikki ne vaikutteet, joita saamme ympäröivältä maailmalta.

Esimerkiksi sosiaalinen media luo meille virtuaalisen kuplan, joka rajaa meidän kohtaamamme tiedon ja argumentit tietynlaisiin kehikoihin. Täällä saamme jatkuvasti kokea tietynlaista puhetyyliä ja argumentointia, joka heijastaa sen yhteisön normeja ja arvoja, johon kuulumme. Jos kuulumme tiettyyn ryhmään tai seuraamme tiettyjä vaikuttajia, altistumme vain tietyille näkökulmille ja maailmankuville. Tämä voi johtaa siihen, että näemme maailman ja sen ongelmat vain yhdeltä kapealta kulmalta. Tällöin voimme alkaa nähdä omat näkemyksemme ja käsityksemme ainoina oikeina ja muita vaihtoehtoja vähemmän pätevinä. Tällainen kapea-alainen ajattelu, jossa käsityksemme muotoutuvat vain rajoitetun tiedon ja argumenttien ympärille, voi johtaa siihen, että unohdamme laajemman kontekstin ja moninaisuuden, joka maailmasta löytyy.

Tässä ympäristössä me myös luomme ja omaksumme käsitteitä ja määritelmiä, jotka ovat sidoksissa tietynlaiseen ajattelutapaan. Sanat, joita käytämme, eivät ole vain neutraaleja merkityksiä, vaan ne ovat myös osa laajempaa kulttuurista ja poliittista kenttää, joka väistämättä muokkaa sitä, miten niitä käytämme. Käsitteemme, kuten "vapaus", "oikeudenmukaisuus" ja "tasa-arvo", saavat merkityksensä sen mukaan, kuinka ne konstruoidaan yhteiskunnallisessa keskustelussa. Kun keskustelemme tärkeistä yhteiskunnallisista ja kulttuurisista kysymyksistä, ei ole harvinaista, että kiistelemme merkityksistä, koska meidän käsityksemme siitä, mitä jokin käsite tarkoittaa, saattaa poiketa muiden käsityksistä, jotka ovat muotoutuneet eri ympäristöissä.

Sosiaalisen median kupla voi myös toimia vahvistuskehänä: kun kuulemme jatkuvasti samaa puhetta, vahvistamme omia uskomuksiamme ja ajattelutapojamme, koska ympäristö tukee niitä. Tämä johtaa helposti siihen, että omat näkökulmamme muuttuvat mustavalkoisiksi, kun meillä ei ole mahdollisuuksia kohdata tai käsitellä vastakkaisia mielipiteitä. Tällöin keskustelu ei enää ole dialogia, vaan suljettu ympyrä, jossa kaikki puhuvat vain itseään vahvistavaa kieltä. Tällaisessa ympäristössä se, mikä meille on totuus, voi olla hyvin subjektiivinen ja rajattu käsitys siitä, mitä oikeasti tapahtuu maailmassa.

Tämä ympäristön vaikutus ei rajoitu vain siihen, miten ajattelemme tai mihin uskomme, vaan myös siihen, miten me kommunikoimme toisten kanssa. Kielenkäyttö ja puhetavat ovat syvästi kytköksissä ympäristöömme. Se, millaista kieltä käytämme, kertoo paitsi siitä, mitä ajattelemme, myös siitä, minkälaiseen ympäristöön kuulumme. Puhetyylimme, termit ja käsitteet, joita valitsemme, kertovat sen, miten me suhtaudumme muihin ja miten haluamme tulla nähdyiksi. Kielenkäyttö voi siis olla poliittinen valinta, ja samalla se voi olla tapa sulkea pois tietyt näkökulmat tai vaihtoehdot, jotka eivät sovi vallitsevaan narratiiviin.

Tämä kaikki luo jännitteitä yksilön ja yhteisön välille. Yksilö ei ole vain erillinen ajattelija, vaan hän on aina osa suurempaa verkostoa, joka vaikuttaa siihen, mitä hän ajattelee ja miten hän ajattelee. Tällöin kysymys omasta totuudesta onkin kysymys jatkuvasta neuvottelusta ympäristön ja omien uskomusten välillä. Meidän on tunnistettava, että totuus ei ole vain henkilökohtainen kokemus, vaan se on myös sosiaalinen ja kulttuurinen rakennelma, joka jatkuvasti muovautuu vuorovaikutuksessa muiden kanssa.

Kaiken kaikkiaan totuuden etsiminen ei ole vain yksilöllinen matka, vaan myös kollektiivinen prosessi, jossa ympäristömme ja kulttuurimme muodostavat suurimman osan siitä, mitä pidämme totena. Tämä ei tarkoita sitä, että totuus olisi suhteellinen, mutta se tarkoittaa, että ymmärryksemme totuudesta on aina osittain sosiaalisesti ja kulttuurisesti rakentunut. Jos haluamme päästä lähemmäs todellista totuutta, meidän on pystyttävä astumaan ulos omasta kuplastamme, kyseenalaistamaan ympäristömme tarjoamat kehykset ja ottamaan vastaan myös ne näkökulmat, jotka haastavat vallitsevan narratiivin. Totuus ei ole koskaan valmis, vaan se on jatkuvasti liikkeessä, ja sen löytämiseksi meidän on oltava avoimia ja valmiita tarkastelemaan maailmaa eri kulmista.

Meidän oman totuutemme jakaminen muiden kanssa on aina haasteellista, sillä jokaisella meistä on oma ainutlaatuinen tapa nähdä maailma. Me kaikki tulkitsemme asioita omista näkökulmistamme käsin, ja uskomme omaan totuuteemme täysin. Kuitenkin on tärkeää ymmärtää, että tämä oma "totuutemme" on loppujen lopuksi vain näkökulma, ei mikään universaali tai absoluuttinen totuus. Se on rajoitettu ja muokattu omista kokemuksistamme, uskomuksistamme ja ympäristöstämme, ja siksi se voi poiketa muiden kokemuksista ja käsityksistä. Totuus ei ole staattinen tai yksiselitteinen käsite, vaan se on dynaaminen ja subjektiivinen, aina suhteessa siihen, kuka sitä tarkastelee ja minkälaisessa ympäristössä hän elää.

Oma näkemyksemme totuudesta ei synny tyhjiössä. Se rakentuu pikkuhiljaa ajan myötä vuorovaikutuksessa muiden kanssa, kun vastaanotamme ja jaamme tietoa. Tässä jatkuvassa prosessissa altistumme uusille ajatuksille ja näkökulmille, jotka rikastuttavat omaa ymmärrystämme, mutta samalla myös rajautuvat ja värittyvät kokemustemme, asenteidemme ja ennakkoluulojemme kautta. Aistimme, kulttuurimme, sosiaaliset kuplamme ja elämänkokemuksemme kaikki muokkaavat sitä, miten käsitämme maailman ja miten puhumme siitä. Emme koskaan saavuta absoluuttista totuutta, vaan elämme aina osittain rajoittuneessa ja subjektiivisessa maailmankuvassa.

Tämä subjektiivisuus ei ole vain tiedostamaton prosessi, vaan se voi myös toimia itseämme rajoittavana voimana. Usein omaksumme ennakkoluuloja ja asenteita, jotka syntyvät ympäristömme vaikutuksesta, erityisesti niistä sosiaalisista kuplista, joissa liikumme. Nämä kuplat, kuten kulttuuriset, poliittiset tai yhteisölliset ympäristöt, ohjaavat ajatteluamme ja määrittävät sen, mitä pidämme oikeana tai totuutena. Sosiaalinen ympäristömme valitsee, mitkä ajatukset ja mielipiteet ovat hyväksyttäviä, ja mitkä eivät. Näin meidän ajattelumme ja keskustelumme jäävät usein kiinni tiettyihin rajoihin, sillä ne ovat muovautuneet tietynlaisten uskomusten ja ideologioiden mukaan.

Näin ollen voimme sanoa, että oma totuutemme on aina suhteellinen, ja se on syntynyt osittain ulkoisten tekijöiden, kuten kulttuurin, yhteiskunnan ja ympäristön, muokkaamana. Tämä ei tarkoita, etteikö meidän pitäisi pyrkiä kohti totuutta, mutta se muistuttaa meitä siitä, että totuus on monikerroksinen ja suhteellinen käsite. Meidän on jatkuvasti tarkasteltava omia uskomuksiamme, kysyttävä, miksi ajattelemme kuten ajattelemme, ja oltava avoimia uusille näkökulmille, jotka voivat laajentaa ymmärrystämme. Totuus ei ole koskaan täydellinen tai lopullinen, vaan se on jatkuvassa liikkeessä ja kehityksessä – aivan kuten me itse.

PAKOTTAMINEN

Meitä ihmisiä pakotetaan jatkuvasti monenlaisiin asioihin tässä yhteiskunnassa. Aikaisemmin olen käsitellyt, kuinka meidät pakotetaan asumaan tietynlaisissa asunnoissa, jopa muuttamaan pois maalta. Ihmisiä ohjataan kohti "15 minuutin kaupunkeja", kauas luonnosta, luontaisesta terveydestä ja luonnonmukaisista elämäntavoista.

Pakottaminen ei rajoitu vain asumisratkaisuihin – meidät pakotetaan käyttämään digitaalista valuuttaa, ottamaan rokotteita ja uskomaan jopa siihen, mitä meille jatkuvasti valehdellaan. Pahinta tässä kaikessa on, että meidät pakotetaan uskomaan valheisiin ja pysymään hiljaa, ilman mahdollisuutta kyseenalaistaa tai esittää vastaväitteitä. Meiltä riistetään oikeus ilmaista eriävä mielipide.

Monet tunnusmerkistöt täyttyisivät, jos pakottamista alettaisiin selvittää tarkemmin. Jos ihmisiä pakotetaan tekemään tiettyjä asioita, voitaisiin todeta, että kyseessä on rikos. Pelkkä pakottaminen on itsessään rikos.

Alla on lueteltu joitakin mahdollisia rikosnimikkeitä, jotka voivat tulla kyseeseen:

Vapaudenriisto (RL 25:1) Jos ihmisiä pakotetaan ottamaan rokote tai luopumaan omista elämäntavoistaan, ja heidän vapautensa tehdä omia päätöksiä riistetään, voidaan puhua vapaudenriistosta.

Pakkokeino (RL 25:8) Jos henkilöitä pakotetaan toimimaan tai tekemään päätöksiä, erityisesti uhkailun tai väkivallan kautta, tämä voi täyttää pakkokeinon tunnusmerkistön.

Törkeä pakottaminen (RL 25:9) Jos pakottamiseen liittyy erityistä julmuutta tai huomattavaa vahinkoa uhrille, kyseessä voi olla törkeä pakottaminen.

Laiton uhkaus (RL 25:7) Jos joku uhkaa rankaisemisella, mikäli henkilö ei suostu uskomaan johonkin tai tekemään tiettyä asiaa, voidaan puhua laittomasta uhkauksesta.

Petos (RL 36:1) Jos ihmiset johdetaan tahallaan harhaan ja heille annetaan väärää tietoa, joka johtaa taloudellisiin tai muihin vahinkoihin, voi kyseessä olla petos.

Kavallus (RL 28:4) Mikäli jonkun omaisuus, kuten elämäntyö, otetaan vilpillisesti haltuun, voidaan puhua kavalluksesta.

Törkeä petos (RL 36:2) Jos petoksesta aiheutuu erityisen suurta vahinkoa tai se toteutetaan erityisen suunnitelmallisesti, voidaan puhua törkeästä petoksesta.

Virkavelvollisuuden rikkominen (RL 40:9) Jos viranomaiset käyttävät valtaansa väärin pakottaakseen ihmisiä toimimaan tavalla, joka vaarantaa heidän terveyttään tai hyvinvointiaan, tämä voi täyttää virkavelvollisuuden rikkomisen tunnusmerkistön.

Kunnianloukkaus (RL 24:9) Jos henkilöitä pakotetaan luopumaan elämäntyöstään ja heidän mainettaan vahingoitetaan perusteettomasti, voidaan puhua kunnianloukkauksesta.

Laiton uhkailu (RL 25:7) Jos ihmisiä uhataan seurauksilla, mikäli he eivät toimi tietyllä tavalla tai usko johonkin, kyseessä voi olla laiton uhkailu.

Rikokseen yllyttäminen (RL 5:5) Jos joku pakottaa toisen tekemään rikoksen tai osallistumaan laittomaan toimintaan, voidaan puhua rikokseen yllyttämisestä.

Kuten huomataan, näitä rikosnimikkeissä täyttyviä tunnusmerkistöjä on lukemattomia, ja niiden perusteella voisi todeta, että monenlaiset rikokset liittyvät erilaisiin pakottamistoimiin. Ei voi myöskään unohtaa YK:n ja WEF:n agendoja, eikä ilmastohuijausta, jotka kaikki vaikuttavat tähän kokonaisuuteen.

Ihmisiä pakotetaan myös maksamaan veroja, ja yrittäjiä pakotetaan ottamaan yrittäjäeläkevakuutus, josta he eivät koskaan saa takaisin kuin pienen murto-osan, jos sitäkään. Jos yrittäjä esimerkiksi kuolee, hänen perikuntansa ei hyödy millään tavalla hänen eläkevakuutuksestaan.

Miten olisi, jos jokainen säästäisi itse omalle rahastolleen eläkettään varten? Tällöin säästöt käytettäisiin suoraan omaan hyötyyn. Mutta koska kyseessä on käytännössä pyramidihuijaus, jossa suurin osa eläkevakuutusmaksuista häviää jonnekin ilman, että kukaan todella tietää minne, on järjestelmä kaukana rehellisestä ja oikeudenmukaisesta.

Verotus on myös omalla tavallaan huijaus. Kun taloudellinen tilanne on heikko, eikä veroja pysty maksamaan ajallaan, alkaa heti kertyä korkoja ja muita maksuja. Korkojen keräämistä puolustellaan usein sillä, että se motivoi ihmisiä maksamaan verojaan ajoissa. Ongelma on kuitenkin se, että tällainen "motivointi" muuttuu rangaistukseksi, jos verovelvollisella ei ole juuri sillä hetkellä varallisuutta suorittaa maksuja.

Korkojen ja muiden maksujen kerääminen vain pahentaa taloudellisia vaikeuksia kokevan ihmisen tilannetta. Verottajan toimissa voidaan nähdä niin monta uhkaavaa elementtiä, että ne täyttävät uhkauksen tunnusmerkistön.

Ongelma on myös siinä, että monissa asioissa, kuten verojen maksamisessa, kiirehditään eikä kaikkia tärkeitä seikkoja ehditä tarkistaa kunnolla. Harvalla on motivaatiota perehtyä asioihin, jotka eivät tuota, vaan ovat pelkästään tappiollisia. Jos veroasioiden hoitamiseen käytetty aika voisi tuottaa jotain konkreettista, se varmasti motivoisi käsittelemään näitä asioita huolellisemmin.

Kuitenkin näihin prosesseihin on sisällytetty monenlaisia velvollisuuksia, jotka pakottavat meidät maksamaan erilaisia maksuja ja tekemään monia asioita. Jos emme ole riittävän tarkkoja laskelmiemme kanssa, meitä rangaistaan sakoilla, viivästysmaksuilla ja koroilla.

Tällaiset toimet ovat täydellisiä huijauksia. Niissä hyödynnetään lakia suojakeinona, jotta rikollinen toiminta voi jatkua naamioituna lailliseksi toiminnaksi. Käsitettä "lakisääteisyys" käytetään peitteenä, mutta se ei tee toiminnasta oikeudenmukaista – se tekee siitä vain vaikeammin havaittavaa.

VALVONNAN VÄLTTÄMINEN

Päivä päivältä valvontayhteiskunta tiukkenee, ja on yhä tärkeämpää pohtia, kuinka voimme parhaamme mukaan välttää kaikenlaisen valvonnan. Yhteiskunta on menossa siihen suuntaan, että jopa toimittajia ja muita henkilöitä, jotka uskaltavat tuoda esille totuuksia, pyritään vaientamaan. Pahimmassa tapauksessa heidät pidätetään tai jopa tapetaan. Tämä ei ole enää pelkkä uhkakuva, vaan todellisuus, jossa totuus, joka ei sovi valtavirran narratiiviin, leimataan disinformaatioksi. Esimerkiksi WEF:n ja YK:n agendoihin liittyvä piilotettu "totuus" on usein juuri tämä todellinen totuus, joka pyritään tukahduttamaan. Tämä totuuden tukahduttaminen on alkanut olla osa laajempaa sotaa, joka ei tule päättymään tässä vaiheessa. Tällöin vaiennetaan myös tärkeät tiedot ja seuraavaksi siirrytään kiristämään muita elämän osa-alueita, kuten järjestämään jälleen lockdowneja.

Tämä kehitys ei pysähdy tähän. Seuraavaksi valvonta siirtyy digitaalisiin välineisiin, kuten digitaaliseen valuuttaan, jota aluksi mainostetaan helppona ja kätevänä ratkaisuna. Mutta ajan myötä siitä tehdään pakollinen – ainoa vaihtoehto, jonka avulla taloudellista toimintaa voidaan kontrolloida ja valvoa. Digitaalisen valuutan avulla hallitaan ihmisten elämää entistä enemmän. Tekoälyn ja muiden digitaalisten järjestelmien avulla seurataan tarkasti kaikkea: sovelluksia, joita käytämme, puhelimien tallentamia liikkeitämme, sijaintitietoja, ja jopa hetkiä, jolloin olemme muiden ihmisten lähellä. Tällöin tallennetaan ei vain liikkumamme reitit, vaan myös kellonajat, jolloin olemme liikkeellä, missä käymme, ja mitä ostamme. Tiedot yhdistetään ja analysoidaan niin, että kaikki liikkumisemme ja toimintamme voidaan jäljittää tarkasti.

Näin syntyy yhä kattavampi valvontaverkosto, jonka perusta on metadatan kerääminen ja analysointi. Esimerkkejä tällaisista valvontakäytännöistä voidaan nähdä esimerkiksi Kiinassa, jossa valvontateknologiaa on hyödynnetty laajasti kansalaisten seuraamiseen. Samankaltaista kehitystä on nyt havaittavissa muuallakin maailmassa, ja on selvää, että tämä kehitys on vain alkua. Tällainen valvonta ei ainoastaan loukkaa yksityisyyttämme, vaan se myös rajoittaa vapauden tunnetta ja kykyä elää omaa elämäämme ilman ulkopuolista kontrollia.

Kiinalainen massavalvonta sai alkunsa sosiaalisen median metadatan keräämisestä, erityisesti WeChat-sovelluksesta, joka on ollut keskeinen väline kansalaisten tietojen keräämisessä ja valvonnassa. Tämä tietojen keruu ei kuitenkaan rajoitu pelkästään sosiaaliseen mediaan, vaan on laajentunut myös verkkokauppasektoriin, jossa suuri osa toimijoista kerää asiakkailtaan valtavia määriä dataa. Erityisesti TEMU on noussut esiin esimerkkinä siitä, kuinka verkkokaupat keräävät asiakkailtaan kaiken mahdollisen tiedon: ostokäyttäytymisestä aina sijaintitietoihin ja jopa henkilökohtaiseen elämään liittyvään informaatioon.

TEMU ei ole yksin, mutta se on esimerkki siitä, miten tietojenkeruusta on tullut keskeinen osa nykyistä kaupankäynnin ja kuluttajapalveluiden liiketoimintamallia. TEMU:n kaltaiset alustat seuraavat tarkasti, mitä ostamme, missä liikumme, kenen kanssa olemme yhteydessä ja kuinka vietämme aikaamme. Tämä mahdollistaa tarkkojen kuluttajaprofiilien luomisen, jotka voivat ennustaa tulevia ostoksia ja suosituksia, sekä ohjata käyttäjien kulutustottumuksia entistä tehokkaammin.

On kuitenkin sanomattakin selvää, että tarjottavat ilmaiset tuotteet ja suuret alennukset eivät ole kestävällä pohjalla ilman, että ne katetaan jollain muulla tavalla. Suurin epäilyksen aihe on se, että TEMU ja muut vastaavat palvelut saattavat myydä asiakkaidensa tietoja eteenpäin. Tieto on nykyään arvokkain resurssi, ja se voi olla jopa tärkeämpää kuin itse myytävät tuotteet. Näitä tietoja voidaan myydä markkinointiyrityksille, vakuutusyhtiöille, finanssialalle tai jopa valtion tahoille, jotka voivat käyttää niitä kansalaisten käyttäytymisen ja liikkumisen seuraamiseen.

Verkkokauppojen keräämä metadatan määrä on niin suurta, että se voi johtaa yksilön täydelliseen profilointiin ja hallintaan. Tämä ei ole vain markkinointistrategiaa, vaan laajempi yhteiskunnallinen kehityssuunta, jossa yksilöiden tietoja käytetään yhä enemmän valvonnan välineenä. Käyttäjäprofiilien perusteella voidaan ennustaa, manipuloida ja jopa ohjata kuluttajakäyttäytymistä niin tehokkaasti, että kuluttaja ei enää tiedosta, kuinka paljon hänen päätöksiinsä on vaikutettu ulkopuolelta.

Tämä kehitys on osa suurempaa ilmiötä, jossa yksityisyys ja vapaus ovat uhattuina, ja jossa datan kerääminen on keskeinen väline valvonnassa. TEMU:n kaltaisten palveluiden tietojenkeruu ei ole enää vain kaupallista toimintaa; se on osa valvontakulttuuria, joka ulottuu kaikkialle elämäämme, muuttuen yhä läpinäkymättömämmäksi ja kontrolloidummaksi.

Kun vapauttamme rajoitetaan jatkuvasti, on entistä tärkeämpää ymmärtää, missä vaiheessa olemme suhteessamme tulevaisuuden agendoihin ja kehityssuuntiin. Vaikka meillä on vielä jonkin verran sananvapautta, sen rajoittaminen on yhä kiihtyvämpää. Toisinajattelijoita pyritään hiljentämään yhä kovemmin, jopa vankeuden uhalla, ja tätä pelottelua käytetään varoituksena muille. Ihminen on luonnostaan laumaeläin, ja massojen kautta yhteiskuntaa voidaan helposti hallita pelon avulla. Kun muutama yksilö saa kovan tuomion, se toimii varoituksena ja luo pelon ilmapiirin, joka pitää suurimman osan kansasta hiljaa ja kontrollissa.

Tässä yhteydessä pelko ei ole vain yksittäisten ihmisten pelkoa, vaan kollektiivista pelkoa, joka leviää yhteiskunnassa. Se on osa laajempaa hallintakulttuuria, jossa vastarinta ja erilainen ajattelu pyritään tukahduttamaan. Laumanhallinta ja pelottelu tekevät ihmisistä varovaisia ja passiivisia. Tämä valta, joka perustuu pelon luomiseen, muuttaa yhteiskunnan dynamiikkaa: vähitellen sananvapaus kutistuu, ja kaikenlainen kriittinen ajattelu tukahdutetaan.

Näiden valtarakenteiden myötä myös yksilön vapaus kaventuu entisestään. Tällaisessa ympäristössä pelon ja uhkien värittämä yhteiskunta menettää kykynsä ilmaista itseään vapaasti ja tarkastella asioita kriittisesti. Näin ollen on tärkeää olla tietoinen siitä, mihin suuntaan olemme menossa ja miten voimme puolustaa oikeuksiamme ennen kuin on liian myöhäistä.

Nykyään meidän on yhä enemmän kehitettävä vaihtoehtoisia tapoja tuoda totuutta esiin ja kommunikoida ilman, että valvontajärjestelmät, kuten tekoäly, kykenevät ymmärtämään tai seuraamaan viestejämme. Yksi keino on käyttää kiertoilmaisuja ja epäsuoria ilmaisuja, jotka tekevät viestien tulkitsemisesta haastavaa tekoälylle. Voimme myös luoda salakieliä ja suunnitella videoita, joissa viestit ja sanat on kätketty kuviin tai muihin visuaalisiin elementteihin, jotta tekoäly ei kykene niitä lukemaan tai analysoimaan. Tämä mahdollistaa viestintämme suojaamisen, ainakin niin kauan kuin nämä menetelmät pysyvät tekoälyn ymmärryksen ulkopuolella.

Koska manuaalisesti ei pystytä käsittelemään valtavia määriä dataa, nykyään tarkastukset ja valvonta tapahtuvat pääasiassa tekoälyn avulla. Tämä tarkoittaa, että kaikki digitaalinen viestintä ja vuorovaikutus on alttiina seurannalle. Aiemmin vapaasti käytetyt viestintäsovellukset ovat jo osittain syynissä, ja voi hyvin olla, että hyvin pian ihmisten yksityiset keskustelut ja viestit luetaan ja analysoidaan. Tällöin on entistä tärkeämpää kehittää omia suojakeinoja, kuten salakieliä ja salattuja viestintämuotoja, joiden avulla voidaan kommunikoida ilman, että viestit paljastuvat valvonnan silmille.

Vaikka tilanne on huolestuttava, on meillä vielä mahdollisuus keskustella vapaasti tietyissä ympäristöissä. Tällä hetkellä voimme vielä kirjoittaa toisillemme vapaasti ja puhelimilla keskustella ilman, että se on heti valvonnassa. Lisäksi on olemassa laitteita, kuten pitkän matkan Wi-Fi-laitteet, joiden avulla voimme laajentaa omaa verkkoamme jopa 50 kilometriin. Tällöin voimme luoda erillisen, omistetun verkon, joka on täysin irti internetistä ja toimii vain paikallisena verkostona. Tämä tarjoaa tietyt vapaudet, mutta on kuitenkin tärkeää huomioida, että tällaiset verkot voivat olla alttiita tietoturvaongelmille, koska ne eivät ole suojattu samalla tavalla kuin keskitetyt internetpalvelut.

Tärkeää on olla tietoinen näistä vaihtoehtoisista tavoista suojata viestintäämme ja etsiä jatkuvasti uusia keinoja suojautua valvonnalta, sillä digitaalisessa maailmassa yksityisyyden säilyttäminen on yhä suuremmassa vaarassa.

Vaihtoehtoisten kanavien ja toimintatapojen säilyttäminen on entistä tärkeämpää, vaikka globaalieliitti pyrkii kaikin tavoin estämään niiden käytön. Erityisesti he haluavat meidän luopuvan perinteisistä menetelmistä, kuten paperipostista, käteisestä rahasta ja tavallisesta asioinnista. Taustalla on yksinkertainen tavoite: digitaaliset järjestelmät mahdollistavat meitä kaikkia kohtaan helpon valvonnan. Kaikki, mikä ei toimi sähköisesti, nähdään näiden globalistien silmissä vanhentuneena ja vähemmän hallittavana, ja siksi he pyrkivät siirtämään kaiken digitaaliseen muotoon.

Kun ihmiset saadaan riippuvaisiksi sähköverkosta, heidän elämänsä ja toimintansa voidaan asettaa entistä tiukempaan kontrolliin. Sähkö on valtava valtaresurssi, ja sitä voidaan käyttää kiristämiseen ja manipulointiin. Esimerkiksi sähkön hinnan ja tuotannon säätelyllä voidaan vaikuttaa ihmisten elämään ja päivittäisiin valintoihin. Lisäksi sähkön saantia voidaan rajoittaa tai jopa katkaista, mikä antaa vallanpitäjille mahdollisuuden hallita ja alistaa kansalaisia helposti.

Tämän vuoksi meidän on kehitettävä keinoja itsenäisyyteen ja pyrittävä tuottamaan oma sähkömme, jotta emme olisi täysin riippuvaisia keskitetystä sähköverkosta. Jos voimme tuottaa energiaa ja hallita omaa energiantuotantoamme, voimme suojautua paremmin ulkoiselta valvonnalta ja manipulaatiolta. Tämä itsenäisyys on ratkaiseva askel kohti vapaampaa ja vähemmän hallittua elämää, jossa ei tarvitse pelätä, että sähkökatkokset tai hintojen nousu pakottavat meidät alistumaan vallanpitäjien haluamille ehdoille.

Valuutoille on kehitettävä vaihtoehtoisia tapoja, sillä digitaaliset valuutat eivät tule pitkällä aikavälillä menestymään. Niiden todellinen tarkoitus on orjuuttaa kansalaisia, rajoittaa vapauttamme ja keskittyä entisestään jo rikastuneiden henkilöiden varallisuuden kasvattamiseen. Digitaalinen raha tuo mukanaan jatkuvan valvonnan ja mahdollisuuden manipuloida kansalaisten taloutta, eikä se ole kestävä ratkaisu vapauden kannalta.

Rokotepasseista on keskusteltu jo pitkään. Ajoittain aiheen ympärillä on hiljaisempaa, mutta välillä tilanne räjähtää taas päälle yllätyksellisillä iskuryhmillä. Uusia pandemioita keksitään ja luodaan, joihin ihmiset eivät ole osanneet varautua – mutta rokotteet on jo valmiiksi suunniteltu tuleviin kriiseihin. Kun pelko on saatu levitettyä ja ihmisten mielenrauha murrettua massapsykoosilla, he ottavat vastaan kaiken, mitä heille käsketään. Näin tapahtui esimerkiksi koronapiikkien kohdalla.

Koronapiikit eivät olleet tavallisia rokotteita. Ne eivät olleet vain suojaa tauteja vastaan, vaan ne muokkaavat pysyvästi ihmisten DNA:ta. Ne vaikuttavat aivojen tiettyihin osiin ja sisältävät aineita, jotka tekevät ihmisistä alttiimpia manipulaatiolle ja ärtyneiksi. Erityisesti nämä myrkyt voivat vaurioittaa hengellisyyttä, ja monilla ihmisillä on havaittavissa muutoksia heidän sisäisessä voimassaan. He menettävät yhteyden itseensä ja omiin arvoihinsa. Nämä asiat ovat syvällisemmin esillä kirjassani *Salaisuus savuverhon takana*, jossa käsittelen näitä teemoja tarkemmin.

VAPAUDEN HAKEMINEN

Kun vapauden perään halutaan kulkea, on tärkeää ymmärtää, että se ei ole jotain, joka voidaan saavuttaa pelkästään tietoisella tavoittelulla. Kuten aiemmin olen maininnut, todellinen vapaus ei synny pakottamalla itseämme siihen. Vapaus on luonnollinen tila, joka ilmenee, kun päästämme irti pakottavan tuntuisista rajoitteista. Jos vapaus on jotain, jonka saavuttamiseen joudumme tietoisesti ponnistelemaan ja sen eteen taistelemaan, se muuttuu väistämättä asiaksi, josta täytyy pitää kiinni kaikin keinoin. Tällöin se ei enää ole aitoa vapautta, vaan pelkkä kahle, johon olemme itse itsemme sitoneet.

Todellinen vapaus löytyy ympäristöstä ja olosuhteista, jotka itsessään tarjoavat tilaa vapaudelle. Vapauden ytimessä on mielenrauha, tila, johon voimme pyrkiä. Mielenrauhaa voi tavoitella kotona mietiskellen, rentoutuen ja keskittyen, mutta tämä vapaus ei ole helppo saavuttaa. Se vaatii jatkuvaa harjoittelua ja ponnistelua – kykyä pitää ajatukset hallinnassa, jotta ne eivät ala harhailla. Tämä ei ole aina yksinkertaista. Hyvä keino mielen rauhoittamiseen on musiikki, erityisesti sellainen, joka luo rauhallisia ja kauniita mielikuvia. Esimerkiksi maalaileva musiikki, jossa on monipuolisia sävelkulkuja, kuten klassinen musiikki, romanttiset sinfoniat, uusromanttinen sävellystyö tai rentoutumismusiikki, voivat auttaa pääsemään tähän tilaan. Tällainen musiikki luo ympäristön, joka tukee mielen rauhoittumista. Kuitenkin myös musiikin kuuntelu vaatii ponnistelua, sillä se ohjaa kuulijaa juuri siihen suuntaan, mihin säveltäjä on halunnut sen vaikuttavan. Kuunnellessa on tärkeää pysyä tietoisena ja keskittyneenä, jotta ajatukset eivät karkaa, vaan musikaalinen tila saadaan luotua mielen sisälle.

Onneksi meillä on yksi kaikkein arvokkaimmista ja parhaiten säilyneistä asioista – tavallinen, perinteinen luonto. Juuri siksi globalistit haluavat vieroittaa meidät luonnosta, estää meitä kokemasta sen vapautta ja parantavaa voimaa. Heidän tavoitteensa on rajoittaa ihmisten pääsyä luontoon, ja siksi suunnitellaan jatkuvasti lisää luonnonsuojelualueita, joiden laajentaminen rajaa entisestään ihmisten liikkumismahdollisuuksia. Tällaisella kontrollilla pyritään estämään sitä, että ihmiset nauttisivat luonnon tarjoamasta vapaudesta ja rauhasta.

Luonnolla on uskomaton parantava vaikutus – se on voimakas eliksiiri, joka virkistää mieltä ja kehoa. Kun astumme kauas kaupungin hälinästä, pois autojen äänistä ja kaikista muista elämän meluista, jää jäljelle vain luonnon oma ääni: lintujen laulua, tuulen huminaa ja metsän hiljaisuutta. Tässä rauhassa, ilman kiirettä tai häiriöitä, mieli pääsee oikeasti lepäämään ja virkoamaan. Ajan myötä, mitä kauemmin viivymme luonnossa, sitä syvempää rentoutumista ja virkistystä voimme kokea. Luonto palauttaa meidät itsellemme ja muistuttaa siitä, mitä todellinen vapaus ja hyvinvointi voivat olla – ilman, että meidän tarvitsee taistella siitä.

Tiedän hyvin itse, mitä se on, kun on pitkät vaellukset tehnyt ja patikoinut luonnossa. Luonto tarjoaa elämyksiä, jotka ovat syvällisiä ja muuntavat kokemuksia. Se antaa meille todellisen vapauden, sillä ympäristönä luonto on itse vapaus. Kun astumme luonnon syliin, meistä tulee osa sitä, ja kaikki se, mitä ympärillämme on, tukee vapauden tunnetta.

Helpoin ja syvällisin tie saavuttaa vapaus on mennä luontoon. Luonto tarjoaa kaiken, mitä ihminen ylipäätään tarvitsee. Luonnossa meillä on kaikki se, mitä Luoja on meille antanut – ravintoa, suojaa, työkaluja ja voimia – ja meidän tehtävämme on vain oppia käyttämään sitä oikealla tavalla. Kun ymmärrämme luonnon rytmit ja sen tarjoamat mahdollisuudet, voimme todella nauttia vapaudesta, joka on elämää ilman ulkopuolista kontrollia.

Mitä enemmän olemme erätaitoisia ja osaamme selviytyä erämaassa, sitä vapaampia me olemme – ei vain luonnossa, vaan myös muussa elämässä. Erätaitojen oppiminen avaa meille ovia vapauden maailmaan, sillä silloin olemme vähemmän riippuvaisia muista ja voimme elää itsehallinnassa.

Kun ajattelemme kriisitilanteita, ymmärrämme, kuinka haavoittuvaisia olemme, jos sattuisimme olemaan kaupungissa. Kaupungissa me olemme aina muiden ihmisten ja järjestelmän armoilla. Meidän elämämme on kytkeytynyt sähköön, infrastruktuuriin ja muihin ulkoisiin tekijöihin, jotka voivat luhistua kriisin hetkellä.

Luonto on kuitenkin paikka, jossa meidän ei tarvitse olla muiden armoilla. Luonnossa riittää, että osaamme selviytyä – ja selviytyminen vaatii erätaitoja, joita voi opetella kuka tahansa. Vaikka talvella luonnon armoilla selviytyminen on haasteellista, se on täysin mahdollista. Talvella ravintoa löytyy, mutta se vaatii enemmän taitoa ja älyä: ansat, metsän antimista lukeminen ja tietäminen, mitä milloinkin voi syödä, voivat pelastaa elämän.

Kesällä luonto on meille erityisen ystävällinen. Kukaan ei jää nälkäiseksi, kun osaa hyödyntää luonnon antimia. Voimme rakentaa yksinkertaisia suojia havuista ja muista luonnonmateriaaleista, ja nukkua yön luonnon suojassa. Marjat ja sienet ovat helposti saatavilla – kanttarellit ja mustikat, puolukat ja juolukat, kaikki ne tarjoavat meille ravintoa ja energiaa. Ja jos emme saa tulta syttymään, voimme syödä sieniä raakana ja nauttia luonnon C-vitamiinista, joka löytyy koivunlehdistä ja voikukanlehdistä. Nokkoset tarjoavat meille rautaa, ja niitä on kaikkialla. Luonnossa on siis jatkuvasti tarjolla ruokaa, jonka voimme hyödyntää, kunhan osaamme etsiä ja tunnistaa sen. Mutta tärkeintä on, että luonto opettaa meille rauhaa. Meidän ei tarvitse kiirehtiä, vaan meidän täytyy vain astua pois aikarajoitteista, jättää taakse kiireet ja vaivannäkö, ja kulkea luonnon virrassa. Siellä, ilman häiriöitä ja aikarajoitteita, me voimme todella saavuttaa sen, mitä kaipaamme: mielenrauhan ja vapauden. Luonto ei pakota meitä mihinkään – siellä vapaus ja rauha ympäröivät meidät kuin pehmeä vaippa. Se on vapaus ilman ponnisteluja, aito vapaus, joka tulee meille luonnosta.

MITEN MEITÄ OHJATAAN?

Harva meistä voi täysin vapaasti valita oman työaikansa. Tällaisia mahdollisuuksia tarjoavat lähinnä etätyöt tai yksityisyrittäminen, mutta vaikka yrittäminen saattaa vaikuttaa vapaalta, se ei aina ole sitä, kuten voisi kuvitella. Freelancer-työt, kuten toimittajan työ tai äänikirjan lukeminen, voivat tarjota joustavuutta ja mahdollisuuden hallita omaa aikataulua, mutta ei ole harvinaista, että myös näissä ammateissa on aikarajoitteita ja muita sitoumuksia. On toki olemassa muutamia ammatteja, joissa työaika on vapaampi, mutta monessa muussa, erityisesti palveluammateissa, tilanne on toinen. Näissä tehtävissä ei ole helppoa valita omaa työaikaansa, sillä on oltava tavoitettavissa silloin, kun asiakkaat tarvitsevat apua tai palveluja. Työajan joustavuus on usein sidoksissa muiden tarpeisiin ja aikarajoihin.

Nykyään työaikasidonnaisuus on muuttunut, mutta silti monissa ammateissa työskennellään edelleen päivän valoisina tunteina, jotka ovat usein parhainta aikaa päivästä. Vaikka työ yhä useammin tapahtuu sisätiloissa keinovalon alla, eikä se ole riippuvainen ulkoisista tekijöistä, tämä käytäntö on jäänyt meille perinnöksi menneiltä ajoilta, jolloin työt tehtiin ulkona päivänvalossa. Illalla oli vapaa-aikaa, ja työaikarytmi oli selkeästi sidottu vuorokauden valoisiin tunteihin. Tämä aikataulutuksen malli on edelleen voimassa, ja sen ehkä hullunkurisin puoli on se, että lähes kaikilla on sama työaikataulu: kaikki menevät töihin ja tulevat töistä pois samaan aikaan. Jos aikataulutusta osattaisiin porrastaa paremmin, ruuhkia ja stressiä voitaisiin vähentää merkittävästi, mikä parantaisi sekä työtehoa että elämänlaatua.

On huomattavaa, että tässä työaikakäytännössä ihmiset menettävät paljon sellaista aikaa, joka on heille itselleen tärkeää. Monet joutuvat kesällä paikkaamaan toisten lomia, ja omat lomat sijoittuvat usein kevääseen tai syksyyn, jos silloinkaan. Tämä käytäntö erityisesti rajoittaa mahdollisuuksia nauttia kesästä, joka on monille vuoden paras aika.

Mitä isompi rooli henkilöllä työelämässä on, sitä enemmän hän voi vaikuttaa omiin lomapäiviinsä, ja useimmiten johtajat saavat nauttia lomastaan juhannuksesta aina heinäkuun loppuun asti.

Tässä työaikamallissa olisi syytä huomioida se, kuinka paljon tärkeää ja arvokasta aikaa ihmiset menettävät. Jos joku joutuu luopumaan parhaasta loma-ajastaan, esimerkiksi kesälomasta, sen pitäisi näkyä myös taloudellisesti. Voitaisiin jopa luokitella lomien arvot, niin että parempi loma-aika (kuten kesä) tuottaa enemmän rahallista korvausta, jos lomaa ei voi pitää.

Tämän lisäksi heille, jotka joutuvat olemaan töissä heinäkuussa tai muina "parhaimpina lomakuukausina", pitäisi tarjota parempaa palkkaa tai muuta kompensaatiota, joka tasapainottaisi menetettyä vapaa-aikaa.

Ihmiset olisivat huomattavasti virkeämpiä ja tuottavampia töissään, jos heidän vapaa-aikansa otettaisiin paremmin huomioon. Työaikajärjestelyt, kuten neljäviikkoinen työviikko tai vaihtoehtoisesti lyhyemmät työpäivät – vaikkapa kuusi tai jopa neljä tuntia päivässä – voisivat osoittautua tehokkaammiksi.

Jos työpäivät lyhenisivät kuuteen tuntiin, vähenisivät niin sanotut "kitutunnit", jotka tyypillisesti sijoittuvat iltapäivään, jolloin keskittyminen ja tuottavuus laskevat. Lyhyemmät työpäivät voisivat parantaa työtehoa, koska työntekijät olisivat virkeämpiä ja pystyisivät keskittymään paremmin. Tällöin työteho parantuisi ja samalla työntekijöille jäisi enemmän vapaa-aikaa, mikä puolestaan näkyisi positiivisesti niin työhyvinvoinnissa kuin työpaikan tuloksissa.

Yksi vaihtoehto voisi olla myös se, että työviikkoon lisättäisiin ylimääräinen vapaapäivä, joka olisi vapaavalintainen ja riippuisi työnantajan järjestelyistä. Tällöin työviikko olisi nelipäiväinen, mikä toisi työntekijöille huomattavasti lisää energiaa ja virtaa. Vapaapäivän avulla työntekijät ehtisivät paremmin keskittyä omiin asioihinsa, harrastuksiin ja perhe-elämään, mikä pitkällä aikavälillä edistäisi niin heidän hyvinvointiaan kuin työssä jaksamistaan.

Monet tutkimukset ovat jo todenneet, että vähemmän työaikaa voi tuottaa parempia tuloksia. Jos palkka pysyisi samalla tasolla kuin perinteisessä kahdeksantuntisessa työviikossa, mutta työaika olisi lyhyempi, tulokset eivät kärsisi – päinvastoin. Lyhyempi työaika voisi lisätä tuottavuutta, sillä työntekijät olisivat motivoituneempia ja keskittyneempiä, kun he eivät kokisi työtä pelkästään pakkopullaksi. Väsymys ja motivaation puute ovat yleisiä syitä, miksi ihmiset alkavat toimia vähemmän tehokkaasti, mutta kun työ tuntuu mielekkäältä ja se on hallittavissa, myös työpanos paranee.

Tällaisessa mallissa työntekijät eivät tuntisi itseään orjiksi työelämän pyörteissä, vaan kokisivat sen osaksi elämäänsä, ei taakakseen. Pidempi vapaa-aika ja mahdollisuus tasapainottaa elämää tekevät ihmisistä onnellisempia ja motivoituneempia. Tällöin he ovat valmiita panostamaan työhönsä, koska se ei tunnu enää rasitteelta, vaan osalta elämänkokemusta.

Suomessa meillä on kuitenkin edelleen vahva epäluulo uusia kokeiluja kohtaan, erityisesti kun pelätään, että vähemmästä työajasta seuraisi taloudellisia menetyksiä. Pelko siitä, että maksetaan vähemmästä ajasta enemmän palkkaa, estää monia yrityksiä ottamasta askeleita kohti parempaa työelämää. Emme kuitenkaan ymmärrä, että vähemmän työaikaa ja parempaa työhyvinvointia tuottaisi paremmat tulokset pitkällä aikavälillä. Pakkotyöskentely ei tuota enempää, vaan saattaa itse asiassa heikentää tuottavuutta ja luoda ylimääräistä stressiä.

Jos meillä Suomessa osattaisiin muuttaa ajattelutapaa ja kokeilla näitä uudistuksia rohkeammin, voisi työelämästä tulla entistä elinvoimaisempi. Kyse ei ole vain lyhyemmästä työajasta – kyse on työntekijöiden hyvinvoinnista, joka näkyy suoraan yritysten tuloksissa. Työhyvinvointi ei ole luksusta, vaan se on sijoitus, joka tuottaa hedelmää kaikilla elämänalueilla.

ONNELLISUUS JA VAPAUS

Kun pohdimme käsitteitä onnellisuus ja vapaus, on tärkeää ymmärtää, että kumpikaan ei ole absoluuttinen käsite, joka olisi saavutettavissa kaikille samalla tavalla. Nämä ovat ennen kaikkea subjektiivisia kokemuksia, jotka vaihtelevat henkilöstä toiseen ja voivat muuttua ajan, paikan ja elämän olosuhteiden mukaan. Onnellisuus ja vapaus eivät ole yhtä ja samaa kaikille, eivätkä ne ole universaaleja tiloja, jotka voidaan määritellä yhdellä tavalla.

Jos kuitenkin tarkastelemme näitä käsitteitä hengellisestä tai taivaallisesta perspektiivistä, voimme kuvitella aivan erilaiset olosuhteet, joissa onnellisuus ja vapaus voivat olla täydellisiä ja rajattomia. Monille uskonnoille ja filosofioille on ominaista ajatus, että taivasten valtakunnassa, tai jossain korkeammassa todellisuudessa, onnellisuus ja vapaus eivät ole enää rajoittuneita. Siellä ei ole niitä maallisia huolia ja rajoituksia, jotka väistämättä estävät meitä kokemasta täyttä vapautta ja onnea täällä maan päällä. Tällöin voimme kuvitella, että olosuhteet ovat niin täydelliset, että se, mikä täällä tuntuu saavutettavalta vain hetkellisesti tai osittain, voisi olla siellä pysyvää ja täydellistä.

Maan päällä kuitenkin onnellisuus ja vapaus ovat aina suhteellisia ja henkilökohtaisia kokemuksia. Ne ovat subjektiivisia tuntemuksia, jotka kumpuavat yksilön elämäntilanteesta, arvoista, uskomuksista ja kyvystä suhtautua elämään. Vapaus voi olla sisäistä ja hengellistä, mutta myös ulkoista ja käytännönläheistä, kuten kyky valita oma polku tai liikkua vapaasti maailmassa. Onnellisuus puolestaan voi ilmetä monella tavalla: se voi olla rauhaa ja tyytyväisyyttä, mutta myös suurta iloa ja riemua. Se ei ole yksiselitteinen olotila, vaan se rakentuu monista pienistä hetkistä, valinnoista ja kokemuksista, joita kukin elämämme aikana tekee.

Lopulta on tärkeää ymmärtää, että onnellisuus ja vapaus ovat kokemuksia, joita emme voi mitata tai pakottaa yhtä kaavaa noudattavaksi. Ne ovat niitä asioita, jotka elämän aikana koetaan omassa kontekstissamme, ja vaikka niitä voisi tavoitella, ne eivät ole valmiita annettavia lahjoja. Ne ovat elämänpolku, jonka jokainen kulkee omilla askelillaan.

Se, miten kukin meistä pystyy luomaan oman onnellisuutensa ja vapautensa, ja mitkä tekijät siihen vaikuttavat, on olennainen asia pohdittavaksi. Mielenrauha on yksi tärkeimmistä tekijöistä, sillä se tuottaa niin onnellisuutta kuin vapauttakin. Kun löydämme sisäisen rauhan, voimme kokea syvää vapauden tunnetta, joka ei ole riippuvainen ulkoisista olosuhteista. Tällöin myös turvallisuuden tunne seuraa mukana, ja etenkin hengelliset kokemukset voivat tukea tätä prosessia.

On kyse luottamuksesta — uskosta siihen, että asiat ovat hyvin ja että meillä on kyky kohdata elämässä eteen tulevat haasteet. Se on uskoa siihen, että ei ole sellaista tilannetta, johon ei löytyisi ratkaisua, ja että meillä on kyky vaikuttaa elämäämme ja sen suuntaan omilla valinnoillamme. Kun tiedämme, että voimme itse vaikuttaa siihen, miten suhtaudumme elämässämme tapahtuviin asioihin, saavutamme tietynlaisen sisäisen varmuuden ja rauhan.

Tärkeää on myös olla tietoisia niistä tekijöistä, jotka voivat rajoittaa vapauttamme. Meille voi tulla eteen olosuhteita, jotka haastavat sen, mutta se, että tunnistamme nämä rajoitukset ja osaamme etsiä niihin oikeat ratkaisut, on avain vapauteen. Tällöin opimme hakemaan vaihtoehtoisia tapoja toimia ja selviytyä, mikä puolestaan tuo lisää varmuutta ja tunnetta siitä, että meillä on hallinta elämämme suunnasta. Kun tiedämme, että olemme valmistautuneet ja suunnitelleet toimintamme etukäteen, koemme jo puoliksi saavuttaneemme päämäärämme. Tämä tunne turvallisuudesta ja vapaudesta synnyttää syvemmän rauhan ja onnellisuuden.

Jos olemme tilanteessa, jossa huolestumme siitä, mitä maailmassa saattaa tapahtua, eikä meillä ole minkäänlaista käsitystä siitä, miten voisimme varautua tuleviin haasteisiin tai suojautua mahdollisilta uhkilta, voimme kokea itsemme todella eksyneiksi ja avuttomiksi. Tällöin voimme tuntea, ettei meillä ole keinoja hallita tilannetta tai selviytyä tulevaisuuden koettelemuksista. Tämä voi johtaa syvään epätoivoon ja ahdistukseen, koska meillä ei ole luottamusta siihen, että voimme vaikuttaa omaan tulevaisuuteemme.

Tätä tilannetta voi verrata henkilöihin, jotka eivät ole löytäneet luottamusta Jumalaan tai hengelliseen voimaan, eivätkä ole valmiita turvautumaan siihen apuun, joka voisi tarjota heille rauhaa ja varmuutta. Heidän on vaikea uskoa siihen, että heidän elämänsä voi olla jollain tasolla suojattua ja ohjattua, ja he kieltäytyvät ottamasta vastaan sitä apua, joka voisi viedä heidät kohti sisäistä rauhaa. Tällaiset ihmiset voivat lisätä epätoivon ilmapiiriä maailmassa lietsomalla paniikkia kovaan ääneen, jakamalla pelkoa ja epävarmuutta sosiaalisessa mediassa, etsien tieteellisiä ratkaisuja ja luottaen siihen, mitä heille sanotaan, vaikka se ei aina ole totuus. He saattavat uskoa siihen, että vain ulkoiset ratkaisut voivat pelastaa, unohtaen, että todellinen turva ja rauha löytyvät usein syvemmältä, hengellisestä luottamuksesta ja uskostamme siihen, että meillä on valta vaikuttaa elämäämme.

Jos kuuntelemme tarkasti omaa sisäistä ääntämme ja annamme intuition johtaa meitä, saamme usein parhaat ohjeet elämäämme. Uskon, että Jumala puhuu meille juuri tämän sisäisen äänen kautta. Meidän ei tarvitse hakea selityksiä tai liikaa painottaa niitä symboleita ja merkkejä, joita usein kuvitellaan Jumalan antamiksi viesteiksi. Usein merkkien etsiminen voi viedä meidät väärille poluille ja saada meidät hämmentymään. Se, mitä tarvitsemme, on kyky kuunnella omaa sisintämme ja luottaa siihen, että se ohjaa meitä oikeaan suuntaan.

Luonnossa liikkuminen, erityisesti metsässä vaeltaminen, on yksi parhaista tavoista päästä yhteyteen oman sisäisen äänen kanssa. Metsässä voimme pysähtyä mietiskelemään ja hiljentyä, antaen ympäröivän luonnon rauhan täyttää mielemme. Tämä hiljaisuus ja yksinkertaisuus tarjoavat tilaa alitajunnalle työstää asioita, jolloin voimme saada etäisyyttä maailman hälinästä ja keskittyä siihen, mikä on todella tärkeää. Metsässä, kaukana kaupungin melusta ja ihmisten hälinästä, sisäinen ääni alkaa kuulua kirkkaammin. Ilman turhia maallisia ajatuksia ja häiriötekijöitä voimme kuunnella ja ymmärtää, mitä sydämemme ja sielumme yrittävät meille kertoa. Tämä yhteys luontoon ja sisäiseen rauhaan on avain intuitioon ja hengelliseen selkeyteen.

Kun tarkastelemme ihmisiä, jotka kävelevät vastaan kaupungilla, kuinka harva heistä oikeastaan hymyilee? Kuinka monet vaikuttavat vakavilta ja murehtivilta? Monilla kasvoilla on huolestuneisuuden ilme, ja se ei ole sattumaa. Ihmisiä vaivaa nykyaikainen globaali orjuus, joka on monin tavoin piilossa mutta silti olemassa. Tämä globaali järjestelmä, joka rajoittaa vapautta ja ihmisten mahdollisuuksia, tekee monista meistä totisia ja huolestuneita.

Moni kokee huolta tulevaisuudestaan – enkä suinkaan ole ainoa, joka välillä tuntee pelkoa ja epävarmuutta. Kuitenkin on olemassa tärkeä ero niiden välillä, jotka uskovat ja luottavat Jumalaan, ja niiden, jotka eivät. Ne, jotka turvautuvat Jumalaan, voivat kohdata elämän haasteet luottavaisina ja tietäen, että Hänen johdatuksensa kautta voidaan selvitä kaikista vaikeuksista. Ja ei vain selvitä – voimme myös menestyä, vaikka maailma ympärillämme näyttäisi kuinka synkältä tahansa. Luottamus Jumalaan tuo sisäisen rauhan ja varmuuden, joka ei ole riippuvainen ulkoisista olosuhteista.

Vaikka nykyään puhutaan paljon menestyssaarnaajista, on olemassa ajatusvirhe, joka piilee siinä, että uskon syvin ydin – Jeesus Kristus – jää helposti syrjään, ja uskovista tulee ensisijaisesti menestyksen etsijöitä. Uskoa aletaan käyttää välineenä, jonka avulla tavoitellaan maallista menestystä.

On totta, että usko voi toimia tukena ja apuna elämän haasteissa, mutta sen ei pitäisi koskaan olla se pääasiallinen väline menestymisen saavuttamisessa. Menestyksen tulisi tulla osana elämäämme, mutta ei päämääränä sinänsä, vaan luonnollisena seurauksena siitä, että elämme Jumalan tahdon mukaan. Raamatullinen lupaus on, että Jumala huolehtii meistä ja siunaa elämäämme, kun seuraamme Hänen johdatustaan.

Viisainta on antaa Jumalan johdattaa meitä, kysyä Häneltä, mitä meidän tulisi tehdä, ja kulkea askel askeleelta kohti omaa tietämme. Kun kuulemme Hänen ääntään ja etsimme Hänen tahtonsa mukaista elämää, alkaa tie vähitellen hahmottua. Vasta silloin voimme todella vapautua maallisista kahleista ja löytää sisäisen rauhan ja vapauden, joka ei ole riippuvainen ulkoisista asioista.

Kun huomioimme, kuinka harvoin ihmiset hymyilevät, saattaa mieleen tulla ajatus siitä, mitä synkkiä ajatuksia he mahtavat mielessään pyöritellä, kun heidän kasvoillaan ei näy kuin vakavuutta. On kuitenkin usein niin, että liiallista totisuutta voi lievittää yksinkertaisella, mutta voimakkaalla teolla – hymyilemällä takaisin, riippumatta siitä, minkälaista ilmettä toinen kantaa.

Usein yksi hymy voi murtaa monia muureja. Kun hymyilemme toiselle, hän saattaa hetken kuluttua alkaa hymyillä takaisin, aivan huomaamattaan. Tämä luo tilan, jossa hän voi rentoutua ja olla oma itsensä. Hymy on kuin viesti, joka sanoo: "Olet tervetullut, ole oma itsesi, tässä ei tarvitse jännittää." Se on kuin koira, joka heiluttaa häntäänsä – ystävällinen ja avoin ele, joka kutsuu luottamukseen.

Tämä on yksi syy, miksi suosin aina kanssakäymisessä hymyä ja rentoa asennetta. Se ei ole vain mukavaa, vaan se luo positiivisen ilmapiirin, joka mahdollistaa paremman vuorovaikutuksen. Vaikka tilanne olisi vakava tai muodollinen, kuten palavereissa, miksi se ei voisi olla myös inhimillinen ja lämmin? Kukapa haluaisi keskustella jäykkien ja varauksellisten henkilöiden kanssa, joiden kanssa ei voi olla oma itsensä?

Kaikissa olosuhteissa kannattaa pyrkiä lieventämään ylimääräistä jäykkyyttä ja liiallista totisuutta. Uskon vahvasti, että riippumatta siitä, mikä virka tai rooli on kyseessä, kannattaa aina tavoitella rentoa ja avointa vuorovaikutusta muiden kanssa. Tällöin keskustelut ovat luontevampia, ja ihmiset voivat lähestyä toisiaan vapaammin, ilman pelkoa tai jännitystä. Kun ilmapiiri on rento, pakkopullan tunnelma häviää, ja keskustelu virtaa luonnollisemmin. Tämä tekee kaikesta helpompaa ja mukavampaa – sekä keskustelut että tilanteet jäävät mieleen hyvällä tavalla, ja kaikki osapuolet tuntevat, että he voivat olla omia itsejään.

Monesti viralliset asiat käsitellään liian muodollisesti ja jäykästi, jolloin koko keskustelu menee läpi kuin pakollinen rutiini. Tällöin palavereissa käydään läpi vain ne asiat, jotka tuntuvat olevan "tärkeitä", mutta kaikki todellinen ja luova keskustelu jää helposti taka-alalle. Tämä johtaa siihen, että vaikka palaveri saattaa päättyä nopeasti, todellinen keskustelu ja ratkaisujen löytyminen jäävät vaille huomiota. Tällaisissa tilanteissa olisi ehdottomasti tarpeen rento ja avoin kanssakäyminen, jossa aito hymy ja vapaa keskustelu ovat keskiössä. Jos toisella osapuolella on jännitteitä toista kohtaan, se estää vapaata keskustelua ja luo esteitä rehelliselle vuorovaikutukselle. Tällöin viranomaisten tai muiden auktoriteettien roolissa olevat henkilöt voivat helposti piiloutua nimikkeidensä taakse, välttäen vastauksia vaikeisiin kysymyksiin tai kyseenalaistamaan omaa asemaansa. Kun päästään vapaaseen keskusteluun, se auttaa todella löytämään ratkaisuja, sillä avoimessa ja rehellisessä vuorovaikutuksessa saattaa nousta esiin uusia näkökulmia ja ideoita, joita ei ole aiemmin tullut ajatelleeksi.

Kun käsittelemme vakavia asioita, erityisesti kriisejä, meidän on käytettävä luovia ja innovatiivisia lähestymistapoja. Jos jatkamme samalla kaavalla, jolla olemme aiemmin epäonnistuneet, olemme tuomittuja kompastumaan samaan virheeseen uudelleen. On tärkeää tunnistaa, että vanha toimintamalli ei enää toimi ja ottaa käyttöön uudet, kokeelliset keinot, jotka voivat tuoda parempia tuloksia. Tämä vaatii rohkeutta ja kykyä oppia menneistä virheistä.

Uusien keinojen käyttö tuo mukanaan aina epävarmuutta, sillä ne ovat yleensä kokeiluvaiheessa, eikä niistä voi olla täysin varma. Toisaalta, jos perinteiset menetelmät eivät tuota tuloksia, uuden kokeileminen on lähes aina parempi vaihtoehto kuin jäädä jumiin vanhaan. Meidän on kuitenkin oltava tarkkoja sen suhteen, mitä uutta meille tarjotaan. Nykyisin monet uudet ideat ja teknologiat tyrkytetään ilman perusteellista testausta – useimmiten ne ovat vielä vasta alkuvaiheessa olevia kokeiluja, joiden taustalla saattaa olla vain muutama positiivinen tutkimus.

Kaikki tämä riippuu kuitenkin siitä, mitä tavoittelemme: haluammeko luoda lisää orjia yhteiskuntaan ja suuryrityksille, kuten lääketeollisuudelle? Vai etsimmekö jotain aitoa ja inhimillisempää ratkaisua? Nämä kysymykset vaativat monipuolisia lähestymistapoja ja syvällistä pohdintaa. Pelkästään vanhan kaavan jatkuva toistaminen ei tuo parempia tuloksia, ja jos tätä tehdään vain väkisin, on syytä kysyä, miksi näin toimitaan. Onko taustalla mahdollisesti piilossa jotain muuta – suosituksia, lahjontaa tai taloudellisia intressejä, kuten lääkefirmojen vaikutusvaltaa? Tällaiset kysymykset ovat tärkeitä, ja ne vaativat läpinäkyvyyttä ja rehellisyyttä.

WIFIVERKKO VALVONNASSA

Näin kerran mielenkiintoisen videon, jossa käsiteltiin tekoälyn tulevaisuuden roolia ja sen mahdollisuuksia valvoa meitä jopa wifi-yhteyksien ja radioaaltojen kautta. Videossa kerrottiin, kuinka tekoäly voi tunnistaa meidät, vaikka huoneessa olisi pimeää, ja jopa luoda meille kuvan käyttäen kaikuluotaustekniikkaa – aivan kuten lepakot suunnistaessaan. Tämä esimerkki avasi silmät sille, kuinka edistyneitä teknologiat voivat tulevaisuudessa olla ja miten ne pystyvät aistimaan ympäristöämme tavoilla, jotka eivät ole meille edes itsestään selviä.

Samassa videossa käsiteltiin myös 6G-teknologiaa, joka tulee olemaan seuraava askel langattomassa viestinnässä. Sen myötä ympärillämme on jatkuvasti entistä enemmän säteilyä ja energiaa, joka on meitä ympäröivä osa teknologista infrastruktuuria. Tämä kehitys herättää kysymyksiä siitä, kuinka paljon me oikeasti tiedämme siitä, miten nämä säteilyt ja taajuudet vaikuttavat meihin ja elinympäristöömme.

Videossa käytiin läpi myös se, kuinka kehomme sisäelimet säteilevät omia värähtelytaajuuksiaan, ja kuinka meihin voidaan vaikuttaa näiden taajuuksien ja säteilyjen avulla. Tämänkaltaiset ilmiöt, jotka olivat vielä äskettäin vain tieteisfiktiota, voivat hyvin olla todellisuutta tulevaisuudessa. Jos pystymme ymmärtämään ja hallitsemaan näitä säteily- ja taajuusilmiöitä, voimme mahdollisesti vaikuttaa siihen, miten kehomme reagoi niihin ja kuinka voimme optimoida hyvinvointiamme. Mutta samalla on tärkeää pohtia myös niitä eettisiä ja terveysvaikutuksia, joita tällaisen teknologian käyttö voi tuoda mukanaan.

Samassa videossa käsiteltiin myös sitä, että koronarokotteissa voi olla nanobotteja, eli pieniä mikropiirejä, jotka voivat liikkua verenkierrossa ja vaikuttaa eri elimiin sekä kehon osiin. Tällaiset nanobotit ovat niin pieniä, että ne voivat tunkeutua solutasolle ja suorittaa tarkasti kohdennettuja tehtäviä elimistössä. Videossa esitettiin, että lääkärit voivat käyttää sovellusta, jonka avulla he voivat kommunikoida näiden nanobottien kanssa, aktivoida ne ja ohjata niitä tarpeen mukaan – jopa niin, että ne ovat hallittavissa mihin aikaan päivästä tahansa. Tämä herättää kysymyksiä siitä, kuinka paljon hallintaa yksilön terveydestä ja kehosta annetaan ulkopuolisille toimijoille ja kuinka tällaiset edistykset muokkaavat terveydenhuoltoa tulevaisuudessa. Vaikka teknologia tuo mahdollisuuksia, se tuo myös mukanaan haasteita ja eettisiä pohdintoja, erityisesti silloin, kun kyse on niin henkilökohtaisesta asiasta kuin ihmisten oman kehon ja terveyden hallinnasta.

Se, että säteilyä on nykyisin kaikkialla ympärillämme, ja että wifin avulla tekoäly pystyy pian skannaamaan asuinhuoneitamme ja tallentamaan jatkuvasti liikkeemme, on todellinen huolenaihe. Tällainen teknologinen kehitys asettaa yksityisyytemme ja turvallisuutemme uuteen valoon. Entä sitten, kun aivoimplantteja asennetaan ihmisille? Näillä laitteilla on jo nyt mahdollisuus tuottaa ääniä suoraan ihmisten pään sisään – ääniä, joita kukaan muu ei voi kuulla. Tällä tavoin voidaan manipuloida yksilöitä jopa luomalla uusia ajatuksia heidän mieleensä. Tässä kohtaa ihmisen vapaa tahto on vaarassa, sillä hän ei enää ole täysin vastuussa siitä, mitä ajattelee. Teknologian kehitys on siis tullut siihen pisteeseen, että se voi suoraan vaikuttaa ja ohjata ihmisten ajatusprosesseja, mikä herättää vakavia kysymyksiä siitä, kuinka paljon vaikutusvaltaa ulkopuolisilla tahoilla tulisi olla yksilöiden mielen hallintaan ja päätöksentekoon.

Nyt onkin erittäin tärkeää miettiä, kuinka voimme suojautua tältä haitalliselta säteilyltä, joka ympäröi meitä. On oleellista, ettemme suuntaa energiaamme liiaksi tulevaisuuden pelottaviin ja ahdistaviin skenaarioihin. On hyvä olla tietoinen näistä uhista, mutta ne eivät saa tulla taakaksi, joka vie kaiken huomiomme ja synnyttää vain lisää pelkoa. Jos annamme näille ajatuksille liian paljon tilaa, täytämme itsemme negatiivisuudella, ja silloin kehossamme syntyy heikkouksia, jotka voivat ilmetä fyysisinä vaivoina, kuten ihottumina tai muina oireina.

Sen sijaan voimme keskittyä suojaamaan itsemme ja vahvistamaan kehoamme mielenhallinnan avulla. Yksi tehokas tapa on keskittyä hengitykseemme, tuntea ja ajatella sitä ilmaa, jota hengitämme, ja elää tässä hetkessä, täysin tietoisina ympäristöstämme ja omasta kehostamme. Voimme kerätä tätä hyvää energiaa positiivisten ajatusten avulla, jotka toimivat suojakilpenämme. Tämä ei vain auta meitä suojaamaan itseämme ulkoisilta uhkilta, vaan samalla nostamme mielenlaatuamme. Meistä tulee positiivisempia, ja samalla suojaamme terveyttämme. Tämä ei ainoastaan auta meitä pysymään terveempinä, vaan se voi myös edistää nopeampaa paranemista kaikista meille koituvista vaivoista.

Miten voisimme suojautua WiFi-säteilyltä? Onneksi on olemassa joitakin keinoja, jotka voivat auttaa meitä vähentämään altistumista. Nykyään langattomat yhteydet, kuten WiFi, ovat arkea kaikkialla – puhelimet, kamerat ja monet muut laitteet ovat kytkettynä samaan verkkoon. Tämä on kätevää, mutta samalla se lisää jatkuvaa säteilyä ympärillämme.

Yksi suojautumiskeino on asettaa WiFi-reititin paikkaan, jossa sitä ei käytetä yhtä aktiivisesti, kuten huoneeseen, jossa ei ole jatkuvaa oleilua tai liikennettä. Tämä vähentää säteilyn leviämistä ympäristöön. Toinen vaihtoehto on suojata huone, jossa reititin sijaitsee, esimerkiksi vuoraamalla seinät alumiinifoliolla tai asentamalla kuparilevyjä, jotka voivat estää säteilyn leviämistä. Tällaiset suojatoimet voivat tehokkaasti rajoittaa WiFi-säteilyn leviämistä tilassa.

Tärkeää on myös suosia langallisia yhteyksiä kotona, kuten Ethernet-kaapeleita, silloin kun se on mahdollista. Langalliset yhteydet eivät tuota säteilyä samalla tavalla kuin WiFi, ja ne tarjoavat luotettavan ja turvallisen tavan käyttää internetiä ilman tarpeetonta altistumista. Näin voimme suojella itseämme ja luoda ympäristön, joka on mahdollisimman terveellinen.

WiFi ja langattomat yhteydet on nykyään esitetty lähes ratkaisemattomana kätevyytenä, ja ne tarjoavat meille yhteyksiä, jotka tekevät elämästämme entistä helpompaa. Langattomuutta pidetään lähes itsestäänselvyytenä, ja älyteknologian kehitys on avannut uusia mahdollisuuksia eri elämänalueilla. Uusimmat älypuhelimet ovat tekoälypohjaisia, ja ne ovat saaneet ihmiset entistä riippuvaisemmiksi laitteistaan. Monet päivittäiset toimet, kuten pankkiasiat ja muut talouteen liittyvät toimet, on käytännössä mahdotonta hoitaa ilman älypuhelinta. Monilla sovelluksilla on kaksivaiheisia tunnistautumisprosesseja, jotka vaativat puhelimen käyttöä, mikä tekee siitä lähes välttämättömän osan elämäämme.

Kun tekoäly yhdistetään näihin älylaitteisiin ja sovelluksiin, se mahdollistaa entistä tarkemman seurannan ja datan keräämisen. Tällöin meistä kerätään yhä enemmän henkilökohtaisia tietoja ja metadataa – kaikesta, mitä teemme ja missä liikumme. Vaikka nämä teknologiat voivat tuntua käteviltä, niihin liittyy huomattavia yksityisyysriskejä. Koko ajan kerätty tieto voi johtaa siihen, että olemme jatkuvasti valvottuja ja seurattuja, vaikka emme itse sitä aina tiedostaisikaan.

On tullut ajankohtaiseksi kysymys siitä, miten voisimme elää ilman älypuhelimia ja niihin liittyvää jatkuvaa valvontaa. Uudet älypuhelimet voivat vaikuttaa olevan pois päältä, mutta ne voivat silti kerätä meistä tietoa, erityisesti puhelimet, joiden akkua ei voi irrottaa. Tämä luo pohdintaa siitä, kuinka voimme suojella itseämme teknologian läpinäkyvältä ja usein huomaamattomalta valvonnalta.

WiFi:n käyttö voi olla turvallisempaa ja yksityisempää, jos se on täysin erillään ulkoisista verkostoista, kuten internetistä. Voimme käyttää sitä omassa kotiverkossamme ilman pelkoa ulkopuolisesta seurannasta, jos se on kytketty pois netistä ja toimittaa vain sisäistä yhteydenpitoa. Esimerkiksi pitkän matkan WiFi voi toimia omana suljettuna verkkonaan, joka ei ole altis laajalle seurantatekniikalle.

Käytännössä tämä tarkoittaa sitä, että kotiverkon WiFi ja internet-yhteys olisi pidettävä erillään. Tällöin voimme välttää monia ulkopuolisia riskejä ja suojella yksityisyyttämme. Tämä olisi mahdollistettavissa yksinkertaisella lisäreitittimellä, joka hoitaa vain oman suljetun verkkoyhteytemme.

IHMINEN ON TEKNOLOGIANSA ORJA

Mitä enemmän me omaksumme ja integroimme teknologiaa elämäämme, sitä enemmän meistä tulee sen orjia. Teknologia on alun perin ollut keino helpottaa elämäämme, mutta nykyään se on monin paikoin kehittynyt tarpeeksi monimutkaiseksi, että sen vaikutusvalta ulottuu meihin paljon syvemmin kuin alun perin oli ajateltu. Keksinnöt, kuten lapiot ja pyörät, ovat olleet suuria edistysaskeleita, jotka todella ovat helpottaneet arkea ja mahdollistaneet ihmisten toiminnan laajentamisen. Kärryt tekevät raskaan työn kevyemmäksi, ja pyörä on loistava esimerkki siitä, kuinka yksinkertainen keksintö voi muuttaa koko maailmaa.

Tällaiset apuvälineet ovat olleet ja ovat edelleen elintärkeitä, mutta onko meillä vielä tervehenkinen suhde niihin? Kun teknologian rooli kasvaa, sitä enemmän tulee hetkiä, jolloin tuntuu, että emme enää osaa elää ilman niitä. Olemme tulleet tilanteeseen, jossa ilman älylaitteiden ja monien muiden apuvälineiden jatkuvaa käyttöä, tuntuu, että elämämme olisi epätäydellistä. Tästä syntyy ongelma: kun alamme etsiä jatkuvasti helpotuksia ja apuja jokaiseen elämän osa-alueeseen, meiltä katoaa kyky itsenäisyyteen ja toiminnan vapauteen. Ihmiset alkavat vältellä fyysistä ja henkistä vaivannäköä, joka on osaltaan elämän luonnollinen osa.

Mutta mitä meille jää, kun kaikesta tulee liiaksi automatisoitua ja pakotettua? Kun itsemme toteuttaminen ja työn tekeminen alkavat tuntua yhä vähemmän tärkeiltä, ja se, mitä jäljelle jää, on pelkkää viihteen ja mukautetun hyvinvoinnin etsimistä? Tämä viihde, joka kerran oli tapa rentoutua, on nykyään juurtunut syvälle elämäämme ja ylittää sen rajan, jossa siitä on tullut lähes ainoa elämänsisältö. Teknologian ja viihteen yhdistyminen on luonut jatkuvan huvituksen ja pakkomielteisen nautinnon kierteen, jossa ihmiset eivät enää tiedä, mikä on tarpeellista ja mikä vain täyttää hetkellistä tyhjyyttä.

Ongelmana on, että viihde, jolle meistä on tullut orjia, on usein tyhjää ja pinnallista, eikä se oikeastaan tarjoa mitään pitkäaikaista tai täyttävää. Se saattaa tuntua välittömältä pakotieltä elämän stressistä, mutta se vain syventää tyhjyyden tunnetta. Ihmisistä tulee viihteen ja teknologian orjia, ja tätä orjuutta ei enää edes kyseenalaisteta. Tällöin huomataan, että mikään ei enää riitä – haluamme aina enemmän, mutta mikään ei täytä meidän todellista sisäistä tarvetta.

Jos elämme perinteistä, tervehenkistä elämää, jossa pysymme liikkeessä ja työn touhussa, pysymme myös fyysisesti ja psyykkisesti terveinä. Tällöin kehomme säteilee positiivista energiaa, joka toimii suojana ympärillämme. Tällainen suojaava energia syntyy, kun mieli on tasapainossa ja vaatimaton, tyytyen siihen, että saa tehdä pieniä puuhia, iloitsee arjen tekemisistään ja löytää merkityksen kaikessa, mitä tekee. Tärkeää ei ole vain itse työ, vaan myös se, että työ on palkitsevaa omalla tasollamme ja tukee omia tavoitteitamme. Se ei tarvitse olla työtä toisten hyväksi tai orjan tavoin raatamista. Sen ei tarvitse tuottaa rahaa, vaan riittää, että työ on jotain, mikä palvelee elämämme hyvinvointia ja auttaa meitä etenemään omilla poluillamme. Pienet askareet voivatkin olla hyvin palkitsevia, kun ne tekevät elämämme rikkaaksi ja merkitykselliseksi.

Ja kun työ on itselle tehtyä, silloin ei tarvitse nähdä vaivannäköä rasittavana. Esimerkiksi halkojen hakkaaminenkin voi tuntua kevyeltä, kun työtahti on oma ja vapaasti valittu, eikä sitä sanele kukaan muu. Se, että voi tehdä asiat omassa tahdissa ja ilman ulkoista painetta, tekee työstä mielekkään ja jopa nautinnollisen kokemuksen. Työ ei ole silloin pelkkää suorittamista, vaan se tuo sisältöä ja iloa elämään, vaikka se olisi kuinka yksinkertaista tahansa.

Kaikki tällaiset asiat ovat äärimmäisen tärkeitä, sillä jos me helpotamme elämäämme liikaa tekniikan ja tekoälyn avulla, ihmisillä ei enää ole mitään syvällistä tekemistä, johon he voisivat sitoutua. Tämä tyhjiö johtaa usein siihen, että ihmiset turvautuvat päihteisiin tai turruttavat mielensä roskaviihteellä. Tällöin elämää hallitsee jatkuva täyttämisen tarve, eikä mikään enää tunnu riittävän. Ihmiset kokevat tarpeen multitaskata yhä useammassa asiassa, sillä yksinkertainen onnellisuus ei enää tunnu riittävältä.

Ennen vanhaan ihminen oli onnellinen, kun hän katsoi elokuvaa tai pelasi peliä. Onnellisuus löytyi yksinkertaisista asioista. Nykyään sen sijaan tuntuu, että ilman taustalla olevaa jatkuvaa viihdettä ja virikkeitä, onnellisuus ei ole enää saavutettavissa. Se pieni onnellisuuden pala, joka aiemmin löytyi vaikkapa elokuvasta, on kadonnut. Nyt joudumme ahnehtimaan yhä enemmän, mutta silti mikään ei tunnu antavan täyttymystä tai pysyvää tyytyväisyyttä. Tämä jatkuva sisäisen tyhjyyden täyttäminen on vain paheneva kierre, joka vie ihmiset kauemmas todellisesta sisäisestä rauhasta ja onnellisuudesta.

Nykyihmisten sairaudet juontavat juurensa siitä, että tervehenkinen elämäntapa, joka aiemmin oli luonnollinen osa arkea, on lähes kokonaan unohdettu. Tämä "vihreä vallankumous" vie ihmiset yhä syvemmälle sairauksien ja epäterveellisten elintapojen suohon. Ihmiset vieroitetaan kaikesta, mikä oli aikaisemmin perusta hyvinvoinnille: luonnosta, tavallisesta käsityöstä, tulen lämmöstä, joka tuottaa hyvää energiaa, ja monista muista terveellisistä tavoista. Tilalle tuodaan jatkuvasti lisää säteilyä, teknologiaa ja sähköisiä laitteita, jotka vain pahentavat tilannetta. Samalla kaupungit muuttuvat betoniviidakoiksi, joissa ihmiset elävät kiireisen ja epäterveellisen elämän, alati lisäten lääkkeitä ja kemikaaleja ympärilleen. Lääketiede on löytänyt kultasuonensa, sillä se voi hyvin niin kauan kuin ihmiset jäävät loukkuun sairauksien ja lääkkeiden noidankehään.

Tämä on saanut aikaan kierteen, jossa ihmiset pitävät itsensä hengissä vain lääkkeiden avulla, mutta samalla heidän terveytensä ja elämänlaatunsa heikkenevät. Ihmiskunnasta on tullut lääketieteellisen bisneksen pelinappula, jossa sairauksien kasvu tuottaa jatkuvaa voittoa.

Kuitenkin vapauden ja hyvinvoinnin ainoa todellinen tae on paluu luonnolliseen elämään. Rauhallinen, kiireetön elämä, joka ei ole teknologian, säteilyn tai lääkkeiden varassa, on se, mikä tuo todellisen terveyden ja sisäisen rauhan. Hyvä musiikki ja luonnossa kävely, joka tuottaa endorfiineja, ovat erinomaisia tapoja pitää mieli ja keho terveinä. Samoin perheen kanssa vietetty aika ja luovat harrastukset, kuten kirjoittaminen, ovat voimakkaita tapoja elää terveellistä ja tyydyttävää elämää. Tällainen elämä ei vain edistä fyysistä terveyttä, vaan se vahvistaa myös henkistä hyvinvointia ja syvää yhteyttä itseen ja ympäröivään maailmaan.

AJATTELUMALLIEN VAIKUTUS

Tärkeä asia elämässämme on ymmärtää, kuinka voimakkaasti oma energiamme voi vaikuttaa maailmaan ja elämäämme. Meillä kaikilla on kyky kanavoida tätä sisäistä voimaa ja energiaa – ja jos osaamme tehdä sen oikein, voimme saavuttaa suuria asioita. Oikein kohdistettu energia voi tuoda meitä lähemmäs tavoitteitamme, parantaa terveyttämme ja lisätä hyvinvointiamme.

Olen aikaisemmin maininnut, kuinka tärkeää on olla tietoinen siitä, että tämä hyvä energia on aina lähellämme. Meidän ei tarvitse etsiä sitä ulkopuoleltamme, vaan se on meissä itsessämme, valmiina käytettäväksi. Kuitenkin meidän tulee olla tarkkoja siitä, mihin suuntaamme sen. Jos ohjaamme energiamme negatiivisiin, turhiin tai vahingollisiin asioihin, voimme helposti tuhota sen arvokkuuden ja vaikuttaa itseemme väsyttävästi. Esimerkiksi murehtiminen asioista, joita emme voi muuttaa, tai liiallinen huolehtiminen menneistä virheistä vievät voimamme, ilman että ne tuottavat mitään hedelmällistä.

On äärimmäisen tärkeää tunnistaa, että meillä on täysi vapaus päättää, mihin käytämme energiamme. Voimme valita, haluammeko käyttää sitä omaksi hyväksemme – oman kehon, mielen ja sielun hoitamiseen – vai päästämmekö sen valumaan hukkaan. Jos valitsemme kuluttaa energiamme järkevästi ja tarkoituksenmukaisesti, voimme elää tasapainoisesti ja saavuttaa asioita, jotka tuottavat meille aitoa iloa ja sisäistä rauhaa. Tämä valinta on jatkuvasti meidän käsissämme.

Meillä kaikilla on täydellinen vapaus löytää rauha, vaikka ympärillämme olisi riitaa, sotaa tai muuta häiritsevää toimintaa. Kaikesta tästä huolimatta me voimme valita saavuttaa sisäisen rauhan, sillä rauha ei ole riippuvainen ulkoisista olosuhteista. Se on aina olemassa meissä, ja meillä on täysi valta päättää, miten suhtaudumme ympäröivään maailmaan.

Rauha ei vaadi meiltä mitään suurta ponnistelua tai ulkoisia tekijöitä. Sota, sen sijaan, tarvitsee lietsontaa, vastakkainasettelua ja monenlaista toimintaa, ennen kuin se saa alkunsa – se ei syty itsestään. Rauha sen sijaan tulee helposti, se on kuin hiljaisuus, joka on jo läsnä, odottamassa, että sen huomaamme. Meidän ei tarvitse etsiä rauhaa ulkopuoleltamme, sillä se on aina ollut meidän sisällämme, aivan lähellämme.

Meidän on vain pysähdyttävä ja annettava itsellemme lupa olla hetkessä, ilman kiirettä tai huolia. Meidän ei tarvitse tavoitella mitään tai vaatia itseltämme täydellisyyttä.

Riittää, että olemme läsnä ja annamme ajatusten tulla ja mennä ilman, että tartumme niihin tai annamme niiden hallita meitä. Tällöin rauha astuu elämäämme – yksinkertaisuudessaan ja luonnollisesti. Se on vapaus elää ilman painolastia, rauhassa itsensä kanssa, olosuhteista riippumatta.

Ajatuksia ei kannata ruveta hallitsemaan tai tukahduttamaan, vaan on parempi antaa niiden tulla ja mennä vapaasti. Tällöin mieli ei jää jumiin, ja sen sijaan me pääsemme lähemmäs sisäistä rauhaa ja hyvää energiaa. Voimme olla rauhassa omien ajatustemme kanssa, hyväksyä ne sellaisina kuin ne tulevat, ja käsitellä niitä lempeydellä ja ymmärryksellä. Tällä tavalla saavutamme tasapainon ja voimme kokea sisäistä rauhaa.

Kun meillä on hyvä energia ja sydämessämme oikea rauha, pystymme olemaan rauhassa myös muiden keskellä, huolimatta ympäristön häiriöistä. Jos meissä on rakkautta ja ymmärrystä, emme tunne vihaa muita ihmisiä kohtaan, vaikka heidän tekonsa saattavatkin olla vääriä. Vihamme voi kohdistua ainoastaan vääriin tekoihin, ei itse ihmisiin. Me voimme tunnistaa, että vaikka joku toimii väärin, hän ei ole paha ihminen – vain hänen tekonsa voivat olla vääristyneitä. Tämä ymmärrys auttaa meitä elämään ilman vihaa ja säilyttämään rauhan omassa mielessämme ja sydämessämme.

Viha on aina eräänlainen vankeus, aivan kuten pelkokin. Se rajoittaa meitä, pitää meidät sidottuina ja estää meitä kokemasta todellista vapautta. Viha vie energiaa, luo muureja ja estää meitä näkemästä maailmaa sen kauneimmissa muodoissa. Vastaavasti rauha ja rakkaus ovat vapautta – ne avaavat meille ovia, vievät meitä eteenpäin ja mahdollistavat yhteyden itsemme ja muiden kanssa. Näiden kahden tunteen ero on valtava, ja tämä on erittäin tärkeä asia oivaltaa.

Kun osaamme olla rauhassa omien ajatustemme kanssa, kun annamme itsellemme luvan olla läsnä tässä hetkessä, ilman tuomitsevia ajatuksia tai negatiivista stressiä, silloin me saavutamme sisäisen rauhan. Tällöin meidän ei tarvitse enää etsiä rauhaa jostakin ulkopuolelta, koska se on jo osa meitä. Meidän ei tarvitse tavoitella rauhaa, koska se on luonteenomaista, luonnollista ja itsemme kanssa yhteydessä olemista. Sama pätee vapauteen – se ei ole jotain, mitä voimme hankkia ulkopuolelta, vaan se on sisäisesti löydettävä kokemus. Kun me hyväksymme itsemme ja elämme harmonisesti oman mielentilamme kanssa, me emme ole enää sidottuja ulkoisiin olosuhteisiin tai muiden odotuksiin.

Rauha ja vapaus kumpuavat sisäisestä tasapainostamme. Ne eivät ole irrallisia tai etäisiä tavoitteita, vaan osa meidän luonteenlaatuamme, joka odottaa heräämistä. Kun me opimme elämään omassa voimassamme, omassa rauhassamme ja rakkaudessamme, me löydämme ne itsestämme – ei tarvitse hakea niitä ulkopuolelta. Tämä oivallus tuo syvää vapautta, sillä silloin voimme olla täysin oma itsemme, elää vapaasti ja jakaa tätä rauhaa ja rakkautta ympärillemme.

Jos me yritämme tavoitella rauhaa ja vapautta pakonomaisesti, ne tuntuvat koko ajan pakenevan meiltä. Emme voi koskaan saavuttaa niitä väkisin tai liiallisella ponnistelulla. Rauha ja vapaus eivät ole ulkoisia tavoitteita, joita voi tavoitella suoraviivaisesti, vaan ne ovat luonnollisia tiloja, jotka paljastuvat meille, kun annamme niille tilaa.

Jos sen sijaan pysähdymme hetkeksi, hyväksymme sen, mitä meillä on juuri nyt, ja luotamme siihen, että kaikki on kuten pitääkin, Jumalallinen rauha löytää tiensä luoksemme. Jumala itse on rauha ja rakkaus, ja tämä jumalallinen rauha on koko ajan ympärillämme, meitä ympäröivässä ilmapiirissä. Kun vain pysähdymme ja annamme rauhan virrata vapaasti sisään, se valtaa meidät ilman vastustusta. Tämä on syvästi helpottava kokemus, sillä silloin me emme enää etsi rauhaa ulkopuolelta – se tulee luonnostaan ja täyttää meidät, kun annamme sen tapahtua.

Ongelmia ei kannata vatvoa liikaa, eikä niihin tulisi takertua jatkuvasti. On tärkeää osata antaa niiden olla, kun ei ole sopiva aika käsitellä niitä. Jos ongelmat nousevat esiin, on niitä käsiteltävä silloin todella tarkoituksenmukaisesti – ei vain pyöriteltävä mielessä turhaan.

Kun otamme ongelmat esille, niin teemme sen siksi, että käsittelemme ne kunnolla ja kehitämme niille ratkaisuvaihtoehtoja. Muuten jäämme vain jumittamaan mielipahaan ilman edistystä. Jos pystymme ottamaan ongelmat esiin ja työskentelemään niiden kanssa ratkaisuja löytääksemme, voimme kokea mielihyvää ja onnistumisen tunteita.

Monesti me pyörittelemme ongelmiamme päässämme ilman, että todella käsittelemme niitä. Tällöin on parempi, ettemme nosta niitä liikaa tietoiseen mieleemme, vaan annamme alitajunnan tehdä työtään ja ratkoa niitä taustalla. Ongelmat eivät katoa muististamme, ne voivat aina olla tarvittaessa käsiteltävissä, mutta tietoisessa mielessä niitä ei kannata turhaan pyöritellä. Tärkeää on valita, milloin ja miten ongelmat nostetaan esiin – silloin voimme käsitellä niitä rakentavasti ja päästä eteenpäin.

Kaiken turhan miettimisen voi jättää pois ja antaa rauhan vallata meidät. Meillä on täysi vapaus päästää irti asioista, jotka eivät ole meille tärkeitä. Kun valitsemme jättää pois turhat huolenaiheet, löydämme sen todellisen rauhan ja vapauden, joka on jo meissä itsessämme.

On tärkeää myös muistaa, että ihmiset itsessään eivät ole pahoja, vaan usein vain heidän tekonsa voivat olla väärin. Monesti tämä johtuu sairaasta yhteiskunnasta, jossa jatkuvasti kilpailemme toisiamme vastaan, pyrimme kohti päämääriä ja usein hyväksikäytämme toisia päästäksemme eteenpäin. Emme enää osaa arvostaa sitä, että oikea hyvä tulee silloin, kun me pysähdymme ja olemme läsnä itsessämme.

Meillä on vapaus valita pysähtyä, ja se riittää meille. Kun emme tavoittele liikaa emmekä yritä saavuttaa maailmallista menestystä, voimme elää rauhassa ja saada riittävän toimeentulon ilman, että joudumme riitoihin muiden kanssa. Tyytyväisyys syntyy siitä, että löydämme sisäisen rauhan ja hyväksymme sen, mitä meillä on.

ASKEETTISUUS

Omalta osaltani voin kertoa, että askeettinen elämäntyyli ja yhteiskunnasta eristäytyminen tuovat minulle vapautta. Tämä vapaus ei kuitenkaan ole kaikille samanlaista, eikä se löydy välttämättä samalla tavalla kaikille. Vaikka tämä saattaa olla monille helppo tapa löytää rauha ja itsenäisyys, se ei takaa todellista vapautta kaikille. Erityisesti niille, jotka kaipaavat yhteiskunnan tarjoamia hyödykkeitä ja huvituksia, tällainen elämäntyyli voi tuntua täysin vastakkaiselta verrattuna vapauteen. Yhteiskunnasta eristäytyminen ei silloin tarkoittaisi vapautta, vaan pikemminkin rajoituksia. Jos eristäytyminen menisi äärimmäisyyksiin, se tarkoittaisi, että olisi rakennettava täysin uusi infrastruktuuri ja kehitettävä omat elämän perusedellytykset. Tässä tilanteessa emme olisikaan enää eristyksissä vaan loisimme uuden yhteiskunnan ja jopa uuden valtion, aivan kuten Platon kuvasi teoksessaan *Valtio*. Se yhteiskunta ei syntyisi hetkessä, vaan kehittyisi asteittain omaksi järjestelmäkseen, aivan eri tavalla kuin alkuperäinen, ympäröivä yhteiskunta.

Alussa olisi vain muutama ihminen, ehkä yksi tai kaksi, jotka alkaisivat elää ja toimia omilla ehdoillaan. Pian tämä pieni joukko kasvaisi, ja sen myötä rakennettaisiin ensimmäiset talot, jotka alkaisivat muodostaa kyliä. Ajan myötä kirkonkyliä, kaupunkeja ja lopulta useita kaupunkeja, kunnes syntyisi kokonainen valtio. Tämä kehitys näyttäisi olevan väistämätön pitkällä aikavälillä. Koko tämä prosessi olisi askel askeleelta johdattamassa yhteisöä kohti yhä suurempaa organisointia ja sääntöjen luomista.

Kuitenkin, ajan myötä, samat lainalaisuudet, jotka hallitsevat nykyistä yhteiskuntaa, alkaisivat ilmetä myös tässä uudessa ympäristössä. Väistämättömästi, vaikka alkuperäinen ajatus eristäytymisestä ja vapaudesta olisi ollut voimakas, yhteisön kasvaessa ja monimutkaistuessa, olisi jälleen tarpeen asettaa rajoituksia. Samalla tavalla kuin nykyisin, olisi pakko luoda sääntöjä, rakenteita ja hierarkioita, jotka osaltaan rajoittavat yksilön vapautta.

Tämä ilmiö on jatkuvasti läsnä: mitä enemmän ihmiset haluavat elämäänsä mukavuutta, helppoutta ja turvallisuutta, sitä enemmän heidän on alistuttava yhteisiin sääntöihin, jotka usein rajoittavat vapautta. Vapaaehtoinen eristäytyminen yhteiskunnasta, vaikka se alkuun voisi tuntua mahdolliselta ja houkuttelevalta, johtaisi väistämättä tilanteeseen, jossa yhä suurempi osa yhteiskunnan jäsenten elämästä säädellään, jopa silloinkin, kun pyritään säilyttämään itsenäisyyttä. Tämä on ikään kuin paradoksi, joka syntyy, kun pyritään elämään ilman yhteiskunnan painetta, mutta samalla rakennetaan uusia rakenteita, jotka sitä vapautta rajoittavat.

Mikä sitten on meille itse kullekin todellista vapautta, on kysymys, johon ei ole yksiselitteistä vastausta. Vapaus on henkilökohtainen kokemus, ja se voi ilmetä hyvin eri tavoin eri ihmisillä. Toisille vapaus saattaa tarkoittaa askeettista yksinäisyyttä ja eristäytymistä yhteiskunnasta — jopa jonkinlaista vapaaehtoista vankeutta, ikään kuin karkoitettuna yhteisön vaatimuksista ja paineista. Tällainen elämä voi tarjota syvää rauhaa ja yhteyttä itseensä, mutta se ei ole vapautta kaikille.

Toisille vapaus taas voi olla aivan jotain muuta. Se saattaa liittyä siihen, miten he kokevat yhteyden luontoon ja kykenevätkö he elämään sen kanssa harmoniassa. Jos henkilöllä on hyvät erätaidot ja kyky elää luonnon tarjoamilla resursseilla, askeettinen elämä voi tuntua hänelle jopa autuaalta ja täynnä vapautta olevalta. Tällöin se ei ole rajoittavaa, vaan voimaannuttavaa. Tällainen henkilö voi kokea, että hän on vapaa kaikista yhteiskunnan asettamista velvoitteista ja häiriöistä, ja että luonto tarjoaa riittävän elannon ja turvan ilman ulkopuolisia normeja.

Vapaus siis ei ole universaali käsite, vaan se on sidoksissa siihen, mitä kukin henkilö arvostaa ja kuinka hän kokee elämänsä laadun. Mikä tuottaa vapauden tunteen yhdelle, voi olla toiselle rajoittavaa tai jopa tukahduttavaa. Vapaus on lopulta sitä, mitä me itse teemme siitä, ja se voi olla yhtä monenlaista kuin on ihmisiäkin.

Toisaalta vastapainona on kuitenkin se helppo elämä ja turvallinen olo, joka tarjoaa monille eräänlaista vapautta. Mutta myös tässä elämäntavassa on monia ulottuvuuksia. Se, mikä tekee elämästä "helppoa", voi olla monelle yksinkertaisesti toimeentulon turvaaminen. Tämä voi johtaa jopa kyseenalaisiin keinoihin selviytyä, ja joskus jopa rikollisuuteen, vaikka ei tietenkään aina. Helppo elämä ei kuitenkaan aina ole synonyymi oikeudenmukaiselle tai eettiselle elämäntavalle.

Kaupankäynnin maailmassa, erityisesti kun se suuntautuu suureen yleisöön, voitot voivat olla merkittäviä ja tulojen saaminen voi olla suoraviivaista. Tällöin siinä ei ole mitään rikollista, ei mitään arveluttavaa, eikä se kohdistu muihin ihmisiin väärin. Kaupankäynnin ja taloudellisen elämän perusperiaatteet voivat siis olla täysin oikeudenmukaisia ja rehellisiä, kun niitä harjoitetaan vastuullisesti.

Sijoittaminen on hyvä esimerkki, jossa tietyssä mielessä vapaus ja helppous kohtaavat. Jos osaa sijoittaa oikein, se voi tarjota taloudellista turvaa ja vakautta. Mutta vaikka tämä voi vaikuttaa houkuttelevalta, erityisesti aloittelijoille, se on usein enemmän onnenkauppaa kuin taitoa — varsinkin jos ei ole tarpeeksi perehtynyt sijoittamisen perusperiaatteisiin. Olipa kyseessä asuntokauppa, kiinteistökauppa, kryptovaluutta tai osakkeet, kaikissa näissä on omat riskinsä ja haasteensa, ja kokemus on avain menestykseen. Vapaus, joka syntyy taloudellisesta menestyksestä, voi kuitenkin helposti muuttua hämäräksi ja arveluttavaksi, jos ei ole tietoinen niistä mekanismeista, jotka ohjaavat näitä markkinoita.

Toisaalta tämä perinteinen, turvattu elämä on monille niin tärkeää, että he ovat valmiita maksamaan siitä hinnan — hinnan, joka usein tarkoittaa vapauden rajoittumista lähes olemattomiin. Turvallisuus tulee etusijalle, ja siinä pyritään pitämään kiinni pienestä palkasta, joka ansaitaan joka päivä samalla tutulla työpaikalla. Elämä kulkee rauhallisesti eteenpäin pienessä asunnossa, jossa elellään niukasti, mutta varmuus ja ennustettavuus ovat läsnä joka hetki.

Tällaisessa elämässä on pitkälti totuttu siihen, että pysytään samassa työpaikassa vuosikymmenestä toiseen ja otetaan pankilta lainaa ostaakseen autoja ja asuntoja, mutta samalla eletään orjan tavoin, ponnistellen lainan takaisinmaksun kanssa. Velan kierre on monelle arkea, ja se on saanut monet elämään elämänsä jatkuvassa stressissä ja turvattomuudessa, vaikka ulospäin kaikki näyttäisi olevan kunnossa. Monille on käynyt niin, että nuoruudessa on tartuttu pikavippeihin tai otettu muita lainoja, jotka ovat jääneet maksamatta, jolloin luottotiedot ovat menneet ja pankkilainojen saaminen on tullut mahdottomaksi. Tämä elämäntyyli voi johtaa oravanpyörään, jossa vapaus on lähestulkoon kadonnut, ja pelkästään elämisen perusedellytysten turvaaminen on tullut elämän päämääräksi.

Nykyinen yhteiskuntamalli on asteittain suuntaamassa kohti dystopiaa, jossa omistaminen ei ole enää mahdollista. Sen sijaan tavarat ja palvelut vuokrataan yhä enemmän, ja valta, joka siirtyy globaalille eliitille, keskittyy entisestään. He omistavat kaiken ja vuokraavat sen ihmisille, samalla kun he puristavat viimeisetkin rahat kansalaisilta. Tällaisen kehityksen ei pitäisi päästä vakiintumaan, vaan meidän tulee tehdä kaikkemme, jotta tämä ei toteudu.

Nykyisin monet ihmiset käyvät töissä koko päivän ajan, ja kun illalla vihdoin pääsee kotiin, aika ei riitä juuri mihinkään muuhun kuin levähtämiseen. Eikä useinkaan jaksa tehdä mitään, mikä olisi mielenkiintoista tai kehittävää. Usein ainoa vaihtoehto on jäädä katsomaan televisiota ja kuluttaa aikaa roskaviihteellä, mikä vain syventää orjuuden tunnetta. Työpäivän jälkeinen väsymys vie voimat, ja vapaa-ajasta jää vähemmän kuin oikeasti tarvitsisi. Viikonloput menevät usein juopotellessa tai mahdollisesti käydään mökillä, mutta sekin on vain pieni pakopaikka, jossa koetetaan paeta orjatempoista elämää. Ja vaikka pieni kesäloma voi hetkellisesti katkaista tätä orjatehdasta, siitäkin tulee kiireinen kokemus, kun pitäisi ehtiä nähdä ja kokea mahdollisimman paljon. Rentoutuminen jää usein haaveeksi, ja lomasta tulee vain uusi stressin lähde, jos sen ainoa sisältö on matkustaminen paikasta toiseen tai juopottelu. Loma ei todellisuudessa virkistä, jos se täytetään kiireellä, pakenemalla omaa elämää tai päihteiden käytöllä.

Nykyään tavallisten, vakituisten työpaikkojen määrä on vähentynyt, ja yhä useammin tarjotaan pätkätöitä tai matalapalkkaisia hommia, jotka eivät riitä elättämään. Tällaisia työpaikkoja ei kannata ottaa vastaan, sillä palkka ei yksinkertaisesti kata elämisen peruskustannuksia. Sen sijaan, globalistieliitti vaurastuu yhä rikkaammaksi, kun ihmiset tekevät töitä pienillä palkoilla, jotka eivät riitä elämiseen, mutta pakottavat heidät kuitenkin jatkamaan orjanomaisessa tilanteessa.

Ei ole väliä, onko olemassa perustuloa, toimeentulotukea tai Kelan tukea – lopputulos on silti se, että palkka ei riitä elämiseen. Tässä tilanteessa ihminen on käytännössä orja, joka tekee ilmaista työtä suurelle eliitille, joka vain rikastuu hänen työllään.

Toisaalta itsenäinen ammatinharjoittaminen tarjoaa mahdollisuuden päästä vapauteen. Olipa kyse toiminimellä toimimisesta tai jostain muusta itsenäisestä työmuodosta, tämä antaa mahdollisuuden hallita omaa työaikaa ja päättää siitä, mitä työllä hankkii. Toki verot ja yrittäjäeläkemaksut on hoidettava, mutta silti ansiot menevät suoraan omalle itselle eikä työnantajalle. Tämä itsenäinen työ on vapautta, vaikka se ei olekaan aina turvattua eikä varmaa. Se on kuitenkin vapautta, koska voi itse päättää omasta työstä ja sen tuloksista.

MIELIKUVIEN VAIKUTUS

Kun aloitin tämän kirjan kirjoittamisen alkuvuodesta 2024, pohdin tätä lukua kirjoittaessani, elokuun lopulla, kun kesä alkaa kalenterin mukaan olla jo ohi. On mielenkiintoista huomata, kuinka meitä opetetaan yhä enemmän hyväksymään lyhyempi kesä. Tämä on mielenkiintoinen ajatus, erityisesti kun ilmastopelottelijat puhuvat jatkuvasti lämpötilojen noususta ja kesän pidentymisestä.

Silti, vaikka monet valittavat Suomen kesän lyhyydestä, todellisuudessa kesä on kalenterissakin kaksi päivää pidempi kuin talvi – ja karkausvuonnakin se on yhden päivän pidempi. Tämä on usein unohdettu seikka, ja keskustelu kesän pituudesta vaikuttaa olevan enemmän mielipidekysymys kuin objektiivinen havainto.

Se, että kesä koetaan lyhyeksi, johtuu usein siitä, että moni yhdistää sen päättymisen koulun alkamiseen tai lomien loppumiseen. Vaikka toisilla kesäloma saattaa kestää vielä syyskuulle asti, kesän loppu tuntuu olevan usein saavutettu, kun arki palaa taas normirytmiinsä.

Tätä kirjoittaessani vesi on edelleen lämmintä, ja äsken kävin uimassa – se muistuttaa siitä, kuinka kesä voi venyä pitkälle, jos vain on valmis nauttimaan siitä.

Käsitys kesän pituudesta on kuitenkin muuttunut entisajoista. Aiemmin koulu alkoi vasta syyskuussa, ja koululaisten kesälomat kestivät koko virallisen kesän ajan, siis kolme kuukautta. Tämä oli ajankohta, jolloin kesä oli aitoa ja todellista omavaraista elämää: toukokuussa kylvettiin perunat, ja syyskuussa ne korjattiin. Elokuu oli satojen korjuuaikaa ja marjojen poimimisen sesonki. Tällöin lapset olivat usein kotona, auttamassa perheen töissä, eikä koulunpenkillä. Elokuulla oli oma erityinen merkityksensä perheiden arjessa, ja se oli aikaa nauttia luonnon antimista ja yhteisistä hetkistä ennen syksyn kiireitä.

Nykyään kesäiset huvittelupaikat, kuten huvipuistot ja muut kesäsesongin paikat, sulkevat ovensa usein heti koulun alkaessa, mikä luo virheellisen käsityksen siitä, että kesä päättyy siihen. Tämä on valitettavaa, koska se antaa meille väärän kuvan siitä, mitä kesä todella on. Meidän tulisi ymmärtää, että kesä ei ole pelkästään loma-aikaa, vaan se jatkuu vielä kauan sen jälkeen, kun lomat ovat ohi ja arki alkaa.

Kesä on paljon enemmän kuin pelkkä juhannuksesta heinäkuun loppuun tai elokuun alkuun ulottuva ajanjakso. Elokuu itsessään on erittäin tärkeä osa kesää, ja usein myös terminen kesä, eli säätilojen mukaan määritelty kesä, voi jatkua vielä syyskuun loppupuolelle asti.

Ihmisten olisi tärkeää ymmärtää, että kesäloma ja kesä eivät ole sama asia. Elokuu ja syksyn alku voivat olla aivan yhtä kesäisiä ja nautinnollisia aikoja kuin kesäkuukin.

VAPAA TAHTO TIETEEN NÄKÖKULMASTA

Tarkastelen muutamia artikkeleita, joissa käsitellään vapaata tahtoa. Ensimmäiseksi käännyn Wikipediaan ja katson, mitä se sanoo vapaasta tahdosta. Wikipedia määrittelee vapaan tahdon kyvyksi tehdä todellisia valintoja, ja sen mukaan vapaa tahto on kiistelty käsite, jonka mukaan ihmisellä on kyky tehdä harkittuja ja tietoisia valintoja. Käsityksistä yleisin on kuitenkin se, että vapaata tahtoa ei ole olemassa deterministisessä maailmassa, jossa kaikki tapahtumat ovat täysin määräytyneitä lakien ja syy-seuraus-suhteiden mukaan, tai että valinnat syntyvät pelkästään sattuman seurauksena.

Vapaan tahdon olemassaolon kysymys on ollut keskeinen pohdinnan aihe filosofiassa jo antiikin ajoista saakka. Sitä on käsitelty laajasti niin klassisessa kuin nykyfilosofiassa. Lisäksi vapaata tahtoa käsitellään yhä aktiivisemmin psykologiassa ja neurotieteissä, joissa tutkitaan, kuinka aivot ja alitajunta voivat vaikuttaa siihen, miten valitsemme ja toimimme.

Filosofit ovat pohtineet jo vuosituhansia, onko ihmisellä todellinen vapaa tahto, ja yksimielisyyttä asiasta ei ole vieläkään saavutettu. Kysymys vapaasta tahdosta on jakanut ajattelijoita vuosisatojen ajan, ja siihen on esitetty monia erilaisia vastauksia. Moderni aivotutkimus on viime vuosikymmeninä antanut viitteitä siitä, että vapaata tahtoa ei ehkä olekaan, vaan kaikki toimintamme saattaa olla ennaltamääräytynyttä aivojen ja biokemiallisten prosessien tulosta. Tällöin ajatus siitä, että valintamme olisivat täysin meidän itsemme tekemiä ja tietoisia, tulee kyseenalaiseksi.

Kuitenkin, huolimatta tieteellisistä tutkimuksista ja filosofisista pohdinnoista, yhteiskunnallinen elämä perustuu edelleen vahvasti ajatukseen vapaasta tahdosta. Me uskomme, että ihmisillä on kyky valita ja toimia omien päämääriensä mukaan, ja tämä ajatus on keskeinen perusta myös oikeusjärjestelmissämme. Ihminen nähdään vastuullisena omista teoistaan, sillä on ajateltu, että vapauden ja vastuun käsite kulkevat käsi kädessä. Tämä yhteiskunnallinen rakenteellinen luottamus vapaaseen tahtoon pysyy vahvana, vaikka tieteelliset ja filosofiset keskustelut aiheesta jatkuvatkin.

Erään aivotutkimuksen mukaan meillä on kaksi kilpailevaa päätöksenteko-ohjelmaa, jotka toimivat samanaikaisesti. Kuten muillakin nisäkkäillä, myös ihmisillä aivojen alakerroksissa on itsekkään genomin mukaan kehittynyt ärsyke-palkkio-vahvistusjärjestelmä. Tämä alkeellinen ohjelmisto ohjaa toimintaa automaattisten ja emotionaalisten reaktioiden kautta ja ammentaa assosiatiivisesta muististamme. Sen avulla teemme nopeita, vaistomaisia valintoja, jotka perustuvat aiempiin kokemuksiimme ja tunteisiimme.

Aivojemme ylemmissä kerroksissa toimii kuitenkin kehittyneempi päätöksentekojärjestelmä, joka käyttää loogisia "jos A, niin B" -päättelyketjuja. Tämä järjestelmä on erityisesti vastuussa korkeampien kognitiivisten toimien, kuten itsehillinnän ja rationaalisen ajattelun, ohjaamisesta. Kielen kehitys on kiinteä osa tätä järjestelmää: kieli mahdollistaa sen, että voimme tietoisesti pohtia omia ajatuksiamme ja arvioida niitä. Tämä kyky on ollut tärkeä tekijä ihmisen kehityksessä ja erottanut meidät monista muista eläinlajeista.

Neurotieteilijä Edmund Rolls on esittänyt, että tietoisuus ja vapaa tahto perustuvat nimenomaan tälle kehittyneemmälle, yläkerroksissa toimivalle päätöksentekojärjestelmälle. Kuitenkin monilla tekijöillä on vaikutusta siihen, kumman ohjelman mukaan lopulta toimimme. Jos päätöksentekotilanne on erityisen monimutkainen tai jos aivojen etuotsalohko, joka vastaa muun muassa harkintakyvystä ja itsehillinnästä, ei toimi optimaalisesti, voi alakerroksista tuleva, vaistomaisempi ohjelma saada vallan. Tällöin järkeilymme saattaa heikentyä ja primitiivisempi käyttäytyminen astuu esiin.

Tässä tilanteessa yläkerroksilla on kuitenkin keino puolustautua: ne keksivät jälkiviisauksia, joiden avulla voimme selitellä toimintaamme itsellemme ja toisillemme järkevän kuuloiseksi. Näin voimme antaa järkiperäisiä selityksiä jopa impulsseja ohjaaville vaistomaisille valinnoillemme. Tällöin ego saattaa huijata meitä luulemaan, että olimme itse asiassa tehneet tietoisen ja järkevän valinnan, vaikka todellisuudessa alakerroksinen järjestelmä on saattanut dominoida.

Lisäksi päätöksenteon ja toiminnan ennustettavuutta hämmentää vielä neuronien purkausten satunnaisuus, joka tuo oman osansa epävarmuuteen. Tämän vuoksi on vaikeaa ennustaa tarkasti ihmisen käyttäytymistä pelkästään aivojen toiminnan perusteella. Vaikka funktionaalisella magneettikuvauksella onkin saatu ennustettua jopa 70 prosenttia siitä, alkaako koehenkilö suorittaa yhteen- vai vähennyslaskua, tarkka käyttäytymisen ennustaminen on silti haastavaa.

Sattuma osuu oikeaan noin 50 prosentissa tuloksista. Rollsin näkemyksen mukaan evoluutio on suosinut tasapuolisesti sekä aivojen yläkerroksia että alakerroksia. Tämä tarkoittaa sitä, että ihmisten päätöksenteossa molempien järjestelmien osallistuminen on ollut eduksi. Jos vain yksi järjestelmä hallitsisi kokonaan, päätöksemme olisivat joko liian mekaanisia ja vaistomaisia tai liian analyyttisiä ja etäisiä. Evoluution näkökulmasta tasapainoinen yhteistyö näiden järjestelmien välillä on ollut elintärkeää selviytymisen ja sopeutumisen kannalta.

Tämä voi selittää myös sen, miksi skitsofrenialle tunnusomainen kokemus toimijuuden ja itsekontrollin menetyksestä liittyy heikentyneisiin kytkentöihin aivojen alueiden, kuten cunauksen ja gyrus cingulin, välillä. Näiden alueiden välinen yhteistyö on keskeistä itsetietoisuuden ja päätöksenteon hallinnan kannalta. Heikentyneet kytkennät voivat johtaa siihen, että yksilö kokee menettävänsä kontrollin omista ajatuksistaan ja toimistaan. Avoimeksi kuitenkin jää kysymys siitä, mikä on saanut aikaan näiden kytkentöjen heikentymisen. Onko kyseessä geneettinen tekijä, ympäristön vaikutus vai aivojen kehityksellinen häiriö?

Jos tarkastelemme itseämme hetken sivusta, saatamme huomata itsellemme tärkeän kysymyksen: mitä juuri nyt tapahtuu? Ehkä istumme mukavassa tuolissa ja luemme tätä artikkelia. Mutta kuinka olemme päätyneet juuri tähän tilanteeseen? Millä tavoin olemme päätyneet lukemaan tätä tekstiä juuri nyt? Tässä hetkessä voi olla monia valintoja, jotka ovat johtaneet meidät tähän. Ovatko nämä valinnat olleet täysin tietoisia, vai ovatko ne olleet enemmän automaattisia, hetkellisiä reaktioita ympäristön ärsykkeisiin?

Tässä tilanteessa on tärkeää kysyä, mitkä valinnat ja päätökset ovat olleet aktiivisesti tehtyjä ja mitkä taas ovat olleet vaistomaisia tai alitajuisia. Jos olen toiminut aktiivisesti ja tehnyt päätöksiä, mikä sai minut päätymään juuri tähän ratkaisuun? Tällöin kysymys vapaasta tahdosta saa entistä syvemmän merkityksen. Ovatko kaikki toimintamme todella vapaan tahdon tulosta, vai onko osa niistä aivojemme tiedostamattomien prosessien ohjaamia? Tämä kysymys vie meidät miettimään, kuinka paljon todella hallitsemme omia valintojamme ja kuinka paljon ne ovat yksinkertaisesti seurausta aivojemme automaattisista prosesseista.

Vapaan tahdon käsite on perinteisesti ymmärretty niin, että se tarkoittaa todellista kykyä valita vaihtoehtoja, joita emme välttämättä tekisi, ja että useimmat ihmiset pitävät itsestään selvänä, että heillä on tämä valinnanvapaus. Kuitenkin tiede esittää tästä aivan toisenlaisen kuvan.

Nykytieteen mukaan klassinen käsitys vapaasta tahdosta on nykyään kriisissä. Aivotutkijat ovat tehneet tutkimuksia, joiden mukaan tekemämme valinnat eivät olekaan tulosta jostakin henkisestä, itsenäisestä päätöksentekoprosessista, vaan aivojen sähköisten ja kemiallisten toimintojen seurausta. Nämä prosessit noudattavat fysiikan lakeja ja ovat täysin määräytyneitä, ilman tilaa satunnaisuudelle tai poikkeuksille. Tämän perusteella voidaan esittää, että vaikka me koemme tekevämme vapaita valintoja, nämä valinnat ovat itse asiassa aivojemme ja niiden toimintojen tulosta, joita emme tietoisesti hallitse.

Tämän herättämät kysymykset ovat käynnistäneet vilkasta keskustelua tieteen piirissä. Nykyään tutkijat kiistelevät siitä, missä määrin on edes järkevää puhua vapaan tahdon käsitteestä, kun se asetetaan uudenaikaisella tavalla tieteellisesti valistuneeseen kehykseensä. Onko vapaa tahto enää pätevä käsite, jos kaikki valintamme voidaan selittää aivojemme toiminnalla ja luonnonlakien mukaan?

Useat tutkimukset viittaavat siihen, että se, mitä kutsumme "vapaaksi tahdoksi", saattaa itse asiassa olla aivojen tuottama illuusio. Aivojemme kyky luoda tämä harhainen tunne vapaudesta on saanut tutkijat pohtimaan, kuinka tämä huijaus oikein tapahtuu. On jo saatu aikaan kokeita, joissa tutkijat pystyvät manipuloimaan yksilöiden kehonhallinnan tunteen, mikä viittaa siihen, että ihmisen kokemus itsestä ja valinnoista on paljon enemmän aivojen luoma illuusio kuin todellinen itsenäinen valinnanmahdollisuus.

Yhdysvaltalainen neurologi Benjamin Libet suoritti vuonna 1985 kokeen, joka on antanut merkittävän panoksen nykyaikaiseen keskusteluun vapaasta tahdosta. Libet pyysi opiskelijaryhmää liikuttamaan kättään oman mielensä mukaan, samalla kun hän mittasi heidän aivojensa toimintaa aivosähkökäyrätutkimuksella (EEG).

Kokeen aikana paljastui kiinnostavaa tietoa: puoli sekuntia ennen kuin käsi liikkui, mittauksissa havaittiin aivojen valmistelutoimintaa, joita kutsuttiin valmiuspotentiaaleiksi. Nämä aivoaallot ilmensivät sitä, että aivot olivat jo käynnistäneet liikkeen valmistelut ennen kuin koehenkilöt tunsivat tietoisesti tekevänsä päätöksen liikuttaa kättään. Vasta noin 350 millisekuntia myöhemmin koehenkilöt kertoivat tunteneensa, että he olivat itse päättäneet suorittaa liikkeen.

Libetin tutkimus johti siihen ajatukseen, että aivot tekevät päätöksiä tiedostamattomasti, ja että se, mitä kutsumme vapaaehtoiseksi, tietoiseksi valinnaksi, saattaa itse asiassa olla vain aivojen tuottama illuusio. Koehenkilöt uskoivat, että he olivat tehneet tietoisen päätöksen, vaikka todellisuudessa aivojen valmistautuminen liikkeeseen oli jo käynnissä ennen kuin he itse tunsivat tekevänsä valinnan.

Libetin tulokset ovat saaneet vahvistusta useissa myöhemmissä tutkimuksissa, mutta kokeen tulkinnasta on edelleen kiistaa. Joidenkin tutkijoiden mukaan Libetin kokeet vahvistavat käsityksen siitä, että tietoisuutemme on jälkijättöinen ja että aivojemme tiedostamattomat prosessit ohjaavat päätöksentekoa ennen kuin me itse tulemme tietoisiksi valinnoistamme. Toiset taas kyseenalaistavat, voidaanko päätöksenteko todella käsittää näin mekanistiseksi, ja väittävät, että koe ei yksinään riitä todistamaan vapaata tahtoa vastaan.

VAPAA TAHTO USKONNON NÄKÖKULMASTA

Kristillisen uskon mukaan Jumala on lahjoittanut ihmisille vapaan tahdon, mahdollisuuden valita itse omat tekonsa ja elämänsä suunta. Tämä vapaus on osa Jumalan alkuperäistä suunnitelmaa, ja se mahdollistaa ihmiselle elämän, jossa hän voi rakastaa ja palvella Jumalaa vapaaehtoisesti. Kuitenkin, syntiinlankeemuksen seurauksena, ihmisten tahtoa ei aina ohjaa pelkkä hyvyys tai oikeudenmukaisuus. Sen sijaan, synti ja itsekkäät halut vievät monia valitsemaan pahaa, ja tämä itsekkäiden valintojen vyörytys aiheuttaa kärsimystä ja pahaa maailmassa.

Teologi Thomas "Tom" Jay Oord käsittelee tätä ongelmaa teoksessaan *Kaikkivaltiuden kuolema ja rakkausvaltiuden synty*. Oord väittää, että perinteinen kristillinen käsitys Jumalan kaikesta hallitsevasta ja kontrolloivasta vallasta on ongelmallinen monessa suhteessa. Hän ehdottaa, että kristillisen teologian tulisi ottaa uusi suuntaus, jossa Jumalan rakkaus on keskiössä, mutta ilman täydellistä kontrollia maailmasta. Oordin mukaan Jumalan toiminta ei ole kaikenkattavaa väliintuloa, vaan rakkaus, joka sallii ihmisille vapaan tahdon ja mahdollisuuden tehdä valintoja, vaikka tämä vapaus tuo tullessaan myös mahdollisuuden pahaan.

Tämä ajatus tuo esiin vaikean kysymyksen: kuinka Jumalan rakkaus ja maailman pahuus voivat esiintyä samassa maailmassa, jos Jumala on kaiken kaikkivaltias ja rakastava? Oordin käsitys kutsuu meitä miettimään, voiko Jumala todella estää kaiken pahan, vai onko rakkauden luonne sellainen, että se ei voi pakottaa ihmisiä hyvään, vaan sallii vapauden ja mahdollistaa sekä hyvän että pahan valinnat.

Ennen kuin siirrymme syvemmälle argumentointiin, on tärkeää määritellä, mitä tarkoitetaan kaikkivaltiudella.

Analyyttisessä teologiassa on esitetty kaksi pääasiallista lähestymistapaa kaikkivaltiuden määrittelemiseksi. Ensimmäinen lähestymistapa määrittelee kaikkivaltiuden maksimaalisena voimana, kun taas toinen lähestymistapa keskittyy siihen, että kaikkivaltius perustuu jumalalliseen toimintaan ja kykyyn vaikuttaa maailmassa. Molemmat näkökulmat tarjoavat erilaista painotusta, mutta molemmissa pyritään kuvaamaan Jumalan voiman ja kykyjen luonteenpiirteitä.

Jos hyväksymme ensimmäisen, maksimaalisen voiman määritelmän, kaikkivaltius tarkoittaa ominaisuusjoukkoa, jossa yhdistyvät suurin mahdollinen määrä kykyjä ja pienin mahdollinen määrä rajoitteita. Tämä näkökulma korostaa täydellisyyttä ja rajattomuutta – Jumalalla ei ole mitään puutteita, ja hänen voimansa ei tunne rajoja.

Tällöin kaikkivaltiuden olemus olisi se, että Jumala kykenee tekemään mitä tahansa, mihin ei liity loogisia ristiriitoja tai itseään kumoavia toimia. Tämä määritelmä olettaa, ettei mikään voima, kyky tai rajoite voi olla Jumalan kaikkivaltiaalla olemuksella esteenä.

Kuitenkin on tärkeää huomata, että tämän määritelmän mukaan kaikkivaltius ei sisällä heikkouksia tai puutteita. Jumalan täydellisyys ja voima ovat absoluuttisia, ja kaikki mahdolliset kyvyt ja voimavarat ovat hänelle saavutettavissa ilman mitään heikkouksia tai rajoituksia. Tämä tuo mukanaan myös kysymyksen, voiko tällaiseen voimaan liittyä ylipäätään mitään rajoitteita, kuten moraalisia tai eettisiä valintoja, jos Jumala on todella kaikkivaltias?

Usein sanomme, että meillä on kyky tehdä jokin asia X, mutta X voi kuitenkin olla ilmeinen heikkous tai puute. Esimerkiksi voimme sanoa, että minulla on kyky tehdä irrationaalisia tekoja. Kuitenkin tämä niin sanottu "kyky" ei ole oikeastaan voima, vaan pikemminkin heikkous tai kyvyn puute. Kyseessä ei ole positiivinen taito tai voima, vaan se on vastakohta rationaaliselle toiminnalle, joka on keskeinen osa todellista kyvykkyyttä ja voimaa.

Jos siis Jumalalla on maksimaalinen voima, loogisesti päädytään siihen, että Jumalalla on myös maksimaalinen kognitiivinen voima. Tämä maksimaalinen kognitiivinen voima sisältää täydellisen rationaalisuuden ja kyvyn tietää kaikki tosiasiat. Jos Jumalalla olisi täydellinen kyky tietää kaikki tosiasiat, se tarkoittaisi myös sitä, että hänellä olisi täydellinen ymmärrys kaikista asioista, ei vain niistä, jotka ovat hänen saavutettavissaan, vaan myös niiden syy-seuraus-suhteiden ja laajempien kokonaisuuksien osalta. Täydellinen rationaalisuus tarkoittaa, että Jumala ei voi tehdä irrationaalisia tekoja, sillä irrationaalisuus itsessään on looginen ristiriita täydellisen rationaalisuuden kanssa.

Tämän pohjalta voisi väittää, että jos Jumala on todella kaikkivaltias ja täydellinen, hänen ei tulisi pystyä tekemään mitään sellaista, mikä on loogisesti mahdotonta tai järjetöntä. Toisin sanoen, täydellinen voima ja täydellinen rationaalisuus kulkevat käsi kädessä, ja ne poissulkevat toisiaan, kuten irrationaalisten tai loogisesti ristiriitaisten tekojen tekemisen.

Tom Oord ei kuitenkaan kritisoi suoraan kaikkivoipaisuuden perinteistä määritelmää, vaan myöntää itsekin, että Jumalalla on maksimaalinen voima. Kuitenkin Oord tarjoaa vaihtoehtoisena käsityksenä sen, mitä hän kutsuu rakkausvaltiudeksi tai rakastavaksi voimaksi, joka eroaa perinteisestä kaikkivaltiuden määritelmästä.

Oordin mukaan Jumalan rakkausvaltius ei ole pelkästään maksimaalinen voima, vaan se on myös erityinen tapa käyttää tätä voimaa – ei hallinnan, vaan rakkauden ja vapaaehtoisuuden kautta. Hän ehdottaa, että Jumalan voima ei ilmenekään väkivallan tai pakottamisen kautta, vaan rakastavana voimavarana, joka mahdollistaa vapauden ja valinnan, mutta ilman täydellistä kontrollia. Oord korostaa, että tämä lähestymistapa ei vähennä Jumalan voimaa, vaan pikemminkin avaa sen uudelle, syvemmälle ymmärrykselle, joka lähtee rakkauden ja suhteiden perusperiaatteista.

Oord erittelee myös kolme yleistä määritelmää, joita perinteinen kaikkivaltius yleensä sisältää, ja kohdistaa kritiikkinsä näihin kaikkiin. Nämä määritelmät keskittyvät siihen, mitä Jumala voi tehdä ja kuinka hän käyttää valtaansa:

1. Jumala käyttää kaikkea valtaa.
2. Jumala voi tehdä aivan mitä tahansa.
3. Jumala voi hallita kaikkia olosuhteita.

Oordin kritiikki kohdistuu erityisesti siihen, että nämä määritelmät keskittyvät liikaa siihen, mitä Jumala *tekee*, eikä siihen, *millä tavalla* Jumala toimii. Hänen mielestään Jumalan rakkausvaltius ei ole pelkästään voimaa, joka ilmenee kaikkivoipaisena hallintana, vaan se on voimaa, joka on yhteydessä Jumalan tahdonmukaiseen toimintaan rakkaudessa ja vapauden kunnioittamisessa.

Aloitetaan tarkastelemalla kahta keskeistä väitettä: Jumala käyttää kaikkea valtaa ja Jumala voi hallita kaikkia olosuhteita. Tom Oord ei ehkä suoraan paljasta kaikkivaltiuden ongelmallisuutta näiden väittämien osalta, vaan pikemminkin huomauttaa, että teologit puhuvat näistä asioista usein epätarkasti ja epäselvästi. Oordin mukaan teologit saattavat ottaa käyttöön oppeja, jotka vaikuttavat olevan pinnallisia ja täynnä epäselvyyksiä, ja yrittävät sitten sovittaa ne omaan kuvaansa Jumalasta. Tämä saattaa johtaa siihen, että käsitykset Jumalan toiminnasta muuttuvat epäjohdonmukaisiksi tai ristiriitaisiksi.

Monilla teologeilla on taipumus omaksua sellaisia oppeja, joissa on suhteellisen vähän substanssia tai joissa on sisällöllisesti ristiriitaisia elementtejä. Tällöin he yrittävät ujuttaa nämä heikot tai puutteelliset käsitykset haluamaansa malliin Jumalasta, joka ei aina kestä tarkempaa pohdintaa tai koherenssia. Toisinaan he saattavat myös pakottaa teologiset ja poliittiset uskomuksensa johonkin malliin, joka ei oikeastaan vastaa alkuperäistä oppia, vaan on pikemminkin mukautettu ympäröivän kulttuurin tai henkilökohtaisen agendan mukaan. Tällainen lähestymistapa voi johtaa siihen, että Jumalan luonteen ja toiminnan ymmärtäminen jää pinnalliseksi tai epäloogiseksi.

Tämä on Oordin keskeinen huolenaihe: että teologit saattavat käyttää termejä kuten "kaikkivaltius" ja "rakkaus" ilman, että he todella tarkastelevat niiden merkityksiä tai sitä, mitä nämä käsitteet oikeasti tarkoittavat Jumalan toiminnassa. Oordin mielestä tarkempi ja syvällisempi teologinen pohdinta on tarpeen, jotta voidaan päästä käsiksi Jumalan luonteen todellisiin ja loogisiin piirteisiin ilman, että perinteiset määritelmät jäävät vaille kriittistä arviointia.

Ehkä ongelma on se, että teologit sekoittavat Jumalan voiman ja jumalallisen toiminnan keskenään. Olisi tärkeää tehdä ero sen välillä, onko Jumalalla voima, ja sen välillä, mitä Jumala tekee tällä voimallaan. Voimme siis väittää, että Jumalan kaikkivaltius sinänsä ja se, mitä Jumala tekee tällä voimallaan, ovat itse asiassa kaksi täysin erillistä asiaa. Jumalan voima, tai kaikkivaltius, ei automaattisesti tarkoita, että Jumala käyttää tätä voimaa tietyllä tavalla tai että kaikki, mitä tapahtuu, on Jumalan tahdon seurausta. On tarpeen erottaa toisistaan se, mikä on Jumalan kykyä, ja se, mitä Jumala päättää tehdä tämän kyvyn kanssa.

Tässä kohtaa voidaan tarkastella okkasionalismin käsitettä, joka on näkemys, jonka mukaan Jumala on ainoa kausaalinen tekijä todellisuudessa. Okkasionismi on ollut suosittu näkemys länsimaisessa filosofisessa teologiassa, erityisesti keskiajalla. Tämän näkemyksen mukaan kaikki tapahtumat ja teot, joita pidämme luonnollisina tai ihmisperäisinä, ovat itse asiassa Jumalan jatkuvasti ylläpitämiä toimia. Tämä ajatus on saanut vaikutteita siitä, että Jumala ei ole vain alullepanija, vaan myös aktiivinen toimija jokaisessa yksittäisessä tapahtumassa.

Kristillisessä perinteessä keskiajalla teologit alkoivat kuitenkin kehittää oppia samanaikaisuudesta (konkurrenssi). Tämä opinkappale yhdistää okkasionalismin ja vapaan tahdon ajatuksen. Samanaikaisuuden opin mukaan Jumala on edelleen ainoa kausaalinen tekijä, mutta samalla opitaan, että ihmisillä on oma valta toimia ja tehdä valintoja. Toisin sanoen, vaikka Jumala on se, joka saa meidät toimimaan tietyllä tavalla, meillä on silti oma valta tehdä asioita – mutta tämä valta ei ole täydellistä tai riippumatonta Jumalan toiminnasta. Tämä opinkappale väittää, että meidän toimintamme ei ole riippumatonta Jumalan tahdosta, mutta emme myöskään ole pelkkiä passiivisia välineitä hänen tahtonsa toteutuksessa.

Tom Oord osoittaa väitteissään, että Jumala ei voi samanaikaisesti käyttää itse kaikkea valtaa ja samalla antaa luoduille valtaa. Jos Jumala käyttää kaiken vallan itse, se loogisesti sulkee pois muiden olentojen vallan. Tämä luo jännitteitä käsitykselle, että luodut olennot voisivat toimia itsenäisesti Jumalan tahdosta riippumatta. Toisin sanoen, jos Jumala on täydellisesti kaikkivaltias, ei ole tilaa sille, että luodut olennot käyttäisivät valtaansa itsenäisesti – heidän toimintansa olisi suoraan Jumalan tahdon määräämää.

Entä sitten Tom Oordin kolmas kaikkivaltiuden määritelmä, jonka mukaan Jumala voi hallita kaikkia olosuhteita? Tämä määritelmä viittaa siihen, että Jumala pystyy kontrolloimaan ympäröivän maailman tapahtumia ja olosuhteita, mutta tämä kontrolli ei välttämättä ole sama asia kuin pakottaminen. Voimme ajatella, että Jumala voi vaikuttaa tilanteisiin ja tapahtumiin vaihtelevalla tavalla, mutta tämä ei tarkoita, että hän pakottaisi kaikkia luotuja toimimaan tietyllä tavalla. Itse asiassa, voimme myös kontrolloida tilanteita muiden ihmisten kanssa esimerkiksi suostuttelemalla heitä tai vaikuttamalla heidän valintoihinsa, ilman että heidän toimintansa olisi suoranaisesti pakotettua. Tämä avaa mahdollisuuden sille, että vaikka Jumala hallitsee maailmankaikkeutta, hän ei välttämättä tee kaikkea itse, vaan antaa myös luoduille mahdollisuuden toimia omilla valinnoillaan tietyissä rajoissa.

Jos kysymme, voiko Jumala kausaalisesti sekä määrätä kaiken että taata samalla ihmiselle vapaan tahdon, vastauksemme täytyy olla, että ei. Vapaus on ristiriidassa kausaalisen determinismin kanssa. Jos Jumala määrää kaiken, se sulkee pois mahdollisuuden, että luodut olennot, kuten ihmiset, voivat todella tehdä itsenäisiä valintoja. Tällöin ihmisillä ei olisi todellista vapautta valita, koska heidän päätöksensä olisivat Jumalan määräämiä.

Tom Oordin väite siitä, että Jumalan rakkaus ja voima ovat hallitsemattomia, on mielenkiintoinen, mutta se avaa filosofisia kysymyksiä. Oord haluaa korostaa, että Jumala ei voi tehdä tiettyjä tekoja, koska rakkaus ja voima eivät ole määräiltävissä. Vaikka tämä on ehkä totta yleisellä tasolla, taustalla olevat filosofiset oletukset, kuten panpsykismi, on kuitenkin torjuttava. Panpsykismi väittää, että kaikilla asioilla, jopa yksittäisillä hiukkasilla kuten elektroneilla tai mitokondrioilla, on agentiaalista voimaa tai jonkinlaista tietoisuutta. Tämä on kuitenkin epätodennäköistä: ei voida olettaa, että elektronilla olisi tietoisuutta tai että sillä olisi itsenäinen kyky valita, joten tuskin Jumala tarvitsee elektronin suostumusta suorittaakseen jonkin toiminnon.

On uskottavampaa, että Jumala voi vaikuttaa maailman perustekijöihin – kuten saada elektronin liikkumaan tyhjyydessä – ilman, että tämä toiminta olisi ristiriidassa vapauden tai moraalin kanssa. Tämä ei ole väärin tai epäoikeudenmukaista, sillä Jumala toimii kaikessa viisaudessaan ja hyvyydessään.

Todellinen kysymys liittyy kuitenkin siihen, mitkä ovat Jumalan yleiset syyt toimia tietyillä tavoilla ja mitkä ovat Hänen syynsä maailmankaikkeuden luomiseen. Jumalan päätös luoda maailmankaikkeus asettaa kehyksen sille, miten ja miksi Hän toimii. Kysymys ei siis ole siitä, voiko Jumala tehdä mitä tahansa, vaan siitä, mikä on Hänen rationaalinen ja hyvään perustuva syynsä toimia tietyllä tavalla. Tämä kehyksellisyys auttaa ymmärtämään, mitä Jumala voi tai ei voi tehdä, ja miksi hänen tekojaan ei pidetä ristiriitaisina vapauden kanssa.

Yksi Vanhan testamentin keskeisimmistä sanoista, joka liittyy Jumalan kaikkivoipaisuuteen, on *shaddai*. Tämä sana tarkoittaa "rintoja", "elämän antajaa" ja liitetään myös tuhoon. Kuitenkin *shaddai* ei ole kaikkivoipaisuutta siinä mielessä, että Jumala käyttäisi kaikkea valtaa tai hallitsisi kaikkea maailmassa. Se ei myöskään suoraan viittaa Jumalan maksimaaliseen voimaan.

Raamatullinen käyttö *shaddai*-sanasta ei tue käsitystä siitä, että Jumala hallitsisi kaiken tai käyttäisi kaikkea valtaa. Sen sijaan *shaddai*-sanaan liittyvä kuvasto korostaa suunnatonta voimaa, joka voi olla sekä elämän että tuhon lähde. Tämä viittaa siihen, että Jumala on kaikkein voimakkain olento, jonka luomakunta voi kuvitella, mutta tämä voima ei välttämättä ilmene valvonnan tai hallinnan muodossa. Jumala ei kontrolloi kaikkea vaan voi, rakastavassa ja luomallisessa voimassaan, olla kaiken lähde – luoden elämää ja tuhoa siinä missä se on tarpeellista.

Samoin *Sabaoth* – "sotajoukkojen Herra" – on toinen raamatullinen ilmaus, joka ei viittaa siihen, että Jumala käyttäisi kaikkea valtaa tai hallitsisi kaiken. Itse asiassa sotajoukkojen Herrana oleminen tarkoittaa, että Jumala delegoi valtaansa muille. *Sabaoth* viittaa siis siihen, että Jumala on valtavan voimakas ja hallitsee kaikkia taivaallisia voimia, mutta ei välttämättä kaikilla elämän alueilla. Sitä vastoin, *sabaoth* johtaa kuitenkin ajatukseen siitä, että Jumalalla on maksimaalinen voima, sillä se asettaa Hänet kaikkein voimakkaimpaan mahdolliseen asemaan, jossa Hän johtaa kaikkea, mutta ei kontrolloi kaikkea suoraan.

Raamatun kohdat, jotka kuvaavat Jumalaa sotajoukkojen Herrana, esittävät Hänet kaikkien taivaallisten voimien johtajana. Tämä on kuvaus Jumalan kaikkein suurimmasta ja mahtavimmasta asemasta, mutta tämä ei tarkoita täydellistä hallintaa kaikessa. Se pikemminkin viittaa siihen, että Jumala on kaikkien voimien alku ja niiden todellinen lähde, mutta ei välttämättä kontrolloi jokaista yksityiskohtaa maailmankaikkeudessa.

Tarkastellaanpa vielä kreikankielistä sanaa *pantokrator*, jota käytetään usein käsiteltäessä Jumalan kaikkivoipaisuutta. Tämä sana esiintyy Uudessa testamentissa erityisesti Ilmestyskirjassa sekä Vanhan testamentin kreikankielisessä käännöksessä, Septuagintassa. *Pantokrator* tarkoittaa "ylläpitäjää" ja "haltuunottajaa", mikä viittaa siihen, että kaikkivoipaisuus on ymmärrettävä Jumalan kyvyksi olla kaiken ylläpitäjä. Tämä käsite viittaa myös maksimaaliseen voimaan, sillä Jumala ei vain luo koko maailmankaikkeutta, vaan Hän myös ylläpitää sitä jatkuvasti. *Pantokrator* korostaa ajatusta, että Jumala on kaikkien asioiden alku ja jatkuva lähde, joka ei rajoitu pelkästään luomiseen, vaan on aktiivisesti läsnä ja hallitsee koko kosmoksen olemassaoloa.

Seuraavaksi tarkastellaan väitettä, jonka mukaan Jumala voi tehdä aivan mitä tahansa. Tällainen määritelmä kaikkivaltiudelle on yleinen, mutta samalla se herättää myös vastaväitteitä. Monet filosofit ja teologit ovat sitä mieltä, että Jumala ei voi tehdä aivan kaikkea, sillä on olemassa asioita, jotka eivät ole Jumalan luonteenmukaisia. Mitä nämä asiat ovat?

Ensinnäkin on esitetty väite, ettei Jumala voi valehdella, sillä se olisi ristiriidassa Hänen totuudellisuuden kanssa. Samoin Jumala ei voi tehdä syntiä, sillä Hänen luonteensa on täydellisen pyhä. On myös väitetty, että Jumala ei voi lakata olemasta, sillä se olisi ristiriidassa Hänen olemassaolonsa välttämättömyyden kanssa. Lisäksi on esitetty, että Jumala ei voi laskea 2+2=5, sillä se olisi loogisesti mahdotonta ja ristiriidassa matematiikan peruslakeja vastaan. Samoin Jumala ei voi muuttaa menneisyyttä, koska se olisi ristiriidassa ajallisen todellisuuden ja kausaalisen järjestyksen kanssa.

Tässä väitteessä on merkittävä retorinen voima, sillä se pyrkii osoittamaan, että vaikka Jumala on kaikkivoipa, on olemassa asioita, jotka eivät ole edes kaikkivoipaisuuden piirissä. Tämä lähestymistapa viittaa siihen, että Jumalan voima ei ole mielivaltainen, vaan se on johdonmukainen ja yhteensopiva Hänen luonteensa ja universumin järjen kanssa.

Kaikkivaltius on kuitenkin sellainen ominaisuus, ettei siihen tarvitse lisätä täsmennyksiä. Monilla on tapana lähestyä kaikkivaltiuden käsitettä kysymällä, mitä Jumala voi tehdä. Tämä johtaa kuitenkin epämääräiseen ja ristiriitaiseen kysymykseen siitä, mitä kaikkivoipa olento voi tehdä. Näin syntyy pakkomielle luoda pitkällisiä täsmennyksiä, jotka käsittelevät loogisesti mahdottomia asioita.

Kun teologit ja filosofit sanovat, että Jumala ei voi tehdä loogisesti mahdottomia asioita, kyse ei ole täsmennyksistä, sillä täsmennykset olisivat poikkeuksia säännöstä tai poikkeuksia absoluuttisista periaatteista. Sen sijaan kyvyttömyys tehdä loogisesti mahdottomia asioita on sääntö, joka edustaa absoluuttista totuutta. Loogiset mahdottomuudet ovat yksinkertaisesti loogisesti mahdottomia, eivätkä ne ole edes kysymyksessä, kun puhumme Jumalan kaikenkattavasta voimasta. Jos kyvyttömyys tehdä loogisesti mahdottomia asioita on universaali, se ei ole poikkeus säännöstä, vaan itse sääntö.

Skolastinen ja analyyttinen pakkomielle luetella kaikki loogisesti mahdottomat asiat, joita Jumala ei voi tehdä, on siis älyllinen harharetki. Siinä ei ole mitään syvällistä merkitystä, sillä se ei avaa mitään uutta ymmärrystä kaikkivaltiuden tai maksimaalisen voiman luonteesta. Se ei tee Jumalan kaikkivaltiudesta sen syvällisempää tai edes järkevämpää; se ainoastaan hämärtää itse käsitteen ymmärtämistä.

BIOLOGINEN KONE

On huomionarvoista, miten monin eri tavoin vapaan tahdon käsitteeseen suhtaudutaan. Käsitys muuttuu entisestään, kun asiaa tarkastellaan biologin tai neurotieteilijän näkökulmasta. Kun tällaisesta aiheesta kirjoitetaan artikkeli, se saa usein kommentteja, joissa hehkutetaan, kuinka "tiede on vihdoin osoittanut..." Ihmisillä näyttää olevan taipumus hyväksyä nämä tieteelliset väitteet täysin sokeasti, ikään kuin ne olisivat viimeinen sana asiasta. Miten niin sanottu luonnontiede voisi yksinkertaisesti ohittaa filosofien vuosisatoja kestäneen pohdinnan ja tutkimuksen tästä monimutkaisesta kysymyksestä? Onko niin, että nykyajattelussamme on jotain olennaisesti pielessä?

Biologi Robert Sapolsky esittää kirjassaan *"Behave: The Biology of Humans at Our Best and Worst"* näkemyksensä vapaata tahtoa vastaan. Hänen mukaansa tiede ei jätä tilaa toimijuudelle tai vapaalle tahdolle. Tämä ajatus kuitenkin sisältää ripauksen hopeareunusta: jos hyväksymme sen, etteivät ihmiset ole täysin vapaita, voimme samalla luopua siitä käsityksestä, että väärintekijöitä pitäisi pitää pahoina heidän tekojensa vuoksi. Tämä avaa mahdollisuuden tarkastella vastuuta ja syyllisyyttä uusin, vähemmän yksiselitteisin tavoin.

Kevin Mitchell, genetiikan ja neurotieteen professori, puolestaan esittää kirjassaan *"Free Agents: How Evolution Gave Us Free Will"* toisenlaisen näkemyksen. Hänen mukaansa biologia tekee meistä vapaita. Mitchell selittää, että evoluution myötä kehittyy organismeja, jotka pystyvät yhä monipuolisemmin ja nerokkaammin reagoimaan ympäristöönsä, ohjaten näin omaa toimintaansa. Hänen mukaansa ihmisille ominaista vapaata toimijuutta voidaan tarkastella osana tätä yleistä biologista ilmiötä, joka on kehittynyt laajemmin elämän monimuotoisuudessa.

Tahdonvapaudesta puhuttaessa tilanne mutkistuu, koska kysymys nähdään usein ratkeavan vain metafysiikan ja luonnontieteiden näkökulmasta. Kuitenkin ihmisen käyttäytymiseen liittyy monia muitakin tekijöitä, jotka voivat vaikuttaa siihen, miten käsitämme tahdonvapauden. Voimmeko näiden tekijöiden valossa saada oikeanlaisen käsityksen siitä, onko ihmisellä todellakin vapaa tahto?

Molemmat edellä mainitut kirjat osoittavat, että niiden kirjoittajia motivoi keskeinen kysymys siitä, miten meidän tulisi kohdella toisiamme. Tämä kysymys ei kuitenkaan suoraan liity vapaan tahdon olemassaoloon. Moraalinen paatos kumpuaa siitä tosiasiasta, että tietynlainen moraalinen toimijuus vaikuttaa olevan välttämätön osa moraalista vastuullisuutta. Moraalinen vastuu ilmenee käytännöissämme, asenteissamme, tunteissamme ja arvioissamme, ja se on läsnä kaikessa sosiaalisessa ja moraalisessa elämässämme. Olemme ylpeitä omista saavutuksistamme ja toisistamme, mutta samalla moitimme ja syytämme niitä, jotka tekevät jotain, mitä pidämme vääränä.

Jotta voisimme oikeuttaa tällaisia asenteita, tunteita ja käytäntöjä, ihmisten olisi oltava vapaita. Olisi syvästi epäoikeudenmukaista pitää henkilöä epäluotettavana rikollisena, jos myöhemmin paljastuisi, että hän teki rikoksensa pakon alaisena, vaikka hänen motiivinsa olivat hyvät. Samoin olisi suuri vääryys rangaista henkilöä rikoksesta, jota hän ei itse ole ymmärtänyt tehneensä eikä ole pystynyt sitä hallitsemaan.

Kysymys tahdonvapauden olemassaolosta ei ratkea pelkästään selittämällä ihmisen käyttäytymistä. Se liittyy myös siihen, miten perustamme moraalisen vastuun järjestelmämme. Mitä moraalinen vastuullisuus todella edellyttää? Onko ihmisen oltava tietoinen kaikista toimintansa syistä ollakseen vastuussa teoistaan?

Meillä voi olla monia perusteltuja erimielisyyksiä siitä, mitä moraalisen vastuullisuuden käsitteemme ja käytäntömme todella edellyttävät. Yleisesti ottaen on esitetty kaksi keskeistä ehtoa: joko henkilön on ainakin jossain määrin tiedettävä, mitä hän tekee, tai hänen on kyettävä hallitsemaan ja kontrolloimaan tekoaan.

Tämä kysymys on lähinnä käsitteellinen ja liittyy arkisiin käytäntöihimme. Inkompatibilistisen näkemyksen mukaan ihmisten on oltava kykeneviä tekemään valintoja ennaltamääräämättömien vaihtoehtojen välillä ja muokkaamaan luonteenpiirteitään tavalla, joka ei ole millään tavalla edeltävien syiden määrittämää.

Kompatibilistien mukaan nämä vaatimukset ovat kuitenkin liian tiukkoja. Arkiset toimintaselitykset toimivat yhtä hyvin riippumatta siitä, onko determinismi totta vai ei. Järjettömän ja järkevän toiminnan erottaminen toisistaan on mahdollista, vaikka fyysikot vahvistaisivatkin determinismin paikkansapitävyyden. Moitteet, viha ja katkeruus voidaan edelleen pitää sopivina tai paheksuttavina tietyissä tilanteissa, riippumatta siitä, mitä neurotiede sanoo arkisten mielenliikkeidemme synnystä.

Vastuullisuuteen riittää, että toimija kykenee tunnistamaan yhteiskunnallisia normeja, odotuksia ja sääntöjä sekä reagoimaan muiden esittämiin moitteisiin ja arvioihin. Se, kuinka hyvin toimija kykenee näin tekemään, voidaan selittää aivan arkisin keinoin ilman neurotiedettä tai filosofista metafysiikkaa. Voidaan siis todeta, että kun neurotieteilijät ja biologit pyrkivät tekemään moraalifilosofiaa neurotieteen keinoin, heidän päätöksenteostaan jää usein puuttumaan tärkeitä premissejä, edellytyksiä ja perusteita.

SKEPTISISMI VAPAATA TAHTOA VASTAAN

Jos tarkastelemme asiaa pessimistisen skeptisismin näkökulmasta, moraalisen vastuun käytäntömme ovat epäoikeudenmukaisia, koska ne perustuvat käsitykseen toimijuudesta, joka ei skeptisen näkemyksen mukaan pidä paikkaansa. Skeptikon mielestä jokainen ihmisen teko on seurausta edeltävistä syistä, joihin yksilö ei voi itse vaikuttaa. Näin ollen ihmisellä ei olisi todellista vapautta valita vaihtoehtojen välillä. Vapaa valinta edellyttäisi, että jokin yliluonnollinen voima puuttuisi ihmisen aivojen toimintaan. Tästä näkökulmasta käsin sielua, minuutta tai vapaata tahtoa ei yksinkertaisesti ole olemassa.

Tämä käsitys on pessimistinen siksi, että se kieltää moraalisen vastuun käytäntöjemme taustalla olevan vapaan tahdon olemassaolon. Jos ihmisillä ei todella olisi vapaata tahtoa, ei kenenkään voitaisi sanoa ansaitsevan ankaraa kohtelua pahojen tekojen vuoksi. Skeptisen näkemyksen mukaan jokainen teko on seurausta olosuhteista ja syistä, jotka ovat yksilön hallinnan ulkopuolella.

Tämän näkemyksen mukaan jokainen ihminen olisi lain edessä samassa asemassa kuin esimerkiksi skitsofreniaa sairastava henkilö. Ajatuksen ytimessä on, että kontrolloimme käyttäytymistämme yhtä vähän kuin skitsofreenikko hallitsee omiaan. Näin ollen kenenkään ei voitaisi katsoa ansaitsevan kovaa kohtelua tekojensa seurauksena.

Tämä skeptinen väite esittää ihmisen biologisena koneena. Mutta vaikka ihminen olisikin biologinen kone, tästä ei vielä seuraa mitään lopullista päätelmää moraalisesta vastuullisuudesta. Itse asiassa vastakkainen näkemys tarjoaa mahdollisuuden sovittaa yhteen biologian piirros ihmisen toimijuudesta ja arkiajattelumme tahdonvapaudesta. Ihminen kykenee tunnistamaan toiminnan perusteita, arvioimaan vaihtoehtoisia toimintatapoja tietoisesti ja tekemään päätöksiä, jotka ohjaavat hänen tekojaan. Tämä yksinkertainen argumentti korostaa, että kun ihminen toimii, hänen tekonsa kumpuavat hänen aikomuksistaan ja muista mielentiloistaan.

Ongelma on kuitenkin siinä, että ihmisen aikomukset ovat aina edeltävien syiden määräämiä. Jos tarkastelemme päätöksentekoa retrospektiivisesti, voimme ensin siirtyä sekunteja ajassa taaksepäin, sitten minuutteja, päiviä, kuukausia ja lopulta vuosia. Tämä johtaa meidät ajassa yksilön syntymän taakse ja jopa vuosituhansien mittaisiin tapahtumaketjuihin, jotka ovat vaikuttaneet siihen, millainen ihminen lopulta on. Tällainen retorinen strategia laajentaa yksilön tekojen syiden tarkastelun suurempaan, historian, biologian ja ympäristön muodostamaan kehykseen.

Tämän näkemyksen mukaan ihmisen historia, ympäristö ja aivojen biologiset prosessit tuottavat tietyt aikomukset ja päätökset. Tahdonvapauden olemassaolo edellyttäisi kuitenkin, että jokin neuroni laukeaisi täysin itsenäisesti, ilman mitään edeltäviä syitä. Tämä on biologisesti ja filosofisesti ongelmallinen vaatimus. Tällaisella argumentilla ei vastusteta pelkästään tahdonvapautta, vaan se kyseenalaistaa kaikenlaisen todellisen toimijuuden. Jos determinismi on totta, ei toimijan itsenäiselle vaikutusvallalle jää lainkaan tilaa.

Ihmisillä on silti tietoisia mielentiloja, kuten aikomuksia, toiveita ja päätöksiä, jotka selvästi ohjaavat heidän käyttäytymistään. Mutta kun ihmisen tekojen syiden monimutkainen verkosto – neurologiset, biologiset ja historialliset tekijät – paljastetaan, yksilön itsenäinen toimijuus alkaa näyttää katoavan kuvasta. Aivot eivät näytä sisältävän mitään "keskuspistettä", jossa toimija ohjaisi neuroverkkojen toimintaa. Näin ihmisen tekojen syiden tarkastelu voi johtaa siihen johtopäätökseen, että toimija itse sulautuu syiden verkostoon ja katoaa lopulta kokonaan. Tämä herättää perustavanlaatuisen kysymyksen siitä, voimmeko pitää yksilöä moraalisesti vastuullisena, jos hänen tekonsa ovat osa suurempaa determinististä prosessia.

VAPAAN TAHDON PUUTTUMINEN

Skeptisismi vapaan tahdon käsitettä kohtaan on viime vuosikymmeninä noussut yhä merkittävämmäksi teemaksi filosofisessa keskustelussa. Vaikka skeptinen kanta on edelleen vähemmistössä, se on saanut huomattavaa näkyvyyttä ja herättänyt laajempaa kiinnostusta. Skeptikoille suurin haaste ei ehkä olekaan vapaan tahdon mahdottomuuden todistaminen – siihen heillä on runsaasti argumentteja – vaan sen osoittaminen, että ihmiset voivat elää merkityksellistä ja arvokasta elämää ilman uskoa vapaaseen tahtoon. Tämä kysymys koskettaa syvällisesti niin yksilöitä kuin yhteiskuntaa ja moraalisia käytäntöjämme.

Skeptistä näkemystä on sittemmin pyritty esittelemään vähemmän lohduttomalla tavalla. Vaikka se kieltää vapaan tahdon olemassaolon, monet tärkeät moraalisen vastuun käytännöt – kuten anteeksiantaminen, moittiminen ja rankaiseminen – voidaan silti perustella. Näiden käytäntöjen oikeutus ei perustu siihen, että joku "ansaitsisi" kovaa kohtelua, vaan pikemminkin niiden hyödyllisyyteen yhteisön kannalta. Esimerkiksi väärintekijöiden vangitseminen voidaan oikeuttaa sillä, että vangitseminen suojelee muita ihmisiä ja ylläpitää yhteiskuntarauhaa.

Tämä näkökulma muistuttaa siitä, miten yhteiskunnat oikeuttavat myös karanteenitoimia tartuntatautien torjumiseksi. Jos yksilö sairastaa vaarallista ja tarttuvaa tautia, hänen eristämisensä ei perustu moraaliseen ansioon, vaan tarpeeseen suojella muita. Samoin pahantekijöiden vangitsemista voitaisiin perustella ennaltaehkäisevänä ja suojaavana toimenpiteenä, ei rangaistuksena heidän "ansaitsemansa" kärsimyksen vuoksi. Tämä lähestymistapa haastaa perinteiset moraaliset käsitykset, mutta tarjoaa samalla käytännön ratkaisun monimutkaisiin eettisiin ja sosiaalisiin ongelmiin.

Monet määrittelevät vapaan tahdon kyvyksi toimia edeltävistä syistä riippumatta. Skeptisismi kuitenkin kiistää tällaisen vapaan tahdon mahdollisuuden, sillä sen mukaan jokaisella ihmisen teolla on aina jokin syy – mikään teko ei synny tyhjästä. Jos vapailla teoilla ei olisi mitään syitä, emme edes pystyisi ymmärtämään niitä. Tässä tilanteessa toimijan käytös näyttäytyisi satunnaisena ja epäjohdonmukaisena. Paradoksaalisesti juuri teot, joita pidämme vapaina, eivät ole sattumanvaraisia, vaan kumpuavat henkilön korkeimmista päämääristä, aikeista ja arvoista. Vapaa teko ei ole täysin ennakoimaton, mutta ei myöskään täysin ennalta määrätty – se on tasapaino sattuman ja determinismin välillä.

Biologian näkökulmasta jokainen eliö on toimija, koska eliöt erottuvat ympäristöstään, säätelevät omaa toimintaansa ja suuntautuvat päämääriä kohti, jotka tukevat niiden selviytymistä ja hyvinvointia. Evoluution myötä eliöiden kyky huomioida yhä laajempi joukko ympäristönsä tekijöitä on kehittynyt. Tämä toimijuus on biologinen fakta, joka on osoittautunut tehokkaaksi sopeutumisen ja selviytymisen mekanismiksi. Ihmisen kohdalla tämä biologinen toimijuus yhdistyy tietoisiin pyrkimyksiin ja päämääriin, jolloin toimijuus saa moniulotteisemman ja erityisen merkityksen.

Jokainen eliö on luonnostaan suuntautunut kohti omaa hyväänsä. Eliöt havaitsevat ympäristöstään toiminnan mahdollisuuksia ja pyrkivät maksimoimaan sen, mikä edistää niiden selviytymistä ja hyvinvointia. Mitä paremmin jokin tavoite tukee organismin omaa hyvää, sitä arvokkaammaksi se muodostuu organismille. Tällä tavalla arvot ja merkitykset kytkeytyvät luonnolliseen maailmaan ja saavat kausaalista voimaa – ne eivät ole pelkkiä abstraktioita, vaan auttavat selittämään eliöiden käyttäytymistä. Eliöt toimivat tavalla, joka palvelee niiden päämääriä, ja näiden päämäärien biologiset perusteet ovat havaittavissa ja selitettävissä.

Tahdonvapauden kannalta determinismi ei kuitenkaan ole yhtä suuri ongelma kuin reduktionismi. Reduktionismin mukaan monimutkaisten järjestelmien, kuten ihmisen, toimintaa voidaan täysin selittää niiden mikro-osien, esimerkiksi molekyylien ja atomien, käyttäytymisen kautta. Tämän näkemyksen mukaan järjestelmän kokonaisuuden ymmärtämiseen riittää sen osien tilojen ja niiden välisen vuorovaikutuksen tarkastelu. Reduktionismi herättää kysymyksen siitä, missä määrin ihmisen toimijuus ja tahdonvapaus ovat "todellisia" vai pelkkiä illuusioita.

Vaikka skeptikot painottavat, että emme näe mikrotasolla normeja tai yliluonnollista minuutta liikuttamassa neuroneja, ihmisen kyky tunnistaa toiminnan perusteita, arvioida niitä ja ohjata käyttäytymistään on kiistatta olemassa. Nämä kyvyt ovat perusteltuja kuvauksia ihmisen toiminnasta ja tekevät siitä ymmärrettävää kokonaisuutena, vaikka mikrotasolla kaikki näyttäisikin määräytyvän fysiikan ja kemian lakien mukaan. Toimijuus ei siis ehkä synny neuroneiden yksittäisistä liikkeistä, mutta se voi ilmetä emergenttinä ominaisuutena, joka antaa tarkoituksen ja merkityksen ihmisen toiminnalle.

Determinismi esittää, että ihminen kykenee kontrolloimaan tekojaan yhtä vähän kuin vakavasta skitsofreniasta kärsivä henkilö. Tämän näkemyksen vastustajat kuitenkin huomauttavat, ettei oikeussalissa ole järkevää kuunnella fyysikoiden tai filosofien esityksiä aivojen tai universumin deterministisestä luonteesta. Oikeuslaitoksen näkökulmasta merkityksellisiä ovat vain yksilöiden käytännölliset erot ja heidän kykynsä vastata teoistaan. Kokemus on osoittanut, että skitsofreniasta kärsivän henkilön responsiivisuus järkiperusteille on merkittävästi alentunut verrattuna niin sanottuun normaaliin toimijaan. Hänen kykynsä tunnistaa ja noudattaa toimintaa ohjaavia periaatteita on vakavasti heikentynyt.

Keskeinen ero normaalin ihmisen ja skitsofreniasta kärsivän toimijan välillä liittyy heidän motivaationsa ja aikomustensa lähteisiin. Skitsofreenikon aikeet eivät johdu hänen todellisista arvoistaan ja päämääristään, vaan sairauden aiheuttamista häiriöistä. Normaalilla toimijalla, myös väärintekijällä, hänen tekonsa kumpuavat useimmiten hänen omista arvoistaan ja päämääristään – olivatpa nämä moraalisesti hyväksyttäviä tai eivät. Oikeudessa arvioidaan esimerkiksi sitä, missä määrin henkilön arvostukset, moraalinen päättely ja aikomukset näkyvät hänen teoissaan.

Jos henkilö esimerkiksi kylmäverisesti ja tappamistarkoituksessa riistää toiselta ihmiseltä hengen, determinismi ei ole olennainen tekijä arvioitaessa hänen syyllisyyttään. Ratkaisevaa on se, edustaako tappaminen hänen todellisia aikomuksiaan ja tahtotilaansa. Toisin sanoen, teko nähdään ilmentävän hänen arvomaailmaansa ja valintojaan, riippumatta siitä, onko teko seurausta edeltävien syiden määräämästä prosessista. Tämä erottelu toimii oikeudellisena perustana sille, miksi esimerkiksi skitsofreenikon ja niin sanotun normaalin toimijan teot arvioidaan eri tavalla, vaikka determinismi koskisi molempia samalla tavalla.

Näiden näkemysten mukaan henkilö, joka omistaa elämänsä muiden auttamiselle, moraalisten hyveiden kehittämiselle ja onnistuu tässä poikkeuksellisella tavalla, ei kuitenkaan ansaitsisi arvostusta tai kunnioitusta. Hänen arvokkaat ominaisuutensa ja tekonsa eivät tämän näkemyksen mukaan ole hänen itsensä ansiota, vaan ne johtuvat pelkästään niistä sattumanvaraisista olosuhteista, jotka muovasivat hänen aivonsa ja ympäristönsä. Hyväntekijä ei siis ansaitsisi kiitosta hyveistään yhtään sen enempää kuin pahantekijä ansaitsisi paheksuntaa teoistaan. Molempien kohtalo nähdään saman syiden ja seurausten ketjun määräämänä.

Tällainen käsitys horjuttaa myös käsitystä ylpeydestä ja itsearvostuksesta. Jos yksilön ominaisuudet, saavutukset ja teot eivät ole hänen omiaan, vaan sattuman ja välttämättömyyden tuotoksia, katoaa pohja myös yksilön oikeudelta tuntea ylpeyttä saavutuksistaan tai arvoa itsestään. Tämä johtopäätös voi tuntua lohduttomalta ja vieraannuttavalta, sillä se riisuu ihmisten tekojen merkityksellisyyden ja ansion käsitteet perinteisessä mielessä. Kysymys siitä, voimmeko elää mielekästä elämää tällaisen näkemyksen puitteissa, jää silti avoimeksi – ja haastaa meidät miettimään, mistä arvostus ja merkitys oikeastaan kumpuavat.

VAPAA TOIMIJA VAI BIOLOGINEN KONE

Yksi filosofian sitkeimmistä ja monimutkaisimmista ongelmista on niin sanottu mieli-keho-ongelma. Tämä kysymys, joka juontaa juurensa jo Sokrateen, Platonin ja Aristoteleen pohdinnoista, on askarruttanut ajattelijoita vuosisatojen ajan. Me ihmiset olemme selvästi tietoisia kokijoita, mutta mikä on näiden kokemusten suhde aineelliseen kehoomme ja erityisesti aivoihimme? Tietoisuus tuntuu välittömästi tutulta ja subjektiiviselta, mutta sen yhteyttä fyysiseen maailmaan on vaikea ymmärtää.

Historian saatossa valtaosa filosofeista on kannattanut dualistista käsitystä, jonka mukaan ihminen koostuu kahdesta erillisestä substanssista: aineellisesta kehosta ja aineettomasta mielestä. Nykyään dualismin suosio on kuitenkin vähentynyt huomattavasti, ja tähän on vaikuttanut ratkaisevasti neurotieteen edistyminen. Tieteellisten menetelmien avulla aivoja tarkastelemalla ei ole löytynyt merkkejä "pikku-ukosta" ohjaksissa eikä aineettoman mielen ja aivojen vuorovaikutuksen välistä erityistä paikkaa. Sen sijaan neurotiede on paljastanut, että mielentilat ovat tiiviisti kytköksissä aineellisiin prosesseihin, kuten hermosolujen, synapsien ja välittäjäaineiden toimintaan.

Vaikka fysikalismi saattaakin vaikuttaa lupaavalta ratkaisulta mieli-keho-ongelmaan, se joutuu kohtaamaan huomattavan haasteen: kuinka ja miksi rikas kokemusmaailmamme voi koostua pelkistä aivotiloista? Vaikka neurotiede kykenee valottamaan yhä tarkemmin aivojen rakennetta ja toimintaa, se ei pysty vastaamaan keskeiseen lisäkysymykseen: miksi joihinkin aivotoimintoihin liittyy kokemus siitä, millaista on olla juuri tuossa tilassa? Tämä kysymys, joka tunnetaan tietoisuuden ongelmana, näyttäytyy monille ratkaisemattomana nykytietämyksen valossa. Tietoisuuden syvin olemus vaikuttaa yhä mysteeriltä, joka pakenee fysikalismin tarjoamia selityksiä.

Mieli-keho-ongelma voidaan jakaa kahteen osaongelmaan: tietoisuuden ongelmaan ja mentaalisen kausaation ongelmaan. Tietoisuuden ongelma käsittelee sitä, miksi ja miten subjektiivinen kokemus liittyy aivojen toimintaan. Mentaalisen kausaation ongelma puolestaan koskee sitä, kuinka mielentilat – kuten aikomukset, halut ja päätökset – voivat vaikuttaa aivoihin ja tätä kautta toimintaan. Tämä jälkimmäinen kysymys saattaa aluksi vaikuttaa arkijärjellä tarkasteltuna hieman erikoiselta.

Kuvitellaan esimerkiksi, että Matti Meikäläinen päättää napsauttaa sormiaan, ja sormet todella napsahtavat yhteen. Mitä filosofista ongelmaa tähän voisi liittyä?

Fysiologisesti tarkasteltuna tapahtuma voidaan selittää siten, että Matin aivoista lähtevä sähkökemiallinen hermoimpulssi kulkee sormien lihaksistoon, joka supistuu ja saa aikaan sormien napsahduksen. Matin näkökulmasta asia ei kuitenkaan ole näin yksinkertainen. Hänelle näyttää siltä, että sormien napsahdus tapahtuu hänen tietoisen aikomuksensa seurauksena – ei pelkästään hermoimpulssin vaikutuksesta. Näin tapahtumalla on kaksi kilpailevaa selitystä:

1. Matin aivot lähettävät hermoimpulssin sormiin automaattisen, fysiikan lakeja noudattavan prosessin seurauksena.
2. Matin aivot lähettävät hermoimpulssin sormiin Matin tietoisen aikomuksen vaikutuksesta.

Tämä ristiriita johtaa kysymykseen siitä, miten mieli voi vaikuttaa aineelliseen kehoon, jos kaikki fyysiset tapahtumat noudattavat luonnonlakeja. Filosofien ja tieteilijöiden haasteena on sovittaa nämä kaksi näkökulmaa yhteen uskottavalla tavalla.

Fysikalistien mukaan kokemus tietoisesta aikomuksesta, päättämisestä ja valinnasta on itse asiassa illuusio, ja että teoistamme vastaavat ainoastaan aivojen toiminnot. Tällainen näkemys mielenfilosofiassa tunnetaan epifenomenalismina. Epifenomenalismin mukaan mielentilat, kuten ajatukset ja tunteet, "kelluvat" aivotilojen päällä, mutta ne eivät vaikuta millään tavalla käyttäytymiseemme. Tämä ajattelutapa perustellaan usein ekskluusio-argumentilla, joka loogisesti seuraa kahdesta keskeisestä fysikalistisen näkemyksen oletuksesta. Ensimmäinen on niin sanottu kausaalisen sulkeuman periaate, jonka mukaan jokaisella aineellisella tapahtumalla on riittävä aineellinen syy.

Tällöin seurauksena on, että aineeton sielu ei voisi esimerkiksi vaikuttaa aineellisiin tapahtumiin, kuten sormien napsauttamiseen. Toinen perusoletus on kausaalinen poissulkuperiaate, joka väittää, että millään aineellisella tapahtumalla ei voisi olla useampaa, riittävää aineellista syytä. Jos voimme selittää ukkosen ja sateen meteorologian ja fysiikan avulla, voimme oikeutetusti hylätä vaihtoehtoisen selityksen, joka väittää, että pilvien yläpuolella oleva ukkosenjumala heiluttaa vasaraansa. Samalla tavoin Matin kokemus siitä, että hän valitsee napsauttaa sormiaan, olisi vain illuusio, jonka aivotasolla tapahtuva selitys sulkee pois. Epifenomenalismin mukaan tämä tarkoittaa sitä, että olemme pikemminkin biologisia koneita kuin todellisia, vapaita toimijoita.

VASTA-ARGUMENTTEJA

Jos epifenomenalismi olisi totta, se muuttaisi täysin käsityksemme ihmisyydestä ja ihmisen toimijuudesta. Tällöin mielentilat, ajatukset ja tunteet eivät enää olisi toiminnan käynnistäjiä, vaan ainoastaan "kelluisivat" aivojen biologisten prosessien päällä, ilman todellista vaikutusta käyttäytymiseemme. Epifenomenalismin mukaan vapaa tahto ja toimijuus olisivat pelkkiä illuusioita, ja inhimillisen käyttäytymisen todelliset syyt voitaisiin täysin jäljittää aivojen rakenteellisiin ja kemiallisiin prosesseihin. Tämä johtopäätös saisi aikaan radikaalin muutoksen käsityksessämme ihmisistä moraalisina toimijoina: jos aivojemme toiminnot määräävät kaiken käyttäytymisemme, emme voisi enää pitää ihmisiä vastuussa teoistaan samalla tavalla kuin nykyään. Esimerkiksi murhaaja voisi puolustautua oikeudessa väittämällä, ettei hän itse ollut vastuussa teostaan, vaan että hänen aivonsa ohjasivat häntä siihen. Tällöin epifenomenalisti joutuisi tunnustamaan tämän puolustuksen, mikä saattaisi horjuttaa perinteisiä käsityksiämme oikeudenmukaisuudesta ja vastuullisuudesta.

Ilmeisin vastaväite epifenomenalismia kohtaan tulee arkikokemuksestamme. On täysin selvää, että mielentiloilla, kuten aikomuksilla ja päämäärillä, on suora yhteys toimintaan. Esimerkiksi, jos mietin mielessäni, että haluan kirjoittaa lauseen "Mielentilat aiheuttavat toimintaa", tämän aikomuksen myötä sormeni alkavat automaattisesti liikkua ja kirjoittavat juuri tuon lauseen. Tämä kokemus osoittaa, että mielentilamme näyttävät vaikuttavan siihen, miten toimimme, eikä tämä vaikutus voi olla pelkkä illuusio. Käytännön tasolla voimme havaita, että ajatuksemme ja aikomuksemme ohjaavat toimintaamme – kuten kirjoittamista, liikkeitämme, jopa päätöksiä – suoraan ja selvästi.

Filosofi Christian List on myös tuonut esiin, että yhteiskunta- ja käyttäytymistieteet perustuvat lähes poikkeuksetta olettamukseen siitä, että ihmiset ja eläimet ovat päämäärähakuisia toimijoita. Näiden tieteiden teoriat tekevät keskeiseksi ymmärtää ja selittää, mitä motiiveja – eli mielentiloja – ohjautuu kunkin toimijan käyttäytymistä. Tämä näkökulma on keskeinen, sillä se tarjoaa selityksiä ihmisille ja eläimille ominaisista käyttäytymismalleista, jotka eivät perustu pelkkään biologiseen reaktiivisuuteen. Listin mukaan, jos parhaat toimintaa selittävät teoriat hyväksyvät ihmiset päämäärähakuisiksi toimijoiksi, ei olisi perusteltua hyväksyä epifenomenalismia, joka kieltäisi toiminnan ja mielentilojen välisen yhteyden. Tieteellisen realismin periaate, joka ajattelee ilmiöiden olevan jollain tasolla "todellisia" ja itsenäisiä, tukee sitä, että jos ihmisten toiminta voidaan parhaiten ymmärtää heidän motiiviensa kautta, epifenomenalismi ei todennäköisesti ole oikea selitys sille, miksi käyttäydymme tietyllä tavalla.

List itse ehdottaa, että tarkastelutason pitäisi olla korkeammalla kuin mikrotason biologia, ja vertaa tahdonvapautta muihin yhteiskunnallisiin ilmiöihin, kuten valtioihin, rahaan ja yrityksiin. Aivoissa ei ole tiettyä "paikkaa", jossa tahdonvapaus asuisi, aivan kuten kahdenkymmenen euron setelissä ei ole "rahaa" tietyssä osassa sitä. Tämä ei kuitenkaan tarkoita, että rahalla tai valtioilla ei olisi todellista vaikutusta maailmaan. Listin mukaan olisi järjetöntä väittää, etteivät nämä ilmiöt vaikuttaisi elämäämme, sillä valtioiden ja rahan olemassaolo voidaan havaita ja testata kokeellisesti: kokeile elää maailmassa ilman valtioita tai rahaa, ja seuraa, miten se muuttaa käyttäytymistäsi ja yhteiskunnallista elämääsi. Sama pätee tahdonvapauteen: vaikka emme voi nähdä tai osoittaa sitä konkreettisessa aivojen osassa, tahdonvapauden vaikutus on todellinen ja havaittavissa toiminnassamme.

PÄÄTELMIÄ

Vaikka olisi hyviä syitä epäillä epifenomenalismin paikkansapitävyyttä, ekskluusio-argumentti pysyy merkittävänä ja haastavana ongelmana mielenfilosofiassa. Tämän filosofisen haasteen ytimessä on se, että johtopäätös epifenomenalismista vaikuttaa loogiselta seuraamukselta fysikalistisen ajattelun perusoletuksista. Fysikalismi olettaa, että maailma on kausaalisesti suljettu kokonaisuus, jossa kaikelle tapahtumalle on olemassa riittävä aineellinen syy. Tämän näkemyksen mukaan, mentaaliset tapahtumat, kuten ajatukset ja tunteet, eivät voi toimia itsenäisinä syinä, sillä ne ovat aina riippuvaisia aivojen aineellisista prosesseista. Mentaalisen kausaation puolustaminen kohtaa tämän ongelman: miten mielen ja aivojen välinen vuorovaikutus voisi olla edes mahdollinen, jos kaikki tapahtumat voivat johtua vain aineellisista syistä?

Yksimielistä vastausta tähän kysymykseen ei ole löytynyt, ja kysymys jää edelleen avoimeksi. On kuitenkin tärkeää kysyä, voimmeko ylipäätään tehdä tiukkaa eroa aivojen toiminnan ja mielen välillä? Ekskluusio-argumentti olettaa, että fysikalismi asettaa aineelliset syyt ja mielentilat toisensa poissulkeviksi selityksiksi. Tämä olettamus voi kuitenkin olla liian jyrkkä. On olemassa vaihtoehtoinen tapa tarkastella tilannetta: voimme ajatella, että sekä mielen että aivojen toiminta kuvaavat pohjimmiltaan samaa ilmiötä. Tämä näkökulma ei tee jyrkkää eroa mielen ja aineen välillä, vaan ehdottaa, että erottelu on enemmänkin ihmismielen taipumusta kategorisoida asiat erillisiksi, eikä välttämättä heijasta todellisuutta. Filosofi Galen Strawson onkin esittänyt, että emme tiedä tarpeeksi aineen luonteesta voidaksemme turvallisesti olettaa, ettei tietoisuus voisi olla täysin aineellinen ilmiö.

Strawsonin näkemyksellä on mielenkiintoinen fysikalistinen ulottuvuus, sillä hän ei tue ajatusta siitä, että tietoisuus olisi aineeton ilmiö, kuten sielu tai muu hengellinen olemus. Sen sijaan hän ehdottaa, että tietoisuus voi olla aineen sisäinen ominaisuus. Tämä tarkoittaa, että tietoisuus ei ole jotain irrallista, joka "lisää" itsensä aineeseen, vaan se on osa aineen luonteen kokonaisuutta. Tällöin tietoisuus ei olisi erillinen, aineeton ilmiö, vaan aineen perusluonteen olennainen osa. Tämän näkemyksen mukaan tietoisuus voi olla jollain tavalla aineen ”sisäistä” – kuten vaikka massa ja tiheys ovat aineen ulkoisia ominaisuuksia, jotka voidaan mitata, tietoisuus olisi aineen sisäinen ominaisuus, jota emme ole vielä täysin ymmärtäneet. Tästä näkökulmasta voitaisiin selittää, miksi tiede ei ole vielä onnistunut "löytämään" tietoisuutta, sillä se ei ehkä ole erillinen, havaittava objektin kaltainen ilmiö, vaan osa aineen luonteen ydintä.

Tämä ajatus haastaa vallitsevat käsityksemme aineen ja mielen erillisyydestä ja avaa mahdollisuuksia uudelle ajattelulle siitä, miten tietoisuus voi olla yhteydessä aineeseen. Jos tietoisuus on aineen sisäinen ominaisuus, sen tutkiminen vaatii syvällisempää ymmärrystä aineen luonteesta ja siitä, miten se voi tuottaa monimutkaisempia ilmiöitä, kuten mielen ja tietoisuuden. Tällainen ajattelu ei vain laajentaisi fysikalistista maailmankuvaa, vaan saattaisi myös tarjota uusia tapoja lähestyä mielenfilosofian suurimpia kysymyksiä.

VAPAAN TAHDON FILOSOFIA JA TIETEELLINEN NÄKEMYS

Tieteelliset tutkimukset ovat antaneet viitteitä siitä, että vapaata tahtoa ei ole olemassa, ainakaan siinä mielessä kuin se perinteisesti käsitetään. Nykyisten neurotieteellisten näkemysten mukaan aivomme tekevät päätökset ennen kuin olemme itse tietoisia niistä. Tämä viittaa siihen, että aivojen neurobiologinen koneisto määrää toimet ennen kuin koemme itse toimivamme vapaasti. Vapauden tunne, jonka koemme valintoja tehdessämme, saattaa siis olla harhaa – tunne, joka on psykologisesti tärkeä mutta ei perustu todelliseen, itsenäiseen toimijuuteen.

Mutta mitä vapaan tahdon filosofia on pähkinänkuoressa? Mikä on vapaata tahtoa koskevan filosofisen ja tieteellisen keskustelun nykytila? Onko ihmisellä todella vapaata tahtoa? Fysikaalinen maailma näyttäisi olevan deterministinen: sen mukaan kaikki, mikä tapahtuu, on seurausta edeltävistä tapahtumista. Tämä perusajatus tarkoittaa sitä, että kaikki tapahtumat, mukaan lukien meidän päätöksemme ja valintamme, syntyvät jollain tavalla edeltävistä syistä – mitään ei tapahdu ilman syytä. Aivomme, jotka ovat osa tätä fysikaalista todellisuutta, tekevät päätöksiä, jotka sitten ohjaavat toimintaamme. Näin ollen, jos kaikki on fysiikan sääntöjen alaisuudessa, voimmeko todella sanoa, että meidän päätöksemme ovat vapaasti tehtyjä? Voivatko aivomme tuottaa tapahtumaketjuja, jotka eivät ole suoraan riippuvaisia aiemmista tapahtumista?

Jos ajattelemme ihmistä pelkästään fysikaalisen maailmankuvan näkökulmasta, hän saattaa tuntua pelkältä kellokoneiston osalta, joka reagoi ulkoisiin ja sisäisiin ärsykkeisiin ilman todellista valinnanvapautta. Tällöin herää kysymys, onko ihmisellä silloin mitään vastuuta teoistaan. Jos kaikki teot ovat vain seurausta edeltävistä syistä ja aivojen toiminnan säätelemistä prosesseista, voidaanko me enää pitää ihmistä moraalisesti vastuullisena hänen toimistaan?

Tämä kysymys liittyy keskeisesti vapaan tahdon ja vastuun perimmäisiin pohdintoihin. Jos vapaus on vain illuusio, kuinka voimme puhua moraalisista vastuista, oikeudellisista tuomioista tai eettisistä valinnoista? Tieteelliset ja filosofiset näkemykset kohtaavat siis toisiaan tässä tärkeässä kysymyksessä, ja pohdinnat siitä, onko ihmisellä vapaa tahto, ovat keskiössä niin mielenfilosofiassa, neurotieteessä kuin oikeusfilosofiassakin.

Vapaan tahdon ongelma voidaan jakaa neljään peruskysymykseen, jotka ovat keskeisiä sekä filosofisessa että tieteellisessä keskustelussa. Ensimmäinen on merkityksen kysymys: miksi tahdonvapaus on tärkeä tai haluamisen arvoinen? Vapaa tahto liittyy syvällisesti kokemukseemme itsestämme toimijoina, ja se on olennainen osa ymmärrystämme siitä, mitä tarkoittaa olla inhimillinen olento. Jos vapaata tahtoa ei ole, mikä tekee meistä moraalisia toimijoita tai vastuullisia yksilöitä? Ilman vapaata tahtoa emme voisi kokea itseämme moraalisesti vastuullisina, koska meidän valintamme ja toimintamme olisivat pelkkää reaktiota ulkoisiin ja sisäisiin syihin. Tällöin koko käsityksemme oikeudesta, vastuusta ja eettisestä päätöksenteosta joutuu kyseenalaistetuksi.

Toiseksi, määritelmä: mitä tahdonvapaudella tarkoitetaan? Onko se yksinkertaisesti kyky tehdä valintoja ilman ulkoista pakkoa, vai sisältääkö se myös kyvyn valita omat motiivimme ja aikomuksemme? Tahdonvapauden määrittäminen ei ole yksinkertaista, sillä se kytkeytyy moniin erilaisiin toimijuuden tasoihin: fyysisiin, psykologisiin ja moraalisiin. Erityisesti filosofit ovat kiinnittäneet huomiota siihen, kuinka tahdonvapaus liittyy meidän kykyymme asettaa itsellemme päämääriä ja toimia niiden mukaisesti – eli kuinka se on sidoksissa yksilön autonomiaan ja itsehallintaan.

Kolmas kysymys on yhteensopivuus: onko tahdonvapaus yhteensopiva deterministisen maailmankäsityksen kanssa? Determinismi väittää, että kaikki tapahtumat, mukaan lukien ihmisten teot ja valinnat, ovat seurausta aiemmista syistä ja tapahtumista, eivätkä ne voisi tapahtua toisin. Jos kaikki on määrätty aiempien syiden pohjalta, voidaanko silti väittää, että ihmisillä on vapaus valita omat toimintansa? Tämä kysymys onkin filosofisen keskustelun ytimessä, ja siihen ei ole olemassa yksinkertaista vastausta. Jotkut ajattelijat, kuten compatibilistit, väittävät, että tahdonvapaus voi olla yhteensopiva determinismin kanssa, jos määrittelemme tahdonvapauden toiminnan kyvyksi valita ilman ulkoista pakkoa, vaikka valinnat olisivatkin tiettyjen syiden seurausta.

Neljäntenä, olemassaolon kysymys: onko meillä vapaata tahtoa? Tämä on ehkä kaikkein ratkaisevin kysymys, ja sen vastauksella on syvällisiä vaikutuksia niin yksilön kokemukseen itsestään kuin yhteiskunnalliseen oikeudenmukaisuuteen ja vastuukäytäntöihin. Jos havaitsisimme, että vapaa tahto on vain illuusio ja että kaikki päätöksemme ovat ennalta määrättyjä aivojen toimintojen perusteella, miten tämä muuttaisi käsitystämme moraalisista valinnoistamme ja yhteiskunnallisista käytännöistämme?

Meillä on vahva tunne siitä, että voimme tehdä valintoja ja päättää asioista. Tämä kokemus itsestä toimijana on niin syvälle juurtunut, että se tuntuu itsestäänselvältä osalta inhimillistä elämää. Oletamme myös, että muiden ihmisten käyttäytyminen ja päätökset ovat heidän omissa käsissään, ja tämä oletus on keskeinen perusta sille, että voimme pitää heitä vastuullisina teoistaan. Kun vaadimme moraalista vastuuta, edellytämme usein, että henkilö ei vain toimi valintojensa mukaan, vaan että hän pystyy myös ymmärtämään valintojensa seuraukset.

Tämä kontrolliehto on tärkeä osa vastuullisuuden käsitystämme. Vastuulle asetetaan kuitenkin myös tiedollinen ehto, jonka mukaan henkilön tulee olla tietoinen tekojensa luonteesta ja niihin liittyvistä seurauksista. Jos emme ole tietoisia tekomme vaikutuksista, voimme olla vähemmän vastuullisia siitä. Näin ollen, jotta voisimme kantaa vastuuta valinnoistamme, meidän täytyy kyetä paitsi valitsemaan myös ymmärtämään valintojemme seuraukset. Tämä kysymys tiedollisesta vastuusta on erityisen tärkeä oikeudellisessa ja moraalisessa pohdinnassa, jossa epäselvyydet tahdon ja tiedon välillä voivat johtaa ristiriitaisiin johtopäätöksiin vastuukysymyksistä.

Moraalinen vastuu liittyy siihen, kuinka hyvin henkilö pystyy pysymään sallittujen rajojen sisällä, eli kulkemaan kaidalla tiellä, välttäen kiellettyä. Mutta moraalisessa arvioinnissa ei ole kyse pelkästään siitä, mitä vältetään; se ulottuu myös oikean ja väärän, hyvän ja pahan sekä hyveen ja paheen väliin. Arvioinnin perusteella henkilö saa osakseen tietyn moraalisen statuksen, joka vaikuttaa siihen, miten häneen suhtaudutaan ja miten häntä kohdellaan yhteiskunnassa. Moraali ei kuitenkaan rajoitu pelkästään laillisen vastuun piiriin. On tärkeää erottaa kausaalinen vastuu moraalisesta vastuusta, sillä henkilö voi aiheuttaa vahinkoa ilman sitä, että hänellä olisi tarkoitus vahingoittaa toista – esimerkiksi vahingossa. Tällöin häntä ei yleensä pidetä moraalisesti vastuullisena, vaikka hän olisi aiheuttanut haittaa.

Kunkin henkilön moraalinen vastuu on kiinteästi yhteydessä siihen, kuinka paljon hän voi kontrolloida toimintaansa – eli kuinka vapaa hän todella on. Vapaus on monivivahteinen käsite, ja se voidaan jakaa neljään luokkaan vaativuuden mukaan. Vähemmän vaativat vapaudet, kuten yksinkertaiset valinnat, voidaan nähdä "pintavapauksina", jotka voisivat hyvin olla yhteensopivia deterministisen maailmankuvan kanssa. Pintavapauksien tasolla ihmiset voivat tehdä valintoja, mutta nämä valinnat eivät ole täysin irrallisia aiemmista syistä. Syvämmät vapauden tasot, kuten kyky itsenäisesti valita moraalisesti oikea toiminta, ovat kuitenkin paljon vaativampia ja vaikeampia sovittaa yhteen deterministisen maailmankuvan kanssa. Tällöin keskusteluun astuu kysymys siitä, voivatko todella "syvät" vapaudet, kuten itsensä toteuttaminen ja moraalinen päättäväisyys, olla mahdollisia, jos kaikki on ennalta määrätty aiempien tapahtumien seurauksena.

Vapauden eri tasot voidaan tarkastella seuraavasti:

1. Itsensä toteuttaminen: Tässä vapauden tasossa henkilö toimii täysin omien halujensa ja toiveidensa mukaisesti, ilman ulkoisia esteitä tai pakotteita. Hän tekee sitä, mitä haluaa, mutta kysymys on siitä, onko tämä halu ja toiminta aidosti "vapaata", vai onko se määräytynyt jollain muulla tavalla, esimerkiksi biologisten tai sosiaalisten tekijöiden kautta.
2. Tietoinen itsehallinta: Tässä vapauden tasossa henkilö kykenee ymmärtämään omien tekojensa syyt ja seuraukset ja voi arvioida niitä rationaalisesti. Hänellä on kyky ohjata omaa toimintaansa perustuen siihen, mitä hän arvostaa ja miten hän haluaa elämänsä kulkevan. Tämä taso on lähempänä sitä, mitä perinteisesti pidämme "vapaana tahtona", sillä se edellyttää kykyä käsitellä omia haluja ja tarpeita objektiivisesti ja hallita niitä tietoisesti.
3. Itsensä ylittäminen: Tässä tasossa henkilö kykenee ymmärtämään ja arvostamaan korkeampia moraalisia periaatteita ja toimimaan niiden mukaan. Hän ei ole vain motivoitunut omista henkilökohtaisista toiveistaan, vaan hän kykenee toimimaan toisten hyvinvoinnin ja yhteiskunnan eettisten normien puolesta, jopa silloin, kun se vaatii henkilökohtaisia uhrauksia. Tällöin vapaus ei ole vain oman tahdon toteuttamista, vaan myös kyky ylittää omat rajat ja elää eettisesti ja moraalisesti.
4. Itsemääräytyminen (autonomia): Tässä viimeisessä vapauden tasossa henkilö on oman tahtonsa viimeinen lähde. Tämä tarkoittaa, että hän kykenee vaikuttamaan siihen, miten hänen tahtonsa syntyy ja muotoutuu. Hänellä on kyky luoda omia halujaan ja päämääriään sen sijaan, että ne määräytyisivät pelkästään ulkoisten tai sisäisten syiden seurauksena. Autonomia on vapauden huippu, jossa yksilö ei ole pelkästään valintojen tekijä, vaan myös valintojensa perimmäinen luoja.

Jos ihmisellä on vapaa tahto, hän voi asettaa itselleen pitkän aikavälin tavoitteita ja kehittää itseään. Tässä valikoimassa vapaus ei ole vain hetkellisten valintojen tekemistä, vaan mahdollisuus vaikuttaa omaan kehitykseensä ja tulevaisuuteensa. Tällöin hänestä tulee itseohjautuva, autonominen toimija, joka kokee olevansa omien valintojensa lähde ja oman itsensä herra. Tämä kokemus, jossa henkilö kokee itsensä vapaaksi ja vastuulliseksi omista päätöksistään, tunnetaan lähdekokemuksena. Se on yksi keskeisistä tekijöistä, joka erottaa vapaan tahdon determinismistä ja tuo esiin ihmisen yksilöllisen merkityksen ja autonomian.

Aristoteles uskoi, että ihminen voi kehittyä hyveissä ja näin hankkia itselleen moraalisesti arvokkaita luonteenpiirteitä, kuten rohkeutta, oikeudenmukaisuutta ja kohtuullisuutta. Hänen mukaansa hyveiden kehittäminen on osa ihmisen vapautta ja itseohjautuvuutta. Samalla tavoin uskonnolliset ajattelijat ovat pohtineet vapaan tahdon ongelmaa. He ovat kysyneet, voiko kukaan ihminen toimia vastoin kaikkivaltiaan Jumalan tahtoa. Jos voi, niin miten tämä suhteutuu Jumalan kaikkivaltiuteen? Jos taas ihminen ei voi toimia Jumalan tahtoa vastaan, voidaanko silloin sanoa, että ihmisellä on vapaa tahto lainkaan? Uskonnollisessa kontekstissa vapaan tahdon käsitteellä on syvällinen vaikutus siihen, kuinka ihmiset ymmärtävät itsensä ja suhteensa jumalalliseen. Joka tapauksessa usko omaan vapaaseen tahtoon vaikuttaa myönteisesti ihmisten moraaliseen ja sosiaaliseen käyttäytymiseen, sillä se kannustaa vastuullisuuteen ja omiin valintoihin.

Tahdonvapaus voidaan määritellä voimana tai kykynä tehdä valintoja, jossa henkilö voi valita vaihtoehtojen välillä ilman ulkopuolisia esteitä tai pakotteita. Vähimmillään tahdonvapaus merkitsee mahdollisuutta tehdä toisin, eli valita eri vaihtoehto kuin se, mikä olisi ollut ennalta määrätty. Tähän määritelmään liittyy usein myös vastuu: tahdonvapaus on henkilön kyky hallita omia tekojaan niin, että häntä voidaan pitää moraalisesti vastuullisena. Tämä tarkoittaa, että vapauden mukana seuraa moraalinen vastuu tekomme seurauksista. Edelleen tätä laajempi määritelmä käsittää mahdollisuuden autonomiaan, jolloin vapaa tahto ei ole vain valintojen tekemistä, vaan kykyä olla omien päämääriensä ja tarkoitustensa viimekätinen luoja ja ylläpitäjä. Autonomia on korkeampi vapauden taso, jossa yksilö voi muokata omaa elämäänsä ja olla itse vastuussa omasta tarkoituksestaan ja elämänsä suuntaamisesta.

Determinismi, toisaalta, tarkoittaa sitä, että kaikki menneisyyden tapahtumat, yhdistettynä luonnonlakeihin, määräävät ainoastaan yhden mahdollisen tulevaisuuden. Jos kaikki on ennalta määrätty, ei vapaalle tahdolle tunnu jäävän tilaa. Jos ihminen ei ole osa menneisyyttä eikä voi muuttaa luonnonlakeja, miten hän voisi vaikuttaa mihinkään tulevaan tapahtumaan? Tässä valossa determinismi haastaa käsityksen vapaasta tahdosta, sillä jos kaikki tulevaisuuden tapahtumat ovat seurausta aiemmista syistä, ei ole selvää, kuinka ihminen voisi olla todellinen toimija omassa elämässään. Tämä kysymys asettaa vapauden ja determinismin välille jännitteisen ongelman, johon ei ole helppoa ratkaisua. Onko siis todellista vapautta olemassa, vai onko se vain harhaa, joka syntyy itsemme luomasta illuusiosta?

VAPAAN TAHDON OLEMUS NYKYFILOSOFIAN VARJOSSA

Yli puolet analyyttisista filosofeista kuuluu jollain tavalla kompatibilisteihin. He uskovat, että vapaalle tahdolle jää tilaa, vaikka determinismi olisikin totta. Tällöin vapaa tahto ei ole itsenäisten valintojen ja tahdon tekemisen ehdoton mahdollisuus, vaan se voidaan ymmärtää ennen kaikkea moraalisen vastuun ja vastuullisuuden perustana. Determinismi saattaa rajoittaa niitä syvävapauden muotoja, jotka edellyttävät täyttä valinnanvapautta, mutta se ei silti poista vapauden käsitettä moraalisessa vastuussa. Kompatibilistit uskovat, että ihmiset kokevat kykenevänsä tekemään itsenäisiä päätöksiä ja kantamaan vastuun teoistaan, vaikka nämä valinnat olisivatkin jollain tasolla määräytyneet aiempien syiden ja luonnonlakien mukaan. Tässä valossa determinismi ei ole ristiriidassa vastuun kanssa, vaan se vain määrittelee, millaisessa kontekstissa ihmiset tekevät valintojaan ja kantavat niistä seuraukset.

Kompatibilismia pidetään usein perusteltuna myös sen käytännön seurauksilla. Yhteiskunnassa ja moraalisessa keskustelussa on tärkeää, että ihmiset kokevat itsensä vastuullisiksi omista teoistaan. Tällainen vastuullisuuden kokemus edistää parempaa moraalista käytöstä ja yhteisön koheesiota. Ihmiset, jotka pitävät itseään ja toisiaan vastuullisina, ovat usein moraalisesti korkeatasoisempia, koska he tunnistavat omien valintojensa seuraukset ja pyrkivät toimimaan niiden mukaisesti. Tämä ajattelumalli korostaa, että vaikka meidän ei välttämättä tarvitse olla täysin vapaita kaikista syistä ja olosuhteista, voimme silti pitää itsemme vastuullisina ja arvostaa sitä, että meillä on kyky toimia omien päämääriemme mukaan.

Vastuu voidaan määritellä lähdekokemuksen kautta: jos henkilö on pakotettu johonkin tekoon, hän ei ole vastuussa, mutta jos hän on tehnyt päätöksen itsenäisesti, hän on vastuussa. Tässä ajattelumallissa keskiössä on henkilön kokemus valinnasta ja päätöksenteosta, ei niinkään se, olisiko hän voinut tehdä toisenlaisen valinnan. Tärkeintä on se, esiintyikö ulkoista pakkoa tai manipulaatiota, joka olisi estänyt häneltä mahdollisuuden valita omasta tahdostaan. Tämä näkökulma antaa moraalisen vastuullisuuden perustan, mutta jättää vähemmälle huomiolle sen, kuinka paljon oikeasti "vapaata" valintaa henkilöllä voi olla, jos hänen valintansa ovat täysin seurausta aiemmista syistä.

Päätöksen perusteita voidaan tarkastella myös syvällisemmin. Vastuunalaisille päätöksille on olemassa järkiperusteita, ja on tärkeää, että valinta tehdään harkitusti ja hyvin perustellen. Kuitenkin ihmisten kyky tehdä perusteltuja päätöksiä vaihtelee merkittävästi henkilöstä toiseen. Esimerkiksi pienet lapset eivät ole vielä kehittyneet tunnistamaan hyviä ja huonoja perusteita, jolloin heidän päätöksentekokykynsä ei ole samalla tasolla kuin aikuisilla. Toisaalta, henkilö voi myös joutua manipulaation tai aivopesun uhriksi ja tehdä täysin järkevän kuuloisia päätöksiä ilman, että häntä voitaisiin pitää moraalisesti vastuullisena. Vaikka tällöin päätökset voivat vaikuttaa järkeviltä, ei niiden takana ole henkilökohtaista vapautta valita omista perusteistaan, jolloin vastuu saattaa olla kyseenalainen.

Heikkotahtoisuus tai laiskuuskaan eivät kuitenkaan yleisen käsityksen mukaan vapauta henkilöä vastuusta. Vaikka nämäkin ominaisuudet voivat olla piirteitä, joita henkilö ei ole vapaasti valinnut, niitä ei kuitenkaan yleensä nähdä tekosyinä vastuun välttämiseksi. Yhteiskunnassa pidetään tärkeänä, että yksilö on vastuussa myös heikommista päätöksistään, vaikka olisikin vaikeuksia valita parhaita vaihtoehtoja.

Libertaristeille vapaalla tahdolla on erityinen asema: he uskovat, että ihminen voi olla omien tekojensa lähde, koska maailma ei ole deterministinen. Libertaristiset näkemykset eivät kuitenkaan muodosta yhtä koherenttia oppia, vaan niistä käydään vilkasta keskustelua monista vaihtoehdoista ja lähestymistavoista. Yksi merkittävimmistä haasteista tässä keskustelussa on toimijakausaalisuuden ja tapahtumakausaalisuuden erottaminen toisistaan. Toimijakausaalisuudessa toimija on aktiivinen osapuoli, joka kykenee aloittamaan uusia tapahtumaketjuja, jotka eivät ole pelkästään aiempien tapahtumien mekaanisten syy-seuraussuhteiden tulosta. Tämä eroaa tapahtumakausaalisuudesta, jossa tapahtumat seuraavat toisiaan ennustettavasti ja ilman vapaita valintoja.

Toimijuus voitaisiin nähdä emergenttinä ominaisuutena, joka ilmenee vain tietynlaisilla olennoilla, kuten ihmisillä. Tällä tarkoitetaan ominaisuutta, joka ei ole vain osien summa, vaan uusi ominaisuus, joka syntyy monimutkaisempien järjestelmien vuorovaikutuksesta. Vastaavasti kuten lämpötila on seurausta hiukkasten liikkeestä, mutta ei ole merkityksellinen käsite yksittäisten hiukkasten tasolla, toimijuus voisi olla korkeampi ilmiö, joka ilmenee tietyissä olioissa, kuten ihmisissä. Näin ollen toimijuus ei välttämättä ole pelkästään fysikaalisten syiden tulos, vaan se voi syntyä aineen monimutkaisesta vuorovaikutuksesta, tuottaen uudenlaista vapautta ja vastuuta.

On ironista, että toimijuus ei yksinään riitä perustelemaan vapaan tahdon olemassaoloa. Oletetaan, että henkilö on tekemässä päätöstä työpaikan vaihdosta ja että hän voi todella päätyä kumman tahansa vaihtoehdon valintaan. Tällöin päätöksenteossa näyttäisi olevan mukana jokin indeterministinen tekijä – ehkäpä lämpökohinaa aivoissa tai kvanttimekaaninen todennäköisyys. Mutta jos ratkaiseva tekijä on sattuma, ei päätöstä voida pitää vapaana valintana. Tällöin ei ole kyse siitä, että henkilö olisi käyttänyt vapaata tahtoaan, vaan siitä, että valinta on ollut sattuman sanelema, jolloin se ei enää täytä vapaalle tahdolle asetettuja ehtoja. Tämä asettaa kysymyksen siitä, onko vapaus päätöksenteon syy-seuraussuhteiden ulkopuolella todella olemassa, vai onko se vain illuusio, joka syntyy monimutkaisista, mutta deterministisistä prosesseista.

Libertarismin suurimpana pulmana voidaan pitää niin sanottua onnen ongelmaa. Vaikka vapaalla tahdolla voi olla rooli moraalisen vastuun kysymyksessä, se ei automaattisesti ratkaise kaikkia ongelmia, joita moraaliin ja vastuuseen liittyy. Onnen ongelmalla tarkoitetaan sitä, kuinka suuri osuus ihmisen teoista on oikeastaan satunnaisten tekijöiden, kuten onnen tai epäonnen, määräämää. Voimme kuvitella esimerkiksi henkilön A, joka ajaa autolla ylinopeutta asuntokadulla, ja juuri sillä hetkellä pikkulapsi juoksee tielle ja jää auton alle. Sitten voimme kuvitella henkilön B, joka toimii aivan identtisesti kuin A, mutta tällä kertaa kukaan ei juokse tielle. A ei ollut moraalisesti huonompi henkilö kuin B, mutta hänellä oli vain huonompi tuuri. Tämä nostaa esiin kysymyksen siitä, kuinka paljon ihmisen hyvyys tai pahuus on todella hänestä itsestään riippuvaista, vaikka hänellä olisikin vapaa tahto. Jos sattuma voi vaikuttaa niin merkittävästi, kuinka paljon vastuuta voimme asettaa vapaasti valinneelle toimijalle, jos hänen valintansa tulos voi olla niin riippuvainen ulkopuolisista tekijöistä?

Skeptikot eivät usko vapaaseen tahtoon, eivätkä välttämättä edes determinismiin. Vaikka tämä voisi vaikuttaa johtavan turhautumiseen, tavoitteiden murtumiseen ja moraalin rapistumiseen, asia voidaan nähdä myös toisella tavalla. Hollantilainen filosofi Baruch Spinoza ehdotti aikoinaan, että tällöin ihminen vapautuu haitallisista asenteistaan, sillä ei ole enää tarvetta vihata tai pitää toisia huonompina tai parempina kuin itseään. Kaikki ihmiset ansaitsevat saman kohtelun, ja moraalinen arviointi perustuu yksinomaan siihen, mitä me tiedämme ja ymmärrämme, ei siihen, kuinka paljon ihmiset ovat ansainneet hyvää tai pahaa tekojensa perusteella.

Jotkut skeptikot väittävät, että moraalisen vastuun käytännöt voivat silti säilyä, vaikka emme uskoisi vapaaseen tahtoon. Ihmisen tunteet ja mielentilat ovat pitkälti automaattisia, ja ne eivät riipu yksinomaan näkemyksistämme tai valinnoistamme. Siksi ihminen voi edelleen kokea ystävyyttä, rakkautta ja autonomian tunteen, vaikka nämä tunteet ovat enimmäkseen riippuvaisia ulkoisista ja sisäisistä tekijöistä, jotka eivät ole hänen valittavissaan. Hän voi myös tuntea ylpeyttä ominaisuuksistaan, kuten kauneudesta tai älykkyydestä, vaikka ne eivät olekaan hänen ansiotaan. Tämä saattaa myös tarkoittaa, että ihminen ei voi täysin vapautua syyllisyyden tai katumuksen tunteistaan, koska nämäkin tunteet ovat osa hänen ihmisyyttään ja kokemustaan. Rangaistuksia pohtiessaan skeptikot sanovat, että yhteiskunnalla on oikeus suojella itseään rikollisilta sen sijaan, että pyrittäisiin sovitukseen tai pelotevaikutukseen. Rangaistus voidaan tällöin nähdä verrattavana tarttuvan taudin kantajan eristämiseen, jotta yhteiskunta suojautuu sen vaikutuksilta.

TIEDE JA VAPAA TAHTO

1970-luvulta lähtien ihmisen päätöksentekoa on tutkittu aivosähkökäyrien ja myöhemmin magneettikuvauksen avulla. Näiden tutkimusten tulokset viittaavat siihen, että päätökset saapuvat ihmisen tietoisuuteen vasta sen jälkeen, kun ne on jo aivoissa tehty. Tämä havainto tuo esiin mielenkiintoisen jännitteen: vaikka ihmisellä on vahva kokemus siitä, että hän tekee päätöksensä tietoisesti, tutkimukset näyttäisivät viittaavan siihen, että tämä kokemus voi olla illuusio. Jos vapaa tahto onkin vain harha, herää tärkeä kysymys: miksi ihmisellä on tällainen lähdekokemus, jos se ei perustu todellisiin valintoihin? Yksi mahdollinen selitys on, että tämä kokemus on evoluution myötä kehittynyt sopeutuma, joka palvelee ihmisen sosiaalista elämää. Lähdekokemus auttaa ihmistä ottamaan vastuun teoistaan, ja se myös luo pohjan sille, että me odotamme vastuullisuutta myös muilta.

Kaikki eivät kuitenkaan hyväksy tutkimusten johtopäätöksiä suoralta kädeltä. Tärkein kritiikki kohdistuu tulosten yleistettävyyteen. On tunnettu fakta, että suuri osa ihmisen toiminnoista on automaattisia. Esimerkiksi henkilö voi päättää syödä ruokaa, mutta hän ei voi hallita ruoansulatustaan. Samalla tavoin päätöksentekokin voi olla osittain automaattista, mutta tämä ei tarkoita, etteikö osa päätöksistä olisi tahdonalaisia. Itse asiassa on mahdollista erottaa toisistaan spontaanit päätökset ja moraaliset päätökset, joihin liittyy tietoista harkintaa ja aikaa. Moraaliset päätökset edellyttävät usein syvällistä pohdintaa, ja niitä ei voi täysin selittää automaattisilla prosesseilla.

Tietoisuus omasta itsestämme, eli minuus, on ainoa asia, jonka voimme varmasti tietää olevan olemassa. René Descartes tiivisti tämän ajatuksen tunnetulla lauseellaan: "Cogito, ergo sum" (ajattelen, siis olen). Mutta onko minuus yksinkertaisesti biologinen ilmiö, aivojen mielentilojen summa, vai kenties jotain paljon syvällisempää ja käsittämättömämpää? Yksi tapa lähestyä tätä kysymystä on niin sanottu kopiontikysymys. Miten ihmisen minuus tulisi määritellä, jos haluttaisiin kopioida hänet täydellisesti esimerkiksi lataamalla kaikki hänen tiedot tietokoneeseen tai robottiin? Riittäisikö pelkkä aivojen kopiointi, vai tarvittaisiinko myös kehon osia? Tai voisiko minuus olla jotain enemmän – ehkä jokin "sielu", joka ei siirry, vaikka kaikki fyysiset ja psykologiset komponentit kopioitaisiin täydellisesti?

Minuus on monin tavoin helppo ymmärtää itseohjautuvana ja monimutkaisena järjestelmänä. Se ei ole kuitenkaan aivan samanlainen itseorganisoituvana kuin vaikkapa kalaparvi tai muurahaisyhdyskunta, joissa järjestys syntyy alhaalta ylöspäin ilman keskitettyä tahtoa. Ihmisen minuus on erityinen siinä mielessä, että se on itseorganisoituva, mutta samalla myös keskusjohtoisen ohjauksen tulos. Tämä itseohjautuvuus perustuu sekä automaattisiin, järjestelmällisiin prosesseihin – kuten ruoansulatukseen ja aistitoimintoihin – että tietoiseen, keskitettyyn minuusprosessiin, joka koordinoi näitä automaattisia toimintoja.

Minuus ei siis ole pelkkä passiivinen järjestelmä, vaan se ohjaa ja säätelee osittain itsenäisiä järjestelmiä. Jos vapaa tahto on kiistanalainen käsite, tämä ei kuitenkaan tarkoita, etteikö minuus olisi keskeinen osa koko toimintaamme. Jos ajatellaan, että vapaata tahtoa ei ole, niin järjestys syntyy silti monitasoisessa, itseorganisoituvassa järjestelmässä, joka toimii kaksisuuntaisesti. Automaattiset järjestelmät voivat organisoitua alhaalta ylöspäin, mutta minuuden keskusjohto voi ohjata ja säätää näitä toimintoja ylhäältä alaspäin. Tällöin minuus toimii systeemin ohjaavana voimana, joka yhdistää erilliset automaattiset ja tietoiset prosessit toisiaan tukevaksi kokonaisuudeksi.

Voiko vapaata tahtoa ajatella evoluution tuloksena tieteellisessä mielessä? Kaikkien biologisten organismien on jollain tasolla tehtävä valintoja ympäristön tarjoamien mahdollisuuksien mukaan, ainakin ravinnon ja suojan varmistamiseksi. Bakteereille tämä riittää, ja niiden päätökset perustuvat yksinkertaisiin fysiologisiin reaktioihin ympäristöön. Sen sijaan monilla hyönteisillä on tarpeen ottaa huomioon myös sosiaalinen ympäristönsä, ja nisäkkäillä, erityisesti ihmisellä, sosiaaliset suhteet ovat usein monimutkaisempia. Ihminen lienee ainoa eläin, joka elää myös kulttuurin maailmassa, jossa yksilöiden toimet ja valinnat saavat merkityksensä yhteisön ja perinteiden kautta.

Kun tarkastelemme tätä kysymystä evoluution näkökulmasta, vapaa tahto ja siihen liittyvät psykologiset mekanismit voivat näyttäytyä sopeumina, jotka ovat kehittyneet auttamaan elämää kulttuurissa. Kulttuuriset normit ja käytännöt ohjaavat lähes kaikkea elämässämme – syömistä, pukeutumista, ryhmäytymistä ja ajankäyttöä. Vaikka nämä asiat alun perin pohjautuvat biologisiin perustarpeisiin, kuten ravinnon hankintaan, kulttuuri tekee niistä usein monimutkaisempia ja jopa moraalisia valintoja. Ihmisen biologiset tarpeet saavat kulttuurissa syvemmän merkityksen, ja ne voivat muuttua osaksi kulttuurista ja moraalista vastuuta.

Voiko vapaata tahtoa siis kehittää? Aristoteleen mukaan hyveet ovat opittuja luonteenpiirteitä, jotka muotoutuvat harjoituksen ja toistamisen kautta. Hyveellinen henkilö voi olla antelias, rehellinen, ystävällinen ja vakaa, kun taas paheellinen henkilö voi olla pelkurimainen tai yltiöpäinen. Hyveet eivät synny itsestään, vaan ne kehittyvät asteittain, kun niitä harjoitellaan ja toistetaan. Vaikka vapaata tahtoa ei voida suoraan laskea hyveeksi, sen käyttö voi ilmentää erilaisia astevaihteluita. Ihminen voi olla heikkotahtoinen, viettiensä vietävissä, tai lujatahtoinen ja hyveitään kehittävä. Vapaata tahtoa käyttämällä henkilö oppii vähitellen tekemään viisaita valintoja ja vahvistamaan tahdonlujuuttaan, mikä puolestaan kehittää hänen kykyään ohjata elämäänsä omalla valinnallaan.

LISÄÄ VAPAASTA TAHDOSTA

Ihmisen ollessa sidottu geeni- ja kulttuuriperimäänsä, on aiheellista kysyä, onko hänellä täydellistä vapaata tahtoa. Neurotieteen mukaan perintötekijät voivat vaikuttaa jopa siihen, onko ihminen liberaali vai konservatiivi. Mistä siis tahtomme voi olla vapaa, ja voiko se ylipäätään olla täysin vapaa?

Meillä ihmisillä, kuten monilla muillakin eläimillä, taipumukset, joita kutsumme vaistoiksemme, ovat pääsääntöisesti käyttäytymistaipumuksia. Näiden toteutuminen on riippuvainen monista eri tekijöistä, kuten yksilön aikaisemmista kokemuksista, sosiaalisesta ja ekologisesta ympäristöstä sekä kulloisestakin tilanteesta. Voimme yleistää, että vaistot, jotka liittyvät lisääntymiseen ja hengissä säilymiseen, jättävät vähiten tilaa vapaalle tahdolle.

Poliittinen neurotiede on puolestaan osoittanut, että perintötekijät vaikuttavat jopa siihen, mihin poliittiseen suuntaan kukin meistä asettuu. Tämä ei tarkoita, että geenit ennakoivat tarkasti puoluekantamme tai asenteemme, mutta ne voivat vaikuttaa siihen, kuinka todennäköisesti olemme liberaaleja tai konservatiiveja. Nämä erot ilmenevät aivojemme rakenteessa ja perintötekijöiden säätelemissä välittäjäaineiden pitoisuuksissa.

Konservatiivien voi olla vaikeampaa sietää epävarmuutta, mutta liberaaleille avoimuus uusille asioille ei ole yhtä haastavaa. Konservatiivisuus voi äärimmillään ilmetä taipumuksena tukeutua autoritaarisiin liikkeisiin, valmiina omaksumaan poliittisten manipuloijien esittämiä ajatuksia.

Liberaalien puolestaan on usein helpompi omaksua uusia ajatuksia ja sopeutua muutoksiin, mutta joskus tämä avoimuus saattaa johtaa siihen, että he luottavat nopeasti muotivirtauksiin tai uusimpiin ideologioihin ilman riittävää kriittistä tarkastelua. Äärimmäisimmillään tämä voi ilmetä taipumuksena uskoa liikaa teoreettisiin malleihin ja intellektuaalisiin auktoriteetteihin, jotka voivat ohjata poliittista keskustelua ilman riittävää kansan kokemuksellista pohjaa.

Ihmisyyttämme voi toteuttaa vain suhteessa muihin ihmisiin. Voiko kukaan meistä olla täysin vapaa sosiaalisen ympäristön vaikutuksista? Ihmiset ovat luontaisesti sosiaalisia eläimiä, ja näin ollen voimme toteuttaa ihmisyyttämme vain suhteessa toisiin. Tällainen vuorovaikutus on ehdottomasti kaksisuuntainen.

Jo ihmisenä kasvaminen voi tapahtua ainoastaan vuorovaikutuksessa muiden kanssa. Esimerkkinä tästä on kielten oppiminen, joka rakentuu yli kahdensadan geenin ohjaamana. Näiden geenien yhteispelistä vastaa erityisesti FoXP2-geeni, jota geneettistä valmiutta ilman emme pystyisi oppimaan kieltä. Jos olemme onnistuneet kasvamaan tasapainoisiksi aikuisiksi, tämä kasvuprosessi on ehdottomasti muovannut ja rajoittanut toiveitamme, tavoitteitamme ja tahtoamme. Tältä pohjalta tarkasteltuna vapaa tahto onkin kyseenalainen.

Kielen oppimisen myötä omaksumme myös tietyntyyppisen ajattelutavan sekä sukupolvien aikana periytyvän kulttuuriperimän. Kannamme näitä yhteisön jälkiä koko elämämme ajan. Ihmiskunnan kulttuuri on rakennettu vuosituhansien kuluessa, ja se on säilynyt puheen ja kirjoitustaidon kautta kertyneessä tiedossa, taidoissa ja asenteissa. Emme voi irrottautua tästä kulttuurisesta perinnöstä, vaikka niin haluaisimme.

HANKALASTA SUHTEESTA IRTI PÄÄSTÄMINEN

Ihmissuhteet voivat usein rajoittaa vapauttamme, vaikka niissä on myös se piirre, että suhteen osapuolet jakavat mieltymyksiä, toiveita, tavoitteita ja saavutettuja tuloksia, ja joutuvat tekemään kompromisseja. Mutta jos parisuhde on jäänyt vaille eloa ja jatkuu vain toivossa, että ehkä se vielä korjaantuu, ollaan eksyksissä. Saattaa olla, että kymmenen tai jopa kaksikymmentä vuotta on kulunut siitä, kun kumpikaan ei ole enää sanonut rakastavansa toista. Molemmat osapuolet saattavat kokea olevansa tyytymättömiä tilanteeseen.

Voi myös olla, että työpaikalla vallitsee negatiivinen ilmapiiri, mutta silti työntekijä jatkaa samassa työssä vuodesta toiseen, vaikka joka päivä selaa uusia työpaikkailmoituksia. Miksi irtipäästäminen ja vanhan taakse jättäminen on niin vaikeaa? Me suomalaiset olemme usein turvallisuudenhakuisia, ja siksi pysymme mieluummin epätyydyttävässä, mutta tutussa ja turvallisessa tilanteessa, sen sijaan että uskaltaisimme ottaa riskejä ja astua kohti jotain uutta ja tuntematonta.

Mikä meitä pelottaa muutoksissa niin paljon? Irti päästäminen voi olla vaikeaa monestakin syystä, kuten sinnikkyydestä, pelosta ja siitä, että asettaa toisten tarpeet omien edelle. Muutos voi tuntua stressaavalta ja pelottavalta, mikä saa ihmisen epäilemään rohkeuttaan tehdä siirtoja, olipa kyseessä työ, asuinpaikka tai parisuhde.

Moni saattaa olla toiveikas ja optimistinen, uskoen, että puoliso tai olosuhteet muuttuvat parempaan suuntaan. Vaikka suhteessa olisi ollut vuosia huonoja vaiheita, lyhyetkin hyvät hetket voivat palauttaa uskon siihen. Myös lapsuuden kiintymyssuhdemallit voivat vaikuttaa siihen, kuinka vaikeaa irtipäästäminen on. Ehkä ihminen jää huonoon tilanteeseen tai parisuhteeseen, kestäen epäoikeudenmukaista kohtelua, hoitaen ja miellyttäen puolisoaan, koska tämä käyttäytymismalli on omaksuttu jo varhaisessa iässä.

Parisuhteessa jotkut hyvät asiat eivät välttämättä pysty korvaamaan suhteessa olevia huonoja tekijöitä. Tällöin on tärkeää pohtia, mitä todella toisessa rakastaa. Onko tunne aidosti rakkautta, vai onko kyse läheisriippuvuudesta, yksinjäämisen tai muutoksen pelosta? Joskus irti päästäminen parisuhteesta voi olla vaikeaa myös siksi, että pari yrittää erota, mutta välejä pidetään liian lämpiminä. Erotessa liian hyviksi ystäviksi voi syntyä ongelma: toinen osapuoli jää elättelemään toiveita suhteen uusimisesta. Tämä voi pahimmillaan johtaa siihen, että välillä erotaan ja välillä palataan yhteen, ja näin kierre jatkuu. Joskus irtipäästäminen vaatii sen, että osaa tuntea myös vihaa ex-kumppaniaan kohtaan.

Suomalainen sinnikkyys voi toisinaan olla jopa arvostettu piirre, joka osoittaa, miten pärjäämme ja teemme parhaamme, olipa tilanne mikä tahansa. Suomalaiset voivat sinnitellä työpaikoilla pitkään, ennen kuin hakevat apua työterveydenhuollosta tai työpsykologilta. Sinnikkyydestä huolimatta raja on osattava vetää. Omasta hyvinvoinnista huolehtiminen ei ole itsekästä, vaan elintärkeää.

Jos irtipäästäminen tuntuu haastavalta, on hyödyllistä pohtia muutamia kysymyksiä: Kuinka tyytymätön olet tilanteeseesi, olipa kyseessä parisuhde tai työpaikka? Ovatko hyvät ja huonot asiat tasapainossa? Jos päätät jäädä tilanteeseen, miltä vointisi näyttää vuoden kuluttua? Oletko käsitellyt kaikki ongelmat puhumalla, ja oletko tehnyt kaiken mahdollisen muutoksen eteen? Minkälaista pohdintaa epätyydyttävään ja itsellesi vahingolliseen tilanteeseen jäämisen taustalla on, ja ovatko ne ajatukset totta vai omia mielikuvituksesi liioittelemia tunteita? Entä mitä muut ajattelisivat, jos jakaisit ajatuksesi heidän kanssaan? En tarkoita, että kysyisit muiden mielipiteitä omiin päätöksiisi, vaan kannustan tarkastelemaan asiaa ikään kuin ulkopuolisena, jolloin saat sen tarkasteluun toisenlaisen näkökulman.

OIKEUS VAPAUTEEN JA TURVALLISUUTEEN

Jo lakikin toteaa, että jokaisella on oikeus liikkua vapaasti ilman, että hänen vapauttaan rajoitetaan perusteettomasti. Tämä perusoikeus on turvattu niin Suomen perustuslaissa, Euroopan unionin perusoikeuskirjassa kuin YK:n ihmisoikeuksien yleismaailmallisessa julistuksessa. Kuitenkin on tilanteita, joissa henkilön vapautta voidaan rajoittaa lain sallimissa rajoissa, ja tällöin kyseessä on usein turvallisuuden takaaminen joko henkilön itsensä tai muiden osapuolten suojelemiseksi. Näin ollen oikeus vapauteen ei ole ehdoton, vaan se on relatiivinen oikeus.

Henkilön vangitseminen tai pidättäminen on sallittua vain tuomioistuimen päätöksellä, ja se voidaan tehdä ainoastaan silloin, kun henkilöä epäillään rikoksesta. Tällöin vangitseminen tapahtuu oikeudellisten menettelyjen mukaan. Lisäksi henkilön vapautta voidaan rajoittaa, jos hän ei ole noudattanut lain määräämää päätöstä tai jos on perusteltu huoli hänen tai muiden turvallisuudesta.

Vapauden rajoittaminen voi tapahtua myös tartuntatautien leviämisen estämiseksi, henkilön mielenterveysongelmien, päihteiden väärinkäytön tai irtolaisuuden vuoksi, tai tarvittaessa pakkohoitoon määrättäessä. Ulkomaalaisiin voidaan soveltaa vapaudenriistoa laittoman maahantulon, karkottamisen tai luovuttamisen yhteydessä, mikäli lakisääteiset edellytykset täyttyvät.

Jos henkilön vapaus riistetään, hänelle on viipymättä annettava tieto vapaudenriiston perusteista ja mahdollisista syytteistä hänen ymmärtämällään kielellä. Vangitulla on aina oikeus oikeudenmukaiseen oikeudenkäyntiin.

Vapautta rajoittavat toimenpiteet tulee aina nähdä viimeisenä keinona, jota käytetään vain silloin, kun kaikki muut vaihtoehdot on jo kokeiltu. Perustuslakivaliokunta on tarkoin määritellyt edellytykset, joiden puitteissa perusoikeuksia voidaan rajoittaa. Itsemääräämisoikeuden ja siihen läheisesti liittyvien muiden perusoikeuksien rajoittaminen on mahdollista vain, jos siitä on säädetty laissa. Mikään muu rajoitustoimenpide ei ole sallittu kuin se, mikä on nimenomaisesti laissa määritelty.

Mitä nämä rajoitustoimenpiteet sitten tarkalleen tarkoittavat? Laissa ei ole suoraa määritelmää rajoitustoimenpiteistä, mutta sosiaali- ja terveysministeriö määrittelee ne omilla verkkosivuillaan siten, että rajoitustoimenpiteellä tarkoitetaan henkilön perusoikeuden rajoittamista tai siihen puuttumista siten, että hän ei voi käyttää perusoikeuttaan täysimääräisesti.

Suomen perustuslain toisessa luvussa käsitellään perusoikeuksia, ja siellä mainitaan muun muassa seuraavat oikeudet:

- Oikeus henkilökohtaiseen vapauteen ja koskemattomuuteen
- Liikkumisvapaus
- Yksityiselämän suoja, erityisesti oikeus määrätä itsestään
- Omaisuudensuoja

Perusoikeuksien rajoittaminen tarkoittaa käytännössä sitä, että:

- Henkilöä estetään tekemästä jotain, esimerkiksi estetään liikkumasta vapaasti
- Henkilö pakotetaan tekemään jotain vastoin omaa tahtoaan, kuten siirretään lukittuun tilaan ilman suostumusta

Erityishuollossa sallittuja rajoitustoimenpiteitä ovat muun muassa:

- Kiinnipitäminen
- Aineiden ja esineiden haltuunotto
- Henkilöntarkastus
- Lyhytaikainen erillään pitäminen
- Välttämättömän terveydenhuollon antaminen vastustuksesta huolimatta
- Rajoittavien välineiden tai asusteiden käyttö päivittäisissä toiminnoissa
- Rajoittavien välineiden tai asusteiden käyttö vakavissa vaaratilanteissa
- Valvottu liikkuminen
- Poistumisen estäminen

Edellä mainittuja laissa säädettyjä rajoitustoimenpiteitä voidaan käyttää vain silloin, kun ne täyttävät kehitysvammalain määrittämät yleiset edellytykset sekä kunkin yksittäisen rajoitustoimenpiteen osalta säädetyt erityiset vaatimukset.

Rajoituksia voidaan soveltaa ainoastaan sellaisissa asumispalveluissa, joissa on ympärivuorokautinen valvonta. Lisäksi joitakin rajoitustoimenpiteitä voidaan käyttää myös päivä- ja työtoiminnassa. Esimerkiksi perhehoidossa tai kotipalvelussa ei saa käyttää rajoitustoimenpiteitä lainkaan. Rajoitustoimenpiteitä soveltavalla toimintayksiköllä on oltava aina käytettävissään riittävä asiantuntemus lääketieteessä, psykologiassa ja sosiaalityössä. Muita rajoitustoimenpiteitä ei saa käyttää erityishuollossa, vaan henkilön kanssa on toimittava aina yhteistyössä ja hänen oikeuksiaan kunnioittaen.

Erityishuollossa ei saa käyttää yhteydenpidon rajoittamista, joten esimerkiksi kännyköiden ja tietokoneiden käyttöä ei voida rajoittaa. Samoin on kiellettyä rajoittaa käyttäytymistä, jonka henkilökunta tai läheiset kokevat epätoivottavaksi tai henkilön itsensä kannalta haitalliseksi, ellei siihen ole perusteltua lääketieteellistä tai muuta pätevää syytä. Esimerkkejä tällaisesta käyttäytymisestä ja sen rajoittamisesta voivat olla esimerkiksi:

- Tarpeeton ostaminen, vaikka tiedettäisiin, että tavara jää käyttämättömäksi.
- Myöhään illalla valvominen.
- Pakottaminen liikkumaan.
- Vaatekaapin tai WC-kaapin lukitseminen tavaroiden "hävittämisen" estämiseksi.
- "Velvollisuus" osallistua ennaltasuunniteltuun toimintaan.
- Rahankäytön rajoittaminen ilman oikeutettua perustetta.
- Laihduttaminen pakottamalla.

Tällaiset toimenpiteet ovat kiellettyjä, koska ne loukkaavat yksilön oikeuksia ja itsemääräämisoikeutta ilman riittäviä perusteita.

On kuitenkin huomioitava, että kehitysvammalaissa on säännöksiä, jotka velvoittavat henkilökunnan seuraaviin toimiin:

- Turvata asiakkaan tarvitsema hoito ja muu huolenpito.
- Edistää asiakkaan hyvinvointia, terveyttä ja turvallisuutta.

Nämä säännökset tarkoittavat käytännössä sitä, että henkilöä on tuettava ja ohjattava niin, ettei hän aiheuta itselleen vahinkoa. Asiakkaan kanssa käytävässä keskustelussa pyritään selvittämään, miksi tietyt asiat, jotka muiden näkökulmasta saattavat olla haitallisia, ovat asiakkaalle tärkeitä ja merkityksellisiä. Tällä tavoin voidaan tuoda esiin erilaisia näkökulmia ja löytää ratkaisuja tilanteisiin, jotka koetaan ongelmallisiksi. Työntekijällä on myös velvollisuus turvata perustuslain 19.1 pykälän mukainen oikeus sosiaaliturvaan:

- "Jokaisella, joka ei kykene hankkimaan ihmisarvoisen elämän edellyttämää turvaa, on oikeus välttämättömään toimeentuloon ja huolenpitoon."

Arjen paineessa joudutaan usein tasapainottelemaan monien eri perusoikeuksien välillä. Esimerkiksi itsemääräämisoikeus ja oikeus välttämättömään hoitoon ja huolenpitoon saattavat joutua vastakkain. Kaikissa tilanteissa on kuitenkin pyrittävä rajoittamaan itsemääräämisoikeutta ja muita perusoikeuksia mahdollisimman vähän.

ITSEMÄÄRÄÄMISOIKEUDEN RAJOITTAMINEN

Kaikilla meillä ihmisillä on oikeus itsemääräämiseen. Myös erityishuollon palvelut toteutetaan ensisijaisesti yhteisymmärryksessä henkilön kanssa, joka saa erityishuoltoa. Toisinaan kehitysvammaisen henkilön itsemääräämisoikeutta voidaan joutua rajoittamaan. Tämä voi tulla ajankohtaiseksi esimerkiksi silloin, kun henkilö käyttää itsemääräämisoikeuttaan tavalla, joka aiheuttaa vakavaa vaaraa joko itselleen tai muille.

Itsemääräämisoikeuden rajoittamisen on aina perustuttava lakiin. Sosiaalihuollon asiakkaan itsemääräämisoikeudesta säädetään tarkemmin laissa sosiaalihuollon asiakkaan asemasta ja oikeuksista. Kehitysvammaisten ihmisten itsemääräämisoikeuden rajoituksista säädetään myös laissa kehitysvammaisten erityishuollosta. Itsemääräämiskykyiseen henkilöön ei saa kohdistaa kehitysvammalain nojalla mitään rajoitustoimenpiteitä.

Rajoitustoimenpiteiden käyttö on aina oltava viimeinen keino. Ennen niiden turvautumista henkilökunnan ja toimintayksiköiden on aina velvollisuus etsiä muita vaihtoehtoisia keinoja tilanteen ratkaisemiseksi. Henkilökunnan ammattitaito ja vuorovaikutustaidot ovat ratkaisevan tärkeitä itsemääräämisoikeuden toteutumisessa, ja tämä on ilmeistä kaikille osapuolille.

Jos rajoitustoimenpiteen käyttöön joudutaan turvautumaan, tulee aina noudattaa vähimmän rajoittamisen periaatetta. Käytännössä tämä tarkoittaa sitä, että käytettävä on lievin mahdollinen rajoitustoimenpide, ja senkin kestoa tulee rajoittaa mahdollisimman lyhyeksi. Hankalan tilanteen ratkaisemiseksi on valittava keinoja, jotka auttavat tilanteen ratkaisemisessa, mutta rajoittavat henkilön itsemääräämisoikeutta mahdollisimman vähän.

Rajoitustoimenpiteiden käytöllä tarkoitetaan tilanteita, joissa henkilön perusoikeuksia rajoitetaan. Käytännössä tämä merkitsee sitä, että henkilöä estetään tekemästä jotain tai hänet pakotetaan johonkin vastoin omaa tahtoaan tai tahdostaan riippumatta. Kehitysvammalain rajoitustoimenpiteitä koskevien säännösten perusteella voidaan rajoittaa seuraavia perusoikeuksia:

- Oikeus henkilökohtaiseen vapauteen ja koskemattomuuteen.
- Yksityiselämän suoja, erityisesti silloin, kun se suojaa henkilön oikeutta määrätä itsestään.

- Omaisuudensuoja.

Rajoitustoimenpiteet, jotka ovat sallittuja kehitysvammalaissa, ovat seuraavat:

- Kiinnipitäminen
- Aineiden ja esineiden haltuunotto
- Henkilöntarkastus
- Lyhytaikainen erillään pitäminen
- Välttämättömän terveydenhuollon antaminen vastustuksesta huolimatta
- Rajoittavien välineiden tai asusteiden käyttö päivittäisissä toiminnoissa
- Rajoittavien välineiden tai asusteiden käyttö vakavissa vaaratilanteissa
- Valvottu liikkuminen
- Poistumisen estäminen

Kaikenlaisten muiden rajoitustoimenpiteiden käyttö erityishuollossa on kiellettyä, ellei niitä ole nimenomaisesti mainittu edellä.

KUKA, MISSÄ JA MILLOIN NÄITÄ RAJOITUSTOIMENPITEITÄ VOI KÄYTTÄÄ?

Erityishuollossa voidaan käyttää edellisessä luvussa mainittuja rajoitustoimenpiteitä ainoastaan silloin, kun:

- Laissa säädetyt rajoitustoimenpiteiden käyttöä koskevat yleiset edellytykset täyttyvät.
- Kutakin rajoitustoimenpidettä koskevat erityiset edellytykset täyttyvät.

Jotta näitä rajoitustoimenpiteitä voitaisiin käyttää, tulee kaikkien seuraavien yleisten edellytysten täyttyä:

- Erityishuollossa oleva henkilö ei kykene tekemään päätöksiä omasta hoidostaan ja huolenpidostaan eikä ymmärtämään käyttäytymisensä seurauksia.
- Rajoitustoimenpiteen käyttäminen on välttämätöntä hänen terveytensä, turvallisuutensa tai muiden henkilöiden terveyden ja turvallisuuden suojaamiseksi tai merkittävän omaisuusvahingon estämiseksi.
- Muut, lievemmät keinot eivät ole tilanteeseen soveltuvia tai riittäviä.

Näitä rajoitustoimenpiteitä saa käyttää toimintayksikössä, jossa henkilökuntaa on paikalla ympäri vuorokauden. Rajoitustoimenpiteitä voidaan soveltaa sekä tahdosta riippumattomassa että vapaaehtoisessa erityishuollossa, erityisesti tehostetussa palveluasumisessa tai laitospalveluissa, niin julkisissa kuin yksityisissä toimintayksiköissä. Poikkeuksena on pidempikestoinen poistumisen estäminen, jota voidaan käyttää ainoastaan tahdosta riippumattomassa erityishuollossa.

Rajoitustoimenpiteiden käytön edellytyksenä on asiantuntijatiimin tuki. Tehostetun palveluasumisen tai laitospalvelun toimintayksiköllä, jossa rajoitustoimenpiteitä käytetään, tulee olla riittävä lääketieteen, psykologian ja sosiaalityön asiantuntemus vaativan hoidon ja huolenpidon toteuttamiseksi ja seurantaa varten. On ensiarvoisen tärkeää, että asiantuntijatiimi tuntee yksikön toiminnan ja asiakkaat henkilökohtaisesti ja käytännössä.

Jos sekä yleiset että erityiset edellytykset rajoitustoimenpiteiden käytölle täyttyvät, voidaan työ- ja päivätoiminnassa tarvittaessa käyttää seuraavia rajoitustoimenpiteitä:

- Kiinnipitäminen.
- Aineiden ja esineiden haltuunotto.
- Henkilöntarkastus.
- Päivittäisissä toiminnoissa käytettävät rajoittavat välineet ja asusteet.

Rajoitustoimenpiteitä voivat käyttää ainoastaan yksikön henkilökuntaan kuuluvat sosiaali- tai terveydenhuollon ammattihenkilöt. Esimerkiksi avustaja, joka ei ole yksikön henkilökuntaa, ei voi osallistua rajoitustoimenpiteen toteuttamiseen. Samoin opiskelijat eivät ole lain tarkoittamia sosiaali- tai terveydenhuollon ammattihenkilöitä.

On kuitenkin erityisesti huomioitava, että hätävarjelutilanteessa kaikilla on oikeus puolustaa itseään ja muita oikeudettomalta hyökkäykseltä.

ÄÄRILIIKKEIDEN OIKEUDET JA RAJOITUKSET

Yhdistymisvapaus on keskeinen perusoikeus, joka on turvattu Suomen perustuslaissa sekä kansainvälisissä sopimuksissa, kuten Euroopan ihmisoikeussopimuksessa ja Yhdistyneiden Kansakuntien ihmisoikeusjulistuksessa. Yhdistymisvapaus on poliittinen oikeus, joka takaa yksilöille vapauden liittyä järjestöihin, yhdistyksiin, ammattiliittoihin ja muihin yhteisöihin. Se on olennainen osa demokraattista yhteiskuntaa, sillä se mahdollistaa kansalaisten aktiivisen osallistumisen yhteiskunnalliseen elämään ja mielipiteiden ilmaisemisen.

Koska yhdistymisvapaus on poliittinen oikeus, se nauttii erityistä suojaa perusoikeuksien joukossa. Tämä tarkoittaa, että siihen puuttuminen on sallittua vain poikkeuksellisissa ja erittäin rajoitetuissa tilanteissa, joissa puuttumiselle on olemassa selkeät ja painavat syyt. Rajoituksia voidaan asettaa ainoastaan silloin, kun niiden taustalla on yhteiskunnan turvallisuuden, muiden perusoikeuksien suojelun tai yhteiskunnan perustavanlaatuisten arvojen turvaaminen. Tällöin rajoitukset eivät saa olla laajemmat kuin mitä on ehdottomasti tarpeellista näiden päämäärien saavuttamiseksi.

Ääriliikkeet ovat usein yhteiskunnallisia ryhmiä, jotka kyseenalaistavat vallitsevat yhteiskunnalliset ja poliittiset rakenteet ja pyrkivät muutoksiin, jotka voivat olla radikaaleja ja jopa väkivaltaisia. Nämä ryhmät voivat haastaa yhteiskunnan perusperiaatteet ja toimia joko yhteiskunnan laajempaa järjestystä vastaan tai tietyntyyppisten yhteiskunnan osien, kuten poliittisten tai etnisten ryhmien, etujen vastaisesti. Vaikka ääriliikkeet tunnetaan usein väkivaltaisista teoistaan ja mielipiteidensä äärimmäisyydestä, nykyajan ääriliikkeet voivat käyttää myös muita keinoja, kuten henkistä väkivaltaa, psykologista painostusta ja yhteisön rakenteiden horjuttamista. Tällaista henkistä väkivaltaa voivat olla esimerkiksi erilaiset kyseenalaiset ja tuomitsevat toimintatavat, kuten cancel-kulttuuri, joka tähtää muiden mielipiteiden tukahduttamiseen ja yhteiskunnallisen tai kulttuurisen aseman kaatamiseen. Toinen esimerkki on passiivisaggressiivisesti toimiva Elokapina, joka pyrkii vaikuttamaan yhteiskunnan asenteisiin ja poliittisiin päätöksiin epäsuorasti ja monilla tavoilla, mutta joka saattaa käyttää väkivaltaisia tai pakottavia elementtejä.

Yhdistymisvapaus, joka turvataan sekä Suomen perustuslaissa (13 §) että Euroopan ihmisoikeussopimuksen 11 artiklassa, on perusoikeus, joka antaa yksilöille oikeuden liittyä yhteisöihin, yhdistyksiin ja poliittisiin liikkeisiin ilman pelkoa sortotoimista tai syrjinnästä. Tämä oikeus on olennainen osa demokratian ja yksilönvapauksien toteutumista, ja sen turvaaminen on keskeistä oikeusvaltiossa. Kuitenkin, kuten muidenkin perusoikeuksien kohdalla, yhdistymisvapauden rajoittaminen voi tulla kysymykseen tietyissä poikkeustilanteissa, kuten silloin, kun yhdistyksen tai liikkeen toiminta uhkaa yhteiskunnan turvallisuutta, yleistä järjestystä tai toisten perusoikeuksia. Näissä tilanteissa yhdistymisvapauden rajoittamisen tulee aina perustua lakiin ja olla mahdollisimman rajoitettua ja tarkasti määriteltyä, jotta se ei loukkaa perusoikeuksia tarpeettomasti.

Kun tarkastellaan yhdistymisvapauden rajoittamistaääriliikkeiden osalta, on tärkeää lähestyä asiaa laajasta näkökulmasta, jossa punnitaan eri perusoikeuksien välistä tasapainoa. On otettava huomioon, että vaikka ääriliikkeet voivat olla vaaraksi yhteiskunnalle ja sen perusarvoille, niiden toiminnan estäminen ei saa tapahtua ilman tarkkoja sääntöjä ja valvontaa. Yhdistymisvapauden rajoittamista on aina tarkasteltava kontekstissaan, ja perusoikeuksia sovellettaessa on tärkeää arvottaa oikeuksien suojaamista sekä yksilöiden että yhteiskunnan hyvinvointia ja turvallisuutta ajatellen. Yhdistymisvapauden rajoittaminen ääriliikkeiden osalta vaatii huolellista harkintaa ja syvällistä pohdintaa siitä, kuinka tasapainoilla yksilönvapauksien ja yhteiskunnan turvallisuuden välillä ilman, että kavennetaan liikaa demokraattisia oikeuksia ja perusarvoja.

IKÄÄNTYIDEN ITSEMÄÄRÄÄMISOIKEUS

Suomen perustuslaki turvaa kaikille Suomessa asuville ja oleskeleville henkilöille perusoikeudet. Perustuslain mukaan jokaisella on oikeus elämään, henkilökohtaiseen vapauteen, koskemattomuuteen ja turvallisuuteen. Henkilökohtaiseen koskemattomuuteen ei saa puuttua, eikä vapautta saa riistää mielivaltaisesti tai ilman laissa säädettyä perustetta. Näiden oikeuksien turvaaminen on perusta itsemääräämisoikeudelle, joka on yksi tärkeimmistä perusoikeuksista. Itsemääräämisoikeus tarkoittaa yksilön oikeutta päättää omista asioistaan ja valinnoistaan ilman ulkopuolista puuttumista, mikäli hänellä on kyky tehdä nämä päätökset.

Muut perusoikeudet, kuten liikkumisvapaus, yksityiselämän suoja ja kokoontumisvapaus, eivät voi toteutua kunnolla, ellei ihmisellä ole itsemääräämisoikeutta. Itsemääräämisoikeus on siis keskeinen ehto muiden oikeuksien täysimääräiselle toteutumiselle. Usein puhutaan itsemääräämisoikeuden toteutumisesta, mutta todellisuudessa tarkoitetaan laajemmin kaikkien perus- ja ihmisoikeuksien kunnioittamista. Erityisesti ikääntyneiden tai sairastuneiden henkilöiden osalta on tärkeää, että heidän perusoikeuksiaan ei loukata. Korkea ikä tai sairastuminen ei poista tai vähennä perusoikeuksia, kuten itsemääräämisoikeutta. Tämä tarkoittaa, että vanhuksilla tai sairailla henkilöillä tulee olla oikeus osallistua päätöksentekoon, joka koskee heidän elämäänsä, olipa kyseessä hoivakotiin tai sosiaalihuollon asumispalveluun muuttaminen. Itsemääräämisoikeuden toteutuminen ei siis ole riippuvainen henkilön terveydentilasta, vaan se on perusoikeus, joka on turvattava kaikille, myös haavoittuvassa asemassa oleville.

Ihmisen toimintamahdollisuuksia yhteiskunnassa määrittää hänen itsemääräämisoikeutensa. Itsemääräämisoikeuden keskeinen ilmenemismuoto on oikeustoimikelpoisuus, eli kyky tehdä oikeudellisia päätöksiä omasta puolestaan. Oikeustoimikelpoisuudella tarkoitetaan sitä, että ihminen voi tehdä itsenäisesti päätöksiä, jotka koskevat hänen elämäänsä, varallisuuttaan ja muita henkilökohtaisia asioitaan. Kuitenkin, jos henkilö sairastuu esimerkiksi etenevään muistisairauteen, hänen oikeudellinen toimintakykynsä saattaa heikentyä, ja hän saattaa tarvita apua itsenäisten päätösten tekemisessä. Tällöin on mahdollista, että hän valtuuttaa läheisensä, kuten omaisensa, hoitamaan raha-asioitaan tai muita tärkeitä päätöksiä puolestaan. Tämä ei kuitenkaan tarkoita, että henkilön perusoikeudet tai itsemääräämisoikeus kokonaan poistuvat, vaan niiden toteutuminen saattaa edellyttää erityistä tukea ja avustamista.

Sosiaali- ja terveydenhuollon asiakas voi ennakoivasti vaikuttaa siihen, kuinka hänen tahtonsa ja toiveensa huomioidaan, esimerkiksi tekemällä hoitotahdon. Hoitotahdossa asiakas voi ilmaista selkeästi, miten hän haluaa tulla hoidettavaksi, mikäli hän ei tulevaisuudessa kykene itse ilmaisemaan tahtoaan. Lisäksi henkilö voi varautua siihen, ettei hän tulevaisuudessa pystykään hoitamaan asioitaan itsenäisesti. Tässä tilanteessa hän voi tehdä edunvalvontavaltuutuksen, jonka avulla hän voi nimetä henkilön, joka huolehtii hänen asioistaan, jos hän itse ei siihen pysty.

Tuomioistuin voi määrätä henkilölle edunvalvojan ainoastaan silloin, kun henkilö ei terveydellisen tai muun vastaavan syyn vuoksi kykene hoitamaan omia asioitaan, eikä niitä voida hoitaa millään muulla tavalla. Usein edunvalvojana toimii henkilön omainen, mutta edunvalvojan tehtävä on rajattu, eikä se anna täyttä valtaa henkilön kaikissa asioissa. Esimerkiksi edunvalvojalla ei ole oikeutta tehdä päämiehensä puolesta henkilökohtaisia päätöksiä, kuten testamentin laatimista tai sen perumista. Tällaiset asiat jäävät aina päämiehen itsensä päätettäväksi, mikäli hän kykenee niitä ymmärtämään ja hoitamaan.

Kun oikeustoimikelpoisuutta rajoitetaan, on aina noudatettava suhteellisuusperiaatetta. Rajoituksia ei saa asettaa enempää kuin asianomaisen edun suojaamiseksi on välttämätöntä, eikä niitä saa toteuttaa tavoilla, joihin laki ei anna oikeutta. Tärkeää on myös, että henkilöllä itsellään on aina oikeus päättää niistä asioistaan, jotka hän ymmärtää sairaudestaan huolimatta. Mikäli henkilö pystyy ymmärtämään ja tekemään päätöksiä omassa elämässään, hänen itsemääräämisoikeuttaan ei tule rajoittaa tarpeettomasti.

Sosiaali- ja terveydenhuollon palveluja toteutettaessa on ensisijaisesti otettava huomioon asiakkaan toivomukset, mielipiteet ja tarpeet. Hänen itsemääräämisoikeuttaan on kunnioitettava kaikissa tilanteissa, ja asiakkaille on tarjottava mahdollisuus osallistua ja vaikuttaa omien palvelujensa suunnitteluun ja toteuttamiseen. Jos asiakas tai potilas ei kykene itse ilmaisemaan tahtoaan, hänen mielipiteensä on selvitettävä yhteistyössä laillisen edustajan ja/tai läheisten kanssa, jotta hänen näkemyksensä tulee asianmukaisesti huomioiduksi.

Tällä hetkellä ei ole olemassa tarkkarajaista lainsäädäntöä, joka selkeästi määrittelisi itsemääräämisoikeuden edistämiseen ja rajoittamiseen liittyvät oikeudet ja velvollisuudet erityisesti ikääntyneiden palveluissa. Tämä voi johtaa tilanteisiin, joissa joidenkin asiakkaiden itsemääräämisoikeutta tai muita perusoikeuksia rajoitetaan ilman asianmukaisia ja lainsäädännön tukemia perusteita. Valitettavasti rajoittavia toimenpiteitä ei aina edes tunnisteta perusoikeuksiin puuttumisena. Esimerkiksi asiakkaiden huoneiden ovien lukitseminen voidaan nähdä turvallisuustoimenpiteenä, mutta se voi myös tarkoittaa henkilökohtaisen vapauden rajoittamista, mikä ei ole hyväksyttävää ilman selkeää ja laillisesti perusteltua syytä.

Rajoitustoimenpiteistä on säädetty ainoastaan mielenterveyslaissa, päihdehuoltolaissa, laissa kehitysvammaisten erityishuollosta ja tartuntatautilaissa. Tämän vuoksi toimintaperiaatteita ja ohjeistuksia joudutaan usein etsimään yleisemmistä perus- ja ihmisoikeusnäkökulmista sekä ylimpien laillisuusvalvojien, kuten eduskunnan oikeusasiamiehen, linjauksista. Lainsäädännön aukko tässä asiassa on merkittävä ongelma, sillä perusoikeuksien rajoittaminen on oikeusjärjestyksessämme mahdollista vain, jos tietyt edellytykset täyttyvät. Nämä edellytykset pohjautuvat perustuslakivaliokunnan mietintöön, joka käsittelee hallituksen esitystä perusoikeussäännösten muuttamisesta.

Perusoikeuksien rajoitukset on säädettävä nimenomaan eduskunnan hyväksymällä lailla. Rajoitusten tulee olla tarkkarajaisia ja riittävän täsmällisesti määriteltyjä. Laista on selkeästi ilmettävä, millaisia rajoituksia voidaan asettaa ja missä olosuhteissa ne ovat mahdollisia. Rajoitusten perusteiden on oltava hyväksyttäviä ja oikeutettuja. Yksilön perusoikeuksien ytimeen ei saa puuttua. Rajoitusten on oltava myös suhteellisuusperiaatteen mukaisia, eli niitä voidaan käyttää vain, jos ne ovat välttämättömiä hyväksyttävän tavoitteen saavuttamiseksi. Mikäli henkilön perusoikeuksia rajoitetaan, hänellä tulee olla riittävät oikeusturvakeinot, kuten mahdollisuus valittaa rajoittamispäätöksestä. Rajoitukset eivät myöskään saa olla ristiriidassa Suomen kansainvälisten ihmisoikeusvelvoitteiden kanssa.

IKÄÄNTYNEIDEN ITSEMÄÄRÄÄMISOIKEUDESTA

Koronapandemian aikana monissa palvelutaloissa ja hoivayksiköissä ikääntyneiden henkilöiden itsemääräämisoikeutta ja perusoikeuksia rajoitettiin merkittävästi. Erityisesti asukkaille asetetut liikkumis- ja ulkoilurajoitukset sekä omaisten vierailukieltojen toteuttaminen loukkasivat heidän perusvapauksiaan. Vierailukieltojen seurauksena monilla iäkkäillä asukkailla oli vaikeuksia ylläpitää yhteyksiä läheisiinsä, mikä heikensi heidän elämänlaatuaan ja psyykkistä hyvinvointiaan. Erityisesti puolisoiden yhteiselämän rajoittaminen, jossa esimerkiksi toisiaan rakastavat ja pitkään yhdessä eläneet ikääntyneet pariskunnat estettiin tapaamasta tai asumasta yhdessä, oli vakava loukkaus heidän yksityiselämän ja perhe-elämän suojan osalta.

Tällaiset toimenpiteet, jotka olivat aluksi suunniteltu suojelemaan heikommassa asemassa olevia henkilöitä, saattavat pitkällä aikavälillä johtaa perusoikeuksien ja itsemääräämisoikeuden vakavaan heikentymiseen. Tämä korostaa sitä, kuinka tärkeää on arvioida rajoitusten välttämättömyys sekä etukäteen että säännöllisesti niiden käytön aikana. Rajoitusten ei tulisi koskaan olla ensimmäinen vaihtoehto, vaan aina tulisi olla varmistettu, että ne ovat todella tarpeellisia ja että muita mahdollisia keinoja on harkittu. Henkilöstön kiire tai resurssien puute ei voi olla hyväksyttävä syy rajoitustoimenpiteiden käyttöön, sillä perusoikeudet, kuten liikkumisvapaus ja oikeus yksityisyyteen, ovat ensisijaisia.

Pandemian aikana tehdyt päätökset ja niiden vaikutukset korostavat tarvetta jatkuvaan ja huolelliseen arviointiin. Hoitohenkilökunnan ja päätöksentekijöiden tulee olla valmiita arvioimaan rajoitustoimenpiteiden tarpeellisuus ja vaikuttavuus myös pandemian tai kriisin jälkeen. Itsemääräämisoikeus ja perusoikeudet ovat perustavanlaatuisia oikeuksia, jotka eivät voi jäädä poikkeusoloissa syrjään. Niiden turvaaminen vaatii erityistä huomiota erityisesti haavoittuvassa asemassa olevien, kuten ikääntyneiden, kohdalla.

ELINKEINOVAPAUS

Suomessa perustuslaki takaa jokaiselle oikeuden hankkia toimeentulonsa valitsemallaan työllä, ammatilla tai elinkeinolla. Tämä elinkeinovapaus on yksi keskeisistä perusoikeuksista, joka mahdollistaa yksilön vapauden valita elinkeinonsa ja harjoittaa sitä omien kykyjensä ja valintojensa mukaan. Perustuslain mukainen elinkeinovapaus on kuitenkin tarkemmin säädelty elinkeinotoimintalaissa, joka asettaa raamit ja sääntöjä elinkeinon harjoittamiselle Suomessa.

Elinkeinotoimintalain mukaan elinkeinoa saa harjoittaa Suomessa seuraavilla tahoilla:

1. Luonnollinen henkilö, joka asuu Euroopan talousalueella (ETA).
2. Suomalainen yhteisö tai säätiö.
3. Ulkomainen yhteisö tai säätiö, joka on perustettu jossakin Euroopan talousalueen jäsenvaltiossa voimassa olevan lain mukaan ja jolla on sääntömääräinen kotipaikka, keskushallinto tai päätoimipaikka jossakin Euroopan talousalueeseen kuuluvassa valtiossa.

Lisäksi elinkeinotoimintalain mukaan poikkeustapauksissa Patentti- ja rekisterihallitus (PRH) voi myöntää luvan elinkeinon harjoittamiseen myös niille luonnollisille henkilöille, joiden asuinpaikka on Euroopan talousalueen ulkopuolella, sekä ulkomaisille yhteisöille ja säätiöille, jotka sijaitsevat Euroopan talousalueen ulkopuolella. Tällöin luvan myöntäminen edellyttää, että elinkeinonharjoittaja on selvityksensä perusteella tavoitettavissa ja kykenee täyttämään kaikki elinkeinotoiminnan harjoittamiseen liittyvät lakisääteiset velvoitteet Suomessa.

Tämä sääntelytakuu elinkeinovapaudelle turvaa paitsi kotimaisille myös ulkomaisille toimijoille mahdollisuuden harjoittaa elinkeinoja Suomessa, mutta samalla varmistaa, että kaikki toimijat noudattavat Suomen lainsäädäntöä ja velvoitteita. Elinkeinotoiminnan sääntely on tärkeää yhteiskunnan ja markkinoiden tasapuolisuuden, toiminnan laillisuuden ja verotulojen turvaamisen kannalta.

PRH:n myöntämä lupa elinkeinon harjoittamiseen on myös vaadittava avoimen yhtiön yhtiömieheltä ja kommandiittiyhtiön vastuunalaiselta yhtiömieheltä, joiden asuin- tai kotipaikka on Euroopan talousalueen ulkopuolella. Poikkeuksena on tilanne, jossa vähintään yhdellä avoimen yhtiön yhtiömiehellä tai kommandiittiyhtiön vastuunalaisella yhtiömiehellä on asuin- tai kotipaikka Euroopan talousalueella. Tällöin lupa ei ole tarpeen. Tämä sääntö takaa sen, että ulkomaisten yhtiöiden ja henkilöiden elinkeinotoiminta Suomessa täyttää Suomen lainsäädännön vaatimukset ja että toimijat ovat riittävästi tavoitettavissa ja vastuullisia.

Suomessa on myös tiettyjä elinkeinoja, joiden harjoittamista on rajoitettu erityisillä lupakäytännöillä. Nämä elinkeinot on luokiteltu luvanvaraisiksi, ja niiden harjoittamista valvotaan tiukasti lainsäädännön ja viranomaismääräysten mukaisesti. Esimerkiksi alkoholijuomien anniskelutoiminta ja vartioimisliiketoiminta kuuluvat näihin säädeltyihin aloihin. Näillä toimialoilla viranomaiset varmistavat, että liiketoiminta on turvallista, vastuullista ja lainsäädännön mukaista, erityisesti yleisen turvallisuuden ja terveyden suojelemiseksi.

Lisäksi on olemassa elinkeinoja, joiden aloittaminen edellyttää rekisteröitymistä viranomaisen ylläpitämään rekisteriin. Rekisteröintivelvollisuus koskee monia toimialoja, kuten valmismatkaliikkeitä, perintätoimintaa, kiinteistönvälitystä ja vuokrahuoneistojen välitystä. Rekisteröitymisen tarkoituksena on varmistaa, että toimijat täyttävät laissa säädetyt vaatimukset ja velvoitteet, mikä auttaa valvomaan alan toiminnan laillisuutta, avoimuutta ja kuluttajansuojaa. Rekisteröintivelvollisuus luo myös oikeusturvaa, koska se mahdollistaa viranomaisten valvonnan ja tarvittaessa puuttumisen mahdollisiin epäkohtiin.

Joidenkin elinkeinojen kohdalla edellytetään, että elinkeinonharjoittaja tekee ilmoituksen viranomaiselle elinkeinotoiminnan aloittamisesta. Ilmoitusvelvollisuus voi sisältää myös erityisiä rajoituksia ja velvoitteita, jotka liittyvät kyseisen toimialan sääntelyyn. Näillä säännöillä pyritään varmistamaan, että elinkeinotoiminta täyttää lain vaatimukset ja että se voidaan aloittaa vastuullisesti ja laillisesti.

Elinkeinon voi periaatteessa aloittaa ennen kuin viranomainen on ehtinyt käsitellä ilmoituksen, mutta joillekin erityisille elinkeinoille lainsäädäntö voi asettaa poikkeuksia, jotka vaativat viranomaisen ennakkokäsittelyä ennen toiminnan aloittamista. Tämä koskee erityisesti niitä aloja, joiden harjoittamista valvotaan tarkemmin kuluttajaturvallisuuden, ympäristönsuojelun tai muiden yhteiskunnallisten etujen vuoksi.

Elinkeinovapautta on kuitenkin mahdollista rajoittaa lailla. Rajoitukset perustuvat elinkeinolakiin ja sen sääntöihin, jotka määrittelevät, millä edellytyksillä ja missä olosuhteissa elinkeinon harjoittaminen on sallittua. Elinkeinovapauden rajoittaminen voi olla tarpeen esimerkiksi yleisen turvallisuuden, kansanterveyden, kuluttajansuojan tai ympäristön suojelemisen varmistamiseksi.

Elinkeinolain mukaan vain laillinen ja hyvän tavan mukainen elinkeinotoiminta on sallittua. Elinkeinotoimintaa saa harjoittaa seuraavat tahot:

- Luonnollinen henkilö, jolla on asuinpaikka Euroopan talousalueella,
- Suomalainen yhteisö ja säätiö,
- Ulkomainen yhteisö ja säätiö, joka on perustettu ja jolla on kotipaikka jossakin Euroopan talousalueeseen kuuluvassa valtiossa.

Tämä sääntö takaa sen, että vain lainsäädännön mukaiset ja vastuulliset toimijat voivat harjoittaa elinkeinoja Suomessa, mikä edistää liiketoiminnan läpinäkyvyyttä ja luotettavuutta.

Muussa tapauksessa elinkeinon harjoittaminen on mahdollista vain Patentti- ja rekisterihallituksen (PRH) myöntämällä luvalla. Tämän lisäksi elinkeinovapautta on rajoitettu säätämällä osa elinkeinoista ilmoituksenvaraisiksi, jolloin elinkeinotoiminnan aloittamisesta on tehtävä viranomaiselle ilmoitus. Tämä ilmoitusvelvollisuus takaa sen, että elinkeinotoiminta on asianmukaisesti rekisteröity ja valvottu, jolloin voidaan varmistaa sen laillisuus ja yhteiskunnallinen hyväksyttävyys.

Lisäksi tietyt elinkeinot ovat luvanvaraisia, mikä tarkoittaa, että elinkeinotoiminnan aloittamiseen tarvitaan viranomaisen myöntämä lupa. Tällaisia toimialoja voivat olla esimerkiksi ne, jotka liittyvät erityisesti kansanterveyteen, turvallisuuteen, ympäristön suojeluun tai kuluttajansuojeluun. Luvanvaraisuus varmistaa, että toimijat täyttävät tarkat vaatimukset ja että heidän toimintansa ei ole ristiriidassa yhteiskunnan ja kansalaisten etujen kanssa.

Elinkeinovapaus on Suomessa pääsääntö, mutta siihen liittyy merkittäviä poikkeuksia. Näiden poikkeusten taustalla on halu suojella yhteiskunnan etuja ja varmistaa, että elinkeinotoiminta on vastuullista ja säädösten mukaista. Ennen elinkeinon aloittamista onkin ensiarvoisen tärkeää selvittää tarkasti omaan elinkeinoon liittyvät mahdolliset rajoitukset ja varmistaa, että toiminta täyttää kaikki lain edellyttämät vaatimukset ja normit. Tämä voi tarkoittaa esimerkiksi tarvittavien ilmoitusten tekemistä tai viranomaisluvasta huolehtimista ennen toiminnan käynnistämistä.

PAKKOTYÖ

Pakkotyö tarkoittaa työtä tai palvelusta, johon ihminen pakotetaan vastoin omaa tahtoaan rangaistuksen uhalla. Se voi ilmetä erilaisina muotoina, kuten orjuutena, velkaorjuutena tai ihmiskauppana, joissa ihmiset joutuvat tekemään työtä väkivallan, uhkailun tai manipulaation avulla. Pakkotyö ei ole vain historiallinen ilmiö, vaan se on edelleen valitettavan yleistä monilla alueilla maailmassa, ja monissa maissa sitä käytetään edelleen eräänlaisena rangaistuksena rikoksista.

Vaikka pakkotyötä on perinteisesti käytetty rangaistusmuotona, erityisesti ruumiillista työtä vaativilla aloilla, kuten maataloudessa, kalastuksessa, rakennusteollisuudessa, kaivoksissa ja kodinhoitotyössä, sen nykyiset muodot voivat olla huomattavasti piilossa, mikä tekee siitä entistä vaikeammin havaittavaa. Pakkotyö voi esiintyä esimerkiksi teollisuusketjuissa, joissa työntekijöitä pakotetaan työskentelemään alhaisilla palkoilla, uhkaamalla väkivallalla tai jopa vapaudenriistolla. Se voi myös ilmetä seksityössä, lasten hyväksikäytössä, kaupankäynnissä ja rikollisessa toiminnassa.

Pakkotyö on erityisen suuri ongelma tietyillä alueilla, kuten Aasiassa ja Tyynenmeren valtioissa, joissa työvoiman hyväksikäyttö on usein sääntelemätöntä ja haavoittuvat ihmiset, kuten siirtotyöläiset ja köyhät, ovat erityisesti alttiita hyväksikäytölle. Vaikka kansainvälinen yhteisö on tehnyt merkittäviä ponnisteluja pakkotyön kitkemiseksi, sen olemassaolo on edelleen suuri haaste, ja se vaatii tiukempaa valvontaa ja lainsäädännön täytäntöönpanoa.

Pakkotyötä on myös käytetty ja käytetään edelleen monissa maissa rangaistuksena, jossa yksilöitä pakotetaan työskentelemään valtion tiluksilla, linnoituksissa, tehtaissa tai kaivoksissa. Historiallisesti pakkotyötä on käytetty erityisesti kaleerilaivoilla ja siirtomaissa, joissa ihmiset pakotettiin tekemään raskasta työtä ankarissa olosuhteissa. Vaikka pakkotyön käytön määrä on vähentynyt monissa maissa, se on edelleen todellinen ongelma erityisesti maissa, joissa valvonta on heikkoa ja oikeusjärjestelmät eivät riittävästi suojele haavoittuvassa asemassa olevia ihmisiä.

Itä-Ukrainan kapinalliset, erityisesti Donetskin kansantasavallan johto, ovat kertoneet käyttävänsä vangitut ukrainalaissotilaat pakkotyöhön. Esimerkiksi ainakin 65 sotavankia on joutunut tekemään pakkotyötä talojen rakentamiseksi Ilovaiskissa, joka sijaitsee Donetskin alueen lähellä. Tämä on esimerkki siitä, kuinka pakkotyö voi olla osa sodan ja konfliktin aikana käytettäviä karkeita rangaistusmuotoja, joissa ihmisoikeuksia poljetaan ilman kansainvälisiä valvontakoneistoja.

Siirtomaavallan aikakaudella pakkotyö oli laajasti käytössä erityisesti Britannian siirtomaissa. Esimerkiksi noin 161 700 vankia siirrettiin Australiaan vuosien 1788 ja 1868 välillä, ja heitä pakotettiin tekemään töitä siirtomaahallinnon hyväksi. Tämä oli osa siirtomaiden asuttamisen ja taloudellisen hyödyntämisen strategiaa, jossa vankeja käytettiin työvoimana monenlaisilla aloilla, kuten maanviljelyksessä ja infrastruktuurin rakentamisessa. Pakkotyön laajamittainen käyttö oli yksi siirtomaavallan synkistä perinteistä, jossa ihmisten vapaus ja oikeudet olivat usein täysin sivuutettu.

1900-luvulla pakkotyö sai synkän muodon diktatuurivaltioissa, kuten natsi-Saksassa ja Stalinin aikaisessa Neuvostoliitossa. Nämä totalitaariset järjestelmät käyttivät pakkotyötä rangaistuksena poliittisille vastustajilleen. Suuri määrä vallanpitäjien poliittisia vastustajia, tai henkilöitä, joita epäiltiin tällaisiksi, joutui keskitysleireille, joissa heidät pakotettiin tekemään raskasta työtä olosuhteissa, jotka usein johtivat kuolemaan tai vakaviin vammoihin. Pakkotyö oli osa totalitaarisen järjestelmän keinoja murskata vastarinta ja pitää kansa pelon vallassa.

Ruotsissa ja siihen aikoinaan kuuluneessa Suomessa pakkotyö oli virallinen rangaistusmuoto, joka tuli voimaan jo 1700-luvun alussa. Vuoden 1734 laki määräsi pakkotyön rangaistukseksi erityisesti rahanväärentämisestä, oikeuden asiakirjojen ja muiden virallisten dokumenttien väärentämisestä sekä joissakin tapauksissa varkaudesta, julkisten varojen kavaltamisesta ja salavuoteudesta. Pakkotyöhön saatettiin määrätä myös henkilöitä, jotka eivät kyenneet maksamaan tuomioistuinten määräämiä sakkoja. Pakkotyötä käytettiin myös seksityöhön liittyvien rikosten, kuten prostituution, rangaistuksena. Tämä historian osa muistuttaa siitä, kuinka pakkotyö on ollut käytössä eri yhteiskunnissa erilaisten rikosten rangaistuksena ja valtion vallan ilmentymänä.

Suomen nykyisessä rikoslaissa ei enää tunneta pakkotyötä erillisenä rangaistusmuotona. Kuitenkin vankeuteen tuomitut ovat edelleen velvollisia osallistumaan vankilan järjestämään työhön ja hyväksyttyyn toimintaan rangaistuksensa aikana. Vankeusrangaistus voidaan suorittaa myös yhdyskuntapalveluna, joka on eräänlainen vaihtoehto perinteiselle vankilatuomiolle. Aiemmin, ennen vuoden 1987 lakimuutosta, Suomessa oli voimassa säännös, jonka mukaan irtolaisuudesta tuomittuja henkilöitä saatettiin määrätä rangaistuksena pakkotyöhön. Tämä käytäntö on kuitenkin jäänyt historiaan, ja nykyisin rangaistukset keskittyvät enemmän kuntoutukseen ja yhteiskuntaan palauttaviin vaihtoehtoisiin toimiin.

Pakkotyö itsessään tarkoittaa tilannetta, jossa henkilö pakotetaan tekemään työtä rangaistuksen uhalla, eikä hän ole itse vapaaehtoisesti valinnut osallistumistaan kyseiseen toimintaan. Pakkotyö voi olla erityisen näkyvää alueilla, kuten laittomissa työolosuhteissa, joissa työntekijöille ei makseta oikeudenmukaisesti tai joissa heitä uhkaillaan rangaistuksilla, mikäli he kieltäytyvät työstä. Tällainen tilanne on selvästi ihmisoikeuksien ja työoikeuksien vastainen, ja sille on tärkeää asettaa lainsäädännöllisiä esteitä.

Euroopan komissio antoi 14.9.2022 asetusehdotuksen, joka tähtää pakkotyöllä valmistettujen tuotteiden kieltämiseen EU:n markkinoilla. Tämä asetus koskisi kaikkia EU:ssa valmistettuja tuotteita sekä tuontituotteita, ja sen tavoitteena on estää pakkotyöstä valmistettujen tuotteiden pääsy markkinoille. Asetuksen mukaan viranomaisilla olisi oikeus pyytää yrityksiltä selvityksiä siitä, kuinka ne estävät pakkotyön käytön tuotannossaan. Mikäli viranomainen toteaa, että yritys on rikkonut asetuksen kieltoa ja asettanut markkinoille pakkotyöllä valmistettuja tuotteita, viranomainen voi määrätä markkinoilleasettamiskieltoja ja vaatia yritystä vetämään kyseiset tuotteet pois markkinoilta sekä tuhoamaan ne. Tässä prosessissa viranomaisilla on todistustaakka, eli niiden täytyy osoittaa, että rikkumuksia on tapahtunut. Yrityksillä on kuitenkin oikeus valittaa päätöksistä, mikä takaa oikeusturvan.

Tämä asetus on osa Euroopan unionin pyrkimystä torjua ihmisoikeusloukkauksia globaalissa tuotantoketjussa ja varmistaa, että EU:n markkinoilla ei ole enää tilaa tuotteille, jotka on valmistettu hyväksyttävien työolojen vastaisesti. Se edustaa merkittävää askelta kohti globaalia vastuullista liiketoimintakäytäntöä ja on yksi keino puuttua ihmiskauppaan ja orjuuteen, joka edelleen valitettavasti koskettaa monia maailman kolkkia.

Pakkotyö tarkoittaa kaikkia sellaisia työtehtäviä ja palveluksia, joihin henkilö pakotetaan rangaistuksen uhalla ilman, että hän on suostunut niihin vapaaehtoisesti. Pakkotyön määritelmä kattaa tilanteet, joissa henkilön vapaa tahto ohitetaan joko fyysisen tai henkisen pakon kautta. Se voi ilmetä monessa eri muodossa ja on yksi ihmiskaupan vakavista ilmenemismuodoista.

Pakkotyö voi ottaa monenlaisia muotoja, kuten velalla sitominen, passien pidättäminen tai laiton säilöönotto. Näissä tilanteissa henkilön liikkumavara ja itsenäisyys estetään, ja hänet pakotetaan tekemään työtä rangaistuksen pelossa.

Pakkotyö voi myös ilmetä tilanteissa, joissa henkilö suorittaa työtä näennäisesti vapaaehtoisesti, mutta taloudellinen pakko, esimerkiksi elantonsa turvaamiseksi, ajaa hänet siihen. Taloudellinen pakko, erityisesti silloin kun se johtuu valtion toimenpiteistä tai valtion hyväksikäytöstä, on myös pakkotyötä.

On kuitenkin tärkeää huomata, että kaikkea pakollista työtä ei voida luonnehtia pakkotyöksi. Esimerkiksi asevelvollisuuden täyttäminen ei ole pakkotyötä, eikä rikostuomiosta johtuva työ, kuten työrangaistus. Myöskään hätätyön tekeminen tai luonnonkatastrofeista johtuva auttamisvelvoite ei kuulu pakkotyön piiriin. Pakkotyö on nimenomaan sellaista työtä, johon henkilö pakotetaan ilman mahdollisuutta kieltäytyä tai ilman oikeudenmukaisia vaihtoehtoja.

Kansainvälisessä oikeudessa pakkotyön kielto on eräänlainen jus cogens -normi, eli se on pakottavaa oikeutta, jota ei voida kiertää eikä rajoittaa. Tämä tarkoittaa, että pakkotyö on ehdottomasti kielletty kaikilla tasoilla ja että sitä vastaan voidaan ryhtyä oikeudellisiin toimiin. Mikään yksityinen tai julkinen taho ei saa käyttää pakkotyötä, ja se on kansainvälisesti tunnustettu rikkomus ihmisoikeuksia vastaan. Pakkotyön kielto on keskeinen osa globaalia pyrkimystä suojella työntekijöiden oikeuksia ja torjua ihmiskauppaa ja orjuutta.

Ihmiskauppa on rikos, jossa henkilö hyödyntää toista ihmistä eri keinoin, kuten värväämällä, luovuttamalla, kuljettamalla, vastaanottamalla tai majoittamalla toisen henkilön taloudellisen hyödyn saavuttamiseksi. Ihmiskaupan tunnusmerkistö koostuu teossa käytetyistä keinoista, tekotavoista ja teon tarkoituksesta, ja sen laajuus ulottuu moniin vakaviin rikoksiin.

Ihmiskauppa täyttyy, kun henkilö:

- Hyväksikäyttää toisen riippuvaista asemaa tai turvatonta tilaa; erehdyttää toista tai käyttää hyväkseen tämän erehdystä; maksaa korvauksen toista hallussaan pitävälle henkilölle tai ottaa vastaan sellaisen korvauksen.
- Ottaa toisen valtaansa, värvää toisen tai luovuttaa, kuljettaa, vastaanottaa tai majoittaa toisen.
- Vie henkilön parituksen, seksuaalisen hyväksikäytön, pakkotyön tai muiden ihmisarvoa loukkaavien olosuhteiden uhreiksi, tai jopa elimien tai kudosten poistamiseksi taloudellista hyötyä tavoitellen.

Ihmiskaupasta tuomitaan myös se, joka ottaa valtaansa alle 18-vuotiaan henkilön, tai värvää, luovuttaa, kuljettaa, vastaanottaa tai majoittaa tämän edellä mainituissa tarkoituksissa, vaikka ei olisi käyttänyt muita keinoja. Ihmiskaupasta tuomitaan vankeutta vähintään neljä kuukautta ja enintään kuusi vuotta. Teon yritys on myös rangaistavaa.

Euroopan unionin viides artikla koskee orjuuden ja pakkotyön kieltoa ja toteaa seuraavaa:

- Ketään ei saa pitää orjana tai maaorjana.
- Ketään ei saa pakottaa tekemään pakkotyötä tai muuta pakollista työtä.
- Ihmiskauppa on kielletty.

Ihmiskaupan vastaista taistelua ohjaa sitoutuminen ihmisoikeuksiin ja elämän perusvapauteen, jotka jokaisella tulisi olla. Tämä on kansainvälisesti säädetty ja se velvoittaa niin valtioita kuin yksityisiä tahoja puuttumaan tehokkaasti ihmiskaupan kaltaisiin rikoksiin.

Tässä artiklassa ei pakkotyöllä tai muulla pakollisella työllä tarkoiteta:
a) työtä, joka on määrätty tämän yleissopimuksen 5 artiklan mukaisesti vapaudenmenetyksen aikana tai ehdonalaisessa vapaudessa, ja joka on tavanomaisesti määrätty lain mukaan;
b) aseellisen palveluksen luonteista työtä tai muuta palvelusta, joka on vaadittu aseellisesta palveluksesta kieltäytymisen omantunnonsyistä maissa, jotka sallivat tämän mahdollisuuden;
c) työtä, joka vaaditaan hätätilanteissa, kuten silloin, kun yhteiskunnan olemassaoloa tai hyvinvointia uhkaa vakava vaara tai onnettomuus;
d) työtä tai palvelusta, joka kuuluu kansalaisvelvollisuuksiin ja jonka täyttäminen on yhteiskunnan hyvinvoinnin kannalta välttämätöntä.

Ihmisoikeuksiin sisältyy orjuuden ja pakkotyön kiellot. Ihmisoikeuksien yleismaailmallisen julistuksen mukaan ketään ei saa pitää orjana tai orjuutettuna, ja kaikki orjuuden ja orjakaupan muodot tulee kieltää. Samoin Euroopan unionin perusoikeuskirja asettaa ehdottoman kiellon orjuudelle ja pakkotyölle. Sen mukaan ketään ei saa pitää orjana tai maaorjana, eikä ketään saa pakottaa tekemään pakkotyötä tai muuta pakollista työtä. Lisäksi ihmiskauppa on kaikissa olosuhteissa ehdottomasti kielletty.

Tämä tiukka sääntely takaa, että perusihmisoikeuksia ja vapauksia kunnioitetaan, eikä ketään voida alistaa epäinhimillisiin työoloihin tai riistoon. Orjuuden ja pakkotyön kiellon turvin taataan ihmisille oikeus elämään ilman pelkoa hyväksikäytöstä tai vapaudenriistosta.

Pakkotyön kiellon ei kuitenkaan katsota estävän tiettyjen rangaistusten määräämistä, mikäli toimivaltainen tuomioistuin niin päättää. Pakkotyöllä ei siis tarkoiteta sellaista työtä, joka kuuluu laillisen tuomioistuimen määräämään rangaistukseen. Tämän vuoksi yhdyskuntapalvelu on sallittu rangaistusmuoto pakkotyön kiellosta huolimatta. Yhdyskuntapalvelu voidaan tuomita ehdottoman vankeusrangaistuksen sijasta tietyin edellytyksin, mikä tarjoaa vaihtoehdon vankeusrangaistuksen täytäntöönpanolle.

Pakkotyön kielto ei myöskään vaikuta siviilipalvelukseen, joka toimii asepalveluksen vaihtoehtona ja on hyväksyttävä osa valtion järjestelmiä. Hätätilanteissa tai onnettomuuksien uhatessa yhteiskunta voi velvoittaa yksilön työhön tai palvelukseen pakkotyön kiellosta huolimatta, erityisesti kun kyseessä on yleinen kansalaisvelvollisuus ja yhteiskunnan elintärkeiden toimintojen turvaaminen. Tällöin yhteiskunnan hyvinvointi ja turvallisuus voivat edellyttää, että yksilöt osallistuvat työtehtäviin kriisitilanteissa, vaikka se edellyttäisikin poikkeuksia pakkotyön kiellon perusperiaatteista.

VALTIOSTA EROAMINEN

On käyty laajaa keskustelua siitä, pitäisikö kansalaisilla olla oikeus erota valtiosta. Erään mielipiteen mukaan valtio on pakkoyhteisö, jossa yksilöt eivät voi vapaasti valita kuulumistaan, ja tämä kyseenalaistaa valtioiden oikeutuksen olemassaololleen. Tämän näkemyksen mukaan valtio ei pysty tarjoamaan muuta perustetta pakolliselle jäsenyydelle kuin voiman käytön ja väkivallan uhka, ja sen alkuperä juontaa juurensa Ruotsin kuningaskunnan aikaisesta vallasta, jossa valtio piti kansalaisiaan alamaisinaan. Valtio on edelleen monien mielestä perustunut vahvemman oikeuteen, eikä sen toimintaa voida perustella muilla, moraalisilla tai oikeudellisilla perusteilla.

Tällainen ajattelu kyseenalaistaa valtion roolin yhteiskunnassa ja esittää, että pakollinen kuuluvuus valtioon on yksilön vapautta rajoittavaa. Monille valtion pakkoyhteisöllisyys edustaa ylimielisyyttä, joka ei kunnioita toisinajattelijoiden oikeutta valita omaa polkuansa ja erota yhteisöstä. Valtiota, joka nojaa vahvemman oikeuteen, pidetään usein järjestelmänä, joka tukahduttaa yksilönvapauksia ja hallitsee kansalaisiaan ylhäältäpäin, ilman mahdollisuutta vapaaseen valintaan. Tämä asenne taas näkyy usein siinä, että niilä, jotka kokevat valtion pakkoyhteisöksi, pidetään valmiina estämään toisinajattelijoiden suunnitelmat jopa väkivallan keinoin.

Pakkoyhteisöllisyyden kannattajat usein puolustavat ajatteluaan sillä, että valtion ei tulisi toimia vain vapaasti valittuna yhteisönä, vaan sen tulee pystyä hallitsemaan ja ohjaamaan yhteiskuntaa tehokkaasti. Tällöin valtiolle annetaan suuri rooli taloudessa ja elämäntapojen ohjaamisessa, mikä tekee siitä suunnitelmatalouden kaltaisen, ja tämä ajatus on usein ristiriidassa vapaan markkinatalouden periaatteiden kanssa.

Demokratia ei muuttaisi tätä tilannetta, sillä edes demokraattinen valtio ei nauti kaikkien kansalaistensa tuesta. Enemmistöllä ei ole oikeutta pakottaa vähemmistöä alistumaan valtion alamaisiksi, sillä enemmistödiktatuuri on vain vahvemman oikeuden yksi muoto. Vaaleja ei voida pitää kansanäänestyksenä valtion olemassaolosta, eikä äänestäminen ole mikään valtakirjan antaminen valtion pakkoyhteisöllisyydelle – sellaiselle, josta ei ole koskaan järjestetty kansanäänestystä.

Länsimaisessa ajattelussa valtion oikeutus perustuu yhä pitkälti Thomas Hobbesin konservatiiviseen väitteeseen, jonka mukaan luonnontilassa elämä olisi yksinäistä, kurjaa, raakaa ja lyhyttä. Onkin hämmästyttävää, että valtiota puolustetaan usein sillä perusteella, että ilman sitä vallitsisi vain vahvemman oikeus, vaikka itse valtio on esimerkki juuri siitä todellisesta vahvemman oikeuden käytöstä. Monet liberaalit ja sosialistit hyväksyvät tämän väitteen, vaikka se on perusteetonta spekulointia, jonka päämääränä on luoda dystopia ja puolustaa valtion todellista pakkovaltaa.

Sosiaaliliberalismi, joka kannattaa sosiaalivaltiota, eroaa radikaalisti libertarismista, joka on yksilönvapautta puolustava ajattelutapa. Sosiaaliliberalismi on lähtöisin ajatuksesta, että vapaa markkinatalous ei ole oikeudenmukaista eikä toimivaa, ja siksi valtion tulisi pakottaa ja kontrolloida ihmisiä enemmän. Sosiaaliliberalismi onkin eräänlainen pakkoyhteisöllisyyden puolustaja, sillä se myöntää, että valtio on tarpeen yhteiskunnan hallinnan ja tasapuolisuuden takaamiseksi. Tässä ajattelussa valtion monopoli saattaa johtaa poliittisen eliitin vapaamatkustajan ongelmaan, koska valtion monopoliasema voi mahdollistaa sen, että eliitti riistää alamaisiltaan valtaa ja resursseja ilman vastinetta.

Erään näkemyksen mukaan verotus on itse asiassa väkivallan uhalla tapahtuvaa pakottamista, joten verorahoilla rahoitettu julkinen sosiaaliturva ei ole eettinen tapa auttaa kansalaisia. Tämän ajattelutavan mukaan oikeudenmukaisempi yhteiskuntamalli olisi minimivaltio, jonka ainoat toimenpiteet rajoittuisivat oikeuslaitoksen, poliisin ja maanpuolustuksen ylläpitämiseen.

Toisen näkemyksen mukaan, koska Suomi ei ole minimivaltio, vaan sitä on pidetty yhtenä pisimmälle kehittyneistä hyvinvointivaltioista, voimme jopa kokea elävämme jonkinlaisessa maanpäällisessä paratiisissa, jossa kansalaisen toivomat ihanteet toteutuvat paremmin kuin missään muussa valtiossa maailmassa. Kuitenkin tämän ihanteellisen järjestelmän rinnalla on olemassa loputon joukko korjattavia asioita, jotka tuntuvat jäävän aina kesken.

Jos henkilö, joka elää näennäisesti ideaaliensa mukaisessa valtiossa, kokee kuitenkin turhautumista, kuinka paljon enemmän turhautunut voi olla sellainen, joka elää täysin omien ihanteidensa vastaisessa järjestelmässä? Tämä herättää kysymyksen siitä, mitä tekijöitä on olemassa, jotka saavat ihmiset olemaan vapaaehtoisesti osana järjestelmää, joka tuntuu epäoikeudenmukaiselta ja joka ei vastaa heidän arvojaan.

Ongelma ilmenee erityisesti silloin, kun mikään olemassa oleva valtio ei tunnu täyttävän ihmisen toiveita, vaikka maailmassa olisi lukuisia valtioita. Ihmisen on kuitenkin pakko valita huonoista vaihtoehdoista vähiten huono ja alistua aina jollain tavalla pakotteisiin. Koska nykyään on mahdotonta perustaa omaa valtiotaan – sillä tyhjää tilaa on enää vain Etelämantereella ja merillä – on täysin mahdollista, että yksilö on väkivaltakoneiston voimalla pakotettu elämään sellaisessa järjestelmässä, jonka toimintaperiaatteita hän ei voi itse hyväksyä.

VEROTTAJAN ILMIANTOLOMAKKEESTA

Verotuksen perimmäisenä tarkoituksena on mahdollistaa yhteiskunnan ylläpitäminen ja palveluiden tuottaminen kansalaisille. Tässä kontekstissa verojen maksaminen nähdään yhteiskuntasopimuksen osana, jossa kansalaiset antavat osan varoistaan yhteiseen käyttöön vastineeksi julkisista palveluista. Tämä sopimus kuitenkin hämärtyy, jos kansalaiset kokevat, etteivät he saa maksamilleen veroille vastinetta tai että verotusjärjestelmä on epäreilu ja epäeettinen.

Esimerkiksi Verohallinnon ylläpitämä vihjetietolomake, jonka kautta kansalaisia kehotetaan ilmiantamaan toisensa verovilppiepäilyjen vuoksi, on erityisen ongelmallinen. Tämä lomake asettaa kansalaiset toisiaan vastaan ja luo ilmapiirin, jossa epäluottamus ja pelko korvaavat keskinäisen luottamuksen ja yhteisöllisyyden. Valtion käytäntö, joka kannustaa kansalaisia toimimaan toisiaan vastaan, voidaan nähdä jopa moraalisesti arveluttavana. Samalla se siirtää valvontavastuuta valtion viranomaisilta yksityisille kansalaisille, mikä rapauttaa valtion ja kansalaisten välistä luottamusta.

Tärkeä kysymys on, mitä verottaja oikeastaan menettää, jos joku ei maksa verojaan. Verottaja ei varsinaisesti menetä mitään – sen sijaan valtio menettää mahdollisuuden hyötyä tästä yksilöstä resurssina. Jos kansalainen ei maksa verojaan, valtio ei koe "tappiota" samalla tavalla kuin yritys markkinoilla, vaan se menettää tilaisuuden hyödyntää yksilön panosta. Tämä näkökulma avaa keskustelun siitä, onko verotusjärjestelmä oikeudenmukainen, jos valtio kohtelee kansalaisia ensisijaisesti välineinä, joiden kautta se ylläpitää omaa toimintaansa.

Verotusjärjestelmän oikeudenmukaisuus herättää kysymyksiä siitä, miten verotuloja käytetään ja ketkä niistä hyötyvät. Työttömät maksavat usein suhteellisesti enemmän veroja pienistä tuloistaan kuin paremmin toimeentulevat. Tämä johtuu siitä, että työttömyysetuuksista peritään ansiotuloveroa, ja lisäksi työttömät maksavat välillisiä veroja, kuten arvonlisäveroa, merkittävältä osin tuloistaan. Samalla he eivät välttämättä saa palveluita, jotka olisivat prosentuaalisesti suhteessa heidän maksamiinsa veroihin. Toisaalta hyvin toimeentulevat voivat hyötyä suhteessa enemmän esimerkiksi verovähennyksistä ja pääomatulojen kevyemmästä verotuksesta. Yrittäjillä verotaakka vaihtelee suuresti yrityksen muodosta ja tulojen jakamisesta riippuen, mutta pienituloisille yrittäjille esimerkiksi YEL-maksut voivat tuntua kohtuuttoman raskailta.

Tällaiset epätasapainot herättävät kysymyksen, miten hyvin verotusjärjestelmä palvelee kansalaisten oikeudenmukaisuuden kokemusta. Jos valtio kohtelee kansalaisiaan ensisijaisesti taloudellisina resursseina, joilta odotetaan suorituksia ilman vastaavia oikeuksia, voidaan kysyä, rikkooko se omaa yhteiskuntasopimustaan. Jos tavallinen kansalainen käyttäytyisi samalla tavalla kuin valtio verotuskäytännöissään – esimerkiksi yllyttämällä muita ilmiantamaan toisensa omien etujensa vuoksi – tämä toiminta voitaisiin tulkita epäeettiseksi ja jopa lainvastaiseksi. Se voisi täyttää kunnianloukkauksen tai vainoamisen tunnusmerkit. Onkin perusteltua kysyä, miksi valtio saa käyttää tällaisia menetelmiä ilman, että sen toimia arvioidaan samoilla eettisillä mittareilla kuin kansalaisten käytöstä.

Kun kansalaiset kokevat, että heidän maksamansa verot eivät vastaa heidän saamaansa hyötyä, syntyy epäluottamus verojärjestelmää ja valtiota kohtaan. Tämä epäluottamus kasvaa erityisesti silloin, kun valtion toiminta koetaan epäeettiseksi tai läpinäkymättömäksi. Verotusjärjestelmän reiluuden ja oikeudenmukaisuuden tulisi olla keskeisiä periaatteita, joiden varaan kansalaisten ja valtion välinen suhde rakentuu.

Verotus ei saisi olla pelkkä väline valtion resurssien keräämiseksi, vaan sen tulisi toimia reilun yhteiskuntasopimuksen perustana. Läpinäkyvyys, oikeudenmukaisuus ja eettisyys ovat avainasemassa luottamuksen ylläpitämiseksi. Jos valtio laiminlyö nämä periaatteet, koko järjestelmän legitiimiys voi olla vaarassa. Verovelvollisuus on tärkeä osa yhteiskuntaa, mutta sen tulee olla niin kansalaisten kuin valtion näkökulmasta eettisesti perusteltu ja oikeudenmukainen.

VEROSTA VAPAUTTAMINEN

Verosta vapauttaminen on poikkeuksellinen menettely, joka voi auttaa niin yksityishenkilöitä kuin yrityksiä ja yhteisöjä, mutta sen myöntämisen ehdot ovat tarkasti rajatut. Tavoitteena on tukea niitä, joiden taloudellinen tilanne on heikentynyt merkittävästi erityisten olosuhteiden vuoksi, kuten sairauden, työttömyyden, elatusvelvollisuuden tai muun vastaavan syyn takia.

Veronmaksajalle voidaan myöntää vapautus veron tai viivästysseuraamusten maksamisesta joko osittain tai kokonaan. Tällainen vapautus on kuitenkin mahdollista vain erittäin poikkeuksellisissa tapauksissa. Esimerkiksi sairaus, työttömyys tai taloudelliset vaikeudet eivät itsessään riitä vapautuksen saamiseksi; päätöksenteossa arvioidaan, kuinka merkittävästi nämä tekijät ovat vaikuttaneet veronmaksukyvyn heikkenemiseen.

Yritystoiminnan verovelvoitteet, kuten arvonlisäverot, eivät yleensä oikeuta vapautukseen. Vapautusta voidaan myöntää ainoastaan erityisten kohtuussyiden perusteella, ja yritystoiminnan jatkuessa vapautus ei yleensä ole mahdollinen veronmaksukyvyn alentumisen takia.

Verohallinto myöntää vapautuksia valtion veroista, kuten tuloverosta ja perintö- ja lahjaverosta. Verohallinto ratkaisee myös kunnallisveroa, kiinteistöveroa ja sairasvakuutusmaksuja koskevat hakemukset, ellei kunta ole pidättänyt ratkaisuvaltaa itsellään. Jos vapautus myönnetään kunnallisverosta, se ulottuu automaattisesti myös kirkollisveroon.

Vapautusta voi hakea omassa verotuksessa OmaVerossa, paperilomakkeella (Hakemus verosta vapauttamiseksi, lomake 7302) tai vapaamuotoisella hakemuksella. Hakemuksessa on oltava henkilö- ja yhteystiedot, tarkka maininta siitä, mistä verosta haetaan vapautusta, sekä perusteet ja tarvittaessa liitteet, kuten lääkärintodistus tai työttömyystodistus.

Hakemus osoitetaan Verohallinnon perintäosastolle, ja hakemukseen ei tarvitse liittää alkuperäisiä asiakirjoja, vaan riittää, että liitteet ovat kopioina.

Verohallinto tekee hakemuksesta kokonaisarvion verovelvollisen maksukyvystä. Arvioinnissa otetaan huomioon sekä hakijan että mahdollisesti hänen perheensä käytettävissä olevat tulot ja varallisuus.

Vapautushakemuksen käsittelyaika on tyypillisesti noin 2–4 kuukautta. Päätökseen ei voi hakea muutosta valittamalla, mutta hakija voi tehdä uuden hakemuksen, jos tilanne muuttuu ja tulee uusia perusteita vapautukselle.

Koronapandemia on herättänyt keskustelua verosta vapauttamisesta erityisesti vaikeassa taloudellisessa tilanteessa olevien henkilöiden ja yritysten osalta. Vaikka verolainsäädäntö tunnistaa mahdollisuuden verovapautukseen, koronatilanne ei yksinään ole riittävä peruste vapautuksen saamiseksi. Vapautus voidaan myöntää, jos verovelvollisen veronmaksukyky on olennaisesti alentunut sairauden, työttömyyden, elatusvelvollisuuden tai muiden erityisten syiden vuoksi, tai jos veron periminen olisi ilmeisesti kohtuutonta.

Erityisesti perintö- ja lahjaverotustilanteet voivat antaa mahdollisuuden vapautukseen, jos veron periminen vaarantaisi yritystoiminnan jatkuvuuden tai maa- ja metsätalouden toiminnan. Vapautus voidaan myös myöntää, jos pesäosuuden tai lahjan arvo on olennaisesti vähentynyt.

Hakemukselle ei ole säädetty määräaikaa, mutta on suositeltavaa tehdä hakemus kohtuullisessa ajassa, jotta olosuhteet voidaan tarkistaa ja arvioida. Hakemuksen voi tehdä sekä yksityishenkilö että yritys. Jos hakijan taloudellinen tilanne muuttuu, hakemukseen voidaan liittää uusia perusteita ja tehdä uusi vapautushakemus.

Verohallinto voi käsitellä periaatteellisesti tärkeät verovapautusasiat myös Valtiovarainministeriön ohjauksessa.

Verosta vapauttaminen on harvinainen ja tiukasti säännelty toimenpide, joka voi tarjota apua erityistilanteissa, kuten sairauden, työttömyyden tai elatusvelvollisuuden vuoksi. Hakemuksen tekeminen on mahdollista verovelvolliselle joko henkilökohtaisesti tai yrityksenä, ja se voi johtaa veron tai maksujen osittaiseen tai täydelliseen vapauttamiseen. Vapautusta haetaan Verohallinnolta, ja käsittelyaika vaihtelee, mutta hakemuksen liitteiden oikeellisuus ja perusteet ovat keskeisiä myönteisen päätöksen saamiseksi.

VAPAUS YHTEISKUNNALLISESSA JA POLIITTISESSA AJATTELUSSA

Vapaus on keskeinen ja moniulotteinen käsite yhteiskuntateorioissa ja filosofiassa. Se on nähty paitsi yksilön kykyjen toteuttamisen välineenä, myös yhteiskunnan rakenteen ja poliittisten järjestelmien sääntelijänä. Vapauden merkitys on vaihdellut aikakausittain ja filosofien mukaan, mikä tekee siitä erityisen tärkeän tutkimuskohteen poliittisessa filosofiassa.

Yksi vapauden klassisista ja ristiriitaisista näkemyksistä löytyy Isaiah Berliniltä, joka erottelee negatiivisen ja positiivisen vapauden käsitteet. Negatiivinen vapaus, joka on esteiden puuttumista, tarkoittaa tilaa, jossa yksilö voi toimia ilman ulkoista puuttumista. Tämä näkemys korostaa yksilön suojelua ulkopuoliselta vallalta ja hallinnalta. Berlinin toinen käsite, positiivinen vapaus, liittyy kykyyn toimia oman järjen ja tahdon mukaan – se on itsemääräämisoikeus, joka ei riipu vain esteiden poissaolosta, vaan myös toimijan kyvystä olla oma herransa.

Berlinin esittämät vapauden käsitykset on laajennettu ja syvennetty muiden ajattelijoiden pohdinnoilla. Gerald MacCallum puolestaan esittää vapauden kolmipaikkaisena suhteena, jossa vapaus määritellään aina suhteessa toimijaan, rajoitukseen ja asiassa tapahtuvaan muutokseen. Hänen mukaansa vapaus ei ole vain rajoitteiden puuttumista, vaan myös mahdollisuutta saavuttaa omat päämäärät rajoitteista huolimatta.

Benjamin Constant tuo esiin vapauden kehityksen antiikista nykyaikaan, jossa vapaus on siirtynyt yhteisön asioista yksilön henkilökohtaisiin valintoihin. Hänen mukaansa nyky-yhteiskunnassa, joka korostaa yksilönvapautta, kansalaisten osallistuminen yhteisiin asioihin saattaa jäädä heikoksi. Tämä huomio herättää pohdintaa siitä, miten vapaus voi olla ristiriidassa yhteiskunnallisten velvollisuuksien kanssa.

Vapauden tarkastelu ei rajoitu pelkästään yksilön vapauden määrittelyyn, vaan se ulottuu myös yhteiskunnallisiin ja poliittisiin teorioihin. Tasavaltainen vapauskäsitys, erityisesti Philip Pettitin esittämänä, tuo tärkeän ulottuvuuden vapauden ymmärtämiseen. Pettit kritisoi Berlinin ja Hobbesin negatiivista vapauskäsitystä, jossa vapaus määritellään vain esteiden puuttumisena. Hän esittää, että vapaus ei ole pelkästään estämisen poissaoloa, vaan myös vallan poissaoloa – se on vapautta olla olematta toisen hallinnan alaisena.

Pettitin mukaan tasavaltaisen vapauden ytimessä on se, ettei kukaan ole toisen mielivallan alainen. Tämä tarkoittaa, että yhteiskunnassa vapaus ei riipu pelkästään siitä, etteivät ulkopuoliset tahot puutu yksilön toimintaan, vaan myös siitä, ettei yksilö ole alttiina muiden hallinnan ja mielivallan vaikutuksille. Vapauden turvaaminen vaatii, että valta on oikeudenmukaisessa jakautumisessa ja että päätöksenteko on läpinäkyvää ja osallistavaa.

Positiivinen vapaus, kuten sen esittää esimerkiksi Charles Taylor ja John Christman, ei rajoitu vain siihen, että yksilö on vapaa ulkoisista esteistä, vaan myös siihen, että hänellä on kyky tehdä merkityksellisiä valintoja ja osallistua yhteiskunnalliseen elämään. Tämä näkemys edellyttää, että yhteiskunta tarjoaa rakenteet ja instituutiot, jotka tukevat yksilön kykyä toteuttaa itseään ja osallistua poliittiseen päätöksentekoon.

Positiivinen vapaus ei kuitenkaan ole ilman kritiikkiä. Kriitikot kuten Susan Wolf ja Philip Pettit ovat nostaneet esiin, että vapaus voi kääntyä itseään vastaan, jos se perustuu yksilön kyvyttömyyteen hallita omia halujaan tai jos yhteiskunnan normit asettavat epäoikeudenmukaisia rajoituksia. Vapauden ydin on siis tasapainottelussa henkilökohtaisen autonomian ja yhteiskunnallisten normien välillä.

Demokratia ei takaa vapauden toteutumista, jos enemmistö voi tyrannisoida vähemmistöjä. Pettitin tasavaltainen vapausmalli tuo esiin, että vapauden toteutuminen vaatii aktiivista osallistumista yhteiskunnalliseen ja poliittiseen elämään, jossa kansalaiset voivat vaikuttaa päätöksentekoon. Vapaus ei ole vain oikeus tehdä omia valintoja, vaan myös oikeus vaikuttaa yhteisiin asioihin ilman pelkoa siitä, että joku ottaa valtaa ja alistaa toiset.

Vapauden ja demokratian yhteys on monivaiheinen ja se vaatii tarkastelua niin yksilön toimijuuden kuin yhteiskunnallisten rakenteiden näkökulmasta. Vapaus ei ole vain ulkoisten esteiden poissaoloa, vaan myös kykyä osallistua ja vaikuttaa yhteiskunnassa, jossa kaikki kansalaiset voivat kokea itsensä vapaina toimimaan omien päämääriensä mukaan.

Vapaus on käsite, joka ulottuu laajasti yksilön elämään ja yhteiskunnallisiin rakenteisiin. Sen käsitteelliset ulottuvuudet, kuten negatiivinen ja positiivinen vapaus, muodostavat eritasoisia pohdintoja, joiden kautta voidaan ymmärtää vapauden merkitys yhteiskunnassa. Tasavaltainen vapauskäsite tuo keskeisen näkökulman vallan ja hallinnan suhteeseen, väittäen että vapaus ei ole vain puuttumisen poissaoloa, vaan myös hallinnan poissaoloa, mikä on välttämätöntä oikeudenmukaisen ja vapaan yhteiskunnan ylläpitämiseksi.

LOPPUSANAT

Olet nyt kulkenut kanssani tämän matkan ja kirja on saavuttamassa loppunsa. Olemme käsitelleet vapautta monesta eri näkökulmasta, ja toivon, että tämä teksti on herättänyt sinussa ajatuksia, kysymyksiä ja ehkä jopa ristiriitaisia tunteita. Kognitiivinen dissonanssi, josta mainitsin jo alussa, on saattanut iskeä, kun jokin asia tuntui liian kaukaa haetulta tai mahdottomalta hyväksyä. Mutta aika tekee tehtävänsä. Jokainen pohtii asioita omalla tavallaan ja omassa tahdissaan, ja lopulta, jos jokin todella vaikuttaa todelta, sen hyväksyy – ennemmin tai myöhemmin.

En ole halunnut pakottaa ketään uskomaan mitään väkisin. Kirjani ei ole tarkoitettu ohjekirjaksi tai valmiiksi vastaukseksi, vaan ennemminkin ajatusten herättäjäksi. Vapaus, josta olen kirjoittanut, on nimenomaan sitä – vapautta ajatella, pohtia ja valita, mihin uskoo tai mitä pitää oikeana. Jokaisella on oikeus omaan mielipiteeseensä ja oikeus kyseenalaistaa kaikki, mitä hänen eteensä tuodaan.

Kirjan loppupuolella käsittelin myös sitä, kuinka lakisääteisesti vapautta voidaan rajoittaa. Elämme ajassa, jossa valvonta ja kontrolli lisääntyvät jatkuvasti, ja vaikka moni näkee tämän turvallisuutena, meidän on tärkeää pysähtyä miettimään, missä menee raja. Missä vaiheessa turvallisuudesta tulee vankila? Milloin lait, jotka on tarkoitettu suojelemaan, kääntyvät meitä vastaan ja alkavat kahlita meitä liikaa? Historia osoittaa, että vapautta ei aina oteta pois yhdellä kertaa – se hiipii hiljalleen, askel askeleelta, kunnes heräämme huomaamaan, että se, mitä ennen pidimme itsestäänselvyytenä, onkin poissa.

Älyteknologia, digitaalinen valuutta, sosiaalinen luottoluokitus – kaikki nämä voivat palvella hyvää tarkoitusta, mutta ne voivat myös olla välineitä kontrolliin. Jos rahamme voidaan ohjelmoida siten, että se on käytettävissä vain tietyllä tavalla tai tietyn ajan, jos sähköt voidaan katkaista napin painalluksella, jos sananvapautemme voidaan tukahduttaa vain siksi, että puhumme vallanpitäjille epämieluisista asioista – olemmeko enää vapaita?

Mutta mitä on todellinen vapaus? Monet etsivät vapautta ulkopuoleltaan: taloudellisesta riippumattomuudesta, matkustamisen mahdollisuudesta, poliittisista oikeuksista. Kaikki nämä ovat tärkeitä, mutta lopulta todellinen vapaus ei ole ulkoisissa asioissa – se on sisäinen tila. Se ei ole sitä, että taistelemme vapauden puolesta hampaat irvessä, vaan sitä, että löydämme rauhan sisältämme, riippumatta ulkoisista olosuhteista. Vapaus ei ole jotakin, mitä voi pakottaa tai saavuttaa ponnistelemalla, vaan se on mielen hiljaisuutta, kykyä olla läsnä tässä hetkessä ilman jatkuvaa huolta menneisyydestä tai tulevaisuudesta.

Kun mieli on vapaa, silloin ihminen on todella vapaa. Se ei tarkoita, että ulkoiset kahleemme katoavat tai että maailma ympärillämme muuttuu täydelliseksi. Se tarkoittaa, että me itse voimme valita, miten suhtaudumme asioihin. Voimme päättää, ettemme anna pelon ohjata elämäämme. Voimme päättää, ettemme takerru vihaan, katkeruuteen tai epätoivoon. Voimme päättää elää vapaasti – ja se on todellista vapautta.

Toivon, että tämä kirja on antanut sinulle jotakin arvokasta. Ehkä se on herättänyt sinut katsomaan maailmaa uusin silmin. Ehkä se on vahvistanut jotakin, mitä olet jo ajatellut. Ehkä se on herättänyt kapinahenkeä tai halua toimia. Tai ehkä se on vain tuonut sinulle hetken pysähtymisen ja pohdinnan paikan. Mikä tahansa vaikutus sillä on ollut, olen kiitollinen, että olet jaksanut kulkea tämän matkan kanssani.

Ja lopulta, mikä on tärkeintä? Se, että elämme vapaasti, mutta samalla vastuullisesti. Se, että pidämme silmämme auki ja ymmärrämme, mitä ympärillämme tapahtuu. Se, että vaalimme vapautta – omaamme ja muiden – ja etsimme totuutta, vaikka se olisi epämukavaa.

Kiitos, että olet ollut mukana tällä matkalla. Olkoon vapaus aina kanssasi.

Saarijärvellä 3.3.2025

Timo Tynkkynen